DICTIONNAIRE

DES

SCIENCES NATURELLES.

TOME LI.

STI = SYST.ᵉ - L.

DICTIONNAIRE

DES

SCIENCES NATURELLES,

DANS LEQUEL 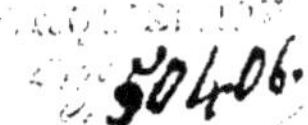

ON TRAITE MÉTHODIQUEMENT DES DIFFÉRENS ÊTRES DE LA NATURE, CONSIDÉRÉS SOIT EN EUX-MÊMES, D'APRÈS L'ÉTAT ACTUEL DE NOS CONNOISSANCES, SOIT RELATIVEMENT A L'UTILITÉ QU'EN PEUVENT RETIRER LA MÉDECINE, L'AGRICULTURE, LE COMMERCE ET LES ARTS.

SUIVI D'UNE BIOGRAPHIE DES PLUS CÉLÈBRES NATURALISTES.

Ouvrage destiné aux médecins, aux agriculteurs, aux commerçans, aux artistes, aux manufacturiers, et à tous ceux qui ont intérêt à connoître les productions de la nature, leurs caractères génériques et spécifiques, leur lieu natal, leurs propriétés et leurs usages.

PAR

Plusieurs Professeurs du Jardin du Roi, et des principales Écoles de Paris.

TOME CINQUANTE-UNIÈME.

F. G. LEVRAULT, Éditeur, à STRASBOURG, et rue de la Harpe, N.º 81, à PARIS.

LE NORMANT, rue de Seine, N.º 8, à PARIS.

1827.

Liste des Auteurs par ordre de Matières.

Physique générale.

M. LACROIX, membre de l'Académie des Sciences et professeur au Collége de France. (L.)

Chimie.

M. CHEVREUL, Membre de l'Académie des sciences, professeur au Collége royal de Charlemagne. (Cu.)

Minéralogie et Géologie.

M. BRONGNIART, membre de l'Académie des Sciences, professeur à la Faculté des Sciences. (B.)

M. BROCHANT DE VILLIERS, membre de l'Académie des Sciences. (B. de V.)

M. DEFRANCE, membre de plusieurs Sociétés savantes. (D. F.)

Botanique.

M. DESFONTAINES, membre de l'Académie des Sciences. (Desf.)

M. DE JUSSIEU, membre de l'Académie des Sciences, prof. au Jardin du Roi. (J.)

M. MIRBEL, membre de l'Académie des Sciences, professeur à la Faculté des Sciences. (B. M.)

M. HENRI CASSINI, associé libre de l'Académie des Sciences, membre étranger de la Société Linnéenne de Londres. (H. Cass.)

M. LEMAN, membre de la Société philomatique de Paris. (Lem.)

M. LOISELEUR DESLONGCHAMPS, Docteur en médecine, membre de plusieurs Sociétés savantes. (L. D.)

M. MASSEY. (Mass.)

M. POIRET, membre de plusieurs Sociétés savantes et littéraires, continuateur de l'Encyclopédie botanique. (Poir.)

M. DE TUSSAC, membre de plusieurs Sociétés savantes, auteur de la Flore des Antilles. (De T.)

Zoologie générale, Anatomie et Physiologie.

M. G. CUVIER, membre et secrétaire perpétuel de l'Académie des Sciences, prof. au Jardin du Roi, etc. (G. C. ou CV. ou C.)

M. FLOURENS. (F.)

Mammifères.

M. GEOFFROY SAINT-HILAIRE, membre de l'Académie des Sciences, prof. au Jardin du Roi. (G.)

Oiseaux.

M. DUMONT DE S.te CROIX, membre de plusieurs Sociétés savantes. (Cr. D.)

Reptiles et Poissons.

M. DE LACÉPÈDE, membre de l'Académie des Sciences, prof. au Jardin du Roi. (L. L.)

M. DUMÉRIL, membre de l'Académie des Sciences, professeur au Jardin du Roi et à l'École de médecine. (C. D.)

M. CLOQUET, Docteur en médecine. (H. C.)

Insectes.

M. DUMÉRIL, membre de l'Académie des Sciences, professeur au Jardin du Roi et à l'École de médecine. (C. D.)

Crustacés.

M. W. E. LEACH, membre de la Société roy. de Londres, Correspond. du Muséum d'histoire naturelle de France. (W. E. L.)

M. A. G. DESMAREST, membre titulaire de l'Académie royale de médecine, professeur à l'école royale vétérinaire d'Alfort, membre correspondant de l'Académie des sciences, etc.

Mollusques, Vers et Zoophytes.

M. DE BLAINVILLE, membre de l'Académie des sciences, professeur à la Faculté des Sciences. (De B.)

M. TURPIN, naturaliste, est chargé de l'exécution des dessins et de la direction de la gravure.

MM. DE HUMBOLDT et RAMOND donneront quelques articles sur les objets nouveaux qu'ils ont observés dans leurs voyages, ou sur les sujets dont ils se sont plus particulièrement occupés. M. DE CANDOLLE nous a fait la même promesse.

M. PRÉVOT a donné l'article *Océan*; M. VALENCIENNES plusieurs articles d'Ornithologie; M. DESPORTES l'article *Pigeon domestique*, et M. LESSON l'article *Pluvier*.

M. F. CUVIER, membre de l'Académie des sciences, est chargé de la direction générale de l'ouvrage, et il coopérera aux articles généraux de zoologie et à l'histoire des mammifères. (F. C.)

DICTIONNAIRE

DES

SCIENCES NATURELLES.

STI

STIBLING. (*Ichthyol.*) Un des noms danois de la *perche gou-jonnière*. Voyez Gremille. (H. C.)

STICHA. (*Entom.*) L'un des noms de l'abeille en italien, suivant Mouffet. (C. D.)

STICHBUTTEL. (*Ichthyol.*) A Hambourg on donne ce nom à l'*épinochette*. Voyez Stichling et Gastérostée. (H. C.)

STICHIS. (*Bot.*) Nom grec du *cotyledon* ou nombril de Vénus, cité par Mentzel. (J.)

STICHLING. (*Ichthyol.*) Un des noms allemands de l'épinoche. (Voyez Gastérostée.)

En Autriche on appelle encore ainsi la perche de trois ans. Voyez Persèque. (H. C.)

STICHORCKIS. (*Bot.*) Ce genre, de la famille des orchidées, établi par M. Aubert du Petit-Thouars, rentre dans le genre *Malaxis* de Swartz. (Lem.)

STICHOS. (*Bot.*) Voyez Stœchas. (J.)

STICKLEBACK. (*Ichthyol.*) Un des noms anglois de la *grande épinoche*. Voyez Gastré. (H. C.)

STICKMANNIA. (*Bot.*) Sous ce nom générique Necker séparoit de son genre primitif le *commelina hexandra* d'Aublet, dont les six filets d'étamines sont fertiles; deux d'entre eux se réunissent par le bas. (J.)

51.

STICTA. (*Bot.*) Genre de la famille des lichens, voisin du *lobaria* et du *peltigera*, établi par Schreber, adopté par Acharius et d'après lui par tous les botanistes. Le *sticta* est caractérisé par son thallus cartilagineux, lacinié ou lobé, formé de frondes libres, lisses en dessus, veloutées en dessous, avec des points ou de petites taches ou lacunes dites cyphelles, d'une autre couleur, et qui sont des excavations formées dans le thallus ou des parties du thallus privées du duvet qui couvre le reste de la surface inférieure. Les cyphelles sont tantôt urcéolées, arrondies, formées par le thallus lui-même et dans le thallus, tantôt simplement enfoncées dans le duvet et constituées alors par une petite membrane qui s'enfonce un peu dans le thallus ; enfin , les cyphelles, semblables à des points, sont autant de proéminences pulvérulentes, qu'on a désignées par le nom de sorédies. Les apothéciums sont en forme de scutelles éparses à la face supérieure du thallus : elles sont enveloppées par lui et y tiennent par un point central ; leur disque est coloré.

Les espèces de ce genre sont assez nombreuses et doivent se ranger au nombre des plus belles de la famille ; leurs frondes, grandes, de formes variées et de couleurs ordinairement vives ou tranchées, ont le dessous de deux couleurs, et le dessus orné de scutelles communément rouges, ce qui leur donne une sorte d'élégance. Cette surface supérieure n'est pas toujours nue. On y observe des rides, des lacunes, des aspérités, des verrues et des pulvinules ou petits amas de filets simples ou rameux. Ces plantes sont répandues par tout le globe, et quelques espèces se rencontrent dans l'un et l'autre hémisphère : elles se plaisent dans les bois, sur les rochers et sur le tronc des arbres. Le nombre des espèces s'élève à douze, d'après Acharius ; on en compte vingt-quatre dans Sprengel (*in* Willd., *Syst. pl.*, vol. 6, p. 302) ; enfin, M. Delise, auquel on doit une excellente monographie de ce genre, les porte à soixante, dont il a donné des figures et desquels quarante sont nouvelles. Il est vrai que ce naturaliste comprend dans ce genre, et avec Acharius, une grande partie du genre *Lobaria* de Hoffmann et de M. De Candolle. C'est en suivant les divisions que M. Delise a admises que nous allons indiquer quelques espèces de ce genre.

§. 1.er *Cyphelles jaunes.*

1. Le STICTA DORÉ : *Sticta aurata*, Ach., *Syn.*, p. 232; Del., *Stict.*, pl. 2, fig. 5; *Sticta crocata*, Decand., Fl. fr., Suppl., *exc. synon.*; *Lichen auratus*, Sow., *Engl. Bot.*, pl. 2359; *Platisma crocatum*, Hoff., *Lich.*, 2, pl. 38, fig. 1; Dill., *Musc.*, pl. 84, fig. 12. Thallus formé de frondes planes, larges, arrondies, crénelées ou déchiquetées, ayant le dessus d'un rouge de brique vif, et les bords ondulés, couverts d'une poussière dorée ; dessous tomenteux, noirâtre dans le centre, d'un jaune rougeâtre au pourtour, avec les cyphelles couleur de citron, luisantes, irrégulières et saillantes ; scutelles marginales à disques plans, d'un rouge brun, avec un rebord infléchi, presque nul. Cette espèce, long-temps confondue avec le *lichen crocatus*, Linn., autre espèce de sticta, se rencontre, selon M. Delise, aux environs de Quimper et de Saint-Pol-de-Léon. Elle a été observée à la Jamaïque par Swartz; elle est indiquée dans les Cordillères par M. de Humboldt, à Sainte-Hélène par Acharius, et à Rio-Janeiro par Gaudichaud. M. Delise décrit deux variétés de ce lichen, dont une est jaune de paille ou d'ocre, et l'autre d'un vert pâle et glauque.

Lorsque l'on brise les frondes du *sticta aurata*, on s'aperçoit que la substance du thallus est d'une couleur dorée semblable à celle de la poussière qui le borde, ce qui donne un excellent caractère pour le distinguer du *sticta crocata* et *aurigera*, dont la couleur est différente.

2. Le STICTA SAFRANÉ : *Sticta crocata*, Ach.; Delis., *Stict.*, p. 56, pl. 4, fig. 10; *Lichen crocatus*, Linn.; Sow., *Engl. Bot.*, pl. 2110. Frondes cartilagineuses, scrobiculées, laciniées, à lobes courts, arrondies, crénelées, pulvérulentes et jaunes dans le centre, nues au pourtour ; en dessus lacuneuses et d'un brun roussâtre, avec des verrues poudreuses couleur d'or, éparses ; en dessous tomenteuses, noirâtres dans le centre, avec le pourtour d'un brun roux ; cyphelles très-petites, d'un jaune pâle ; scutelles éparses, d'un noir brun. Cette espèce a été trouvée en Écosse et aux îles Sandwich.

Le *sticta gilva* de M. Delise étoit pour Acharius une variété du *sticta crocata*.

3. Le STICTA CHEVELU : *Sticta cometia*, Ach., *Meth. lich.*,

pl. 5, fig. 1; Delis., *Stict.*, pl. 5. fig. 15. Frondes un peu coriaces, étalées, très-larges, profondément incisées, irrégulié-
rement convergentes, bordées de cils noirs, denses; en dessus glabres, lisses, d'un blanc jaunâtre; en dessous tomenteuses, velues, d'un cendré brunâtre; cyphelles concaves,
blanches, irrégulières; scutelles planes, très-larges, à disque
roussâtre et bord garni de cils noirs rayonnans. Cette espèce,
dont les scutelles ressemblent à celles de quelque *usnea*, se
trouve au Pérou, sur les troncs d'arbres.

§. 2. *Cyphelles blanches.*

4. Le Sticta fuligineux : *Sticta fuliginosa*, Ach., Decand.;
Delis., *Stict.*, pl. 6, fig. 20; *Lichen fuliginosus*, Sow., *Engl.
Bot.*, pl. 1103. Fronde cartilagineuse, lobée-arrondie; lobes
plissés, flexueux; en dessus rugueux, d'un gris brun, et sau-
poudrés de grains fuligineux; en dessous tomenteux, couleur
de chair grisâtre; cyphelles un peu convexes, presque planes,
blanchâtres; scutelles de couleur rousse, à disque plan, avec
le bord plus pâle, saillant, un peu velu à l'extérieur. Ce lichen
se trouve sur les arbres et les arbrisseaux en Europe, en
France, en Angleterre : on l'indique en Amérique et à l'île
de Bourbon.

5. Le Sticta des bois : *Sticta sylvatica*, Ach., Dec.; Delis.,
Stict., p. 86, pl. 7, fig. 27; *Lichen sylvaticus*, Linn.; Dill.,
Musc., pl. 27, fig. 101; Jacq., *Coll.*, 4, pl. 12, fig. 2; Sow.,
Engl. Bot., pl. 2298; *Pulmonaria sylvatica*, Hoffm., *Lich.*, pl.
4, fig. 2. Frondes nombreuses, cartilagineuses, à lobes re-
dressés, onduleux, arrondis ou tronqués, crénelés; en dessus
brunes, avec une teinte verdâtre, saupoudrées de granulations poudreuses, noirâtres; en dessous tomenteuses, d'un
gris cendré un peu brunâtre, mais plus obscur au centre;
cyphelles urcéolées, blanchâtres. Cette plante répand une
odeur fétide, lorsqu'elle est fraîche. Elle est commune en
Europe dans les bois, sur les rochers et sur les troncs d'arbres. On n'a pas encore observé ses scutelles : Dillenius, Hoffmann et Sowerby ont cependant représenté cette plante avec
des scutelles; mais les auteurs ont pris, en le copiant, les
scutelles d'un *peltigera*, mélangé avec le *sticta sylvatica*, pour
les scutelles de cette dernière plante.

6. Le Sticta corne-de-daim : *Sticta damæcornu*, Ach.; Delis., *Stict.*, pl. 9, fig. 39; cahier n.° 17, pl. 1, fig. 1, de l'atlas de ce Dictionnaire. *Lichenoides*. Dill., *Musc.*, pl. 29, fig. 115; *Platisma cornu-damæ*, Hoffm., *Lich.*, pl. 24, fig. 1, 4, 5, 6. Thallus composé d'une touffe de frondes larges de trois à quatre lignes, longues de trois à quatre pouces, dichotomes, entrelacées lâchement, ayant les extrémités divisées en deux ou trois pointes; surface supérieure lisse, d'un vert cendré dans la plante humide, grisâtre dans la plante sèche; dessous velu, presque brun, garni de cyphelles uréolées et blanchâtres; scutelles nombreuses, marginales ou éparses vers l'extrémité des divisions des frondes, à disque d'un brun roux et bord proéminent. Cette belle espèce, qu'on rencontre dans tous nos herbiers, croît en Amérique, à la Jamaïque; on l'indique aussi à l'île de Bourbon.

§. 3. *Cyphelles incertaines ou non encore observées.*

7. Le Sticta des Hottentots; *Sticta hottentota*, Ach., *Syn.*; Delis., *Stict.*, pl. 15, fig. 57. Thallus formé par de petites frondes roides, épaisses, coriaces, à lobes courts, avec les bords incisés, sinués, arrondis; dessus d'un vert pâle passant au brun roux, couvert d'aspérités plus pâles que le fond et qui disparoissent avec l'âge; dessous brun, noir aux extrémités, celles-ci couvertes de cils noirs nombreux, formant une sorte de duvet tomenteux; cyphelles nulles, scutelles éparses ou presque marginales dans la partie extrême de la fronde, d'abord en forme de verrues et à bord replié en dedans, puis larges, planes, convexes, ciliées en dehors, et à disque plan, d'un brun noirâtre. Cette espèce, qui se rapproche des *sticta* par sa forme et ses scutelles, se trouve dans le pays des Hottentots. M. Delise en figure une variété, pl. 15, fig. 58, remarquable par l'absence totale de fibrilles et par ses scutelles ombiliquées.

M. Delise rapporte à cette section les *lobaria herbacea* et *glomulifera*, Huff., Dec. (Voyez Lobaria.)

§. 4. *Point de cyphelles.*

Les lichens de cette section ont le dessous de leur fronde réticulé par des veines tomenteuses entre lesquelles sont des lacunes plus pâles, qui donnent aux espèces beaucoup de ressemblance avec celles des divisions précédentes. La nature de leurs frondes les en rapproche également, de même que la présence, chez quelques-unes d'entre elles, des rides et des bosselures de leur thallus, etc.; mais l'absence bien constatée des cyphelles ne doit-elle pas autoriser à les tenir séparées du *sticta*, ainsi que l'ont pensé Hoffmann, M. De Candolle, etc., pour qui plusieurs d'entre elles sont des LOBARIA? Comme nous avons décrit à ce mot les trois espèces principales de cette section, nous y renvoyons le lecteur.

Nous terminerons cet article *Sticta* en faisant observer que MM. Meyer. Delise, et M. Fée lui-même, ramènent à ce genre le *Delisea* de M. Fries, caractérisé par la présence de papilles sur le disque ou la lame proligère des scutelles. Il étoit fondé sur une plante découverte à l'île King (Nouvelle-Hollande) : c'est le *sticta delisea*, Delis., *Stict.*, pag. 94, pl. 9, fig. 2, et le *delisea sticticoides*, Fée, *Crypt. off.*, pl. 11. (IDEM.)

STICTIS. (*Bot.*) Genre de la famille des champignons, de l'ordre des champignons cupuliformes, dans la méthode de Fries. dont le *Peziza* est le principal genre. Persoon en est le fondateur ; il a été adopté par Fries, qui l'a considérablement modifié et augmenté. Le *lycoperdon radiatum*, Linn., en est le type, et les vingt espèces que Fries y ramène dans son *Systema mycologicum*, ont été placées par les auteurs dans les genres *Peziza*, *Lichen*, *Hysterium*. Curt Sprengel persiste à laisser dans le *Peziza* une grande partie des espèces du genre *Stictis*, qu'il n'admet pas.

Les caractères génériques du *stictis* sont les suivans : Champignons en forme de petites coupes ou cupules, closes dans leur jeunesse, puis ouvertes, enfoncées dans l'écorce, membraneuses, orbiculaires ou elliptiques, contenant des sporidies menues, globuleuses, formant des amas sans mélange de paraphyses, composant d'abord une masse compacte, céracée ou gélatineuse, puis se réduisant en poussière. Les cupules sont comme oblitérées dans leur origine, privées de toute espèce de réceptacles, entourées et recouvertes par l'épiderme, qui, après leur développement, forme leur limbe ou bordure.

Ces champignons sont fort petits, très-simples, rassemblés en tas et entièrement enfoncés, persistans, différant essentiellement en cela, ainsi que par leur cupule privée de réceptacle, de tous les genres du même ordre. Ils se reconnoissent aux nombreuses pointillures qu'ils forment sur les écorces : ce qu'on a voulu exprimer par leur nom *stictis*, dérivé d'un mot grec, qui signifie point. Persoon a partagé ce genre en deux sections : la première comprend les espèces à cupule bordée d'un limbe, et la seconde (*alomea*) celles qui sont privées de cette bordure, ou chez lesquelles elle est à peine sensible ou oblitérée. Fries divise ce genre en trois sous-genres, dont le premier est le vrai *stictis* des auteurs. Voici les espèces principales qu'il a décrites :

A. Stictis. *Cupules s'entr'ouvrant un peu, souvent entourées d'une bordure, lisses, persistantes.*

.* Espèces qui croissent sur les écorces, molles, céracées, un peu trémelloïdes, souvent libres sur leur pourtour et entourées par les lambeaux de l'épiderme ; hyménium couvrant entièrement le disque.

1. Le Stictis œillé : *Stictis ocellata*, Fries, *Syst. mycol.*, 2, 195 ; *Peziza ocellata*, Pers., *Mycol. eur.*, page 315. Cupules orbiculaires, déprimées, roussâtres, plus pâles en dessous, à bord proéminent et enroulé. Cette espèce se rencontre éparse sur le peuplier, enfoncée dans l'épiderme, mais avec le bord un peu proéminent.

Les *peziza betuli*, Alb. et Schwein., et, peut-être, le *peziza ceanora*, Schmidt et Kunze, sont deux espèces de cette division.

.* Cupules coriaces ou un peu membraneuses, en grande partie enfoncées dans l'écorce, recouvertes seulement par l'hyménium, et entourées d'un limbe stérile, souvent oblitéré. Vrais *stictis* réguliers et très-persistans.

2. Le Stictis doré : *Stictis chrysophœa*; Pers., *Myc. eur.*, 1, page 335 ; *Peziza chrysophœa*, Pers., *Syn.* et *Ic. pict.*, p. 17, pl. 8, fig. 1 et 2. Cupules orbiculaires, à disque excavé, rouge, et limbe épaissi. Couleur d'or. Cette espèce se trouve depuis l'automne jusqu'au printemps sur les rameaux desséchés et écorcés des sapins.

3. Le Stictis radié : *Stictis radiata*, Pers.; *Lycoperdon radiatum*, Linn.; *Sphærobolus rosaceus*, Tode, *Fung. Meckl.*, 1, page 44, pl. 7, fig. 58; *Lichen excavatus*, Hoffm., *Enum.*, page 47, pl. 7, fig. 4; *Peziza marginata*, Roth, Sow., *Fung.*, pl. 16; *Peziza œcidioides*, Nées, *Syst.*, fig. 294. Cupules enfoncées, brunes, orbiculaires, ayant le limbe d'un blanc de neige, un peu lacéré, pulvérulent, et seul visible au-dessus de l'épiderme. Cette plante, qui ressemble à une espèce très-petite de *peziza*, se trouve enfoncée dans l'écorce et le bois des sapins, des saules, de la viorne, du nerprun et quelquefois sur les chaumes des graminées. La synonymie que nous avons rapportée démontre suffisamment l'embarras des auteurs pour placer convenablement cette plante. Tode, qui avoit remarqué que la matière pulvérulente et séminifère formoit une vésicule sphérique, s'échappant lors de la maturité, en avoit fait une espèce de son genre *Sphærobolus*. M. Persoon en fit ensuite le vrai type du genre *Stictis*. Fries fait remarquer que ce petit champignon est infiniment variable, de manière à pouvoir être divisé en plusieurs espèces, dont une, plus grande, urcéolée, à limbe large, libre, divisée en plusieurs lobes obtus, rayonnans et fendus, a la cupule à ouverture d'abord close et ponctiforme, testacée ou orangée en dedans, puis à disque blanc. Une seconde espèce est plus petite, à limbe entier; une troisième, infiniment petite et toute blanche.

Le *Stictis arundinacea*, Pers., à disque bleu, appartient à cette division et se trouve sur les tiges des roseaux.

Le *Stictis pallida*, Pers., *Obs.*, 2, pl. 6, fig. 7, est aussi une espèce de cette division, qui forme sur le vieux bois des arbres des pointillures pâles; ses cupules sont blanchâtres ou roses dans l'intérieur.

B. Xylographa. *Cupules elliptiques ou alongées, entourées d'une bordure, molles, lorsqu'elles sont humides, se contractant par la sécheresse, et alors elles sont d'une consistance presque cornée; hyménium finement ponctué, finissant par se liquéfier et s'écouler.*

4. Le Stictis parallèle : *Stictis parallela*, Fries, *Syst. myc.*,

‑, page 197; *Opegrapha parallela*, Ach., *Lich. univ.; Hyste-*
terium abietinum, Pers. Cupules en forme de stries, d'abord
closes, puis ouvertes; disque roussâtre ou d'un incarnat pâle
dans la fraicheur, noir lorsque les cupules sont sèches. Cette
espéce forme sur les arbres écorcés des stries longitudinales.

C. Propolis. *Cupules d'une substance ferme, céra-*
cée, ronde ou un peu irrégulière; hyménium lisse,
se réduisant en poussière.

5. Le Stictis versicolor ; *Stictis versicolor*, Fries, *Syst.*,
2, page 198. Cupule entièrement enfoncée, arrondie, anguleuse ou longue d'une à deux lignes, plane, entourée d'un
limbe accessoire, de formes diverses, qui finit par se détruire;
disque se réduisant en poussière farineuse après la maturité.
Cette espéce, commune sur le bois sec le plus dur, est variable dans sa couleur et sa forme.

Une première variété a le disque d'un blanc de lait qui
finit par se changer en noirâtre : c'est l'*hysterium fagineum*,
Schrad. ; le *tremella saligna*, Pers., *Consp. fung.*, page 303,
pl. 9, fig. 7, et le *stictis saligna*, Pers., *Myc. eur.*, 1, p. 337.
On la trouve sur le bois du hêtre, du bouleau, du til-
leul, etc.

Une deuxième variété a le disque d'abord jaunâtre, puis
nu et d'un roux obscur. Elle croit sur le chêne.

Une troisième a le disque d'une couleur verte, voisine de
celle du vert-de-gris: c'est le *stictis viridis*, Pers., qui a été
découvert par M. Léon Dufour sur le bois du châtaignier.
Fries l'indique sur le chêne.

Enfin, dans une quatrième, le disque est d'abord brun-
roussâtre, puis noir et ridé. Elle paroît être le *stictis hippo-*
castani, Pers. On la trouve sur le poirier et sur le saule. (Lem.)

STIEGLITZ. (*Ornith.*) Nom allemand du chardonneret,
fringilla carduelis, Linn., qui est appelé en suédois *stiglitza*.
(Ch. D.)

STIERL, SCHIRK. (*Ichthyol.*) Noms autrichiens de l'Esturgeon. Voyez ce mot. (H. C.)

STIFFTIE, *Stifftia.* (Bot.) Ce genre de plantes, proposé en
1820 par M. J. C. Mikan, dans le 1.ᵉʳ fascicule de son *Delectus*
floræ et faunæ brasiliensis, et dédié par lui à M. le baron de

Stifft, appartient à l'ordre des Synanthérées, à notre tribu naturelle des Carlinées, et à la section des Carlinées-Stéhélinées, dans laquelle nous l'avons placé entre les deux genres *Gochnatia* et *Hirtellina* (voyez notre tableau des Carlinées, tom. XLVII, pag. 499 et 511). M. le baron Delessert ayant bien voulu nous permettre d'examiner dans son herbier un échantillon de *Stifftia*, moins incomplet que celui que nous avions précédemment observé dans l'herbier de M. Gay, nous pouvons aujourd'hui décrire, d'après nos propres observations, les caractères de ce genre intéressant.

Calathide incouronnée, équaliflore, multiflore, régulariflore, androgyniflore. Péricline très-inférieur aux fleurs, formé de squames régulièrement imbriquées, appliquées, coriaces, ovales, nullement piquantes, mais au contraire très-obtuses et presque arrondies au sommet; les intérieures oblongues. Clinanthe planiuscule, alvéolé ou profondément fovéolé, à réseau épais, arrondi, parfaitement nu. Ovaires extrêmement longs, grêles, subcylindracés ou un peu anguleux, parfaitement glabres, portant un nectaire cylindracé, très-élevé, persistant; aigrette très-longue, composée de squamellules très-nombreuses, très-inégales, plurisériées, très-adhérentes à l'ovaire, parfaitement libres jusqu'à la base, filiformes, très-barbellulées, les plus longues un peu épaissies au sommet. Corolles régulières, glabres, à limbe *plus étroit que le tube*, et divisé *jusqu'à la base* par des incisions égales, en cinq lanières extrêmement longues, très-étroites, linéaires, roulées en dehors en forme de spirale. Étamines à filets greffés à la corolle *jusqu'à la base de ses incisions*, libres entre eux, très-glabres; le tube anthéral ayant les loges courtes et très-étroites, les appendices apicilaires très-longs, linéaires, très-aigus au sommet, dix appendices basilaires excessivement longs, sétiformes, entregreffés par couples en leur partie supérieure, libres en leur partie inférieure. Styles entièrement glabres, ayant la partie apicilaire divisée en deux languettes laminées.

On ne connoît qu'une seule espèce de ce genre.

STIFFTIE A FLEURS D'OR; *Stifftia chrysantha*, Mik. C'est un petit arbre non épineux, qui atteint tout au plus douze pieds de haut, et se ramifie depuis le milieu de sa hauteur en branches dressées, rapprochées ; les feuilles sont alternes, étalées, courtement pétiolées, ovales-lancéolées, très-entières, glabres ; les calathides sont grandes, solitaires, terminales, composées chacune d'environ quarante fleurs, à corolle orangée, à aigrette longue et rousse ; le péricline est glabre, comme le reste de la plante, et beaucoup plus court que les fleurs. Cet arbre habite le Brésil et se trouve auprès de Rio-Janeiro, où il se fait remarquer de loin par ses belles calathides.

M. Mikan, auteur de ce genre, le rapporte aux Cinarocéphales, et le rapproche du *Chuquiraga*, dont il le distingue par l'aigrette non plumeuse, le clinanthe nu, les fleurs et les aigrettes très-élevées au-dessus du péricline.

M. Sprengel, dans son *Systema vegetabilium*, attribue le *Stifftia* au genre *Plazia*, qu'il rapporte à sa tribu des Perdiciées, caractérisée par les corolles labiées.

D'autres botanistes croient que le genre *Stifftia* se confond avec le *Gochnatia* de M. Kunth, publié dans la même année 1820, et qu'il faut les réunir en un seul.

Nous avons déjà réfuté cette dernière opinion (t. XLVII, page 511), en faisant remarquer que le *Gochnatia* se distinguoit bien suffisamment du *Stifftia* par les squames aiguës et piquantes de son péricline, et par ses ovaires courts et velus. Mais à cette époque, nous n'avions point encore vu la corolle, les étamines et le style du *Stifftia*, non plus que la description et les figures de M. Mikan, ce qui nous laissoit dans le doute sur la question de savoir si ce genre appartenoit, comme nous le présumions, à la tribu des Carlinées, ou, ce qui étoit possible, à celle des Vernoniées. Aujourd'hui que nos observations sont complétées, nous sommes pleinement confirmé dans l'opinion que le *Stifftia* est un genre très-distinct de tout autre, notamment du *Gochnatia*, et qu'il appartient, comme celui-ci, à la tribu des Carlinées et à la section des Stéhélinées.

Le *Stifftia* se distingue génériquement du *Gochnatia*, non-seulement par les squames du péricline, inermes et très-obtuses, et par les ovaires longs et glabres, mais encore par la corolle à limbe plus étroit que le tube, et divisé jusqu'à sa base en lanières extrêmement longues, très-étroites, linéaires, roulées en spirale, et par les étamines, dont les filets sont greffés à la corolle jusqu'à la base de ses incisions. Ces caractères de la corolle et des étamines sont très-remarquables, et presque sans autre exemple dans tout l'ordre des Synanthérées. Nous ne connoissons, outre le *Stifftia*, que l'*Echinopus*, dont les étamines aient le filet libéré exactement à la base des incisions de la corolle : mais, dans l'*Echinopus*, cela résulte de ce que le filet est greffé, non-seulement avec le tube de la corolle, mais encore avec la partie basilaire du limbe, ce qui est fort extraordinaire. Chez le *Stifftia*, la singularité ne réside pas réellement dans les étamines, puisque leurs filets sont libérés, comme à l'ordinaire, au sommet du tube de la corolle ; mais elle réside dans cette corolle, dont le limbe est plus étroit que le tube, et divisé absolument jusqu'à sa base, c'est-à-dire jusqu'au sommet du tube. Il résulte de cette dernière circonstance, que le point de libération des filets des étamines se trouve nécessairement à la base même des incisions de la corolle. Ainsi, ce caractère des étamines, commun à l'*Echinopus* et au *Stifftia*, ne dérive pas de la même cause dans l'un et dans l'autre : car dans l'*Echinopus* c'est le point de libération des filets des étamines qui s'élève d'une manière insolite pour monter jusqu'à la base des incisions de la corolle ; tandis que dans le *Stifftia* c'est la base des incisions du limbe qui s'abaisse d'une manière insolite pour descendre jusqu'au point de libération des filets des étamines.

Le *Stifftia* est fixé dans la tribu des Carlinées par les filets des étamines, qui sont glabres, et dans la section des Stéhélinées par la corolle, qui est également glabre : mais au lieu de placer ce genre, comme nous l'avons fait, après le *Gochnatia*, il sera mieux de le mettre avant, afin de le rapprocher davantage du *Chuquiraga*, dont il est naturellement très-voisin, mais avec lequel il est impossible de le confondre (voyez notre description générique du Chuquiraga, t. IX, p. 178). Remarquez que la corolle étant velue dans le *Chuquiraga* et glabre dans le *Stifftia*, ces deux genres appartiennent à deux sections différentes, ce qui n'empêche pas de les rapprocher immédiatement, en laissant le *Chuquiraga* à la fin des Barnadésiées, et en plaçant le *Stifftia* au commencement des Stéhélinées.

Si la description générique du *Plazia*, faite par Ruiz et Pavon, est exacte, M. Sprengel a eu tort de considérer le *Stifftia* comme une espèce du même genre; mais il seroit très-possible que le *Plazia* et le *Stifftia* fussent deux genres voisins l'un de l'autre, et qu'ainsi le *Plazia* se trouvât appartenir à la tribu des Carlinées, quoique nous l'ayons rapporté avec doute à celle des Nassauviées (tom. XXXIV, pag. 208 et 227), dans laquelle nous croyons devoir le maintenir jusqu'à ce qu'il soit mieux connu. Il en est de même du *Proustia*, que nous avons rapporté avec doute à la tribu des Mutisiées (tom. XXXIII, pag. 463 et 466), et qui est peut-être une Carlinée-Stéhélinée, voisine des *Stifftia*, *Gochnatia*, *Hirtellina*. (H. Cass.)

STIFISK. (*Ichthyol.*) En Islande on appelle ainsi le COLIN. Voyez ce mot. (H. C.)

STIGMANTHE, *Stigmanthus*. (*Bot.*) Genre de plantes dicotylédones, à fleurs complètes monopétalées, de la famille des *rubiacées*, de la *pentandrie monogynie* de Linné, offrant pour caractère essentiel : Un calice persistant, à cinq divisions profondes; une corolle en entonnoir; le tube alongé; le limbe à cinq lobes; cinq étamines; les filamens très-courts; les anthères alongées, réfléchies; un ovaire inférieur; un style; un stigmate fort grand, ovale, strié. Le fruit est une baie formée par la base du calice, à une seule loge; et plusieurs semences osseuses, anguleuses.

STIGMANTHE EN CIME; *Stigmanthus cymosus*, Lour., *Fl. Coch.*, 1, pag. 181. Grand arbrisseau à tige grimpante et rameuse, sans épines, garnie de feuilles opposées, glabres, lancéolées, très-entières. Les fleurs sont blanches, disposées en cimes fort amples, terminales et axillaires; le calice divisé à son limbe en cinq divisions profondes, alongées, filiformes; les étamines insérées un peu au-dessous du tube de la corolle. L'ovaire est arrondi; le style filiforme, plus long que la corolle; la baie comprimée, tuberculeuse, presque sèche, à une loge polysperme. Cette plante croît à la Cochinchine, dans les forêts et sur les montagnes. (Poir.)

STIGMAROTE, *Stigmarota*. (*Bot.*) Il est difficile de décider si ce genre est réellement distinct du *Flacurtia* et du *Rumea*. Peut-être faudroit-il le réunir à l'un des deux, s'il étoit mieux connu. Il a été établi par Loureiro, *Fl. Coch.*, 2, pag. 779, sous le nom de *stigmarota jancomas*, auquel il rapporte pour synonymes le *spina spinarum*, Rumph., *Amb.*, 7, tab. 19, fig. 2, et le *jangomas*, Garc., *Arom.*, lib. 2, cap. 5; Bont., *Jav.*, lib. 6, cap. 25; *Icon.*, p. 111. C'est un arbre de médiocre grandeur, à fleurs dioïques, dont les rameaux sont étalés; les tiges des individus mâles armées d'aiguillons alongés et rameux; celles des femelles à aiguillons plus rares, simples, épars, plus courts. Les feuilles sont petites, éparses, pétiolées, ovales, luisantes, acuminées, dentées en scie, recourbées. Les fleurs sont disposées en grappes lâches, privées de corolle, munies d'un calice campanulé, à quatre, cinq ou six découpures aiguës; d'étamines nombreuses plus longues que le calice, à anthères arrondies. Les fleurs femelles ont un calice en roue; un appendice lenticulaire, à cinq ou six lobes; un ovaire supérieur, arrondi; le style court, cylindrique, un stigmate très-grand, orbiculaire, à six lobes. Le fruit est une baie presque globuleuse, charnue, à une seule loge, d'un brun pourpre, de huit lignes de diamètre, à six semences ovales, comprimées, fort petites. Ce fruit est doux, astringent, savoureux, assez bon à manger. Cette plante croît aux lieux cultivés, dans la Cochinchine.

Loureiro en cite une seconde espèce, qu'il nomme *stigmarota africana*. Ses tiges sont ligneuses, étalées, ramassées en touffes, longues de six pieds, armées d'aiguillons simples, droits, alongés. Les feuilles sont alternes, glabres, pétiolées, ovales, crénelées; les fleurs solitaires, dioïques, terminales. Les femelles ont un stigmate sessile, à six ou sept lobes bifides, circulaires. Cette plante croît à la Cochinchine. (POIR.)

STIGMATE. (*Bot.*) Partie du pistil qui reçoit la poussière fécondante. Le contact immédiat entre une certaine matière volatile provenant du pollen, et le stigmate, paroît être en général une condition indispensable pour que les graines mûrissent et deviennent aptes à produire de nouveaux individus.

Il n'y a pas de pistil sans stigmate. Tantôt il n'y a qu'un seul stigmate sur l'ovaire (primevère); tantôt il y en a deux (œillet), trois (iris), cinq (*hibiscus*), six (*aristolochia*), ou un grand nombre (mauve). Le nombre des stigmates, lorsqu'il n'y a pas de style, sert dans le système de Linné pour la détermination des ordres.

Il est quelquefois impossible de décider avec certitude si un pistil a plusieurs stigmates ou un seul, fendu ou lobé.

La distinction du stigmate et du style est aussi fort difficile dans bien des cas, parce qu'ils se confondent, surtout lorsque le stigmate est latéral (*colutea*, caryophyllées, etc.).

Le stigmate regarde quelquefois le centre de la fleur (saxifrage, etc.); quelquefois il est tourné vers la circonférence (campanule, cucurbitacées, etc.).

Il est tantôt dépourvu de villosité (châtaignier, etc.), tantôt pubescent (sicomore) ou velu (orge), ou plumeux (*avena elatior*), ou couvert de papilles (*hibiscus syriacus*), ou visqueux (*nicotiana fruticosa*).

Sa forme est aussi très-variée. Il est terminé en pointe (*fagus castanea*), globuleux (primevère), en forme de parasol (*sarracenia*), en forme d'étoile (*azarum*), semblable à un pétale (iris). Celui du *mimulus* est composé de deux lamelles mobiles et irritables.

Quelquefois le stigmate, ainsi que le style, sont perforés (lis, *amaryllis formosissima*). Pendant la floraison cette tubulure se remplit d'une liqueur qui disparoît lorsque la fécondation est opérée. (Mass.)

STIGMATE. (*Ichthyol.*) Nom spécifique d'un des *lutjans* de feu de Lacépède. Voyez Lutjan. (H. C.)

STIGMATES. *Stigmata, Spiracula.* (*Entom.*) Ce nom, tiré du grec Στίγματα, n'indique autre chose qu'une tache, une marque, une impression. On désigne ainsi les enfoncemens, les trous qui s'observent sur les parties latérales du corps des insectes qui souvent sont colorés sur les chenilles, et qui sont les orifices des canaux aériens ou des trachées destinées à la respiration; de là aussi le nom de *spiracules*, qui leur a été donné.

Nous avons fait connoître à l'article Insectes, tome XXIII de ce Dictionnaire, page 460 et suivantes, tout ce qui tient à l'histoire de leur respiration. Nous engageons le lecteur à consulter ces détails. (C. D.)

STIGMATIDIUM. (*Bot.*) Genre de la famille des lichens, établi par Meyer près du *Verrucaria*; il le caractérise ainsi : Sporocarpes en forme de points, agrégés, épars ou disposés presque en série ; sporanges proprement dits membraneux, noirs, enfoncés dans le thallus, se détruisant par leur milieu; spores ou séminules contenus dans un noyau gélatino-céroïde, noir. Meyer annonce rapporter à ce genre, 1.° le *Porina compuncta*, Ach., et le *Porina aggregata*, Ach., qu'il dit être le *Lichen obscurus*, Sow. *Engl. bot.*, pl. 1752, excl. synon., et l'*Opegrapha crassa*, Dec. ; 2.° les genres *Nematora*, *Phyllocharis*, *Craspedon* et *Melanophthalmum*, de M. Fée; 3.° Plusieurs espèces nouvelles d'Amérique ou d'Afrique que nous ne ferons que nommer avec lui : les *S. proteus* et *dendriticum*, qui croissent sur les feuilles en Amérique; le *Stig. ellipticum*, parasite des feuilles, et le *Stig. flavo-rufum*, l'un et l'autre d'Afrique. C'est ce genre que Curt Sprengel décrit dans son *Systema vegetabilium*, et il ne nous paroît pas qu'il puisse être considéré comme très-naturel. Sprengel divise les espèces, dont il indique six, en deux sections, selon qu'on les trouve sur les écorces des arbres ou sur les feuilles. Dans la première se trouvent les deux *Porina* d'Acharius, cités plus haut, et dans la seconde les genres de M. Fée décrits à l'article PHYLLOCHARIS. Sprengel ne fait aucune mention de celles citées par Meyer. (LEM.)

STIGME, *Stigmus*. (*Entom.*) M. Jurine, dans sa Méthode de classer ces hyménoptères, nomme ainsi, page 138, un genre qui ne comprend qu'une espèce, qu'il a figurée, planche 9, n.° 7, sous le nom de *stigmus ater*. Il porte un point noir sur les ailes supérieures; ce qui lui a valu le nom de stigme. (C. D.)

STIGMITE. (*Min.*) L'établissement de cette sorte de roche est une conséquence nécessaire des principes de classification et de détermination des roches mélangées. La base est un minéral homogène d'une nature assez particulière pour prendre place dans le système minéralogique. Cette base n'est presque jamais dépourvue de minéraux étrangers ; mais, lorsqu'ils n'y sont que rares, on doit en faire abstraction : lorsque, au contraire, ils sont nombreux, également disséminés sur une assez grande étendue, ils constituent une

véritable roche mélangée d'autant mieux fondée que ses principes sont plus précisément déterminés. On va voir que c'est
le cas de la roche dont nous avons établi la spécification
sous le nom de stigmite.

Les stigmites ont été considérés sous ce point de vue purement minéralogique par les Allemands, et les noms de *Pech-
stein-Porphyr*, *Obsidian-Porphyr* et *Perlstein-Porphyr*, qu'on
a donnés à ces roches, prouvent qu'on les a regardés comme
des roches mélangées à principes déterminés. M. Beudant les
a réunis avec le minéral qui leur sert de base sous les noms
de perlites testacé, sphérolithique, porphyrique, rétinique,
globulaire, etc.

Le Stigmite est une roche de fusion ou de cristallisation
essentiellement composée d'une pâte de rétinite ou d'obsidienne, renfermant des grains ou des cristaux de felspath.

Les *parties accessoires* sont le quarz en grains, le mica et
le perlite.

Les *parties accidentelles* sont peu nombreuses : on y trouve
quelquefois des grenats.

La *structure* est homogène et massive, quelquefois sphéroï-
dale.

La *texture* est empâtée, à pâte homogène, compacte, à
éclat vitreux ou résineux : les parties sont ou régulières, ou
grenues, ou sphéroïdales.

La *cohésion* des stigmites est généralement foible, et leur
cassure facile est assez parfaitement conchoïde.

Ces roches ont une *dureté* à peine égale à celle du felspath :
elles se laissent rayer par l'acier.

Leur *couleur* dominante est le noir, le gris de fumée, le
vert sombre; les parties sont généralement d'une teinte plus
pâle que la pâte.

Exposées à l'action du feu, soit du foyer, soit du chalumeau, elles se fondent facilement, ordinairement en bouil-
lonnant, et se réduisent en un verre tantôt bulleux, tantôt
compacte.

Les stigmites sont susceptibles d'éprouver une altération
d'autant plus remarquable qu'il en résulte une matière d'un
aspect tout-à-fait étranger et comme en opposition complète
avec leur premier aspect. Ils perdent d'abord leur transpa-

rence, deviennent translucides, avec un éclat perlé, ensuite presque opaques, en perdant tout éclat; et enfin ils acquièrent une opacité, une texture et une consistance terreuse, en prenant une couleur blanchâtre, quelle qu'ait été leur couleur primitive; cette terre a beaucoup d'analogie avec le kaolin. L'altération des stigmites n'est pas égale dans toutes leurs parties : les grains, les sphéroïdes, soit vitreux, soit lithoïdes, restent quelquefois presque intacts au milieu de la pâte transformée en matière terreuse blanche.

Les stigmites peuvent ne pas être séparés des obsidiennes et des rétinites, lorsqu'ils ne renferment que peu de parties étrangères disséminées çà et là dans la masse; mais, lorsque ces parties sont abondantes, également disséminées, ils se rapprochent des eurites ou des mélaphyres; lorsqu'ils renferment quelques cavités ou que leur pâte prend une translucidité laiteuse et un aspect terreux, ils passent, dans le premier cas, aux pumites, et dans le second aux trachytes : ce sont les seuls cas où l'on puisse hésiter sur la détermination de cette roche d'ailleurs très-bien déterminée.

Variétés et exemples.

1. STIGMITE PORPHYROÏDE.

Base de rétinite ou d'obsidienne [1], renfermant des cristaux de felspath, quelquefois des cristaux de quarz ou de grenat disséminés.

Ex. Au Puy-Griou, département du Cantal : il est verdâtre. — Dans la vallée de Triebisch, près Meissen : pâte de rétinite rougeâtre, brunâtre, etc. — De l'île Saint-Antioco, en Sardaigne : il est d'un noir presque opaque, à cassure raboteuse. — De Grantola, sur le lac Majeur : il ressemble beaucoup au précédent; c'est une pâte de rétinite très-noire; les cristaux de felspath ne deviennent visibles que par leur altération. — Les monts Euganéens renferment un grand nombre de variétés de cette roche à pâte vitreuse noire, enveloppant de nombreux grains de felspath. — En Hongrie,

---

1 Il deviendra peut-être convenable, lorsque le nombre des exemples bien authentiques aura été augmenté, de diviser ces roches en deux sortes, d'après la nature de la base.

dans la vallée de Glashütte : à pâte d'un gris noirâtre, avec
cristaux de felspath vitreux et quelques paillettes de mica
noir; entre Éperies et Tokay : ce stigmite renferme des cristaux de quarz bipyramidaux. — Le Mexique présente aussi
beaucoup de variétés de stigmite porphyroïde à pâte d'obsidienne.

2. Stigmite perlaire (*Perlstein*).

D'un gris bleuâtre ou verdâtre: éclat nacré; très-fragile;
des grains ou noyaux sphéroïdaux vitreux ou nacrés, engagés
dans la masse, comme pressés les uns contre les autres et
s'en détachant facilement; odeur argileuse.

Ex. Du mont Sieva dans les Euganéens : il est d'un vert-
grisâtre pâle. — De Tokay en Hongrie; sa pâte est d'un gris
verdâtre, avec des grains noirs. — De Schemnitz et dans les
environs de Bude, à Vissegrade, au-dessus de Saint-André,
en Hongrie. Ce dernier renferme des grenats. — De Cinepe-
cuaro au Mexique : pâte d'un gris jaunâtre; grains grisâtres.
— Dans la montagne de Saint-Robert, à la Guadeloupe : il
est grisâtre, à petits grains vitreux, noirâtres. Il offre l'exemple d'un passage à la pumite; et dans la rivière du Plessis :
il y est plus grisâtre et plus dense.

3. Stigmite amygdaloïde.

Pâte vitreuse; des noyaux sphéroïdaux, à texture souvent
radiée[1], disséminés dans la pâte et intimement liée avec elle.

Ex. Du Quindin au Pérou : noyaux avellanaires, gris, opaques, rayonnés sur un fond noir. — A Monteglosso près Bas-
sano : il est à base de rétinite, noir, presque opaque et rempli
d'une multitude de grains sphéroïdaux miliaires. — Dans la
vallée de Glashütte en Hongrie : à pâte grise et à globules
bruns ou jaune-rougeâtres, ayant les caractères du felspath
compacte. (Beudant.)

4. Stigmite brecciolaire.

Pâte de stigmite enveloppant des corps étrangers.

Cette variété remarquable passe aux roches hétérogènes
d'agrégation : elle vient de la montagne de Xicuco-Mesquitaz,
dans l'intendance de Mexico, et m'a été envoyée par M.
Bustamente. La pâte est d'un brun rouge, avec des taches et

---

1 Ce sont les sphérolites de Werner.

des veines noires, enveloppant des fragmens pisaires et avellanaires de roches compactes.

En général, presque tous les lieux où l'on cite des rétinites, des obsidiennes et des perlites, offrent un terrain plutôt composé de stigmite que de ces minéraux homogènes. Ceux-ci sont toujours moins abondans que les roches dont ils forment la base, et c'est parce que cette base a des caractères frappans, qu'on l'a prise pour désigner la roche qu'elle constitue, en faisant abstraction des minéraux étrangers qui y sont disséminés. Les stigmites ont cela de particulier que, ne différant pas des porphyres par leur mode de composition, on n'a considéré dans ces roches que la base, sans faire beaucoup d'attention aux minéraux qu'elle renferme presque constamment, tandis que dans le porphyre on a tellement négligé la base, pour ne s'occuper que de la structure, que pendant long-temps cette base est restée sans détermination et sans nom. (B.)

STIGNITES. (*Min.*) C'est un des noms qui, d'après Pline, a été donné au granite rose d'Égypte, parce qu'il est tacheté de rouge et de noir. Il est réuni à la roche que nous décrirons sous le nom de Syénite. Voyez ce mot. (B.)

STIGONEMA. (*Bot.*) Genre de la famille des algues, de l'ordre des algues articulées ou confervoïdes, établi par Agardh aux dépens du *Bangia* de Lyngbye, et qu'il place avec le *Scytonema*, dans l'ordre des algues confervoïdes, section des lichénoïdes, de sa classification des algues. Il le caractérise ainsi : Filamens continus, coriaces, nus, point muqueux, contenant des pointillures disposées en cercles ou en anneaux. L'auteur y rapporte trois espèces, qu'on trouve sur les rochers et les pierres mouillées, dont la substance est plus lichénoïde que celle des *scytonema*, et qui en diffèrent encore par la couleur brun-roussâtre ou noire, opaque, jamais d'un jaune doré, et les filamens rameux, épineux, marqués intérieurement de points distincts. Fries pense que ce genre n'est pas dans le cas d'être adopté.

Le Stigonema d'un vert noir : *St. atrovirens*, Agardh, *Syst.* page 42 ; *Lichen pubescens*, Linn. ; *Cornicularia pubescens*, Ach. ; *Conferva atrovirens*, Dillw., pl. 25 ; *Bangia atrovirens*, Lyngb. En touffes ou coussinets d'un brun noir ; filamens d'un vert-olive brun, roides, rameux, à rameaux très-fins ; grains intérieurs disposés en anneaux. On le trouve sur les pierres exposées à un air humide. Il offre une variété prolifère qui végète sur les pierres arrosées de temps en temps.

Le Stigonema pluviale : *Stigon. pluvialis*, Agardh, *l. c.* ; *Lemania pluvialis*, Bory de Saint-Vincent. En coussinet noir, composé de fils noir-olivâtres, roides, rameux, à rameaux divariqués, atténués, en forme d'épines. On le trouve à l'île Bourbon dans les fentes des rochers remplies par l'eau de la pluie, à 1100 toises au-dessus du niveau de la mer. Il a des excrescences semblables à celle que Dillwyn a observée dans l'espèce précédente, et qu'il donnoit pour la fructification.

Il y a encore le *Stigonema mamillosum*, Agardh, ou *Bangia mamillosa*, Lyngbye, *Tent.*, pl. 25, qui paroît n'être qu'une variété du *Stigonema atrovirens*, qui en diffère cependant par ses filamens alternes, flexueux, mous, mamillaires, et qui contiennent des grains presque ternés, ou, selon Sprengel, atténués aux extrémités, disposés en trois séries. On le trouve en Norwège sur les pierres aux bords des rivières. (Lem.)

STIKLING. (*Ichthyol.*) Un des noms norwégiens de l'épinoche. Voyez Gastérostée. (H. C.)

STILAGO. (*Bot.*) Ce nom, donné par les anciens à la corne de cerf, *plantago coronopus*, suivant C. Bauhin, a été appliqué par Linnæus à un genre que Smith a réuni à l'*Antidesma*, genre qui n'a pas encore été rapporté à une famille comme. (J.)

STILAGO. (*Bot.*) Ce genre, établi par Linné, a été réuni à l'*Antidesma* par Smith, le premier genre ne différant du second que par le nombre, peut-être variable, de quelques-unes des parties de la fructification, n'ayant que deux ou trois étamines dans les fleurs mâles au lieu de cinq, deux et non cinq stigmates ; le calice un peu tubulé, à quatre ou cinq dents. (Voyez Antidesma.)

Comme la seule espèce qui compose ce genre n'a point été mentionnée à l'article Antidesma, nous la rappellerons ici : c'est le *Stilago bunius*, Linn., *Mant.*, 122 ; *Bunius sativus*, Rumph., *Amb.*, 3, tab. 155. Arbre de médiocre grandeur, divisé en rameaux peu nombreux. Les feuilles sont simples, alternes, pétiolées, ovales-oblongues, très-entières, glabres à leurs deux faces, longues de cinq ou sept pouces, sur trois ou quatre de large. Les fleurs sont disposées en épis nus, grêles, alternes, très-longs, réunis trois ou quatre sur un pédoncule commun; ces fleurs sont petites, dioïques, éparses, sessiles, privées de corolle; le calice est un peu tubulé, à trois ou quatre dents dans les fleurs mâles, cinq dans les femelles. L'ovaire est environné d'un anneau à sa base, surmonté d'un style et de deux stigmates, auquel succède une baie arrondie, de la grosseur d'un pois, d'abord rouge, puis noirâtre, d'une saveur douce, acidulée. On la mange dans les Indes; elle se vend sur les marchés. Cette plante croît dans les Indes orientales. (Poir.)

STILBE. (*Entom.*) M. Max. Spinola a décrit sous ce nom de genre des espèces de chrysides ou guêpes dorées : telles sont les espèces de chrysis que Fabricius avoit désignées sous les noms de *calens*, *splendida*. (C. **D.**)

STILBÉ, *Stilbe*. (*Bot.*) Genre de plantes dicotylédones, à fleurs incomplètes, polygames, dioïques, de la famille des *épacridées?* de la *polygamie dioécie* de Linné, offrant pour caractère essentiel : Dans les fleurs hermaphrodites, un calice cartilagineux, à cinq dents, accompagné de trois bractées en forme de paillettes; une corolle infundibuliforme, à quatre ou cinq divisions, velue à son orifice; quatre étamines insérées au-dessous des poils du tube, alternes avec ses divisions; les anthères petites; un ovaire supérieur; un style; un stigmate; une semence recouverte par le calice. Dans les fleurs mâles il n'y a point de calice, point de pistil; le reste comme dans les fleurs hermaphrodites.

Stilbé a feuilles de pin : *Stilbe pinastra*, Thunb., *Prodr.*; Willd., *Spec.*, 4, pag. 1116; Lamck., *Ill. gen.*, tab. 856, fig. 1; Commel., *Hort.*, 2, tab. 112. Arbrisseau dont les tiges sont roides, droites, raboteuses par la chute des feuilles, chargées de rameaux roides, alternes, qui se terminent par d'autres presque verticillés. Les feuilles sont nombreuses, imbriquées, verticillées, au nombre de six à chaque verticille, glabres, linéaires, aiguës, longues de trois ou quatre lignes. Les épis sont ovales, sessiles, épais, obtus, terminaux, composés de fleurs sessiles, imbriquées; les bractées de la longueur des fleurs. Le calice est glabre, très-court, à cinq dents ; la corolle lanugineuse à ses deux faces : le tube filiforme : le limbe à cinq découpures hérissées, linéaires, presque égales : les quatre étamines ont la longueur de la corolle : la semence, renfermée dans le calice, tombe avec lui. Cette plante croît au cap de Bonne-Espérance, sur le bord des ruisseaux.

Stilbé a feuilles de bruyère : *Stilbe ericoides*, Thunb., Prodr.; Willd., *loc. cit.;* Lamck., *Ill. gen.*, tab. 866, fig. 2. Cette plante a le port d'une bruyère. Ses tiges sont ligneuses, cylindriques; ses rameaux élancés, souvent dichotomes à leur sommet. Les feuilles, réunies quatre à chaque verticille, sont petites, lancéolées, lisses, aiguës, plus convexes en dessous, et comme munies d'une carène double, écartée. Chaque rameau est terminé par un épi court, ovale, un peu rétréci à sa base; la corolle lisse. La plante croît au cap de Bonne-Espérance.

Stilbé effilée : *Stilbe virgata*, Poir., Encycl.; Lamck., *Ill. gen.*, tab. 856, fig. 3. Cette espèce a des tiges dressées, ligneuses, hérissées de petits points raboteux après la chute des feuilles. Les rameaux sont presque verticillés, souvent bifides à leur sommet. Les feuilles sont très-petites, éparses, imbriquées, fortement serrées contre les tiges, sessiles, ovales, aiguës, à peine longues de deux lignes. Les fleurs sont réunies en petites têtes très-courtes à l'extrémité des rameaux. Cette plante croît au cap de Bonne-Espérance.

Stilbé a feuilles de myrte : *Stilbe myrtifolia*, Poir., Encycl.; Lamck., *Ill. gen.*, tab. 856, fig. 4. Cette plante a, par la forme de ses fleurs, l'aspect d'un petit myrte. Ses rameaux sont droits, inégaux, souvent bifides à leur sommet, chargés d'un grand nombre de feuilles touffues, sessiles, imbriquées, ovales, un peu lancéolées, aiguës, très-entières, longues d'environ quatre lignes, larges de deux, parsemées de quelques poils rares, et un peu ciliés à leurs bords. Les fleurs sont réunies en paquets touffus à l'extrémité des rameaux, accompagnées de bractées courtes, aiguës. Le tube de la corolle est grêle, une fois plus long que le calice; le limbe à cinq divisions lancéolées, aiguës. Cette plante croît au cap de Bonne-Espérance. (Poir.)

STILBITE. (*Min.*) Les stilbites ont, comme les felspaths et les micas, des caractères communs, qui les rapprochent et en forment un groupe assez naturel : elles possèdent toutes, en effet, un seul clivage fort net, joint à un éclat nacré des plus vifs, et presque la même dureté et la même pesanteur spécifique; aussi, pendant long-temps les a-t-on réunies, dans la famille des zéolithes, en une seule espèce, qui paroissoit bien circonscrite. Mais depuis qu'on apprécie, avec une exactitude scrupuleuse et des moyens d'observation plus parfaits, les plus légères différences que peuvent offrir les substances minérales dans leurs caractères cristallographiques et dans le rapport de leurs élémens, l'ensemble des stilbites a été partagé, comme le groupe des felspaths, en plusieurs espèces, dont le nombre est au moins de deux, suivant MM. Mohs et Phillips, et va peut-être jusqu'à cinq, d'après les recherches de MM. Brooke, Brewster et G. Rose. Comme la division en deux groupes fondamentaux repose sur une donnée positive et généralement admise, la distinction de deux systèmes de formes cristallines incompatibles, nous nous y conformerons ici, en ayant soin de faire connoître, dans l'énumération des variétés qu'on peut rapporter à chacun de ces groupes, celles qui ont été érigées en espèces distinctes par les minéralogistes que nous avons cités, ainsi que les caractères qu'ils leur ont assignés.

Première espèce.

Stilbite proprement dite [1]. Substance ordinairement blanche, à cassure vitreuse et à éclat nacré dans le sens du clivage le plus net et le plus facile. C'est un trisilicate d'alumine uni à un trisilicate de chaux et à l'eau. Son expression chimique est :

$$2ASi^3 + CaSi^3 + 12Aq. \quad (\text{Hisinger.})$$

Ses cristaux dérivent d'un prisme droit rectangulaire *PMT* (Haüy), que l'on rencontre quelquefois parmi les formes

---

1 *Stilbite*, Phill. et Brooke. — *Strahlzeolith*, Wern. — Zéolithe radiée et zéolithe prismatoïdale, James. — *Prismatoidischer Kouphonspath*, Mohs.

naturelles; ou, ce qui revient au même, d'un prisme rhomboïdal droit de 94°15'. (BROOKE.)[1]

Le clivage est très-facile et très-net, parallèlement à la face T du prisme rectangulaire, ou au plan qui passe par les grandes diagonales du prisme rhomboïdal. On observe de légers indices de joints dans le sens des petites diagonales du même prisme. La base P ou la face terminale des cristaux est souvent arrondie; les pans T et M sont striés longitudinalement.

La stilbite est fragile; sa dureté est supérieure à celle du calcaire spathique, et presque égale à celle du fluorite. Sa pesanteur spécifique est de 2,16 (variété blanche d'Islande); elle possède la double réfraction. (BIOT.)

Elle a l'éclat nacré dans le sens des joints qui cèdent le plus facilement à leur séparation; dans tout autre sens, la cassure est vitreuse et généralement inégale.

Elle ne fait point gelée avec l'acide nitrique, à moins qu'on ne fasse chauffer celui-ci à plusieurs reprises. Mise sur un charbon ardent, elle blanchit et s'exfolie; chauffée dans le matras, elle donne de l'eau; au chalumeau, elle se boursoufle et fond en un globule opaque.

Composition.

	Silice.	Alumine.	Chaux.	Eau.	
De Rödefiordshamm	58	16,10	9,20	16,40	Hisinger.
De Féroë..........	52,0	17,5	9,0	18,5	Vauquelin.
	58,3	17,5	6,6	17,5	Meyer.

Les seules variétés de formes que l'on connoisse dans l'espèce qui nous occupe, proviennent de modifications simples sur les arêtes du prisme rhomboïdal, combinées entre elles et avec les faces de ce prisme. Elles sont au nombre de quatre :

1. La *Stilbite prismatique.* Stilbite primitive d'Haüy. *P M T.* En prisme rectangulaire simple, provenant de troncatures tangentes sur les arêtes du prisme rhomboïdal. Se trouve à Strontian, dans la vallée Rossie, en Écosse.

---

1 La hauteur est aux diagonales des bases comme $1 : \sqrt{1,75} : \sqrt{1,5}$.

2. La *Stilbite dodécaèdre*. *MTr*, Haüy. En prisme rectangulaire, terminé par un pointement à quatre faces tournées vers les arêtes longitudinales du prisme. L'incidence de *r* sur *r* est de 119° 15′, et de *r* sur *r′*, 114° (BROOKE)[1]. Les mêmes faces *r* font, avec les pans du prisme rhomboïdal ou avec les arêtes du prisme rectangulaire, un angle de 138°. — A Oravitza, dans le Bannat de Temeswar; à Saint-Andreasberg, au Harz; à l'île Skye, dans les Hébrides; à Naalsoë et Œsteroë, dans les îles Féroë.

Cette variété est quelquefois amincie entre deux des pans, au point qu'on la prendroit pour une lame hexagonale à biseaux. (DE BORN.)

3. La *Stilbite épointée*. *PMTr*, Haüy. La variété précédente, dont les faces terminales n'ont pas atteint leur limite, en sorte qu'il reste une facette perpendiculaire à l'axe. — Dans la vallée de Tawetsch; à Kniebeiss, dans le Salzbourg; à Arendal; à l'île Skye; à Vagoë et Naalsoë (iles Féroë); à Rödefiord, en Islande.

4. La *Stilbite dioctaèdre*. C'est la forme la plus ordinaire des cristaux de stilbite : prisme octogone, terminé de part et d'autre par un pointement à quatre faces.

Les faces dominantes du prisme sont les faces *M* et *T*; les autres facettes appartiennent au prisme rhomboïdal de 94°. Elles sont inclinées sur les faces *T* de 137° 8′, et sur les faces *M*, de 132° 52′. — A Campsie, dans le comté de Stirling.

Les variétés de couleurs sont peu nombreuses dans la stilbite. C'est en général la couleur blanche qui domine; mais elles présentent aussi différentes nuances de jaunâtre, de rouge et de brun. Les cristaux ont une demi-transparence ou sont translucides. Parmi les variétés de formes accidentelles et de structure, on distingue particulièrement :

La *Stilbite arrondie*. C'est une altération de la variété épointée, dont les sommets sont déformés par des arrondissemens. En cristaux jaunâtres, au bourg d'Oisans, département de l'Isère.

La *Stilbite flabelliforme* ou *Stilbite en gerbes*, *en éventail*. En

---

[1] Suivant Haüy, ces incidences seroient de 123 ½ et de 112 ¼.

cristaux appartenant ordinairement à la variété dodécaèdre,
et réunis par une de leurs extrémités.

La *Stilbite radiée*. En cristaux aciculaires, qui partent tous
d'un centre commun : à Vaagoë (iles Féroë), variété blanche,
associée au calcaire cuboïde ; à Moldava, dans le Bannat,
cristaux rougeâtres.

La *Stilbite laminaire*. C'est l'une des variétés les plus communes. En cristaux minces et tabulaires, implantés dans les
roches trappéennes ou dans les filons métallifères : en Islande
et dans les iles Féroë (cristaux blancs ou grisâtres) ; à Saint-
Andreasberg, au Harz ; à Arendal, près Konsberg (cristaux
bruns ou bronzés). La zéolithe d'Œdelfors paroit n'être qu'une
stilbite laminaire rougeâtre, qui a perdu un peu d'eau de
cristallisation.

La *Stilbite mamelonnée*. En petits cristaux groupés, et formant des globules ou des druses à la surface de diverses espèces de roches. En Dauphiné ; au Saint-Gothard.

La *Stilbite compacte*. Il est difficile de reconnoître si les variétés qu'on désigne ainsi dans les collections appartiennent
réellement à la stilbite ou bien à l'espèce que nous allons
décrire sous le nom de *heulandite*. — Au Puy-d'Euse, près de
Dax, dans un diorite en décomposition ; dans la vallée *dei
Zuccanti*, au Tyrol, dans un trapp altéré (stilbite rose ou
orangée) ; dans les amygdaloïdes du Vicentin. — Suivant M.
Léman, la crocalite d'Estner se rapporteroit à cette variété.

M. G. Rose a observé le premier, et décrit comme espèce
distincte de la stilbite [1], une substance blanche, cristallisée,
qui paroît avoir les plus grands rapports de forme et de
composition avec ce minéral. L'analyse qu'il en a faite diffère
peu de celle que M. Hisinger a obtenue pour la véritable
stilbite : toutes deux ont un clivage facile, joint à un éclat
nacré ; la pesanteur spécifique est sensiblement la même de
part et d'autre ; enfin les systèmes cristallins sont du même
genre. Mais la forme ordinaire sous laquelle se présente cette
nouvelle substance ne s'accorde point avec celle de la stilbite, et, suivant M. Rose, leurs angles sont incompatibles.
Cette forme est celle d'un prisme rhomboïdal très-obtus (de

---

[1] *Edinb. journal of science*, n° 6, 1826, p. 255.

135° 10'), terminé par un pointement à quatre faces posées sur les angles. Les cristaux sont implantés, avec la heulandite, dans une masse granulaire de la même substance, qui remplit les cavités d'une amygdaloïde d'Islande ou des îles Féroë : ils sont incolores et transparens, font gelée dans les acides, et ont pour pesanteur spécifique 2,25. M. Rose adopte pour forme fondamentale de cette nouvelle espèce, qu'il nomme *épistilbite*, un octaèdre rhomboïdal. D'après son analyse, l'épistilbite est composée de

Silice.	Alumine.	Chaux.	Soude.	Eau.
58	17	7	2	15

M. Levy a publié un Mémoire [1] dans lequel il cherche à démontrer l'identité de l'épistilbite avec la heulandite, ou du moins à faire voir qu'il ne seroit pas impossible de faire dériver la forme de l'épistilbite, par des modifications simples et ordinaires, de celle qu'il a adoptée pour la heulandite ; mais M. Brewster [2] a confirmé depuis, par l'examen des propriétés optiques des deux substances, leur séparation, que M. Rose avoit établie d'après la différence des systèmes cristallins.

Gisement de la Stilbite. La stilbite paroît appartenir à trois ordres de terrains bien distincts, savoir les terrains primordiaux, les terrains trappéens et les terrains volcaniques proprement dits ; mais c'est dans les terrains trappéens qu'est son gîte spécial. Les substances qui lui sont associées le plus constamment, sont la chabasie, l'analcime, la mésotype, l'harmotome, la prehnite, le felspath adulaire, le calcaire spathique, le quarz ; plus rarement l'épidote, l'arsenic réalgar, l'arsenic natif, la galène, l'argent rouge, le fluorite et la barytine.

Dans les terrains primordiaux, la stilbite se montre principalement au milieu des fentes et des cavités qui interrompent ces terrains, tantôt en petites veines qu'elle constitue

---

1 *Philosophical Magazine*, Janvier 1827, p. 6.
2 *Edinb. journal of science*, Avril 1827, p. 362.

a elle seule, tantôt en cristaux implantés sur les parois des cavités, tantôt enfin dans les filons métallifères qui traversent ces mêmes terrains. On la connoit dans les granites du Dauphiné, du Saint-Gothard, du Tyrol et des Pyrénées; dans le gneiss de la vallée Peccia, en Suisse; dans le micaschiste, à Chester, aux États-Unis; dans les phyllades, à Kerrera, en Écosse, et aux Pyrénées; dans le diorite, au Puy-d'Euse, près de Dax, et au pays d'Oisans, en Dauphiné. Elle existe dans les amas métallifères d'Arendal, en Norwége, et de Suède, où elle s'associe au fer magnétique, à l'épidote et à l'amphibole; dans les lits de cuivre argentifère du Bannat de Temeswar; dans les filons de galène de Saint-Andreasberg, au Harz; enfin dans ceux de Strontian, en Écosse, où elle est accompagnée d'harmotome, de calcaire spathique, de plomb sulfaté et de barytine.

Dans les terrains d'épanchement trappéens, la stilbite abonde au milieu des roches amygdalaires, telles que spilites, vakites, dolérites, etc. Elle s'implante sur les parois de leurs cavités, souvent recouvertes de terre verte, avec d'autres substances de la famille des zéolithes, et avec le quarz et le calcaire spathique. C'est ainsi qu'on la trouve dans les terrains trappéens de l'Islande, du Groënland, des îles Féroë, de l'Écosse et des îles Hébrides, de l'Irlande, de la Hesse, de la Bohème, de la Hongrie, du Tyrol, du Vélai et du Vivarois.

Dans les terrains volcaniques. On a cité la stilbite au Vésuve, dans une roche altérée par le feu, mais non fondue; elle y est en petits cristaux blanchâtres, arrondis, associés au spinelle, au mica, au pyroxène, et disséminés au milieu d'une pâte grisâtre. On la rencontre encore dans les laves de l'Etna et du Val di Noto, en Sicile; dans celles des îles de Bourbon et de Ténériffe, et même dans celles de l'Auvergne.

Principaux lieux. La stilbite est abondamment répandue dans les différentes parties de la terre. Nous citerons particulièrement:

En FRANCE. Les Pyrénées: au Puy-d'Euse, près de Dax, dans le diorite altéré; à la vallée de Saint-Béat et de Riou-Maou, dans le granite et le phyllade. — Le Dauphiné: à l'Aiguille-Rousse, dans le granite, et à la gorge de la Selle, près Saint-Christophe. — L'Auvergne : au Puy-de-Marmant, dans le basanite. — Le Vivarais, le Vélay, le Languedoc, dans les roches basaltiques.

En Suisse. Le Saint-Gothard, dans le granite. — Airolo ; les vallées de Medels et de Peccia, dans le gneiss, avec prehnite.

En Italie. Le Vicentin : à Montecchio-Maggiore, dans les spilites. — Le Vésuve, dans les roches à texture cristalline de la Somma. — La Sicile, dans les laves de l'Etna et du Val di Noto.

En Allemagne. Le Harz, dans les filons métallifères d'Andreasberg. — Le duché de Bade, aux environs de Sasbach. — Le Tyrol : vallée *dei Zuccanti*, dans un trapp altéré ; vallée de Fassa ; environs de Gastein, près Salzbourg, dans le granite ; le Scisseralpe, avec chabasie. — La Hesse, dans une roche amygdalaire.

En Hongrie. Le Bannat : à Orawitza, avec calcaire spathique ; à Moldava, en masses radiées rougeâtres.

En Scandinavie. La Norwége : à Kongsberg et à Arendal, dans les filons métallifères, avec épidote. — A Œdelfors, en Suède. — Dans les îles Féroë, à Dolsnyssen (Sandoë), elle y tapisse les cavités d'une spilite grise ; à Naalsoë, avec mésotype, dans une vakite ; à Svinoë et Osteroë. — A Vaagoë, avec calcaire spathique cuboïde.

En Angleterre. L'Écosse : à Strontian, dans les filons, avec harmotome, calcaire spathique, plomb sulfaté et barytine ; à Carbeth et à Campsie, dans le Stirlingshire ; à l'île d'Aran, dans le granite ; à Sky et à Mull. — L'Irlande, à Staffa.

En Islande. A Rödefiordshamm, dans les géodes de calcédoine, avec terre verte ; en cristaux implantés sur le calcaire spathique.

Dans l'Amérique septentrionale. Sur la côte méridionale du Groënland, à Niaxornak ; au mont Ounartorsoak, au nord de Godhavn ; à l'île Disko. — A Newhaven, dans le Connecticut ; et à Westfarnes, près New-York, en cristaux rougeâtres associés à l'épidote. — A Zimapan, au Mexique.

On cite encore de la stilbite à Indore, dans les monts Vendyah, Indes orientales : elle y tapisse les cavités de roches

amygdalaires, semblables à celles d'Islande et de Féroë. Dans
la mer du Sud, à l'île de la Désolation : elle est associée à
l'épidote et au quarz, et recouvre une veine de stilbite compacte.

Deuxième espèce.

STILBITE HEULANDITE [1]. Substance blanche ou d'un rouge mordoré, en cristaux dérivant d'un prisme rectangulaire à base
oblique ; possédant, comme la stilbite, un clivage latéral
très-net, avec un éclat nacré très-vif, quelle que soit la couleur des cristaux. C'est encore une combinaison de trisilicate
d'alumine et de trisilicate de chaux et d'eau ; mais les proportions ne sont plus les mêmes. Sa formule chimique est :

$$8ASi^3 + 5CaSi^3 + 36Aq.$$

Elle se présente ordinairement sous la forme de prismes
obliques à base rectangulaire, modifiés par de petites facettes
sur les angles et sur l'arête horizontale supérieure, et dans
lesquels dominent les deux pans T qui passent par les arêtes
obliques. C'est parallèlement à ces pans T qu'a lieu le clivage
dont nous avons parlé. L'incidence de la base sur le pan situé
en avant est de 129° 40′. (BROOKE.) Les dimensions du prisme
fondamental n'ont pas encore été déterminées avec une exactitude suffisante. [2]

Les faces des cristaux de heulandite sont plus ou moins
inégales. Les faces T, qui possèdent l'éclat nacré, sont souvent concaves ; les autres faces sont ordinairement convexes.
La cassure est vitreuse et imparfaitement conchoïdale.

Quant aux caractères de dureté, de densité, et aux caractères pyrognostiques, ils sont les mêmes que ceux de l'espèce
précédente. M. Brewster a fait voir que la heulandite a deux
axes de double réfraction, et que l'on aperçoit aisément les
deux systèmes d'anneaux polarisés à travers une lame terminée par deux faces de clivage.

---

[1] *Heulandite*. PHILLIPS et BROOKE. — *Blätterzeolith*, WERN. — *Hemi-
prismatischer Kouphonspath*. MOHS.

[2] M. Levy adopte pour la forme primitive de la heulandite un prisme
oblique rhomboïdal, dont la base est inclinée de 106° 1′ sur deux des
faces latérales, qui font entre elles l'angle de 97° 39′.

Composition.

	Alumine.	Silice.	Chaux.	Carbonate de chaux.	Eau.	Oxides de fer et de mangan.	
	7,19	59,90	16,87	00,00	13,43	0,00	Walmstedt.
Variété rouge du Tyrol	10,00	45,00	11,00	16,00	12,00	4,50	Laugier.

Variétés de formes.

1. *Heulandite anamorphique.* C'est la stilbite anamorphique d'Haüy, *MszT* (fig. 278, Tr., 2.ᵉ édit.), mais vue dans une position renversée. La face *M* et l'une des faces *s* (que nous appellerons *s'*) doivent être situées verticalement. Alors les faces *z* proviennent d'une modification simple sur les angles inférieurs de la base, et les faces *T* résultent d'une modification sur l'arête horizontale supérieure. — Incidence de *s* sur *s'*, 129° 40'; de *s* sur *T'*, 114°; de *s'* sur *T*, 116° 20'; de *z* sur *z*, 136. (BROOKE.) — Se trouve aux îles Féroë (cristaux blancs); en Islande; à Kongsberg, en Norwége.

2. *Heulandite accélérée.* Stilbite accélérée d'Haüy, *Mxsz* (fig. 279). La variété précédente moins les faces *T'*, et augmentée des faces *x*, qui remplacent les arêtes d'intersection de *M* et de *T*. — Incidence de *x* sur *x*, 95°. — A Fassa, en Tyrol, en cristaux d'un rouge mordoré.

3. *Heulandite octoduodécimale.* Stilbite octoduodécimale d'Haüy, *MTszu* (fig. 280). C'est la première variété, plus les faces *u*, qui remplacent les angles solides supérieurs. — Incidence de *u* sur *u*, 146° 40' — Dans les îles Féroë.

La heulandite se présente aussi en masses cristallines ou en druses formées d'une multitude de petits cristaux étroitement serrés; on la rencontre aussi en masses globulaires ou mamelonnées dans les cavités des roches amygdalaires, et en masses à texture presque compacte. Ses principales variétés de couleurs sont le blanc, le rouge obscur, le brun, le gris et le jaunâtre.

Son gisement est absolument le même que celui de la stilbite. Ces deux substances sont presque toujours associées enire elles ; mais, dans certaines localités, c'est la heulandite qui prédomine. Ainsi, elle est plus commune que la stilbite en Écosse et dans les iles adjacentes, tandis que le contraire a lieu pour le Harz et la Norwége. Elle existe en gros cristaux fort nets au mont Old-Kill-Patrick, près de Glasgow. Elle se rencontre aussi, en assez grande abondance, dans la vallée de Fassa, en Tyrol, et dans les îles Féroë, toujours tapissant de ses cristaux les cavités des roches trappéennes. On la cite encore dans le terrain de micaschiste, à Chester, dans l'Amérique septentrionale, où elle est accompagnée de stilbite et de chabasie, et aux monts Vendiah, dans l'Indostan.

Il est une autre substance qui a la plus grande analogie avec la heulandite, qui est souvent confondue avec elle, et qui paroît n'en différer chimiquement que par une proportion d'eau plus considérable : c'est la *brewstérite*, ainsi nommée par M. Brooke, qui la considère comme constituant une nouvelle espèce. [1] Cette substance est blanche, transparente ou translucide, et se présente en petits cristaux prismatiques à sommets dièdres très-surbaissés, associés au calcaire spathique, à Strontian, dans l'Argyleshire, en Écosse. Son système cristallin est du même genre que celui de la heulandite ; mais sa forme ordinaire la distingue des variétés connues de cette dernière substance. C'est, d'après M. Brooke, un prisme à dix-huit pans, terminé par des sommets dièdres très-surbaissés. L'inclinaison des faces de ces sommets, l'une sur l'autre, est de 172°; celle de l'arête d'intersection de ces faces sur la verticale est de 95° 40′.

Les cristaux de brewstérite offrent un clivage très-net dans le sens du pan qui est parallèle à l'arête terminale oblique; la surface des autres pans est striée longitudinalement. Ils ont la cassure inégale et l'éclat vitreux; mais les joints parallèles au pan dont nous venons de parler, ont un éclat nacré très-sensible. La couleur est ordinairement le blanc; mais elle passe quelquefois au jaune et au grisâtre. La dureté est supérieure à celle de l'apatite, et inférieure à celle du felspath. La pesanteur spécifique est de 2,4. (Brewster.)

---

1 *Edinb. philosoph. Journ.*, t. 6, p. 112.

Au chalumeau, la brewstérite perd d'abord son eau de cristallisation et devient opaque; puis elle se boursoufle et fond avec difficulté. Elle donne un squelette de silice avec le sel de phosphore.

On trouve aussi rangée dans les collections, avec la stilbite heulandite, une substance qui a beaucoup d'analogie avec la brewstérite. Elle est blanchâtre ou gris-jaunâtre, et s'offre en petits cristaux brillans, ayant la forme de prismes octogones irréguliers, à sommets dièdres très-surbaissés. Elle se rencontre, avec l'harmotome, dans les cavités d'une roche amygdalaire, et n'a encore été trouvée qu'au mont Vésuve. Le docteur Brewster lui a donné le nom de *comptonite*, qui avoit été proposé par M. Allan[1]. Il la regarde comme une nouvelle espèce, dont il indique ainsi les principaux caractères : Son système cristallin est celui du prisme droit rectangulaire, et le clivage mène à cette forme. Celle qu'on peut adopter comme fondamentale est le prisme rhomboïdal droit de 91° (suivant M. Brooke), ou celui de 93° 45′ (suivant M. Brewster). L'éclat de la comptonite est vitreux; sa couleur est blanche; ses cristaux sont transparens. Sa dureté est presque égale à celle de l'apatite. Elle se comporte, au chalumeau, comme presque toutes les espèces de la famille des zéolithes. Selon M. Brewster, elle forme une gelée lorsqu'on la soumet en poudre à l'action de l'acide nitrique. (Delafosse.)

STILBOSPORA. (*Bot.*) Genre de la famille des champignons, voisin des genres *Uredo* et *Puccinia*, qui, d'après Link, comprend des espèces infiniment petites, composées uniquement de sporidies (sporules ou thèques) cloisonnées, sessiles, c'est-à-dire, point pédicellées, naissant sous l'épiderme des plantes, qu'elles déchirent pour se mettre à jour.

1. Le Stilbospora macrospore : *Stilb. macrospora*, Pers., *Diss.*, pl. 3, fig. 3; Link, *in* Willd., *Sp. pl.*, vol. 6, part. 2, p. 95 : Nées, *Fung.*, pl. 1, fig. 17, voyez n.° 39, pl. 6, fig. 6 de l'atlas de ce Dictionnaire. Sporidies en petits paquets élevés dans le milieu, étendus sur les bords, recouverts par l'épiderme. Ces sporidies sont cylindriques, divisées le plus sou-

---

1 *Edinb. philosoph. Journ.*, t. 4, p. 131.

vent par deux cloisons, noires, luisantes. Cette espèce est commune sur l'écorce des arbres morts.

2. Le STILBOSPORA RÉTRÉCI; *Stilb. angustata*, Pers., Link, *loc. cit.* Sporidies réunies en paquets presque ronds, comme écailleux, recouverts par l'épiderme. Ces sporidies sont cylindriques, obscurément cloisonnées, noires et luisantes. Cette espèce se trouve sur les branches des arbres tombées et desséchées. Elle est, ainsi que la précédente, semblable au *Stilbospora ovata*, Pers., type du genre *Melanconium* de Link, sur lequel nous allons revenir. Link indique même dans son genre *Melanconium* une espèce à sporidies obscurément cloisonnées, qu'il nomme *stilbospora angustata*, et qu'il n'ose nommer *melanconium*, bien qu'il reconnoisse de l'analogie entre cette plante et le vrai *stilbospora angustata*.

Link, l'auteur le plus récent qui ait décrit le genre *Stilbospora*, n'y ramène que les deux espèces ci-dessus; mais cela tient à la manière dont il le considère, et à ce propos deux mots sur l'histoire du *Stilbospora* sont nécessaires. Hoffmann a introduit le premier ce genre, pour y placer des champignons analogues aux précédens, et qui font encore la base du genre *Stilbospora* de Persoon, Fries, et de la plupart des botanistes; mais Link, ayant remarqué que ces espèces, ainsi qu'un grand nombre de celles qu'on y a ajoutées, diffèrent par leurs sporidies simples, c'est-à-dire point cloisonnées, a cru devoir en faire un genre distinct sous le nom de *Melanconium*, qu'il a successivement supprimé, puis rétabli, et qui a été adopté par plusieurs botanistes. Ce genre peut être considéré en quelque sorte comme le vrai genre *Stilbospora*, dont on auroit séparé les espèces ci-dessus. Link rapporte à son *Melanconium* des espèces de *stilbospora* qui, d'après lui et d'après les auteurs, n'ont point les sporidies cloisonnées, telle est la suivante :

3. Le STILBOSPORA PYRIFORME : *Stilb. pyriformis*, Hoffm., *Deutsch. Flor.*, 2, pl. 13. fig. 4 : Desmaz., Obs. bot., p. 21, pl. 2, fig. 1. Ses sporidies sont pyriformes, inégales en grosseur, brunes, divisées par quatre à six cloisons. On le trouve aussi sur les rameaux morts du noyer. Link a été conduit sans doute à commettre cette erreur en donnant, comme il le fait, cette plante pour le *Stilbospora ovata*, de Pers., *Obs.*

mycol., 1, page 31, pl. 2, fig. 6, qui a les sporidies simples, non cloisonnées, ovales ou oblongues (quelquefois pyriformes, Link), et que M. Desmazière, botaniste distingué de Lille, a parfaitement caractérisé. Il ne nous paroît pas possible, à l'examen des figures, que la plante de Hoffmann et celle de Persoon soient des âges différens d'une même espèce.

Le *Melanconium* de Link renferme, outre le *Stilbospora ovata*, Pers. (*Mel. ovatum*, Link, *excl. syn.*, Hoffm.), huit espèces, partagées en deux sections. Celles à sporidies plus grandes forment la première section, et le *Mel. ovatum* en fait partie; celles à sporidies très-petites, au nombre de cinq, constituent la seconde. Nous ferons remarquer :

Le MELANCONIUM SPHÉROSPERME : *Mel. sphærospermum*, Link. ; *Stilbospora sphærosperma*, Pers., *Obs. myc.*, 1, pl. 1, fig. 6 ; Dec., Fl. fr., 6, page 150. Sporidies infiniment petites, globuleuses, noires, pellucides, formant des amas elliptiques recouverts par l'épiderme et qui s'étalent avec l'âge. On le trouve sous l'épiderme des écorces du hêtre, des bouleaux, des érables (Pers.), des chaumes de graminées desséchées. (Linn.)

Le MELANCONIUM CONGLOMÉRÉ : *Mel. conglomeratum*, Link, *in* Willd., *Sp. pl.*, vol. 6, part. 2, p. 93 ; *Mel. atrum*, Link, *Obs.*, 1, page 3, pl. 1, fig. 7 : *Stilbospora microsperma* et *Stil. conglomerata*, Link, *Obs.*, 2, page 30 et 31 ; *Stilb. microsperma*, Pers. Sporidies très - petites, point compactes, presque globuleuses, noires, opaques, réunies en petits amas, d'abord presque ronds, puis étalés. On le trouve sur les branches d'arbres desséchées, etc. Selon M. Persoon les sporidies sont anguleuses, ovales, atténuées aux extrémités et inéquilatérales.

Nous terminerons cet article en faisant observer que quelques plantes considérées comme des espèces de *Stilbospora* forment les genres nouveaux suivans :

I. DIDYMOSPORIUM, Nées, Link. Sporidies accouplées ou divisées en deux par une cloison, point pédicellées, formant des amas sous l'épiderme des plantes mortes, qui se déchirent pour les laisser à jour.

Les *Stilb. didyma* et *conglutinata*, Link, *Obs.* : deux plantes qui ne font qu'une espèce. Le *Didymosporium complanatum*, Nées, *Fung.*, page 83, pl. 1, fig. 38, est l'espèce principale de ce genre. Une seconde, le *Didym. elevatum*, Link, est, peut-être, le *Stilbospora microsperma* ; Pers., suivant Link.

II. ASTEROSPORIUM, KUNZE; ASTROPORIUM, Fries. Sporidies étoilées, cloisonnées, agrégées sur une base propre, floconneuse et grumeleuse. Il comprend le *Stilbospora asterosperma*, Hoffm., *Deutsch. Flor.*, 2, pl. 13 , fig. 3 ; Pers., *Synops.*, qui s'éloigne en effet des autres espèces par la singulière forme de ses sporidies.

III. BULLARIA, Dec., dont l'espèce qui le constitue est l'*uredo bullata*, Pers., le *Stilbospora bullata*, Link, *Obs.*, enfin le *Puccinia bullaria*, Link, *in* Willd., *Spec. pl.* (Voyez BULLARIA.)

IV. SEPTARIA ou SEPTORIA , Fries ; il a pour type le *Stilbospora uredo*, Dec., Fl. fr., 6, page 152, Mém. du Mus., 3, page 333, pl. 4, fig. 9. (Voyez SEPTARIA.)

Tous ces genres ont beaucoup d'affinités entre eux, ainsi qu'avec les genres *Puccinia*, *Uredo*, et même *Sphœria*, *Hysterium*, etc. Leur distinction et leur classement sont encore fort obscurs, et ils donnent un exemple très-remarquable des grandes difficultés dont est hérissée l'étude des plantes cryptogames microscopiques. (LEM.)

STILBUM. (*Bot.*) Genre de la famille des champignons, établi par Tode, puis par Hoffmann, adopté par Persoon et ensuite par d'autres botanistes. Ce genre, voisin des *Helotium* , *Stictis* et *Peziza* , appartient au même groupe , celui des champignons pézizoïdes, de l'ordre des sarcomyces , de la première classe des champignons dans la méthode de Persoon. Ce genre est caractérisé par ses capitules stipités ou pédicellés qui se confondent avec leurs pédicelles, d'abord mous, presque diaphanes, puis , en mûrissant , opaques , turbides et recouverts de sporidies qui paroissent nues, c'est-à-dire privées de thèque.

Les espèces sont assez nombreuses. Persoon en décrit vingt-neuf; et Curt Sprengel les limite à vingt-cinq. Ce sont de très-petits champignons, semblables à des moisissures, qu'on trouve sur les bois humides , les vieux troncs d'arbres, les écorces , quelquefois sur des champignons du genre Agaric putréfiés, sur les tiges des charas. enfin sur les excrémens des animaux.

§. 1.ᵉʳ *Capitules globuleux ou arrondis.*

1. Le Stilbum roide; *Stilbum rigidum*, Pers., Ust., *Annal. bot.*, fasc. 1, p. 31, pl. 2, fig. 2. Stipe ou pédicelle roide, noir, persistant; capitule d'abord nu, blanc de lait, puis compacte, gris et caduc. On le trouve, au printemps, sur le bois pourri; il n'a guère plus d'un millimètre de hauteur. Après la chute des capitules on le prendroit pour un byssus, caractère qui lui est commun avec la plupart des espèces du genre.

Le *Stilbum rigidum*, Dittm., *Fung. Germ.*, p. 49, pl. 59, est peut-être une espèce différente ou du moins une variété remarquable par ses stipes plus gros, quelquefois rameux ou prolifères; par ses capitules globuleux, d'abord blancs, puis noirs et un peu turbinés.

M. Persoon place avec doute ici, à la suite de cette espèce, le *stilbum nigrum*, Decand., qui se trouve sur l'écorce du genévrier, qui est tout noir, dur, et dont les capitules persistent, c'est-à-dire ne tombent point.

2. Le Stilbum émeraude; *Stilbum smaragdinum*, Persoon, *Consp. fung.*, p. 355, pl. 1, fig. 1. Stipes roides, persistans, noirs en dehors; capitules obovales, pellucides, caducs. Il forme des touffes ou gazons sur diverses sortes de bois, particulièrement sur ceux de sapins exposés à l'humidité dans les lieux ombragés. On le trouve au printemps et en été; il a une ligne de long. Ses stipes, d'abord d'une seule couleur vert d'émeraude, noircissent ensuite, excepté à leur sommet, qui conserve sa couleur.

3. Le Stilbum vulgaire; *Stilbum vulgare*, Persoon, Dittm., *Fung. Germ.*, p. 117, pl. 58. En touffe; stipes un peu épais, atténués vers le haut; capitules globuleux, d'abord blanchâtres, puis jaunâtres. Il est commun, en été et en automne, sur les rameaux et les troncs d'arbres pourris, principalement sur le hêtre. Il varie dans sa structure, mais le plus souvent il est infiniment petit et piliforme; les capitules, lorsqu'ils fructifient, sont couverts d'une poussière blanchâtre.

4. Le Stilbum citrin; *Stilbum citrinum*, Pers., *Icon. pict.*, fasc. 4, pl. 22, fig. 1. Stipes presque fasciculés, mous, glabres, d'une couleur citrine pâle; capitules globuleux. On le

trouve sur les troncs d'arbres pourris ; il a deux lignes de long. Ses stipes sont tantôt libres, tantôt presque réunis par la base.

5. Le Stilbum parasite : *Stilbum parasiticum*, Dittm., *Fung. Germ.*, p. 93, pl. 46 ; *Stilb. tomentosum*, Schrad., Journ. bot., 2, p. 65, pl. 3, fig. 2, *a, b*. En touffe ou gazon un peu ferme, glabre ; stipes glabres, insérés sur une base byssoïde ; capitules globuleux, blancs, quelquefois un peu citrins. On le trouve en été, après les pluies, sur les mousses ou sur les troncs d'arbres, et sur des *trichia* pourris par excès d'humidité.

§. 2. *Capitules ovales ou oblongs.*

6. Le Stilbum du cheval : *Stilbum equinum*, Pers., *Mycol. eur.*, 1, p. 555 ; *Ascophora stilbum*, Tode, *Fung. Meckl.*, 1, p. 14, t. 3, fig. 14? Infiniment petit, piliforme, pellucide ; capitules presque ovales, d'un blanc roussâtre. On le rencontre sur le crottin du cheval encore humide ; il n'est visible qu'à la loupe.

7. Le Stilbum piliforme : *Stilbum piliforme*, Decand., Fl. fr., 6, p. 16 ; Pers., *Mycol. eur.* Rassemblé, presque fasciculé, très-petit ; stipes très-fins, noirs ; capitules presque ronds, aqueux. On le trouve, au printemps, sur les troncs d'arbres. Les capitules tombent bientôt ; les stipes seuls persistent.

8. Le Stilbum rubicond ; *Stilbum rubicundum*, Tode, *Fung. Meckl.*, 1. p. 11, pl. 2, fig. 18. Capitules ovales, comprimés, blancs ; stipes capillaires, atténués, un peu pellucides, finissant par devenir jaunes. On trouve cette plante infiniment petite sur les souches des hêtres nouvellement abattus.

9. Le Stilbum a stife lisse ; *Stilbum leiopus*, Ehrenb., *Sylv. mycol.*, p. 924. En forme de massue ; capitules ou sporanges presque globuleux, déprimés, roses, passant insensiblement au stipe, lequel est épais, lisse et blanc. On le trouve sur les excrémens des souris, à Berlin. et aussi, selon Ehrenberg, sur les troncs d'arbres couverts de mousse. Selon Curt Sprengel, cette espèce est la même que le *stilbum erythrocephalum*, Dittm., et le *stilbum muscerdæ*, Fl. Dan., 1852, pl. 3 ; elle se trouve sur les excrémens de divers animaux et sur ceux des mouches.

10. Le Stilbum brillant : *Stilbum micans*, Pers., *Mycol. eur.*,

1 , pag. 355 ; *Clavaria micans*, Pers. , *Synops.* ; *Clavaria acrospermum*, Hoffm., *Germ.* , 2 , pl. 7 , fig. 2. En massue un peu charnue, rose, brillant ; capitules obovales, à stipe court et blanchâtre. Ce joli petit champignon , long d'une à deux lignes, se rencontre, en Avril et Mai, sur les tiges des plantes desséchées.

§. 3. *Espèce douteuse.*

11. Le STILBUM AQUATIQUE ; *Stilbum aquigenum*, Rebent. , *Neom.* , p. 582. Stipe droit, purpurin, persistant ; capitules globuleux, d'un noir pourpre. On le trouve, en été, épars sur les tiges du chara vulgaire. Les stipes ont une ligne de long ; les capitules sont luisans et paroissent remplis d'une masse blanche, gélatineuse ; desséchés, ils tombent en poussière , d'après Rebentisch. M. Persoon se demande si ce ne sont pas des œufs d'insectes.

Curt Sprengel réunit à ce genre une grande partie du genre *Atractium* de Link, de Nées, de Schmidt ; il y rapporte aussi beaucoup d'espèces de *periconia* ; enfin, le *chordostylum* de Tode, le *cladosporium* de Link , et le *cephalotrichum* du même auteur. En admettant ses additions et ayant égard aux espèces qui sont communes entre lui et M. Persoon , ce genre peut contenir une quarantaine d'espèces ; mais nous sommes loin d'approuver toutes les réunions faites par Curt Sprengel. (LEM.)

STILLINGIE, *Stillingia*. (*Bot.*) Genre de plantes dicotylédones, à fleurs incomplètes, monoïques, de la famille des *euphorbiacées*, de la *monoécie monadelphie* de Linné, offrant pour caractère essentiel : Dans les fleurs mâles, une corolle (calice, Linn.) tubulée, crénelée à son bord ; point de calice ; deux étamines saillantes ; les filamens monadelphes à leur base. Dans les fleurs femelles, une corolle ou calice à trois divisions ; un ovaire supérieur à trois loges, un ovule dans chaque loge ; un style épais ; trois stigmates réfléchis ; une capsule globuleuse à trois coques. Les fleurs mâles sont réunies plusieurs ensemble entre des bractées glanduleuses, en forme d'involucre ; elles sont uniflores dans les femelles.

STILLINGIE DES BOIS : *Stillingia sylvatica*, Linn., *Mant.*, 126 ; Mich., *Fl. bor. amer.*, 2, pag. 213. Cette plante a des racines très-épaisses, qui produisent des tiges herbacées, cylindriques, hautes d'environ trois pieds, d'où découle une liqueur laiteuse. Les feuilles sont alternes, sessiles, ovales, quelquefois oblongues-lancéolées, dentées en scie à leur contour; des stipules petites et caduques. Les fleurs mâles sont pédicellées, à peine plus longues que les bractées qui les accompagnent, de couleur jaunâtre, disposées en un chaton simple, à long pédoncule. Les fleurs femelles sont placées au-dessous des mâles. Le fruit consiste en une capsule à trois coques, à trois faces, enveloppée par le calice arrondi. Cette plante croît dans les forêts de pins, depuis la Caroline jusque dans la Floride. Elle passe pour un puissant spécifique dans les maladies vénériennes.

Stillingie a feuilles de troène : *Stillingia ligustrina*, Mich., *Fl., loc. cit.* Arbrisseau, dont les tiges sont ligneuses, garnies de feuilles alternes, pétiolées, ovales-lancéolées, très-entières à leurs bords, aiguës à leur sommet, rétrécies à leurs deux extrémités, glabres à leurs deux faces. Les fleurs sont terminales, disposées en épis; les fleurs mâles situées au sommet des épis, légèrement pédicellées. Cette plante croît dans la Géorgie et la Caroline, le long du bord des fleuves, dans les forêts, aux lieux ombragés. (Poir.)

STILLSUGARE. (*Ichthyol.*) Nom suédois du *remora.* Voyez Échenéide. (H. C.)

STILPNOSIDÉRITE. (*Min.*) M. Breithaupt pense que le minérai de fer nommé fer résinite, *Pecheisenerz,* est une espèce différente du fer hydroxidé ou *Brauneisenerz,* et surtout de celui qu'on a nommé plus particulièrement scoriacé, *schlackiger Brauneisenstein.* Il croit donc devoir désigner par un nom particulier le minérai de fer qui vient principalement de Kaisersteimel dans le Westerwald. (B.)

STINC. (*Erpét.*) Voyez Scinque. (H. C.)

STINCHI. (*Bot.*) Le lentisque est ainsi nommé dans la Pouille, suivant Mentzel. (J.)

STINCKFISCH. (*Ichthyol.*) Voyez Stintites. (H. C.)

STING RAY. (*Ichthyol.*) En langue angloise on a quelquefois donné ce nom à la Pastenague. (H. C.)

STINT. (*Ornith.*) C'est, en Écosse, l'alouette de mer, *tringa cinclus,* Linn. (Ch. D.)

STINTER. (*Ichthyol.*) Voyez Stintites. (H. C.)

STINTITES. (*Ichthyol.*) Un des noms livoniens de l'Éperlan. Voyez ce mot. (H. C.)

STIPA. (*Bot.*) Ce nom, appliqué maintenant à une graminée, étoit anciennement celui d'une composée. Voyez Stœbe. (J.)

STIPE ; *Stipa*, Linn. (*Bot.*) Genre de plantes monocotylédones, de la famille des *graminées*, Juss., et de la *triandrie trigynie*, Linn., dont les principaux caractéres sont d'avoir un calice glumacé, à deux valves acuminées, contenant une seule fleur ; une corolle de deux balles, dont l'extérieure est terminée par une arête très-longue, articulée à sa base ; trois étamines à filamens capillaires, terminés par des anthères linéaires ; un ovaire supère, surmonté de deux styles velus, terminés par des stigmates pubescens ; une graine alongée, enveloppée par la balle interne de la corolle.

Les stipes sont des plantes herbacées, à feuilles étroites, souvent roulées par leurs bords ; leurs fleurs sont disposées en une panicule médiocrement rameuse et ordinairement peu étalée. On en connoît près de quarante espèces, dont le plus grand nombre est exotique.

Stipe empennée ; *Stipa pennata*, Linn., *Spec.*, 115. Ses tiges sont droites, hautes d'un pied et demi à deux pieds, et elles naissent plusieurs ensemble, rapprochées en faisceau ; ses feuilles sont longues, étroites, tellement roulées sur les bords, qu'elles paroissent cylindriques et semblables à des feuilles de jonc ; ses fleurs sont d'un vert clair, peu nombreuses, disposées en panicule terminale, droite, assez resserrée ; la balle extérieure est terminée par une arête plumeuse ayant près d'un pied de longueur. Cette plante croît dans les lieux secs et montueux, en France, dans plusieurs autres parties de l'Europe et en Barbarie ; elle se trouve à Fontainebleau.

Stipe jonciforme : *Stipa juncea*, Linn., *Spec.*, 116 ; Desf., *Fl. atl.*, 1, p. 98, t. 28. Cette espèce diffère de la précédente parce qu'elle est en général plus grêle dans toutes ses parties, mais surtout parce que l'arête de la balle extérieure est plus de moitié moins longue, non plumeuse, et que la partie inférieure et tordue est pubescente, tandis que cette même partie est glabre dans la stipe empennée. Cette plante

croît sur les collines et dans les lieux secs du Midi de la
France, de l'Europe, et en Barbarie.

Stipe chevelue ; *Stipa capillata*, Linn., *Spec.*, 116. Cette
espèce diffère de la stipe jonciforme par sa panicule plus rameuse, dont la base reste embrassée fort tard par la feuille
supérieure, qui est assez large, plane, fort longue ; et enfin
parce que l'arête est entièrement glabre. Cette plante croît
dans les bois des montagnes et sur les collines sablonneuses,
en France et dans plusieurs autres parties de l'Europe ; on la
trouve aux environs de Paris, à Fontainebleau.

Stipe a courte arête : *Stipa aristella*, Linn., *Syst. nat.*, 5,
p. 229 ; *Agrostis bromoides*, Gouan, *Illust.*, 3, t. 1, fig. 3. Ses
tiges sont droites, grêles, hautes d'un à deux pieds, et elles
viennent plusieurs ensemble ; ses feuilles sont étroites, roulées
en leurs bords de telle manière qu'elles paroissent cylindriques. Ses fleurs sont peu nombreuses, d'un vert clair, disposées en panicule terminale, droite, assez resserrée ; l'arête
de la balle extérieure est très-glabre et seulement une fois
aussi longue que le calice. Cette plante croît dans les lieux
secs, pierreux et stériles, dans le Midi de la France et de
l'Europe.

Stipe tenace, vulgairement le Sparte ; *Stipa tenacissima*,
Linn., *Spec.*, 116. Ses tiges sont roides, droites, noueuses,
hautes de deux à trois pieds, venant en touffe plusieurs ensemble : ses feuilles sont roulées en leurs bords, cylindriques, fermes, coriaces, glabres, longues de deux pieds ou
environ ; ses fleurs sont nombreuses, disposées en panicule
alongée, un peu resserrée, jaunâtre. La balle extérieure de
la corolle est chargée de longs poils blancs et terminée par
une arête longue de deux pouces ou environ, géniculée et
velue à sa partie inférieure, glabre et filiforme dans sa partie
supérieure. Cette plante croît sur les collines et dans les lieux
incultes et arides, en Espagne, en Grèce et dans le Nord de
l'Afrique.

Les feuilles du sparte sont coriaces, d'une grande flexibilité,
et si tenaces qu'elles sont difficiles à rompre, surtout quand
elles sont convenablement préparées. Après qu'on les a ré-
coltées et qu'on les a fait sécher au soleil, on les met dans
l'eau de mer ou dans l'eau douce, pour les faire rouir. Le

rouissage dans l'eau de mer les rend plus nerveuses et plus
fortes ; celui dans l'eau douce leur donne plus de flexibilité,
les divise mieux , mais leur fait perdre de leur force. Aprés
les avoir retirées du rouissage , on les fait sécher de nouveau ; mais on a soin de les battre encore un peu humides
pour les rendre plus souples. Ainsi préparées , les feuilles
de sparte sont employées , en Espagne et en Barbarie , à faire
des cordages , des paniers et des corbeilles de plusieurs sortes,
des nattes , des tapis. Ces feuilles prennent bien la teinture ,
et plusieurs de ces derniers ouvrages de sparterie sont souvent
teints de diverses couleurs , surtout les tapis , qui sont teints
en vert et fabriqués de manière à imiter le gazon. Il se fait
à Paris une assez grande consommation de ces tapis. Les gens
de la campagne , en Espagne , font encore avec les feuilles
de sparte une espéce de chaussure , qui , dans les cantons secs
et chauds , est d'un usage assez répandu , et qui y est d'une
assez longue durée. (L. D.)

STIPE. (*Bot.*) Tige des arbres monocotylédons (palmiers ,
dracæna) et de quelques arbres dicotylédons , que le mode
de leur végétation éloigne de la classe à laquelle ils semble-
roient appartenir par le nombre des lobes séminaux (*cycas,*
zamia). Le stipe , de même que le tronc , s'élève verticalement et vit très-longtemps. Sa forme est ordinairement cylindrique , mais quelquefois il est renflé au milieu : bien
rarement il se ramifie ; toujours sa cime est couronnée de
feuilles disposées en faisceau , de la base desquelles partent
les pédoncules des fleurs. Quand il a une écorce , ce qui est
assez rare , elle ne se distingue point nettement du reste du
tissu , comme l'écorce du tronc. Son bois est formé de filets
dispersés dans la substance médullaire. Il s'alonge par le
développement du bourgeon central situé à sa cime , et grossit
par la multiplication des filets de sa circonférence.

On ne sait à quelle espèce de tige rapporter celle des ro-
tangs. Ces végétaux , que les caractères de leur fleur et de
leur fruit confondent avec les palmiers , poussent des touffes
de feuilles à la surface de la terre , de même que les stipes
naissans. Du milieu de ces feuilles partent des jets très-grêles,
articulés et feuillés comme des chaumes , et grimpans comme
la tige des *smilax* et des *ubium.* Mirbel , Élém. (MASS.)

STIPELLES. (*Bot.*) Stipules qui accompagnent les folioles des feuilles composées. Voyez STIPULES. (MASS.)

STIPIFORME [TIGE]. (*Bot.*) S'élevant à la manière du stipe des palmiers ; portant comme lui à son sommet un faisceau de feuilles et marquée dans sa longueur de cicatrices provenant de la chute des anciennes feuilles ; exemples : *statice fasciculata*, *brassica oleracea capitata*, *carica papaya*, etc. (MASS.)

STIPITÉ. (*Bot.*) Muni d'un support ; rétréci en support ; exemples : chapeaux de plusieurs champignons ; aigrette du pissenlit, urne de plusieurs mousses, etc. (MASS.)

STIPIZA. (*Bot.*) Genre voisin du *Peziza* dans la famille des champignons, proposé par Rafinesque-Schmaltz, et dont il n'indique point les espèces ni les caractères. (LEM.)

STIPON. (*Conchyl.*) Coquille de la côte de Gorée, ainsi appelée par Adanson, qui la plaçoit dans son genre *Peribolus*. M. de Lamarck la rapporte, mais avec doute, à l'espèce de sa Volvaire grain-de-riz, *Volvaria oryzæ*. (DESM.)

STIPULAIRE, *Stipularia*. (*Bot.*) Genre de plantes dicotylédones, imparfaitement connu, à fleurs complètes, monopétalées, de la famille des *rubiacées*, de la *pentandrie monogynie?* de Linné, offrant pour caractère essentiel : Des fleurs nombreuses, réunies dans un involucre commun, campanulé. Le calice est tubulé ; la corolle monopétale ; le tube long et grêle ; le limbe à cinq dents? cinq étamines? un style? le fruit inconnu.

STIPULAIRE D'AFRIQUE : *Stipularia africana*, Pal. Beauv., Flore d'Oware et de Ben., 2, pag. 26, tab. 75 ; Poir., *Ill. gen.*, *Suppl.*, tab. 926. Grande et belle plante, dont les tiges sont fortes, quadrangulaires, garnies de très-grandes feuilles, presque sessiles, opposées, lancéolées, entières, jaunâtres en dessous, rétrécies à leur base en un pétiole élargi à son insertion, longues d'environ un pied, larges de quatre pouces, aiguës à leur sommet, séparées à la base par deux larges stipules opposées, ovales, aiguës. Les fleurs sont nombreuses, axillaires, réunies dans un involucre commun, axillaire, d'une seule pièce, campanulé, en forme de calice, à limbe plissé, anguleux, et angles aigus, presque dentés ; le réceptacle est très-velu ; le calice d'une seule pièce, à cinq divisions velues ; la corolle tubulée, d'un jaune sale ;

le tube long et grêle. Cette plante croit au-delà du royaume
d'Oware, dans le désert, sur le bord des eaux. (Poir.)

STIPULAIRES [Glandes]. (*Bot.*) Naissant à la place des
stipules; exemple : *prunus armeniaca, bauhinia,* etc. (Mass.)

STIPULÉ, STIPULIFÈRE. (*Bot.*) Ayant des stipules; exemples : tige du *satyrus aphaca,* du *tilia,* du *betula alnus,* du
coffea, etc.; pétioles du *rosa,* du *mespilus,* de l'*ononis,* etc.
(Mass.)

STIPULÉEN. (*Bot.*) Représentant des stipules, résultant
de leur métamorphose; exemples : épines du *berberis,* aiguillons du *robinia pseudo-acacia,* vrilles du *smilax horrida* : stipuléen signifie encore formé par des stipules, et, dans ce sens,
la pérule (enveloppe du bourgeon) du figuier, du charme,
du magnolia, du tulipier, de la persicaire, etc., est dite
stipuléenne. Voyez Stipule. (Mass.)

STIPULES. (*Bot.*) Appendices membraneux ou foliacés,
qui, dans nombre d'espèces, accompagnent les feuilles et
même en tiennent lieu quelquefois (*latyrus aphaca*). Avant
le bourgeonnement ces appendices composent la pérule sous
laquelle la jeune pousse est cachée (poivre, figuier, tulipier,
magnolia, polygonées).

Les stipules n'ont pas toutes une origine semblable. Celles
du poivre, du nénuphar, etc., sont de simples prolongemens
des deux bords amincis du pétiole; celles des polygonées sont
produites par une dilatation interne de la base de ce support,
et, après le bourgeonnement, elles forment des collerettes
autour de la tige; celles des graminées, des malvacées, etc.,
sont des excroissances foliacées séparées du pétiole; celles
des rubiacées à feuilles opposées, sont opposées comme les
feuilles et ne semblent être que des feuilles avortées.

De même que la plupart des autres organes, les stipules
perdent leurs traits distinctifs par une suite de dégradations
qui se marquent dans la série des espèces, et elles finissent
par changer totalement de nature. Cependant l'analogie ne
permet guère de voir autre chose que des stipules dans les
excroissances ligneuses et acérées qui naissent à la base des
feuilles de l'épine-vinette, du jujubier, etc.

Les stipules en forme d'écailles, de l'aisselle desquelles
partent les feuilles des asperges, ont, ainsi que l'a prouvé

Ramathuel, une analogie marquée avec les feuilles engaînantes des autres monocotylédons : d'où l'on doit conclure
que les filets réunis en faisceaux que nous nommons *feuilles*
dans l'asperge, représentent des rameaux, ou sont, en d'autres termes, des rameaux transformés en feuilles. En suivant
cette idée on arrive, avec M. Jules de Tristan, à cette autre
conséquence, qui étonne et qui néanmoins est inévitable, que
les feuilles du *ruscus* ne sont de même encore que des espèces
de rameaux métamorphosés. Au premier aperçu ces idées
peuvent sembler étranges, et sans doute, si l'on prétendoit
attribuer ici aux mots *transformation* et *métamorphose* leur
sens propre et rigoureux, on tomberoit dans une erreur
palpable; car les feuilles et les stipules des asperges et des
ruscus ont, dès l'origine, la structure et la forme qu'elles
offrent au terme de leur existence; mais il suffit d'y réfléchir
un moment pour comprendre que ces mots sont pris dans un
sens métaphorique, et qu'ils indiquent seulement que les organes sont tels que s'ils eussent éprouvé une véritable transformation. Il est visible que ces altérations dans la forme
se lient avec la propriété qu'ont les principes immédiats de
se conserver les uns dans les autres par un simple changement dans les proportions de leurs élémens. Mirbel, Élém.
(Mass.)

STIPULICIDA. (*Bot.*) Ce genre de Michaux paroît congénère ou au moins très-voisin de l'*Holosteum cordatum* de Linnæus, ayant comme lui des stipules, différant cependant par
ses pétales non bifides, mais entiers, et son style non triple,
mais tripartite. Voyez STIPULICIDE. (J.)

STIPULICIDE. *Stipulicida.* (*Bot.*) Genre de plantes dicotylédones, à fleurs complètes, polypétalées, régulières, de
la famille des *caryophyllées*, de la *triandrie monogynie* de Linné, offrant pour caractère essentiel : Un calice persistant,
à cinq divisions profondes; cinq pétales; trois étamines insérées, ainsi que les pétales, sur le disque qui supporte
l'ovaire; les anthères oblongues, un peu sagittées; un ovaire
supérieur; un style, trois stigmates; une capsule enveloppée
par le calice persistant, à une seule loge, à trois valves;
quelques petites semences à la base de la loge, attachées
sur un réceptacle très-court, filamenteux.

Stipulicide sétacé : *Stipulicida setacea*, Mich., *Fl. bor. amer.*, 1, pag. 27, tab. 6 ; *Polycarpon stipulifidum*, Pers., *Synops.*, 1, pag. 111. Petite plante vivace, dont les racines sont garnies de petites fibres capillaires, d'où résultent plusieurs tiges grêles, droites, très-glabres, presque sétacées, divisées par dichotomie en rameaux également bifurqués, nombreux, presque nus. Les feuilles radicales sont pétiolées, glabres, peu nombreuses, ovales, entières, obtuses, presque en spatule ; celles des tiges petites, sessiles, opposées, ovales, aiguës, situées à la bifurcation des rameaux et à la base des pédoncules ou des rameaux qui en tiennent lieu ; les stipules petites, glabres, sétacées, à plusieurs découpures très-menues. Les fleurs sont terminales, fort petites, situées par fascicules au nombre de trois ou cinq. Elles sont sessiles, médiocrement pédicellées ; les pédicelles glabres, inégaux ; le calice est court, verdâtre, à cinq divisions profondes, membraneuses à leurs bords ; la corolle fort petite, à cinq pétales un peu plus courtes que le calice ; les capsules sont ovales et s'ouvrent en trois valves. Cette plante croît dans les plaines sablonneuses et arides de la Caroline. (Poir.)

STIPVISCH. (*Ichthyol.*) Nieuhoff a donné ce nom au *balistes punctatus* de Gmelin. Voyez Baliste. (H. C.)

STIRN. (*Ornith.*) C'est de ce nom, usité dans les langues du Nord, qu'a été tiré celui sous lequel on désigne actuellement les hirondelles de mer. (Ch. **D.**)

STISSERIA. (*Bot.*) Heister avoit donné ce nom au *stupelia* de Linnæus. Scopoli l'avoit substitué à celui de l'*imbricaria* de Commerson, *manil-kara* du Malabar, réuni plus récemment au *mimusops* dans les sapotées. (J.)

STIXIS (*Bot.*), Loureiro, *Fl. Coch.*, 1, pag. 561. Ce genre est très-incertain et peu connu. C'est d'ailleurs un grand arbrisseau grimpant, divisé en rameaux très-alongés, garni de feuilles alternes, oblongues, fermes, acuminées, très-entières. Les fleurs sont disposées en grappes simples, axillaires, alongées, panachées de pourpre et de vert. Elles n'ont point de calice ; la corolle est campanulée, à six pétales oblongs, charnus, roulés en dehors ; environ seize étamines ; les filamens sont presque aussi longs que la corolle, insérés sur le réceptacle ; les extérieurs plus courts ; les anthères droites, oblongues; un ovaire supérieur, pédicellé, ovale, velu; le style court, épais; trois stigmates arrondis. Le fruit est un drupe ovale, charnu, d'une grosseur médiocre, revêtu d'une écorce ponctuée, renfermant un noyau solide, ovale, alongé. Cette plante croit dans les forêts, à la Cochinchine. (POIR.)

STIZE, *Stizus*. (*Entom.*) M. Latreille a ainsi appelé un genre d'insectes hyménoptères, voisin des bembèces ou des larres de Fabricius. On ne connoît pas leurs mœurs. M. Latreille indique comme devant se rapporter à ce genre les espèces suivantes : *Crabro tridens* de Fabricius, dont on trouve une figure médiocre, pl. 24, fig. 6, du Dictionnaire de Déterville ; le *scolia tridentata* de Fabricius, qu'il nomme *stizus bifasciatus*, enfin le *larra ruficornis* de Fabricius. (C. D.)

STIZOLOBIUM. (*Bot.*) Sous ce nom P. Browne avoit érigé en genre le *Dolichos pruriens* de Linnæus, nommé aussi petit pois pouilleux, et sous celui de *Zoophthalmum* il indiquoit le grand pois pouilleux, *dolichos urens*. Adanson les avoit réunis sous le nom brésilien de *Mucuna*, que nous appliquions au seul *zoophthalmum*, dont la graine lenticulaire diffère de celle du *Stizolobium*, qui est réniforme. M. De Candolle les a laissés réunis en adoptant le genre et le nom d'Adanson. Voyez MUCUNA et NEGRETIA. (J.)

STIZOLOPHE, *Stizolophus*. (*Bot.*) Ce genre de plantes appartient à l'ordre des Synanthérées, à la tribu naturelle des Centauriées, à la section des Centauriées-Prototypes, à la sous-section des Jacéinées, et au groupe des Jacéinées vraies, dans lequel nous l'avons placé entre le *Stenolophus* et l'*Ætheopappus*. (Voyez notre tableau des Centauriées, tome XLIV, pag. 55 et 56; et le même tableau rectifié et augmenté, dans l'article SPILACRE.)

Le *Stizolophus balsamitæfolius*, qui est le type de ce genre, nous a offert les caractères génériques suivans :

Calathide discoïde : disque multiflore, subrégulariflore, androgyniflore : couronne unisériée, multiflore, ambiguïflore, neutriflore. Péricline ovoïde-subglobuleux, très-inférieur aux fleurs, formé de squames régulièrement imbriquées, appliquées, interdilatées, coriaces, plurinervées, comme striées; les intermédiaires elliptiques, surmontées d'un grand appendice inappliqué, non décurrent, demi-lancéolé, plan, roide, coriace, scarieux, parcheminé, demi-transparent, prolongé au sommet en une sorte d'arête longue, subulée, roide, un peu piquante, barbellulée, et bordé sur les deux côtés de longues lanières distinctes, un peu distantes, régulières, uniformes, à peu près égales, linéaires-subulées, laminées, courtement ciliées ou barbellulées sur les bords. Clinanthe plan, épais, charnu, garni de fimbrilles nombreuses, longues, inégales, libres, filiformes. *Fleurs du disque* : Ovaire **comprimé** bilatéralement, obovale-oblong, très-glabre, lisse, luisant, ayant l'aréole basilaire notablement élevée au-dessus de la base rationnelle ; bourrelet apicilaire un peu crénelé ; aigrette normale, parfaite, double : l'extérieure plus longue que l'ovaire, composée de squamellules multisériées, régulièrement imbriquées, étagées, laminées, linéaires, garnies sur les deux côtés de barbelles dressées, régulièrement disposées ; l'aigrette intérieure courte, composée de squamellules unisériées, contiguës, laminées et nues inférieurement, filiformes et très-barbellulées supérieurement. Corolle un peu obringente. Étamines à filets papillulés ; appendices apicilaires des anthères longs, étroits, linéaires, à partie supérieure libre, très-étroite, à sommet obtus, arrondi. Style à deux stigmatophores très-longs et entregreffés. *Fleurs de la couronne* : Faux-ovaire grêle, glabre, ordinairement inaigretté, rarement pourvu d'un rudiment de style. Corolle à tube long, grêle, tortillé ou replié, à limbe étroit, divisé jusqu'à sa base en cinq lanières égales, longues, linéaires, et contenant cinq rudimens d'étamines en forme de longues lames subulées.

Nous connoissons deux espéces de ce genre.

Stizolophe a feuilles de balsamite : *Stizolophus balsamitæfolius*, H. Cass.; *Centaurea balsamita*, Lam., Encycl. La tige, haute d'environ trois pieds et demi, est dressée, glabre, striée, divisée supérieurement en rameaux divergens, droits, grêles, roides, cylindriques, striés, scabres ; les feuilles sont alternes ; les inférieures (analogues à celles de la *Balsamita suaveolens*) sont grandes, courtement pétiolées, elliptiques, aiguës aux deux bouts, sinuées, dentées ou crénelées sur les bords, glabriuscules et ponctuées sur les deux faces ; les feuilles supérieures sont petites, presque sessiles, ovales, très-entières, obtuses au sommet, qui est surmonté d'une soie longue et fine, très-remarquable; les calathides sont grosses et solitaires au sommet des rameaux; leur péricline est épais, et ses appendices sont blanc - jaunâtres; les corolles sont jaunes; les aigrettes sont d'un blanc jaunâtre.

Nous avons fait cette description spécifique, et celle des caractères génériques, sur des individus vivans, cultivés au Jardin du Roi. Cette belle plante est annuelle, et habite l'Arménie.

STIZOLOPHE A FEUILLES DE CORONOPE: *Stizolophus coronopifolius*, H. Cass.; *Centaurea coronopifolia*, Lam., Encycl. La tige est rameuse et paroît être ligneuse; ses rameaux sont très-longs, simples, presque droits, très-grêles, roides, durs, comme ligneux, striés, feuillés, glabres et lisses inférieurement, plus ou moins hérissés supérieurement de petites aspérités; les feuilles inférieures sont pinnées; celles des rameaux sont alternes, plus ou moins distantes, sessiles, étroites, presque linéaires, ou linéaires-lancéolées, très-entières, épaisses, uninervées, comme ponctuées, à face externe ou inférieure scabre, hérissée de petits poils courts, épais, roides, pointus, à face interne ou supérieure presque glabre, ou parsemée de longs poils mous, très-fins; chaque rameau est muni au sommet de plusieurs tubercules épars, très-saillans, qui sont des bourgeons avortés, nés dans l'aisselle d'une écaille, et il se termine par une grande calathide solitaire, à corolles jaunes, et à péricline glabre, luisant, jaunâtre; cette calathide est discoïde, ou à peine radiée, composée d'un disque multiflore, et d'une couronne unisériée; le péricline est ovoïde - subglobuleux, très-inférieur aux fleurs, formé de squames nombreuses, régulièrement imbriquées, appliquées, coriaces; les intermédiaires elliptiques, à sommet strié, garni d'un léger duvet, et surmonté d'un grand appendice point ou presque point décurrent, lancéolé, plan, roide, coriace, scarieux, parcheminé, demi-transparent, blanchâtre ou jaunâtre, bordé de longues lanières distantes, subulées, planes, courtement ciliées ou barbellulées, la terminale plus roide, cornée, subspinescente; les ovaires sont glabres, et portent une grande aigrette parfaite, régulière, presque plumeuse, ses barbelles étant plus longues et plus divergentes que dans presque toutes les autres Centauriées; cette aigrette est composée de squamellules nombreuses, plurisériées, régulièrement imbriquées, étagées, filiformes-laminées, très-barbellées; la petite aigrette intérieure est composée de squamellules filiformes, munies de quelques barbelles très-distantes; les corolles du disque sont un peu obringentes; les étamines ont le filet papillé, et l'appendice apicilaire de l'anthère très-long, aigu; les stigmatophores sont très-longs, très-grêles, entregreffés presque jusqu'au sommet; les fleurs de la couronne ont un faux-ovaire long, grêle, glabre, inaigretté; leur corolle ambiguë, simulant une corolle régulière, a le tube très-long, très-grêle, et le limbe tubuleux, cylindrique, profondément divisé, par des incisions égales, en cinq lanières égales, très-longues, très-étroites, linéaires: cette corolle contient cinq étamines avortées, en forme de lames très-longues, très-étoites, linéaires-subulées.

Nous avons fait cette description sur un échantillon sec de l'herbier de M. Gay. Cette espèce est, dit-on, annuelle et indigène en Arménie et en Géorgie. On en distingue deux variétés, qui diffèrent par la hauteur de la tige et par la grandeur des calathides.

Notre genre *Stizolophus*, un des plus remarquables de sa tribu, est bien caractérisé, non-seulement par les appendices du péricline, mais encore par les ovaires glabres et portant une fort belle aigrette normale, ainsi que par les fleurs de la couronne, contenant cinq fausses étamines. La calathide, qui n'est que discoïde, seroit radiée, si les corolles de la couronne n'avoient pas le tube tortillé ou replié, ce qui les empêche de s'élever plus haut que les fleurs du disque. On peut en conclure que les fleurs du disque et celles de la couronne étoient d'abord de la même longueur, qu'ensuite le tube des corolles de la couronne s'est alongé; mais qu'étant trop foible et trop pressé entre le péricline et les fleurs du disque, il n'a pas pu s'étendre en ligne droite et verticale pour élever le limbe et rendre la couronne radiante. La base rationnelle ou géométrique de l'ovaire forme au-dessous de sa base réelle ou organique, c'est-à-dire au-dessous de l'aréole basilaire, une grosse masse charnue, sphérique, très-remarquable. Les fausses étamines de la couronne représentent les appendices apicilaires des vraies étamines du disque. L'existence de ces fausses étamines est rare chez les Centauriées ; et elle semble résulter ici de ce que les corolles de la couronne sont peu altérées, c'est-à-dire peu différentes de celles du disque. La longue soie qui termine les feuilles supérieures du *St. balsamitæfolius* mérite quelque attention, car il est assez probable que c'est le rudiment de l'appendice des squames du péricline : ainsi, chez la plupart des Centauriées, cet appendice ne représenteroit point tout le limbe de la feuille, mais il seroit peut-être produit par un énorme développement, une expansion démesurée, de la petite pointe qui termine ce limbe. Il faudroit donc restreindre dans de justes limites la théorie que nous avons proposée et peut-être trop généralisée, en disant (tom. X, pag 148) que la squame est un rudiment de pétiole semi-avorté et modifié, et que son appendice est un rudiment de la feuille proprement dite semi-avortée et modifiée. Une autre théorie, que nous avons présentée dans le même article (p. 151), se trouve au contraire confirmée par le *St. coronopifolius* ; en effet, le sommet du rameau portant la calathide est muni de plusieurs tubercules épars, qui sont des bourgeons avortés nés dans l'aisselle d'une écaille ; et nous avons remarqué que quelques squames extérieures ou inférieures du péricline offroient dans leur aisselle un très-petit tubercule rudimentaire ; d'où l'on peut induire que les squames plurisériées d'un péricline imbriqué sont des bractées appartenant à des fleurs complétement avortées dans l'aisselle de ces bractées.

Le nom de *Stizolophus*, composé de deux mots grecs (στίζω, λόγος), qui signifient *crête piquante*, fait allusion aux appendices du péricline découpés sur les deux côtés en forme de crête, et piquans au sommet.

Les deux genres *Æthéopappus* et *Cheirolophus*, que nous n'avons pas encore trouvé l'occasion de faire connoître à nos lecteurs, sont immédiatement voisins du *Stizolophus*, et ne peuvent par conséquent être décrits nulle part aussi convenablement que dans cet article-ci.

ÆTHÉOPAPPUS, H. Cass. Calathide très-radiée : disque multiflore, subrégulariflore, androgyniflore ; couronne unisériée, ampliatiflore , neutriflore. Péricline inférieur aux fleurs du disque , formé de squames régulièrement imbriquées , appliquées. coriaces : les extérieures presque nulles , surmontées d'un très-grand appendice ovale, scarieux, mince, semi-diaphane , plurinervé. irrégulièrement découpé sur les bords en lanières inégales, dissemblables, courtes, planes , subulées, ciliées; les squames intermédiaires courtes, larges, arrondies, surmontées d'un grand appendice bien distinct, nullement décurrent, ovale, plan, très-peu concave à la base, scarieux, mince, roide , parcheminé, semi-diaphane , plurinervé, régulièrement découpé sur les deux côtés en lanières égales, uniformes, longues, subulées, planes, un peu roides, courtement ciliées, et terminé par une lanière analogue, mais plus roide et un peu piquante ; les squames intérieures oblongues, surmontées d'un appendice inappliqué, arrondi, concave, pubescent sur les deux faces, lacinié au sommet. Clinanthe garni de fimbrilles nombreuses , libres, inégales, filiformeslaminées , membraneuses. *Fleurs du disque:* Ovaire glabre; aigrette abnormale, très-longue, composée de squamellules très-nombreuses, très-inégales, imbriquées, étagées, toutes absolument filiformes d'un bout à l'autre, grêles, pointues au sommet, hérissées de barbelles fines, distantes, plus ou moins étalées , irrégulièrement disposées; point de petite aigrette intérieure. Corolle glabre, à tube bien distinct, à limbe un peu plus long que le tube, subrégulier, ayant les cinq incisions un peu inégales. Étamines à filets un peu papillés ; appendices apicilaires des anthères longs, arrondis au sommet. Style à deux stigmatophores très-longs et entregreffés. *Fleurs de la couronne:* Faux-ovaire glabre, presque inaigretté. Corolle à tube très-long, à limbe amplifié, obconique, profondément divisé en cinq ou six lanières longuement et étroitement lancéolées, plurinervées; l'incision extérieure un peu plus profonde que les autres. Cinq rudimens filiformes d'étamines.

Æthcopappus pulcherrimus , H. Cass. (*Centaurea pulcherrima,* Willd.) Tige herbacée, simple, droite, striée, un peu laineuse, garnie de feuilles alternes, plus ou moins laineuses et blanchâtres , surtout en dessous; les inférieures semi-amplexicaules, à partie inférieure pétioliforme, linéaire, à partie supérieure profondément pinnatifide, ayant les divisions al-

ternes, distantes, oblongues-lancéolées, très-entières; feuilles
supérieures graduellement plus petites, sessiles, entières,
étroites, linéaires-lancéolées; la partie supérieure de la tige
presque nue, munie seulement de quelques bractées, et terminée par une grande calathide solitaire, très-radiée; péricline glabre, luisant, comme satiné, ayant les appendices extérieurs blanchâtres, les intermédiaires roussâtres, les intérieurs roux et pubescens; corolles de la couronne purpurines;
celles du disque paroissant (sur le sec) jaunâtre-pâles ou
blanchâtres.

Nous avons fait cette description, générique et spécifique,
sur un échantillon sec de l'herbier de M. Desfontaines.

Notre genre *Ætheopappus* est très-analogue au *Stizolophus*,
dont il se distingue par l'aigrette de ses fruits, qui est abnormale, c'est-à-dire, qui s'éloigne beaucoup de la structure ordinaire dans cette tribu; par les corolles de la couronne,
qui sont très-radiantes et amplifiées; par les appendices du
péricline, qui sont plurinervés; par les appendices apicilaires des anthères, qui ne sont point étrécis vers le sommet.
Le nom d'*Ætheopappus*, qui signifie *aigrette insolite*, exprime
le principal caractère du genre.

Cheirolophus, H. Cass. Calathide discoïde : disque multiflore, subrégulariflore, androgyniflore; couronne unisériée,
ambiguïflore, neutriflore. Péricline ovoïde-subglobuleux,
très-inférieur aux fleurs, formé de squames régulièrement
imbriquées, appliquées, coriaces; les intermédiaires elliptiques, arrondies au sommet, un peu scarieuses sur les bords
de leur partie supérieure, surmontées d'un appendice non
décurrent, scarieux, presque opaque, uninervé, palmé, régulièrement divisé jusqu'à plus de moitié en sept ou neuf lanières à peu près égales, longues, étroites, planes, linéaires-
subulées, comme ciliées sur les bords, non piquantes. Clinanthe plan, garni de fimbrilles libres, très-nombreuses,
très-longues, inégales, presque filiformes. *Fleurs du disque:*
Ovaire oblong, comprimé, très-glabre, très-lisse, ayant
l'aréole basilaire large, ronde, presque point oblique; point
de bourrelets basilaire ni apicilaire; aigrette abnormale, un
peu plus courte que l'ovaire, composée de squamellules caduques, libres, nombreuses, très-inégales, multisériées,

imbriquées, irrégulièrement étagées, subfiliformes, fortes, roides, pointues au sommet, irrégulièrement barbellulées; point de petite aigrette intérieure. Corolle très-peu obringente, à cinq lanières longues et étroites. Étamines à filets papillés; appendices apicilaires des anthères longs, épaissis sur les bords, à sommet calleux et obtus ou arrondi. Style à deux stigmatophores très-longs, grêles, entregreffés presque jusqu'au sommet. *Fleurs de la couronne* : Faux - ovaire long, grêle, inaigretté. Corolle peu différente de celle des fleurs du disque, à limbe plus étroit, divisé par des incisions un peu inégales en cinq lanières longues, étroites, linéaires. Quatre ou cinq fausses étamines libres, filiformes.

Cheirolophus lanceolatus, H. Cass. (*Centaurea sempervirens*, Linn.) Tige ligneuse, épaisse, rameuse, haute d'environ deux pieds, ayant la partie supérieure cylindrique, un peu striée, pubescente, d'un brun rouge, et les jeunes rameaux verts, comme pulvérulens ou presque tomenteux; feuilles alternes, peu distantes, longues d'environ deux pouces, larges d'environ sept lignes, presque sessiles ou un peu pétiolées par l'étrécissement de leur base, lancéolées, aiguës, d'un vert un peu cendré, molles, pubescentes sur les deux faces, tantôt très-entières, tantôt plus ou moins dentées en scie sur les bords, pourvues à la base de deux stipules longues, étroites, linéaires - lancéolées; calathides solitaires au sommet des rameaux, discoïdes, ayant environ un pouce de hauteur et autant de largeur; corolles purpurines; péricline épais, glabre, lisse, luisant, à squames vertes, un peu rougeâtres supérieurement, non striées, munies chacune d'un appendice assez grand, plus ou moins étalé irrégulièrement, blanc-jaunâtre; les bords de la quame un peu scarieux, et presque de même couleur que l'appendice, ce qui donne à celui-ci la fausse apparence d'un appendice décurrent; aigrettes un peu jaunâtres.

Nous avons fait cette description spécifique, et celle des caractères génériques, sur un individu vivant, cultivé au Jardin du Roi.

Cheirolophus pinnatifidus, H. Cass. (*Centaurea intybacea*, Lam.) Nous n'avons observé qu'une calathide sèche en mauvais état, qui nous a offert les mêmes caractères génériques que l'espèce

précédente, sauf quelques légères modifications : cette calathide nous a paru être radiée ; les squames intermédiaires
du péricline sont striées au sommet, et surmontées d'un petit
appendice peu distinct de la squame, non décurrent, appliqué, court, large, presque demi-circulaire ou comme palmé, scarieux, blanchâtre, semi-diaphane, uninervé, divisé
jusqu'à moitié régulièrement en sept ou neuf lanières à peu
près égales, planes, subulées, ciliées sur les bords, non piquantes, munies chacune d'une petite nervure médiaire très-
peu manifeste ; les fleurs de la couronne ont un faux-ovaire
extrêmement long, grêle, glabre, inaigretté, et une corolle
à tube long et grêle, à limbe presque confondu avec le tube,
long, étroit, tubuleux, divisé profondément, par des incisions un peu inégales, en cinq lanières à peu près égales,
longues, étroites ; nous n'y avons trouvé aucun rudiment d'é-
tamine ; l'aréole basilaire de l'ovaire nous a paru offrir quelques particularités notables, mais que le mauvais état de
cette partie, dans notre calathide sèche, ne nous a pas permis de bien connoître ; les anthères sont très-longues, et
leurs appendices apicilaires sont longs, inégaux, épaissis sur
les bords, à sommet obtus et prolongé en une petite pointe
émoussée.

Ce genre est très-remarquable par sa nature ambiguë,
qui participe des Centauriées et des Carduinées, ayant beaucoup d'affinité avec les *Serratula*, *Lappa*, etc., par les caractères de l'ovaire et de l'aigrette, et avec les *Mantisalca*, *Centau-
rium*, etc., sous plusieurs autres rapports. Toutefois, il est bien
certain qu'on ne peut le placer nulle part aussi convenablement que dans le groupe des Jacéinées vraies, auprès des
Stizolophus, *Ætheopappus*, *Psephellus*, avec lesquels il a aussi
beaucoup d'analogie, mais dont il est bien distinct. Le nom
de *Cheirolophus*, composé de deux mots grecs, qui signifient
crête en forme de main, fait allusion aux appendices du péricline, qui sont palmés ou découpés comme une main ouverte. (H. Cass.)

STOBÉE, *Stobœa*. (*Bot.*) Genre de plantes dicotylédones,
à fleurs composées, de l'ordre des *flosculeuses*, de la *syngénésie polygamie égale* de Linné, offrant pour caractères essentiels : Un calice composé d'écailles imbriquées, lancéolées,

épineuses à leurs bords ; des fleurons tubulés , hermaphrodites , à cinq découpures égales ; cinq étamines syngénèses ; un ovaire court ; le style de la longueur des étamines ; un stigmate oblong , souvent bifide ; le réceptacle hispide , alvéolé ; les semences surmontées d'une aigrette en paillettes.

Thunberg, auteur de ce genre, l'a établi d'après le *Carlina atractyloides* de Linné, qui s'écarte en plusieurs parties du caractère des Carlines ; il y a réuni plusieurs autres espèces recueillies au cap de Bonne-Espérance. Ce genre diffère des Carlines en ce que le calice n'offre point ces écailles intérieures scarieuses et colorées qui, dans les Carlines, imitent une corolle radiée ; de plus, le réceptacle est dépourvu de paillettes, mais simplement hispide et alvéolé : enfin, l'aigrette qui couronne les semences n'est point formée de poils plumeux, mais de paillettes très-étroites.

Stobée atractyloïde : *Stobæa atractyloides*, Thunb., *Prodr.*; Willd., *Spec.*, 3, pag. 1704 ; *Carlina atractyloides*, Linn., *Amœn.*, 6, pag. 96 ; Pluken., *Almag.*, 86, tab. 273, fig. 4. Cette plante a une tige dure, presque ligneuse, pleine de moelle, chargée, vers son sommet, d'un duvet grisâtre très-court. Ses feuilles sont alternes, un peu pinnatifides, dentées, très-épineuses. Les fleurs sont terminales, jaunâtres, flosculeuses, munies d'un grand calice ouvert en couronne, dont les écailles sont étroites-lancéolées, épineuses, mais non scarieuses ni colorées. Cette plante croît au cap de Bonne-Espérance.

Stobée a feuilles glabres : *Stobæa glabrata*, Thunb. ; Willd., *Spec.*, *loc. cit.* Cette espèce a des tiges garnies de feuilles sessiles, amplexicaules, oblongues, échancrées en cœur à leur base, glabres à leurs deux faces, entières, aiguës. Dans le *stobæa carlinoides*, Thunb., les feuilles sont alternes, sessiles, oblongues, glabres à leurs deux faces, échancrées en cœur à leur base, roncinées ou dentées à leur contour ; les dents épineuses. On distingue le *stobæa decurrens*, Thunb., à ses feuilles courantes sur les tiges, glabres à leurs deux faces, incisées, presque pinnatifides. Ces plantes croissent au cap de Bonne-Espérance. (Poir.)

STOCKAAL. (*Ichthyol.*) Nom danois des gros *maquereaux*. Voyez Scombre. (H. C.)

STOCKBAARSCH. (*Ichthyol.*) En Poméranie c'est un des noms de la perche. Voyez Persèque. (H. C.)

STOCKENTE. (*Ornith.*) Nom allemand du chat-huant, *strix aluco* et *stridula*, Linn. (Ch. D.)

STOCKER. (*Ichthyol.*) Dans quelques contrées du Nord on donne ce nom au maquereau bâtard, *caranx trachurus*. Voyez Caranx. (H. C.)

STOCKEULE. (*Ornith.*) Nom allemand du scops ou petit duc, *strix scops*, Linn. (Ch. D.)

STOCKFISCH. (*Ichthyol.*) Nom de la morue séchée. Voyez Morue. (H. C.)

STOCKHÆNFLING. (*Ornith.*) Nom du sizerin ou petite linotte, *fringilla linaria*, Linn., en allemand. (Ch. D.)

STOCOFIC. (*Ichthyol.*) A Nice on appelle ainsi la Molve et le Colin. Voyez ces mots, ainsi que Lotte et Merlan. (H. C.)

STŒBE. (*Bot.*) On a été embarrassé pour déterminer à quelle plante Dioscoride appliquoit ce nom. Belli, cité par Clusius et C. Bauhin, croit que c'est le *poterium spinosum* des modernes. Le *stœbe* de Théophraste est reporté par C. Bauhin à la chaussetrape, *calcitrapa*. Plusieurs anciens ont donné le même nom à des *serratula*, à plusieurs espèces de centaurées et même à la fléchière, *sagittaria*. Linnæus l'emploie pour un de ses genres, voisin du gnaphale, dans l'ordre des composées, dont Gærtner a postérieurement détaché une espèce, pour en faire son genre *Disparago*. Nous ajouterons que, d'après Ruellius et Mentzel, le *stœbe* de Dioscoride étoit nommé *stipa* par les Romains, et *tobion* par d'autres. (J.)

STŒBE. (*Bot.*) Ce genre de plantes appartient à l'ordre des Synanthérées, à notre tribu naturelle des Inulées, à la section des Inulées-Gnaphaliées, à la sous-section des Sériphiées, et au groupe des Sériphiées vraies, dans lequel nous l'avons placé entre les deux genres *Seriphium* et *Leucophyta*. (Voyez notre tableau des Inulées, tom. XXIII, pag. 563; et le même tableau rectifié et augmenté, tom. XLIX, pag. 224.)

Quoique le genre *Stœbe* diffère très-peu du *Seriphium*, nous avons dit, dans l'article Sériphe (tom. XLVIII, p. 513), qu'on pouvoit les distinguer assez bien par la structure de l'aigrette, qui, dans le *Seriphium*, est caduque, composée de squamellules entregreffées à la base, laminées et nues inférieurement, filiformes et barbées supérieurement; tandis que, dans le *Stœbe*, elle seroit persistante, composée de squamellules libres à la base, entièrement filiformes, fines et barbées d'un bout à l'autre. On verra plus bas que ce caractère distinctif, que nous avions assigné au *Stœbe*, n'est pas tout-à-fait exact, et qu'il doit être rectifié ou modifié.

Nous avons divisé le genre *Seriphium* en deux sections : l'une intitulée *Acrocephalum*, caractérisée par le capitule terminal, solitaire, subglobuleux, involucré; l'autre intitulée *Pleurocephalum*, caractérisée par les capitules latéraux, agrégés, irréguliers, sans involucre distinct. Nous divisons le genre *Stœbe* en trois sections : la première intitulée *Eustœbe*, caractérisée par un capitule régulier, terminal, solitaire, globuleux, composé de nombreuses calathides uniflores; la seconde intitulée *Etœranthis*, caractérisée par les calathides uniflores, immédiatement rapprochées ou groupées irrégulièrement en faisceaux très-inégaux, latéraux, axillaires, sessiles; la troisième intitulée *Eremanthis*, caractérisée par les calathides uniflores, qui ne sont ni capitulées, ni fasciculées, mais absolument solitaires à l'extrémité des rameaux.

I. Eustœbe.

Stœbe (*Eustœbe*) *œthiopica*, Linn., *Sp. pl.*, p. 1315; Gærtn., *De fruct. et sem.*, vol. 2, p. 416, tab. 167, fig. 3; *Seriphium juniperifolium*, Lam. La tige est ligneuse, rameuse; ses rameaux (analogues à ceux du Lycopode) sont épais, hérissés de poils, mais entièrement couverts jusqu'au sommet de feuilles rapprochées, imbriquées, alternes, comme tordues obliquement, c'est-à-dire plus ou moins courbées ou arquées vers un côté; elles sont sessiles, longues de près de trois lignes, oblongues-lancéolées, épaisses, coriaces, à sommet très-aigu, piquant, corné, spiniforme, à face extérieure convexe, glabre, lisse, luisante, à face intérieure concave, laineuse, grisâtre; les calathides sont rassemblées en capitules terminaux, solitaires, globuleux, situés sur le sommet des rameaux; chaque capitule est composé d'une multitude de calathides uniflores, immédiatement entassées sur un calathiphore convexe, hérissé de poils; et il n'a point d'autre involucre que l'assemblage des feuilles qui entourent le sommet du rameau; le calathiphore ne nous paroit pas être muni de bractées indépendantes des périclines et interposées entre eux ; et nous croyons qu'il ne porte que des squames appartenant à ces périclines : le fruit mûr est obconique, glabre, blanc, sans côtes, privé de bourrelet basilaire ; son aréole apicilaire est large et semble être cupuliforme, parce qu'elle est entourée d'un rebord annulaire, peu élevé, mince, membraneux, à peine denticulé au sommet, imitant une très-petite aigrette extérieure stéphanoïde ; la véritable aigrette, née en dedans de ce rebord, est blanche, longue presque deux fois comme le fruit, sur lequel elle est articulée, et dont on peut la détacher nettement sans beaucoup d'efforts, mais dont elle ne paroit pas se détacher spontanément ; cette aigrette est composée d'environ vingt squamellules égales, unisériées, un peu arquées en dehors, entregreffées seulement à la base, filiformes, à peine laminées et presque pas élargies vers la base, ayant la moitié supérieure régulièrement garnie de longues barbes, et la moitié inférieure munie seulement de quelques petites barbellules.

Nous avons fait cette description sur un échantillon sec, en mauvais état, mais qui a fort heureusement offert à nos observations un fruit mûr : l'examen attentif de ce fruit et de son aigrette prouve l'inexactitude du caractère que nous avions autrefois attribué au genre *Stœbe*, en observant alors des ovaires trop jeunes et altérés par la dessiccation, et en nous aidant des observations de Gœrtner. En effet, il résulte de la description qu'on vient de lire que l'aigrette du *Seriphium* et celle du *Stœbe* ne diffèrent en réalité que du plus au moins : c'est-à-dire que celle du *Stœbe* est moins caduque, et que ses squamellules sont moins entregreffées, moins laminées, moins élargies, moins nues inférieurement. La distinction des deux genres *Seriphium* et *Stœbe* doit donc être fondée sur la forme du fruit, et principalement sur le singulier rebord figurant une petite aigrette extérieure stéphanoïde, qui couronne celui du *Stœbe*. Ce rebord très-notable n'ayant point été signalé par Gœrtner, qui paroit aussi s'être trompé sur les caractères de l'aigrette, il est probable que ce botaniste avoit, comme nous, observé des ovaires non mûrs et altérés par la dessiccation. Suivant Gærtner, le calathiphore seroit garni de bractées (*receptaculum commune paleaceum*), et même les fleurs n'auroient point de vrai péricline (*Calyx partialis, strictè loquendo, nullus est, sed paleæ flosculis proximæ ejus vice funguntur*). Selon nous, au contraire, le calathiphore ne porte point de bractées, mais seulement des squames appartenant aux périclines, en sorte que chaque péricline est probablement formé d'environ huit à dix squames bi-trisériées.

II. Etæranthis.

Stœbe (Etæranthis) fasciculata, H. Cass. La tige est ligneuse, tortueuse, très-rameuse, glabre sur certaines parties, laineuse et grisâtre sur d'autres; les feuilles sont extrêmement petites, et rassemblées en faisceaux un peu distans; la feuille extérieure ou inférieure du faisceau est plus large, semi-amplexicaule, étalée, épaisse, coriace, à base très-large, subcordiforme, à sommet très-obtus, à face externe ou inférieure convexe et un peu laineuse, à face interne ou supérieure concave et très-tomenteuse; les autres feuilles du faisceau, nées dans l'aisselle de la précédente, sont plus petites, plus étroites, oblongues; les calathides sont rassemblées en faisceaux axillaires et sessiles, qui sont eux-mêmes irrégulièrement groupés ou rapprochés sur les derniers rameaux, lesquels forment ensemble une sorte de panicule; chaque faisceau est composé de trois, quatre ou un plus grand nombre de calathides sessiles, immédiatement rapprochées; chaque calathide, contenant une seule fleur, a un péricline double : l'extérieur, beaucoup plus court et bien distinct, tomenteux ou laineux, grisâtre, est formé de trois ou quatre squames égales, unisériées, appliquées, obovales, arrondies au sommet, coriaces, à partie supérieure très-épaissie; le péricline intérieur, beaucoup plus long, très-supérieur à la fleur, est formé d'environ cinq squames plurisériées, très-inégales, appliquées, oblongues-lancéolées, très-aiguës au sommet, glabres, coriaces inférieurement, scarieuses, luisantes, rousses et dorées supérieurement; le clinanthe est petit et nu; l'ovaire est court et glabre; son aigrette est longue, composée de squamellules égales, unisériées, libres, entièrement filiformes, fines , hérissées de longues barbes très-fines; la corolle est jaune.

Nous avons fait cette description sur un échantillon sec , dont les ovaires et les aigrettes n'étoient pas assez avancés en âge ni en assez bon état pour nous permettre d'y reconnoître bien clairement les caractéres que nous avons observés sur le fruit mûr de l'*Eusiœbe œthiopica*. Cependant il nous a paru que l'aréole apicilaire du fruit étoit entourée d'un rebord membraneux, en forme d'aigrette extérieure stéphanoïde, et que la véritable aigrette étoit articulée sur l'aréole apicilaire, en dedans de son rebord, et composée de squamellules parfaitement libres , entièrement filiformes, barbées presque jusqu'à la base. Le nom d'*Etœranthis* signifie fleurs associées.

III. Eremanthis.

Stœbe (*Eremanthis*) *paniculata*, H. Cass. *An ? Seriphium passerinoides*, Lam. Tiges (ou branches) ligneuses, très-grêles, simples inférieurement, paniculées supérieurement, c'est-à-dire ayant la partie supérieure garnie d'une multitude de rameaux courts et rapprochés, qui sont eux-mêmes ordinairement divisés en deux ou trois rameaux très-petits, terminés chacun par une calathide uniflore , absolument et constamment solitaire : les tiges (ou branches principales) sont très-garnies de feuilles rapprochées, alternes, sessiles, presque semi-amplexicaules, dressées , mais non appliquées, longues d'environ une ligne et demie, épaisses, coriaces, subcylindracées, un peu subulées, obtuses au sommet, canaliculées, à face externe convexe, glabre, à face interne concave, laineuse, blanchâtre, à peine visible par le rapprochement des bords; les petits rameaux florifères sont entièrement couverts jusqu'au sommet de feuilles imbriquées , appliquées , plus courtes, plus larges et plus épaisses que celles de la tige, elliptiques , arrondies au sommet, uninervées , convexes et glabres en dehors, mais environnées d'un duvet cotonneux ou laineux, blanc, qui provient de leur face interne concave et de la surface du rameau; le péricline , plus long que la fleur qu'il contient, est formé d'environ huit à dix squames bi-trisériées, inégales, appliquées , oblongues, plus ou moins laineuses en dehors; les extérieures plus courtes, obtuses au sommet, subcoriaces, velues en dehors, épaissies au milieu de leur partie supérieure ; les intérieures plus longues, aiguës au sommet. scarieuses et roussâtres supérieurement ; le clinanthe est très-petit et son l'ovaire est court, oblong, glabre, muni d'un petit bourrelet basilaire ; son aigrette est longue, composée de squamellules égales, unisériées, libres, entièrement biliformes, très-fines, paroissant garnies d'un bout à l'autre de longues barbes très-fines ; la corolle à cinq divisions aiguës, purpurines.

Nous avons fait cette description sur un échantillon sec, dont les ovaires et les aigrettes n'étoient pas en meilleur état que dans l'*Etœranthis fasciculata*. Le nom d'*Eremanthis* signifie fleurs solitaires. (H. Cass.)

STŒCHAS. (*Bot.*) On désigne sous ce nom des plantes très-différentes. Les stœchas citrins, appartenant à la famille des corymbifères, font partie du genre *Gnaphalium*. Les stœchas arabiques (*stichas* de Dioscoride) sont des plantes labiées, ayant conservé ce nom primitif jusqu'à Tournefort, et réunies par Linnæus au *lavandula*. Adanson a voulu rétablir le genre Stœchas, qu'il a même placé dans une section des labiées, différente de celle du *lavandula*. Suivant Ruellius, le Stœchas étoit nommé *sciolebina* par les Romains ; *suphio* par les Égyptiens, *synclispa* et *styphonia* par d'autres. (J.)

STŒPLING. (*Ornith.*) C'est la spipolette en silésien. (Ch. D.)

STŒR. (*Ichthyol.*) Synonyme d'Esturgeon. (H. C.)

STŒRCKIA. (*Bot.*) Crantz nommoit ainsi le sang-dragon, *dracæna draco*. (J.)

STOHR. (*Ichthyol.*) En Prusse on appelle ainsi l'Esturgeon. Voyez ce mot. (H. C.)

STOHRE. (*Ichthyol.*) Voyez Tourkalla. (H. C.)

STOKAIS-BANDA. (*Bot.*) Voyez Tataiba. (J.)

STOKÉSIE, *Stokesia*. (*Bot.*) Ce genre de plantes, établi en 1788 par l'Héritier, appartient à l'ordre des Synanthérées et à notre tribu naturelle des Vernoniées. Voici ses caractères, tels qu'ils résultent de nos propres observations :

Calathide incouronnée, radiatiforme, multiflore, palmatiflore, androgyniflore. Péricline subglobuleux, muni à sa base de quelques bractées, formé de squames plurisériées, im-

briquées, appliquées, coriaces : les extérieures courtes, ovales, surmontées d'un long appendice foliacé, étalé, ovale-
aigu, muni au sommet et sur les bords latéraux de cils spinescens, souvent bifurqués; les squames intérieures oblongues
et sans appendice. Clinanthe épais, charnu, privé d'appendices. Ovaires courts, épais, tétragones (quelquefois trigones),
munis d'un bourrelet apicilaire calleux, épais, saillant en
dehors, carré, dont les quatre angles, se prolongeant par en
bas sur ceux de l'ovaire, y forment quatre petites cornes
renversées, adhérentes; aréole apicilaire large, absolument
plane, carrée; aigrette composée de quatre squamellules
très-caduques, longues, étroites, laminées, membraneuses,
linéaires, aiguës, arquées. Corolles *palmées*, très-grandes,
arquées en dehors, s'élargissant de bas en haut par degrés in-
sensibles, membraneuses, parsemées de glandes, munies de
nervures très-intra-marginales, à limbe non distinct du tube,
mais très-large et divisé en cinq lanières longues, étroites,
linéaires, aiguës, par autant d'incisions inégales, dont une
(l'intérieure) est double des autres en profondeur. Style et
stigmatophores de Vernoniée.

On ne connoit qu'une seule espèce de ce genre.

Stokésie bleue : *Stokesia cyanea*, l'Hérit., *Sert. angl.*, p. 27 ;
Carthamus lævis, Hill, *Hort. Kew.*, pag. 57, t b. 5 ; *Cartesia
centauroides*, H. Cass., *Bull. soc. philom.*, Décembre 1816,
pag. 193. C'est une plante herbacée, dont la tige droite,
presque simple ou peu rameuse, striée, pubescente, tomenteuse en sa partie supérieure, doit avoir environ deux pieds
de hauteur (d'après l'échantillon que nous décrivons); les
feuilles sont éloignées l'une de l'autre, alternes, glabres; les
inférieures, alongées, lancéolées-aiguës, très-entières, sont
étrécies inférieurement en une sorte de pétiole foliacé, semi-
amplexicaule; les supérieures, plus courtes, plus larges, ovales, sessiles, semi-amplexicaules, ont la base élargie et dentée-
ciliée ; les calathides, solitaires à l'extrémité de la tige et des
rameaux, sont entourées à la base de quelques feuilles florales; elles sont subglobuleuses et de la grosseur d'une noisette.

Nous avons fait cette description spécifique et celle des
caractères génériques, sur un échantillon sec en très-mau-

51. 5

vais état. Cette plante, à laquelle on attribue des corolles agréablement colorées en bleu, et s'épanouissant au mois d'Août, est, dit-on, vivace par sa racine, et indigène de la Caroline méridionale. Elle fut introduite, en 1766, au Jardin de Kew, par Gordon.

Hill paroît être le premier qui ait fait connoître aux botanistes cette singulière plante, en la leur présentant dans son *Hortus Kewensis*, en 1769, sous le nom de *Carthamus lævis*. L'Héritier, en 1788, fonda sur cette fausse espèce de Carthame, dans son *Sertum anglicum*, un nouveau genre, qu'il nomma *Stokesia*, et qu'il caractérisa ainsi : « Calice commun « foliacé, presque imbriqué ; corolle flosculeuse, biforme ; « les fleurons hermaphrodites du centre étant réguliers, et « ceux de la circonférence étant irréguliers et formant un « rayon ; les uns et les autres pourvus de cinq filets portant « une anthère cylindracée ; l'ovaire des fleurons réguliers « tétragone, celui des fleurons irréguliers trigone ; style filiforme ; stigmate biparti, subulé ; aigrette caduque, égale à « la corolle, composée de quatre filets dans les fleurons réguliers, et de trois filets dans les fleurons irréguliers ; réceptacle nu. » L'auteur ajoute que ce genre est voisin du *Carthamus*, dont il diffère par le réceptacle nu, l'aigrette de quatre filets et les fleurs radiées ; et il remarque que la corolle est analogue à celle du Bleuet (*Centaurea cyanus*, Linn.), et que le calice ressemble à celui du Carthame. M. de Jussieu, dans ses Mémoires sur les Composées (Ann. du Mus., tom. 6, 7 et 8), n'a pas hésité d'admettre le *Stokesia* parmi ses Cinarocéphales. M. De Candolle, dans son premier Mémoire sur les Composées (pag. 20), a aussi placé le *Stokesia* parmi les Cinarocéphales, auprès des *Carduncellus* et *Carthamus*, mais en exprimant quelque doute sur son principal caractère et sur sa classification : *An receptaculum omninò nudum ? an genus inter Corymbiferas rejiciendum ?*

Lorsque nous visitâmes pour la première fois, en 1816, les Synanthérées de l'herbier de M. de Jussieu, nous remarquâmes parmi les espèces non classées, indéterminées, innommées, un échantillon en fort mauvais état, et qui n'étoit accompagné d'aucune étiquette, d'aucune note indicative de son origine, mais dont la singularité attira notre attention.

En effet, cette plante nous offroit, avec toutes les apparences extérieures de certaines Centauriées, des caractères qui la fixaient indubitablement dans la tribu naturelle des Vernoniées; et elle présentoit, en outre, au premier coup d'œil, des particularités très-notables. Profitant donc de l'autorisation que M. de Jussieu avoit bien voulu nous accorder, nous observâmes et décrivîmes cette plante aussi exactement que son mauvais état pouvoit nous le permettre. Nous crûmes qu'elle constituoit un nouveau genre, que nous dédiâmes, sous le nom de *Cartesia*, au célèbre philosophe, dont la gloire a tant illustré notre patrie, et dont Thomas a dit qu'après avoir le matin arrangé une planète, il alloit le soir cultiver une fleur. Ce genre a été proposé par nous aux botanistes dans le Bulletin des sciences de Décembre 1816 (pag. 198), où on lit ce qui suit :

« *Cartesia*. Ce genre, de la tribu des Vernoniées, a pour
« type une plante de l'herbier de M. de Jussieu, que je
« nomme *Cartesia centauroides*. Calathide de fleurs herma-
« phrodites liguliformes. Péricline de squames imbriquées,
« surmontées d'un grand appendice foliacé, bordé de cils
« spinescens. Clinanthe fimbrillé. Cypsèle courte, tétragone,
« munie d'un bourrelet apicilaire calleux, dont les quatre
« angles se prolongent sur les quatre arêtes de la cypsèle. »

Peu de temps après cette publication, le *Sertum anglicum* de l'Héritier, que nous ne connoissions pas encore, passa sous nos yeux, et en le parcourant nous y lûmes la description du *Stokesia*. Aussitôt nous fûmes frappé des rapports qui existoient entre ce *Stokesia* et notre *Cartesia* ; la seule différence qui sembloit les distinguer, c'est que le *Stokesia* a le clinanthe nu et les fruits aigrettés, tandis que le *Cartesia* nous avoit paru avoir, tout au contraire, le clinanthe fimbrillé et les fruits nus. Mais les lames membraneuses, que nous avions considérées comme des fimbrilles du clinanthe, sont très-caduques, et dans notre échantillon elles étoient toutes détachées des points de leur insertion, en sorte que l'attribution de ces lames au clinanthe plutôt qu'aux fruits, avoit été de notre part purement arbitraire et conjecturale, tandis que l'Héritier avoit pu s'assurer de leur véritable origine, en les observant avant qu'elles fussent détachées. Ces considérations nous persuadèrent que nous avions commis une erreur, et que notre genre *Cartesia*, faussement caractérisé, étoit le même que le *Stokesia* de l'Héritier, et devoit être supprimé. C'est ce que nous avons déclaré d'abord, en 1817, dans ce Dictionnaire (tom. VII, pag. 157), et ce que nous avons répété plus tard dans le Bulletin des sciences de Mars 1818 (pag. 34).

L'erreur dans laquelle nous étions tombé ne détruit pas l'utilité de nos observations sur la plante dont il s'agit; car en rectifiant, d'après l'Héritier, la situation des lames membraneuses, dont la caducité nous avoit autrefois trompé, nous avons pu offrir à nos lecteurs, dans le présent article, une description assez complète du *Stokesia*, exactement calquée sur notre ancienne description manuscrite et inédite du *Cartesia*, sans être obligé de copier les livres, ce que nous évitons constamment, autant qu'il nous est possible. Nos observations font connoître des particularités notables constituant de nouveaux caractères négligés par l'Héritier ; elles complètent ou rectifient la plupart de ceux qu'il avoit admis; et surtout elles déterminent avec une entière certitude les vraies affinités du *Stokesia*, et la place qu'il doit occuper dans la classification naturelle des Synanthérées.

Le style, les stigmatophores, les étamines, présentent fort exactement les caractères propres aux Vernoniées. L'ovaire, lorsqu'il est dépouillé de son aigrette, a de l'analogie avec ceux des *Ethulia* et *Sparganophorus*. Les corolles, ayant le limbe très-ample, imitent en apparence les corolles amplifiées de la couronne du *Cyanus* et d'autres Centauriées; mais en réalité elles se rapprochent bien plus, par leur structure, des corolles palméés du *Cardopatium*. La calathide radiatiforme et les corolles palmées du *Stokesia* et de quelques autres Vernoniées confirment les rapports que nous avons établis entre cette tribu et celle des Lactucées, d'après la structure du style et des stigmatophores. Les squamellules de l'aigrette nous ont paru égaler à peine la moitié de la longueur de la corolle, tandis que l'Héritier les dit aussi longues que la corolle, parce que sans doute il a observé les fleurs intérieures de la calathide, et nous les fleurs extérieures. Il est probable que les ovaires trigones et à aigrette de trois squamellules, attribués par l'Héritier à tous les fleurons irréguliers, n'appartiennent réellement qu'à la rangée tout-à-fait extérieure et absolument marginale, où le vrai type du fruit et de l'aigrette est souvent altéré chez les Synanthérées par la pression du péricline. Nous n'avons pas vu les corolles régulières dont parle ce botaniste : mais, si elles sont en effet parfaitement régulières, c'est-à-dire à incisions exactement égales, ce qui nous paroit peu vraisemblable, il faut croire qu'elles ne se trouvent en cet état que tout-à-fait au centre de la calathide. Nous sommes convaincu que la calathide du *Stokesia*, entièrement composée de fleurs hermaphrodites, n'est pas vraiment radiée ; mais qu'elle est *radiatiforme*, à peu près comme celles des Lactucées, des Nassauviées, de l'*Atractylis*, etc., c'est-à-dire que toutes les corolles sont presque uniformes, mais graduellement plus longues, et plus profondément fendues sur la face interne, suivant qu'elles sont plus éloignées du centre de la calathide. (II. Cass.)

STOKFISH. (*Ichthyol.*) Voyez Stockfisch. (H. C.)

STOK - OENDER. (*Ornith.*) Eggède, dans sa Description du Groënland, parle sous ce nom d'une espèce de canard, dont il dit que les plumes, noires sur le jabot, sont grisâtres sur le reste du corps, et relativement à la génération duquel, alors inconnue, on racontoit les fables les plus ridicules et pareilles à celles qui sont exposées au mot Macreuse. (Ch. D.)

STOLÉPHORE, *Stolephorus*. (*Ichthyol.*) Le comte de Lacépède avoit créé sous ce nom un genre de poissons qu'on a fait rentrer depuis dans celui des Anchois, et qui ne renfermoit que deux espèces, le *Stoléphore commersonnien*, décrit dans ce Dictionnaire sous l'appellation d'anchois commersonnien (tom. XIV, p. 307), et le *Stoléphore japonois*, dont nous avons parlé au même lieu sous celle d'anchois japonois. (Voy. Engraule.)

M. Risso a aussi introduit dans ce genre une espèce nouvelle, que sa piété filiale a consacrée à la mémoire de son père et qu'il a décrite sous le nom de *Stolephorus Risso*.

C'est un petit poisson d'une parure simple et élégante, brillant de teintes douces et moelleuses, couvert d'un manteau blanc et transparent, que relèvent six taches oblongues formées de petits points noirs réunis, situées au milieu du corps, et six grosses taches rondes d'un noir d'ébène, avec des reflets azurés, qui s'aperçoivent dans l'intérieur. Ses catopes, en fer de lance, sont nuancés de noir, et sa nageoire caudale, en croissant, a une grande tache noire à la base.

La chair de ce poisson est exquise. Il n'a que trente lignes de longueur sur trois de largeur, et il habite la plage de Nice. (H. C.)

STOLONS. (*Bot.*) Filets grêles, partant de la racine, de la tige ou des rameaux d'une plante, et qui, en s'enracinant, produisent de nouveaux individus; exemples : *fragaria vesca, ajuga reptans, clusia rosea,* etc.; de là : plante stolonifère. (Mass.)

STOLZO. (*Ornith.*) Le grand tétras, *tetrao urogallus,* Linn., est ainsi appelé chez les Grisons. (Ch. D.)

STOMACHIDE, *Stomachida.* (*Entomoz.*) C'est le nom sous lequel un médecin hollandois, Corneille Pereboom, peu versé sans doute dans l'histoire naturelle, a proposé de former un genre de vers intestinaux avec un ascaride lombricoïde femelle, dont les viscères de la génération avoient fait hernie par l'orifice terminal qui existe au tiers antérieur de la face abdominale; accident qui arrive assez fréquemment dans ce genre d'animaux, et qui est déterminé par la dessiccation et la contraction de l'enveloppe musculo-cutanée. Si l'on s'en rapportoit cependant rigoureusement à la description que Pereboom donne de son stomachide, qui étoit tout-à-fait noir, à cause, sans doute, des matières qu'il contenoit, il offriroit des caractères qui ne se trouvent pas dans les ascarides, puisqu'il parle d'une tête pourvue d'un petit crochet ou d'une trompe, et hérissée dans toute son étendue d'écailles aiguës, recourbées en arrière et servant à l'animal à se cramponner et à s'avancer comme avec des pieds. Mais il est permis d'en douter, d'autant plus qu'il ne les fait pas entrer dans la caractéristique de son genre, qu'il borne à ces mots : *Stomachida vermis, corpore membranoso; capite et cauda lumbricalibus.* Ce ver avoit été trouvé mort dans les déjections alvines d'une personne affectée de dyssenterie dans le mois de Novembre, à Amsterdam. Il avoit quatorze pouces de long. (De B.)

STOMAPODES. (*Crust.*) Ordre de la classe des crustacés

dont nous avons exposé les caractères dans l'article MALA-
COSTRACÉS, tome XXVIII, page 557. (DESM.)

STOMATE, *Stomatia.* (*Conchyl.*) Genre établi par Helbins,
Privatg., 4, tome 2, fig. 34 et 35, et adopté par M. de Lamarck dans son Système des animaux sans vertèbres, t. 6,
part. 2, page 211, pour une ou deux coquilles dont les
conchyliologues linnéens formoient des espèces d'haliotides,
sous le nom d'haliotides imperforées. Il n'y auroit en effet
rien d'étonnant que l'animal de ces coquilles ne différât pas
beaucoup de celui des oreilles - de - mer ; car, il faut
croire que son manteau est subdivisé en deux lobes, dont
la réunion forme une sorte de canal comme dans les véritables haliotides, puisque l'on trouve sur la coquille une
cannelure assez profonde à la place où seroit la série des
trous dans les haliotides. Quoi qu'il en soit, ce genre pourra
être ainsi caractérisé d'après la coquille seulement, l'animal
étant tout-à-fait inconnu : Coquille nacrée, ovale- alongée,
auriforme, à spire proéminente et tout-à-fait latérale; disque
imperforé, mais avec deux gouttières rapprochées de manière à former en dehors une côte décurrente entre elles;
ouverture très-ample, entière, plus longue que large; bords
réunis; le droit aussi élevé que le columellaire.

On ne connoît encore dans ce genre que deux espèces,
définies par M. de Lamarck.

La St. ARGENTINE : *St. phymotis; Haliotis imperforata*, Linn.,
Gmel., page 5690. n.° 11; Chemn., *Conch.*, 10, tab. 166,
fig. 1600 et 1601; Enc. méth., pl. 450, fig. 5, *a*, *b*, et Dict.
des sc. natur., pl. 49 *bis*, fig. 4, sous le nom de ST. NACRÉE.
Coquille ovale-oblongue, assez convexe, nacrée à l'intérieur,
garnie de côtes noduleuses, décurrentes, avec la spire assez
saillante; bord droit, tranchant et un peu irrégulier. Couleur
d'un gris verdâtre en dehors, d'une belle couleur nacrée en
dedans.

Cette coquille, très-rare et très-recherchée dans les collections, vient de l'océan des grandes Indes. Elle a un pouce
de long sur six à huit lignes de large.

La S. TERNE : *S. obscurata*, de Lamk., *loc. cit.*, n.° 2. Coquille
ovale, un peu rétrécie en avant, subdéprimée, à côtes noduleuses, décurrentes. Couleur blanchâtre, non nacrée.

Cette espèce, dont on ignore la patrie et qui se trouve dans la collection de M. de Lamarck, est à peu de chose près de la même grandeur que la précédente. (De B.)

STOMATE. (*Foss.*) On trouve dans le Plaisantin deux espèces de coquilles univalves, que M. Brocchi a décrites dans la Conchyliologie fossile subappennine. Il a rangé ces coquilles dans les Nérites, en indiquant qu'elles dépendoient du genre Stomate de M. de Lamarck.

Stomatia (*nerita*) *sulcosa*, Brocc., *loc. cit.*, pag. 298, pl. 1, fig. 3. Coquille ovale, portant sept à huit côtes rugueuses, ondulées, à spire élevée et tournée sur le côté droit, à ouverture large et à bord crénelé. Longueur, sept lignes.

Stomatia (*nerita*) *costata*, Brocc., *loc. cit.*, p. 300, même pl., fig. 11. Coquille ovale, portant sept côtes qui suivent les tours, et entre lesquelles il se trouve de petites stries un peu obliques : le haut de chaque tour porte une forte rampe contre la suture ; l'ouverture est grande, oblique, et le bord droit est crénelé. Cette espèce est un peu plus grande que la précédente, dont elle n'est peut-être qu'une variété.

Je possède des coquilles un peu moins grandes que celles dont je viens d'indiquer les caractères, qui ont été trouvées dans la Tourraine, ainsi qu'aux environs de Bordeaux et de Nice, et qui ont de grands rapports avec celle-ci ; mais elles sont d'une forme plus alongée. J'ai cru que je devois les ranger dans le genre Pourpre, ainsi que la *stomatia costata*, que je possède aussi.

Stomate ruguleuse ; *Stomatia rugulosa*, Risso, Hist. nat. des princip. prod. de l'Europe mérid., tom. 4, p. 253. Coquille sculptée de stries obliques, courbes, également distantes, avec les interstices ruguleux. Longueur, quinze millimètres. Fossile de la Trinité près de Nice. (D. F.)

STOMATELLE, *Stomatella*. (*Conchyl.*) Genre établi par M. de Lamarck (Système des anim. sans vert., tom. 6, 2.ᵉ part., pag. 209) pour un assez petit nombre de coquilles, dont une seule (*patella lutea*) a été inscrite par Linné, et qui semble intermédiaire aux sigarets et aux stomates. Le célèbre conchyliologiste françois caractérise ce genre ainsi : Coquille orbiculaire ou oblongue, auriforme, imperforée ; ouverture entière, ample, plus longue que large ; bord droit, évasé, dilaté et ouvert. Mais il est certain qu'il réunit, sous cette caractéristique, deux formes de coquilles réellement distinctes, et qui, très-probablement, proviennent d'animaux très-différens ; ce qu'il est cependant impossible d'assurer. Toutefois je sais déjà par un dessin, envoyé par M. Quoy et Gaimard, que l'animal qui porte une coquille de la première section des stomatelles, est un véritable cryptostome. Quoi qu'il en soit, nous nous servirons de ces différences pour partager les espèces de stomatelles de M. de Lamarck en deux sections.

A. *Espèces presque circulaires.*

La Stomatelle imbriquée : *S. imbricata*, de Lamk., Système des anim. sans vert., n.° 1 ; Encycl. méth., pl. 480, fig. 2, *a, b.* Coquille assez convexe, à spire un peu proéminente, et traversée par des côtes décurrentes, serrées et hérissées de petites écailles qui la rendent très-rugueuse. Couleur d'un gris jaunâtre en dehors, nacrée à l'intérieur.

Cette coquille, dont la longueur est d'un pouce et demi environ, se trouve dans les mers de Java.

La S. rouge : *S. rubra, id., ibid.; S. sulcata,* Encycl. meth., pl. 450, fig. 3, *a, b.* Coquille un peu convexe, à spire courte, aiguë ; tours aplatis en dessus, striée fortement et bicarénée dans la décurrence de la spire, un peu plissée transversalement. Couleur rouge, avec des taches rouges et blanches le long de la suture en dehors : d'une belle nacre en dedans.

Des mers de l'Inde.

La S. sulcifère ; *S. sulcifera, id., ibid.,* n.° 3. Coquille mince, suborbiculaire, convexe, sillonnée dans sa longueur, finement striée en travers, à spire assez saillante. Couleur d'un gris rougeâtre en dehors.

Des mers de la Nouvelle-Hollande.

B. *Espèces ovales-alongées.*

La Stomatelle auricule : *S. auricula, id., ibid.,* n.° 4; *Patella lutea,* Linn., Gmel., pag. 3710, n.° 94; Encycl. méth., pl. 450, fig. 1, *a, b.* Petite coquille ovale-oblongue, haliotide, déprimée, peu convexe, lisse, à spire latérale subproéminente ; le bord gauche avec un sinus à son origine. Couleur d'un jaune rosé, linéée de brun.

De l'Océan, des Moluques et de la Nouvelle-Hollande. Gmelin dit de l'Italie, j'ignore d'après qui.

La Stomatelle planulée : *S. planulata*, id., ibid.; Enc. méth., pl. 450, fig. 4, *a*, *b*. Coquille oblongue, assez aplatie, haliotide, finement striée, à spire très-petite, tombante sur le côté. Couleur verdâtre, maculée de brun.

Des mêmes mers que la précédente, dont elle est fort rapprochée et dont elle diffère, parce qu'elle est un peu plus grande, plus aplatie, et que sa spire est très-courte. (De B.)

STOMATELLE POREUSE; *Stomatella porosa*, N. (*Bot.*), Bot. microsc. atl., pl. vésiculinés, fig. 24. Parmi cette foule de corps organisés microscopiques qui se présentent ordinairement pêle-mêle sous l'œil de l'observateur, on remarque des êtres végétaux qui se composent, pour toute organisation, d'une vésicule ovale percée d'un trou ou pore dans son centre, et dans l'intérieur de laquelle sont d'autres vésicules d'un vert sombre, et probablement destinées à la reproduction de l'espèce. (Voyez l'Atlas de ce Dictionnaire.)

Ces petits végétaux ne représenteroient pas mal les pores corticaux ou stomates, ou bien encore ces autres pores, analogues aux premiers, placés à la surface des prétendus vaisseaux des végétaux, si la vésicule étoit interrompue, comme, par exemple, cet individu d'*Achnanthes*, fig. 11 de la planche déjà citée. (Turp.)

STOMATIE, *Stomatia*. (*Conchyl.*) Genre établi par M. Risso, dans son ouvrage sur les Productions des côtes de Nice, pour une petite coquille de la Méditerranée, qu'il a figurée pl. 10, fig. 148, sous le nom de Stomatie ruguleuse, *Stomatia rugulosa*, et qui ressemble beaucoup à un cabochon tortillé. (De B.)

STOMAX. (*Conchyl.*) Nom latin, suivant Denys de Montfort, du genre Stomate. (De B.)

STOMIAS, *Stomias*. (*Ichthyol.*) M. Cuvier a ainsi appelé un genre de poissons qui se rapporte à la famille des Siagonotes parmi les osseux holobranches abdominaux, et que l'on reconnoît aux caractères suivans :

Opercules lisses, petites, membraneuses; nageoire dorsale unique et opposée à l'anale; catopes tout-à-fait en arrière; dents intermaxillaires, palatines, linguales et mandibulaires peu nombreuses,

*longues et crochûes; corps alongé, comprimé; écailles visibles;
nageoire de la queue arrondie.*

On distinguera facilement les Stomias des Microstomes, dont la dorsale n'est implantée qu'un peu en arrière des catopes; des Sphyrènes, des Polyptères et des Scombrésoces, qui ont au moins deux nageoires dorsales; des Élopes et des Synodons, qui ont leur nageoire dorsale au-dessus ou au-devant des catopes; des Galaxies, dont le corps est sans écailles apparentes. (Voyez ces différens noms de genres et Siagonotes.)

On ne connoît encore qu'une espèce dans ce singulier genre; c'est:

Le Stomias boa : *Stomias boa; Esox boa*, Risso. Corps svelte et comprimé, d'un noir de jayet; dos à reflets violets; côtés bleuâtres, à taches d'argent; abdomen marqué de quatre rangs de points dorés; tête grande et arrondie; bouche ample; langue épaisse, lisse, tachetée en dessous; iris argenté; nageoires rougeâtres; catopes filiformes; dorsale falciforme.

Cet animal remarquable, qui porte une tête de reptile sur un corps de poisson et qui n'a qu'un pied de longueur, a été découvert par M. Risso dans les mers de Nice. (H. C.)

STOMIS. (*Entom.*) M. Clairville a désigné sous ce nom de genre quelques espèces d'insectes coléoptères créophages, voisines des cychres. M. Dejean avoit adopté ce genre dans son catalogue; mais il ne l'a plus reproduit dans son *Species.* (C. D.)

STOMODES. (*Entom.*) Ce nom, qui signifie grande bouche, Στιμωδης, a été employé par M. Schœnherr pour indiquer un genre de charanson, qu'il a inscrit sous le n.° 104. Voyez Rhinocères. (C. D.)

STOMOTECHIUM. (*Bot.*) Genre de plantes dicotylédones, à fleurs complètes, monopétalées, régulières, de la famille des *borraginées*, de la *pentandrie monogynie* de Linné, offrant pour caractère essentiel : Un calice persistant, à cinq divisions, à cinq angles; une corolle tubulée, presque cylindrique, fermée à son orifice par des écailles concaves, charnues, arrondies, hérissées; cinq étamines; les anthères oblongues, non saillantes; quatre ovaires supérieurs; un style; quatre noix uniloculaires, arrondies, attachées au fond du calice, perforées à leur base.

Stomotechium a mamelons: *Stomotechium papillosum*, Lehm., *Pl. asp.*, pag. 396; Poir., *Ill. gen.*, *Suppl.*, vol. 3, pag. 557. Plante à tige presque ligneuse, anguleuse, rude à sa partie supérieure. Les rameaux sont presque sur deux rangs opposés, arrondis, un peu anguleux. Les feuilles sont sessiles, presque à demi embrassantes, roides, linéaires-lancéolées, hérissées de petits mamelons; les fleurs petites, rapprochées, presque sessiles, unilatérales, terminales, disposées en épis rameux, munis de bractées ovales, aiguës, roides, ovales, hispides, situées à la base de chaque fleur. Le calice est tubulé, plus court que la corolle, à cinq divisions droites, égales, ovales, aiguës; la corolle tubulée, régulière; le tube cylindrique; le limbe à cinq lobes égaux, droits, ovales, arrondis, obtus; l'orifice fermé par cinq écailles charnues, un peu arrondies, hérissées en dehors; les filamens sont très-courts, attachés vers le milieu du tube; les anthères non saillantes, oblongues, acuminées, à deux loges; du milieu des quatre ovaires s'élève un style filiforme, presque de la longueur du tube de la corolle; le stigmate est simple, obtus; le fruit consiste en quatre noix fort petites, arrondies, ridées, uniloculaires, perforées à leur base, situées au fond du calice persistant. Cette plante croît au cap de Bonne-Espérance. (Poir.)

STOMOXE, *Stomoxys*. (*Entom.*) Genre d'insectes à deux ailes, dont le suçoir, alongé, corné, coudé, est saillant dans l'état de repos, et, par conséquent, de la famille des haustellés ou sclérostomes.

Ce genre, établi par Geoffroy, a tiré son nom de deux mots grecs de Στόμα, qui signifie *bouche*, et de Ὀξὺς, *pointue*. Il est caractérisé par des antennes en palette, garnie d'une soie plumeuse latéralement.

Ces insectes ont, au premier aspect, l'apparence d'une mouche, dont ils diffèrent par la bouche, qui n'est pas en trompe charnue, dilatée à l'extrémité libre; leurs ailes, dans l'état de repos, sont portées en triangle ou écartées entre elles à la partie libre. Il y a des balanciers sous de grands cuillerons.

Quoique ces insectes soient très - communs, puisqu'ils constituent cette race de mouches qui est si incommode en automne, où elle pique les jambes de l'homme et des animaux, surtout des chevaux, on n'en connoit pas les larves. Il est probable qu'elles vivent dans le fumier, comme celles des mouches.

Nous avons fait figurer une espèce de ce genre sous le n.° 6 de la planche 47 de l'atlas de ce Dictionnaire.

Il est facile de distinguer les stomoxes de tous les autres genres de la même famille des sclérostomes, d'abord des cousins, des asiles, des taons, des chrysopsides, des empides, des bombyles et des conops, qui n'ont pas de poil isolé aux antennes; puis des hippobosques, qui ont le poil isolé terminal, et l'abdomen très-plat, presque sessile; enfin des myopes et des rhingies, dont le poil latéral des antennes est simple et non plumeux.

Fabricius a inscrit dix-sept espèces dans ce genre; mais on n'en observe que trois ou quatre aux environs de Paris; ce sont les suivantes :

1. STOMOXE GRIS, *Stomoxys grisea.*

C'est l'espèce que nous avons figurée sur la planche ci-dessus indiquée.

Car. Gris. Corselet à lignes longitudinales noires; abdomen à points noirs; cuisses jaunâtres.

Il n'est pas rare aux environs de Paris.

2. Le STOMOXE CALCITRANT, *Stom. calcitrans.*

Geoffroy l'a décrit et figuré tome 2, page 539, n.° 1, pl. 18, fig. 2.

Car. D'un noir grisâtre, à trompe ou suçoir noir, lisse; pattes grises.

C'est l'espèce la plus commune et qui pique les chevaux jusqu'au sang; ce qui les fait frapper des pieds et souvent se déferrer. Voilà pourquoi on désigne cet insecte sous le nom de calcitrant.

3. STOMOXE IRRITANT, *Stom. irritans.*

Car. Gris. Abdomen à taches noires; pattes grises.

On observe cette espèce sur le dos des vaches et autres bestiaux. Elle les incommode beaucoup. (C. D.)

STOMPVISCH. (*Ichthyol.*) Un des noms hollandois de la TORPILLE. (H. C.)

STONE-CHATTER. (*Ornith.*) L'oiseau connu en Angleterre sous ce nom et sous celui de *stone-smich*, est le traquet, *motacilla rubicola*, Linn. (Ch. D.)

STONE-CURLEW. (*Ornith.*) Nom anglois de l'œdicnème, *charadrius œdicnemus*, Linn., qu'on appelle aussi *stone-plover*. (Ch. D.)

STONE-GALL. (*Ornith.*) C'est la cresserelle, *falco tinnunculus*, Linn., en écossois. (Ch. D.)

STONE-PERSCH. (*Ichthyol.*) Nom anglois du paon de mer, *sparus saxatilis* de Linnæus, lequel appartient au genre Chromis de M. Cuvier. Voyez ce mot. (H. C.)

STOPAROLA. (*Ornith.*) C'est, dans Schwenckfeld, l'alouette ou pipi spipolette. (Ch. D.)

STOR. (*Ichthyol.*) Nom suédois de *l'esturgeon ordinaire*. Voyez Esturgeon. (H. C.)

STOR - HVAL. (*Mamm.*) C'est l'une des dénominations du baléinoptère gibbar en Norwége, suivant de Lacépède. (Desm.)

STOR-SUCK. (*Ichthyol.*) Voyez Suck. (H. C.)

STORAX. (*Bot.*) Espèce de résine qu'on croyoit autrefois fournie par le liquidambar d'Orient, mais qui paroît l'être par l'aliboufier des boutiques. (Voyez Aliboufier.)

Le *storax liquide* est un autre produit végétal qui paroît produite par une espèce du genre Dammare ou Rosamale. (Desm.)

STORCH. (*Ornith.*) Les Allemands, les Anglois et les Danois appellent ainsi la cigogne, *ardea ciconia*, Linn. (Ch. D.)

STORE. (*Ichthyol.*) Un des noms norwégiens de la *grande épinoche*. Voyez Gastré.

En Danemarck on donne aussi le même nom à l'Esturgeon ordinaire. (H. C.)

STORÈNE, *Storena*. (*Entom.*) M. Walckenaër a formé sous ce nom un genre parmi les araignées, pour y ranger une espèce de la Nouvelle-Hollande, dont la couleur est bleue. (C. D.)

STORILLE, *Storillus*. (*Conchyl.*) Genre de coquilles microscopiques, établi par Denys de Montfort (Conchyl. syst., tom. 1, pag. 131) pour une espèce qu'il dit vivante dans le golfe Persique, et qui diffère des rotalites de M. de Lamarck, parce que le sommet est gros et mamelonné, et que l'ouverture est lancéolée. Il la nomme le S. rayonnant, S. *radiatus*, à cause des espéces de digitations dont sa circonférence est armée. et en donne la figure. (De B.)

STORJE. (*Ichthyo!.*) Nom norwégien de l'Esturgeon. Voyez ce mot. (H. C.)

STORJER. (*Ichthyo!.*) Les Lapons appellent ainsi l'Esturgeon. (H. C.)

STORK. (*Ichthyol.*) Nom danois de l'*aiguille de mer*. Voyez Syngnathe. (H. C.)

STORNELL. (*Ornith.*) Les Catalans nomment ainsi l'étourneau commun, *sturnus vulgaris*, Linn. (Ch. D.)

STORNO. (*Ornith.*) Ce nom et celui de *stornello* désignent, en italien, l'étourneau commun, *sturnus vulgaris*, Linn. (Ch. D.)

STORNO-MARINO. (*Ornith.*) Les Italiens donnent ce nom au merle rose, *turdus roseus*, Gmel., et martin-roselin, *pastor roseus*, Temm. (Ch. D.)

STOROMESSITE. (*Min.*) On trouve dans le discours préliminaire du Journal de physique, année 1818, ce nom comme propre à désigner un minéral composé de baryte sulfatée et de strontiane carbonatée, qu'on a trouvé à Storomess, dans les îles Orkney, et qui a été analysé par M. Troïl, de Liverpool. Je ne sache pas que cette dénomination ait été admise ; on a proposé depuis peu celle de Stromite. Voyez ce mot et Strontiane carbonatée. (B.)

STOURNE. (*Ornith.*) Ce genre est un de ceux sur la composition desquels il règne encore le plus d'incertitudes. Levaillant, qui n'a point positivement adopté ce nom, s'est borné à former une famille particulière d'oiseaux vivant en troupes. et qui, par leurs mœurs, se rapprochent des choucas, des étourneaux et des martins. Ces oiseaux, dont la description occupe les pages 97 à 128 du tome 2 de l'Ornithologie d'Afrique. sont le *roupenne*, l'*éclatant*, le *choucador*, le *vert-doré*, le *spréo*, le *nabirop*, le *couigniop*, le *nabouroup* et la *cravate frisée*.

Daudin, chez lequel la troisième section du genre Étourneau est composée des *stournes* ou *étourneaux-merles*, leur a conservé le nom latin de *sturnus*. Il y a compris toutes ces espéces, qu'il a caractérisées par un bec alongé, aminci.

ayant à sa base des plumes veloutées jusqu'aux narines, avec une petite échancrure à chaque côté de la mandibule supérieure près du bout.

M. Vieillot ne comprend parmi les stournes, qu'il nomme stournelles, *sturnella*, sans faire attention que ce changement, inutile et purement grammatical, forceroit à substituer le genre féminin au genre masculin pour les trois oiseaux qu'il renferme ; savoir : 1.º le stourne à collier ou à fer-à-cheval, *sturnus ludovicianus* et *alauda magna*, Gmel.; *sturnus ludovicianus*, Latham, dont Daudin fait un cassique ; 2.º le stourne des terres Magellaniques ou blanche - raie, *sturnus militaris*, Lath.; 3.º le stourne Loyca, de Molina, *sturnus Loyca*. Lath. (Voyez sur ces trois oiseaux les pages 503 et 504 du tom. XV de ce Dictionnaire.)

M. Temminck, après avoir observé, dans l'analyse de son Système d'ornithologie, que toutes les espèces de stournes sont de l'ancien continent, et le plus grand nombre d'Afrique ; qu'elles ont un plumage très - éclatant et dont les couleurs sont métalliques ; qu'elles vivent comme les étourneaux et les martins, mais ressemblent plus ou moins aux merles par le bec et par les pieds, établit ainsi le genre Stourne, *Lamprotornis* : Bec médiocre, convexe en dessus, comprimé à la pointe, qui est échancrée, et dont la base est déprimée et l'arête avancée entre les plumes du front ; narines basales, latérales, ovoïdes, à moitié fermées par une membrane voûtée, souvent couverte de plumes ou cachée par les plumes du front ; pieds longs ; tarses plus longs que le doigt intermédiaire ; l'interne soudé à sa base ; l'externe divisé ; la première rémige très - courte, les seconde et troisième moins longues que la quatrième ou la cinquième, les plus longues de toutes.

M. Temminck a désigné comme appartenant plus particulièrement à ce genre, le *paradisea gularis*, les *turdus aureus*, *auratus*, *nitens*, *columbinus*, *leucogaster* et le *tanagra atrata*.

Quoique le genre *Lamprotornis* semble susceptible de modifications, l'on croit devoir, provisoirement, adopter ce nom et l'appliquer, pour éviter des confusions, aux espèces ci - dessus indiquées.

Stourne a gorge d'or; *Lamprotornis gularis*, Dum. Cet oiseau, figuré par Levaillant, pl. 20 et 21 de ses Oiseaux de

paradis, sous le nom de pie de paradis, est le *paradisea
gularis* de Latham, et le *paradisea nigra* de Gmelin; il est
aussi figuré pl. 8 et 9 des Oiseaux dorés. M. Cuvier, dans
son Règne animal, tome 1, page 405, l'a renvoyé aux merles,
et M. Vieillot en a fait depuis, dans le Nouveau Dictionnaire
d'histoire naturelle, le genre Astrapie, auquel il a donné les
caractères rapportés au Supplément du tome III de ce Dictionnaire, page 71.

STOURNE VERT-DORÉ; *Lamprotornis æneus*, Dum. Cet oiseau,
figuré dans les planches enluminées de Buffon sous le n.° 220
et dans la planche 87 de Levaillant, Afr., est le merle à
longue queue du Sénégal, de Brisson, *turdus æneus*, Gmel.
Sa grosseur est celle du choucas commun, et il a près de
vingt-deux pieds de longueur, en y comprenant la queue,
qui a quinze pouces. Le plumage est d'un noir à reflets verts
sur la tête et les joues: le cou, la gorge, la poitrine, le
manteau et les ailes, offrent des reflets d'or ou de vert foncé;
le dessous présente des nuances de cuivre, de pourpre et de
bleu; la queue, très-étagée, est composée de douze pennes à
reflets pourpres, violets, bleus et verts: le bec et les pieds
sont noirs: la queue de la femelle est un peu plus courte, et
les reflets de son plumage sont un peu moins brillans.

Le Sénégal paroît être la véritable patrie de ce stourne,
qui est de passage au cap de Bonne-Espérance, où il séjourne
peu. Sa nourriture consiste en baies, vers et insectes; il vole
en troupes, et lorsqu'il court, c'est en redressant la queue
comme les pieds; quand il est perché, il fait entendre un
gazouillement prolongé comme nos étourneaux.

STOURNE NABIROP: *Lamprotornis auratus*, Dum.; MERLE VIOLET
DE JUIDA, Buff., pl. 540; Levaillant, Afr., pl. 89, et *Turdus
auratus*, Gmel. Le nom de *nabirop*, précédé d'un clappement
de langue, est celui que les Hottentots donnent à cet oiseau,
dont la description se trouve au tome XXXIV de ce Dictionnaire, page 100.

STOURNE COURGNIOP: *Lamprotornis nitens*, Dum.; *Turdus nitens*, Linn. Cet oiseau, déjà indiqué dans ce Dictionnaire,
tome XXX, page 160, est le merle vert d'Angole, de Brisson,
figuré dans Buffon, pl. 561, et dans Levaillant, pl. 90; le
turdus nitens, Linn., et le *sturnus nitens*, Daud. Il a la tête,

le haut du cou, la gorge et le dessous du corps d'un beau bleu bronzé, changeant en vert sombre ou en pourpre violet : le dessous du corps d'un vert - jaunâtre lustré ; les plumes uropygiales arrondies comme des écailles de poisson et d'un bleu changeant en violet pourpre ; les pennes de la queue, presque carrées au bout, sont du plus beau pourpre violâtre.

Le couigniop fait sa ponte au Sénégal, et il en arrive, après cette époque des troupes nombreuses au cap de Bonne-Espérance. Levaillant paroît mettre en doute si ces deux derniers oiseaux ne sont pas de la même espèce.

Stourne des colombiers ; *Lamprotornis columbinus*, Dum. Cette espèce, rapportée des Philippines par Sonnerat, est ainsi nommée d'après l'habitude qu'elle a de nicher dans les colombiers comme notre étourneau : elle n'est pas plus grosse que la grive mauvis ; son plumage est en totalité d'un vert changeant, dont les reflets sont très-multipliés ; les ailes ne vont que jusqu'à la moitié de la queue ; le bec et les pieds sont noirs.

Stourne a ventre blanc ; *Lamprotornis leucogaster*, Dum. Cet oiseau, qui est figuré dans Buffon, pl. 648, n.° 1, sous le nom de merle violet à ventre blanc de Juida, est le *turdus leucogaster* de Linné et de Latham. Il est moins gros qu'une alouette ; sa longueur n'excède pas six pouces et demi ; sa queue a seize pouces ; son bec en a huit ; les ailes, dont les grandes pennes sont noirâtres, vont, dans l'état de repos, aux trois quarts de la queue.

Stourne noir ; *Lamprotornis atrata*, Dum. Cet oiseau de l'Inde, désigné comme un stourne par M. Temminck, étoit l'*emberiza atra* de la 10.° édition du Système naturel de Linné, et il est devenu ensuite le *tanagra atrata* du même et de Latham : il est de la grosseur d'un merle, et son plumage est tout noir, à l'exception du dos, qui est d'un bleu luisant.

Comme M. Temminck, après avoir cité textuellement les espèces dont on vient de parler, indique de plus celles de Levaillant, sans faire de citations nominales, on croit devoir donner à la suite de cet article et sous la dénomination de stournes, quoiqu'elle ne se trouve que dans Daudin, plusieurs des espèces qui ont été présentées comme telles par ce dernier naturaliste. Le genre *Lamprotornis* devant, ainsi qu'on l'a déjà remarqué, éprouver quelque jour une refonte, cette réunion en un groupe de divers oiseaux qui ont des rapports plus ou moins rapprochés, ne pourra, dans tous les cas, embrouiller la matière et nuire aux travaux postérieurs.

Le Siourne roupenne : *Lamprotornis morio*, Dum. ; *Sturnus morio*, Linn. ; Jaunoir, Buffon, pl. enl., 199; Levaill., Afr., pl. 83 et 84. Il a onze pouces de longueur, et sa taille est celle de la draine; son plumage est d'un noir à reflets sur les ailes et sur la queue; les onze pennes primaires de l'aile sont d'un roux foncé; la queue est étagée. La femelle a le noir et le roux de son plumage moins foncés; sa tête, son cou et le haut de sa poitrine sont grisâtres et marqués d'un trait noir sur le milieu de chaque plume. Le bec, les ongles et les pieds sont noirs.

Ces oiseaux, qui volent réunis en troupes nombreuses et qui suivent les troupeaux comme les étourneaux, vivent, en général, de baies, d'insectes et de vers; ils sont très-friands de raisins, et font de grands dégâts dans le territoire de Constance et des environs. Ils jettent de temps en temps les cris *pihlio-pillio* ou *kouëk-kouëk;* ils nichent dans les fentes des rochers, et leur couvée est de quatre, cinq et quelquefois six œufs. La plupart des femelles font deux pontes par an.

Siourne nabouroup; *Lamprotornis nabouroup*, Dum. Levaillant, qui donne la figure de cet oiseau, pl. 91 de son Ornithologie d'Afrique, avoue qu'il y a une très-grande ressemblance entre lui et le roupenne; mais il expose que le nabouroup est de deux pouces plus petit; que sa queue est différemment étagée; que le roux des ailes n'occupe que la partie supérieure chez celui-ci, dont les ailes sont blanches intérieurement, et qu'enfin la femelle du dernier ne diffère du mâle que par une plus petite taille.

Ces stournes habitent le pays des grands et des petits Namaquois, qui les nomment *Witte-vlerk-sprauw*. étourneaux à ailes blanches. Ils volent en troupes et sont très-friands des baies d'une espèce d'ébénier; leur chant ou cri soutenu est assez agréable.

Le Siourne éclatant; *Lamprotornis splendens*, Dum. Cet oiseau, de la taille du roupenne, dont M. Levaillant ne con-

noît point les mœurs, mais qu'il croit africain, est figuré pl.
85 de son Ornithologie de cette contrée. Le plumage présente
sur un fond noir des reflets verts, bleus, et d'un pourpre
doré; la queue est très-étagée et les pennes alaires en dépassent à peine la base; trois des pennes secondaires sont en
partie blanches; le bec et les pieds sont noirs.

Le Stourne choucador : *Lamprotornis ornatus*, Dum.; *Sturnus
ornatus*, Daudin. Cet oiseau diffère peu du précédent; mais
un des caractères qui les distinguent, est que celui-ci a la
queue plus courte et presque égale, tandis qu'elle est très-
étagée chez l'autre; du reste, les reflets d'or, de bleu, de
vert, produisent presque le même effet sur un fond semblable.

Stourne spréo : *Lamprotornis bicolor*, Dum.; pl. 88 de Lev.;
Afr.; *Turdus bicolor*, Gmel.; *Sturnus bicolor*, Daud. Cet oiseau, de la grosseur du merle, que Levaillant regarde comme
le même qui a été décrit par Montbeillard sous le nom de
merle brun du cap de Bonne-Espérance, est de la grosseur
du merle commun. Sa couleur est en général d'un brun
changeant en vert, principalement sur le cou et la queue;
le bas-ventre et les plumes anales sont blancs; le bec et les
pieds sont brunâtres.

Ces oiseaux, très-communs au cap de Bonne-Espérance,
volent par troupes de plusieurs mille et sont toujours par
terre à la suite des troupeaux; ils nichent sur les habitations
dans les trous d'un mur ou sous les toits entre les poutres.
Dans les déserts ils s'approprient souvent les nids des mar-
tinets et des guépiers. Leurs œufs, au nombre de cinq ou six,
sont verdâtres et tachetés de brun. Les colons du Cap les
nomment *wit-gat-spreuw*, étourneaux à cul blanc.

Daudin donne en outre la description du stourne violet
ou merle bleu de la Chine, de Sonnerat, *turdus violaceus*,
Gmel., et de la cravate frisée, *Sturnus crispicollis;* mais on
n'a pas de renseignemens sur les mœurs du premier, et
Levaillant, qui donne la figure du deuxième, pl. 92, disant que la langue de celui-ci se partage en un assez grand
nombre de petits filamens qui la terminent en pinceau, ces
circonstances font hésiter à les comprendre parmi les stournes. (Ch. D.)

STRAALSTAART GRUNDEL. (*Ichthyol.*) Nom allemand du gobie lancette, *gobius lanceolatus.* Voyez l'article GOBIE. (H. C.)

STRAGALINO. (*Ornith.*) C'est le chardonneret, *fringilla carduelis*, en grec moderne. (CH. D.)

STRAGAZZINA. (*Ornith.*) Nom italien de la pie-grièche grise. *lanius excubitor*, Linn. (CH. D.)

STRAGULE. (*Bot.*) Nom donné par M. Palisot-Beauvois à l'enveloppe immédiate des organes sexuels des graminées. Voyez GLUMELLE. (MASS.)

STRAHLTSEIN. (*Min.*) C'est un nom allemand qui a été souvent employé sans traduction ou rendu par celui de stralite. Il s'applique tantôt à l'ACTINOTE, tantôt à l'ÉPIDOTE. Voyez ces mots. (B.)

STRAKAVEL. (*Ornith.*) C'est, en illyrien, le nom de la pie commune. *corvus pica*, Linn. (CH. D.)

STRALITE. (*Min.*) C'est une abréviation du nom allemand *Strahlstein* que Napione a faite et qu'il a appliquée à l'actinote : c'est aussi le nom allemand de l'épidote hexaèdre. Nous l'avons conservé comme nom de variété de cette dernière espèce minérale. Voyez ÉPIDOTE. (B.)

STRAMOINE. (*Bot.*) Nom vulgaire d'une espèce de datura. (L. D.)

STRAMONITE, *Stramonites*. (*Conchyl.*) Genre établi par M. Schumacher, dans son Nouveau système de conchyliologie, avec le *buccinum hæmastoma*, espèce de pourpre de M. de Lamarck, et parce que la columelle est calleuse transversalement en arrière. (DE B.)

STRAMONIUM. (*Bot.*) Ce nom latin de la stramoine ou pomme épineuse, adopté par Tournefort, a été changé par Linnæus en celui de DATURA. Voyez ce mot, tom. XII, p. 528. (J.

STRAMONOIDES. (*Bot.*) C'est sous ce nom que Feuillée désignoit un petit arbre du Pérou, le *datura arborea* de Linnæus, qui orne maintenant nos jardins et se conserve dans les orangeries. (J.)

STRAND-ENTER. (*Ornith.*) Dénomination allemande rapportée à l'échasse. (DESM.)

STRAND-JÆGER. (*Ornith.*) Nom que, dans les mers septentrionales, le labbe ou stercoraire reçoit des pêcheurs. (Desm.)

STRAND-LOOPER. (*Ornith.*) Nom hollandois de l'alouette de mer, *tringa cinclus*, Linn. (Ch. D.)

STRAND-PIPARE. (*Ornith.*) Les Suédois nomment ainsi le pluvier à collier, *charadrius hiaticula* de Linnæus, que les Norwégiens appellent *strand - skade* ou *strand - skuide*. (Ch. D.)

STRAND-SKIURA. (*Ornith.*) C'est, dans l'île d'Œland, l'huîtrier, *hœmatopus ostralegus*, Linn. (Ch. D.)

STRAND-SNARRE. (*Ornith.*) Le râle d'eau, *rallus aquaticus*, Linn., est ainsi appelé en Norwége, où l'on nomme *strand-swale*, l'hirondelle de rivage, *hirundo riparia*, Linn. (Ch. D.)

STRAPAROLLE, *Straparollus*. (*Conchyl.*) Denys de Montfort (Conchyl. syst., tome 2, page 175) a établi sous ce nom un genre de coquilles avec des fossiles que l'on trouve à l'état de moules dans un calcaire de sédiment ancien des environs de Namur, qui, avec tous les caractères des trochus largement ombiliqués, ou euomphales ou maclourites, ont une forme elliptique, due sans doute à une compression qu'ils ont éprouvée. L'espèce qui sert de type à ce genre, et qu'il nomme le S. Dionysien, *S. Dionysii*, est figurée au revers de la page citée. (De B.)

STRAPAZZINO. (*Ornith.*) A Bologne, c'est un motteux ou cul-blanc. (Ch. D.)

STRASS. (*Chim.*) On donne ce nom à une matière vitreuse, employée pour imiter les pierres précieuses. On peut faire du strass en fondant un mélange de seize parties de quarz en poudre ou de sable siliceux, préalablement lavé avec de l'acide hydrochlorique, 8 parties de sous-carbonate de potasse, 6 parties de borax, 2 parties de sous-carbonate de plomb ou de minium.

Le mélange de 6 ^{onces} cristal de roche,

$$9 \;\text{—}\; 2 \;^{gros}\; \text{de minium,}$$
$$3 \;\text{—}\; 3 \;\text{—}\; \text{de potasse,}$$
$$3 \;\text{—}\; \text{de borax,}$$
$$6 \;^{grains}\; \text{d'acide arsenieux,}$$

donne encore un beau strass, suivant M. Douault-Wieland.

Le borax rend ce verre plus tendre que celui qu'on emploie pour faire les vitres et les glaces. (Ch.)

STRATIFICATION. (*Min.*) Se dit de la disposition en couches ou strates, c'est-à-dire, en masses très-étendues et à surfaces parallèles, séparées par des fissures à peu près horizontales et peu inclinées. On nomme aussi ces couches des strates : on appelle terrains stratifiés, ceux qui les présentent. Voyez Couches et Terrains. (B.)

STRATIOME ou MOUCHE ARMÉE, *Stratiomys*. (*Entom.*) Nom d'un genre d'insectes à deux ailes, de la famille des simplicicornes ou aplocères, à bouche en trompe rétractile dans une cavité du front terminée par deux lèvres ; à antennes plus longues que la tête, formant une sorte de fuseau, sans poil isolé ; à corps alongé, dont l'abdomen est ovale, obtus, déprimé, et l'écusson armé de deux pointes en arrière ; à ailes croisées dans le repos.

Ce genre, établi par Geoffroy, et dont l'idée du nom a été empruntée de Réaumur, qui appeloit ces insectes *mouches à corselet armé*, a été désigné sous le nom de *mouche armée*, et en latin, tiré du grec, *stratiomys*, qui auroit dû être *stratiomye*, de Στρατιώτης, armée, et de Μυια, mouche, mouche-soldat. Il a été depuis adopté par Fabricius, Meigen, Panzer et tous les auteurs.

Il est facile de voir, par le tableau synoptique que nous avons présenté de la famille des Aplocères dans le Supplément au tome II, pag. 101, en quoi les stratiomes diffèrent des neuf autres genres compris dans la même famille, surtout en s'aidant des figures qui représentent une espèce de chacun de ces genres sur la planche 48 de l'atlas des insectes de ce Dictionnaire, où le genre Stratiome se trouve inscrit sous le n." 6.

En effet, les Leptes ou Rhagions, les Bibions, les Anthrax, les Ocgodes et les Hypoléons, ont les antennes terminées par un poil latéral, et dans les autres genres qui, comme les stratiomes, en sont privés, les midas et les céries ont l'abdomen arrondi, alongé, et les némotèles, ainsi que les siques, qui ont aussi le ventre déprimé, ont les antennes à peine de la longueur de la tête.

Swammerdam a donné l'histoire des métamorphoses de ces

insectes dans sa Bible de la nature, et en a figuré les principaux détails pl. 42, et la larve, avec beaucoup de soin, pl. 39, fig. 1, 2, 3, sous le nom de mouche asile.

Ces larves vivent dans l'eau : elles sont longues, aplaties, plus grosses au milieu, pointues aux deux extrémités; elles offrent douze anneaux. La queue se termine par une touffe de poils ramifiés, disposés en cercle et susceptibles de s'écarter les uns des autres, comme les aigrettes de fleurs composées, telles que celles qui surmontent les graines de la dent-de-lion ou du pissenlit. L'insecte a la faculté de venir étaler à la surface de l'eau cette sorte de disque, qui est comme huilé et qui le tient ainsi suspendu; le reste du corps se tenant dans une position presque verticale et immobile. L'autre extrémité de la larve est armée d'une sorte de mâchoire mobile et articulée en pince, dont elle se sert pour saisir sa proie, et en outre d'un crochet très-solide, qu'elle emploie pour se cramponner sur les corps, comme avec un aviron. La bouche ou l'ouverture de l'œsophage se trouve dans la ligne moyenne, entre les deux mâchoires articulées à la base du bec ou du crochet impair.

Tout le corps de ces larves est recouvert d'une peau rugueuse et dont les aspérités sont dues à des tubercules réguliers, implantés comme de petits écussons calcaires dans l'épaisseur des tégumens.

Swammerdam a reconnu que deux stigmates principaux s'ouvrent au centre de l'aigrette, qui devient ainsi utile à la respiration et au mouvement du corps de la larve, qui s'enfonce dans l'eau et tombe sur la vase dès le moment où elle resserre et rapproche ces poils.

Lorsque la larve doit se métamorphoser, elle se rapproche des bords des ruisseaux ou des eaux tranquilles, dans lesquelles elle semble être appelée à se développer de préférence, et là, sans changer de peau, elle se métamorphose en se raccourcissant beaucoup; car les quatre anneaux derniers n'y concourent pas. Huit ou dix jours après cette transformation, l'insecte ailé sort de sa coque et alors ses mœurs sont tout-à-fait changées. On le trouve sur les fleurs de prairies, dont il suce les nectaires. Il cède au besoin de perpétuer sa race, et la femelle fécondée va pondre ses œufs à la surface des eaux tranquilles.

Les principales espéces de ce genre sont les suivantes :

1. Le STRATIOME CAMÉLÉON, *Stratiomys chamœleo*.

C'est la mouche armée à ventre plat, chargée de six lunules, figurée par Geoffroy, tom. 2, pl. 17. n.° 4.

Car. Brune ; à écusson jaune, à deux dents ; corselet fauve ; abdomen à six lunules jaunes latérales et une à l'extrémité du ventre.

Le nom de caméléon a été donné, on ne sait pour quelle raison, à la larve par Godaërt, qui l'a figurée dans la 70.ᵉ expérience. Geoffroy croit que c'est parce qu'elle change de couleur ; mais l'auteur ne le dit pas. Fabricius donne pour caractère du mâle, d'avoir la tête jaune, tandis que la femelle l'a cendrée.

2. Le STRATIOME RAYÉ, *Stratiomys strigata*.

Nous avons fait figurer le mâle de cette espèce sur la planche 48 de l'atlas de ce Dictionnaire, mais on lui a donné à tort le nom de caméléon. C'est la mouche armée à ventre plat et brun de Geoffroy, n.° 2.

Car. Brun ; corselet velu, jaunâtre ou cendré ; abdomen lisse, ovale, sans taches en dessus ; écusson de la même couleur que le corps.

Cette espèce paroît être la même que celle qui est décrite sous le nom de microléon par Degéer et Fabricius. Meigen croit que c'est un mâle.

3. Le STRATIOME SELLE, *Stratiomys ephippium*.

Mouche armée à corselet rouge satiné de Geoffroy, tom. 2, pag. 480, 5.

C'est le *clitellaria ephippium* de M. Meigen, dont M. Latreille a constitué un genre sous le nom d'*Ephippium*.

Car. Noir, à corselet d'un rouge brillant satiné ; corselet à deux épines latérales, outre les deux de l'écusson.

4. Le STRATIOME HYDROLÉON, *Stratiomys hydroleon*.

Car. Noir ; abdomen vert, avec des angles et une ligne dorsale noirs.

C'est la mouche armée à ventre vert de Geoffroy, n.° 4 ; le genre Odontomye de MM. Latreille et Meigen. (C. D.)

STRATIOMYDES. (*Entom.*) M. Latreille a établi sous ce nom une tribu ou une famille qui comprend les stratiomes, et les sarges en particulier ; les oxycères, qui sont nos hypoléons ; les éphippies, qui renferment la troisième espèce du genre Stratiome décrit ci-dessus ; les sarges, les vappons et les némotèles. Cette famille correspond à peu près à celle que nous avons appelée des Aplocères. (C. D.)

STRATIOTES. (*Bot.*) Ce nom, donné par Lobel au genre qui l'a conservé, se retrouve aussi appliqué par d'autres auteurs anciens au *myriophyllum*, nommé aussi *stratiotice* par quelques anciens ; au *phellandrium*, à l'*hottonia*, au *salvinia natans*, toutes plantes aquatiques comme la première. C'est encore sous ce nom égyptien que Prosper Alpin cite le *pistia*, autre plante aquatique, flottant sur le Nil, où M. Caillaud l'a trouvée, et à laquelle il a été conservé comme nom spécifique ; enfin le *stratiotes terrestris* de Cordus et autres, nommé aussi *stratioticon*, qui n'est point aquatique, est la millefeuille, *achillea millefolium*. (J.)

STRATIOTICE. (*Bot.*) Voyez Stratiotes. (J.)

STRATIOTICON. (*Bot.*) Voyez Stratiote. (J.)

STRATON. (*Entom.*) Selon M. Bosc, l'attelabe Bacchus, qui vit aux dépens de la vigne et en roule les feuilles, seroit ainsi nommé aux environs de Bordeaux. (Desm.)

STRATZARIGLA. (*Ichthyol.*) Nom italien de l'épinoche. Voyez Gastérostée. (H. C.)

STRAULE. (*Ornith.*) L'oiseau ainsi nommé en Laponie est la mouette cendrée, *larus cinerarius*, Gmel. (Ch. D.)

STRAUSS. (*Ornith.*) Nom allemand de l'autruche, *struthio camelus*, Linn. (Ch. D.)

STRAVADI. (*Bot.*) Nom brame du *belilla* du Malabar, *mussænda frondosa*, cité par Rhéede. (J.)

STRAVADIA. (*Bot.*) M. Persoon a ainsi changé la terminaison du genre *Stravadium* dans la famille des myrtées. (J.)

STRAVADIUM. (*Bot.*) Ce genre a été établi par M. de Jussieu pour l'*eugenia acutangula*, Linn., distingué par un calice divisé à son limbe en quatre découpures aiguës, quatre pétales, des étamines nombreuses. Le fruit est un drupe alongé, presque tétragone, couronné par le limbe du calice, à une seule semence. Voyez Eugenia. (Poir.)

STREAKED GILT-HEAD. (*Ichthyol.*) Nom anglois du *sparus fasciatus* de Bloch, qui est une vraie Chéiline. Voyez ce mot et Spare. (H. C.)

STREAKED GRUNT. (*Ichthyol.*) Nom anglois du *lutjan Plumier* de feu de Lacépède. Voyez ce mot. (H. C.)

STREAKED GURNARD. (*Ichthyol.*) Nom anglois de la *trigle lastoviza.* Voyez TRIGLE. (H. C.)

STREAKED MACKREL. (*Ichthyol.*) Nom anglois de la *sériole à bandes.* Voyez SÉRIOLE. (H. C.)

STREAKED WRASSE. (*Ichthyol.*) Nom anglois du ZONÉ-PHORE. Voyez ce mot. (H. C.)

STREBLOTRICHUM. (*Bot.*) Genre de la famille des mousses établi par Palisot-Beauvois sur des espèces de *barbula* d'Hedwig et de Bridel. Il le caractérise ainsi : Coiffe cuculiforme ; opercule subulé, aigu ; cils libres, tournés en spirale ; urne ovale ou cylindrique, droite ; tube long, droit ; gaine oblongue ou tuberculeuse, enveloppée dans un périchèze.

Le *mnium setaceum*, Linn., ou *barbula setacea*, Hedwig, Bridel. *Bryol. univ.*, en est le type : c'est le *St. convolutum*, Pal.-Beauv., *Ætheog.*, p. 89, et Mém. de la soc. linn. de Paris, 1, p. 455, pl. 5, fig. 6. Palisot-Beauvois rapporte aussi le *barbula humilis*, Hedw., à son genre *Streblotrichum* non adopté. (LEM.)

STREBLUS, Lour.; *Achimus*, Vahl. (*Bot.*) Genre de plantes dicotylédones, à fleurs incomplètes, dioïques, de la *dioécie tétrandrie* de Linné, dont le caractère essentiel consiste : Pour les fleurs mâles, dans un calice à quatre folioles ; point de corolle ; quatre étamines ; les filamens capillaires, flexueux, plus longs que le calice ; les anthéres arrondies, à deux loges ; dans les femelles, un ovaire supérieur ; un style bifide ; une baie à deux lobes, à deux loges monospermes.

STREBLUS RUDE ; *Streblus asper*, Lour., *Fl. Coch.*, pag. 754. Grand arbre chargé de rameaux tortueux, très-étalés, divisés en d'autres plus courts. Les feuilles sont alternes, ovales, très-entières, rudes au toucher. Les fleurs sont dioïques ; les mâles éparses, réunies en plusieurs petites têtes pédonculées. Le calice a quatre folioles ovales, concaves, étalées ; point de corolle. Les fleurs sont solitaires, éparses, soutenues par des pédoncules uniflores, axillaires ; l'ovaire est supérieur, arrondi ; le style alongé, à deux divisions profondes ; les stigmates sont simples. Le fruit est une baie arrondie, à deux lobes. Cette plante croit à la Cochinchine, dans les forêts des montagnes.

Streblus en cœur ; *Streblus cordatus*, **Lour.**, *loc. cit.* Arbre d'une médiocre grandeur, dont les rameaux sont étalés ; les feuilles alternes, en cœur, dentées en scie à leur contour, nerveuses, aiguës. Les fleurs mâles sont réunies en petites grappes latérales, simples, coniques, axillaires ; les filamens aplatis ; les anthères à deux loges, roulés en coquille de limaçon. Cette plante croît dans la Chine aux environs de Canton. (Poir.)

STREGLIA. (*Ichthyol.*) Nom nicéen du Surmulet. Voyez ce mot. (H. C.)

STRELET. (*Ichthyol.*) Voyez Sterlet. (H. C.)

STRÉLITZ, *Strelitzia*. (*Bot.*) Genre de plantes monocotylédones, à fleurs irrégulières, de la famille des *musacées*, de la *pentandrie monogynie* de Linné, dont le caractère essentiel consiste : Dans une spathe naviculaire, horizontale ; point de calice ; une corolle à six divisions très-irrégulières ; trois extérieures plus grandes, très-aiguës ; trois intérieures, dont deux plus longues, obtuses, et la troisième très-courte, tronquée ; cinq étamines ; un ovaire enveloppé par la base de la corolle ; un style simple ; trois stigmates très-longs ; une capsule coriace, oblongue, à trois loges, à trois valves polyspermes.

Ce genre est un des mieux caractérisés, quoiqu'on ne soit point d'accord sur les noms que l'on doit donner aux différentes parties de la fleur. Ventenat regarde comme une sixième étamine stérile la rainure qui se trouve sur la plus courte des divisions intérieures de la corolle ; Linné pense que les trois pétales extérieures forment seules la corolle, et les intérieures le nectaire. On sait que M. de Jussieu n'admet point de corolle dans cette famille. Ce genre, que M. Banks a fait connoître le premier, porte le nom d'une reine d'Angleterre, à laquelle il a été consacré.

Strélitz royale : *Strelitzia reginæ*, **Ait.**, *Hort. Kew.*, édit. 1, pag. 285, fig. 2 ; Lamck., *Ill. gen.*, tab. 148 ; Redout., Lil., tab. 77, 78 ; Poir., Encycl. Plante d'une grande beauté, qui réunit la singularité des formes aux couleurs les plus éclatantes. De sa racine sortent plusieurs feuilles droites, fermes, coriaces, d'un vert pâle, pétiolées, ovales-oblongues, presque en forme de cuiller, glabres, un peu crépues inférieurement, traversées par une forte nervure à ramifications parallèles, longues de deux ou trois pieds ; les pétioles à demi cylindriques. creusés en gouttière. Les hampes sortent d'entre les feuilles ; elles sont à peu près de même longueur qu'elles, glabres, cylindriques, entourées d'écailles vaginales, alternes, imbriquées, aiguës à leur sommet, un peu rougeâtres à leurs bords : la dernière, qui tient lieu de spathe, se trouve dans une position horizontale par la courbure du sommet de la hampe ; elle est longue de cinq à six pouces. concave, naviculaire, aiguë.

Les fleurs sont disposées en une sorte d'épi court, et ne se montrent que les unes après les autres. Chacune d'elles porte à sa base une petite bractée alongée. La corolle est à six divisions, dont trois extérieures fort grandes, presque égales, d'une belle couleur jaune, desquelles deux plus rapprochées et la troisième écartée, creusée en gouttière, élargie et rejetée en dehors sur les côtés, traversée par une côte longitudinale, rétrécie en une longue pointe à son sommet ; les trois divisions intérieures sont d'une belle couleur bleue, très-inégales : l'une d'elles est plus courte, cachée à la base des deux autres, presque en forme de capuchon. contenant une liqueur mielleuse ; les deux autres sont beaucoup plus longues, très-rétrécies à leur base. ondulées et courbées en gouttière à un de leurs bords. munies à l'autre bord d'un appendice, tronquées à leur sommet, conniventes dans presque toute leur longueur, et formant une gaine qui renferme les organes sexuels. Les étamines ont les anthères très-longues ; l'ovaire est connivent avec les tégumens floraux ; le style de la longueur des étamines, terminé par trois stigmates longs. subulés, de couleur violette. Le fruit est une capsule oblongue, coriace, obtuse. à trois angles mousses, à trois valves, à trois loges. Les semences sont nombreuses, attachées sur deux rangs à un placenta central. Cette belle plante est originaire de l'Afrique : elle croit dans les contrées peu éloignées du cap de Bonne-Espérance. On la cultive dans plusieurs jardins de l'Europe. Elle fleurit dans le courant de l'été. Sa floraison dure long-temps, à cause de l'épanouissement successif de ses fleurs. (Poir.)

STREPET. (*Ornith.*) L'outarde. *otis tarda*, Linn., se nomme ainsi en Russie, selon Pallas. (CH. **D.**)

STREPHEDIUM. (*Bot.*) Nom proposé par Palisot-Beauvois pour désigner le *Funaria* d'Hedwig, genre de la famille des mousses. (Lem.)

STREPSICEROS. (*Mamm.*) Ce nom, qui signifie en grec *cornes torses* ou *tordues*, paroît avoir été donné par les anciens à une race de moutons sauvages de l'île de Crète, dont les cornes sont effectivement contournées en spirale alongée.

Les naturalistes néanmoins ont varié sur l'espèce de quadrupède auquel ce nom devoit être appliqué. Buffon avoit d'abord vu le *strepsiceros* dans l'antilope proprement dite ; Caïus avoit donné comme appartenant à cet animal la représentation d'une tête d'antilope condoma ; mais c'est à Belon qu'on doit le rapprochement le plus probable, celui que nous avons d'abord indiqué, et que Buffon et Pallas ont définitivement adopté. (Desm.)

STREPSILAS. (*Ornith.*) Le tourne-pierre, *tringa interpres*, Linn., est ainsi nommé génériquement par Illiger. (Ch. D.)

STREPSIPTÈRES. (*Entom.*) Ce nom, qui signifie ailes torses ou enroulées, de Στρεφω, *circumago*, *torqueo*, et de π]ερα, *alas*, a été donné par M. Kirby, dans un mémoire que renferme le 11.ᵉ volume des Transactions de la Société linéenne de Londres, à un ordre qu'il a établi dans la classe des insectes, pour y ranger deux genres d'insectes parasites, qui seront décrits dans ce Dictionnaire sous les noms de Stylops et de Xénos. M. Latreille, ne trouvant pas juste la dénomination d'ailes torses, y a substitué le nom de *rhipiptères*, ce qui signifie ailes en éventail. (C. D.)

STREPSIRHINS. (*Mamm.*) Dénomination employée par M. Geoffroy pour désigner la famille de mammifères qui renferme les makis, les tarsiers, les loris, les indris, etc. Il est tiré de la forme des narines de ces animaux dont les contours sont un peu en spirale. (Desm.)

STREPTACHNE. (*Bot.*) Genre de plantes monocotylédones, à fleurs glumacées, de la famille des *graminées*, de la *triandrie digynie* de Linné, offrant pour caractère essentiel : Un calice uniflore, à deux valves lâches, mutiques ; la corolle pédicellée, bivalve ; la valve extérieure cylindrique et roulée, terminée par une arête simple, inarticulée, torse à sa base ; la valve intérieure renfermée et mutique : trois étamines ; deux styles : les stigmates plumeux.

Ce genre, établi par M. Rob. Brown, a de très-grands rapports avec les *aristida* et les *stipa*. Il se distingue du premier par une arête simple, du second par cette même arête inarticulée, torse à sa base. L'auteur n'y rapporte qu'une seule espèce, l'*aristida stipoïdes*, originaire de la Nouvelle - Hollande ; quelques autres ont été découvertes dans l'Amérique méridionale par MM. de Humboldt et Bonpland.

STREPTACHNE RUDE ; *Streptachne scabra*, Kunth, *in* Humb. et Bonpl., *Nov. gen.*, 1, pag. 124, tab. 40. Cette plante a des tiges droites, simples, hautes de deux ou trois pieds, un peu rudes. Les feuilles sont linéaires, roulées par la dessiccation, rudes en dessous et à leurs bords, un peu pileuses en dessus ; les gaines glabres, frangées et ciliées à leur orifice ; une panicule presque simple, longue d'un ou deux pieds, approchant de celle du *bromus sterilis*, étalée ; les ramifications ternées, rudes sur leurs angles : les épillets uniflores ; les valves du calice linéaires, aiguës, purpurines, presque égales, rudes sur leur dos, un peu aristées : la valve inférieure de la corolle linéaire, subulée, rude, coriace, purpurine, terminée par une longue arête : la supérieure glabre, fort petite, sans arête. Cette plante croît sur les montagnes du Mexique, près de Toluca.

STREPTACHNE VELU ; *Streptachne pilosa*, Kunth, *in* Humb., *loc. cit.* Cette espèce a beaucoup de rapports avec la précédente ; mais elle est plus petite, point rude, excepté un peu vers le sommet, roide, linéaire, sétacée, parsemée en dessus de poils épars ; les gaines légèrement ciliées à leurs bords. Les fleurs forment une panicule simple, presque unilatérale, longue de trois ou quatre pouces ; les rameaux distans, géminés, rudes et pileux ; le rachis presque glabre ; les valves du calice linéaires, purpurines, rudes sur le dos, velues vers le sommet. Les tiges sont un peu comprimées, glabres, purpurines à leur base, longues d'un ou deux pieds, réunies en touffes gazonneuses. Cette plante croît dans les plaines brûlantes du Mexique.

STREPTACHNE GRÊLE : *Streptachne tenuis*, Kunth, *loc. cit.* Cette plante est peu différente de la précédente. Ses tiges sont cy-

lindriques, longues de trois pieds; les feuilles roides, presque
sétacées, roulées dans leur état de siccité; les gaînes glabres,
velues à leur orifice. Les fleurs sont disposées en une panicule
presque simple, étalée, longue d'environ un pied; leurs ramifications géminées, rudes, trigones; le rachis rude, à trois
faces; les valves du calice brunes. Cette plante croit près de
Bordones et Cumana, aux lieux les plus chauds. (Poir.)

STREPTION. (*Bot.*) Genre de mousse cité par M. Bosc et
rapporté par lui au *Tortula.* (Lem.)

STREPTIUM. (*Bot.*) Ce genre de Roxburg a été réuni au
priva d'Adanson dans la famille des verbénacées. (J.)

STREPTOGYNE (*Bot.*), Pal. Beauv., *Agrost.*, pag. 80, t. 16,
fig. 8. Genre de plantes monocotylédones, à fleurs glumacées, de la famille des *graminées*, de la *triandrie digynie* de
Linnæus, qui a des rapports avec les chloris. Il ne comprend
qu'une seule espèce, découverte dans les États-Unis par Pa-
lisot de Beauvois, auteur de ce genre, auquel il attribue
pour caractères : un épi alongé, un peu ramifié; les épillets
épars, presque sessiles, composés de trois à cinq fleurs; les
valves du calice inégales; l'inférieure trois fois plus petite;
celles de la corolle roulées, échancrées, terminées par une
arête sétacée; trois étamines; un ovaire alongé, barbu au
sommet, accompagné à sa base de deux écailles lancéolées,
oblongues; le style presque simple; les stigmates rudes, comme
épineux quand on les passe entre les doigts du bas en haut,
tortillés en se séchant. (Poir.)

STREPTOPUS. (*Bot.*) Genre de plantes monocotylédones,
à fleurs incomplètes, de la famille des *asparaginées*, de l'*hexandrie monogynie* de Linné, offrant pour caractère essentiel :
Une corolle profondément divisée en six découpures: une fos-
sette intérieure à la base de chacune d'elles; point de calice;
six étamines; les filamens très-courts, élargis; les anthères
oblongues; un ovaire supérieur; le style court, à trois divisions au sommet; une baie à trois loges; plusieurs semences
dans chaque loge; la cicatrice dépourvue d'arille.

L'espèce qui a servi de type à ce genre avoit été placée parmi
les *uvularia*, c'est l'*uvularia amplexicaulis*, Linn. Cette plante
ne pouvoit rester dans un genre dont elle n'a point les caractères, et qui même appartient, dans l'ordre naturel, à une

autre famille. Le fruit, dans les uvulaires, est une capsule : dans ce genre c'est une baie, caractère qui le rapproche , ainsi que le port, des *convallaria*, et qui le place parmi les asparaginées. Michaux , à qui nous devons la réforme de ce genre, lui a donné le nom de *Streptopus*, de deux mots grecs qui signifient *pied* ou *pédoncule tors*, parce qu'en effet la plupart des espéces offrent un pédoncule coudé et contourné vers le milieu.

Streptopus a fleurs roses ; *Streptopus roseus*, Mich., *Fl. bor. amer.*, 1, pag. 201, tab. 18. Cette espéce est remarquable par ses fleurs couleur de rose. Ses tiges sont droites, glabres, cylindriques, un peu flexueuses à leur sommet, garnies de feuilles sessiles, alternes, à demi embrassantes, ovales, lancéolées, glabres, luisantes, nerveuses, très-aiguës, finement dentées en scie ou un peu ciliées à leurs bords. Les fleurs sont solitaires, axillaires, situées à la base des feuilles, supportées par un pédoncule simple, filiforme, pendant, long d'environ un pouce et plus, tors et coudé dans son milieu ; la corolle est partagée en *six* découpures profondes, très-étroites, lancéolées, presque acuminées ; les étamines sont une fois plus courtes que la corolle ; les anthères alongées, munies de deux pointes en forme de cornes. Cette plante croît sur les hautes montagnes de la Caroline septentrionale et au Canada.

Streptopus lanugineux : *Streptopus lanuginosus*, Mich., *loc. cit.* Dans cette espéce les fleurs sont géminées, plus grandes que dans les deux précédentes. Ses tiges sont garnies de feuilles sessiles, alternes, ovales, un peu en cœur à leur base , mucronées à leur sommet, entières à leur contour, un peu blanchâtres et lanugineuses. Les fleurs sont axillaires, supportées par un pédoncule très-court, qui se termine ordinairement par deux fleurs presque trois fois plus grandes que celles des autres espèces, de couleur verdâtre. Le fruit est une baie à trois loges, renfermant des semences qui se réduisent par avortement à une ou deux au plus. Cette plante croît sur les hautes montagnes de la Caroline méridionale. (Poir.)

STREPTOSTACHYS. (*Bot.*) Genre de plantes monocotylédones, à fleurs glumacées, de la famille des *graminées*, de la *triandrie digynie* de Linné, offrant pour caractère essentiel : Des épillets de deux sortes, les uns stériles, alongés, courbés en faucille, chargés d'écailles imbriquées; les autres fertiles, très-courts, munis d'un calice bivalve, à deux fleurs: l'inférieure stérile, la supérieure hermaphrodite; les valves de la corolle coriaces, endurcies; deux écailles tronquées, frangées et dentées: trois étamines; deux styles; les semences surmontées de deux cornes.

STREPTOSTACHYS VELU: *Streptostachys hirsuta*, Pal. Beauv., *Agrost.*, pag. 49, tab. 10, fig. 11; Poir., *Ill. gen.*, *Suppl.*, tab. 910; *Streptostachys asperifolia*, Desv., Journ. bot., 3, pag. 72. Cette plante a des tiges droites, cylindriques, assez fortes, garnies de feuilles alternes, élargies, lancéolées, longues de six ou huit pouces et plus, larges d'un pouce et demi, terminées par une longue pointe, élargies et presque en cœur à leur base, tellement qu'elles paroissent comme pétiolées par le rétrécissement brusque des gaînes, un peu velues, ciliées, un peu molles au toucher. Les fleurs sont disposées en une ample panicule axillaire, dont les ramifications sont pileuses, grêles, filiformes; les unes soutiennent des épillets aigus, alongés, stériles, souvent courbés en faucille, composés d'écailles fortement imbriquées; d'autres chargées d'épillets sessiles, alternes, obtus. Le calice est biflore, à deux valves entières, presque égales; l'inférieure est plane, comprimée à sa base; la fleur inférieure est stérile; la supérieure hermaphrodite; les valves sont coriaces, endurcies; l'ovaire est échancré, entouré de deux écailles tronquées, frangées et dentées. Cette plante croit dans les contrées équinoxiales de l'Amérique. (POIR.)

STRESCHIS. (*Ornith.*) C'est, en Sibérie, l'hirondelle de rivage, *hirundo riparia*, Linn. (CH. D.)

STRIATULE, *Glyphocarpa*. (*Bot.*) Ce genre, de la famille des mousses, établi par Hooker et puis par Schwægrichen, diffère du *Gymnostomum* par la capsule oblongue et irrégulière, sillonnée longitudinalement, comme dans le *Bartramia*, genre dans lequel les espèces du *glyphocarpa* ont été même placées par Hooker et Hornschuch.

Le *glyphocarpa quadrata*, Schwæg., Spreng., *Syst.*, 4, pag. 142, offre une capsule presque cubique, les feuilles périchétiales sans nervures, et les feuilles des tiges à cellules linéaires. C'est le *bartramia quadrata*, Hooker.

Le *glyphocarpa capensis*, Schwægr., Spreng., *loc. cit.*, a les capsules globuleuses, les feuilles périchétiales marquées de nervures, et les feuilles des tiges munies de cellules presque carrées. C'est le *bartramia sericea*, Hook., et le *gymnostomum capense*, Hornsch.

Ces deux plantes se trouvent au cap de Bonne-Espérance: elles composent seules le genre. (Lem.)

STRIATULÉE. (*Erpét.*) Nom spécifique d'une couleuvre, décrite précédemment, tome XI, page 215. (H. C.)

STRICH. (*Ichthyol.*) Nom allemand de la jeune carpe. Voyez Carpe. (H. C.)

STRIÉ. (*Bot.*) Voyez Sillonné. (Mass.)

STRIÉ. (*Ichthyol.*) Nom spécifique françois du *sparus virgatus* de Linnæus. Voyez Spare. (H. C.)

STRIGA. (*Bot.*) Genre de plantes dicotylédones, à fleurs complétes, monopétalées, de la *diandrie monogynie* de Linné, offrant pour caractère essentiel: Un calice à quatre divisions profondes; une corolle en soucoupe, à quatre lobes; le supérieur plus grand, échancré; deux étamines; un ovaire supérieur; un style; un stigmate simple; une capsule à une seule loge polysperme.

Striga a fleurs jaunes: *Striga lutea*, Lour., *Fl. Coch.*, 1, pag. 22; Vahl, *Enum.*, 1, pag. 54. Plante herbacée, dont les tiges sont droites, simples, longues de six pouces, tétragones, canaliculées à chaque face, garnies de petites feuilles sessiles, éparses, linéaires-lancéolées, glabres, entières. Les fleurs sont jaunes, solitaires, axillaires; le calice est pileux, à quatre découpures profondes, égales, subulées; la corolle en soucoupe; le tube grêle, alongé, courbé vers son orifice; le limbe à quatre lobes; le supérieur plus grand, échancré; le style de la longueur du tube; les deux étamines sont insérées sur le tube de la corolle; le style est terminé par un stigmate simple. Le fruit est une capsule à une seule loge, contenant plusieurs semences. Cette plante croît en Chine aux environs de Canton. (Poir.)

STRIGILIA. (*Bot.*) Genre de plantes dicotylédones, à fleurs complétes, polypétalées, de la famille des *méliacées*, de la *décandrie monogynie* de Linnæus, offrant pour caractère essentiel: Un calice d'une seule pièce, persistant, à cinq dents; cinq pétales connivens à leur base; dix étamines conniventes à leur base; les anthéres presque sessiles sur un appendice

tubulé; un ovaire supérieur : un style à trois faces ; trois stigmates rapprochés en tête ; un drupe à six loges monospermes.

Ce genre a été établi par Cavanilles pour une plante originaire du Pérou. Il l'a nommé *Strigilia* (peigne), à cause
des petits poils des anthères en forme de peigne. Depuis,
Ruiz et Pavon ont mentionné dans leur *Systema vegetabilium*,
qui n'est qu'un prodrome de leur belle Flore du Pérou, trois
autres espèces qui se rapportent au genre *Strigilia* de Cavanilles, mais auxquelles ils ont donné un autre nom, celui de
Foveolaria. Ce genre est rapporté dans le *Synopsis plantarum*
de Persoon, qui a substitué le nom de *Tremanthus* (fleurs
ponctuées), à celui de *Foveolaria*.

STRIGILIA EN GRAPPES : *Strigilia racemosa*, Cavan., *Diss. bot.*,
7, pag. 358, tab. 201; Lamk., *Ill. gen.*, tab. 449. Arbrisseau
dont les tiges se divisent en rameaux alternes, tomenteux et
roussâtres, garnis de feuilles pétiolées, alternes, glabres,
ovales, très-entières, tomenteuses et roussâtres à leur face inférieure ; la principale nervure est ramifiée en veines réticulées ; les pétioles épais et courts. Les fleurs sont disposées en
grappes axillaires, alternes; chaque fleur pédicellée ; les pédicelles munis à leur base d'une petite bractée aiguë, et
quelquefois d'une ou de deux autres vers le milieu ou le
sommet. Le calice est court, tomenteux, ovale, tubulé, à
cinq dents ; la corolle coriace, trois fois plus longue que le
calice, à pétales linéaires, adhérens par leur base ; les dix étamines sont de la longueur de la corolle ; les filamens forment,
par leur réunion à leur base, un petit tube court, garni à son
bord intérieur d'un grand nombre de petits poils roussâtres.
Les anthères sont soudées à la face intérieure des filamens,
parsemées, après l'émission du pollen, de points pileux,
étoilés. L'ovaire est pyriforme ; le style, de la longueur des
filamens, surmonté de trois stigmates en tête. Le fruit est
une baie ovale, à six loges : une semence dans chaque loge.
Cette plante croît au Pérou.

STRIGILIA A FEUILLES OBLONGUES : *Strigilia oblonga*, Poir., Encycl.; *Foveolaria oblonga*, Ruiz et Pav., *Syst. veg. per.*, 100;
Tremanthus oblonga, Pers., *Synops.*, 1, pag. 467. Arbre de
quarante à cinquante pieds de haut, dont les rameaux sont
alternes, munis de feuilles alternes, oblongues, glabres à

leurs deux faces, entières à leur contour, acuminées au sommet, parsemées de petites fossettes glanduleuses. Les fleurs sont disposées en grappes droites, axillaires, solitaires ou géminées. Cette plante croît au Pérou.

STRIGILIA A FEUILLES OVALES : *Strigilia ovata*, Poir., Encycl.; *loveolaria ovata*, Ruiz et Pav., *loc. cit.*; *Tremanthus ovata*, Pers., *Synops.*, *loc. cit.* Arbre qui s'élève à une très-grande hauteur et dont les branches se divisent en rameaux garnis de feuilles alternes, médiocrement pétiolées, ovales-oblongues, glabres à leurs deux faces, chargées de points glanduleux, extrêmement petits, acuminées à leur sommet. Les fleurs sont disposées en grappes axillaires. Cette plante croît dans les grandes forêts du Pérou. On trouve dans les mêmes forêts le *strigilia cordata*, autre grand arbre, à feuilles ovales, échancrées en cœur à leur base, aiguës à leur sommet. (POIR.)

STRIGILLE, *Strigilla*. (*Conchyl.*) Turton, conchyliologiste anglois, fait sous ce nom un genre avec la *lucina divaricata* de M. de Lamarck, *tellina divaricata* de Linné-Gmelin, coquille commune sur toutes nos côtes, probablement à cause de la manière singulière dont elle est striée. (DE B.)

STRIGLIA. (*Bot.*) Genre de la famille des champignons, fondé par Adanson sur l'*agaricus* figuré pl. 38 de l'ouvrage de Battara, *l'ung. arimin.*, lequel représente l'*agaricus quercinus*, Linn., *labyrinthiformis* de Bulliard, seule et même espèce, qui est maintenant un *dædalea*, et dans lequel même il est le type de la section où Fries place les espèces ayant des rapports avec les agarics subéreux et qui ont leur chapeau sessile, garni en dessous de lamelles rayonnantes, ondées et inégales. Adanson ajoute à ces caractères celui d'avoir le chapeau attaché par le côté et d'être subéreux. Ce botaniste peut être considéré comme l'auteur de l'établissement du genre *Dædalea*, bien que son *Striglia* n'en soit plus qu'une division. Il l'a nommé *Striglia* du même mot italien qui signifie *étrille*. Il rappelle ainsi l'usage qu'on fait, en Italie, de ce champignon pour étriller les chevaux. Voyez DÆDALEA. (LEM.)

STRIGLIONE. (*Ichthyol.*) Nom nicéen du chub, poisson du genre des CYPRINS. (H. C.)

STRIGOCÉPHALE. (*Foss.*) On a trouvé dans les couches anciennes des environs de Chimai une espèce de coquille bivalve qui a quelques rapports avec les térébratules ; mais dont la charnière porte des caractères différens de tous les genres connus. Elle est globuleuse, inéquivalve, équilatérale, et presque de la grosseur du poing. La valve la plus grande, que j'appellerai inférieure, se prolonge et se redresse au sommet. Entre elle et la valve supérieure il se trouve, comme dans certaines espèces de spirifères et de térébratules qui ne sont pas percées au sommet, un espace assez grand, quand toutes les deux sont fermées. L'appareil de la charnière est très-remarquable. La valve inférieure porte deux dents relevées en crochet, qui laissent entre elles un espace de sept à huit lignes ; c'est dans cet espace que se trouve l'appareil en question, qui tient à la valve supérieure par une carène élevée de deux lignes environ, et qui se termine d'abord par deux appendices qui vont s'appuyer de chaque côté contre les dents, et au milieu desquels il se trouve une sorte de colonne de neuf lignes de longueur, et de la grosseur d'une moyenne plume à écrire. Cette colonne devient plate et se bifurque à son extrémité, pour laisser entrer dans la bifurcation une autre carène, aiguë, qui a quatre lignes d'élévation, et qui se trouve placée longitudinalement dans la valve inférieure ; en sorte que les valves, en s'ouvrant, ne peuvent se déranger ni à droite ni à gauche, étant contenues par la base de la colonne.

Malgré le désir que nous avons de ne pas voir trop multiplier les genres, et sans trop savoir quelles sont les limites qui peuvent déterminer à les créer, nous proposons d'en former un nouveau pour cette espèce, dont la charnière ne ressemble à aucune autre, et sur la formation de laquelle il est difficile de se former une idée. Nous lui avons donné provisoirement le nom de Strigocéphale, et à l'espèce celui de strigocéphale de Burtin, *strigocephalus Burtini*.

Une coquille de cette espèce, à laquelle il manque la partie antérieure des deux valves, s'est trouvée ouverte par hasard, en passant à l'état fossile, et a laissé voir librement l'appareil de cette singulière charnière. On en trouve des figures dans l'atlas de ce Dictionnaire, planches des fossiles. (D. F.)

STRIGOSULA. (*Foss.*) Luid donne ce nom à une espèce
de petite huître à valves égales, avec de grandes stries qui
partent obliquement du milieu du dos (Lith. brit., n.° 530).
Ce caractère pourroit appartenir à quelque espèce du genre
Plicatule. (D. F.)

STRIGULA. (*Bot.*) Genre de la famille des hypoxylons,
très-voisin du *Corynelia*, fondé par Fries. Dans ce genre les
périthéciums, situés sur un thallus corné, sans forme fixe,
ont une apparence charbonneuse, comme ceux du *Corynelia*,
mais ils en diffèrent par leur forme globuleuse et leur intérieur, qui est plein; ils s'ouvrent au sommet par une fente
irrégulière, et contiennent chacun un noyau sec, qui probablement finit par se réduire en poussière. Une seule espèce
compose ce genre (*strigula Friesii*, Nob.); elle a été observée
sur des feuilles vivaces de plantes des tropiques.

Ce genre, qui, d'après Fries lui-même, se rapproche du
Pyrenula ou de l'*Endocarpon*, dans la famille des lichens,
forme, avec le *Corynelia* et le *Meliola* (*amphitrichum*, Spreng.)
du même auteur, un sous-ordre qu'il désigne par *Strigulini*,
et qui est caractérisé par le thallus ou stroma formé de deux
couches, se changeant en une croûte entièrement enfoncée
dans le parenchyme des feuilles des plantes vivantes. Dans ce
sous-ordre on ne trouve que des espèces des tropiques, qui
ont beaucoup de rapports avec les lichens et les *sphæria*,
parmi lesquels on les a même placées, et qui, selon Fries,
sont loin de leur ressembler. Les caractères des genres *Corynelia* et *Meliola* sont ceux-ci, d'après le même auteur :

CORYNELIA. Périthéciums charbonneux, alongés, creux, rétrécis dans le milieu; cavité stérile à sa partie inférieure,
séminulifère supérieurement, avec des séminules réunies en
amas, d'abord percée d'un trou, qui prend ensuite de l'é-
tendue et devient inégal. Une seule espèce est décrite par
Fries : c'est le *corynelia uberata*, Fries (*Obs. mycol.*, 2, pl. 8,
fig. 1; *Syst. mycol.*, 2, p. 555). qui paroît être le *calicium
colpodes*, Ach., et le *sphæria turbinata*, Pers. Cette espèce
forme sur les feuilles des plantes liliacées, au cap de Bonne-
Espérance, de petits coussinets ou gazons rapprochés, dont
le stroma est presque rond, convexe, noir, et qui, après la
chute des périthéciums, est marqué de fossettes blanches; il

est noir-brun à l'intérieur, mais sa couche supérieure est mince et d'un noir un peu brun. Les périthéciums sont d'un noir de poix, glabres, divergens, cylindriques dans leur jeunesse, puis ventrus; la masse séminulifère est nue et noire; le tissu des périthéciums paroît composé de fibres infiniment petites.

Meliola. Périthéciums cornés, globuleux, disposés sur un tissu de fibres cloisonnées, et munis d'une ouverture très-longue; amas séminulifères distincts et convergens. Une seule espèce est cornue : nous la nommerons *meliola amphitricha ;* c'est le *sphæria ? amphitricha,* Fries, *Syst. mycol.,* 2, p. 513, qui forme sous les feuilles de diverses plantes des tropiques des taches arrondies, larges de trois à quatre lignes, superficielles, quoique situées sous l'épiderme, d'un noir foncé, opaques, composées de fibrilles rayonnantes, cloisonnées, sur lesquelles sont plus ou moins entassés des périthéciums à col long, divergent et caduc. Fries distingue dans cette espèce trois variétés, qu'il pense qu'on peut regarder comme des espèces, ainsi que l'a fait Sprengel, auteur qui les avoit considérées comme des espèces de son genre *Amphitrichum,* différent de l'*Amphitrichum* de Link et de Nées. Ces variétés portent les noms suivans, tirés des plantes sur lesquelles on les trouve. Ce sont : 1.° l'*amphitrichum hibisci,* Spreng., qui croit sur les ketmies, au Brésil; 2.° l'*amphitrichum araliæ,* qu'on trouve à Porto-Ricco, sous les feuilles de l'*aralia spinosa;* 3.° l'*amphitrichum sacchari,* qui végète sur les feuilles de la canne à sucre. (Lem.)

STRIM-KLIPPARE. (*Ichthyol.*) Un des noms allemands du *chétodon zèbre.* Voyez Chétodon. (H. C.)

STRIMMALAS. (*Ichthyol.*) Nom livonien du *hareng.* Voyez Clupée. (H. C.)

STRINCKZA, BOTATRISSA. (*Ichth.*) Noms italiens d'un poisson des rivières et des lacs de la Lombardie et du Milanois, comparé par Gesner à la lotte et fort estimé comme aliment. (H. C.)

STRINGATA. (*Bot.*) Nom chinois de la mâcre à deux pointes, *trapa bispinosa* de Roxburg. (J.)

STRIPED ANGELFISH. (*Ichthyol.*) A la Jamaïque on appelle ainsi le *chétodon bridé.* Voyez Chétodon. (H. C.)

STRIPED WRASSE. (*Ichthyol.*) Nom anglois du *labre varié* et du *labre cinq-épines*, décrits dans ce Dictionnaire, t. XXV, page 28. (H. C.)

STRIPHOCÈRE. (*Mamm.*) Voyez STREPSICEROS. (DESM.)

STRIVALE. (*Ichthyol.*) Aux environs de Gênes on donne ce nom au *sanglier de mer*. Voyez CAPROS. (H. C.)

STRIX. (*Ornith.*) Nom générique latin des oiseaux de proie nocturnes. (CH. D.)

STROBILANTHE. *Strobilanthes*. (*Bot.*) Genre de plantes dicotylédones, à fleurs complètes, monopétalées, irrégulières, de la famille des *acanthacées*, de la *didynamie angiospermie* de Linné, offrant pour caractère générique : Un calice à cinq divisions égales ; une corolle infundibuliforme ; le tube alongé, un peu courbé ; le limbe à cinq lobes, presque à deux lèvres ; quatre étamines didynames ; les anthères à loges presque parallèles ; un ovaire supérieur ; deux ovules dans chaque loge ; une capsule comprimée, à deux valves ; une cloison incomplète et soudée ; les semences suspendues par des filets.

STROBILANTHE HÉRISSÉE : *Strobilanthes hirta*, Blume, *Flor. javan.*, fasc. 14, page 797 ; *Ruellia hirta*, Vahl, *Symb.*, 3, tab. 67. Cette plante a des tiges herbacées, rampantes à leur partie inférieure, étalées, hérissées de poils blancs, ainsi que toute la plante, rameuses, tétragones, longues de six ou sept pouces ; les rameaux sont très-simples, opposés. Les feuilles sont pétiolées, opposées, oblongues, elliptiques, acuminées, dentées en scie, aiguës à leur deux extrémités, longues d'un pouce. Les fleurs sont disposées en épis pédonculés, axillaires, terminaux, longs d'un pouce, solitaires ou géminés, accompagnés de grandes bractées, de la longueur du calice, arrondies, hérissées à leur partie supérieure ; les divisions du calice linéaires. Cette plante croît à l'ombre, sur les montagnes, dans les contrées occidentales de l'île de Java.

STROBILANTHE PENCHÉE : *Strobilanthes cernua*, Blume, *loc. cit.* Ses tiges sont couchées à leur partie inférieure, garnies de feuilles pétiolées, opposées, oblongues, elliptiques, acuminées à leurs deux extrémités, dentées à leur contour, un peu pubescentes à leur face supérieure. Les fleurs sont réunies en épis pédonculés, un peu globuleux, axillaires et terminaux, inclinés, qui deviennent fasciculés par la chute des feuilles, accompagnés de grandes bractées arrondies, presque glabres, à trois nervures. Il en existe une variété à fleurs lâches, réunies en un épi droit, oblong. Cette plante croît sur les montagnes dans l'île de Java, à Salak. La variété croît aux mêmes lieux, aux cataractes du fleuve Tjapus.

STROBILANTHE CRÊPUE ; *Strobilanthes crispa*, Blume, *loc. cit.* Cette espèce a des tiges noueuses, géniculées, couchées à leur base, munies de feuilles opposées, oblongues, un peu hispides, crêpues et crénelées, rétrécies en pointe à leurs deux extrémités. Les fleurs sont disposées en épis sessiles, ovales, axillaires et terminaux, garnis de bractées foliacées, ovales, acuminées et ciliées. Cette plante croît à Java, dans la province de Tjanjor, à l'ombre, sur les montagnes. Dans le *strobilanthes alata*, Blume, *loc. cit.*, la tige est presque ligneuse, ascendante ; les rameaux sont tétragones, un peu ailés sur leurs angles ; les feuilles oblongues, lancéolées, denticulées, presque glabres. Cette espèce croît au milieu des forêts, dans la province de Bantam, à l'île de Java.

STROBILANTHE COLLETÉE ; *Strobilanthes involucrata*, Blume, *loc. cit.* Cette plante est pourvue d'une tige noueuse, géniculée, étalée, garnie de feuilles oblongues, lancéolées, acuminées à leurs deux extrémités, un peu sinuées. Les fleurs sont assez nombreuses, réunies en têtes terminales ou axillaires, accompagnées de bractées foliacées, ovales, oblongues, veinées. Cette plante croît à Java, sur les montagnes de Salak, Seribu, etc. On en trouve sur les montagnes de Tjanjor une variété à feuilles denticulées, rudes en dessus.

STROBILANTHE A DEUX BRACTÉES ; *Strobilanthes bibracteata*, Blume, *loc. cit.* Sa tige est très-rameuse, tombante, étalée, munie de feuilles médiocrement pétiolées, lancéolées, acuminées à leurs deux extrémités, dentées en scie, légèrement pubescentes. Les fleurs sont réunies en petites têtes pédonculées, axillaires et terminales, composées de peu de fleurs, munies de deux bractées foliacées, médiocrement dentées en scie, en forme d'involucre. Cette plante croît à Java, sur les montagnes de Salak : elle fleurit dans le mois de Juin.

STROBILANTHE ÉLÉGANTE ; *Strobilanthes speciosa*, Blume, *loc. cit.* Cette espèce a une tige presque ligneuse, droite, noueuse, géniculée, garnie de feuilles presque sessiles, lanréolées, acuminées à leurs deux extrémités, un peu velues, très-finement dentées en scie. Les fleurs sont disposées en petites têtes, qui ne contiennent guère qu'environ cinq fleurs ; elles forment une sorte de grappe par la chute des feuilles ; elles sont terminales et axillaires, munies de bractées lancéolées, à trois nervures, pubescentes en dehors. Cette plante croît à l'ombre, sur le mont Megamendury, à l'île de Java.

Strobilanthe filiforme ; *Strobilanthes filiformis*, Blume, *loc. cit.* Sa tige est ascendante, rameuse, géniculée, garnie de feuilles pétiolées, oblongues, lancéolées, glabres, rétrécies à leurs deux extrémités. Les fleurs sont disposées en épis courts, peu garnis, presque paniculés, axillaires et terminaux, accompagnés de bractées lancéolées ; les plus petites dentées en scie, ainsi que les divisions du calice, qui sont glanduleuses et pileuses. Cette plante croît dans les grandes forêts, sur le mont Burangrang, à l'île de Java.

Strobilanthe glanduleuse ; *Strobilanthes glandulosa*, Blume, *loc. cit.* Cette espèce est pourvue d'une tige ascendante, géniculée, rameuse. Les feuilles inférieures sont pétiolées, ovales-oblongues, crénelées ; les supérieures ovales, sessiles ; les épis courts, presque paniculés, axillaires et terminaux ; les bractées linéaires ; les calices glanduleux et visqueux. Cette plante croît à Java, dans les grandes forêts de la montagne Gede. Dans le *strobilanthes moschifera*, Blume, *loc. cit.*, la tige est herbacée, radicante à sa partie inférieure ; les feuilles sont oblongues, lancéolées, hérissées, un peu crénelées ; les épis touffus, axillaires et terminaux : les bractées et les calices glanduleux et pileux. Cette plante croît sur le revers des montagnes Solassie, dans la province de Tjanjor à l'île de Java. (Pora.)

STROBILE ou CONE. (*Bot.*) Réunion de fruits renfermés entre des écailles dont l'ensemble forme un corps conique ou globuleux.

Les fruits renfermés sont de simples carcérules (bouleau), ou des calybions, c'est-à-dire des carcérules munies de cupules (pin, sapin, genévrier, thuya).

Les écailles sont des bractées ou des pédoncules considérablement accrus.

Dans le cyprès les bractées, élargies en tête de clou et serrées par leurs bords, sont disposées en une masse arrondie à laquelle on a donné le nom de galbule.

Dans le genévrier les bractées deviennent succulentes, se soudent et prennent l'aspect d'une baie.

Dans le pin, le sapin, le mélèze, les pédoncules, disposés en spirale autour d'un axe commun, s'élargissent en écailles ligneuses, se recouvrent mutuellement à la manière des écailles des poissons, et forment un strobile conique, qui a fait désigner par le nom de conifères le groupe auquel ces végétaux appartiennent.

Les cupules sont toujours closes, membraneuses dans le thuya, ligneuses dans le pin pignon, osseuses dans le cyprès de la Louisiane, ailées au pourtour dans le thuya d'Occident, ailées à la base dans le cèdre, le pin, le sapin, etc. Dans ces derniers l'aile est caduque et la cupule renversée. (Mass.)

STROBILIPHAGA. (*Ornith.*) Nom générique donné par M. Vieillot au dur-bec. (Ch. D.)

STROBON. (*Bot.*) Stapel, commentateur de Théophraste, parle d'un arbre de ce nom, que les Arabes employoient en fumigation, après l'avoir arrosé de vin de palme. Dans la phrase suivante il fait mention du *strobolon* ou *stobulon*, usité de la même manière, lequel est un *ladanum*, que l'on recueille sur la barbe des chèvres, qui s'en charge lorsqu'elles vont brouter les feuilles d'une espèce de ciste, *cistus ladanum*, d'où suinte cette substance. Stapel cite à ce sujet des passages d'Hérodote et d'Hésychius, qui le confirment. On retrouve encore les mêmes indications dans Pline. Tournefort, dans son Voyage du Levant, parle aussi de la récolte du *ladanum* dans l'île de Candie, et rappelle que du temps d'Hérodote et de Dioscoride on ramassoit ce suc concret sur la barbe des chèvres, en ajoutant que pendant son séjour dans cette île on se servoit pour cette récolte de rateaux garnis non de pointes, mais de longues lanières de cuir, déjà employés du temps de Pline, qui, promenées sur les cistes au moment de la grande chaleur et du suintement plus abondant du *ladanum*, s'en chargeoient. Lorsque ces lanières étoient suffisamment enduites, on les ratissoit avec un couteau pour en séparer le *ladanum*. (J.)

STROBUS. (*Bot.*) C'est le nom spécifique du pin du lord Weymouth, *pinus strobus*, remarquable par ses feuilles longues et menues, sortant au nombre de cinq de la même gaine. (J.)

STRŒBER, STRŒBER-LACH. (*Ichthyol.*) Noms allemands du ZINDER des Suisses. Voyez ce mot et CINGLE. (H. C.)

STRŒMIA. (*Bot.*) C'est le nom que Vahl a donné à un genre qui avoit déjà été décrit par Forskal sous le nom de CADABA. Voyez ce mot. (POIR.)

STRŒMLINGE. (*Ichthyol.*) Voyez STROHMLING. (H. C.)

STROHMLING. (*Ichthyol.*) Nom allemand du hareng de la Baltique. Voyez CLUPÉE. (H. C.)

STROKA. (*Ornith.*) Nom polonois de la pie, *corvus pica*, Linn. (CH. D.)

STROMATÉE, *Stromateus*. (*Ichthyol.*) On appelle de ce nom un genre de poissons osseux holobranches de l'ordre des apodes et de la famille des pantoptéres de M. Duméril, et de la seconde tribu des squamipennes, parmi les acanthoptérygiens de M. Cuvier.

Ce genre peut être ainsi caractérisé.

Catopes nuls ; squelette osseux ; nageoires impaires distinctes ; corps presque aussi haut que long, de forme ovale et fort comprimé ; dents très-fines, tranchantes, pointues et sur une seule rangée ; écailles presque imperceptibles.

On distinguera facilement les STROMATÉES des RHOMBES, qui ont le corps de figure rhomboïdale ; des ANARHIQUES, des COMÉPHORES, des MACROGNATHES ; des XIPHIAS et des AMMODYTES, qui l'ont bas et alongé ; des ANGUILLES, des CONGRES, des DONZELLES et des FIERASFERS, qui ont les nageoires impaires réunies (voyez ces divers noms de genres et PANTOPTÈRES et PÉROPTÈRES).

Parmi les espèces qui composent le genre Stromatée, on remarque :

La FIATOLE : *Stromateus fiatola*, Linn. Des dents au palais ; deux lignes latérales de chaque côté ; bouche petite ; langue large et lisse ; museau obtus ; yeux grands ; nageoire caudale très-fourchue.

Ce poisson est d'un bleu céleste sur la partie supérieure ; son ventre est d'un blanc argentin ; des raies étroites, transversales et dorées se prolongent en zigzag sur les côtés; son iris est d'un jaune argenté et sa pupille noire.

Il fréquente la mer Rouge et la mer Méditerranée. On le trouve en Mai sur la plage de Nice.

Il multiplie beaucoup, et sa chair est délicate.

Le Paru; *Stromateus paru*, Linn. Point de dents au palais; une seule ligne latérale de chaque côté; point de bandes transversales; nageoire caudale en croissant; écailles petites, minces, caduques.

L'or, l'argent et l'azur brillent avec éclat sur le corps de ce poisson, qui, de même que le précédent, atteint au plus la taille d'un pied, et est recherché à cause de la bonté de sa chair.

On le trouve dans les mers des Indes et de l'Amérique méridionale. M. Risso l'a observé vers la côte de Nice, où on le nomme *pei d'America*.

Le Stromatée gris; *Stromateus cinereus*, Bloch, 420. Une seule ligne latérale de chaque côté; point de bandes transversales; le lobe inférieur de la nageoire caudale beaucoup plus long que le supérieur; palais uni; teinte générale grise; nageoires pectorales rougeâtres; taille de onze à quinze pouces.

Ce poisson habite l'Océan des Indes, où on le prend avec de grands filets à une certaine distance des côtes. Sa chair, grasse et succulente, est meilleure au printemps qu'en toute autre saison et est fort peu chargée d'arêtes. On le conserve durant quelques jours en le faisant frire et en le plongeant dans du vinaigre avec du poivre et de l'ail. En le coupant par tronçons, en le salant ou en le marinant avec du vinaigre, du cacao et du tamarin, on peut en manger au bout de plusieurs mois, et alors aux Indes on le nomme *karawade*.

Le Stromatée argenté; *Stromateus argenteus*, Bl., 421. Une seule ligne latérale; point de bandes transversales; les écailles petites, argentées, peu adhérentes; le museau prolongé en une sorte de nez; nageoires dorsale et anale falciformes, comme dans l'espèce précédente et dans la suivante; ouverture des narines en forme de croissant; extrémité des nageoires bleue.

De l'océan Indien.

Le Stromatée noir; *Stromateus niger*, Bloch, 422. Une seule

ligne latérale; point de lignes transversales; museau non prolongé; deux ouvertures à chaque narine; écailles plus adhérentes; teinte générale noirâtre.

La chair de ce poisson, qui habite également l'océan des
Indes. est moins bonne que celle des précédens.

Le cumarca, observé au Chili par l'abbé Molina et qui n'a
que six pouces de longueur, paroit n'être qu'une variété du
paru, ainsi que le soupçonnent Gmelin et de Lacépède.

Il faut aussi rapporter ici le *stromateus chinensis* d'Euphrasen. (H. C.)

STROMATHÉE, *Stromathœus*. (*Ichthyol.*) Voyez STROMATÉE.
(H. C.)

STROMATOSPHÆRIA. (*Bot.*) Genre établi par M. Greville
pour placer quelques espèces du genre *Sphœria*, Pers., et
qui n'a pas été adopté. Le *stromatosphœria rubiginosa*, Grev.,
Crypt. Scot., pl. 110, est le *sphœria rubiginosa*, Pers. ; son
strom. elliptica est une variété de la même plante ou une espèce rapprochée. Le *sphœria typhina*, Pers. , est aussi une
espèce du genre *Stromatosphœria*, Grev.; il a été considéré par
M. De Candolle comme un *polystigma;* par Fries comme un
dothidea. Toutes ces espèces sont du nombre de celles dont
les périthéciums ou sphérules sont portés sur une base propre,
ou stroma, variable dans sa forme. (LEM.)

STROMBE, *Strombus*. (*Malacoz.*) Genre de malacozoaires
conchylifères, de la famille des entomostomes de M. de
Blainville, de celle des ailées de M. de Lamarck, établi par
Linné et adopté avec quelques restrictions par les zoologistes
modernes, qui en ont séparé les ptérocères, les rostellaires,
etc. Les caractères qu'on peut lui assigner, en ayant à la
fois égard à l'animal et à sa coquille, sont les suivans : Corps
spiral. enveloppé dans un manteau mince, formant en avant
un pli. d'où résulte une sorte de canal, et pourvu d'un pied
élargi antérieurement et plus ou moins comprimé en arrière; tête assez renflée et distincte, avec deux appendices
tentaculaires fort gros. portant à leur extrémité les yeux, et
en dedans. les véritables tentacules obtus, cylindriques et
contractiles; bouche en fente verticale à l'extrémité d'une
trompe armée d'un ruban lingual; anus et oviducte se terminant fort en arrière; coquille épaisse, subinvolvée, dico-

nique ; ouverture fort longue, étroite, terminée en avant par un canal court, souvent recourbé, à bords parallèles ; l'externe se dilatant avec l'âge, offrant en arrière une gouttière au point de son attache à la spire, et en avant, un sinus plus postérieur que le canal ; opercule corné, long et étroit, à élémens imbriqués ; le sommet terminal.

D'après cette caractéristique il est évident que la coquille des strombes diffère de celle des ptérocères, parce que le bord droit, qui se dilate également avec l'âge dans les deux genres, ne se digite pas dans les premiers ; ce qui a constamment lieu dans les seconds. Ils sont plus aisément distingués des rostellaires, parce que dans ceux-ci le sinus antérieur du bord droit est continu au canal, et que d'ailleurs ce canal est toujours bien plus long que dans les strombes. Du reste, les animaux des strombes et des ptérocères ne doivent guères différer, d'après ce que j'ai vu sur un individu de chacun des deux genres. L'un et l'autre ont les yeux longuement pédonculés et portés, ainsi que les tentacules, sur un prolongement basilaire, presque aussi long qu'eux ; ce qui semble constituer des tentacules divisés en y. L'échancrure du bord droit de la coquille sert à l'animal, comme l'avoit fait observer M. Cuvier, à sortir sa tête lorsqu'il rampe, et que le demi-canal de son manteau occupe l'échancrure antérieure du têt. Le reste de l'organisation ne présente probablement pas de grandes différences avec ce qu'on trouve dans les autres univalves dioïques ; ainsi la cavité branchiale, fort grande, renferme deux peignes branchiaux, inégaux ; l'anus, à l'extrémité d'une partie libre du rectum, se termine, de même que l'oviducte, à la portion la plus reculée de cette cavité, et l'un et l'autre sont dirigés en arrière. Le bord droit du manteau, pendant la durée de la vie génératrice, se dilate considérablement ; ce qui produit une dilatation proportionnelle du bord droit de la coquille : mais je ne serois pas étonné que cela n'eût lieu que chez les individus mâles. Toujours est-il certain qu'elle n'a pas lieu dans le jeune âge, et qu'alors la coquille, ayant son bord droit mince et tout-à-fait parallèle à la columelle, ressemble beaucoup à celles des cônes qui ont la spire un peu élevée. Il n'y a donc que le sinus antérieur qui puisse servir à distinguer ces coquilles, et encore il est d'abord assez peu marqué.

L'opercule des strombes est assez remarquable ; il est toujours corné, elliptique, mais très-alongé et courbé à peu près comme dans les murex.

Les strombes sont tous des animaux des mers des pays chauds. Nous ignorons à peu près complétement leurs mœurs et leurs habitudes. Nous savons cependant. d'après Adanson, qu'elles ont beaucoup de rapports avec celles des pourpres ; mais il est probable que ces animaux vivent fort long-temps, car leurs coquilles, quand elles sont complètes, acquièrent une épaisseur et une pesanteur considérables. Alors il n'est pas rare de les trouver encroûtées en dedans de l'ouverture de couches nombreuses de dépôt, fort lisses, un peu comme dans les porcelaines, et en dehors, de petits polypiers et autres productions marines.

Les espèces de strombes sont assez nombreuses. Il y en a d'une très-grande taille et qui, autrefois, étoient placées comme des ornemens dans les salles à manger, surtout quand leur bord droit étoit considérablement élargi et que leur ouverture étoit vivement colorée. Aujourd'hui elles ne sont plus recherchées que pour la construction des grottes dans les jardins et pour les collections, où elles occupent une place considérable.

Le STROMBE AILE D'AIGLE : *S. gigas*, Linn., Gmel., p. 3515, n.° 20 ; Martin., *Conch.*, 3, tab. 80, fig. 824. Très-grande coquille, turbinée, très-ventrue, à spire très-pointue, médiocre, hérissée d'une série décurrente de tubercules coniques, divergens, beaucoup plus longs sur le dernier tour ; bord droit très-large, arrondi en dessus. Couleur blanche en dehors, d'un rose pourpré assez vif dans l'ouverture.

De l'océan des Antilles.

Le S. AILE D'AUTOUR : *S. accipitrinus*; *S. costatus*, Linn., Gmel.. p. 3520, n.° 32 ; Martin., *Conch.*, 3, t. 81, fig. 829. Coquille encore assez grande, très-épaisse, turbinée, ventrue, sillonnée transversalement, à spire aiguë, mutique et couronnée sur le dernier tour seulement de tubercules inégaux, dont le médian est fort élevé et comprimé ; bord droit très-épais. Couleur blanche, subrosée en dehors comme en dedans.

Patrie inconnue.

5ı.   8

Le Strombe aile large : *S. latissimus*, Linn., Gmel., p. 3516, n.° 21 ; *S. Goliath*, Chemn., *Conch.*, 11, tab. 195, fig. *A.* Coquille très-grande, turbinée, ventrue, sublisse, à spire courte, noduleuse ; bord droit épais, très-dilaté, surtout à son extrémité postérieure, qui est mince, tranchante, arrondie et dépassant la spire. Couleur orangée, maculée de blanc en dehors ; blanche, teinte de rose en dedans.

De l'océan des grandes Indes.

Le S. aile cornue : *S. tricornis*, de Lamk., Syst. des anim. sans vert., tome 7, page 201, n.° 4 ; Encycl. méth., pl. 408, fig. 1, et 409, fig. 2. Coquille turbinée, subtrigone, à spire aiguë, subnoduleuse, avec trois tubercules dorsaux, dont le médian plus grand, comprimé sur les côtés. Couleur variée de blanc et de roux en dehors, blanche en dedans.

De l'océan des Antilles.

Le S. aile d'ange : *S. gallus*, Linn., Gmel., page 3511, n.° 11 ; Martin., *Conch.*, 3, tab. 84, fig. 841 et 842, et tab. 85, fig. 846 ; vulgairement le Coq. Coquille turbinée, sillonnée dans la décurrence de la spire et couronnée sur le dernier tour de tubercules grands, comprimés, formant par leur réunion une sorte de carène ; bord droit mince et se prolongeant souvent en arrière en un lobe très-long. Couleur variée de blanc et de roux.

Des mers d'Asie et de l'Amérique méridionale.

Le S. bituberculé : *S. bituberculatus*, de Lamk., *loc. cit.*, n.° 6 ; Martin., *Conch.*, 3, tab. 85, fig. 836 et 837. Coquille turbinée, sillonnée dans la décurrence de la spire, qui est raccourcie et hérissée sur son dernier tour de deux tubercules trigones, plus élevés que les autres et comprimés postérieurement ; bord droit un peu épais et terminé supérieurement en un lobe court. Couleur marbrée de blanc et de roux brunâtre.

De l'océan des Antilles.

Le S. crète-de-coq : *S. laciniatus*, Chemn., *Conch.*, 10, tab. 158, fig. 1506 et 1507 ; vulgairement l'Aile large couronnée. Coquille ovale-oblongue, à spire saillante, très-aiguë, noueuse, avec un tubercule beaucoup plus grand que les autres sur le dernier tour ; bord droit dilaté, replié en dedans et s'avançant jusqu'au sommet par un prolongement lacinié sur ses bords. Couleur variée de blanc et de jaune en dehors; fauve dans le fond de l'ouverture.

On ignore la patrie de cette coquille, qui paroît fort rare.

Le STROMBE AILE DILATÉE : *S. latus*, Gmel., p. 3520, n.° 35 ; Séba, *Mus.*, 3, tab. 63, fig. 4 et 5. Coquille ovale-oblongue, renflée, lisse, à spire assez courte, nodulifère ; bord droit dilaté, s'appuyant sur celle-ci, rude et un peu épaissi sous le bord. Couleur jaune avec trois séries de taches blanches.

Patrie inconnue.

Le S. AILE-DE-HIBOU : *S. fasciatus*, Gmel., page 3510, n.° 9 ; Martin., *Conch.*, 3, tab. 82, fig. 833 et 834. Coquille ovale, subturbinée, tuberculeuse et nodulifère, à spire conique, un peu obtuse, noduleuse et dépassant le bord droit. Couleur jaunâtre, maculée de blanc et fasciée de rose.

De l'océan des Antilles.

Le S. GRENOUILLE : *S. lentiginosus*, Linn., Gmel., p. 3510, n.° 8 ; Martin., *Conch.*, 3, tab. 80, fig. 825 et 826, et tab. 81, fig. 827 et 828 ; vulgairement la TÊTE-DE-SERPENT. Coquille épaisse, turbinée, noueuse et garnie de tubercules, surtout sur le dernier tour, où ils sont plus gros et subbifurqués ; bord droit épais, avec trois crénelures onduleuses en arrière. Couleur d'un blanc sale, tachetée de brun cendré et de noir.

De l'océan des grandes Indes.

Le S. KALAN ; *S. Adansonii*, Sénég., page 137, pl. 9. Coquille épaisse, pesante, très-grande (huit à neuf pouces de long sur quatre à cinq de large), à spire sillonnée, tuberculée, pointue et assez courte ; le dernier tour ondé et couronné de deux à quatre rangs de tubercules plus gros sur le postérieur ; bord droit épais, obtus, sans bourrelet, ne dépassant guère le dernier tour, et sans crénelures ou digitations avant le sinus. Couleur fauve, ondée de marbrures blanches, quelquefois rouge sur les tubercules, sous un épiderme roux et assez mince.

Adanson, qui a trouvé cette espèce communément dans les rochers de l'ile de Gorée sur la côte du Sénégal, fait une observation importante en disant que ce n'est que lorsqu'elle a atteint la grosseur de trois pouces, que le bord droit s'étend et s'épaissit, et que cependant parmi les coquilles de ce volume il y en a qui, comme les jeunes, ont le bord extrêmement mince, tranchant, sans évasement et sans canal ; ce qui leur donne un aspect tout particulier.

Le Strombe oreille-de-Diane : *S. auris Dianæ*, Linn., Gmel., page 3512, n.º 12 ; Enc. méth., pl. 409, fig. 3, *a*, *b* ; vulgairement l'Oreille-d'ane. Coquille ovale-oblongue, tuberculifère, striée en travers ; spire exserte, aiguë ; canal recourbé ; bord droit épaissi, terminé en arrière par un lobe digitiforme. Couleur grise en dehors ; l'intérieur orangé-noirâtre.

De l'océan des grandes Indes.

Le S. muriqué : *S. pugilis*, Linn., Gmel., p. 3512, n.º 13 ; Enc. méth., pl. 408, fig. 4, *a*, *b* ; vulgairement l'Oreille-de-cochon. Coquille turbinée, ventrue, à spire striée et hérissée de tubercules évidens ; le dernier tour couronné de tubercules en dessus, lisse au milieu et sillonné en avant ; bord droit terminé en arrière par un lobe court, arrondi et sillonné en avant et en dedans. Couleur d'un jaune roussâtre.

De la mer Méditerranée, et, peut-être, de l'océan Atlantique.

Le S. de Sloane ; *S. Sloanii*, Leach, *Miscell.*, tom. 1, p. 52, pl. 22. Coquille ovale, diconique, à spire médiane, étagée, tuberculeuse ; le dernier tour strié transversalement en avant et hérissé postérieurement d'une couronne de tubercules comprimés, élargis en fer de hache à l'extrémité, avec des plis longitudinaux dans l'intervalle : couleur d'un blanc roussâtre.

La coquille qui a servi à l'établissement de cette espèce, et dont on ignore la patrie, est jeune ou n'appartient pas à ce genre ; car son bord droit est tranchant, sans trace de sinus.

Le S. pyrulé : *S. alatus*, Linn., Gmel., pag. 3513, n.º 14 ; Martin., *Conch.*, 3, t. 91, fig. 894. Coquille turbinée, lisse au milieu, striée en avant et sur la spire, qui est conique, aiguë, noduleuse et un peu tuberculeuse en avant ; dernier tour un peu anguleux en arrière ; bord droit un peu épais, strié en dedans et terminé en arrière par un lobe arrondi : couleur roussâtre en dehors, d'un violet très-rembruni en dedans.

Patrie inconnue.

Le S. bossu : *S. gibberulus*, Linn., Gmel., p. 3514, n.º 17 ;

Martin., *Conchyl.*, 5, t. 77, fig. 792 — 798 ; *S. succinctus*, Encycl. méth., pl. 408, fig. 5, *a*, *b*, d'après un jeune individu. Coquille ovale-oblongue, lisse au milieu, striée au-dessus et au-dessous du bord gauche, à spire aiguë, courte ; les tours de spire inégaux et gibbeux : couleur d'un blanc roussâtre, fasciée de blanc en dehors, blanche sur la columelle et violâtre en dedans.

Des mers de l'Inde et des Moluques.

Le Strombe bouche-de-sang : *S. luhuanus*, Linn., Gmel., p. 5515, n.° 16 ; Mart., *Conch.*, 5, t. 77, fig. 789 et 790. Coquille ovale-oblongue, finement striée, à spire courte, mucronée ; le dernier tour un peu anguleux à sa partie supérieure : couleur fauve, fasciée de blanc en dehors ; bord droit strié en dedans et rouge ; columelle colorée de pourpre et de noir.

De l'océan Indien et des Moluques.

Le S. bouche aurore : *S. mauritianus*, de Lamk., *loc. cit.*, p. 206, n.° 16 ; Martin., *Conch.*, 5, tab. 88, fig. 866 et 867. Coquille ovale-oblongue, très-lisse, à spire courte, mucronée, plissée dans sa longueur : couleur blanche, fasciée de linéoles rousses, anguleuses, transverses en dehors ; blanche sur la columelle et rose en dedans du bord droit, qui est strié.

Cette espèce, qui vient des mers de l'Isle-de-France, diffère-t-elle réellement de la précédente ?

Le S. poule : *S. canarium*, Linn., Gmel., p. 5517, n.° 24 ; Martin., *Conch.*, 5, t. 79, fig. 818. Coquille obovale, raccourcie, épaisse, striée en avant, à spire courte, mucronée, un peu aplatie en avant ; bord droit épais, dilaté, avec un sinus postérieur très-distinct : couleur blanche, peinte de lignes rousses longitudinales, flexueuses, très-serrées ; blanche en dedans.

Des mers de Ceilan et des Moluques.

Le S. Isabelle : *S. Isabella*, de Lamk., *loc. cit.*, p. 207 ; Mart., *Conch.*, 5, tab. 79, fig. 817. Coquille ovale-oblongue, striée en avant, à spire exserte ; les tours de spire très-convexes ; le bord droit avec un sinus postérieur : couleur blanche ou d'un fauve pâle en dehors ; blanche en dedans.

Cette espèce, qui vient de l'océan des grandes Indes, est au moins bien rapprochée de la précédente.

Le Strombe élancé : *S. vittatus*, Linn., Gmel., p. 3517, n.° 25 ; Encycl. méth., pl. 409, fig. 1, *a*, *b*. Coquille fusiforme, sub-turriculée, à spire plissée dans sa longueur et striée très-finement en travers ; le dernier tour un peu anguleux postérieurement et sillonné en avant ; sutures marginées ; bord droit médiocre, arrondi et peu épaissi : couleur d'un fauve roussâtre, fasciée de blanc en dehors ; blanche en dedans.

De l'océan des grandes Indes.

Le S. aile relevée : *S. epidromis*, Linn., Gmel., pag. 3516, n.° 22 ; Martin., *Conch.*, 3, tab. 79, fig. 821. Coquille ovale-oblongue, lisse, à sommet aigu ; les tours de la spire anguleux, plissés et crénelés ; le dernier subtuberculeux en arrière ; bord droit dilaté, arrondi, tranchant et recourbé : couleur variée de blanc et de jaune en dehors ; très-blanche en dedans.

Des mêmes mers.

Le S. aile-de-colombe ; *S. columba*, de Lamk., *loc. cit.*, pag. 208, n.° 21. Coquille ovale-oblongue, plissée dans sa longueur, striée en travers ; tours de spire convexes ; bord droit recourbé et fortement strié, ainsi que la columelle : couleur blanche en dehors et en dedans, avec une raie verte le long de la columelle et du bord droit.

Patrie inconnue.

Le S. quadrifascié : *S. succinctus*, Linn., Gmel., p. 3518, n.° 26 ; Martin., *Conchyl.*, 5, tab. 79, fig. 815, et tab. 89, fig. 877. Coquille ovale-oblongue, très-finement striée en travers, à spire aiguë ; ses tours anguleux, plissés et crénelés ; le dernier pourvu de quelques tubercules rares ; bord droit étroit, recourbé, strié en dedans, avec un sinus en arrière : couleur jaunâtre, avec quatre bandes blanches linéolées de brun en dehors ; blanche en dedans.

De la mer des Indes orientales.

Le S. aile-de-roitelet : *S. minimus*, Linn., Gmel., pag. 3516, n.° 23 ; Chemn., *Conchyl.*, 10, tab. 156, fig. 1491 et 1492. Assez petite coquille ovale-aiguë, à tours de spire anguleux, plissés et crénelés ; le dernier tuberculifère ; bord droit un peu épaissi, avec un sinus postérieur distinct : couleur d'un jaune roussâtre, zoné de blanc en dehors ; jaunâtre en dedans ; la columelle blanche et calleuse.

De l'océan des grandes Indes.

Le STROMBE TRIDENTÉ : *S. tridentatus*, Linn., Gmel., p. 3519, n.° 30; Martin., *Conch.*, 3, t. 78, fig. 810 — 814. Coquille oblongue, atténuée et aiguë postérieurement, lisse, subplissée dans sa longueur, à tours de spire convexes; bord droit étroit, tridenté en avant, strié en dedans : couleur d'un jaune roussâtre en dehors et d'un roux brunâtre en dedans.

De l'océan Indien.

Le S. BOUCHE NOIRE : *S. urceus*, Linn., Gmel., pag. 3518, n.° 29; Martin., *Conch.*, 5, tab. 78, fig. 803 — 805. Coquille ovale-oblongue, à spire aiguë, subturriculée; les tours de spire anguloso-tuberculés et subplissés longitudinalement; bord droit peu dilaté et strié en dedans : couleur très-variable, mais ordinairement d'un roux cendré, noirâtre sur le bord droit et le canal; l'ouverture noire, d'un roux orangé dans le fond.

De l'océan Indien.

Le S. PLISSÉ : *S. dentatus*, Linn., Gmel., pag. 3519, n.° 31; *S. plicatus*, de Lamk., Encycl. méth., pl. 408, fig. 2, *a*, *b*. Coquille ovale-oblongue, plissée longitudinalement, à spire aiguë; son dernier tour couronné en arrière de tubercules étagés, élevés et comprimés; ouverture striée; bord droit peu dilaté : couleur d'un jaune roussâtre fascié et ponctué de blanc en dehors; jaune sur la columelle et violacée en dedans.

De l'océan Indien, vers les Moluques.

Le S. FLEURI : *S. floridus*, de Lamk., *loc. cit.*, pag. 211. n.° 27; Martin., *Conch.*, 5, tab. 78, fig. 807 — 809. Coquille ovale-aiguë, un peu ventrue, à spire courte, subplissée longitudinalement, striée au-dessus du bord droit; le dernier tour tuberculifère : couleur variée et très-variable en dehors; l'ouverture rougeâtre et striée.

De l'océan Indien.

Le S. AILE-DE-PAPILLON ; *S. papilio*, Chemn., *Conch.*, 10, tab. 156, fig. 1510 et 1511. Coquille ovale, subaiguë; le dernier tour de spire garni de trois séries de tubercules, bord droit collé contre la spire, strié en dedans et pourvu d'un sinus en arrière : couleur blanche, tachetée de jaune en dehors, blanche sur la columelle, d'un brun orangé en dedans de la lèvre droite.

On ne connoît pas la patrie de cette espéce , qui paroît avoir quelques rapports avec le *S. lentiginosus.*

Le Strombe rayé; *S. polyfasciatus*, Chemn., *Conch.*, 10, tab. 155, fig. 1483 et 1484. Coquille ovale, aiguë, lisse; le dernier tour couronné de tubercules assez grands; bord droit avec un sinus postérieur: couleur blanche, ornée de plusieurs lignes pourpres ou noires, distantes, en dehors; orangée dans l'ouverture , qui est striée.

De l'océan Indien ?

Le S. cariné : *S. marginatus*, Linn., Gmel., p. 3513, n.° 15; Chemn., *Conch.* , 10, tab. 156, fig. 1489 et 1490. Coquille ovale, aiguë. striée transversalement, à spire courte, mucronée; ses tours carinés sur le dos et aplatis en dessus: bord droit tranchant, recourbé, strié intérieurement, adhérent à la spire et pourvu d'un sinus en arrière : couleur fauve-jaunàtre , fasciée de blanc en dehors.

Patrie inconnue.

Le S. turriculé: *S. turritus*, de Lamarck, *loc. cit.*, p. 212 , n.° 31; Chemn., *Conch.*, 10, tab. 155, fig. 1481 et 1482. Coquille turriculée, plissée dans sa longueur, striée en travers; tours de spire convexes, marginés vers la suture; bord droit petit et strié en dedans: couleur blanche, maculée de jaunâtre.

Patrie inconnue.

Le S. treillissé; *S. cancellatus*, de Lamarck, Encycl. méth., pl. 408, fig. 5, *a*, *b*. Petite coquille ovale, turriculée, cancellée, avec des varices alternes , comme dans les tritons ; bord droit recourbé en dehors, strié en dedans; columelle calleuse : couleur blanche.

Patrie inconnue.

On trouve encore dans Gmelin un assez grand nombre d'espéces de coquilles rangées sous le nom de *strombes ;* mais la plupart en ont été retranchées.

D'abord, toute la première division, c'est-à-dire celle qui contient les espèces dont le bord droit est digité et qui constituent les genres Rostellaire et Ptérocère.

La quatrième et dernière, ou celle des strombes turriculés, renferme des coquilles plus ou moins fluviatiles et qui constituent aujourd'hui les genres Pyrène, Pyrase, en général les Cérites fluviatiles.

Dans la seconde, ou les strombes lobés, il n'y en a que deux qui n'aient pas été repris par M. de Lamarck.

Le *Strombus raninus* (p. 3511, n.° 10; Knorr, *Vergn.*, 6, t. 29, fig. 3), dont le bord droit est mince , rugueux en dessus, élargi ; le dos strié et couronné de verrues : la couleur orangée en dehors et blanche en dedans.

Le *S. oniscus* , pag. 3514 , n.° 18 , qui est une espèce de casque.

Enfin dans la troisième division , celles des *S. ampliati,* sont les suivans :

Le *S. lucifer*, p. 3515 , n.° 19 , qui est un jeune strombe ou n'appartient pas à ce genre ; car le bord droit n'a pas de sinus.

Le *S. fissurella*, p. 3518. n.° 28. Coquille fossile, qui entre dans le genre Rostellaire de M. de Lamarck.

Le *S. costatus*, p. 3520, n.° 32; Martini, *Conch.*, 3. tab. 81 , fig. 829. Assez grosse coquille, dont le premier tour de spire est couronné de verrues plissées dans leurs intervalles, côtelées et striées transversalement; le bord droit très-épais ; la couleur ordinairement jaune , rosée entre les verrues.

Patrie inconnue.

Le *S. bryonia*, p. 3520, n.° 33, est le *pterocera truncata* de M. de Lamarck.

Le *S. vexillum*, p. 3520 , n.° 52 , est une espèce de pourpre.

Le *S. affinis*. *ibid.*, n.° 34, est une coquille incomplète.

Le *S. latus* (*ibid.*, n.° 35 ; Séba , *Mus.*, 3, t. 63, fig. 4 et 5) appartient probablement à ce genre, le bord droit étant échancré en arrière : le dernier tour de spire lisse au milieu et strié aux deux extrémités. et les autres couronnés de nodosités obtuses.

Le *S. lœvis* (*ibid.*, n.° 36 ; Regenf. , *Conch.*, 1, t. 12 , fig. 67), dont la coquille est lisse, argentée, radiée de brun , plissée un peu en travers, avec la spire alongée et ses tours renflés et arrondis. n'est peut-être pas dans ce cas, et encore moins le *S. norwegicus*. Chemn. , *Conch.*, 10, p. 218 , t. 157 , fig. 1497 et 1498 , dont la coquille est oblongue. subulée, blanche. avec les tours de spire arrondis; l'ouverture évasée, ovale. et le canal subascendant.

Il est à remarquer que Rondelet parle d'un assez bon

nombre de coquilles de ce genre, dont il donne même des figures passables, mais qu'il est cependant difficile de rapporter d'une manière un peu certaine aux espèces définies par M. de Lamarck. Il ne faut cependant pas en conclure que l'on trouve des strombes véritables sur nos côtes de la Méditerranée. Du moins, parmi les auteurs que j'ai consultés sur les animaux et les coquilles de cette mer, je ne connois que M. de Lamarck qui cite un strombe comme en provenant. Ainsi, Ginnani, Olivi, Renieri, n'en ont décrit aucun de l'Adriatique, et, dans la collection rapportée par M. Bertrand Geslin des coquilles de cette mer, il n'y a aucun strombe. Shaw, Hasselquist, Forskal, Poiret, n'en désignent aucun des rivages méridionaux de cette mer. M. de Lamarck dit bien que le *S. pugilis* se trouve dans la Méditerranée ; mais il est ici en opposition avec tous les auteurs, et nous ignorons sur quoi porte cette assertion. M. Payraudeau, qui vient de nous donner un catalogue intéressant des espèces de la Corse, ne parle d'aucun strombe. Ainsi, dans cette mer on ne connoît encore que le *S. pespelecani*, qui n'est pas un véritable strombe et qui entre dans le genre Rostellaire de M. de Lamarck. (De B.)

STROMBE. (*Foss.*) Les espèces de ce genre qu'on trouve à l'état fossile, ne se rencontrent que dans les couches plus nouvelles que la craie, et elles sont en général beaucoup moins grandes que celles qui vivent aujourd'hui dans les mers.

Strombe a fissure : *Strombus canalis*, Lamk., Anim. sans vert., tom. 7, pag. 212 ; Strombe a canal, *Strombus canalis*, ejusd. Ann. du Mus., tom. 2, pag. 219, et tom. 6, pl. 45, fig. 2 ; *Strombus canalis*, Bull. de la soc. phil., n.° 25, fig. 5 ; Encycl., pl. 409, fig. 4. Coquille turriculée, couverte de côtes longitudinales, transversalement striée à sa base, ayant un sinus sur le bord droit, qui se prolonge en canal presque jusqu'au sommet. Longueur, huit lignes et demie. Fossile de Grignon, département de Seine-et-Oise, et de Mouchy-le-Châtel, département de l'Oise, dans le calcaire coquillier.

Strombe rugueux : *Strombus rugosus*, *Murex rugosus*, Sow., *Min. conch.*, tom. 1, p. 75 *ter*, pl. 54 (les figures inférieures); *Murex rugosus*, Parkins., *Org. rem.*, vol. 3, pag. 64, tab. 5, fig. 10. Jolie coquille ovale, à spire pointue, couverte de côtes longitudinales et de stries transverses, à tours bombés à leur partie supérieure ; le bord droit denté intérieurement et un peu découpé, porte un petit sinus vers la base, et se prolonge à sa partie supérieure en un petit canal court. Longueur, sept lignes. Fossile de Mouchy - le - Châtel, d'Ipswich et de Holiwel en Angleterre. Cette espèce paroîtroit avoir des rapports avec le *S. cancellatus*, Lamk., dont on voit une figure dans l'Encyclop., pl. 408, fig. 5.

Strombe en treillis : *Strombus decussatus*, Def.; Strombe treillissé, *Strombus decussatus*. de Bast., Mém. géol. sur les env. de Bordeaux, pag. 69. Coquille turriculée, couverte de côtes longitudinales et de stries transverses, à tours un peu anguleux, à columelle calleuse, à bord droit épais et retroussé en dehors. A sa base il se trouve un sinus, et il se termine à sa partie supérieure par un canal qui s'avance seulement jusque sur l'avant-dernier tour. Longueur, dix lignes. Fossile de Dax. Nous avons changé le nom françois de cette espèce, à cause du strombe treillissé de M. de Lamarck, qui n'a aucun rapport avec celle - ci.

Strombe Bonelli : *Strombus Bonelli*, Alex. Brong., Terr. du Vicentin, pag. 74, pl. 6, fig. 6 ; *Strombus Bonelli*, de Bast., *loc. cit.*, pag. 69. Coquille à bord épais, dont la spire est chargée de gros tubercules ; à base inconnue. Longueur, près de trois pouces. Fossile de la montagne de Turin (Brongniart) et de Dax (de Basterot).

Strombe Fortis : *Strombus Fortis*, Brong., *loc. cit.*, pl. 4, fig. 7 ; *Murex lœvis* et *Murex alatus*, Fortis, *Ronca*, tab. 1, fig. 4. 5. 6, 9. Coquille à aile étendue et pointue à sa partie supérieure. Le haut de chaque tour est garni de tubercules comprimés : celui du dernier porte une carène. Le canal est court et un peu retroussé. Il paroît que le sinus du bord droit, qui est un des caractéres de ce genre, manque dans cette espèce. Longueur, deux pouces et demi. Fossile de Ronca, où il est assez commun.

Les strombes Fortis qu'on trouve dans le jeune âge, et qui n'ont encore ni l'expansion du bord extérieur, ni ce rebord étendu qu'on remarque sur la carène du dos ou du dernier tour de spire, ont fait croire à quelques naturalistes qu'il y en avoit deux espèces dans cet endroit ; mais ces différences proviennent seulément de l'âge.

Strombe aile-de-hibou : *Strombus bubonius*, Lamk. ; *Strombus fasciatus*, Linn. Dans sa Conchyliologie subappennine, M. Brocchi annonce que cette espèce, qui vit dans les mers de l'Amérique méridionale, se trouve fossile dans le Plaisantin.

Strombe aile-d'autour : *Strombus accipitrinus*, Lamk. ; *Strombus costatus*, Linn. Le même auteur dit que dans le Plaisantin on trouve une variété de cette espèce ou d'une autre, avec laquelle elle a beaucoup de rapports.

Strombe de Deluc ; *Strombus delucianus*, Risso, Hist. nat. des princip. product. de l'Europe mérid., tom. 4, pag. 227. Coquille opaque, lisse, luisante, à neuf tours de spire tuberculés longitudinalement à droite, et sculptés de lignes longitudinales et transversales ; le premier tour de spire profondément et largement canaliculé sur le canal. Longueur, o^m.118. Se trouve subfossile à Grosueil près de Nice.

Strombe couronné : *Strombus coronatus*, Def. ; Knorr, *Petref.*, tab. 58, fig. 1 et 2. Cette espèce, qui a plus de quatre pouces de longueur, a le têt très-épais au bord droit ; elle est très-remarquable par les longs tubercules dont le haut de chaque tour est garni comme dans le *strombus gigas*. On trouve des coquilles de cette espèce aux environs de Sienne.

On voit dans l'ouvrage de Knorr, ci-dessus cité (pl. 41 et 42), les figures d'une coquille qui paroît appartenir au genre Strombe, et qui a huit pouces et demi de longueur. J'ignore où elle a été trouvée.

Strombe cornu : *Strombus cornutus*, Def. ; Knorr, *loc. cit.*, pl. 45, fig. 1 et 2. Cette espèce paroît avoir quelques rapports avec le S. couronné, dont elle n'est peut-être qu'une variété ; mais elle est très-remarquable par une grosse corne retroussée, qui a plus d'un pouce et demi de longueur, et qui se trouve à la partie supérieure du dernier tour près du bord droit. Le dos de la coquille est aussi chargé de quelques gros tubercules. Longueur, cinq pouces. J'ignore où cette espèce a été trouvée. (D. F.)

STROMBITES. (*Foss.*) C'est le nom qu'on a donné quelquefois aux strombes fossiles. (D. F.)

STROMBOLO. (*Ichthyol.*) Un des noms italiens du maquereau bâtard , *caranx trachurus*. Voyez l'article CARANX. (H. C.)

STROMBOMA. (*Bot.*) Draparnaud caractérisoit ainsi ce genre de la famille des champignons : Réceptacles d'une consistance membraneuse , lacuneux , accompagnés de tubercules stipités, simples ou articulés. Il y ramenoit l'*ascophora disciflora*, Tode, ou *puccinia bulbosa*, Rohl. , devenu le type du genre *Aregma*. Fries, ou *Phragmidium* de Link, de Smith et Kunze. Draparnaud y ramenoit encore l'*ascophora limbiflora* de Tode et une grande partie des *puccinia* de Persoon ; son stromboma brun, qui attaque les végétaux et qui est une rouille brune, est une espèce d'*æcidium*. Ce genre, dont les caractères ne sont pas assez précisés, ne sauroit être adopté. (LEM.)

STROMBOSIA. (*Bot.*) Genre de plantes dicotylédones, à fleurs complètes, polypétalées, régulières , de la famille des *rhamnées*, de la *pentandrie monogynie* de Linnæus, offrant pour caractère essentiel : Un calice plan, entier, à peine crénelé ; cinq pétales connivens, velus à leur orifice ; cinq étamines courtes ; un ovaire supérieur, enfoncé dans un disque, à cinq loges monospermes ou à trois loges dispermes ; le style court ; le stigmate un peu obtus et denticulé ; un drupe en baie, un peu pédicellé, souvent réduit à une seule semence par avortement.

STROMBOSIA DE JAVA : *Strombosia javanica* , Blume, *Flor. jav.* Grand arbre de l'île de Java. Ses feuilles sont alternes, oblongues, acuminées, très-entières, luisantes, glabres à leurs deux faces. Les fleurs sont vertes, peu nombreuses, réunies en fascicules axillaires. Leur calice est fort petit ; la corolle composée de cinq pétales connivens en forme de cloche, velus à l'orifice ; les étamines courtes, au nombre de cinq ; opposées aux pétales, insérées sur eux ; les anthères à deux loges ; l'ovaire entouré d'un disque, à cinq loges, qui avortent en partie dans le fruit turbiné, médiocrement pédicellé. Cette plante croit dans les forêts montueuses de l'île de Java. (POIR.)

STROME. (*Bot.*) Nom donné par M. Persoon à la partie qui, dans les plantes cryptogames , porte ou renferme les organes reproducteurs. Ce nom s'applique particulièrement à la thalle épaisse et subéreuse des hypoxylées sur lesquelles naissent les sphérules et les lirelles. (MASS.)

STROMFINCK. (*Ornith.*) Ce nom, qui se trouve dans Clusius, Nieremberg et Willughby, s'applique au pétrel-tempête, *procellaria pelagica* , Linn. (Ch. D.)

STROMIA. (*Bot.*) Ce genre de Vahl est le même que le *Cudaba* de Forskal, dans la famille des capparidées. (J.)

STROMING. (*Ichthyol.*) Un des noms suédois du *hareng*. Voyez Clupée. (H. C.)

STROMITE. (*Min.*) C'est le nom par lequel M. Hope a proposé de désigner un mélange ou peut-être une combinaison de baryte sulfatée et de Strontiane carbonatée. Voyez ce dernier mot. (B.)

STROMLING. (*Ichthyol.*) Un des noms danois du *hareng*. Voyez Clupée. (H. C.)

STRONGLE, *Strongylus*. (*Entomoz.*) Genre de vers intestinaux, de la famille des ascaridiens, établi par Muller et adopté depuis par tous les zoologistes sous cette dénomination, quoiqu'elle soit adjective et ne signifie rien autre chose que rond, comme l'indique le nom de vers strongles, que les anciens médecins françois donnoient aux ascarides lombricoïdes. Avant Muller, les animaux qui constituent le genre Strongle, étoient rangés parmi les ascarides, dont ils diffèrent essentiellement par la forme de la bouche et par celle de l'appareil de la génération dans les mâles. La caractéristique de ce genre peut donc être exprimée ainsi : Corps alongé, atténué presque également aux deux extrémités, assez obtuses ; bouche orbiculaire ou anguleuse, souvent garnie de papilles ou de plis radiaires ordinairement au-dessus de trois ; une bourse d'où sort l'appendice de la génération à l'extrémité de la queue du mâle. C'est véritablement le dernier caractère qui distingue le plus certainement ce genre de vers intestinaux des ascarides, malheureusement il n'est pas toujours très-facile à apercevoir, puisque l'individu qu'on a sous les yeux n'est pas toujours nécessairement un mâle. Quant à la bouche, elle est quelquefois garnie de trois nodosités seulement, comme dans les véritables ascarides. L'issue postérieure du canal intestinal, ou l'anus, est à peu près terminale, comme dans les ascarides. L'ouverture du vagin dans la femelle est ordinairement bien plus reculée que dans ceux-ci. Quant à l'organisation intérieure, les différences ne paroissent pas être considérables. L'enveloppe extérieure, plus ou moins rigide, est soutenue par des fibres musculaires, transverses, en anneaux peu marqués et par des fibres longitudinales, partant des plis radiés de la bouche et se prolongeant dans toute l'étendue du corps. Je me suis assuré d'une manière positive sur un strongle géant, trouvé dans le rein d'une marte et à peine mort quand je l'ai examiné, que les bandes latérales offrent une série de petits tubercules, percés à leur sommet, au nombre de quinze à seize par pouce. La bouche, tout-à-fait terminale et ronde, est entourée d'un nombre variable de petits tubercules ou plis qui lui donnent une figure un peu rayonnée. Le canal intestinal qui y aboutit, est à peu près libre dans la cavité viscérale, et étendu d'une extrémité du corps à l'autre, sans aucune circonvolution, ni même sans renflement bien sensible, autre que celui qu'indique la forme du corps. L'appareil de la génération dans la femelle consiste, comme dans les ascarides, en deux ovaires filiformes, fort longs, enveloppant l'intestin par leurs circonvolutions et se réunissant en un canal commun, d'un diamètre assez considérable, et qui, ordinairement, se termine extérieurement au-delà de la moitié de la face abdominale. L'appareil mâle est formé intérieurement par un testicule semblable à un long vaisseau filiforme, qui s'applique de toutes parts sur le canal intestinal, à commencer à peu de distance de la bouche, et qui, parvenu à l'extrémité postérieure, s'en sépare, devient droit et finit en s'insérant probablement dans l'appendice excitateur. Celui-ci, sous forme d'un filet fort grêle, est à la base d'une sorte de bourse ou poche, en général assez petite, proportionnellement avec la grosseur de l'animal, et dont la nature est probablement musculaire, ce que je ne voudrois cependant pas assurer.

Les strongles, dont les mœurs et les habitudes paroissent être fort semblables à celles des ascarides, chez lesquels elles ont été beaucoup mieux étudiées, n'ont encore été rencontrés que dans les cavités muqueuses ou en communication avec elles, probablement alors par accident. Leurs mouvemens sont assez vifs. Ils se nourrissent des fluides qui se trouvent dans la cavité qu'ils habitent et que leur présence augmente sans doute d'une manière remarquable. On conçoit difficilement comment leur reproduction a lieu, du moins pour l'espèce qui se trouve solitaire dans les reins des mammifères; mais on sait que les œufs des femelles sont gros et ovales. Les femelles se distinguent des mâles par la grosseur un peu plus considérable, et parce que la queue est plus aiguë et ordinairement recourbée.

On a trouvé jusqu'ici des strongles dans les trois premières classes des animaux vertébrés seulement, et plus souvent encore dans celle des mammifères que dans les autres; en effet, des trente-quatre espèces décrites ou mentionnées par M. Rudolphi dans son *Systema entozoorum*, il y en a vingt-quatre provenant de mammifères, la plupart de ruminans, neuf d'oiseaux, dont le plus grand nombre sont douteuses, et une seule de reptiles et d'amphibiens.

De ces trente-quatre espèces vingt-cinq proviennent du canal intestinal; six des cavités pulmonaires; trois de la vessie et des reins.

Lorsqu'il aura été possible d'étudier les espèces de strongles d'une manière un peu satisfaisante, on trouvera sans doute à y établir plusieurs bons genres; mais, malheureusement, nous sommes encore loin d'en être arrivés là, en sorte que nous admettrons momentanément les divisions proposées par M. Rudolphi.

A. *Espèces à bouche aiguillonnée, ou mieux, entourée de parties solides.* (G. Sclérostoma, Rudolphi.)

Le Strongle armé: *S. armatus*, Rudolphi, *Syst. entoz.*, vol. 2, part. 1, page 204; *Strongylus equinus*, Linn., Gmel., p. 3043, n.° 1; Muller, *Zool. Dan.*, vol. 2, tab. 42, fig. 1 — 12, et Bremser, *Icon.*, tab. 3, fig. 10 — 15. Corps peu alongé, rigide, terminé antérieurement par un renflement céphalique, globuleux et tronqué; bouche armée de six écailles radiaires et denticulées à leur bord; orifice de l'oviducte presque aux deux tiers de la longueur du corps; queue de la femelle assez obtuse; bourse du mâle trilobée.

Cette espèce, qui n'atteint guère au-delà de deux pouces de long, est extrêmement commune dans les gros intestins et surtout dans le cœcum du cheval, du mulet et même de l'âne. On l'a quelquefois trouvé dans les canaux pancréatiques, plus rarement dans le duodénum , et même très-rarement, il est vrai, dans l'estomac. M. Rudolphi dit même en avoir trouvé de petits dans des tumeurs anévrismatiques des artères mésentériques.

La femelle est plus petite que le mâle. Les œufs sont globuleux, obscurs au milieu. Les jeunes strongles du cheval, de trois à cinq lignes de long, offrent cela de remarquable que la queue est enflée dans les deux sexes, mais plus obtuse cependant dans le mâle , qui n'offre pas, d'ailleurs, l'appendice de la génération ; et que dans la femelle, au contraire, les ovaires sont déjà pleins d'ovules.

Le Strongle denté; *S. dentatus*, Rudolphi, *loc. cit.*, p. 209; Wied., *Archiv.*, 3, 2, page 12. Corps atténué aux deux extrémités, ailé ; tête obtuse, armée de dents antérieures, recourbées; queue de la femelle subulée ; bourse du mâle trilobée.

Cette espèce, qui paroît avoir quelques rapports avec la précédente, mais qui est beaucoup plus petite, puisqu'elle a à peine six à sept lignes de long sur un tiers de ligne au plus de diamètre, vit fixée entre les papilles intestinales du gros intestin et quelquefois de l'intestin grêle du cochon domestique et du sanglier.

B. *Espèces dont la bouche est garnie de papilles radiaires.*

Le S. géant : *S. gigas*, Rudolphi, *Entoz.*, tab. 2 , fig. 1 — 4; *Ascaris visceralis*, Linn., Gmel., p. 3031 , n.° 7 ; Dioctophyme du chien, Collet-Meygret, Journ. de phys., t. 55, p. 458—464. fig. 1 — 4. Corps alongé, peu rigide, atténué presque également aux deux extrémités, garni de chaque côté d'une série de tubercules percés; tête non distincte, obtuse; bouche armée de six papilles subbifides et radiaires; queue de la femelle arrondie; bourse du mâle tronquée et entière.

Cette grande espèce de ver, qui a quelquefois trois pieds de long sur un diamètre de près de six lignes, dont la couleur paroît varier beaucoup, et dépendre de celle de la matière qui remplit son canal intestinal, existe le plus souvent dans les reins des animaux mammifères carnassiers, comme

53.

dans le chien, le loup, le lion, la marte, le glouton, le phoque et même dans l'espèce humaine ; mais on l'a quelquefois
rencontré dans le cheval et dans le taureau. Il paroît qu'il a
aussi été trouvé, mais beaucoup plus rarement, dans d'autres, viscères et très-rarement dans le canal intestinal. Je
pense, cependant, que sa véritable place est dans la vessie,
et que ce n'est que par accident qu'il remonte par les
uretères jusque dans le rein, où, à l'abri de toute circonstance défavorable, il peut parvenir à tout son développe-
pement. Sa présence détermine peu à peu la compression et
l'effacement des lobules constituant cet organe, qui à la fin
est réduit à n'être plus qu'une espèce de kyste à parois fort
minces, dans lequel le ver, ordinairement d'un rouge de
sang, est pelotonné. J'en ai observé un qui occupoit ainsi le
rein d'une marte, monstrueux par sa grandeur apparente.

Une des causes pour lesquelles il me semble que ce ver
n'a pas été cité plus souvent comme existant dans les cavités
muqueuses, siége de tous les ascaridiens, c'est qu'on l'a confondu long-temps avec l'ascaride lombricoïde, auquel en
effet il ressemble beaucoup, quand on n'y regarde pas de
près.

Le Strongle papilleux : *S. papillosus*, Zeder ; Rudolphi, *l. c.*,
tab. 3, fig. 11 et 12. Corps crénelé sur les côtés, d'un pouce
de long environ ; bouche orbiculaire très-ample, entourée
de six papilles coniques, obtuses, très-mobiles et tentaculiformes ; queue de la femelle obtuse ; bourse du mâle entière et oblique.

Dans l'œsophage du *corvus caryocatactes* et du *colymbus septentrionalis*, peut-être même du canard et du harle ; dans
l'estomac du petit castagneux.

Le S. contourné : *S. contortus*, Rudolphi ; *S. ovinus*, Linn.,
Gmel., page 3044, n.° 2 ; Fabricius, *Dansk. Selsk. Skrist.*,
3, 2, page 5 — 12, tab. 1, fig. 1 et 2. Corps un peu plus
atténué en avant qu'en arrière, un peu flexueux ; bouche
pourvue de trois tubercules ; queue de la femelle aiguë et
recourbée ; bourse du mâle comprimée et quadrilobée.

Cette espèce, filiforme, d'un pouce et demi de long, se
trouve abondamment dans les intestins et dans la caillette
des brebis.

Le Strongle filicolle : *S. filicollis*, Rud.; Wied., *Archiv.*, 2, 2, page 53, tab. 1, fig. 1, *a, c.* Corps assez épais, de quatre à dix lignes de long, rétréci en un très-long col capillaire en avant, et terminé par une tête ailée et à trois tubercules peu marqués; queue de la femelle assez obtuse ; bourse du mâle entière.

Des intestins grêles des moutons.

Le S. a tube : *S. tubifex*, Nitzsch.; Bremser, *Icon.*, tab. 3, fig. 16 — 25. Corps d'un pouce à quinze lignes de long, atténué aux extrémités , fortement renflé au milieu , ailé sur les côtés ; bouche à six nodules ; queue de la femelle assez obtuse ; bourse du mâle arrondie , indivise, avec un pénis filiforme très-long.

De l'intérieur de l'œsophage du plongeon arctique, *colymbus arcticus*, dans les parois duquel il se loge.

C. *Bouche sans nodosités.*

Le S. filaire : *S. filaria*, Rudolphi, *loc. cit.*, page 219, n.° 7 ; Bremser, *Icon.*, tab. 3, fig. 26 — 31. Corps d'un diamètre à peu près égal partout ; tête obtuse ; queue de la femelle aiguë ; bourse du mâle entière, oblique, comprimée et quelquefois prolongée en pointe.

Cette espèce, qui n'a pas plus de trois à six lignes de long, et qui a été trouvée dans la trachée-artère des moutons, pourroit bien ne pas différer de la filicolle.

Le S. radié; *S. radiatus, id., ibid.*, n.° 8. Corps un peu plus atténué en avant qu'en arrière, de trois à cinq lignes de long; tête obtuse ; queue de la femelle subulée ; bourse du mâle divisée en deux lobes arrondis et inégaux.

Dans les intestins gros et grêles des bœufs.

Le S. vénuleux ; *S. venulosus, id., ibid.*, n.° 9. Corps plus atténué en avant qu'en arrière; tête obtuse ; queue de la femelle peu pointue ; bourse du mâle subbilobée et tronquée.

Dans les intestins gros et grêles d'un bouc.

Le S. ventru ; *S. ventricosus, id., ibid.*, n.° 10. Corps de cinq à six lignes de long, linéaire presque jusqu'à la moitié de sa longueur, s'épaississant ensuite jusqu'à la bourse, qui est obtuse ; tête atténuée et ailée ; queue de la femelle subulée.

De la partie antérieure de l'intestin grêle d'un cerf.

Le Strongle auriculaire : *S. auricularis*, Zeder, *Nachtrag*, p. 77 — 81, tab. 5, fig. 7 — 10 ; *Ascaris bufonis*, Linn., Gmel., page 3035, n.° 52, et *A. intestinalis*, page 3035, n.° 57. Corps de cinq à six lignes de long, s'accroissant subitement et s'amincissant surtout en arrière ; tête obtuse, ailée ; queue de la femelle subulée ; bourse du mâle bilobée.

Du gros intestin de la grenouille temporaire et du crapaud, de la partie antérieure du canal alimentaire de l'orvet commun et peut-être même du lézard agile.

Le S. strié ; *S. striatus*, Zeder, *ibid.*, page 83 — 85. Corps de deux à six lignes de long, plus étroit en arrière, denticulé sur ses bords, strié fortement en travers et antérieurement. Queue de la femelle aiguë ; bourse du mâle hémisphérique.

Dans les poumons du hérisson d'Europe.

Le S. infléchi : *S. inflexus*, Rudolphi, *loc. cit.*, n.° 13 ; Klein, *Miss. pisc.*, 1, page 27, tab. 5, fig. 5. Corps grêle, d'un pouce et demi à un demi-pouce de long, atténué en arrière ; tête obtuse ; queue de la femelle onguiculée ; bourse du mâle infléchie.

Cette espèce, qui vient des bronches et de la cavité du tympan du marsouin de nos mers, a beaucoup de ressemblance avec les filaires.

Le S. rétortiforme : *S. rætortiformis*, Zeder, *ibid.*, p. 75 ; Bremser, *Icon.*, tab. 4, fig. 5 — 9. Corps capillaire, d'une à cinq lignes de long, atténué en avant, se renflant peu à peu et se courbant en arrière ; tête obtuse, ailée de chaque côté ; bouche orbiculaire, queue de la femelle subulée ; bourse du mâle bilobée.

Très-commun dans l'intestin grêle du lièvre et du lapin. M. Bremser en a figuré deux individus, trouvés dans l'acte de l'accouplement.

Le S. nodulaire ; *S. nodularis*, Rudolphi, *ibid.*, n.° 15. Corps de cinq à six lignes de long, atténué aux deux extrémités ; tête tronquée, globuleuse, séparée par un col plus étroit, ailée par une vésicule mince, formant une sorte de nœud ; queue de la femelle subulée ; bourse du mâle oblique et bilobée.

Dans toutes les parties du canal intestinal de l'oie.

Le Strongle trigonocéphale; *S. trigonocephalus*, Rudolphi, *l. c.*, tab. 2, fig. 5 et 6. Corps de six à douze lignes de long, atténué aux deux extrémités ; bouche orbiculaire avec la lèvre supérieure triangulaire ; queue de la femelle un peu obtuse ; bourse du mâle bilobée.

Dans l'estomac du chien, où il se trouve communément et en grande abondance.

Le S. tétragonocéphale : *S. tetragonocephalus*, Rudolphi, *loc. cit.*, page 252, n.° 17 ; *Strongylus vulpis*, Zeder ; *Uncinaria vulpis*, Frœlich, *Naturf.*, 24, page 137 — 139, tab. 4, fig. 18 et 19. Corps droit, un peu atténué aux deux extrémités ; tête tronquée, avec une lèvre tétragonale ; queue de la femelle aiguë et infléchie ; bourse du mâle bilobée et radiée.

Des intestins gros et grêles du renard.

Le S. criniforme : *S. criniformis*, Zeder ; *Uncin. melis*, Linn., Gmel., page 3041, n.° 1 ; *Ascaris criniformis*, Goëze, *Naturgesch.*, page 106, tab. 5, fig. 1 — 4. Corps de deux à quatre lignes de long, plus atténué en arrière qu'en avant dans la femelle, au contraire de ce qui a lieu dans le mâle ; tête obtuse ; lèvre tétragone ; queue de la femelle un peu obtuse ; bourse subglobuleuse, divisée en deux lobes inégaux.

Dans le gros intestin du blaireau.

Le S. trompette ; *S. tubæformis*, Zeder, *Naturgesch.*, p. 91, tab. 2, fig. 4 et 5. Corps atténué aux deux extrémités, s'épaississant vers la bourse ; tête tronquée ; lèvre de la bouche ample et tétragone ; queue de la femelle aiguë ; bourse du mâle oblongue, tronquée en forme de trompette.

Dans le duodénum du chien domestique.

Le S. hypostome : *S. hypostomus*, Rudolphi, *Synopsis*, 33, 9 ; Bremser, *Icon.*, tab. 4, fig. 1 — 4. Corps d'un pouce de long environ, subcylindrique ; tête renflée, avec la bouche inférieure ; queue de la femelle terminée brusquement par une pointe très-courte ; bourse du mâle courte et indivise.

Dans le cæcum du chamois.

Outre ces espèces, qui sont pour la plupart à peu près certaines, quoique plusieurs nous paroissent réellement assez peu distinctes, M. Rudolphi en cite encore seize espèces, qu'il regarde comme douteuses et qu'il désigne en général par le nom de l'animal dans lequel elles ont été trouvées. On n'est pas même sûr que ce soient des strongles ; le mâle n'ayant pas été observé.

Le Strongle horrible ; *S. horridus*, Rudolphi, *loc. cit.*, tab. 5, fig. 8 — 10. Corps de trois lignes de long, extrêmement fin, atténué en arrière ; tête polymorphe, obtuse ; col armé d'une série quadruple d'aiguillons ; queue de la femelle aiguë.

Dans l'œsophage du *scolopax gallinula*.

Est-ce bien un strongle ?

Le S. crénelé ; *S. crenulatus*, Rudolphi, page 238, n.° 21. Corps d'un pouce de long, très-fin, blanc, égal, très-finement crénelé ; tête à peine noduleuse ; queue obtuse.

Dans l'estomac du *colymbus septentrionalis*.

Le S. douteux ; *S. ambiguus*, Zeder. Corps de trois lignes de long, extrêmement fin ; tête obtuse, à peine noduleuse ; queue obtuse, réfléchie.

Dans l'œsophage de la *sterna hirundo*.

Le S. du vanneau ; *S. vanelli*, Schrank. Corps un peu déprimé, strié en travers à l'extrémité antérieure ; bouche variable, semblable à une bourse contractée ; queue obtuse.

Des intestins du vanneau.

Le S. des harles : *S. mergorum*, Rudolphi ; Redi, Anim. viv., tab. 21, fig. 10. Corps très-renflé au milieu et très-atténué vers la tête et la queue.

De l'œsophage de deux espèces de harles.

Le S. du canard ; *S. anatis*, Rudolphi. Corps fortement contourné, ailé directement ; tête subpapilleuse, plus grêle que le corps et paroissant en sortir comme d'une gaîne ; queue très-obtuse.

De l'œsophage d'un canard domestique.

Le S. de l'outarde ; *S. tardæ*, id., ibid. Corps d'un pouce et demi de long, terminé par une pointe courte en arrière ; tête discrète ; bouche ample, orbiculaire.

Dans une outarde.

Le S. du loup ; *S. lupi*, id., ibid. Dans des tubercules de l'estomac de trois loups.

Le S. de l'ours ; *S. ursi*, id., ibid., d'après Redi ; *Tænia ursi*, Linn., Gmel., page 3060, n.° 11. Dans des vésicules situées entre les rénules de l'ours.

Le Strongle du lion ; *S. leonis*, *id.*, *ibid.*, d'après Redi, Anim. viv., p. 136 et p. 203. Dans des tubercules de l'œsophage d'un lion.

Le S. du tigre ; *S. tigris*, *id.*, *ibid.*, d'après Duhalde. Dans la gorge et l'estomac d'un tigre.

Le S. de la fouine : *S. foinæ*, *id.*, *ibid.* ; *Tænia gulonis*, Linn., Gmel., page 3060, n.° 12. Dans des sacs adhérens aux bronches d'une fouine.

Le S. du hérisson ; *S. hystricis*, *id.*, *ibid.*, d'après Redi, p. 136 et p. 203. Dans des tubercules œsophagiens d'un hérisson.

Le S. du chevreuil ; *S. capreoli*, *id.*, *ibid.*, d'après Zeder, *Nachtrag*, pag. 70, et Redi, Anim. viv., p. 136 et p. 202. Vers très-fins, pelotonnés dans des kystes graisseux, enveloppant le rein gauche du chevreuil.

Le S. des veaux : *S. vitulorum*, *id.*, *ibid.* ; *Ascaris vituli*, Linn., Gmel., page 3032, n.° 22 ; Goëze, *Naturg.*, page 91, tab. 2, fig. 7, copié dans l'Enc. méthod., tab. 30, fig. 24 et 25. Corps d'un à deux pouces de long, atténué aux deux extrémités ; tête à trois nodules ; queue subulée ; vulve à peu de distance de son extrémité.

Cette espèce a été observée communément dans les veaux par Camper.

Le S. du cochon : *S. suis*, *id.*, *ibid.* ; *Ascaris apri*, Linn., Gmel., page 3032, n.° 25 ; Goëze, *Naturg.*, page 92, tab. 2, fig. 6, copié dans l'Enc. méth.. tab. 30, fig. 15 — 18. Corps d'un pouce environ, atténué aux deux extrémités, très-fin, trois nodules à la tête ; queue subciliée.

Dans les bronches du cochon domestique et du sanglier. (De B.)

STRONGYLE . *Strongylus*. (*Entom.*) Ce nom grec Στρογγυλος, qui signifie rond comme un ver, a été employé pour désigner deux genres d'insectes coléoptères, d'abord par Herbst, pour y placer quelques espèces de nitidules et de sphéridies ; puis par M. Schœnherr, pour y ranger quelques petites espèces de coccinelles, insectes coléoptères trimérés dont M. Meigen a fait le genre Cacidule, tandis que Fabricius les avoit laissés parmi les chrysoméles ou les nitidules : telle est l'espéce de ce dernier genre , décrite sous le nom de *litura*. (C. D.)

STRONGYLIUM. (*Bot.*) Ce genre , de la famille des champignons , a été établi par Dittmar, et adopté par Link ainsi que par plusieurs botanistes. On lui avoit donné pour type le *trichoderma fuliginoides* de Persoon, mais cet auteur fait observer que sa plante est différente de celle de Dittmar ; et , par suite, nous ferons remarquer qu'on ne peut la confondre avec le *reticularia lycoperdon*, Bull. Dans le strongylium le péridium ou sporange est membraneux , presque hémisphérique , d'abord comme de la bouillie , puis floconneux et vésiculeux, contenant de nombreux filamens droits , roides, rameux. qui partent du fond et rayonnent; les sporidies sont globuleuses et disposées en petits cylindres. Ehrenberg présume que ces prétendus cylindres de sporidies ne sont que des excrémens du *lathrydium rugosum*, insecte qui se nourrit de ce champignon, et que les sporidies sont libres ou agglomérées naturellement. Fries (*Syst. orb. veget.*) pense que ce genre ne peut être séparé du Reticularia de Bulliard (voyez ce mot), avec lequel il a en effet beaucoup d'affinité. Le *strongylium fuliginoides* , Dittm. , Link , Sturm., *Fung. Germ.*, pl. 38 , est le *lycogala atrum* , Alb. et Schw. : selon C. Sprengel, c'est un champignon qu'on trouve sur le bois de sapin ; il est d'abord pulpeux, blanchâtre, puis membraneux, de couleur de fumée ou de terre d'ombre : il se déchire de bonne heure vers son sommet. (Lem.)

STRONGYLIUM. (*Bot.*) C'est. dans le *Synopsis lichenum* d'Acharius , le nom de la troisième section de son genre *Calicium* , qui comprend les espéces dont les apothéciums ou conceptacles sont stipités, à disque un peu globuleux, renflé assez pour recouvrir les bords. Quatre espéces en faisoient partie ; mais Acharius en a retiré depuis plusieurs pour les placer dans son genre *Coniocybe*, adopté par Fries et Meyer, et qui diffère essentiellement du *Calicium* par les apothéciums sphériques, sans bords ou émarginés, subéreux, sur lesquels les sporidies sont éparses et nues. L'espéce principale, le *coniocybe furfuracea*, Ach., est le *mucor furfuraceus*, Linn. , et le *calicium capitellatum*, Ach. ; on y raméne, comme variété, le *calicium aciculare*, Ach., ou *mucor fulvus*, Linn. (voyez, pour ces deux espèces, l'article Calicium). Toutes ces plantes, comme la plupart des *Calicium*, ont été données autrefois pour des espèces de champignons des genres *Mucor*, *Trichia*, *Stemonitis* et *Sphæronema*. (Lem.)

STRONITE. (*Min.*) M. Hope a désigné par ce nom univoque la strontiane carbonatée: mais on a dû donner la préférence à celui de strontianite, qui avoit été appliqué a ce minéral depuis long-temps. Voyez Strontiane carbonatée. (B.)

STRONTIANE. (*Chim.*) Oxide du métal appelé strontium. Il possède à un degré marqué les propriétés alcalines. Voyez Strontium. (Ch.)

STRONTIANE CARBONATÉE ou la STRONTIANITE (*Min.*) : nommée aussi *Strontite* ou *Stronite*.

Substance pierreuse, transparente ou translucide, blanche ou verdâtre, pesante, soluble avec effervescence dans l'acide nitrique, s'offrant rarement en cristaux nets, et plus ordinairement en masses fibreuses et radiées.

Ses formes cristallines peuvent être dérivées d'un rhomboïde obtus de 99° 55′ (Haüy)[1], dans lequel le rapport des diagonales est celui de 2 à $\sqrt{3}$. Elle est clivable dans des directions parallèles à l'axe de ses cristaux ; la cassure est raboteuse et a un certain luisant de résine.

Elle est facile à casser ; sa dureté est inférieure à celle du fluorite, et supérieure à celle du calcaire spathique : sa pesanteur spécifique est de 5,605.

Elle a en général l'éclat vitreux, avec un certain degré de transparence.

Elle est facilement fusible au chalumeau et communique une teinte rougeâtre à la flamme : elle se dissout avec effervescence dans l'acide nitrique. Si l'on plonge un papier dans

---

[1] Cette détermination n'est encore qu'hypothétique. MM. Phillips, Haidinger, etc., adoptent pour forme fondamentale un prisme droit, rhomboïdal, de 117° 19′. La strontianite seroit alors sensiblement isomorphe avec l'arragonite. On sait que l'on trouve souvent le carbonate de strontiane mélangé chimiquement avec l'arragonite, et que les deux substances se rencontrent ensemble dans le même terrain.

la solution, et qu'après l'avoir laissé sécher, on l'allume, ou le voit brûler en répandant une lueur purpurine.

Composition $= \overset{..}{S}r\overset{..}{C}^2$. Berz.

Strontiane.	Acide carbon.	Eau.	
69,50	30,00	0,50	Klaproth.
61,21	30,20	8,50	Hope.
62,00	30,00	8,00	Pelletier.
74,00	25,00	0,50	Bucholz.

Variétés de formes.

Les formes simples de strontianite se réduisent à un petit nombre. Ce sont toujours des prismes hexaèdres, plus ou moins modifiés sur les arêtes des bases. Haüy en compte trois.

La *Strontianite prismatique*[1]. En prisme hexaèdre régulier, sans modifications. Se trouve à Strontian en Écosse.

La *Strontianite annulaire*. Un anneau de facettes à l'entour des bases. A Leogang, près Salzbourg.

La *Strontianite bisannulaire*[2]. Les arêtes des bases remplacées par deux rangées de facettes situées l'une au-dessus de l'autre. A Leogang.

Suivant MM. Phillips et Haidinger, qui rapportent les cristaux de strontianite au système prismatique, cette substance présenteroit des groupemens tout-à-fait semblables à ceux que l'on remarque dans le calcaire arragonite; et entre autres un prisme à six pans, ayant quatre angles de 117° 19′ et deux de 128° 22′.

Les variétés de couleurs de la strontianite se bornent aux suivantes : le blanc, le verdâtre, le brun-jaunâtre pâle, le jaune et le gris.

---

1 Suivant les minéralogistes précédemment cités, le prisme ne seroit pas régulier, mais seroit un prisme rhomboïdal tronqué sur les arêtes aiguës.

2 Prisme rhomboïdal, modifié par deux facettes sur les arêtes de la base, et par une seule facette différemment inclinée sur l'angle aigu. (Phillips et Haiding.)

Indépendamment des cristaux simples ou groupés, qui sont toujours fort petits, on observe encore cette substance sous la forme d'aiguilles entrelacées et très-brillantes (à Braunsdorf en Saxe), et en masses cristallines, composées d'aiguilles ou de fibres tantôt radiées et tantôt réunies suivant leur longueur, très-serrées et présentant une surface comme striée.

La strontianite n'a encore été observée que dans les filons métallifères des terrains primordiaux. A Strontian, dans l'Argyleshire, en Écosse, où elle a été découverte pour la première fois : elle est dans un filon de galène qui traverse des couches de gneiss, associée à la barytine et au calcaire spathique. — A Braunsdorf en Saxe : en cristaux blanc-jaunâtres, ayant un éclat presque perlé, dans des druses calcaires, avec cuivre et fer pyriteux. — A Leogang, près de Salzbourg : en cristaux d'un assez beau volume, avec des cristaux semblables d'arragonite. On la cite encore au Pérou, à Pisope, dans les environs de Popayan.

La substance désignée sous le nom de *stromnite*, et qui a été trouvée à Orkney, n'est qu'un mélange de carbonate de strontiane avec du sulfate de baryte. Elle est composée de : carbonate de strontiane, 68,60 ; sulfate de baryte, 27,50 ; carbonate de chaux, 2,60. (Delafosse.)

STRONTIANE SULFATÉE, ou la CÉLESTINE[1]. (*Min.*) C'est une substance pierreuse blanche ou bleuâtre, transparente ou translucide, remarquable par sa pesanteur.

La célestine a une structure laminaire, dont les joints conduisent à un prisme droit à bases rhombes de $104°$ 48' et $75°$ 12' (Haüy) ; le rapport du côté B de la base, à la hauteur G, est à peu près celui de 114 à 113, en sorte que les pans sont sensiblement des carrés[2]. Le clivage est plus facile dans le sens de la base que dans le sens parallèle aux faces latérales. La cassure est raboteuse et imparfaitement conchoïde.

Elle est facile à casser ; sa dureté est inférieure à celle du fluorite, et un peu supérieure à celle du calcaire spathique ; sa pesanteur spécifique est de 3,86.

---

1 *Zölestin*, Werner. — *Schuzit*, Reuss. — *Prismatoidischer Halbbaryte*, Mohs.

2 L'angle obtus du prisme est de $103°$ 58', suivant Haidinger.

Elle a un éclat vitreux, tirant sur celui de la résine et quelquefois sur l'éclat perlé, au moins dans le sens du clivage le plus net.

Elle décrépite au feu ; elle est facilement fusible sur le charbon. Calcinée et placée sur la langue, elle y excite une saveur caustique ; mise dans l'acide muriatique, elle s'y dissout et y forme un sel qui colore en rouge la flamme de l'alcool.

Composition. = $\ddot{S}r\ddot{S}^2$. Berz.

	Acide sulfurique.	Strontiane.	
De Sicile	46	54	Vauquelin.
De Pensylvanie	42	58	Klaproth.
De Hanovre........	43	57	Stromeyer.

Selon M. Stromeyer, les variétés d'un bleu céleste contiennent une petite quantité de matière bitumineuse ; et d'après M. Brandes, la variété radiée du Tyrol renferme un peu de strontiane carbonatée.

Variétés de formes.

La célestine, considérée sous le rapport de ses formes cristallines, présente la plus grande analogie avec la barytine ou la baryte sulfatée ; le nombre des variétés est seulement moins considérable. Haüy en a décrit onze, qui proviennent de six modifications différentes, combinées, soit entre elles, soit avec les faces primitives. Nous citerons les plus importantes :

1. La *Célestine unitaire.* M$\acute{\text{E}}$. La modification sur les angles E a atteint sa limite et a fait disparoître les bases. Le cristal se présente sous l'aspect d'un octaèdre rectangulaire alongé et devenu cunéiforme, ou comme un prisme rhomboïdal, terminé par des sommets dièdres, dont les pans sont donnés par la modification $\acute{\text{E}}$, et les faces terminales beaucoup plus petites par les pans primitifs M. A la Catholica, en Sicile. — A Newhaven, en Connecticut.

2. La *Célestine bisunitaire.* 'H'$\acute{\text{E}}$P. En cristaux tabulaires

très-aplatis, de forme hexagonale, et composant par leur réunion des masses lamelleuses ; le *blättriger Celestin* de Karsten.

3. La *Célestine dodécaèdre*. MÉÅ. En prismes rhomboïdaux, terminés par des pointemens à quatre faces, et semblables à la variété de barytine qui porte le même nom. En Sicile, dans le val de Noto et dans celui de Mazzara, etc.

4. La *Célestine apotome*. Le même prisme rhomboïdal, terminé par des pyramides quadrangulaires très-aiguës, dont les faces remplacent les arêtes des bases. A Bougival, à Arcueil et à Montmartre, près Paris.

La *Célestine dioxynite*. C'est la variété précédente, augmentée de deux facettes vers chaque sommet. A Meudon, près Paris, dans la craie et dans l'intérieur des silex.

Les cristaux de célestine sont ordinairement groupés entre eux par leurs extrémités ; et lorsqu'ils sont aplatis, ils composent des masses flabelliformes ou dentelées, tout-à-fait semblables à celles de la variété de barytine à laquelle on donne le nom de *crétée*.

Variétés de texture.

1. La *Célestine laminaire*. En masses lamelleuses, limpides, blanches, bleuâtres ou rougeâtres, provenant souvent de l'accumulation de cristaux plats de la variété bisunitaire. Elle est très-répandue dans les terrains de sédiment inférieurs et moyens, et dans les terrains trappéens. On la connoît à Arau en Suisse, où elle est disséminée en grandes lames bleuâtres dans un calcaire marneux ; à Vic, département de la Meurthe, dans le calcaire compacte : variété rougeâtre : au Seisser-Alpe, dans le Tyrol ; à Aust-Passage, près de Bristol, en Devonshire, et dans les îles du canal de Bristol ; à Knaresborough en Yorkshire, et à Inverness en Écosse : dans ces localités elle est rougeâtre et disséminée sous forme de nodules au milieu de la formation de grès rouge ; dans le calcaire compacte sublamellaire du Jura, avec ammonites ; dans l'Amérique du Nord, a Srowtien, sur le lac Érié ; dans les roches trappéennes du Vicentin, à Monteviale, avec coquilles fossiles ; à Montecchio maggiore, avec analcime.

2. La *Célestine fibreuse*. En fibres déliées, réunies suivant

leur longueur, ordinairement droites, rarement contournées, et formant des couches d'un demi-pouce à un pouce d'épaisseur environ : la direction des fibres est perpendiculaire à celle de la couche. La couleur de cette variété varie du blanc au grisâtre et au bleuâtre. On l'a d'abord trouvée à Frankstown en Pensylvanie, dans une marne feuilletée brunâtre; puis à Carlisle, dans l'état de New-York; à Dornburg, près Iéna; à Bristol en Angleterre; en France, à Beuvron, près de Toul, dans le département de la Meurthe, et à Vézenobres, dans le département du Gard. On trouve aussi la même variété sous la forme de lentilles très-aplaties, à Monte-Viale, dans le Vicentin.

3. La *Célestine aciculaire.* En aiguilles tapissant les parois des cavités de la célestine compacte, à Montmartre, près Paris; ou implantées dans les masses de barytine des collines de Montferrat.

Variétés de mélanges.

1. La *Célestine barytifère.* En masses radiées ou fibreuses, bleuâtres ou jaunâtres, formant une couche de plusieurs pieds d'épaisseur dans la formation du calcaire coquillier, à Süntel, près de Münder, dans le Hanovre; et à Derhshelf, près de Karlshütte. On la trouve aussi dans la vallée de Fassa en Tyrol. D'après les analyses de MM. Stromeyer et Brandes, cette variété contient deux à trois centièmes de sulfate de baryte.

2. La *Célestine calcarifère.* Compacte ou terreuse; en masses tuberculeuses, ellipsoïdes ou ovoïdes, à cassure terne et écailleuse, rarement grenue, dont la couleur varie du blanc grisâtre au blanc jaunâtre. Quelquefois en masses lenticulaires, pseudomorphiques, dont la forme est empruntée aux lentilles de gypse du même terrain. Certains rognons de célestine compacte ont éprouvé un retrait qui les a divisés intérieurement, comme les ludus, en portions prismatiques, sur les parois desquelles sont implantés des cristaux aciculaires de la même substance. On connoît la célestine compacte à Montmartre, près Paris, dans les marnes marbrées, jaunâtres et vertes, qui appartiennent à la formation gypseuse; à Dresde en Saxe, et à Laubenheim, près de Mayence.

Gisement et localités. Le sulfate de strontiane ou la célestine, qui a tant d'analogie avec le sulfate de baryte par ses caractères extérieurs, en diffère à plusieurs égards par sa manière d'être géologique. Sa formation est en général plus récente , et il ne commence guères à se montrer dans la série des terrains que vers les points où finit la barytine. Mais à partir de là on le rencontre aux divers étages du sol de sédiment jusqu'aux formations les plus supérieures.

Dans les terrains de sédiment inférieurs et moyens. On connoît la célestine en cristaux gris dans la karsténite ou pierre de Vulpino ; en nodules dans un psammite aux environs de Bristol en Angleterre, et à Inverness en Écosse. Mais son gîte principal est dans les formations gypseuses des terrains de sédiment moyens , où elle s'associe fréquemment au soufre et au gypse sélénite. La célestine cristallisée a été découverte pour la première fois par Dolomieu, en Sicile, dans les mines de soufre du val di Noto et du val Mazzara, et dans celle de la Catholica, près Girgenti. C'est de ces localités que proviennent les plus beaux groupes de cristaux de nos collections. On a retrouvé depuis la célestine cristallisée à Conilla, près Cadix, où elle est implantée en cristaux d'un bleu verdâtre dans la marne qui renferme le soufre. On la connoît encore à Leogang, près de Salzbourg, et aux environs de Greden, dans le cercle de l'Inn , en Tyrol. La variété laminaire a été observée dans une marne calcaire endurcie, aux environs d'Arau en Suisse. La variété fibreuse est en lits dans une marne argileuse feuilletée, à Frankstown en Pensylvanie, et à Carlisle, dans l'état de New-York ; à Dornburg, près d'Iéna ; et en France, à Beuvron , près de Toul, département de la Meurthe.

En 1813, on a découvert la célestine en petits cristaux d'un bleu azuré , appartenant à la variété *dioxynite*, à Meudon, près Paris, dans la craie supérieure et dans les cavités des rognons de silex noir situés au milieu même de la masse crayeuse. On a trouvé aussi des oursins siliceux dont l'intérieur étoit tapissé de ces mêmes cristaux. Suivant les auteurs de la Description géologique des environs de Paris[1] , cette célestine n'est pas essentiellement de la même époque de

---

[1] Voyez *Descript. géolog. des env. de Paris*, nouv. édit., p. 75.

formation que la craie , mais elle peut appartenir à une époque postérieure , contemporaine de celle des argiles plastiques , et avoir pénétré dans le sol crayeux à la manière des minéraux qui remplissent les filons.

Dans les terrains trappéens. La célestine existe à Montecchio maggiore , dans le Vicentin , où elle est disséminée dans une brecciole trappéenne ou péperine grisâtre , avec des coquilles fossiles ; et aussi à Monte-Viale , auprès de Vicence.

Dans les terrains de sédiment supérieurs. La célestine a été observée en petis cristaux appartenant à la variété *apotome* sur des fragmens de lignite, à Auteuil, près Paris [1], et dans l'intérieur de géodes calcaires situées vers la partie supérieure de l'argile plastique. C'est pareillement dans des géodes d'un calcaire compacte blanc - jaunàtre , qui recouvre la craie à Bougival , près de Marly, que MM. Cuvier et Brongniart ont observé pour la première fois cette variété de célestine, en cristaux limpides , ayant plus de deux centimètres de longueur. [2]

La célestine compacte calcarifère se trouve dans les bancs de marnes qui appartiennent à la formation gypseuse des environs de Paris et qui y sont intercalés ou la recouvrent immédiatement. On commence à la rencontrer en rognons épars dans les marnes argileuses marbrées [3] de la première masse de gypse , à Montmartre , et qui servent de pierres à détacher. Ces rognons sont aplatis et percés de canaux tortueux , à peu près perpendiculaires. Les ouvriers leur donnent les noms d'*œufs*, de *miche* ou *pain de quatorze sous.*

On retrouve ensuite la célestine calcarifère terreuse en rognons dans un banc de marne jaunàtre feuilletée, qui recouvre les marnes blanches, et qui renferme de petites coquilles bivalves du genre Cythérée. Dans les marnes vertes situées au-dessus, la célestine se présente de nouveau en rognons qui forment des cordons horizontaux à un pied les uns des autres. On en compte cinq dans la marne verte des escarpemens entre Bagnolet et Montreuil. Il en existe également-

---

1 Voyez *Descript. géolog. des env. de Paris*, nouv. édit., p. 105.

2 *Ibid.*, p. 76.

3 *Ibid.*, p. 44 et suiv.

ment à Ménilmontant. On y observe aussi des géodes argilo-calcaires dont les cavités sont tapissées de petites aiguilles de calcaire et de célestine.

Principaux lieux. Nous citerons parmi les localités les plus remarquables qui ont offert de la célestine :

En France. Le département de la Meurthe : à Vic et à Beuvron, près de Toul. — Le département du Gard, à Vezenobres ; variété fibreuse. — Les environs de Paris : Meudon, Auteuil, Bougival, les collines de Montmartre et de Ménilmontant.

En Angleterre. A Aust-Passage, près de Bristol, dans un psammite ; aux îles du canal de Bristol, et particulièrement à Barry, sur la côte de Glanmorganshire ; à Knaresborough en Yorkshire ; dans le comté d'Inverness en Écosse ; à la colline de Calton, près Édimbourg, et à Bechely, comté de Glocester, dans des roches trappéennes.

En Espagne. A Conilla, près de Cadix.

En Italie. Dans le Vicentin, à Monte-Viale et à Montecchio maggiore, avec analcime, calcaire spathique et mésotype ; dans la Romagne, à Césène. — En Sicile, à la Catholica, près Girgenti ; dans le val de Noto et dans celui de Mazzara, avec soufre.

En Suisse. A Arau, dans une marne calcaire endurcie.

En Allemagne. A Dornburg, près d'Iéna ; à Süntel, dans le Hanovre, et à Karlshütte, sur la route de Göttingue à Hanovre. — Au Seisser-Alpe et dans la vallée de Fassa, en Tyrol. — A Laubenheim, près de Mayence ; variété compacte. — Sur les bords du Mein, avec blende et barytine.

Dans l'Amérique du Nord. A Frankstown, en Pensylvanie ; dans le mont Bald-Eagle ; à Newhaven, dans le Connecticut ; à Carlisle, état de New-York ; à Srowtien, sur le lac Érié. (Delafosse.)

STRONTIUM. (*Chim.*) Corps simple, compris dans la deuxième section des métaux. (Voyez tom. X, pag. 529.) Il est caractérisé par la propriété de produire l'alcali, appelé strontiane, lorsqu'il décompose l'eau.

On obtient ce métal en soumettant la strontiane à l'action de la pile, d'après le procédé décrit à l'article Barium, tome IV, page 18, du Supplément.

Nous ferons remarquer à ce sujet que depuis l'impression de l'article Barium on a reconnu que la baryte, la strontiane, etc., ne sont pas décomposées par l'action seule de la flamme du mélange de 1 volume d'oxigène et de 2 volumes d'hydrogène, ainsi que croyoit l'avoir démontré le docteur Clarke.

Les propriétés du strontium sont analogues à celles du barium.

Sir H. Davy dit qu'il n'a pas beaucoup d'éclat. Il paroît être fixe au feu et peu fusible.

A l'air, il se convertit en sous-carbonate de strontiane.

Il décompose l'eau en dégageant du gaz hydrogène et en passant à l'état de strontiane.

Oxide de strontium ou strontiane.

Composition.

	Berzelius.
Oxigène........	15,45
Strontium	84,55.

Histoire.

On découvrit la strontiane dans un fossile qui est une combinaison de cet alcali et d'acide carbonique.

Ce fossile ayant été trouvé à Strontian, dans l'Argyleshire, le nom de strontiane fut donné à l'alcali qu'on en retira.

Crawford, en 1790, soupçonna, le premier, l'existence d'un corps nouveau dans le fossile de Strontian. Hope, en 1792, caractérisa parfaitement cette nouvelle substance, et l'appela *strontite*. Klaproth, en 1793, et Kirwan, dans la même année, obtinrent chacun de leur côté les mêmes résultats.

En 1797, Pelletier, MM. Fourcroy et Vauquelin, étudièrent avec beaucoup de soin les propriétés de cet alcali, et enfin, en 1808, il fut réduit au moyen de l'électricité voltaïque par sir H. Davy.

Préparation.

On obtient la strontiane en décomposant le nitrate de

cette base par l'action de la chaleur. Il faut suivre le procédé que nous avons donné pour préparer la baryte. (Voyez
tome IV, page 19 du Supplément.)

Propriétés.

Elle est en masse grisàtre, quelquefois d'un blanc verdàtre quand elle contient du fer. Elle a une saveur àcre.
Suivant Hassenfratz, sa pesanteur spécifique est de 1,647.

Elle est infusible, et n'est point phosphorescente par la
chaleur.

Elle produit avec l'eau les mêmes phénomènes que la baryte. Elle exige 162 p. d'eau pour se dissoudre à la température de 15^d,55 centigr.

Elle est beaucoup plus soluble dans l'eau bouillante. Cette
dissolution dépose par refroidissement des cristaux en prismes plats, à bases de parallélogrammes, dont les bords sont
unis ou terminés en biseau. Quelquefois ces cristaux semblent
être cubiques.

Ces cristaux contiennent 0,68 d'eau. Il faut 51,4 parties
d'eau à la température de 15^d,55 pour les dissoudre. L'eau
bouillante en dissout à peu près la moitié de son poids. Cet
hydrate, chauffé, se fond ; dans cet état, c'est un sous-hy-
drate, qui diffère de la strontiane sèche par la propriété d'être
phosphorescent.

Le chlore expulse à chaud l'oxigène de la strontiane.

L'iode ne la décompose pas, ou plutôt il ne se dégage pas
d'oxigène, d'où M. Gay-Lussac a conclu l'existence d'un iodure
de strontiane avec excès de base.

La strontiane se comporte avec le soufre, à la manière
de la baryte, et il est bien probable qu'il se produit du sulfure et du sulfate, ainsi que cela a lieu avec le soufre et
la potasse.

Elle se comporte comme la baryte avec le phosphore.

Caractères qui distinguent la strontiane de la baryte.

La baryte, dissoute dans l'alcool, colore la flamme de ce
liquide en jaune, tandis que la strontiane la colore en beau

pourpre, suivant l'observation que Ash en fit en 1787. Comme ces alcalis ne sont pas très-solubles dans l'alcool, il vaut mieux enflammer la dissolution alcoolique des combinaisons de ces alcalis avec l'acide hydrochlorique, pour constater la différence des deux bases.

L'on peut facilement distinguer la baryte de la strontiane en faisant l'expérience suivante : dans un verre d'eau on verse une goutte d'eau de baryte ou d'une solution saline de cette base; dans un autre verre, on verse une goutte de dissolution de strontiane : le premier verre donne un précipité dès qu'on y ajoute un peu d'acide sulfurique; le second n'en donne pas, ou si elle se trouble ce n'est qu'au bout de plusieurs heures.

D'un autre côté, la baryte forme avec l'acide hydrochlorique des cristaux, qui sont en belles lames hexagonales; la strontiane unie au même acide donne, au contraire, des aiguilles déliées.

La première combinaison est peu soluble dans l'eau et l'alcool; la seconde y est beaucoup plus soluble.

15 grains de sous-carbonate de baryte peuvent tuer un petit chien, tandis que 20 à 30 grains de sous-carbonate de strontiane n'ont aucune action sur un pareil animal.

L'on avoit donné encore pour distinguer la baryte de la strontiane, la propriété qu'avoit la première d'être précipitée par l'hydrocyanoferrate de potasse; mais Klaproth a prouvé le contraire, Mémoire de chimie, tome 2, page 242.

Il n'existe pas de peroxide de strontiane.

CHLORURE DE STRONTIUM.

Muriate de strontiane fondu ou anhydre.

Davy.

Chlore............ 42

Strontium........ 58.

On le prépare en chauffant au rouge les cristaux qu'on obtient de la combinaison de l'acide hydrochlorique avec la strontiane. Voyez tome XXII, page 146. (CH.)

STRONT-VISCH. (*Ichthyol.*) Nom hollandois du STERCORARIO des Italiens. Voyez ce mot et EPHIPPUS. (H. C.)

STROPHANTE, *Strophanthus*. (*Bot.*) Genre de plantes dicotylédones, à fleurs complètes, monopétalées, de la famille
des *apocinées*, de la *pentandrie monogynie* de Linné, offrant
pour caractère essentiel : Un calice à cinq divisions, une
corolle monopétale; le limbe à cinq divisions, prolongées en
une lanière très-longue; le tube court; son orifice garni de
dix appendices; cinq étamines; les filamens adhérens dans
toute leur longueur au tube de la corolle; les anthères has-
tées, surmontées de filets rapprochés en faisceaux; deux
ovaires supérieurs; le style court; le stigmate en tête. Le
fruit n'a point été observé.

Ce genre a été établi par M. De Candolle : il est très-bien
distingué des *nerium* et des *echites* par les lobes de sa corolle,
terminés par un filet ou une lanière très-alongée, qui ressemble à une vrille, d'où vient le nom de *strophanthus*, composé de deux mots grecs *strophos* (vrille, lanière), *anthos*
(fleur). Tous les strophantes sont des arbres ou des arbrisseaux à tige cylindrique, souvent grimpante. Les feuilles
sont opposées et entières; les fleurs souvent réunies en faisceau. Les boutons à fleurs ont une forme très-remarquable :
ils sont ventrus à leur base, terminés par une longue pointe
tortillée sur elle-même. Au moment de l'épanouissement cette
pointe ne se déroule pas en commençant par l'extrémité,
mais dans le milieu de sa longueur.

Strophante sarmenteux : *Strophanthus sarmentosa*, **Dec.**,
Ann. du Mus. d'hist. nat. de Paris, vol. 1, page 410, tab. 27,
fig. 1. Cette plante a une tige grimpante, ligneuse, de couleur brune, parsemée de petits points blancs; les rameaux
sont opposés; les feuilles sont ovales, entières, aiguës, opposées, très-glabres; les pétioles courts, munis de chaque côté
de deux petites stipules pointues. Les fleurs sont grandes,
d'un beau rouge, solitaires ou fasciculées, médiocrement
pédicellées. Leur calice est partagé en cinq divisions profondes, ovales, oblongues, aiguës; la corolle campanulée,
très-évasée à son sommet; ses divisions prolongées en une
lanière étroite, longue de deux pouces; dix appendices terminés en lanière, plus courts que la corolle; les étamines
adhérentes au tube de la corolle presque dans toute leur
longueur; cinq anthères en fer de flèche, surmontées d'un

filet, réunies toutes ensemble autour d'un stigmate en tête.
Cette plante croit dans l'Afrique, à Sierra-Leone.

Strophante a feuilles de laurier : *Strophanthus laurifolia*,
Decand., *loc. cit.* Cette espèce est très-voisine de la précédente. On l'en distingue par ses feuilles souvent ternées; par
ses fleurs placées au sommet des rameaux et non le long
des branches, comme dans l'espèce précédente. Sa tige paroît droite et non grimpante: la corolle a l'orifice moins évasé
et les divisions plus courtes. Les fleurs naissent plus tard,
et lorsque les feuilles ont pris tout leur accroissement. Cette
plante croît dans l'Afrique.

Strophante dichotome : *Strophanthus dichotoma*, Decand.,
loc. cit.; Echites caudata, Linn., *Mant.*; Burm., *Flor. ind.*,
tab. 26; *Nerium caudatum*, var. β; Lamk., Encycl., 3, pag.
458. Arbre pourvu d'une tige grimpante, revêtue d'une écorce
brune, parsemée de points ou de protubérances blanchâtres.
Les rameaux, ainsi que les pédoncules, sont plusieurs fois bifurqués; les feuilles opposées, ovales, oblongues ou arrondies,
glabres, entières, terminées par une pointe roide, rétrécies
en un court pétiole : deux stipules très-courtes. Les fleurs
naissent au sommet des rameaux, au nombre de deux ou
quatre sur un pédoncule une et deux fois bifurqué, garni de
quelques écailles. Les fleurs sont rouges; les divisions du calice
ovales, lancéolées, terminées par une pointe aiguë; le tube
de la corolle presque cylindrique: son orifice muni de dix
appendices obtus, non saillans; les divisions du limbe ovales,
terminées par une lanière longue de trois pouces et demi;
les anthères surmontées d'un filet pétaliforme, long d'environ
six lignes. Cette plante croît dans les Indes orientales.

Strophante hérissé; *Strophanthus hirta*, Decand., *loc. cit.*,
tab. 27, fig. 1. Cette plante a le port d'un *justicia*. Sa tige
est ligneuse, ramifiée; son écorce d'un brun roux, hérissée
de poils un peu roides, avec une petite protubérance à leur
base. Les feuilles sont opposées, sessiles, ovales, oblongues,
acérées, très-velues : au lieu de stipules, elles portent à leur
base une touffe de poils très-serrés, qui se prolongent des
deux côtés d'une feuille à l'autre. Les fleurs sont terminales,
fasciculées, portées sur des pédoncules plusieurs fois bifurqués, très-hérissés, munis de bractées oblongues, velues, qui

entourent la base des fleurs. Le calice est partagé jusqu'à sa base en cinq divisions hérissées, étroites, aiguës, longues de six lignes ; la corolle rouge, un peu velue ; le tube étroit à sa base, creusé en coupe à son orifice ; les appendices en forme d'onglets courts et obtus ; les lobes de la corolle rétrécis brusquement à leur base en un filet mince, très-long ; les anthères sessiles, réunies autour du stigmate, privées de filets à leur sommet ; l'ovaire hérissé de poils blancs ; le stigmate en tête, caché entre les étamines. Cette plante croît en Afrique, à Sierra-Leone. (Poir.)

STROPHITE, *Strophitus*. (*Malacoz.*) M. Rafinesque a donné ce nom à un genre de mollusques, qu'il regarde comme voisin des ascidies. (De B.)

STROPHOMÈNE. (*Foss.*) Coquille régulière, symétrique, équilatérale, à valves presque égales, dont l'une est plate et l'autre un peu concave ; charnière transverse, droite, offrant à droite et à gauche d'une subéchancrure médiane un bourrelet peu considérable, crénelé ou denté transversalement : aucun indice de support.

Strophomène rugueuse ; *Strophomenes rugosa*, Rafin. Coquille bombée en dessous, et dont la valve supérieure est un peu concave et chargée de petites stries rayonnantes. Largeur. un pouce. Fossile de l'Amérique septentrionale. On voit une figure d'une coquille de cette espèce dans l'atlas de ce Dictionnaire, planche des fossiles. Des coquilles de ce genre. qu'on trouve à Dudley en Angleterre, ont de très-grands rapports avec cette espèce ; elles en diffèrent pourtant en ce que le bord de celles d'Amérique se retrousse un peu en dessus, tandis que c'est le contraire pour celles d'Angleterre, dont le bord s'abaisse en dessous. On trouve à l'embouchure de la rivière des Alleghanys près de Pittsburough (Amérique septentrionale), dans un grès rougeâtre, des empreintes de coquilles qui ont beaucoup de rapports avec cette espèce, mais qui sont plus aplaties.

Strophomène ? radiée : *Strophomenes ? radiata*, Defr. On trouve à Valognes et à Néhou, département de la Manche, dans des couches très-anciennes, des valves suborbiculaires, qui adhèrent à la gangue ou pâte de la couche où on les trouve, et qui ont de très-grands rapports avec le genre

Strophomène. Elles sont minces, à charnière droite, et chargées de stries rayonnantes qui passent jusque dans l'intérieur de la valve. Largeur, plus de deux pouces. On trouve aux bords de la rivière des Manhoks (état de New-York), dans un schiste brun, des moules intérieurs de coquilles qui paroissent avoir de très-grands rapports avec cette espèce.

Strophomène de Gerville : *Strophomenes Gervilii*, Def. Les valves de cette espèce, qu'on trouve dans le marbre de Valognes, ont vingt lignes de largeur ; les stries dont elles sont couvertes, sont plus grosses que celles de la *strophomenes radiata* ; du reste il paroit qu'elles ont des rapports avec cette espèce, dont elles ne sont peut-être qu'une variété.

Les coquilles de ce genre ne se rencontrent que dans des couches très-anciennes. (D. F.)

STROPIZO. (*Ichthyol.*) Nom provençal de la Torpille. (H. C.)

STRUCHIUM. (*Bot.*) Voyez notre article Sparganophore. (H. Cass.)

STRUFF BUTT. (*Ichthyol.*) A Hambourg on appelle ainsi le *pleuronectes passer* de Linnæus. Voyez Turbot. (H. C.)

STRUMAIRE, *Strumaria*. (*Bot.*) Genre de plantes monocotylédones, à fleurs incomplètes, de la famille des *narcissées*, de l'*hexandrie monogynie* de Linnæus, caractérisé par une corolle à six pétales ouverts; point de calice; une spathe à deux valves inégales ; six étamines insérées sur le réceptacle ; un ovaire inférieur ; un style renflé vers son milieu ou adhérent avec les filamens; un stigmate trifide; une capsule presque ronde, à trois côtés, à trois sillons, autant de valves et de loges, renfermant des semences arrondies.

Les espèces renfermées dans ce genre se rapprochent des *leucoium*, mais elles ont un port différent; elles sont plus fortes et plus grandes ; leurs fleurs, plus nombreuses, disposées à l'extrémité des hampes en une sorte d'ombelle : elles en sont surtout bien distinctes par le renflement du style vers son milieu, tandis que dans les *leucoium* ce renflement existe au sommet : une autre particularité bien remarquable dans quelques espèces consiste dans l'adhérence d'une portion de chaque filament avec le style; de plus le stigmate est à trois lobes.

Strumaire a languette : *Strumaria linguæfolia*, Willd., *Spec.*;

Jacq., *Ic. rar.*, 2, tab. 356. Du collet de la racine sortent plusieurs feuilles planes. glabres, linéaires, alongées, obtuses,
en forme de langue. De leur centre s'élève une hampe droite,
glabre, cylindrique, comprimée à sa partie supérieure, soutenant, vers le sommet, des fleurs presque en ombelle, munies d'une spathe rougeâtre, à deux valves lancéolées, aiguës,
deux fois plus courtes que les pédoncules; ceux-ci sont simples, uniflores; la corolle blanche, à six pétales; leur sommet verdâtre : les filamens connivens à la base du style renflé
par trois sillons. Cette plante croit au cap de Bonne-Espérance.

STRUMAIRE TRONQUÉ: *Strumaria truncata*, Willd., *Spec.*; Jacq.,
Icon. rar., 2, tab. 357. Cette espèce est distinguée de la précédente par ses fleurs beaucoup plus nombreuses, par la longueur des étamines. Ses feuilles sont planes, linéaires; les
hampes comprimées, soutenant des fleurs disposées en une
sorte d'ombelle étalée, munie d'une spathe à deux valves
scarieuses, ovales, concaves, rougeâtres, acuminées au sommet; les pétales blancs, rouges à leur base extérieure; les
étamines fort longues; les filamens adhérens en partie au pistil; le style droit, à trois sillons. Cette plante croit au cap de
Bonne-Espérance.

STRUMAIRE ROUGEÂTRE : *Strumaria rubella*, Willd., *Spec.*;
Jacq., *Ic. rar.*, 2, tab. 358. Ses hampes sont glabres et droites,
garnies à leur base de feuilles alongées, linéaires, entières,
contournées obliquement. Les fleurs sont terminales, réunies
en une sorte d'ombelle lâche, accompagnées d'une spathe
presque de la longueur des pédoncules, de couleur violette;
les pédoncules inclinés, filiformes, uniflores : la corolle de
couleur incarnate, un peu rougeâtre, plane, à six pétales
ouverts; les filamens connivens avec la partie inférieure du
style renflé au-dessus de sa base, aigu à ses deux extrémités,
marqué de trois sillons. Cette plante croit au cap de Bonne-
Espérance.

STRUMAIRE ONDULÉE : *Strumaria undulata*, Willd., *Spec.*;
Jacq., *Icon. rar.*, 2, tab. 360. Cette plante tient le milieu
entre la précédente et la suivante : elle diffère de toutes deux
par ses étamines libres, par ses pétales ondulés; de la première, par sa corolle blanche; de la seconde, par ses feuilles

plus larges : elles sont glabres, linéaires, entières, obtuses. Les fleurs sont terminales, munies d'une spathe à deux valves glabres, concaves, ovales, rougeâtres, acuminées, une fois plus courte que les pédoncules; les pétales blancs, ondulés à leurs bords avec une teinte rougeâtre au sommet; les filamens libres; la capsule est un peu ovale, à trois valves. Cette plante croît au cap de Bonne-Espérance.

STRUMAIRE A FEUILLES ÉTROITES : *Strumaria angustifolia*, Willd., *Spec.*; Jacq., *Ic. rar.*, 2, tab. 359. Cette espèce a des feuilles glabres, étroites, linéaires. De leur centre s'élève une hampe droite, glabre, cylindrique, terminée par des fleurs munies d'une spathe à deux valves ovales, lancéolées, membraneuses, rougeâtres, deux fois plus courtes que les pédoncules: ceux-ci sont filiformes, inégaux, garnis à leur base de bractées filiformes, inégales. La corolle est blanche, à pétales ouverts, traversés d'une ligne rougeâtre. Le style est droit, épaissi par trois saillies en forme d'aile, tronquées, terminées par trois petites dents, séparées par trois sillons, adhérentes avec les filamens des étamines : l'ovaire muni de trois glandes à sa partie supérieure. Cette plante croît au cap de Bonne-Espérance.

STRUMAIRE A FEUILLES FILIFORMES : *Strumaria filifolia*, Jacq., *Ic. rar.*, 2, tab. 361; *Leucoium strumosum*, Jacq., *Coll.*; Ait., *Kew.*; *Crinum tenellum*, Linn., fils, *Suppl.* Ses racines sont bulbeuses ; les feuilles toutes radicales, glabres, filiformes, un peu comprimées, plus longues que les hampes, qui supportent des ombelles peu garnies; la spathe commune à deux valves lancéolées, inégales, la plus grande longue de six lignes, l'autre trois fois plus courte. Les pédoncules sont filiformes, inégaux, longs d'un à deux pouces; la corolle blanche; les pétales oblongs, lancéolés, ouverts; les trois extérieurs munis d'une carène verte; les filamens insérés sur le réceptacle ; les anthères brunes et petites; l'ovaire presque globuleux; le style grossi à sa partie inférieure par un renflement plus épais que l'ovaire; le stigmate presque trifide; une capsule un peu globuleuse, à trois loges, contenant plusieurs semences. Cette plante croît au cap de Bonne-Espérance.

STRUMAIRE A BULBES; *Strumaria germinata*, *Bot. Magaz.*, tab. 1620. Ses bulbes, de la grosseur d'une noix, produisent deux ou trois feuilles lancéolées, un peu ciliées à leurs bords, courbées en faucille, surmontées d'une petite pointe. La hampe est longue d'environ un pied, cylindrique, soutenant une ombelle lâche, étalée; les pédoncules inégaux, longs d'un à quatre pouces, accompagnés d'une spathe en forme d'involucre, divisée en plusieurs lanières inégales; la corolle est inclinée, d'un blanc verdâtre; les pétales ouverts en étoile, oblongs, crépus; les intérieurs un peu pubescens. Dans le centre de la corolle on remarque six bulbes cristallines, glanduleuses; six étamines insérées à la base d'un style pyramidal, renflé à sa base en forme d'une bulbe ventrue, puis subulé, à trois sillons. La capsule est membraneuse, à trois côtes relevées en bosse; dans chaque loge une semence en forme de bulle. Cette plante croît au cap de Bonne-Espérance. (POIR.)

STRUMARIA. (*Bot.*) Nom donné par Lobel à la lampourde, *Xanthium*. Il est maintenant celui d'un genre de Jacquin dans les narcissées. Voyez STRUMAIRE. (J.)

STRUMBEL. (*Bot.*) Voyez SEMBEL. (J.)

STRUMBIA. (*Bot.*) Nom grec ancien de la sarriette, *satureia*, cité par Mentzel. (J.)

STRUMEA. (*Bot.*) La plante ainsi nommée par quelques anciens, parce qu'elle guérissoit les parties affectées d'écrouelles, *strumæ*, exposées à sa fumigation, est regardée par Chomel et Adanson comme étant la même que la ficaire ou petite éclaire, *ficaria*, de la famille des renonculacées. Césalpin loue son usage dans les mêmes maladies, soit qu'on administre sa poudre à l'intérieur avec du miel, soit qu'on en bassine les parties malades. Chomel a employé avec succès, pour les hémorrhoïdes et les ulcéres à l'anus, l'application d'un onguent fait avec sa racine, cueillie au printemps, mêlée avec du beurre frais. (J.)

STRUMELLA. (*Bot.*) Fries donne ce nom à des tubercules noirs, hémisphériques, saillans, qui apparoissent sur les plantes légumineuses, et qui finissent insensiblement par se convertir en une substance analogue à celle qui leur sert de matrice; ils sont revêtus à l'extérieur d'une poussière peut-être séminulifère. Fries a observé ces tubercules sur la féve, et se demande si ce sont des plantes, plutôt qu'un effet de maladie. Il les place, ainsi que les groupes d'êtres également d'origine ambiguë, qu'il nomme *spermædia*, *phlœoconis*, *nosophlæa* et *mycomater*, en appendice à la suite du groupe dont le *puccinia* fait partie, et qui termine la famille des champignons, selon lui. Voyez Fries, *Syst. orb. veg.*, 1, p. 199. (Lem.)

STRUMPFIE, *Strumpfia*. (*Bot.*) Genre de plantes dicotylédones, à fleurs complètes, polypétalées, de la famille des *rubiacées*, de la *pentandrie monogynie* de Linnæus, offrant pour caractère essentiel : Un calice persistant, fort petit, à cinq dents; cinq pétales; cinq étamines : les anthères sessiles, réunies en un corps ovale, à cinq sillons : cinq dents à la base; un ovaire inférieur; un style; un stigmate simple; une baie à une loge, couronnée par le calice, renfermant une seule semence.

Strumpfie maritime : *Strumpfia maritima*, Linn., *Spec.*; Jacq., *Amer.*; Burm., *Amer.*, tab. 251, fig. 1; Lamk., *Ill. gen.*, tab. 731. Arbrisseau qui s'élève à la hauteur de trois pieds et plus sur une tige droite, divisée en rameaux cylindriques, de couleur cendrée, et qui paroissent comme articulés par les impressions circulaires que laissent les attaches des feuilles. Celles-ci sont ternées, assez semblables à celles du romarin, réunies en petites grappes sur un pédoncule commun fort court, deux fois moins long que les feuilles; chaque fleur très-médiocrement pédicellée. La corolle est blanche, petite, composée de cinq pétales ouverts, oblongs, obtus, environnés d'un calice fort petit, d'une seule pièce, à cinq dents. L'ovaire est arrondi, surmonté d'un style droit, subulé, un peu plus long que les étamines, terminé par un stigmate simple. Le fruit consiste en une baie globuleuse, molle, blanchâtre, de la grosseur d'un petit pois, à une seule loge, couronnée par les dents du calice, renfermant une seule semence sphérique. Cette plante est d'une odeur un peu désagréable : elle croît dans les contrées méridionales de l'Amérique. Ce genre a été dédié à Charles Strumpf, qui a publié une édition des Œuvres de Linné. (Poir.)

STRUMUM. (*Bot.*) Voyez Strychnodendron. (J.)

STRUND-JAGER. (*Ornith.*) Ce nom norwégien s'applique à des labbes ou stercoraires, et notamment au *larus parasiticus* ou labbe à longue queue. (Ch. **D.**)

STRUTHIA. (*Bot.*) Ce nom, que Van Royen donnoit à un

genre qui appartient à la famille des thymélées, a été changé
par Linnæus en celui de *Struthiola* : c'est le *Belvala* d'Adanson.
(J.)

STRUTHIO. (*Ornith.*) Ce nom latin de l'autruche a fait
appeler *struthiophages* ou mangeurs d'autruches, les peuples
qui s'en nourrissoient. (Ch. D.)

STRUTHIOLAIRE, *Struthiolaria*. (*Conchyl.*) Genre établi
par M. de Lamarck pour une ou deux coquilles qui faisoient
partie du genre *Murex* de Linné ; mais qui en diffèrent parce
que le canal de l'ouverture est toujours très-court, et surtout que le bord droit, renflé en dehors, est le seul bourrelet
qu'on y voie, ce qui les distingue surtout des Tritons.

Les caractères que M. de Lamarck assigne à ce genre sont
les suivans : Coquille ovale, à spire élevée ; ouverture ovale,
sinueuse, terminée en avant par un canal très-court, droit,
non échancré ; bord gauche calleux, répandu ; bord droit
sinué, muni d'un bourrelet en dehors.

On ne connoît du reste rien de l'animal de ce genre : il est
probable qu'il est operculé, comme tous les murex de Linné.

Les deux espèces connues sont :

La Struthiolaire noduleuse : *S. nodulosa*, de Lamk. ; *Murex
stramineus*, Linn., Gmel., page 3542, n.º 55 ; Enc. méthod.,
planche 431, fig. 1, *a*, *b*, vulgairement le Pied-d'autruche.
Coquille épaisse, ovale, à spire conique, un peu élevée,
striée, suivant la décurrence de la spire, composée de tours
anguleux, aplatis en arrière, noduleux sur les angles, à suture simple. Couleur blanche, ornée de flammes longitudinales jaunes en dehors, blanches en dedans, avec le bord
droit roussâtre, quelquefois violacé.

Cette coquille, de deux à trois pouces de long et assez
rare dans les collections, vient des mers de la Nouvelle-
Zélande.

La S. crénelée : *S. crenulata*, de Lamk., *loc. cit.*, n.º 2 ;
Auris vulpina, Chemn., *Conch.*, 2, tab. 210, fig. 2086 et
2087. Coquille ovale, conique, à tours de spire anguleux
et aplatis en arrière, non noduleux, séparés par une suture
plissée et crénelée. Couleur d'un gris jaunâtre.

Cette coquille, dont on ignore la patrie, existe dans la
collection du Muséum de Paris. (De B.)

STRUTHIOLAIRE. (*Foss.*) Je possède une coquille qui a été trouvée dans une couche de sable quarzeux (au-dessous de la craie?) à Abbécourt, departement de l'Oise, et qui paroît avoir de très-grands rapports avec les coquilles du genre Struthiolaire. Elle est ovale, à spire élevée; l'ouverture est ovale, sinueuse, terminée à sa base par un canal très-court. Le bord gauche est calleux, et les stries d'accroissement indiquent que le bord droit a été sinueux. Tous ces caractères appartiennent au genre Struthiolaire; les seules différences que cette coquille présente, et qui sont légères, se rapportent au canal, qui est un peu échancré, et l'on ne sait s'il étoit droit. Malheureusement le bord droit manque entièrement, et l'on ne peut être assuré s'il s'y trouvoit un bourrelet, comme il y a lieu de le soupçonner.

Comme les struthiolaires, cette coquille porte au haut de chaque tour une rangée de nœuds ou de tubercules assez saillans, et au-dessous de celle-ci une autre rangée de tubercules moins élevés. Elle est couverte de stries qui suivent les tours, et à quelque distance de la base il existe un sillon profond. Longueur, un pouce neuf lignes.

J'ai donné à cette espèce le nom de struthiolaire? première, *struthiolaria? prima.* Je ne connois que le seul individu qui se trouve dans ma collection. (D. F.)

STRUTHIOLE, *Struthiola.* (*Bot.*) Genre de plantes dicotylédones, à fleurs incomplètes, monopétalées, de la famille des *thymélées,* de la *tétrandrie monogynie* de Linné, caractérisé par un calice à deux folioles opposées; une corolle (calice, Juss.) tubulée; le tube très-long, filiforme; le limbe à quatre lobes plus courts que le tube; huit écailles ovales. velues à leur base, placées à l'orifice de la corolle; quatre étamines; les filamens très-courts; les anthères oblongues; un ovaire supérieur; un style de la longueur du tube : le stigmate en tête; une baie sèche, à une seule loge; une seule semence.

Les semences aiguës de ce genre l'ont fait comparer au bec d'un moineau, d'où lui vient le nom de *struthiola,* tiré d'un mot grec qui signifie *moineau.* Les struthioles ont de grands rapports avec les stellaires; ils en diffèrent par le nombre des étamines, par les divisions du limbe de la corolle, et par les petites écailles qui garnissent l'orifice du tube. Leurs rapports avec les passerines ne sont pas moins nombreux : ils s'en distinguent à peu près par les mêmes caractères.

Struthiole a longues fleurs : *Struthiola longiflora*, Lamk., *Ill. gen.*, tab. 78 ; Burm., *Afr.*, tab. 47, fig. 1. Cette plante a des tiges ligneuses, divisées en rameaux grêles, subdivisés au sommet en quelques autres beaucoup plus courts, glabres, alternes, inégaux, un peu pubescens à leur partie supérieure, garnis de feuilles sessiles, éparses, opposées, glabres, un peu obtuses, très-nombreuses, concaves ou caniculées en dessus. Les fleurs sont solitaires, axillaires : la corolle blanche, pubescente, munie d'un long tube grêle, d'environ un pouce et plus, un peu renflé vers son sommet, divisé à son limbe en quatre lobes ovales, obtus. Cette plante croît au cap de Bonne-Espérance.

Struthiole effilée ; *Struthiola virgata*, Linn., *Spec.* Cette plante a de grands rapports avec la précédente. On l'en distingue à ses fleurs une fois plus courtes et à ses feuilles plus étroites et plus longues. Ses tiges sont garnies de rameaux simples, grêles, effilés, d'un brun foncé, presque noir, cylindriques, un peu pubescens vers leur sommet. Les feuilles sont opposées, sessiles, oblongues, glabres, entières, un peu obtuses. Les fleurs sont sessiles, solitaires, axillaires, jaunâtres ou un peu purpurines en dehors, velues, à peine plus longues que les feuilles; le tube grêle, cylindrique ; le limbe à quatre lobes ovales, un peu obtus. Cette plante croît au cap de Bonne-Espérance.

Struthiole striée : *Struthiola striata*, Lamk., *Ill. gen.*, 1, p. 514; *an Struthiola imbricata?* Andr., *Bot. Rep.*, tab. 115. Petit arbrisseau dont les tiges sont cylindriques, revêtues d'une écorce brune, presque noire; le liber très-blanc, soyeux et luisant; les rameaux alternes, diffus, divisés en d'autres beaucoup plus courts, inégaux, fasciculés, chargés, à leur partie supérieure, d'un duvet noirâtre. Les feuilles sont très-nombreuses, presque imbriquées, sessiles, éparses, ovales, un peu aiguës, fortement striées, munies à leurs bords de cils très-fins, un peu tortillés. Les fleurs sont sessiles, axillaires, jaunâtres, solitaires, un peu plus longues que les feuilles ; leur tube est grêle, couvert d'un duvet blanchâtre, court et tomenteux; le limbe a quatre lobes courts. Cet arbrisseau croît au cap de Bonne-Espérance.

STRUTHIOLE LUISANTE : *Struthiola lucens*, Poir., Enc.; *Struthiola ciliata*, var. β, Lamk. Cette plante a des tiges grêles, ligneuses, très-glabres; les rameaux alternes, effilés, presque simples, quelquefois bifurqués au sommet, de couleur brune. Les feuilles sont nombreuses, sessiles, opposées, imbriquées, roides, coriaces, appliquées contre la tige, lancéolées, très-aiguës, d'un vert luisant, glabres à leurs deux faces. Les fleurs sont sessiles, solitaires, situées dans l'aisselle des feuilles, le long des rameaux, à peine de la longueur des feuilles. Leur couleur tire un peu sur le vert-olive; le limbe d'un pourpre foncé en dedans; le tube cylindrique, pubescent; son orifice fermé par huit petites écailles velues. Cette plante croît au cap de Bonne-Espérance.

STRUTHIOLE A FEUILLES ÉTROITES : *Struthiola angustifolia*, Poir., Enc.; Lamk., *Ill. gen.* Ses tiges sont droites; ligneuses, glabres, cylindriques, d'un brun cendré; les rameaux alternes, ramifiés en d'autres beaucoup plus courts, épars, pubescens. Les feuilles sont sessiles, dressées, rapprochées, linéaires, très-étroites, presque obtuses, marquées sur le dos de trois sillons, parsemées de quelques poils rares et fins, souvent réunis en une petite touffe blanchâtre à l'extrémité des feuilles. Les fleurs sont sessiles, solitaires, axillaires, au moins une fois plus longues que les feuilles, d'un blanc sale ou un peu jaunâtre; le tube de la corolle pubescent, cylindrique, fort grêle; le limbe à quatre petits lobes étroits, ovales; l'orifice garni de poils grisâtres; ainsi que les écailles, qui en occupent les bords. Cette plante croît au cap de Bonne-Espérance.

STRUTHIOLE NAINE; *Struthiola nana*, Linn., *Suppl.*, 128. Cette plante a des tiges très-courtes, droites, ligneuses, longues de trois ou quatre pouces, médiocrement rameuses, de couleur brune; les rameaux alternes : leurs divisions fasciculées. Les feuilles sont éparses, sessiles, imbriquées, linéaires, obtuses, rudes, entières, un peu velues, longues de six lignes. Les fleurs sont terminales, réunies en tête ou en faisceau, entourées et entremêlées de bractées purpurines, chargées de poils blanchâtres : la corolle est velue, plus longue que les bractées, un peu rougeâtre en dehors, d'un blanc jau-

nâtre en dedans; les lobes du limbe ovales, aigus et ciliés. Cette plante croît au cap de Bonne-Espérance.

Struthiole droite : *Struthiola erecta*, Linn., *Syst. veg.*; Gærtn. fils, *Carp.*, tab. 215. Les tiges sont ligneuses, hautes d'un pied, de couleur cendrée, hérissées de nœuds formés par l'attache des feuilles, munies de rameaux alternes, rapprochés en corymbe, quadrangulaires. Les feuilles sont glabres, sessiles, éparses, imbriquées, un peu aiguës, linéaires; les fleurs sessiles, solitaires, axillaires, blanches, très-glabres; le tube filiforme, un peu plus long que les feuilles; le limbe à quatre lobes lancéolés, aigus, assez longs; l'orifice à huit écailles velues; quatre étamines courtes; le stigmate en tête, hérissé de poils. Cette plante croît au cap de Bonne-Espérance.

Struthiole a feuilles de myrte : *Struthiola myrsinites*, Poir., Encycl.; *Struthiola glabra*, Andr., *Bot. rep.*, tab. 119. Arbrisseau à tige glabre, divisée en rameaux alternes, courts, cylindriques, inégaux, très-glabres, ridés, un peu jaunâtres. Les feuilles sont sessiles, ovales, presque planes, glabres, coriaces, ridées, aiguës; les inférieures souvent alternes; les supérieures opposées. Les fleurs sont solitaires, sessiles, axillaires, blanchâtres, très-glabres, presque deux fois plus longues que les feuilles; le tube de la corolle droit, fort grêle; le limbe court, à quatre lobes. Cette plante croît au cap de Bonne-Espérance. (Poir.)

STRUTHIOPTERIS. (*Bot.*) Deux genres de la famille des fougères ont été établis sous ce nom; l'un par Willdenow, pour placer l'*osmunda struthiopteris*, Linn., donné par Swartz pour une espèce d'*Onoclea*. Ce genre est, en effet, très-voisin de l'*Onoclea* et du *Lomaria*. Willdenow le caractérise ainsi : Capsules denses, couvrant toute la partie inférieure de la fronde; indusiums ou membranes qui recouvrent les sores, en forme d'écailles marginales s'ouvrant par le côté intérieur. On peut ajouter à ces caractères que les sores ou paquets de fructifications sont linéaires, sillonnés, formés de capsules pédicellées, agrégées; que l'indusium est double: l'un général, fixé sur le bord de la fronde et s'ouvrant par le côté intérieur; l'autre, ou l'indusium propre, semblable à une simple cloison qui sépare les sores entre eux.

51.　　　　　　　　　11

1. Le Struthiopteris d'Allemagne : *Struthiopt. germanica*, Willd., *Sp. pl.*, 5, p. 288; *Osmunda struth.*, Linn., Gunn., *Fl. Norw.*, 1, tab. 1, fig. 1, 2 et 3; *Fl. Dan.*, pl. 169; *Onoclea struth.*, Swartz, Hoffm., Roth. Frondes stériles, bipinnatifides, à découpures ovales, entières, un peu aiguës, égales; frondes fertiles, ailées; indusiums plus ou moins écartés. Cette grande et belle fougère se trouve dans les marais, dans le Nord de l'Europe et de l'Asie, en Allemagne, en Suisse et en Hongrie. Les frondules des frondes fertiles sont obtuses, distiques, et leurs découpures presque rondes.

2. Le Struthiopteris de Pensylvanie, *Struth. pensylvanica*, Willd., diffère de l'espèce précédente par les dernières découpures de ses frondes fertiles, qui sont obtuses, excepté celle du bas, laquelle est longue et pointue. Cette espèce est considérée comme une simple modification de la précédente par Curt Sprengel, qui les a réunies. On la trouve aux États-Unis, et particulièrement dans les marais de la Pensylvanie.

Le second genre Strutiopteris, plus ancien que le précédent, a été institué par Haller, adopté par Scopoli, Allioni, Weisse, Wiggers, Mœnch, etc.; il est fondé sur l'*osmunda spicant*, Linn., et placé depuis dans le genre *Blechnum* par Roth, réunion qui a été approuvée par Smith, Swartz, Willdenow. R. Brown doute s'il ne seroit pas mieux dans le *Stegania* (*Lomaria*). Nous l'avons décrit à l'article Blechnum. Haller avoit consacré le nom de *Struthiopteris* à ce genre, attendu que la plante qu'il y ramenoit étoit le *struthiopteris* de Valérius Cordus, cité par C. Bauhin dans son *Pinax*, à l'article de son *filix palustris altera*, qui est le *struthiopteris germanica*, Willd., décrit plus haut, et à son *lonchitis minor* ou *blechnum spicant*, Linn. Il résulte de ce qui précède, que le *Struthiopteris* de Haller, ayant les caractères du *Blechnum*, y a été réuni. (Lem.)

STRUTHIUM. (*Bot.*) Ce nom qui, dérivé du grec, signifie nettoyer, avoit été donné pour cette raison à la saponaire, employée pour diverses lessives. Linnæus en a fait le nom spécifique d'un *gypsophila*, ayant les mêmes propriétés. Voyez Saponaria. La gaude, *reseda luteola*, employée pour teindre les laines en jaune, étoit aussi nommée *struthium* par Gesner et d'autres anciens, ainsi que l'impératoire par Cordus. (J.)

STRUZZO. (*Ornith.*) Nom italien de l'autruche, *struthio camelus*, Linn. (Cʜ. D.)

STRYCHNINE. (*Chim.*) Base salifiable organique , découverte en 1818 par MM. Pelletier et Caventou dans la féve de Saint-Ignace, la noix vomique, le bois de couleuvre et l'upas. Le nom de strychnine est tiré de *Strychnos*, nom du genre de plantes qui a fourni cette base salifiable.

Composition.

	Dumas et Pelletier,
Oxigène.	6,38
Azote	8,92
Carbone.	78.22
Hydrogène.	6,54.

Dans le sulfate neutre de strychnine, l'oxigène de l'acide est à celui de la base :: 1 : 1, ou 100 de base saturent 10,486 d'acide sulfurique.

Propriétés.

La strychnine cristallise en prismes presque microscopiques à quatre pans, terminés par des pyramides à quatre faces surbaissées.

Elle est incolore.

Elle est infusible et ne peut être volatilisée.

Exposée au vide sec à 100^d, elle ne perd rien, suivant MM. Dumas et Pelletier. Ils la regardent comme une base anhydre.

Elle exige 6667 parties d'eau à 10^d, et 2500 parties d'eau bouillante, pour se dissoudre. Ces dissolutions sont très-amères : il suffit même de $\frac{1}{600000}$ de strychnine, pour donner à l'eau une saveur sensible.

Elle est extrêmement peu soluble dans l'éther hydratique.

Elle est très-soluble dans l'alcool et dans les huiles volatiles.

Elle se combine aux acides, et forme avec la plupart de ces corps des sels solubles dans l'eau et cristallisables.

Elle peut être dissoute par l'acide hydrosulfurique et en être séparée sans qu'elle ait éprouvé d'altération.

Elle noircit à la température où l'huile commence à bouillir, c'est-à-dire, de 312 à 315^d. Soumise à l'action de la chaleur dans une petite cornue de verre, elle se boursoufle, noircit et donne de l'huile, de l'eau, de l'acide acétique, de l'acétate d'ammoniaque, des gaz carbonique et hydrogène carburé. Le charbon qu'elle laisse est très-volumineux.

La strychnine sèche ou dissoute dans l'alcool foible, ajoutée aux solutions de plusieurs sels à base d'oxides métalliques de la troisième, quatrième et cinquième section, en décomposent plusieurs. Dans quelques cas elle ne précipite qu'une portion de l'oxide, parce qu'elle forme un sel double avec la portion du sel indécomposé. C'est ainsi qu'elle agit sur le sulfate de cuivre.

La strychnine ne devient pas rouge par l'acide nitrique concentré, quand elle est bien pure. MM. Pelletier et Caventou ont reconnu que cette propriété, qu'ils avoient attribuée à cette substance dans leurs premières recherches, ne lui appartient pas, quand elle a été dépouillée d'un principe colorant jaune qui l'accompagne dans les strychnos.

Des sels de strychnine.

Les sels solubles se préparent avec la strychnine et les acides étendus, et les sels insolubles par la voie des doubles décompositions. Tous les sels solubles ont une saveur très-amère : ils sont décomposés par les bases salifiables solubles.

Sulfate de strychnine.

<pre>
Acide   9,500
Strychnine . . . . . .   90,500.
</pre>

Le sulfate de strychnine cristallise en petits cubes transparens ; à l'air il perd de sa transparence ; à 100^d il devient opaque ; au-dessus de cette température il se fond dans son eau de cristallisation, perd 3 p. 100, puis se prend en masse, si la température n'est pas suffisante pour le décomposer.

Il est soluble dans moins de 10 parties d'eau à 10^d. Il est plus soluble encore dans l'eau chaude ; car ses solutions saturées à chaud cristallisent par le refroidissement.

Il paroît qu'il existe un sursulfate cristallisable en aiguilles.

Nitrate de strychnine.

Il cristallise en aiguilles minces, qui se groupent en faisceaux, en gerbes et en étoiles.

Il est beaucoup plus soluble dans l'eau chaude que dans l'eau froide.

L'acide nitrique, ajouté à la solution concentrée du nitrate neutre, la fait cristalliser en aiguilles très-déliées.

Le nitrate de strychnine commence à s'altérer un peu au-dessus de 100^d : à une température suffisante, il fuse obscurément, s'il est neutre, et avec dégagement de lumière, s'il contient un excès d'acide.

Il est un peu soluble dans l'alcool. L'éther hydratique ne le dissout pas.

Phosphate de strychnine.

Le phosphate obtenu directement est acide au tournesol.

Il est soluble dans l'eau.

Il cristallise en prismes quadrangulaires.

On n'obtient de phosphate neutre que par la voie de doubles décompositions.

Hydrochlorate de strychnine.

Ce sel est neutre, plus soluble que le sulfate, cristallisable en aiguilles ou en prismes fins qui se groupent en mamelons. Ces prismes paroissent être quadrangulaires.

Quand on le chauffe assez fortement pour altérer la base, l'acide hydrochlorique se volatilise.

Sous-carbonate de strychnine.

Ce sel, préparé par double décomposition, est précipité en magma floconneux.

Il est peu soluble dans l'eau.

Il se dissout dans un excès de son acide; cette dissolution, exposée à l'air, laisse précipiter du sous-carbonate.

Hydrocyanate de strychnine.

Ce sel est soluble, cristallisable.

La solution ne peut être évaporée sans que l'acide se sépare de sa base.

Les acides acétique, oxalique et tartrique forment, avec la strychnine, des sels très-solubles, cristallisables, surtout quand ils sont avec excès d'acide.

Action de la strychnine sur l'économie animale.

La strychnine, et surtout ses sels solubles, le nitrate et le sulfate, par exemple, ont une action des plus énergiques sur les animaux. Cette base agit spécialement, comme stimulant, sur la moelle épinière; elle détermine un vrai *tétanos*. Un quart de grain de strychnine, que M. Magendie a donné à un chien de forte taille, a produit un effet sensible sur l'animal.

M. Magendie l'a administrée dans plusieurs cas de débilité musculaire.

Un demi-grain, insuflé dans la bouche d'un lapin, le tue en cinq minutes. Il périt encore plus vîte si l'on injecte la strychnine dans le système circulatoire.

Un quart de grain de nitrate ou d'hydrochlorate de strychnine tue un lapin en deux minutes.

Extraction de la strychnine.

a) La féve de Saint-Ignace étant la substance qui contient le plus de strychnine, c'est elle qu'on doit choisir pour la préparation de cette base salifiable. Cette féve est formée, suivant MM. Pelletier et Caventou:

1.° D'igasurate de strychnine;

2.° De brucine;

3.° D'un peu de cire;

4.° D'une huile concrète saponifiable;

5.° D'une matière colorante jaune;

6.° De gomme;

7.° D'amidon;

8.° De bassorine;

9.° De fibres ligneuses.

b) On commence par diviser la féve de Saint-Ignace au moyen d'une râpe.

c) On l'épuise ensuite dans le digesteur distillatoire, 1.° par l'éther hydratique, 2.° par l'alcool.

Examen des lavages éthérés.

d) Ces lavages, évaporés, donnent une huile ayant la consistance butireuse, colorée en verdâtre, saponifiable, qui contient de la strychnine probablement à l'état d'igasurate.

Examen des lavages alcooliques.

e) Ces lavages filtrés encore chauds déposent, par le refroidissement, un peu de *cire*, qu'on en sépare par la filtration.

Il est bien vraisemblable que l'huile butireuse, obtenue par MM. Pelletier et Caventou, contenoit une quantité notable de cette *cire*.

f) Les lavages alcooliques, évaporés, donnent un extrait jaune très-amer, formé principalement d'igasurate de strychnine, de brucine et du principe colorant jaune qui est soluble dans l'eau et l'alcool. On traite cet extrait à chaud par la magnésie : elle s'empare de l'acide igasurique et précipite la strychnine et la brucine : après quelques minutes d'ébullition on filtre. On lave à l'eau froide la matière restée sur le filtre, puis on la traite par l'alcool, qui dissout les deux bases salifiables organiques, à l'exclusion d'un *sous-igasurate de magnésie* et de la *magnésie en excès.*

g) La solution alcoolique, évaporée lentement, laisse cristalliser la strychnine et retient la brucine : en lavant la strychnine avec de l'alcool foible et froid, et la faisant cristalliser dans l'alcool par l'évaporation spontanée, on l'obtient à l'état de pureté. On juge qu'elle est pure, lorsque, en la mettant avec l'acide nitrique concentré, elle ne devient pas rouge, et que la liqueur ne précipite pas en brun l'hydrochlorate de protoxide d'étain.

h) On peut encore, en unissant la strychnine mêlée de brucine à l'acide nitrique, de manière à avoir un liquide neutre, et en faisant cristalliser le nitrate de strychnine, obtenir cette base séparée de la brucine, par la raison que le nitrate de brucine neutre reste dans les eaux-mères.

i) L'eau, d'où la strychnine et la brucine ont été séparées, retient un peu de ces *alcalis*, la *matière colorante jaune* et l'*igasurate de magnésie.* En la faisant évaporer à sec et traitant le résidu par l'alcool foible, on dissout le principe colorant ;

la plus grande partie des bases organiques et l'igasurate de magnésie restent à l'état solide.

k) En traitant le sous-igasurate de magnésie mêlé à la magnésie en excès (*f*), par une grande quantité d'eau bouillante, on dissout le sel magnésien. On filtre ensuite la liqueur, on concentre, puis, en la précipitant par l'acétate de plomb, on obtient de l'igasurate insoluble, qu'on décompose par l'acide hydrosulfurique.

l) En appliquant l'eau froide à la fève de Saint-Ignace, qui a été épuisée par l'éther et l'alcool bouillant (*c*), on dissout la gomme.

m) En y appliquant ensuite l'eau bouillante, on dissout l'amidon.

n) En y appliquant enfin l'acide hydrochlorique foible, on dissout la bassorine, et il ne reste que de la fibre ligneuse.

MM. Pelletier et Caventou ont retrouvé la strychnine dans l'*upas tieuté*, extrait solide de la plante appelée *strychnos tieuté*. Ils ont retrouvé aussi dans cet *upas* une matière colorante d'un brun rougeâtre absolument identique avec celle qui existe dans le lichen de l'écorce de fausse angusture. Cette matière est caractérisée par la propriété de devenir verte par l'acide nitrique concentré.

Les mêmes chimistes ont examiné l'*upas antiar*, extrait solide de l'*antiaris toxicaria* : ils n'y ont pas trouvé de strychnine, mais un principe actif amer, qui leur a paru alcalin. Ce principe agit à la fois sur le système nerveux et sur l'estomac.

Appendice au mot strychnine.

BRUCINE. (*Chim.*) Base salifiable organique découverte dans l'écorce de la fausse angusture (*brucœa anti-dysenterica*).

	Dumas et Pelletier.
Oxigène.	11,21
Azote.	7,22
Carbone.	75,04
Hydrogène.	6,52.

Propriétés.

Elle cristallise régulièrement en prismes obliques à base de parallélogramme de plusieurs lignes de longueur ; et en feuillets nacrés, quand elle se sépare d'une solution aqueuse saturée à 100^d. Elle retient alors une quantité d'eau assez forte, puisque MM. Pelletier et Dumas l'évaluent à 21,65 pour 100 de brucine.

Elle se sépare de sa solution alcoolique sous forme de champignons.

Elle se fond, sans s'altérer, à 100 et quelques degrés ; elle se fige par le refroidissement en une matière qui a l'aspect de la cire ; dans cet état elle est anhydre.

Elle exige 500 parties d'eau bouillante et 850 parties d'eau froide pour se dissoudre. La brucine impure est beaucoup plus soluble.

Elle est très-soluble dans l'alcool.

Elle donne, avec le chlore et l'eau, un chlorate et un hydrochlorate, et avec l'iode et l'eau, un iodate et un hydriodate.

La brucine, mise en contact avec de l'acide nitrique concentré, devient rouge ; une plus grande quantité d'acide jaunit la liqueur : une élévation de température produit le même effet. L'hydrochlorate de protoxide d'étain, versé dans la liqueur jaune, développe une couleur violette très-intense. Quand on fait la même expérience avec la morphine, décomposée par l'acide nitrique, on n'obtient qu'un précipité d'un brun sale.

La chaleur décompose la brucine en huile empyreumatique, en eau, en acide acétique, en hydrogène carburé, en acide carbonique et en charbon.

Sels de brucine.

La brucine forme des sels neutres et des sursels qui cristallisent pour la plupart facilement et constamment de la même manière.

Sulfate de brucine.

Acide. 9,697
Brucine . . . . 100,000.

Le sulfate neutre cristallise en aiguilles longues et déliées, qui paroissent être des prismes à quatre pans, terminés par des pyramides.

Il est très-soluble dans l'eau et un peu dans l'alcool.

Sa saveur est très-amère.

Il est décomposé non-seulement par les bases salifiables de la 2.ᵉ section, mais encore par l'ammoniaque, la morphine et la strychnine.

L'acide nitrique concentré y développe une belle couleur rouge incarnat.

Le *sursulfate* de brucine paroît moins soluble que le sel neutre.

HYDROCHLORATE DE BRUCINE.

Acide.   6,551
Brucine . . . .   100,000.

Il cristallise en prismes à quatre pans, tronqués par une face peu inclinée, ou en aiguilles moins déliées que celles de l'hydrochlorate de strychnine.

Il est inaltérable à l'air.

Il est très-soluble dans l'eau.

PHOSPHATE DE BRUCINE.

Le phosphate neutre ne cristallise pas. Il est soluble dans l'eau.

Le surphosphate cristallise en tables rectangulaires, dont les bords sont en biseaux; il est efflorescent.

Il est très-soluble dans l'eau.

NITRATE DE BRUCINE.

Il cristallise, quand il est acide, en prismes aciculaires quadrangulaires terminés par un biseau. Le nitrate neutre ne cristallise pas.

Au feu, il rougit, noircit et s'enflamme comme le nitrate acide de strychnine.

ACÉTATE DE BRUCINE.

Il est extrêmement soluble et ne paroît pas cristalliser.

OXALATE DE BRUCINE.

Cristallisable en longues aiguilles, surtout quand il contient un excès d'acide.

Action de la brucine sur l'économie animale.

La saveur de la brucine est très-amère; mais cette amertume est moins franche que celle de la strychnine : elle est plus acerbe, plus âcre.

La brucine est vénéneuse à la dose de quelques grains ; elle agit à la manière de la strychnine, mais elle est beaucoup moins énergique.

Histoire, état et extraction.

Elle fut découverte, en 1819, par MM. Pelletier et Caventou, dans l'écorce du *brucea anti-dysenterica*, où elle est unie à l'acide gallique. Cette écorce contient en outre une matière grasse, de la gomme, une matière colorante jaune, des traces de sucre et du ligneux.

a) On traite l'écorce de fausse angusture réduite en poudre grossière par l'éther hydratique, qui dissout la plus grande partie de la matière grasse.

b) On la traite ensuite par l'alcool à plusieurs reprises.

c) Les lavages alcooliques sont évaporés au bain-marie ; on dissout l'extrait dans l'eau, et on précipite la solution par l'acétate de plomb. On filtre et on fait passer un courant d'acide hydrosulfurique dans la liqueur, et on filtre de nouveau ; on obtient un acétate de brucine. On le décompose par la magnésie ; après l'avoir fait concentrer, on jette le tout sur un filtre. Quand la magnésie, qui étoit en excès, et la brucine sont égouttées, on passe un peu d'eau sur le filtre ; puis, au moyen de l'eau, on dissout la brucine : on l'obtient en cristaux impurs par l'évaporation. On sépare les cristaux de leur eau-mère ; puis on les traite par l'acide oxalique : on obtient un oxalate qu'on décolore en le traitant à froid par de l'alcool, qui dissout la matière colorante. On décompose ensuite l'oxalate de brucine par la magnésie, et on dissout l'alcali organique par l'alcool bouillant. Celui-ci, évaporé lentement, dépose des cristaux.

MM. Pelletier et Caventou ont retrouvé la brucine dans la noix vomique et dans la fève de Saint-Ignace, où elle accompagne la strychnine. (Ch.)

STRYCHNODENDRON. (*Bot.*) Gesner et d'autres anciens désignoient sous ce nom le *solanum pseudo-capsicum*, nommé vulgairement *amomum* des jardiniers. C'est aussi, suivant Mentzel et Adanson, le *strumum* des Romains et de Pline. (J.)

STRYCHNOS. (*Bot.*) Voyez Caniram. M. Auguste de Saint-Hilaire a découvert au Pérou une nouvelle espèce, qu'il nomme *strychnos pseudochina*, Mém. du Mus. d'hist. nat., vol. 10, page 463, très-remarquable par ses propriétés. Son écorce, d'après ce savant voyageur, est employée généralement comme un très-bon quinquina. M. Vauquelin y a découvert une matière amère, qui paroît être celle dans laquelle réside la propriété fébrifuge. Il n'y a pas trouvé un atome du principe que Pelletier a découvert dans la noix vomique, qu'il nomme strychnine. Dans ce cas, comme dans beaucoup d'autres, l'analogie entre la nature chimique des principes des végétaux et leur structure physique se trouveroit en défaut ; circonstance ici très-remarquable. Au reste, cette plante est pourvue d'une tige sans épines, tortueuse, revêtue d'une écorce subéreuse ; les feuilles sont ovales, à cinq doubles nervures, velues en dessous ; les fleurs disposées en grappes paniculées, axillaires, velues, ainsi que les pédoncules.

D'une autre part M. Leschenault nous a fait connoître une autre espèce non moins intéressante : il la nomme *strychnos tieuté*, Ann. du Mus. d'hist. nat., vol. 16, page 479, tab. 23. Le tieuté, dit M. Leschenault, est une sorte de liane, qui s'élève jusqu'au sommet des plus hauts arbres. Il ne découle aucun suc de sa tige. Sa racine s'enfonce à deux pieds sous terre et s'étend ensuite horizontalement à plusieurs toises ; elle est de la grosseur du bras, ligneuse et recouverte d'une écorce mince, d'un brun rougeâtre, d'une saveur amère : c'est elle qui fournit la gomme résine avec laquelle on prépare l'upas. On ne l'obtient que par ébullition. Lorsqu'on coupe cette racine fraîche, il en sort une grande quantité d'eau sans saveur et nullement nuisible.

Le bois est d'un blanc jaunâtre, d'une dureté médiocre, d'un aspect spongieux. Son odeur est foible, mais un peu nauséabonde ; l'écorce rougeâtre ; celle des jeunes rameaux verte et lisse. Les rameaux sont axillaires, grêles, divergens ; les feuilles glabres, opposées, elliptiques, aiguës, d'un vert foncé, à trois nervures, les plus jeunes rougeâtres, longues de trois à quatre pouces, larges de deux. Les jeunes rameaux portent des vrilles en forme d'hameçon, rares, opposées aux feuilles, renflées à leur sommet, munies à leur base d'une très-petite stipule, qui ne peut être que le rudiment d'une feuille, dont elles tiennent la place. Les fleurs et les fruits n'ont pas été observés. Cet arbre croit à Java. Il fournit un poison non moins violent que celui de l'upas. *antiaris toxicaria.* (Poir.)

STRYCHNOS. (*Bot.*) Ce nom grec, sous lequel Dioscoride désignoit la morelle, *solanum*, a été appliqué par Linnæus au genre qui produit la noix vomique. Voyez Caniram et Strychnos ci-dessus. (J.)

STRYKYSER-KOFFERVISCH. (*Ichthyol.*) Un des noms hollandois du chameau marin ou coffre dromadaire. Voyez Coffre. (H. C.)

STRYKYSER-VISCH. (*Ichthyol.*) Nom hollandois du coffre lisse, *ostracion triqueter*, Linnæus. Voyez Coffre. (H. C.)

STUARTIA. (*Bot.*) Willdenow nomme ainsi la *stewartia* de Linnæus. (J.)

STUBEL. (*Ichthyol.*) Voyez Steuber. (H. C.)

STUBULUS, CNOUS. (*Bot.*) Ces noms égyptiens ou grecs d'une espèce de chardon, sont cités par Mentzel comme synonymes de l'*ascoumbros* de Belon, rapporté par C. Bauhin au *scolymus* des botanistes. Le second est mentionné pour la même plante par Ruellius, qui dit, d'après Dioscoride, que sa racine, épaisse et à écorce noire, étant ratissée, est un bon diurétique et un aliment propre à faire disparoître les embarras de l'estomac. C'est probablement la même qu'Adanson cite sous le nom de *stubulon.* (J.)

STUC ou MARBRE ARTIFICIEL. (*Chim.*) Le stuc se prépare avec du plâtre que l'on gâche avec une solution aqueuse de colle de Flandre chaude, au lieu d'employer l'eau commune, comme on le fait pour le plâtre proprement dit. Lorsqu'on veut colorer le stuc, on délaie la couleur dans la solution de colle.

Les couleurs dont on fait usage pour le stuc, sont les mêmes que celles employées dans les peintures à la fresque.

Le stuc qu'on a appliqué sur un corps quelconque, est poli ensuite avec beaucoup de soin.

Il est des stucateurs qui font du stuc avec un mélange de chaux et de marbre pulvérisé. (Ch.)

STUCKA. (*Ichthyol.*) Nom hongrois du brochet. Voyez Ésoce. (H. C.)

STUER. (*Ichthyol.*) Nom hollandois de l'esturgeon ordinaire. (H. C.)

STUERBASS. (*Ichthyol.*) A Hambourg on appelle ainsi la perche goujonnière. Voyez GREMILLE. (H. C.)

STUMPFKOPFIGER SCHLINGER. (*Erpét.*) Nom donné par Merrem au coralle à tête obtuse de Daudin. Voyez CORALLE. (H. C.)

STUPIDE. (*Erpét.*) Nierenberg appelle ainsi le BOÏGUACU. Voyez ce mot. (H. C.)

STURGEON. (*Ichthyol.*) Nom anglois de l'ESTURGEON. Voyez ce mot. (H. C.)

STURIO. (*Ichthyol.*) Nom latin de l'ESTURGEON. Voyez ce mot. (H. C.)

STURIONE. (*Ichthyol.*) Un des noms italiens de l'ESTUR-GEON. Voyez ce mot. (H. C.)

STURIONIENS ou CHONDROPTÉRYGIENS A BRANCHIES FIXES. (*Ichthyol.*) M. Cuvier a donné ce nom au deuxième ordre des poissons, à ceux qui ont :

Les ouïes très-fendues, garnies d'une opercule, mais sans rayons à la membrane.

Cet ordre ne renferme que deux genres, les ESTURGEONS et les POLYODONS. Voyez ces mots et ICHTHYOLOGIE. (H. C.)

STURIUM. (*Ichthyol.*) Dans nos provinces méridionales on donne quelquefois ce nom à l'ESTURGEON. Voyez ce mot. (H. C.)

STURMIA. (*Bot.*) Ce nom a été donné par Hoppe à l'*agrostis minima* de Linnæus, dont d'autres auteurs ont fait également un genre dans la famille des graminées, sous les noms de *Knapia*, *Mibora* et *Chamagrostis*. (Voyez CHAMAGROSTIDE.) M. Gærtner fils a fait aussi du *guettarda lucida* son genre *Sturmia*, qui n'a pas été adopté. (J.)

STURNELLA. (*Ornith.*) Nom sous lequel M. Vieillot désigne ses stournes. (CH. D.)

STURNELLUS. (*Ornith.*) C'est l'un des noms latins de l'étourneau. (DESM.)

STURNUS. (*Ornith.*) Nom latin de l'étourneau, qu'on appelle *sturno* en italien, et *sturnino* en portugais. (CH. D.)

STURRE. (*Ichthyol.*) A Heiligeland on appelle ainsi le scorpion de mer, *cottus scorpius*. Voyez COTTE. (H. C.)

STUTTIS. (*Ichthyol.*) Nom livonien de l'Anguille. Voyez ce mot. (H. C.)

STUTTNEFIA. (*Ornith.*) Voyez Langnefia. (Ch. D.)

STYGIE, *Stygia*. (*Entom.*) M. Draparnaud, de Montpellier, a décrit et fait connoître, le premier, sous ce nom un insecte lépidoptère qui paroît tenir le milieu ou former une sorte de passage entre les noctuelles et les petits sphinx , avec lesquels ces insectes ont même été rangés dans ces derniers temps. L'insecte unique qui y a été rapporté semble en effet se rapprocher des zygènes ou des sésies par la forme des antennes et par la sorte de brosse qui termine l'abdomen. Hübner l'a décrit comme un bombyce sous le nom de *terebellum* ou vrille. On ne connoît pas ses métamorphoses. M. Godart en a donné une très-bonne figure ; c'est la Stygie australe. (C. D.)

STYLAIRE, *Stylaria*. (*Entomoz.*) Genre établi par M. de Lamarck dans la nouvelle édition de son Système des animaux sans vertèbres, tome 3, page 223, pour une espèce de naïde de Gmelin, dont l'extrémité antérieure se prolonge en une sorte de trompe styliforme , mais qui, du reste, n'offre aucune autre différence avec les autres naïdes.

La seule espèce de ce genre est,

La Stylaire des étangs : *S. paludosa ; Nais proboscidea ,* Linn., Gmel., page 3121, n.° 3 ; Roësel, *Ins.*, 3, tab. 78, fig. 16 et 17, et tab. 79, fig. 1 , copié dans l'Enc. méth. , pl. 53, fig. 5 — 8 , qui, comme toutes les autres naïdes, vit dans les eaux des marais et des étangs. Voyez Naïde. (De B.)

STYLANDRE FLUETTE (*Bot.*), *Stylandra pumila*, Nuttal, *North Amer.*, 1 , pag. 170 ; *Asclepias pedicellata*, Watt., *Carol.*, 106 , *an Asc. moschata ?* Bartram. Genre de plantes dicotylédones, de la famille des *apocinées*, de la *pentandrie digynie* de Linnæus, offrant pour caractère essentiel : Un calice petit, à cinq divisions ; la corolle sans tube , à cinq découpures droites, alongées, conniventes ; un appendice simple, à cinq segmens en bourse , comprimés, operculés par une pointe roide, recourbée : un tube en forme de style, soutenant une partie de la fructification ; les étamines semblables à celles de l'*asclepias* ; les paquets du pollen pendans ; deux follicules grêles, alongés.

Les tiges sont droites, grêles, simples, légèrement pubescentes, longues de six à douze pouces; les feuilles sessiles, opposées ou alternes, linéaires, aiguës, un peu pubescentes, un peu rudes à leurs bords; l'ombelle est solitaire, axillaire, composée de trois ou quatre fleurs; le pédoncule court; les pédicelles sont plus longs que le pédoncule; les divisions du calice aiguës; celles de la corolle droites, conniventes, ovales-oblongues, d'un vert jaunàtre, parsemées de points enfoncés. Cette plante croît dans la Caroline et la Floride. (Poir.)

STYLE. (*Bot.*) Support particulier du stigmate. Le style est ordinairement placé au sommet géométrique de l'ovaire, qui devient ainsi le sommet organique (lis, pervenche); assez souvent son point d'attache est latéral (*daphne*, et autres thymelées, *rubus* et autres rosacées); quelquefois il part de la base de l'ovaire, et par conséquent il est situé à l'opposite du sommet géométrique (*artocarpus incisa*, *hirtella peruviana*); quelquefois même son point d'attache n'est pas sur l'ovaire, il est sur le réceptacle (bourrache, sauge, etc.), ou sur une partie saillante du réceptacle (*scutellaria, gomphia*, etc.), et alors c'est par l'intermède de ces parties que s'établit la communication qui existe entre le style et l'ovaire.

Il y a souvent un grand nombre de styles pour un seul ovaire (*phitolacca*), et quelquefois un seul style s'élève de deux ovaires distincts (pervenche et autres apocinées); mais ces deux ovaires étoient, dans l'origine, unis par leur suture.

Dans toutes les orchidées et dans l'*alpinia*, le *canna*, et quelques autres amomées, le style et le support des étamines sont réunis.

Dans le *stylidium* le style est soudé à la corolle et semble n'en être qu'une nervure.

Le style ne tombe pas toujours après la fécondation; il accompagne le fruit (*geranium*), et prend même quelquefois de l'accroissement (*anemone pulsatilla, geum, clematis flammula*).

Selon les espèces le style varie par sa forme, sa longueur et sa consistance.

Il est simple (*mirabilis*) ou divisé en deux (*salicornia*), en trois (*ixia*), ou plusieurs parties (*malva*).

Linné, dans sa Méthode artificielle, compte autant d'or-

ganes femelles qu'il y a de styles sur un ovaire, tandis que, selon les sectateurs des familles naturelles et selon les physiologistes, le nombre des pistils doit seul indiquer celui des parties femelles. (MASS.)

STYLÉPHORE, *Stylephorus.* (*Ichthyol.*) Shaw a donné ce nom à un genre de poissons osseux de la famille et de l'ordre des cryptobranches de M. Duméril, et de la première famille des acanthoptérygiens, celle des tænioïdes de M. Cuvier.

Il peut être ainsi caractérisé :

Branchies sans opercules, mais à membranes; catopes nuls; corps très-alongé; deux dorsales, la première étendue sur tout le dos et la seconde implantée sur le bout de la queue, qui se termine en un filet plus long que le corps; nageoire anale nulle.

On ne connoît encore qu'une espèce dans ce genre; c'est :

Le STYLÉPHORE ARGENTÉ; *Stylephorus chordatus,* Shaw. Écailles non apparentes; corps argenté, marbré de brun.

Le seul individu qui ait été observé avoit deux pieds de longueur, non compris le filament terminal, qui avoit à lui seul dix-huit pouces. Il avoit été pris entre Cuba et la Martinique, à huit ou dix lieues du rivage. (H. C.)

STYLIDIÉES. (*Bot.*) Cette famille de plantes, établie par R. Brown, fait partie de la classe des péri-corollées ou dicotylédones à corolle monopétale, insérée au calice. Elle est déterminée par l'ensemble des caractères suivans :

Un calice unisépale, adhérent à l'ovaire, au-dessus duquel son limbe se partage en plusieurs lobes; une corolle monopétale insérée au calice, divisée en cinq ou six lobes inégaux, imbriqués dans la préfloraison; un ovaire supère, adhérent, biloculaire, contenant plusieurs ovules dans chaque loge; style unique s'élevant entre deux glandes placées sur l'ovaire, et terminé par un stigmate simple ou bifide. Deux étamines insérées au calice au-dessous de la corolle; filets réunis dans toute leur longueur en un tube entourant le style et faisant presque corps avec lui; anthères distinctes, simples ou didymes, très-rapprochées du stigmate, dont elles semblent faire partie; une capsule bivalve, d'abord biloculaire, à cloison parallèle aux valves, ensuite presque uniloculaire par suite du retrait de cette cloison; graines nombreuses.

portées sur le milieu de la cloison ; embryon très-petit, renfermé dans le centre d'un périsperme charnu.

Les plantes de cette famille sont des sous-arbrisseaux ou plus souvent des herbes, quelquefois indivises et nues comme des hampes. Les feuilles sont simples, alternes ou quelquefois verticillées, très-rapprochées à la base des tiges nues. Les fleurs sont rarement axillaires, plus ordinairement terminales, solitaires ou en épi, ou en panicule, accompagnées chacune de trois petites bractées.

Les stylidiées renferment peu de genres ; savoir : le *Stylidium* de Swartz. qui leur donne son nom ; le *Leuwenockia* de M. Brown ; le *Forstera* de Linnæus fils et le *Phyllachne* de Forster, plante très-petite, différente des genres précédens par ses fleurs indiquées comme monoïques et que Willdenow croit cependant congénère du *Forstera*.

Le caractère le plus remarquable est cette réunion intime du tube des étamines avec le style ; réunion qui présente la forme d'une colonne staminifère , et semble indiquer qu'il faut chercher ailleurs la partie supérieure de l'organe femelle. Richard, dont nous partagions l'opinion , avoit d'abord pris pour stigmate un lobe très-irrégulier de la corolle, au tube de laquelle il croyoit voir le style intimement uni , mais un nouvel examen nous a détrompé tous deux. Cette famille se rapproche des campanulacées et plus encore des lobéliacées. (J.)

STYLIDIUM. (*Bot.*) Ce nom, donné d'abord par Swartz au genre qui est le type de la famille des stylidiées, a été aussi donné par Loureiro dans la Flore de la Cochinchine à un autre genre, qui est le *pautsaw* des Cochinchinois. Nous l'avons nommé pour cette raison *Pautsauvia* , et M. Poiret l'a décrit sous le nom de *Stylis*. (J.)

STYLIDIUM. (*Bot.*) Genre de plantes dicotylédones, à fleurs complètes , monopétalées , de la famille des *lobéliacées*, de la *monadelphie diandrie* de Linné, qui offre pour caractère essentiel : Un calice à deux lèvres, l'une bifide, l'autre à trois dents ; une corolle tubulée ; le tube fendu à sa partie supérieure ; le limbe à cinq divisions, quatre égales, la cinquième très-petite , à la base de la fente du tube ; deux filamens soudés ; deux anthères conniventes, à deux lobes ;

un ovaire inférieur ; un style à un stigmate obtus ; une capsule bivalve, divisée en deux loges à sa partie supérieure ; plusieurs semences attachées à un réceptacle connivent avec les deux côtés de la cloison.

Stylidium pileux : *Stylidium pilosum*, Labill., *Nov. Holl.*, 2. tab. 215 ; Vanelle, Encycl. D'une racine commune s'élève un grand nombre de feuilles toutes radicales, longues de six à sept pouces et plus, rétrécies à leur base en un pétiole à demi cylindrique, glabres à leurs deux faces, lancéolées, linéaires ; de leur centre s'élèvent plusieurs hampes cylindriques, fistuleuses, velues, longues d'environ un pied et demi. Les fleurs forment une panicule chargée sur toutes ses parties de poils glanduleux à leur sommet, composée de petites grappes partielles, munies de bractées lancéolées, aiguës. Le calice est partagé en deux découpures profondes ; l'une bifide, l'autre à trois dents ; la corolle couverte de mamelons : le limbe à cinq lobes, entremêlés de petites dents ; quatre lobes elliptiques, presque d'égale longueur, un cinquième fort petit ; deux filamens soudés, comprimés, recourbés, élargis à leur milieu, dilatés en spatule au sommet ; l'ovaire oblong. velu ; le style très-court, à deux sillons ; le stigmate légèrement bifide. Le fruit est une capsule ovale, un peu comprimée, bivalve, s'ouvrant presque jusqu'à sa base en deux loges. renfermant plusieurs semences orbiculaires. comprimées, attachées à un réceptacle connivent aux deux côtés de la cloison. Cette plante croît à Van-Leuwin, dans la Nouvelle-Hollande.

Stylidium a feuilles glauques ; *Stylidium glaucum*, Labill., *Nov. Holl.*, 2, tab. 214. Plante fluette, haute à peine de trois ou quatre pouces, dont la racine produit un grand nombre de feuilles étalées en rosette, ovales, presque en spatule, rétrécies à leur partie inférieure, glabres, entières, vertes en dessus. de couleur glauque en dessous, toutes radicales. Les tiges sont droites. fort menues, un peu comprimées, garnies de quelques petites écailles foliacées, distantes, alternes. courtes. sessiles, un peu obtuses. Ces tiges. par leurs divisions à leur sommet, forment une panicule lâche, peu garnie. Les fleurs sont pédonculées, presque solitaires, munies, sur les pédoncules. de quelques bractées ; les divisions du calice oblongues , presque toutes égales; la corolle est tubulée , à quatre divisions oblongues, dont la cinquième fort petite; le tube muni vers le haut de quatre ou six mamelons en forme de dents: l'ovaire ovale, strié. Cette espèce croît à la Nouvelle-Hollande, dans la terre Van-Leuwin.

STYLIDIUM A FEUILLES DE GRAMEN: *Stylidium graminifolium*. Swartz, *Nov. act. soc. nat. Berol.*, vol. 5, fig. 1; Labill., *Nov. Holl.*, 2, tab. 215; *Ventenatia major?* Smith, *Exot.*, tab. 66 ; Candollea, Ann. du Mus. de Paris, vol. 6, pag. 154; Andr., *Bot. rep.*, tab. 658. Les racines sont composées de longues fibres droites, simples, un peu épaisses, fusiformes : elles produisent une touffe de feuilles longues d'environ deux pouces, étroites, linéaires-lancéolées, entières ou finement denticulées, glabres, aiguës, toutes radicales : de leur centre s'élève une tige de cinq à six pouces et plus, un peu striée, chargée de poils courts qui se terminent par une petite glande ; ils règnent également sur les grappes de fleurs; celles-ci sont disposées en une grappe simple, droite, terminale, un peu lâche; les pédicelles munis de trois bractées ; les deux divisions du calice ovales, l'une à deux dents, l'autre à trois; le limbe de la corolle a quatre lobes ovales, obtus, un cinquième très-court; de très-petites dents sont à l'ouverture du tube. L'ovaire est ovale-oblong; la capsule ovale; les semences sont nombreuses, tuberculées, presque orbiculaires. Cette plante croît à la Nouvelle-Hollande et au cap Van-Diémen.

STYLIDIUM SÉTACÉ; *Stylidium setaceum*, Labill., *Nov. Holl.*, 2, pag. 65. Ses racines produisent un grand nombre de feuilles glabres, sétacées, entières, un peu cartilagineuses, longues d'environ un pouce, terminées par une petite pointe courte. De leur centre s'élève une hampe droite, longue d'un pied, cylindrique, fort menue. Les fleurs sont terminales, réunies en une grappe simple, courte, couverte de poils glanduleux au sommet, munies de trois bractées à chaque pédicelle, dont deux opposées, de moitié plus courtes que la bractée inférieure. Les dents du calice sont arrondies; les découpures de la corolle sans dents; l'ovaire a la forme de massue. Le fruit est une capsule alongée. Cette plante croît dans la terre de Van-Leuwin à la Nouvelle-Hollande.

STYLIDIUM A FEUILLES DE STATICE; *Stylidium armeria*, Labill.

loc. cit., tab. 216. Ses racines sont composées d'un grand nombre de fibres grêles et rameuses : elles produisent des feuilles en touffes gazonneuses, planes, linéaires-lancéolées, un peu élargies, longues de trois à quatre pouces, glabres, entières, un peu aiguës : de leur centre s'élèvent plusieurs hampes droites, hautes d'un pied, terminées par un épi ou une grappe de fleurs alongée, un peu serrée, couverte de poils glanduleux; les pédicelles sont accompagnés de trois bractées, dont deux opposées, sétacées, la troisième plus longue, très-aiguë; les deux lèvres du calice munies de dents obtuses; point de dents entre les divisions de la corolle; la cinquième est fort petite, sagittée, réfléchie; le tube muni vers son orifice de cinq à six petits filamens courts, épais. La capsule est nulle; les semences sont nombreuses, à quatre faces. Cette plante croit au cap Van-Diémen.

Stylidium a ombelle; *Stylidium umbellatum*, Labill., *loc. cit.*, tab. 217. Cette espéce a des feuilles toutes radicales, nombreuses, touffues, planes, linéaires, glabres, entières, fort étroites, un peu aiguës, longues de six ou huit pouces. La hampe est droite, cylindrique, un peu pileuse à sa partie supérieure, longue d'environ un pied et demi. Les fleurs sont disposées en grappes simples, nombreuses de six à huit, peu garnies, réunies en une sorte d'ombelle longue d'un à deux pouces, chargée de poils glanduleux, entourée à sa base d'une sorte d'involucre composé de folioles nombreuses, étroites, inégales, linéaires-lancéolées, aiguës, une fois plus courtes que les grappes. Cette plante croit au cap Van-Diémen, à la Nouvelle-Hollande.

Stylidium linéaire; *Stylidium lineare*, Swartz, *Nov. act. soc. scrut. nat. Berol.*, vol. 5, fig. 2. Dans cette espéce toutes les feuilles partent des racines; elles sont réunies en touffe, étroites, linéaires, subulées, presque cylindriques, entières, aiguës, longues d'environ un pouce. De leur centre s'élève une hampe longue d'environ sept à huit pouces, munie à sa partie supérieure de glandes pédicellées. Les fleurs sont disposées en grappes terminales. Cette plante croit à la Nouvelle-Hollande.

Stylidium fluet; *Stylidium tenellum*, Swartz, *loc. cit.*, fig. 3; Willd., *Spec.*, 4, pag. 146. Espéce très-fluette, dont les tiges sont simples, droites, un peu comprimées, hautes d'un ou

deux pouces , garnies de feuilles elliptiques , entiéres , obtuses , longues de six lignes : les inférieures très-rapprochées ,
les supérieures alternes. Les fleurs sont disposées en une petite grappe courte , simple , composée de trois à cinq fleurs
pédicellées. Cette plante croît dans les Indes orientales, aux
environs de Malacca.

STYLIDIUM DES MARAIS; *Stylidium uliginosum*, Swartz, *loc. cit.*,
fig. 4. Plante facile à distinguer par la forme de ses feuilles.
Ses tiges sont droites , cylindriques, hautes de huit ou dix
pouces , un peu paniculées à leur partie supérieure. Les
feuilles sont presque rondes , petites, longues de cinq ou six
lignes; celles de la base très-rapprochées, nombreuses; celles
des tiges en petit nombre , alternes, sessiles , distantes , fort
petites , ovales ou un peu arrondies. Cette plante croît à l'île
de Ceilan.

Ce genre a été enrichi par M. R. Brown d'environ une
quarantaine d'espèces, toutes recueillies à la Nouvelle-Hollande , mentionnées dans son *Prodromus Nov. Holl.*, 1 , p. 568.
(POIR.)

STYLIMNUS. (*Bot.*) Voyez notre article PLUCHÉE, t. XLII ,
pag. 7. (H. CASS.)

STYLINE , *Stylina.* (*Polyp.*) Genre de polypiers, établi par
M. de Lamarck , d'abord dans ses cours sous le nom de fas-
ciculaire et ensuite sous celui de styline dans son Système
des animaux sans vertèbres , tome 2 , page 220, pour un
madrépore, rapporté par MM. Péron et Lesueur de l'Océan
austral, et que l'on peut caractériser ainsi : Polypes inconnus ,
contenus dans des tubes verticaux, cylindriques , remplis de
lames rayonnantes, autour d'un axe plein , solide , saillant,
se réunissant en plus ou moins grand nombre , de manière
à former une masse pierreuse , épaisse et hérissée en dessus.

Ce genre, qui se rapproche beaucoup des sarcinules, ne
contient encore qu'une seule espèce :

La S. ÉCHINULÉE; *S. echinulata*, de Lamk., *loc. cit.*, p. 121 ,
dont les caractères spécifiques se trouvent nécessairement
dans ceux du genre. Elle est figurée dans les planches de ce
Dictionnaire. (DE B.)

STYLIS (*Bot.*): *Stylis*, Poir.; *Stylidium*, Lour.; *Pautsauvia*,
Juss. Genre de plantes dicotylédones, à fleurs incomplètes ,

de l'*heptandrie monogynie* de Linné, offrant pour caractère essentiel : Une corolle à sept pétales; point de calice; sept étamines insérées sur le réceptacle; un ovaire supérieur; un style : un stigmate échancré; un drupe ovale, fort petit, renfermant une petite noix scabre, à deux loges monospermes.

Stylis de Chine; *Stylidium chinense*, Lour., *Fl. Cochin.*, 1, pag. 275. Arbrisseau droit, très-rameux, haut d'environ cinq pieds; à rameaux dichotomes, garnis de feuilles alternes, pétiolées, glabres, ovales, inégales à leur base, acuminées au sommet, très-entières. Les fleurs sont jaunes, axillaires, pédonculées; les pédoncules dichotomes. Il n'y a point de calice. La corolle est composée de sept pétales droits, linéaires, rapprochés en un cylindre alongé, quelquefois réfléchis dans leur vieillesse; les étamines sont au nombre de sept; les filamens courts, planes, presque connivens, en forme de colonne, insérés sur le réceptacle; les anthères droites, linéaires, de la longueur de la corolle; l'ovaire est arrondi; le style plus long que la corolle; le stigmate ovale, échancré. Le fruit est un drupe ovale, renfermant une noix à deux loges; dans chaque loge un noyau arrondi. Cette plante croit en Chine, aux environs de Canton, aux lieux incultes. Sa racine passe pour rafraichissante. On l'emploie en décoction dans les fièvres chaudes. (Poir.)

STYLLARIA, Styllaire. (*Bot.*) Stipe translucide, inarticulé, simple ou divisé en deux ou trois branches, à l'extrémité desquelles se développent des corps cylindriques cunéiformes, ou semblables aux urnes du *Splachnum*; corps qui, se détachant à une certaine époque, nagent avec plus ou moins de vélocité. Tel est le caractère générique du *Styllaria*, fondé par M. Bory de Saint-Vincent aux dépens de l'*Echinella* de Lyngbye, puisqu'il comprend les *echinella geminata*, *paradoxa* et *cuneata* de Lyngbye, qui diffèrent essentiellement des autres espèces en ce qu'elles sont stipitées. M. Bory place ces deux genres dans sa famille des bacillariées, qu'il range dans les dernières limites du règne animal, parmi les êtres microscopiques, improprement et provisoirement nommés *infusoires*. Le genre *Echinella* de Lyngbye, placé par lui et par Agardh dans la famille des algues, à la suite des algues articulées confervoïdes, qui ont donné lieu à tant d'observations curieuses sur la vie végéto-animale d'un assez grand nombre d'entre elles ; le genre *Echinella* de Lyngbye , disons-nous , a offert encore les élémens de plusieurs autres genres nouveaux à M. Bory de Saint-Vincent; par exemple : 1.º l'*echinella acuta* , Lyngbye , et le *vibrio tripunclatus* , Mull. , sont les types de son genre *Navicula* , caractérisé par la forme en navette des animalcules ; 2.º l'*echinella olivacea* , Lyngbye , ou *vibrio lunula* , Mull. , est le type du genre *Lunulina* , Bory , dont les animalcules ont la forme d'un croissant. Tous ces genres font partie des bacillariées. (Lem.)

STYLOBASIS. (*Bot.*) Genre que Schwabe se proposoit d'établir sur une plante cryptogame de la famille des algues, et que Curt Sprengel place comme espèce dans le genre *Linkia ;* il la nomme *linkia amblyonema* (*stylobasis stylocarpa* , Schw.). Elle est solide , dure, de forme globuleuse , d'un noir verdâtre , et contient des filamens denses, rayonnans , roides , très-simples, cylindriques, cannelés, obtus. On la trouve dans les lacs et les étangs des environs de Dessau , en Allemagne. Cette description annonce une espèce de *linkia* , et même une espèce voisine des *linkia atra* et *natans* , Lyngb. , ou *rivularia atra* et *angulosa* , Roth. (Lem.)

STYLOBASIUM. (*Bot.*) Genre de plantes dicotylédones, à fleurs polygames, de la famille des *térébinthacées* , de la *polygamie monoécie* de Linné , offrant pour caractère essentiel : Des fleurs polygames : dans les hermaphrodites un calice à cinq lobes ; point de corolle ; dix étamines ; un style avorté, stérile : les fleurs femelles fertiles ; un calice, comme dans les hermaphrodites ; dix filamens privés d'anthères ; un ovaire à une seule loge, renfermant deux ovules ; un style inséré à la base de l'ovaire ; un drupe uniloculaire, monosperme.

Ce genre, établi par M. Desfontaines , a des rapports avec les Heterodendrum, autre genre du même auteur (voyez ce mot). Il en diffère par ses fleurs polygames, le style latéral, le stigmate épais, papilleux ; un drupe arrondi, non lobé, à une seule loge.

Stylobasium spatulé : *Stylobasium spatulatum* , Desf. , Mém. du Mus. d'hist. nat. de Paris , vol. 5 , pag. 37 , tab. 2 ; Poir. , *Ill. gen.* , *Suppl.* , tab. 1000. Cette plante a des tiges ligneuses, ramifiées ; les rameaux garnis de feuilles alternes , presque sessiles, glabres, oblongues, très-entières, un peu en spatule, rétrécies en pétiole à leur base, persistantes. Les fleurs sont polygames, disposées en grappes lâches, axillaires et terminales. Dans les fleurs hermaphrodites le calice est urcéolé, à cinq lobes obtus; il n'y a point de corolle. Les étamines, au nombre de dix, sont insérées sur le réceptacle, plus longues que le calice; les anthères fertiles, oblongues, épaisses, à deux loges; le style est fort petit, partant de la base d'un ovaire infécond, et à un stigmate en tête. Dans les fleurs femelles le calice est persistant, semblable à celui des hermaphrodites; les filamens des étamines sont persistans, dépourvus d'anthères. L'ovaire est arrondi, uniloculaire, contenant deux ovules; un style latéral, plus long que le calice; un stigmate capité et papilleux. Le fruit est un drupe à une seule loge, monosperme, globuleux, entouré à sa base par le calice. Le lieu natal de cette plante n'est pas connu. (Poir.)

STYLOBATE. (*Min.*) M. Breithaupt avoit donné ce nom, dans le *Taschenbuch für Mineral.*, etc. de M. Leonhard, t. 10, pag. 600, à un minéral à quatre pans, qu'il regardoit d'abord comme une espèce particulière ; mais il paroit qu'il a reconnu depuis lors qu'il appartenoit à la jamesonite ou gehlinite, car il l'a réuni avec cette espèce minérale dans son ouvrage intitulé *Vollständige Characteristik des Min. Syst.*, et M. Leonhard a adopté cette réunion. (B.)

STYLOCERAS. (*Bot.*) Genre de plantes dicotylédones, à fleurs incomplètes, monoïques ou dioïques, de la famille des *euphorbiacées*, de la *dioécie polyandrie* de Linné, offrant pour caractère essentiel: Dans les *fleurs mâles*, point de calice ni de corolle; un grand nombre d'anthères sessiles, insérées à la base d'une bractée, épaisses, à deux loges, s'ouvrant des deux côtés dans leur longueur. Dans les *fleurs femelles*, un calice fort petit, en forme de cupule, persistant, à trois ou cinq divisions; point de corolle ni d'étamines; un ovaire libre, sessile, globuleux, à deux ou quatre loges; un ovule dans chaque loge; deux styles arqués; une capsule globuleuse, à deux ou quatre loges, couronnée par les deux styles persistans; les semences solitaires.

Ce genre a été établi par M. Adrien de Jussieu. Willdenow

l'avoit confondu avec le *Trophis*; il se rapproche des *triceras*, mieux encore du buis, par ses styles et son port. Il renferme des arbres à feuilles coriaces, alternes, oblongues, luisantes; les fleurs sont axillaires, munies de bractées; les unes mâles, d'autres femelles, sur le même épi ou sur des pieds séparés: les fleurs mâles disposées en épi; les femelles solitaires.

Styloceras de Kunth : *Styloceras kunthianum*, Adr. Juss., *De euphorb.*, tab. 17, fig. 56; Kunth, *in* Humb. et Bonpl., *Nov. gen.*, vol. 7, pag. 172, tab. 637; *Trophis laurifolia*, Willd., *Spec.*, 4, p. 733. Arbre d'environ vingt-quatre ou trente pieds, très-rameux, couronné d'une cime droite et oblongue. Les rameaux sont épais, un peu anguleux, glabres; les feuilles alternes, pétiolées, oblongues, un peu aiguës, entières, rétrécies en coin à leur base, presque à trois nervures, longues de quatre ou cinq pouces, sans stipules. Les fleurs sont disposées en un épi court, axillaire, qui réunit les fleurs mâles et les femelles; les mâles sessiles, solitaires, persistantes; une bractée remplace, dans les mâles, le calice et la corolle: dans les fleurs femelles, le calice est fort petit, persistant, à cinq divisions ovales, arrondies, aiguës; l'ovaire glabre, sessile, à quatre loges, surmonté de deux styles en forme de cornes; dans chaque loge est un ovule oblong, pendant. La capsule, globuleuse, à deux, rarement à trois cornes, a quatre loges, de couleur jaune, d'une odeur et d'une saveur agréables; les semences sont ovales, revêtues d'une écorce noire et fragile. Le fruit est bon à manger. Cette plante croît dans la province de Quito, au pied du mont Tunguragua, dans les forêts épaisses, à l'ombre. Elle fleurit au mois de Juin.

Styloceras a feuilles de laurier : *Styloceras laurifolium*, Kunth, *loc. cit.*, tab. 638 ; *Trophis laurifolia*, Willd., *loc. cit.* Cet arbre a des rameaux glabres, lisses, anguleux. Les feuilles sont alternes, pétiolées, oblongues, un peu obtuses, un peu courantes sur le pétiole, veinées, entières, presque à trois nervures, glabres, coriaces, luisantes en dessus, plus pâles en dessous, longues de cinq pouces, larges de vingt-une à vingt-deux lignes. Les fleurs sont dioïques; les mâles sessiles, réunies en un épi solitaire, axillaire, long d'un pouce, contenant dix à douze fleurs; les bractées courtes, ovales, aiguës, ciliées à leurs bords, soutenant environ douze anthères sessiles, épaisses, tétragones, un peu aiguës, à deux loges. Les fleurs femelles sont axillaires, solitaires, pédonculées, longues de quatre lignes, accompagnées de plusieurs bractées courtes, imbriquées, glabres, ovales, aiguës; leur calice est petit, à quatre folioles. en forme de cupule; l'ovaire glabre, sessile, un peu globuleux, à deux loges, couronné par deux styles en cornes; un ovule dans chaque loge. Cette plante croît à la Nouvelle-Grenade. (Poir.)

STYLOCOMIUM. (Bot.) Nom que Bridel avoit d'abord donné au genre *Triplocoma*, dans la famille des mousses. (Lem.)

STYLOCORINE, *Stylocorina*. (Bot.) Genre de plantes dicotylédones, à fleurs complètes, monopétalées, régulières, de la famille des *rubiacées*, de la *pentandrie monogynie* de Linné, offrant pour caractère essentiel: Un calice urcéolé, à cinq dents, adhérent avec l'ovaire; une corolle en roue; le tube court; le limbe à cinq lobes étalés; cinq étamines; les filamens trèscourts, insérés à l'orifice du tube; les anthères linéaires et saillantes; un ovaire inférieur; un style en massue; le stigmate simple ou divisé; une baie globuleuse, couronnée par les dents du calice, à deux ou quatre loges polyspermes.

Stylocorine a grappes : *Stylocorina racemosa*, Cavan., *Icon. rar...*, pag. 46, tab. 368; Poir., *Ill. gen.*, Suppl., tab. 921; Gaertn. fils, *Carpol.*, tab. 197. Arbre ou grand arbrisseau d'environ douze pieds de haut et plus, couronné par une cime ample, étalée. L'écorce est glabre et cendrée. Les feuilles sont opposées, pétiolées, glabres, très-entières, lancéolées, acuminées, longues de trois ou quatre pouces; les pétioles à peine longs de six lignes, presque connivens. Les fleurs sont disposées en grappes solitaires, axillaires : les ramifications dichotomes. munies à leur base de petites bractées opposées. Leur calice est court, urcéolé, persistant, glabre, à cinq dents; la corolle d'un blanc jaunâtre, en roue : le tube un peu plus long que le calice; le limbe à cinq lobes ovales, obtus. hérissés de poils blanchâtres; le style de la longueur des étamines; le stigmate simple. Le fruit est une baie glabre, sphérique. peu charnue, à deux loges pulpeuses, contenant des semences dures, anguleuses. Cette plante croît aux îles Philippines.

Stylocorine à corymbes; *Stylocorina corymbosa*, Lab., *Sert. austr. caled.*, p. 48, tab. 48. Arbrisseau de dix à douze pieds, dont les tiges et les rameaux sont dressés, un peu cylindriques, revêtus d'une écorce d'un jaune sale, couleur de châtaigne au sommet des derniers rameaux. Les feuilles sont opposées, ovales, oblongues, un peu obtuses, acuminées, rétrécies en pétiole à leur base, à peine longues d'un pouce, coriaces, brunes en dessus, plus pâles en dessous; les stipules larges, coriaces, brunes, d'un jaune de soufre à leur base. Les fleurs sont disposées en corymbes terminaux, striés sur leurs ramifications: ces fleurs exhalent une odeur très-agréable. Le calice est brun, urcéolé, à cinq dents aiguës; le tube de la corolle court, pileux en dedans; le limbe à cinq lobes étalés, linéaires, lancéolés, réfléchis à leurs bords, cinq fois plus longs que le tube; les cinq filamens sont élargis, insérés à l'orifice du tube; les anthères droites, linéaires, lancéolées, bifides à leur base. L'ovaire est inférieur, en ovale renversé; le style en massue, à deux stigmates appliqués. Le fruit est une baie globuleuse, à peine de trois lignes de diamètre, couronnée par les dents du calice, à quatre loges, souvent réduites à une seule par avortement; les semences sont nombreuses, elliptiques, entourées d'une substance pulpeuse. Cette plante croît dans la Nouvelle-Calédonie.

Stylocorine odorante; *Stylocorina fragrans*, Blum., *Flor. javan.*, 982. Cette espèce a des tiges ligneuses, garnies de feuilles opposées, oblongues, elliptiques, aiguës à leurs deux extrémités, glabres à leurs deux faces, un peu rudes sur leurs nervures. Les fleurs, disposées en un corymbe terminal, fastigié et touffu, ont la corolle en soucoupe, à cinq lobes obliques; les étamines insérées à l'orifice du tube; les anthères très-longues, linéaires, un peu tombantes; le style fort long; le stigmate entier, en massue; une baie globuleuse, presque sèche, à deux loges polyspermes, ombiliquées au sommet par l'orifice du calice; les semences anguleuses, placées sur un réceptacle fongueux. Cette plante croît à Java, dans les forêts des montagnes: elle fleurit pendant toute l'année.

Stylocorine à fleurs lâches; *Stylocorina laxiflora*, Blum., *loc. cit.*, 985. Cette plante a beaucoup de rapports avec la précédente, mais elle s'élève en arbre; ses fleurs sont beaucoup plus petites et le style moins long. Son tronc se divise en rameaux chargés de feuilles opposées, oblongues, acuminées à leurs deux extrémités, rudes en dessous sur leurs nervures. Les fleurs sont disposées en un corymbe lâche, terminal. trichotome, étalé; leur calice court, à cinq dents; la corolle en soucoupe. Cette plante croît aux lieux ombragés. à Java. sur les montagnes de Parang, dans la province de Tjanjor. Elle fleurit aux mois de Juin et de Juillet.

STYLOCORINE TOMENTEUSE: *Stylocorina tomentosa*, Blum., *loc. cit.* Sa tige est arborescente, à rameaux couverts d'un duvet tomenteux, garnis de feuilles pétiolées, opposées, ovales. aiguës, pubescentes en dessous sur leurs nervures, ainsi que sur les pétioles. Les fleurs sont pédonculées. réunies en un bouquet touffu. axillaire et terminal; les pédoncules tomenteux: le calice petit. à cinq dents; la corolle en forme d'entonnoir, divisée à son limbe en cinq loges. Le fruit est une baie sèche. globuleuse. Cette plante croît à Java, sur les montagnes dans la province de Bantam : elle fleurit au mois de Janvier et dans les suivans. (POIR.)

STYLOPHORE A DEUX FEUILLES (*Bot.*) : *Stylophorum diphyllum*, Nuttal, *Gen. of North Amer.*, 2, pag. 7; *Chelidonium diphyllum*. Mich., *Amer.*, 1, pag. 309. Genre de plantes dicotylédones, à fleurs complètes, polypétalées, de la famille des *papavéracées*, de la *polyandrie monogynie* de Linnæus, offrant pour caractère essentiel : Un calice à deux folioles caduques: quatre pétales; des étamines nombreuses; un style distinct: un stigmate en tête, à quatre lobes; une capsule supérieure, elliptique, à une seule loge; trois ou quatre valves roulées: un réceptacle filiforme, persistant, uni avec le style; les semences nombreuses, ponctuées. en crête.

Ce genre, établi particulièrement sur la présence d'un style, renferme une première espèce de l'Amérique septentrionale. que Michaux avoit rangée parmi les *chelidonium*, qui en diffère par la présence d'un style. Cette plante est herbacée, assez semblable au *chelidonium majus*, distillant par incision un suc jaune, amer et résineux. Ses tiges n'ont ordinairement que deux feuilles sessiles, presque terminales, opposées. pinnatifides, à lobes arrondis, obtus. un peu ondulés. Les fleurs sont jaunes, agrégées; les pédoncules dicho-

tomes, alongés, pendans à l'époque de la fructification, quelquefois prolifères, produisant une seconde paire de feuilles.

Nuttal ajoute une seconde espèce sous le nom de *stylophorum petiolatum*. Ses tiges sont quadrangulaires, à deux, rarement à trois feuilles, soutenues par de longs pétioles, pinnatifides, à cinq ou sept lobes larges, anguleux, non dentés,
lisses et glauques en dessous, un peu pileuses sur leurs nervures; les pédoncules pileux, presque en bouquet; le calice a
deux folioles pileuses, acuminées: les pétales sont jaunes, assez
semblables à ceux du *chelidonium glaucum*; le style est jaune;
la capsule elliptique, renflée, soyeuse; le réceptacle presque semblable à celui de l'*argemone*. Cette plante croît dans
l'Amérique septentrionale. Le *papaver cambrium* paroît devoir
être réuni à ce genre. (Poir.)

STYLOPS. (*Entom.*) M. Kirby a décrit sous ce nom une
espèce d'insecte parasite dont la larve se développe sous les
anneaux de l'abdomen des andrènes. Il en a tracé l'histoire
au trait sur la planche 14, n.° 11, de sa Monographie des
abeilles d'Angleterre. Il caractérise ainsi ce genre : Antennes
divisées en deux, ou fourchues: yeux pédonculés: écusson couvrant le ventre; élytres fixés sur les côtés du corselet; ailes
plissées et comme tordues. Ce genre diffère peu de celui des
Xénos (voyez ce mot), qui ne comprend aussi qu'une espèce,
dont les antennes et l'abdomen sont autrement disposés. (C. D.)

STYLOSANTHE, *Stylosanthes*. (*Bot.*) Genre de plantes dicotylédones, à fleurs papilionacées, de la famille des *légumineuses*, de la *diadelphie décandrie* de Linné, caractérisé par
un calice caduc, tubulé, très-long; le limbe campanulé, à
quatre lobes, le supérieur échancré; une corolle papilionacée; l'étendard arrondi et rabattu; dix étamines diadelphes;
cinq anthères oblongues, cinq autres plus petites, arrondies;
un ovaire sessile, à deux ovules; un style très-long; le stigmate obtus; une gousse comprimée, à deux articulations monospermes; indéhiscentes; quelquefois l'inférieure avorte; la
supérieure terminée par une pointe en hameçon; les semences
sans périsperme.

Stylosanthe couchée : *Stylosanthes procumbens*, Swartz, *Fl.
Ind. occid.*, 2, pag. 1282; Lamk., *Ill. gen.*, tab. 627, fig. 1;
Hedysarum amatum, Linn., var. α; Sloan., *Jam. hist.*, 1, tab.

119, fig. 2. Plante basse, presque ligneuse, dont les tiges sont couchées, longues de quatre ou six pouces, rameuses, pubescentes, roides, cylindriques; les rameaux ascendans; les feuilles alternes, pétiolées, ternées, glabres; les folioles ovales, oblongues, acuminées, entières, traversées par une nervure blanchâtre: la foliole terminale un peu pédicellée; les pétioles courts, accompagnés de stipules vaginales, courantes, pubescentes, bifides au sommet. Les fleurs sont disposées en épis terminaux et feuillés, presque sessiles, munis de stipules vaginales, imbriquées; les extérieures accompagnées de feuilles ternées; les intérieures en forme de bractées blanchâtres, petites, membraneuses. Le calice est très-long, tubulé, filiforme; les divisions du limbe sont pubescentes au sommet; la corolle est jaune: le stigmate pubescent; les gousses courtes, un peu comprimées; les articulations sont relevées en bosse, anguleuses sur le dos: les semences solitaires, oblongues, presque en rein. Cette plante croit à la Jamaïque, sur les pelouses.

STYLOSANTHE VISQUEUSE: *Stylosanthes viscosa*, Swartz, *loc. cit.;* Lamk., *Ill. gen.*, tab. 627, fig. 2; *Hedysarum hamatum*, Linn., var. β; Sloan., *Jam.*, 1, tab. 119, fig. 1. Plante visqueuse, légèrement velue, et qui répand une odeur résineuse assez agréable. Ses tiges sont plus élevées que dans l'espèce précédente, ligneuses à leur partie inférieure; les rameaux alternes, étalés, un peu velus: les feuilles ternées, pétiolées, les folioles ovales, entières, aiguës, ciliées, parsemées de poils noirâtres, munies à leur base d'une stipule vaginale, bifide et ciliée: plusieurs épis terminaux, presque sessiles, peu garnis: les stipules foliacées; les bractées visqueuses, traversées par des stries rougeâtres: le calice est long, filiforme, un peu aigu: la corolle petite, de couleur jaune, rougeâtre vers sa base, à pétales ciliés, et l'étendard purpurin à sa base. Les gousses sont courtes, petites, rudes au toucher; les articulations anguleuses. Cette plante croit à la Jamaïque, dans les terrains sablonneux, sur les hauteurs et parmi les pelouses.

STYLOSANTHE MUCRONÉE: *Stylosanthes mucronata*, Willd., *Spec.*, 5, pag. 1166; *Arachis fruticosa*, Retz, *Obs.*, 5, p. 26; Burm., *Zeyl.*, tab. 106, fig. 2. Cette espèce n'est point visqueuse, mais seulement velue sur toutes ses parties. Sa tige est droite, cylindrique, rameuse, haute de huit ou de dix pouces et plus, couverte de poils courts et blanchâtres; les rameaux sont grêles, un peu flexueux; les feuilles alternes, pétiolées, ternées, à folioles ovales, oblongues, mucronées, glabres en dessus, garnies en dessous d'un duvet léger et blanchâtre; les pétioles pubescens; les stipules membraneuses et ciliées. Les fleurs sont réunies en plusieurs épis sessiles, oblongs, touffus, munis de bractées imbriquées, ovales, pubescentes, ciliées à leurs bords. Cette plante croît à l'île de Ceilan, à Tranquebar, dans les sols arides.

Stylosanthe étalée : *Stylosanthes elatior*, Swartz, *Act. Holm.*, 1789, tab. 11, fig. 2; *Stylosanthes hispida*, Mich., *Fl. bor. am.*, 2, pag. 75; *Trifolium biflorum*, Linn., *Spec.*; *Arachis aprica*, Watt., *Car.*, 182. Cette plante a des tiges couchées en grande partie à leur moitié inférieure, puis redressées, glabres, rameuses, plus ou moins velues, quelquefois pubescentes d'un seul côté. Les feuilles sont alternes, pétiolées, composées de trois folioles glabres, oblongues, lancéolées, quelquefois un peu velues, entières, aiguës; les stipules vaginales, terminées par deux dents acuminées, de la longueur des stipules. Les fleurs sont réunies en petites grappes axillaires, très-courtes, capitées, qui ne supportent que deux ou trois fleurs. Les feuilles florales sont presque imbriquées, divisées en trois lobes, celui du milieu plus long, ciliés, ainsi que les bractées. La corolle est jaune; les gousses sont ovales. Il existe plusieurs variétés de cette espèce, une, entre autres, couverte de poils sur toutes ses parties. Ces plantes croissent dans la Caroline, la Virginie, etc.

Stylosanthe grêle : *Stylosanthes gracilis*, Kunth, *in* Humb. et Bonpl., *Nov. gen.*, 6, pag. 507, tab. 596. Cette plante a une tige herbacée, haute de trois ou quatre pieds, divisée en rameaux alongés, articulés à leurs nœuds, striés et cannelés, marqués à un de leurs côtés d'une ligne pubescente. Les feuilles sont alternes, pétiolées, très-distantes : les folioles presque sessiles, articulées avec le pétiole commun, linéaires, très-aiguës, entières, un peu pubescentes, longues de huit ou dix lignes; le pétiole anguleux, pubescent; les stipules vaginales, lancéolées, subulées. Les fleurs sont agglomérées à l'extrémité des rameaux en une tête presque globuleuse; les bractées fortement imbriquées, uniflores, hérissées de poils jaunâtres; la corolle blanche, fort petite; les gousses terminées en une pointe crochue, glabres, glanduleuses et tuberculées au sommet. Cette plante croît dans la Nouvelle-Andalousie.

STYLOSANTHE DE LA GUIANE : *Stylosanthes guianensis*, Swartz, *Act. Holm.*, 1789; Kunth, *loc. cit.; Trifolium guianense*, Aubl., Guian., 2, tab. 309. Ses tiges sont droites, presque simples, hautes de huit à dix pouces, pubescentes, couvertes de poils mous, très-étalés. Les feuilles sont alternes, pétiolées, composées de trois folioles lancéolées, pubescentes à leurs deux faces. aiguës au sommet, rétrécies à leur base, d'un vert gai, plus pâles en dessous. Les fleurs sont sessiles, agglomérées au sommet des tiges, entourées de bractées hispides: le calice est glabre, membraneux; le tube grêle et très-long: le limbe campanulé, à cinq lobes ovales, aigus et ciliés. Cette plante croît dans la Guiane et à la Nouvelle-Grenade. (POIR.)

STYLURE, *Stylurus*. (*Bot.*) Genre de plantes dicotylédones, à fleurs incomplètes, de la famille des *renonculacées*, de la *polyandrie polygynie* de Linnæus, qui a des rapports avec les clématites, offrant pour caractère essentiel : Une corolle à quatre pétales; point de calice: quatre à six étamines divariquées: un réceptacle plumeux, chargé de plusieurs ovaires étalés: les fruits nus; les styles longs, plumeux et caducs.

Quoi qu'il n'y ait dans ce genre, d'après l'indication de son caractère, que quatre ou six étamines, ce nombre indéterminé, ses rapports avec les clématites, m'ont porté à le ranger dans la *polyandrie* de Linnæus, plutôt que dans la *tétrandrie* ou l'*hexandrie*. Il ne présente qu'une seule espèce.

Salisbury a établi sous le même nom un autre genre, qui appartient aux protéacées et qui est placé parmi les *grevillea.* (Voyez GRÉVILLÉE.)

STYLURE FISTULEUX : *Stylurus fistulosus*, Rafin., *Flor. Ludov.*, p. 26; ATRAPHASE FISTULEUX, Rob., *Itin.*, pag. 364. Ses tiges sont dressées, fistuleuses, striées, hautes de deux pieds; les feuilles alternes, amplexicaules, trois fois ailées avec une impaire : les folioles pétiolées, opposées, glabres, en cœur, munies de trois dents: les pétioles très-grêles, ainsi que les pédoncules: les fleurs petites, disposées en ombelle, entourées d'un involucre d'une seule pièce; la corolle blanche; les pétales acuminés. Cette plante croît à la Louisiane. (Poir.)

STYMPHALIDES. (*Ornith.*) Aldrovande traite, au chapitre 3 du 10.ᵉ livre de son Ornithologie, d'oiseaux de proie, qu'il associe aux sélamides, et qu'il dit tirer leur nom d'un marais appelé stymphale; mais comme il n'en est question que dans Ovide et d'autres anciens poètes, il paroît que ce sont des êtres fabuleux. (Ch. **D.**)

STYPANDRA. (*Bot.*) Genre de plantes monocotylédones, à fleurs incomplètes, de la famille des *asphodélées*, de l'*hexandrie monogynie* de Linnæus, offrant pour caractère essentiel : Une corolle à six pétales égaux, point de calice; six étamines; les filamens rétrécis et courbés à leur base, lanugineux et barbus vers le haut; un ovaire supérieur; un style; un stigmate simple; une capsule à trois loges, contenant plusieurs semences ombiliquées.

Ce genre, établi par M. Rob. Brown, comprend des plantes vivaces, dont les racines sont rampantes, composées de fibres fasciculées, filiformes; les feuilles roides, linéaires, ensiformes; celles des tiges tantôt nombreuses, disposées sur deux rangs, munies de gaînes fermes, entières, tantôt plus rares, à demi vaginales à leur base; les fleurs paniculées, presque en corymbe; les pédicelles presque disposés en ombelle, articulés avec la corolle; celle-ci est bleue ou blanche, à six pétales étalés, égaux et caducs. Les étamines ont les anthères échancrées et attachées par leur base, roulées après la fécondation; la laine, qui recouvre les filamens vers leur sommet, est jaunâtre; l'ovaire à trois loges polyspermes; la capsule à trois loges, partagée en trois valves, renfermant des semences lisses, ovales; l'ombilic nu; l'embryon dressé.

Stypandra glauque; *Stypandra glauca*, Rob. Brown, *Prodr. Nov. Holl.*, 1, page 279. Plante herbacée, dont les tiges sont garnies de feuilles glauques, écartées les unes des autres, point imbriquées; l'un des bords de leur base réfléchi; leur gaîne entière. Les fleurs sont disposées en corymbe paniculé; les pédicelles inclinés, dépourvus de bractées, les semences ternes. Cette plante croît sur les côtes de la Nouvelle-Hollande. Dans le *stypandra imbricata*, Rob. Brown, *loc. cit.*, les feuilles caulinaires sont imbriquées, placées sur deux rangs opposés, simples et point réfléchies latéralement à leur base.

Stypandra gazonneux; *Stypandra cæspitosa*, Rob. Brown, *loc. cit.* Cette espèce a ses feuilles radicales disposées sur deux rangs, ensiformes, longues de neuf à dix pouces et plus, planes ou pliées, rudes à leurs bords; celles des tiges sont alternes, plus courtes, lisses à leurs bords, à demi vaginales à leur base. Les fleurs sont disposées en corymbe, à ramifications inégales; les pédicelles accompagnés de bractées à leur base, droits, au nombre de deux ou trois, presque en ombelle, très-lisses, ainsi que la corolle; les semences luisantes.

Le *stypandra umbellata*, Rob. Brown, *loc. cit.*, diffère de l'espèce précédente par ses feuilles radicales, étroites, linéaires, lisses à leurs bords, longues de quatre à huit pouces; par les rameaux des corymbes alternes, et par ses deux ou trois pédicelles, pourvus de bractées, en ombelle, glabres, ainsi que la corolle. Dans le *stypandra scabra*, Rob. Brown, *loc. cit.*, les feuilles radicales sont disposées sur deux rangs, linéaires, planes ou pliées; les caulinaires de deux à trois, alternes, distantes, de même forme que les radicales, à demi vaginales à leur base; les fleurs disposées en corymbe; les pédicelles alternes, dressés, munis de bractées à leur base, un peu hérissés, ainsi que la corolle. Ces plantes ont été découvertes sur les côtes de la Nouvelle-Hollande. (Poir.)

STYPANDRA. (*Bot.*) Ce genre de M. Brown est un de ceux qui se rapprochent du *Phalangium* par leurs feuilles planes et leurs fleurs non jaunes; deux caractères par lesquels ils se distinguent de l'*anthericum*; mais cette distinction ne peut être confirmée que par la germination des graines, différentes dans ces deux derniers genres et semblables dans le *Phalangium* à celle de l'Asphodèle, propre à toutes les véritables asphodélées, avec lesquelles on ne devra confondre ni les aloïdées et l'*anthericum*, ni les asparaginées, dont la germination est différente. (J.)

STYPHÉLIE, *Styphelia*. (*Bot.*) Genre de plantes dicotylédones, à fleurs complètes, monopétalées, de la famille des *épacridées*, de la *pentandrie monogynie* de Linné, caractérisé par un calice à cinq folioles, accompagné d'écailles imbriquées; une corolle tubulée; le limbe à cinq lobes; cinq étamines; un ovaire supérieur, entouré à sa base d'un anneau à cinq dents ou de cinq écailles distinctes; un style; un stigmate en tête, souvent à cinq lobes; un drupe à cinq loges; une ou deux semences dans chaque loge.

Il existe entre ce genre et les épacris des rapports nombreux: leur principale différence consiste, pour les épacris, dans des fruits capsulaires, à cinq loges. Dans les styphélies ils sont en drupe ou en baie: ce sont, d'ailleurs, pour les deux genres, des arbustes peu élevés, à petites feuilles entières, éparses ou alternes. Les fleurs sont solitaires ou en grappes courtes. M. de Labillardière, puis M. Rob. Brown, ont enrichi ce genre de belles et nombreuses espèces. Ce genre a été nommé *Epacris* par Forster, composé de deux mots grecs, ετι, *sur*, ακρος, *élevé*, parce que ces plantes croissent assez généralement sur le sommet des hautes montagnes: elles sont presque toutes originaires de la Nouvelle-Hollande. Beaucoup d'espèces, rangées d'abord dans ce genre, ont été transportées dans d'autres par M. Rob. Brown. Voyez Leucopogon, Melichrus (qu'il faut lire au lieu de *Melichnus*), Acrotiche, Lissanthe, Monotoca, etc. L'*acrotiche* doit être placé à la suite des styphélies. (Voyez son caractère essentiel au mot Acrotiche, tome I.er, Suppl., page 60.)

Styphélie dentée; *Styphelia serrulata*, Labill., *Nov. Holl.*, 1, page 45, tab. 62. Petit arbrisseau souvent couché, dont les tiges sont longues de six à sept pouces, divisées en rameaux diffus, très-rapprochés, presque fasciculés à la partie supérieure des tiges, garnis de feuilles fort petites, éparses, sessiles, très-étroites, linéaires-lancéolées, finement dentées en scie, aiguës, mucronées, marquées en dessous de trois nervures. Les fleurs sont petites, disposées dans l'aisselle des feuilles en grappes très-courtes, réunies en tête à l'extrémité d'un pédoncule commun, imbriqué de petites écailles orbiculaires; la corolle est courte, tubulée; le limbe plan, ouvert, hérissé de poils en dessus; les filamens supportent de petites anthères à une seule loge; l'ovaire est ovale, marqué de cinq stries, environné à sa base d'un anneau en écaille; le style aminci à sa partie supérieure; le stigmate un peu aigu. Le fruit est un drupe qui renferme un noyau à cinq loges; une semence dans chaque loge. Cette plante croît au cap Van-Diémen.

Styphélie a longue corolle; *Styphelia tubiflora*. Arbrisseau dont les tiges sont droites, glabres, cylindriques, divisées en rameaux alternes, garnis de feuilles presque sessiles, alternes, linéaires, glabres, en ovale renversé, obtuses, entières, rétrécies en pointe à leur base. Les fleurs sont latérales, solitaires, axillaires, munies à leur base de quelques écailles imbriquées. Le calice est divisé en cinq folioles droites, beaucoup plus courtes que la corolle : celle-ci est tubulée, presque en forme de clou. Le tube est fort long, terminé par un limbe à cinq lobes linéaires, rabattus en dehors, velus à l'extérieur; les étamines sont courtes, non saillantes, insérées sur le tube de la corolle. Le fruit est un drupe presque ovale, un peu arrondi, à cinq loges. Cette plante croît à la Nouvelle-Hollande.

Styphélie a feuilles de sapin; *Styphelia abietina*, Labill., *Nov. Holl.*, 1, page 48, tab. 68. Grand arbrisseau, qui s'élève à la hauteur de six ou sept pieds sur une tige striée, assez forte, tuberculée. Les rameaux sont alternes, diffus, garnis de feuilles nombreuses, éparses, médiocrement pétiolées, dressées, très-roides, oblongues, rétrécies à leur base, acérées, très-aiguës, marquées de cinq à sept nervures, presque longues d'un pouce. Les fleurs sont solitaires, axillaires, presque sessiles, accompagnées à leur base d'environ seize écailles; les inférieures beaucoup plus petites, imbriquées, médiocrement ciliées, ainsi que les folioles du calice, marquées de trois ou cinq stries un peu roussâtres; le tube de la corolle est pileux en dedans, ainsi que le limbe, divisé en cinq lobes ovales, lancéolés, presque obtus; les anthères ont une seule loge; cinq écailles presque orbiculaires et conniventes sont à la base de l'ovaire; le drupe est un peu orbiculaire, acuminé au sommet, revêtu d'une pulpe charnue, épaisse, à cinq loges, renfermant chacune une semence. Cet arbrisseau croit au cap Van-Diémen.

Styphélie oxycèdre; *Styphelia oxycedrus*, Labill., *loc. cit.*, tab. 69. Cette espèce a presque l'apparence du *juniperus oxycedrus*. Ses tiges sont ligneuses, assez fortes, hautes de six ou sept pieds. Les rameaux alternes, épars ou presque fasciculés, diffus, ramifiés; les feuilles sessiles, éparses, fort étroites, entières, lancéolées, horizontales ou inclinées, aigues, rétrécies en pétiole à leur base, de couleur cendrée en dessous, munies de cinq à sept nervures longitudinales et parallèles. Les fleurs sont presque sessiles, axillaires, solitaires; le calice est à cinq folioles courtes, ovales, un peu ciliées, environnées d'une douzaine de petites écailles inégales, imbriquées et ciliées; la corolle tubulée; le tube de la longueur du calice; le limbe à cinq lobes presque linéaires, obtus, un peu pileux; les étamines ne sont point saillantes; l'ovaire est environné de cinq écailles orbiculaires. Le fruit est un petit drupe globuleux, surmonté d'une pointe à son sommet, entouré d'une pulpe épaisse, charnue; les semences solitaires dans chaque loge. Cette plante croît au cap Van-Diémen.

Styphélie glauque; *Styphelia glauca*, Labill., *Nov. Holl.*, tab. 61. Arbrisseau de six ou sept pieds, dont les rameaux sont presque opposés, garnis de feuilles alternes, à peine pétiolées, planes, ovales-oblongues, glabres, entières, glauques en dessous, aiguës et terminées par un petit filet sétacé, un peu rétrécies à leur base; le pétiole très-court. Les fleurs sont disposées en petites grappes axillaires, droites, presque en tête, beaucoup plus courtes que les feuilles; chaque fleur munie d'une écaille ovale et de deux autres opposées, presque en carène. Le calice est à cinq folioles un peu arrondies; le tube de la corolle court, très-glabre, à cinq découpures droites, obtuses; les anthères sont ovales, oblongues, inclinées, de la longueur des filamens; l'ovaire est entouré à sa base d'un anneau à cinq dents; le style court; le drupe petit; il renferme un noyau à cinq loges, quelquefois réduites à une seule par avortement. Cette plante croît au cap Van-Diémen.

Styphélie a trois fleurs; *Styphelia triflora*, Andr., *Bot. rep.*, tab. 72. Arbrisseau à tige glabre, droite, rameuse, cylindrique, garnie de feuilles nombreuses, éparses, sessiles, imbriquées, glabres, ovales, très-entières, glauques en dessous, mucronées au sommet. Les fleurs sont latérales, situées vers la partie inférieure des rameaux, réunies trois par trois dans l'aisselle des feuilles. Le calice est muni à sa base de quelques écailles imbriquées, inégales; la corolle tubulée, très-longue, de couleur rouge, jaune au sommet, divisée à son limbe en cinq découpures étroites, linéaires. Le fruit consiste en un drupe ovale, oblong, à cinq loges. Cette plante croît à la Nouvelle-Hollande.

Styphélie réfléchie; *Styphelia reflexa*, Rudg., *Trans. linn.*, 10, page 296, tab. 17, fig. 1. Ses tiges sont ligneuses, droites et rameuses; les feuilles presque sessiles, alongées, entières, réfléchies à leurs côtés, un peu acuminées, longues de quatre lignes. Les fleurs sont terminales, réunies en tête, médiocrement pédicellées, munies de deux bractées plus courtes que le calice : celui-ci garni d'écailles imbriquées, pubescentes; les inférieures presque en carène; la corolle est un peu tubuleuse, plus longue que le calice, lisse, à cinq découpures alongées, recourbées, munies en dedans de longs poils très-blancs; les filamens sont insérés à l'orifice du tube; les anthères longues, recourbées, très-aiguës; l'ovaire est turbiné; le style court; le stigmate en tête. Cette plante croît à la Nouvelle-Hollande.

Styphélie en cœur; *Styphelia cordata*, Labill., *Nov. Holl.*, 1, page 46, tab. 63. Petit arbrisseau qui s'élève à la hauteur de huit à neuf pouces, dont les rameaux inférieurs sont alternes, distans, les supérieurs épars, plus rapprochés, glabres, diffus, garnis de feuilles alternes, fort petites, ovales en cœur, roides, un peu épaisses, glabres, striées en dessous; les pétioles courts, à demi cylindriques. Les fleurs sont disposées en petites grappes latérales, garnies d'écailles orbiculaires, imbriquées. Le calice est fort petit, à cinq folioles orbiculaires, accompagnées de deux écailles opposées et d'une bractée; la corolle est petite; le tube court, garni en dedans de quelques poils rares; le limbe à cinq découpures linéaires, obtuses, garnies à leur sommet de poils en pinceau; les filamens ne sont pas saillans; les anthères à deux loges; l'ovaire est entouré à sa base d'un anneau en écailles; le drupe, petit, acuminé. Cette plante croît dans la terre de Van-Leuwin, à la Nouvelle-Hollande. (Poir.)

STYPHLUS. (*Entom.*) M. Schœnherr a décrit sous ce nom un genre de charansons ou de rhinocères, sous le n.° 151. (C. D.)

STYPHONIA. (*Bot.*) Voyez l'article Stœchas, page 6, de ce volume. (J.)

STYPNION. (*Bot.*) Genre de la famille des algues, de l'ordre des algues articulées, qui paroît voisin des rivulaires et des nostocs. Il consiste en une masse gélatineuse et floconneuse, homogène, sans aucun organe ou filament sensible à la vue, excepté au microscope, qui laisse voir quelques filets entourés d'une gelée.

Ce genre, établi par Rafinesque-Schmaltz, est rapproché par lui de celui qu'il a nommé *Potarcus*. Il ne contient qu'une espèce, le *stypnion fluitans*, Rafin., *Ann. of nat.*, 1820, n.° 1, pag. 16. Il n'a pas de forme constante, mais il est un peu alongé, perpendiculaire, floconneux ou comme lacéré, d'une couleur jaunâtre-foncée ou brune. Il est très-commun et flottant à la surface des eaux de l'Ohio, pendant l'été. Il a l'apparence de cordes ou fils, et imite une conferve. On peut le diviser sans le détruire. (Lem.)

STYRAX. (*Bot.*) Voyez Alibousier. (L. D.)

STYRIS-FISKUR. (*Ichthyol.*) Nom norwégien du rémora. Voyez Échénéide. (H. C.)

STYVING. (*Ichthyol.*) Un des noms groënlandois du Flétan. Voyez ce mot. (H. C.)

SU. (*Mamm.*) Nieremberg parle sous ce nom d'un animal féroce de la terre des Patagons, dont il est impossible d'apprécier les analogies d'après la description imparfaite qu'il en donne. Il lui attribue de la ressemblance avec l'homme et le lion, une barbe peu épaisse, et une queue touffue comme celle de l'écureuil. (Desm.)

SUÆD. (*Bot.*) Ce nom arabe, prononcé aussi *souyd*, *soud*, est l'origine du nom soude, donné à diverses plantes salées qui croissent sur les bords de la mer, et dont on extrait la cendre. Forskal l'emploie pour son genre *Suæda*, très-voisin de la vraie Soude, *Salsola*, et devant peut-être se confondre avec elle. Ces *suæda* sont aussi nommés *mullah*, *mullœah*, *hommam*, *tartyr*.

On trouve encore le nom de *suæd* appliqué, suivant Forskal, soit à son *achyranthes polystachya*, soit à son *achyranthes paniculata*, qui est le *celosia caudata* de Vahl. D'autres l'ont aussi donné à des *chenopodium*. (J.)

SUAERD-FISK. (*Ichthyol.*) Un des noms norwégiens de la Scie. Voyez ce mot. (H. C.)

SUAN. METAPALO. (*Bot.*) Le *ficus dendrocida* de M. Kunth est ainsi nommé, suivant lui, en Amérique sur les bords de la rivière Magdeleine. Le *samatite* ou *amesqueto* du Mexique est le *ficus complicata* du même auteur. (J.)

SUARESIA. (*Bot.*) Nous avons donné ce nom au genre *Antoiria* de Raddi, fondé sur le *Jungermannia platyphylla*, Linn. (voyez n.° 14, à l'article JUNGERMANNIA). Raddi le caractérise ainsi : Calice comprimé, bilabié : lèvres entières, un tant soit peu arrondies; capsules presque rondes. s'ouvrant en quatre valves: fleurs mâles. sur des individus distincts , en épillets formés d'écailles imbriquées, convexes, recouvrant des corpuscules charnus, presque ronds. Raddi a fait hommage de ce genre à M. d'Antoir. de Toulon. botaniste instruit et trés-zélé. Si ce genre est conservé, on doit aussi conserver le nom d'*Antoiria* , que nous avons changé en celui de *Suaresia*, seulement pour le faire connoître, ayant été établi long-temps après la publication des premiers volumes de ce Dictionnaire. Le nom de *Suaresia* rappelle celui de Joseph Suares, botaniste florentin , compatriote de Michéli et l'un de ses protecteurs. (LEM.)

SUASI. (*Ornith.*) Nom d'un canard du Kamtschatka, dont parle Kraschenninikow , mais sans en décrire l'espèce. (CH. D.)

SUB-AQUILA. (*Ornith.*) L'oiseau ainsi désigné par Gaza, est, à ce qu'il paroit, le percnoptère, *vultur percnopterus*, Gmel. (CH. D.)

SUBÆSIB, SAUSEB. (*Bot.*) Noms arabes de l'*euphorbia esula*, selon Forskal, qui cite les noms *subbejh* et *subia* pour l'*euphorbia peplus*. (J.)

SUBAPLYSIENS. *Subaplysiacea.* (*Malacoz.*) Nom de la première famille des monopleurobranches, dans le Système de malacologie de M. de Blainville. et qui indique un rapport évident avec la famille des aplysiens, dont elle ne diffère bien évidemment que parce que les appendices tentaculaires sont en général plus simples, et surtout que les orifices des deux parties de l'appareil de la génération sont peu ou point distans entre eux, ce qui n'a pas nécessité de sillon intermédiaire.

Les genres, qui constituent cette famille, sont : les G. BER-

THELLE, Pleurobranche et Pleurobranchidie. Voyez ces différens mots et l'article Mollusques. (De B.)

SUBAR. (*Bot.*) Nom africain de l'aloès, suivant Mentzel. (J.)

SUBBRACHIENS ou MALACOPTÉRYGIENS SUBBRACHIENS. (*Ichthyol.*) M. Cuvier a ainsi appelé le sixième ordre des poissons, lequel contient presque autant de familles que de genres, et est caractérisé par l'implantation des catopes sous la gorge. Voyez Auchénoptères, Ichthyologie, Jugulaires. (H. C.)

SUBBUTEO. (*Ornith.*) Ce nom, qui se rapporte au hobereau d'Aldrovande, désigne aussi la soubuse en latin moderne. (Ch. D.)

SUBENTOMOZOAIRES, *Subentomozoa*, ou SUBENTOZOAIRES, *Subentozoa*, par abbréviation. Dénomination composée de trois mots, voulant dire, des *animaux voisins* des *animaux articulés*, et que M. de Blainville emploie dans son Système de classification et de nomenclature, pour désigner un sous-type intermédiaire aux entomozoaires et aux actinozoaires, comme les Siponcles et genres voisins, qui n'ont rien d'articulé ni de rayonné dans leur organisation, quoique leur corps vermiforme soit composé de deux moitiés semblables, ce qui les a fait comprendre jusqu'ici parmi les Vers. Voyez ce mot. (De B.)

SUBER. (*Bot.*) Sous ce nom latin ancien du liége, Tournefort faisoit un genre qu'il distinguoit du chêne par les feuilles toujours vertes, de l'yeuse, *ilex*, par l'écorce du tronc, très-épaisse. Les trois genres ont été réunis par Linnæus, et le liége est maintenant le *quercus suber*. (J.)

SUBÉRATES. (*Chim.*) Genre de sels formés par l'acide subérique. Voyez Subérique [Acide]. (Ch.)

SUBÉRINE. (*Chim.*) Nom que j'ai donné à un principe immédiat des végétaux, qui est caractérisé par la propriété de donner un acide particulier, appelé *subérique*, quand on le traite par l'acide nitrique. Voyez au mot Liége, t. XXVI, page 293. (Ch.)

SUBÉRIQUE [Acide]. (*Chim.*) Acide organique qu'on obtient en traitant par l'acide nitrique le liége, et, en général, les épidermes des arbres. (Voyez Liége.)

Composition.

Bussy.

		Atomes,
Oxigène.......	37,20.....	2
Carbone.......	59,81.....	4
Hydrogène.....	6,97.....	3.

Observation.

L'acide subérique, que M. Bussy a brûlé par l'oxide de cuivre, avoit été fondu, puis exposé à la température de 100^d. Il est bien probable que les proportions précédentes se rapportent à la composition d'un hydrate et non à celle d'un acide libre.

Suivant M. Bussy, 605 parties d'acide neutralisent 1495 parties de protoxide de plomb; il s'ensuit que 100 parties doivent neutraliser 247 parties d'oxide, contenant 17,71 parties d'oxigène.

Propriétés.

Il est blanc, et sous forme de très-petits cristaux : il a une saveur acide qui n'est point amère. La lumière ne l'altère pas.

Il se volatilise quand on le jette sur un corps chaud, en répandant l'odeur du suif. Si on le chauffe sur un papier, il se fond et tache celui-ci, comme le feroit la graisse.

L'acide subérique se dissout dans 80 parties d'eau froide et dans 38 parties d'eau à 60^d. Cette dissolution rougit le tournesol; elle a une saveur acide légère, sans amertume. Si MM. Brugnatelli et Bouillon-Lagrange ont trouvé la saveur de cet acide amère, c'est qu'ils ne l'avoient pas obtenu à l'état de pureté.

L'acide subérique est plus soluble dans l'alcool que dans l'eau, aussi sa dissolution alcoolique et concentrée précipite par l'eau.

L'acide nitrique n'a pas d'action sur lui.

Il ne verdit pas la solution d'indigo, comme M. Bouillon-Lagrange l'a prétendu.

Distillé dans une cornue, il se volatilise presque en totalité et se condense en aiguilles blanches; il ne reste qu'un peu de charbon.

Acide subérique et bases salifiables.

La potasse, la soude, l'ammoniaque, forment des combinaisons très - solubles avec cet acide : c'est pourquoi, lorsqu'on mêle ces sels avec les acides sulfurique, nitrique et hydrochlorique, ils laissent précipiter de l'acide subérique.

L'acide subérique ne précipite pas les eaux de chaux, de baryte et de strontiane; mais en faisant évaporer les dissolutions de ces bases, neutralisées par l'acide subérique, les subérates se séparent en flocons blancs.

L'acide subérique ne précipite pas les sels calcaires, comme Brugnatelli l'a prétendu. Les subérates de potasse et de soude concentrés précipitent les sels calcaires. Il ne me paroît pas douteux que ce chimiste a été trompé par l'acide oxalique. qui est produit par l'action de l'acide nitrique sur le liége. Il suffit de lire le travail du chimiste italien pour se convaincre, qu'il n'a point connu l'acide subérique à l'état de pureté.

Le subérate d'ammoniaque précipite l'alun.

L'acide subérique précipite en blanc le nitrate d'argent neutre et l'hydrochlorate de protoxide d'étain. Il ne précipite pas le sulfate de cuivre. Il précipite en blanc le sulfate de fer au minimum, le nitrate et l'acétate de plomb, et le nitrate de mercure. Il ne précipite pas le sulfate de zinc.

Préparation.

Pour préparer eet acide, on met une partie de liége râpé dans une cornue munie d'un ballon : on verse dessus 6 parties d'acide nitrique à 30°; on distille doucement et l'on remet plusieurs fois de suite le produit acide de la distillation dans la cornue. Lorsque le liége paroît être bien attaqué, on verse la matière dans une capsule de porcelaine, où on l'évapore jusqu'à consistance d'extrait pour chasser l'excès de l'acide nitrique; on fait chauffer ensuite le résidu dans un matras avec de l'eau. Au bout de quelques heures on retire le matras du feu; on obtient deux matières solides : l'une à la surface de la liqueur est une résine tenant un peu de matière

cireuse; l'autre est sous la forme de flocons au fond du matras; c'est la partie ligneuse du liége.

On sépare ces deux matières; on fait concentrer à chaud
la liqueur, et par le refroidissement la plus grande partie de
l'acide subérique se dépose. L'eau-mère contient aussi de l'a-
cide oxalique, une matière jaune, amère. Pour séparer la
matière jaune et l'acide oxalique qui sont mêlés à l'acide subérique précipité, on lave celui-ci avec de l'eau froide, ensuite on le fait dissoudre plusieurs fois de suite dans l'eau
bouillante : par ce moyen on obtient un acide aussi blanc que
l'amidon.

Histoire.

Brugnatelli découvrit, en 1787, que le liége, traité par
l'acide nitrique, est converti en un acide particulier, qu'il
appela *subérique.*

Bouillon-Lagrange, en 1797, confirma l'existence de cet
acide et décrivit les subérates. En 1807, j'examinai l'acide subérique, et je l'obtins beaucoup plus pur qu'on ne l'avoit
eu jusque-là. En effet, 1.° Brugnatelli lui attribue des propriétés qui ne lui appartiennent pas, telle que la couleur
jaune, l'amertume, et la propriété de précipiter l'eau de
chaux et tous les sels calcaires minéraux ; propriétés qui appartiennent à des corps qui se forment en même temps que
lui ; 2.° M. Bouillon-Lagrange lui attribua la propriété de
brunir, quand on l'expose aux rayons du soleil, une saveur
amère, et, en outre, celle de verdir le sulfate d'indigo, le
nitrate et le sulfate de cuivre. Ces dernières propriétés te-
noient évidemment à ce que l'acide étudié par ce chimiste
étoit mêlé de matière jaune amère. En 1822 M. Bussy fit l'a-
nalyse élémentaire de l'acide subérique. (Ch.)

SUBHOMOMÉRIENS. (*Chét.*) M. de Blainville, dans sa classification des animaux, donne ce nom à un ordre de chéto-
podes qui comprend le seul genre Arénicole. (Desm.)

SUBIAREL. (*Ornith.*) Ce nom, qui s'écrit aussi *subiarela*
et *subioulot*, désigne en Piémont les mauves ou mouettes.
(Ch. D.)

SUBIAREUL. (*Ornith.*) Cette dénomination s'applique,
dans le Piémont, à la barge commune. (Ch. D.)

SUBIS. (*Ornith.*) Voyez CLIVINA. (CH. D.)

SUBLAIRE. (*Ichthyol.*) Nom nicéen de plusieurs poissons du genre Crénilabre, et, entre autres, des crénilabres Cotta, Lamarck, rougeâtre, verdâtre et méditerranéen, rapportés par M. Risso aux Lutjans. Voyez CRÉNILABRE et LUTJAN. (H. C.)

SUBLET. (*Bot.*) Un des noms vulgaires du *lychnis dioica*, dans les environs d'Angers, suivant M. Desvaux. (J.)

SUBLET, *Coricus*. (*Ichthyol.*) M. Cuvier a créé sous ce nom un genre de poissons qui offrent tous les caractères des CRÉNILABRES (voyez ce mot), et qui ont une bouche aussi protractile que celle des FILOUS.

Ce genre ne renferme encore que de petites espèces de la Méditerranée.

Le SUBLET VERDATRE (*Coricus virescens*, Risso) a le corps d'un vert foncé sur le dos, passant au jaune-doré sous le ventre. Tête et gorge traversées de lignes violettes; dents petites; yeux d'un rouge argenté; iris doré.

Des bords rocailleux de la mer de Nice, où il a été découvert par M. Risso.

Le SUBLET LAMARCK; *Coricus Lamarckii*, Risso. Corps un peu aplati; écailles très-adhérentes; dos d'un bleu d'outremer; flancs d'un aurore argenté; avec quelques points noirs; ventre brillant de l'éclat de l'argent et parsemé de points d'un rouge de carmin; dents aigus; yeux éclatans comme des rubis; iris doré; opercules argentées.

Même séjour et même taille de quatre à cinq pouces que le précédent.

Leur chair est, en tout temps, tendre et savoureuse. (H. C.)

SUBLIMATION. (*Chim.*) Opération par laquelle on volatilise un corps que l'on obtient ensuite sous forme solide en condensant sa vapeur. (CH.)

SUBLIMÉ CORROSIF. (*Chim.*) C'est le perchlorure de mercure sublimé. (CH.)

SUBLIMÉ DOUX. (*Chim.*) C'est le protochlorure de mercure sublimé. (CH.)

SUBMERGÉES [PLANTES]. (*Bot.*) Entièrement plongées dans l'eau (*conferva egagropyla*, etc.). Beaucoup de plantes d'abord

submergées élèvent leur tête au-dessus de l'eau pour fleurir,
et se replongent pour fructifier (*myriophyllum spicatum, cera-
tophyllum submersum, valisneria*). (Mass.)

SUBMYTILACÉS, *Submytilacea*. (Malacoz.) Famille de malacozoaires lamellibranches, voisine de celle des moules ou
des mytilacés, établie par M. de Blainville, dans son Système
de malacologie, pour un certain nombre d'animaux, qui
ont été long-temps désignés sous le nom de *moules d'étang*,
mais qui en diffère essentiellement par la forme du pied et
l'absence de byssus. Elle contient les genres Anodonte, Unio
ou Moulette, et Cardite, avec les divisions et les subdivisions que les conchyliologistes y ont établies. Voyez ces mots,
et le *Genera* de l'article Mollusques. (De B.)

SUBOSTRACÉS. (Malacoz.) Famille d'animaux mollusques
lamellibranches, voisine de celle des ostracés, au point que
Linné les comprenoit pour la plupart dans son grand genre
Ostrea; mais qui en diffère essentiellement, parce que leurs
branchies ne sont pas réunies dans tout leur bord interne,
qu'il y a un abdomen visible avec un rudiment de pied,
souvent même pourvu d'un byssus, et que la coquille est
beaucoup plus régulière. Les genres qui la constituent, sont :
les G. Spondyle, Plicatule, Hinnite, Peigne, Houlette et Lime.
Voyez ces différens mots, et le *Genera* de l'article Mollusques. (De B.)

SUBRE-DAURADE. (*Ichthyol.*) Sur quelques-unes de nos
côtes méridionales on donne ce nom aux vieilles daurades.
(H. C.)

SUBSTANCE HERBACÉE. (*Bot.*) Voyez Enveloppe herbacée et Tige. (Mass.)

SUBSTANCES ASTRINGENTES ou TANNANTES, TAN-
NIN. (*Chim.*) M. Séguin, ayant examiné en 1792 le tannage
sous le rapport chimique, l'expliqua en admettant dans l'é-
corce de chêne, et plus généralement dans les matières végétales
douées de la propriété de tanner la peau, un principe immédiat qu'il appela *tannin*, et auquel il donna pour caractères :
*D'avoir une saveur astringente, de précipiter la gélatine et l'eau
de chaux, et enfin, de conserver les peaux par la combinaison qu'il
contracte avec elles dans le procédé du tannage.* On fut d'autant
plus porté à adopter cette manière de voir, qu'elle faisoit

rentrer dans le domaine de la chimie un art très-important, et qu'elle l'expliquoit d'une manière très-simple ; en outre, comme on n'avoit reconnu à aucun principe immédiat végétal la faculté de précipiter la gélatine, on considéra généralement le *tannin* comme une substance organique bien caractérisée, et la gélatine fut comptée parmi les réactifs les plus importans pour l'analyse végétale. Le fréquent usage que l'on en fit, conduisit bientôt les chimistes à trouver dans les plantes un grand nombre de substances qui la précipitoient, et qui, conséquemment à l'opinion de M. Séguin, devoient contenir le tannin ; mais en comparant ces substances à celle que ce chimiste avoit signalée dans l'écorce de chêne et la noix de galle, il fut impossible, malgré le désir que l'on en avoit, de les regarder comme étant toutes identiques, surtout lorsque M. Hatchett eut démontré en 1805, que les matières charbonneuses, les résines, etc., traitées par l'acide nitrique, les résines, le camphre, etc., traités par l'acide sulfurique, donnent des substances douées de la propriété tannante. De là la nécessité d'admettre un nombre infini d'espèces de tannin, ou au moins de variétés très-différentes d'une même espèce.

Tel étoit l'état de la science en 1809, lorsque je répétai les expériences de M. Hatchett sur les principales substances qu'il avoit appelées *tannins artificiels*.

Je fus conduit à cette conclusion, que la propriété de précipiter la gélatine se retrouve dans un trop grand nombre de corps, doués d'ailleurs d'autres propriétés qui les distinguent extrêmement les uns des autres, pour qu'on puisse l'employer comme *caractère* d'une espèce ou même d'*un genre d'espèces*. Les travaux auxquels je me suis livré depuis sur les substances douées de la saveur astringente, et de la faculté de précipiter la gélatine, m'ont confirmé de plus en plus dans l'opinion que je viens d'énoncer. Ce sujet me paroît assez important pour que je passe en revue les principales substances astringentes et tannantes, tant celles qui sont le résultat de la végétation, que celles qui sont le produit de l'art. C'est même par ces dernières que je commencerai l'histoire des substances astringentes et tannantes.

§. 1. *Des substances astringentes artificielles ou des tannins artificiels.*

ARTICLE 1.er De l'amer de Welter.

Préparation.

L'amer que Welter a obtenu le premier en traitant la soie par l'acide nitrique, peut être préparé à l'état de pureté en opérant de la manière suivante : Après avoir traité l'indigo par l'acide nitrique, comme il est dit tome XXIII, p. 389 et 390, et en avoir obtenu l'amer de Welter, cristallisé en lames, on fait bouillir ce corps dans l'acide nitrique; on le fait cristalliser plusieurs fois ; on le combine avec la potasse ; on fait cristalliser la combinaison ; après avoir lavé les cristaux, on les traite à chaud par l'acide hydrochlorique, qui en sépare la potasse. Par le refroidissement, l'amer cristallise. On le considère comme pur, lorsque sa solution ne précipite pas le nitrate d'argent en chlorure.

Propriétés.

Il est d'un blanc tirant sur le jaune de paille.

Il est plus soluble dans l'eau chaude que dans l'eau froide ; aussi une solution qui en est saturée à chaud, donne-t-elle beaucoup de cristaux en se refroidissant. La solution est jaune.

Il est soluble dans l'alcool.

Il rougit très-fortement le tournesol et neutralise parfaitement toutes les bases salifiables, et les combinaisons qu'il forme avec elles ont la propriété de détoner plus ou moins fortement par la chaleur.

Il a assez d'affinité avec la potasse pour enlever cet alcali aux acides nitrique et hydrochlorique, lorsqu'on fait évaporer une solution d'amer et de nitrate ou d'hydrochlorate de potasse.

L'amer a une saveur amère, acide et astringente.

Il précipite la gélatine ; mais le précipité n'est point aussi abondant que quand l'amer retient de l'acide nitrique et une portion de la *matière résinoïde* qui s'est formée dans le traitement de l'indigo (tome XXIII, page 389 et 390). Le précipité d'amer et de gélatine est soluble dans un excès de gélatine et dans les acides.

L'amer, chauffé doucement dans une fiole à médecine, se sublime en petites aiguilles d'un blanc tirant sur le jaune de paille.

Jeté sur un fer rouge, il s'enflamme et laisse un charbon qui fuse.

Distillé convenablement dans une petite boule de verre, il se fond, noircit et s'enflamme ; il reste un charbon léger, et l'on obtient de la vapeur d'eau, de l'amer indécomposé, de l'acide carbonique, de l'acide hydrocyanique ou du cyanogène, de l'acide nitreux, du gaz nitreux, un gaz inflammable contenant du carbone.

Toutes les combinaisons salines de l'amer ont la propriété de détoner plus ou moins fortement, ainsi que je l'ai dit. La combinaison saline la plus remarquable est, sans contredit, celle qu'il forme avec la potasse.

Elle est bien moins soluble que lui ; aussi se sépare-t-elle en petits cristaux d'un beau jaune d'or, lorsqu'on réunit des solutions aqueuses un peu concentrées d'amer et de potasse.

Il se comporte d'une manière analogue avec la soude.

Sa combinaison avec l'ammoniaque cristallise en petites paillettes, qui détonent légèrement par la chaleur.

Il dissout l'oxide d'argent, et forme avec lui des aiguilles d'un jaune d'or superbe.

Il dissout le sous-carbonate de plomb à une légère chaleur. Par le refroidissement on obtient des aiguilles peu solubles, quand elles ne retiennent pas un excès d'acide.

Il dissout également le peroxide de mercure.

Appendice à l'histoire de l'amer de Welter.

Dans le traitement de l'indigo par l'acide nitrique, décrit tome XXIII, page 389 et 590, il se produit une matière que j'ai appelée *amer au minimum d'acide nitrique.* On l'obtient ordinairement unie à une proportion variable de matière résinoïde et d'un peu d'amer de Welter. Pour la purifier, on la fait dissoudre dans l'eau bouillante ; on y ajoute, peu à peu, son poids de sous-carbonate de plomb ; on maintient l'ébullition quelque temps ; on filtre : il reste sur le papier

du sous-carbonate de plomb, et une combinaison d'oxide de
ce métal et de matière résinoïde. On verse dans la liqueur
filtrée de l'acide sulfurique, pour en précipiter le plomb;
on filtre de nouveau la liqueur chaude. Par le refroidissement, elle dépose des cristaux d'*amer au minimum;* on les
fait égoutter; puis on les redissout pour les purifier par
cristallisation.

Propriétés de l'amer au minimum.

Il peut être obtenu en cristaux aciculaires blancs, lorsqu'on
le chauffe doucement dans une fiole à médecine.

Il a une saveur légèrement acide, amère et astringente.

Jeté sur un fer rouge, une partie se sublime; une autre
se réduit en produits volatils et en un charbon qui fuse.

Distillé dans une boule de verre, une partie se sublime;
une autre se réduit en gaz acide carbonique, et probablement en azote, et, enfin, en un charbon qui fuse.

Il est beaucoup plus soluble dans l'eau chaude que dans
l'eau froide. Cette solution rougit le tournesol; mais elle ne
précipite pas la gélatine. Un de ses caractères distinctifs est
de se colorer en rouge quand on la mêle avec des sels de
peroxide de fer.

L'acide nitrique, à 40^d, qu'on fait concentrer à chaud avec
l'amer au minimum, le convertit en amer de Welter. Ce
résultat m'a toujours paru extrêmement curieux. Il prouve
qu'il y a une relation très-intime entre les deux amers, quelle
que soit l'opinion qu'on adopte sur leur composition.

L'amer, au minimum, a beaucoup moins de force acide
que l'amer de Welter. Il ne décompose pas le nitrate, ni
l'hydrochlorate de potasse.

Il forme avec la potasse une combinaison beaucoup plus
soluble que celle de l'amer de Welter avec la même base.
Cette combinaison cristallise en petites aiguilles rouges, qui
fusent par la chaleur sans détoner.

Il forme des composés analogues et solubles dans l'eau,
avec la chaux, la strontiane et la baryte.

Les acides sulfurique, nitrique, hydrochlorique, etc.,
ajoutés aux dissolutions aqueuses de ces combinaisons, en
séparent l'amer.

A chaud , sa solution aqueuse dissout l'oxide d'argent ; mais, à la longue, l'oxide paroît se réduire aux dépens des élémens combustibles de l'amer.

Il décompose au milieu de l'eau chaude le sous-carbonate de plomb.

Il dissout à chaud le peroxide de fer hydraté, et il se colore en rouge d'hyacinthe.

Article 2. Matière tannante d'apparence huileuse , formée par la réaction de l'acide nitrique et de l'indigo.

Cette matière est rouge-orangée, fluide à 15^d, mais prenant peu à peu de la viscosité, quand on l'abandonne à elle-même à cette température, après l'avoir exposée à une chaleur suffisante pour la rendre parfaitement liquide.

Elle a une saveur acide, astringente et amère ; elle précipite abondamment la gélatine.

Elle est plus soluble dans l'eau à chaud qu'à froid.

La potasse la dissout facilement : la solution , abandonnée à elle-même, dépose, au bout de quelques jours, une matière qui détone par la chaleur.

Cette matière m'a paru formée, 1.° d'une *matière résinoïde*; 2.° d'*amer au minimum*; 3.° d'*amer de Welter*, et 4.° peut-être d'*acide nitrique.*

J'en ai fait l'analyse en la traitant par les $^3/_4$ de son poids de sous-carbonate de plomb au milieu de l'eau bouillante.

La plus grande partie de la matière résinoïde , unie à de l'oxide de plomb , n'a pas été dissoute : la liqueur filtrée, chaude, a été mêlée à l'acide sulfurique , pour précipiter l'oxide de plomb ; la liqueur contenoit un peu de matière résinoïde, beaucoup d'amer au minimum et de l'amer de Welter. Elle précipitoit la gélatine.

D'après cette analyse on voit que la combinaison de corps qui, comme l'amer au minimum et la matière résinoïde , ne précipitent pas la gélatine, et l'amer de Welter, qui la précipite, forment par leur combinaison un composé doué d'une énergie tannante bien plus forte que celle de l'amer de Welter.

Article 3. Matière tannante formée par la réaction de l'acide nitrique et de l'extrait colorant du Fernambouc.

Cette matière a de l'analogie avec la précédente. On y trouve, comme dans celle-ci, une *matière résinoïde* et un *amer cristallisable* qui a de la ressemblance avec l'amer de Welter, mais qui en diffère sous plusieurs rapports. Cet amer, qui a la propriété de précipiter la gélatine, et qui, d'ailleurs, au feu et avec les bases salifiables, se comporte comme l'amer de Welter, reçoit de son union avec la matière résinoïde une augmentation très-sensible dans la faculté qu'il a d'agir sur la gélatine.

Article 4. Matière tannante formée par la réaction de l'acide nitrique et de l'aloès.

Cette substance, découverte par M. Braconnot, est congénère des amers de Welter et de l'extrait du Fernambouc, par la manière dont elle s'altère au feu et dont elle se comporte avec les bases salifiables ; mais elle s'en distingue surtout par la couleur pourpre qu'elle communique à l'alcool et à l'eau, dans lesquels elle se dissout.

Elle possède à un plus haut degré que l'amer de Welter la faculté de précipiter la gélatine.

Article 5. Matière tannante formée par la réaction de l'acide nitrique et du charbon de terre.

Le charbon de terre qui a servi aux expériences que je vais rapporter, laissoit 0,84 de coak, quand on le faisoit rougir dans un creuset de platine.

100 parties de charbon de terre réduites en poudre fine ont été mises en digestion dans une cornue avec 600 parties d'acide nitrique à 44°. Il s'est dégagé des vapeurs nitreuses ; quand la première action a été ralentie, la chaleur a été augmentée : après 24 heures on a ajouté 600 parties d'acide, et alors on a fait bouillir, en ayant soin de cohober plusieurs fois le produit. Dès que l'action des corps a paru terminée, on a fait évaporer le tout à siccité dans une capsule ; le résidu pesoit 170 parties : en le traitant par l'eau chaude, j'ai ob-

tenu une *substance tannante* qui s'est dissoute, et un *résidu* couleur de terre d'ombre.

A. *Substance tannante. — Tannin artificiel de Hatchett.*

Je l'ai obtenue en faisant évaporer à siccité l'eau qui la tenoit en dissolution, et en reprenant le résidu par un peu d'eau ; en opérant ainsi, je séparois une petite quantité de matière analogue au *résidu* couleur de terre d'ombre.

La liqueur étoit acide au tournesol ; elle avoit une saveur aigre, un peu amère et astringente : elle précipitoit bien la gélatine et l'acétate de plomb.

Le précipité de plomb a été lavé et décomposé par l'acide sulfurique. La substance astringente, séparée de l'oxide de plomb, a été dissoute par l'eau : elle ne retenoit ni plomb, ni acide sulfurique ; on pouvoit la considérer comme la *substance tannante* pure. Les précipités qu'elle formoit avec la baryte et le protoxide de plomb fusaient par la chaleur.

Quand on évaporoit à sec la solution de la substance astringente, celle-ci se présentoit sous forme d'un extrait brun acide, astringent, fusible par la chaleur et déliquescent. Quand on la distilloit, elle se décomposoit ; de l'eau, de l'acide carbonique, du gaz nitreux, etc., s'en dégageoient avec impétuosité.

J'ai reconnu qu'il s'étoit produit un peu d'amer de Welter dans le traitement du charbon de terre par l'acide nitrique. Proust avoit déjà obtenu le même résultat. Cet amer étoit resté en dissolution dans l'eau, d'où la substance tannante avoit été séparée au moyen de l'acétate de plomb.

B. *Résidu couleur de terre d'ombre.*

Ce résidu a été réduit par l'action de l'eau en une *matière soluble* et en une *matière insoluble.*

a. *Matière soluble.*

L'eau qui la tenoit en solution, ayant été évaporée, a laissé un résidu que l'on a repris par l'eau ; la solution contenoit une *matière tannante,* acide, moins soluble dans l'eau que la substance tannante dont j'ai parlé plus haut. Elle ne se fondoit pas par la chaleur comme cette dernière, et elle en différoit encore en ce que sa solution dans la potasse, neutralisée par un acide, laissoit précipiter la matière tannante : elle fusoit quand on la distilloit, en donnant de l'eau, de l'acide carbonique, de l'acide nitreux.

b. *Matière insoluble.* — *Oxide de charbon de Proust.*

Cette substance, dont Proust a parlé sous le nom d'*oxide de charbon*, ne m'a paru qu'un composé d'acide à radical d'azote et de matière charbonneuse.

Elle est noirâtre, insoluble dans l'eau.

Elle rougit le papier de tournesol et se dissout en totalité dans l'eau de potasse, et même dans le sous-carbonate de cette base, dont elle expulse l'acide carbonique à l'aide de la chaleur. Les acides la précipitent de sa dissolution avec ses propriétés premières, et l'on ne retrouve pas d'acide nitrique dans la liqueur. On voit d'après cela que la *matière insoluble* peut être considérée comme un acide foible.

Article 6. Matière tannante formée par la réaction de l'acide nitrique et du charbon de pin.

1 partie de charbon de pin, préalablement chauffé au rouge dans un creuset de platine, mise en digestion dans une cornue avec 15 à 18 parties d'acide nitrique à 44^d, forme un liquide brun, qui est sirupeux après qu'il a été concentré. Dans cet état, si on le mêle avec de l'eau, il se dépose une *matière brune* qu'on sépare par le filtre.

A. *Liqueur filtrée.*

Évaporée à sec, elle laisse une matière noire d'un goût un peu astringent et acide, qui donne à la distillation un produit acide et un charbon qui ne fuse pas.

Cette matière, traitée par l'eau, s'y dissout en grande partie. La solution précipite la gélatine, les sels de plomb, etc.

Quand on prend le précipité de plomb et qu'on le décompose par une certaine proportion d'acide sulfurique, il arrive qu'une portion s'empare de l'oxide métallique, tandis qu'une autre se combine avec la matière astringente, et forme ainsi un composé qui précipite la baryte en flocons solubles dans l'acide nitrique.

B. *Matière brune.*

Elle est soluble dans l'acide nitrique à 45^d ; mais elle est précipitée par l'eau à l'état d'une substance jaune, qui ne fuse pas par la chaleur et qui se dissout en totalité par l'eau bouillante : ce qui la distingue de la substance jaune que l'on sépare de l'acide nitrique qui a digéré sur le charbon de terre.

ARTICLE 7. Matière tannante formée par la réaction du camphre et de l'acide sulfurique.

Lorsqu'on met 5o gr. de camphre avec 6o gr. d'acide sulfurique à 66^d, le mélange jaunit et brunit ; en chauffant doucement pendant 2 heures, il se dégage beaucoup de gaz acide sulfureux. On verse ensuite 6o gr. d'acide sulfurique dans la cornue et on distille : il se dégage de l'acide sulfurique foible, de l'acide sulfureux, une *huile volatile* ayant une forte odeur de camphre. Il se produit sur la fin de l'opération un peu d'acide hydrosulfurique.

La matière restée dans la cornue, traitée par l'eau, se réduit en un *résidu charbonneux* et en une matière soluble dans l'eau, qui est acide et astringente.

A. *Résidu charbonneux.*

Il est noir, brillant, presque insipide ; il ne cède qu'une trace de matière astringente à l'eau bouillante, sans acide sulfurique : il rougit le papier de tournesol humecté d'eau.

Il donne à la distillation de la vapeur d'eau, du gaz acide sulfureux, de l'acide hydrosulfurique, une huile rousse, de l'hydrogène carburé, de l'acide carbonique, du charbon représentant o,55 du poids du résidu soumis à la distillation. Ce charbon est un composé de carbone et de soufre.

Le résidu charbonneux est en partie dissous par l'eau de potasse : la dissolution est brune ; elle laisse précipiter des flocons colorés par les acides nitrique et hydrochlorique. La liqueur filtrée ne contient pas de quantité notable d'acide sulfurique. La partie du résidu charbonneux indissoute par la potasse, contient toujours du soufre : elle retient en outre de la potasse en combinaison, que l'eau chaude ne lui enlève pas, mais qu'on y reconnoît par l'incinération.

Le résidu charbonneux est susceptible de former avec l'acide nitrique un liquide astringent qui, mêlé à l'eau, laisse précipiter une matière qui fuse par la chaleur, en donnant de la vapeur nitreuse et un charbon retenant du soufre. Quant à la matière qui reste en dissolution, il est aisé de voir, après qu'on en a séparé l'acide sulfurique qui peut avoir été mis à nu pendant l'opération, qu'elle est astringente et très-soluble dans l'eau, qu'elle donne à la distillation des produits azotés et sulfurés : cependant on ne peut, au moyen des bases salifiables, y démontrer la présence de l'acide sulfurique.

B. Lavages aqueux.

Ils ont été concentrés ; ils étoient alors de couleur verte par réflexion, et d'un jaune rougeâtre par réfraction. On en a précipité l'acide sulfurique par la baryte ; dans cet état on pouvoit considérer la liqueur comme une dissolution de la troisième variété du *tannin artificiel de Hatchett*.

Elle précipitoit la gélatine.

Elle étoit acide ; elle devenoit rose en s'unissant à la baryte, qui ne la précipitoit pas. La combinaison, évaporée à siccité, laissoit un résidu qui donnoit à la distillation du gaz sulfureux, de l'acide hydrosulfurique et du sulfure de baryte.

ARTICLE 8. Conséquences générales.

1.º Les acides nitrique et sulfurique, en réagissant sur les matières organiques, forment des substances astringentes, trop différentes évidemment par leur composition élémentaire et par les propriétés qu'elles exercent par leur affinité résultante pour qu'on puisse les considérer, non-seulement comme de simples variétés d'une même espèce, mais encore comme des espèces d'un même genre. En effet, si les amers de Welter, du Fernambouc, de l'aloès, peuvent être regardés comme congénères ; ils ne peuvent l'être de la substance tannante qu'on obtient avec le camphre et l'acide sulfurique.

2.º La propriété de précipiter la gélatine, ne peut être, d'après cela, considérée comme une propriété assez spéciale pour caractériser une espèce, ni même un genre, d'après la considération précédente ; mais il y a plus, c'est qu'on a pu remarquer que la simple union de corps qui n'ont pas la propriété dont je parle, ou qui ne l'ont qu'à un foible degré, l'acquièrent à un degré bien plus intense par le fait de leur simple union en proportion indéfinie.

3.º On retrouve la propriété de précipiter la gélatine dans des corps très-différens de ceux qu'on a appelés tannins artificiels. En effet, le chlore, le perchlorure de mercure, l'hydrochlorate d'iridium, etc., précipitent la gélatine, et sous ce rapport ils peuvent être considérés comme des tannins dans le cas où on les emploie à conserver les matières organiques.

4.º Il faut remarquer que tous les corps qui tendent à former des composés insolubles dans l'eau avec les matières animales, et ceux qui précipitent la gélatine, ont surtout cette tendance et sont doués d'une saveur plus ou moins astringente, quelle que soit d'ailleurs leur nature, puisqu'elle se retrouve dans les corps que nous avons nommés précédemment, c'est-à-dire, dans des corps simples, dans des acides, dans des chlorures, dans des sels.

5.º Il est remarquable que les matières qui ont la tendance précédente ont souvent avec la saveur astringente la saveur amère ou sucrée. Par exemple, la coexistence de la saveur amère et astringente s'observe dans les amers de Welter, du Fernambouc. La coexistence de la saveur astringente et sucrée s'observe dans les sels de plomb, d'alumine, de glucine, qui, s'ils n'ont pas la propriété de précipiter la gélatine, ont du moins celle de s'unir aux tissus animaux et de former avec eux des composés insolubles dans l'eau froide.

§. 2. *Des substances astringentes ou tannantes naturelles.*

Article 1.ᵉʳ Substance astringente de la noix de galle; tannin.

La noix de galle ayant toujours été considérée comme une des substances les plus astringentes, et sa composition ayant paru avoir la plus grande analogie avec celle de l'écorce de chêne, il n'est pas étonnant que tous les chimistes qui ont voulu connoître le tannin, l'aient cherché dans cette substance. D'un autre côté, l'emploi qu'on en fait dans la teinture, soit comme mordant, soit comme principe des teintures noires, l'a fait envisager sous de nombreux rapports.

La noix de galle est essentiellement formée de trois principes immédiats : savoir : d'*acide gallique*, d'un *principe colorant jaune volatil*, et de la substance qu'on a appelée *tannin*.

1.° *Acide gallique.*

Au mot GALLIQUE (acide), tome XVIII, page 109, j'ai décrit les propriétés de ce corps. J'ajouterai ici, comme supplément, plusieurs faits qui ont été découverts depuis la rédaction de cet article.

J'avois dit, tome XVIII, page 111, qu'il seroit important de rechercher si l'on peut se procurer des gallates de potasse, de soude, d'ammoniaque, de baryte, de strontiane et de chaux, en opérant le mélange des corps sans le contact de l'air. Depuis, je me suis assuré qu'en mêlant des solutions de ces bases salifiables avec une solution d'acide gallique dans des cloches pleines de mercure, on obtient des gallates incolores : ceux de potasse, de soude et d'ammoniaque, sont solubles ; les autres ne le sont pas.

Il est digne de remarque que dès que ces gallates, surtout ceux qui sont solubles, ont le contact de l'oxigène gazeux, ils l'absorbent avec rapidité et se colorent en vert, s'ils sont neutres, et en rouge, s'ils contiennent un excès de base : dans ce cas il y a plus de gaz absorbé que dans l'autre. En opérant avec le gallate de baryte et en séparant la base par l'acide sulfurique, on voit que l'acide gallique a été converti en une matière colorée, qui est acide et très-astringente.

Dans une de mes expériences, 1 centimètre cube d'eau, tenant en solution $0^g,2$ d'acide gallique et $0^g,2$ de potasse à l'alcool, a absorbé 58 centimètres de gaz oxigène.

2.° *Principe colorant jaune volatil.*

Cette substance, que je découvris en 1815 et à laquelle je ne donnai pas de nom, parce que je n'avois pas la certitude de l'avoir obtenue à l'état de pureté, fut, en 1818, l'objet d'un travail de M. Braconnot, qui ne cita pas le mien, parce que, probablement, il en ignoroit l'existence, quoiqu'il eût paru en 1815, dans la dernière livraison de la partie chimique de l'Encyclopédie méthodique. Ce chimiste

parla de cette substance sous le nom d'*acide ellagique*; mais
que l'on compare ses résultats à ceux que j'ai décrits, et
l'on verra que M. Braconnot a appliqué un nom à un corps
qu'il n'a point obtenu à l'état de pureté : c'est ce qui m'empêche d'adopter la dénomination d'acide ellagique qu'il lui
a imposée.

Le principe colorant jaune volatil se trouve dans une *matière d'un gris jaunâtre*, qui se sépare de l'extrait de noix de
galle, lorsqu'on le traite par une foible proportion d'eau,
ou bien encore de l'infusion de cette substance, lorsqu'on
l'abandonne à elle-même dans un flacon. Dans ce dernier cas
le dépôt est augmenté, si l'infusion a le contact de l'air,
parce qu'alors, une portion de la matière dissoute venant à
s'altérer, la *matière d'un gris jaunâtre*, naturellement insoluble dans l'eau, se précipite.

Matière d'un gris jaunâtre.

Sous la pression ordinaire elle ne cède que des atômes de
matière à l'eau et à l'alcool bouillans.

Elle rougit le papier de tournesol.

Elle ne contient que 0,0114 de chaux et d'oxide de fer.

Lorsqu'on la soumet à une trentaine de lavages alcooliques
dans le digesteur distillatoire, l'alcool se colore en un beau
jaune, et laisse déposer des cristaux acides par le refroidissement et par la concentration. La couleur de ces cristaux varie
du jaune-roux au gris-fauve léger. Le résidu, insoluble dans
l'alcool, est formé principalement d'un composé de *matière
azotée*, d'*acide gallique*, du *principe jaune*, de *chaux* et d'*oxide
de fer*. Il est d'une couleur grise, et donne du sous-carbonate
d'ammoniaque à la distillation.

Cristaux d'un jaune roux.

Ils n'ont ni saveur ni odeur, et rougissent légèrement le
papier de tournesol humecté. A froid, ils ne changent pas la
couleur de l'acétate de peroxide de fer; mais en faisant bouillir
les substances, il se manifeste une couleur d'un brun noir.

Sous la pression ordinaire, l'eau et l'alcool n'en dissolvent
que des atômes. Cependant ces liquides prennent une belle
couleur jaune par le contact des alcalis, et ils précipitent

l'acétate de plomb en flocons jaunes et, après qu'ils ont été concentrés, l'acétate de fer en flocons d'un noir verdâtre.

Ces cristaux, chauffés avec 6 parties d'acide nitrique à 32^d, s'altèrent et colorent la liqueur en beau rouge. Si ensuite on ajoute 6 parties d'acide nitrique, la dissolution est complète, et la liqueur donne une quantité d'acide oxalique qui est la moitié du poids des cristaux soumis à l'expérience.

Les cristaux, chauffés dans un tube de verre, donnent des *aiguilles d'un jaune de soufre*, une vapeur aqueuse acide et un charbon assez volumineux.

Les *aiguilles d'un jaune de soufre* ont beaucoup d'analogie avec les cristaux; elles ont un peu plus de solubilité dans l'eau et l'alcool.

J'ai tout lieu de croire que les *cristaux d'un jaune roux* sont formés *d'un principe jaune volatil*, *d'acide gallique*, *d'un principe colorant rouge*. En les traitant par l'alcool, j'ai fait varier la proportion respective de leurs principes immédiats, et j'ai obtenu une combinaison qui contenait une forte proportion de principe jaune, et qui avoit cela de remarquable, qu'en y ajoutant de l'acide gallique elle acquéroit la propriété de précipiter la gélatine.

Cristaux d'un fauve léger.

Les *cristaux d'un fauve léger* contenoient les mêmes principes que les *cristaux d'un jaune roux ;* mais ils y étoient en proportion différente. Ils contenoient en outre une *matière azotée*, très-probablement identique à celle qui se trouve dans la matière d'un gris jaunâtre.

Eaux-mères des cristaux.

Par la concentration et le refroidissement elles donnent encore des cristaux analogues à ceux dont je viens de parler, et enfin une eau-mère d'un beau jaune-orangé, qui précipite très-bien la gélatine, et l'acétate de fer en flocons d'un bleu pourpre. La présence de *l'acide gallique* y est démontrée non-seulement par les sels de fer, mais encore par la baryte et la potasse, qui développent dans l'eau-mère des couleurs verte et bleu-pourpre. L'eau-mère contient encore *du principe jaune volatil*, *du principe rouge* et *de la matière azotée*.

D'après les expériences que j'ai faites, et qui sont exposées avec détail dans le dictionnaire de chimie de l'Encyclopédie méthodique, je considère la *matière d'un gris jaunâtre* comme une combinaison *d'un principe jaune*, *d'acide gallique*, *d'un principe rouge*, *d'une matière azotée*; il y a en outre *de la chaux* et *de l'oxide de fer*, qui peuvent être unis à la combinaison précédente, ou seulement à une portion de ses élémens. Quand on traite la matière d'un gris jaunâtre par l'alcool, on fait des combinaisons indéfinies avec excès de principes colorans et d'acide gallique, qui sont dissoutes, et des combinaisons avec excès de matière azotée, qui ne le sont pas. Parmi les premières il y en a qui sont peu solubles et sans action sur la gélatine, et d'autres solubles, qui sont astringentes. Il paroît bien que celles-ci doivent cette propriété à la plus forte proportion de l'acide gallique, puisqu'on la donne à celles qui ne l'ont pas en y ajoutant cet acide.

3.° *Du tannin.*

M. Séguin, ainsi que je l'ai dit au commencement de cet article, a établi, le premier, l'existence du tannin comme une espèce de principe immédiat des végétaux, qu'il a caractérisée par la propriété de précipiter la gélatine et l'eau de chaux. Il n'a fait aucune tentative pour isoler cette substance de celles qui l'accompagnent dans l'écorce de chêne et la noix de galle.

M. Proust est le premier chimiste, à ma connoissance, qui ait décrit des procédés pour obtenir le tannin à l'état de pureté. Il en a proposé deux: l'un consiste à précipiter le tannin d'une infusion de noix de galle par le sous-carbonate de potasse, et à laver le précipité avec un peu d'eau; le second consiste à le précipiter de la même infusion par l'acide sulfurique ou hydrochlorique, à le laver avec de l'eau froide, à le dissoudre dans l'eau bouillante et à neutraliser par le carbonate de potasse l'acide qui s'est uni au tannin. Celui-ci se dépose ensuite par le refroidissement.

M. Tromsdorff a donné un procédé très-long, qui se réduit essentiellement aux opérations suivantes :

1.° On traite par l'alcool absolu, et à trois reprises, l'extrait aqueux de noix de galle, obtenu par macération ;

2.° On traite deux fois le résidu par l'alcool, contenant

$\frac{1}{10}$ d'eau. Ces lavages ont pour objet de dissoudre l'acide gallique. Dans le traitement par l'alcool aqueux beaucoup de tannin est dissous ;

3.° Le résidu, indissous par l'alcool et qui est formé, suivant M. Tromsdorff, de principes extractifs et mucilagineux, et de sulfate de chaux, outre le tannin, est dissous par l'eau. La solution est évaporée jusqu'à ce qu'il ne se sépare plus de matière insoluble en reprenant le résidu par l'eau. La matière insoluble ainsi séparée est de l'*extractif* qui s'est oxigéné. (Voyez EXTRACTIF.)

4.° La solution séparée de l'extractif est abandonnée à elle-même, jusqu'à ce qu'il ne s'y produise plus de moisissures; par ce moyen tout le mucilage est détruit.

5.° On précipite la chaux par quelques gouttes de carbonate de potasse.

6.° On précipite le tannin par l'acétate de plomb, et on décompose le tannate de plomb par l'acide hydrosulfurique.

M. Tromsdorff a vu que le tannin, préparé par le premier procédé de Proust, au moyen du carbonate de potasse, n'est pas pur, car il retient en combinaison de la potasse et de la chaux. Il pense que celui qui l'est par le second procédé, éprouve une certaine modification de la part des acides précipitans, qui, au reste, ne s'y combinent pas. Il croit qu'en traitant ce tannin par une petite quantité de potasse, ou en le faisant dissoudre dans de l'alcool étendu de $\frac{1}{10}$ d'eau, on le ramène en partie à son premier état.

M. Bouillon - Lagrange prépare le tannin en le précipitant d'une infusion de noix de galle, faite à froid, par le sous-carbonate d'ammoniaque, en lavant ce précipité à l'eau froide, jusqu'à ce que celle - ci ne se colore plus. Il évite le contact de l'air libre ; traite le précipité par l'alcool jusqu'à ce que celui-ci ne soit plus acide; puis il le fait égoutter sur du papier Joseph.

Je vais rassembler les propriétés que l'on a attribuées au tannin de la noix de galle.

Il est brun, incristallisable.

Il a une saveur astringente et amère.

Il rougit le tournesol ; mais M. Tromsdorff pense que c'est par un reste d'acide qu'il retient accidentellement.

M. Bouillon-Lagrange croit qu'il ne le rougit que parce que l'oxigène de l'air l'acidifie. Il croit encore que le chlore le change en acide gallique.

M. Tromsdorff dit que le tannin est très-soluble dans l'eau. M. Bouillon-Lagrange dit qu'il l'est peu, si l'eau n'est pas bouillante.

Les deux chimistes s'accordent à le regarder comme insoluble dans l'alcool.

M. Tromsdorff dit que les acides sulfurique et hydrochlorique agissent sur la solution de la même manière qu'ils agissent sur l'infusion de noix de galle.

Suivant M. Bouillon-Lagrange, le tannin, traité par l'acide nitrique, produit de l'acide oxalique.

Les eaux de potasse, de soude, précipitent le tannin en s'y combinant. Ces précipités, dissous dans l'eau chaude, ne précipitent la gélatine que quand on a neutralisé par un acide l'alcali que le précipité retient.

L'ammoniaque s'y combine sans le précipiter.

Les eaux de strontiane, de baryte, le précipitent en vert suivant M. Bouillon-Lagrange.

L'alumine en gelée le sépare de l'eau.

Le tannin précipite les solutions salines de peroxide de fer en flocons bleus, et l'acétate de plomb en flocons d'un gris jaune.

M. Bouillon-Lagrange dit que le tannin donne de l'acide gallique quand il est distillé.

Réflexions sur les procédés précédens employés pour extraire le tannin de la noix de galle.

Considérons maintenant les procédés dont je viens de parler :

1.° Relativement à l'influence que les réactifs que l'on emploie pour les exécuter, et que les circonstances dans lesquelles on opère, peuvent exercer pour dénaturer les corps soumis à leur action ;

2.° Relativement aux propriétés des principes immédiats qu'il s'agit de séparer.

Sous le premier rapport, les sous-carbonates alcalins employés par Proust et M. Bouillon-Lagrange, dans des circonstances où l'infusion de noix de galle qu'on y mêle est plus ou moins exposée à l'action de l'air, doivent déterminer au moins l'altération de l'acide gallique, et sa conversion en une matière très-astringente. Dès-lors, pour que l'emploi de ces sels dans la préparation du tannin ne fût sujet à aucune objection, il faudroit avoir vérifié, 1.° que la substance à laquelle on donne le nom de *tannin*, n'est point altérée, comme l'est l'acide gallique, par l'oxigène, une fois qu'elle est unie aux alcalis; 2.° que la substance astringente en laquelle l'acide gallique se convertit, ne peut se mêler avec le tannin. Nous savons de plus que le tannin préparé par le procédé de Proust retient de la potasse en combinaison : il est très-probable que le tannin préparé avec le sous-carbonate d'ammoniaque est dans le même cas.

Si l'on se rappelle maintenant les nombreuses opérations du procédé de M. Tromsdorff, l'affoiblissement de la propriété astringente d'une infusion de noix de galle qui se décompose spontanément; si l'on se rappelle que dans le procédé dont je parle on détruit ce qu'on nomme l'*extractif* par une sorte de fermentation, on verra combien ce procédé est éloigné de donner la garantie que le tannin qu'il a pour objet d'extraire, ne soit pas un produit altéré.

En considérant les choses sous le second rapport, et en admettant, avec tous les chimistes, que l'acide gallique a une grande affinité pour le tannin, il est évident que lorsque M. Bouillon-Lagrange a eu observé que le tannin qu'il avoit préparé avec le sous-carbonate d'ammoniaque donnoit de l'acide gallique par l'action de la chaleur et celle du chlore, au lieu de conclure que le tannin s'étoit converti en acide gallique, il auroit dû rechercher si cet acide n'avoit pas été simplement isolé et non produit ; car lorsque deux explications se présentent, et que l'une est plus conforme que l'autre aux analogies, si l'auteur adopte celle-ci, il est nécessairement obligé d'exposer les raisons de la préférence.

De ce que nous venons de dire, il résulte que les procédés qu'on a proposés pour extraire le tannin, ne donnent aucune garantie que l'on ait extrait de la noix de galle une substance qu'on puisse considérer comme une *espèce pure* de principe immédiat organique ; les choses ne sont donc pas beaucoup plus avancées sous ce rapport qu'elles ne l'étoient à l'époque où M. Seguin parla du tannin.

ARTICLE 2. Considérations générales sur le tannin de la noix de galle et les substances astringentes.

Si nous considérons maintenant le caractère sur lequel M. Seguin a établi l'*espèce tannin*; si nous nous rappelons que la propriété de précipiter la gélatine appartient à des substances très-différentes par leur nature, et en outre qu'elle peut résulter de l'union de corps qui ne la possèdent pas à l'état de pureté, ainsi que je l'ai démontré pour l'acide gallique et la matière jaune de la noix de galle, ainsi que M. J. Pelletier l'a démontré pour le même acide et la gomme arabique; on sera convaincu que l'existence du tannin, comme espèce de principe immédiat de l'écorce de chêne et de la noix de galle, est encore à démontrer par l'expérience.

Il ne me paroît pas douteux que la plupart des matières colorantes, comme les matières dites astringentes naturelles, ne soient formées de principes immédiats qui, à l'état de pureté, ne précipitent que foiblement la gélatine, mais qui la précipitent par le fait même de leur union. Il y a des cas où il est permis de croire que la grande solubilité de ces combinaisons est la cause pour laquelle elles précipitent la gélatine plus abondamment que ne le font leurs principes immédiats, qui, à l'état isolé, sont bien moins solubles dans l'eau que les combinaisons qu'ils constituent.

Au reste, si l'on démontre un jour dans la noix de galle l'existence d'un corps qui précipite la gélatine indépendamment de toute substance étrangère à son espèce, on ne pourra s'empêcher de reconnoître que, quand l'infusion de noix de galle, d'écorce de chêne, agissent sur la gélatine, le précipité est formé non-seulement de gélatine et de tannin, mais encore d'acide gallique et de matière sublimable en aiguilles jaunes; de sorte que ce précipité peut être considéré comme une matière azotée que l'on a teinte au moyen d'un mordant acide et de principes colorans : c'est ce qui résulte de l'analyse que j'ai faite de ce même précipité, en le soumettant à l'action de l'eau et de l'alcool dans mon digesteur distillatoire. (CH.)

SUBTILE. (*Ornith.*) On trouve dans l'Abrégé de l'histoire générale des voyages de Laharpe, tome 11, page 356, ce nom donné à un oiseau du Mexique, de la grosseur d'un pigeon, dont le plumage est noirâtre, à l'exception du bout des ailes et du bec, qui est jaune. Cet oiseau, que l'auteur de la Relation appelle corneille, paroît être plutôt un cassique. (Cu. **D.**)

SUBUCULE, *Subuculus.* (*Actinoz.*) Genre établi par M. Oken, dans ses Élémens d'histoire naturelle, tom. 1, p. 351, dans la famille des holothuries, et qu'il caractérise ainsi : Corps ventru, à dix côtes, avec dix bandes longitudinales, osseuses, du reste cartilagineux. Il ne renferme qu'une espèce, l'*holothuria penicillus* (Linn., Gmel., p. 3141, n.° 12; Muller, *Zoolog. Dan.*, 1, p. 39, n.° 11, tab. 10, fig. 4), qui pourroit bien n'être rien autre chose qu'une partie d'holothurie, et non un animal entier. (De B.)

SUBULAIRE, *Subularia*, Linn. (*Bot.*) Genre de plantes dicotylédones polypétales, de la famille des *crucifères*, Juss., et de la *tétradynamie siliculeuse*, Linn., dont les principaux caractères sont d'avoir : un calice de quatre folioles ovales, un peu ouvertes, caduques ; une corolle de quatre pétales, ovales, entiers, rétrécis à leur base, un peu plus grands que le calice ; six étamines, dont deux opposées, plus courtes ; un ovaire supère, surmonté d'un style à stigmate obtus ; une petite silique ovale, un peu comprimée, terminée par le style persistant, à deux valves ventrues, a deux loges, contenant chacune quatre petites graines arrondies. Ce genre ne comprend qu'une espèce.

SUBULAIRE AQUATIQUE; *Subularia aquatica*, Linn., *Spec.*, 896. Sa racine est annuelle, fibreuse, grêle : elle produit des feuilles radicales, nombreuses, linéaires-subulées, glabres, du milieu desquelles s'élèvent deux ou trois petites tiges simples, filiformes, hautes de deux à trois pouces, portant, dans leur partie supérieure, un petit nombre de fleurs blanchâtres et pédonculées. Cette plante croit dans les fossés aquatiques et les lieux inondés, dans le Nord de l'Europe; on l'indique dans les Vosges. (L. D.)

SUBULARIA. (*Bot.*) Dillenius, dans son *Historia muscorum*, planche XXXI, figure sous le nom de *subularia* une plante rampante, qui donne naissance de distance en distance à des touffes de feuilles droites, subulées, très-longues. Chaque touffe est garnie à sa base d'un faisceau de racines. Entre les feuilles sont des pédoncules simples, terminés par une espèce de fleur, munie d'un calice composé de quatre pièces. Sur les feuilles même on observe de petits corps en forme de cornet, fixés par leur pointe, et dont l'ouverture est divisée en cinq parties pointues. Les naturalistes ne sachant à quelle plante on pouvoit rapporter le *subularia* de Dillenius, il n'en a plus été question. Cependant on a avancé que ce pouvoit être une espèce d'*isoetes*, mais la figure même incomplète de Dillen démontre que cela ne peut être. Smith ne fait aucune mention dans sa *Flora britannica* du *subularia* de Dillen, qu'on ne peut confondre avec le *subularia aquatica*, Linn. M. Valiot, médecin de Dijon, pense, et nous croyons avec beaucoup de raison, que le *subularia* de Dillen est le *littorella lacustris*, Linn.; et que les petits corps représentés sur les feuilles sont des animaux fixés par le hasard sur cette plante. Voyez Subu-laire. (Lem.)

SUBULÉ. (*Bot.*) Étroit et rétréci en pointe de bas en haut comme une alène ; exemples : feuilles de l'*ulex europœus*, du *juniperus communis*; stipules du *cytisus laburnum*; épines du *berberis vulgaris* ; fruit du *scandix pecten*, de l'*erisimum officinale*; poils du *borago laxiflora*; anthères du *borago officinalis*; placentaire du *dianthus*, etc. (Mass.)

SUBULICORNES. (*Entom.*) M. Latreille a désigné par ce nom un groupe d'insectes névroptères dont les antennes sont très-courtes, en forme de poil ou de fer d'alène. Il en a formé une famille, qui comprend les libelles et les éphémères, dont les métamorphoses sont bien différentes, ainsi que les modes de respiration, de reproduction, et surtout les parties de la bouche, sous les trois états de larves, de nymphes mobiles et d'insectes parfaits. Voyez Agnathes et Odonates. (C. D.)

SUBULIROSTRE. (*Ornith.*) M. Duméril, dans sa Zoologie analytique, page 45, établit sous ce nom une famille de passereaux qui ont le bec en alène. (Ch. D.)

SUBVENTANEA. (*Ornith.*) Les anciens désignoient les œufs stériles par ce nom et ceux de *hypemenea* et *zephirina*. (Ch. D.)

SUC GASTRIQUE. (*Chim.*) En 1824, le docteur Prout
ayant traité par l'eau des matières contenues dans l'estomac
du lapin, du lièvre, du cheval, du veau et du chien, nourris
avec leurs alimens ordinaires, trouva dans cette eau des
chlorures de potassium et de sodium, de l'hydrochlorate
d'ammoniaque, et, ce qu'il y a de remarquable, de l'acide
hydrochlorique libre.

Voici comment il opéra :

L'eau qui avoit servi à épuiser les matières trouvées dans
l'estomac de chacun de ces animaux étoit partagée en trois
portions égales.

(*a*) L'une étoit évaporée à sec, le résidu incinéré, puis traité
par l'eau ; le lavage étoit mêlé au nitrate d'argent. Le précipité de chlorure représentoit le chlore uni au potassium et
au sodium.

(*b*) Une autre portion étoit traitée comme la précédente,
toutefois après avoir été sursaturée de potasse. Le chlore,
obtenu ainsi, représentoit tout le chlore et tout l'acide hydrochlorique contenus dans l'eau.

(*c*) La troisième étoit exactement neutralisée par la potasse ;
par ce moyen on déterminoit l'acide hydrochlorique libre.

L'acide hydrochlorique libre + l'acide hydrochlorique représenté par le chlore trouvé dans la portion (*a*) incinérée,
soustraits de la quantité d'acide hydrochlorique déterminée
par l'incinération de la portion (*b*), ont donné la quantité
d'acide hydrochlorique qui étoit unie à de l'ammoniaque,
et cette dernière détermination a été confirmée par la quantité d'hydrochlorate d'ammoniaque qui fut obtenue en distillant la portion (*c*) qu'on avoit préalablement évaporée à sec.

Voici les résultats que le docteur Prout a obtenus dans trois
cas différens : il évalue le chlore à l'état d'acide hydrochlorique :

| | N.° 1. | N.° 2. | N.° 3. |
	Gr.	Gr.	Gr.
Acide hydrochlorique uni à un alcali fixe..	0,12	0,95	1,71
Acide hydrochlorique uni à l'ammoniaque..	1,56	0,76	0,40
Acide hydrochlorique libre	1,59	2,22	2,72

Le docteur Prout a obtenu des résultats analogues en examinant les fluides rejetés par l'homme dans des cas graves de

dyspepsie. Voici la quantité d'eau contenue dans 1 pinte d'un fluide de cette nature pesant 16 onces :

	N.º 1. Gr.	N.º 2. Gr.	N.º 3. Gr.
Acide hydrochl. uni à un alcali fixe	12,11	12,00	11,25
Acide hydrochl. uni à l'ammoniaque	0,00	0,00	5,39
Acide hydrochlorique libre	5,13	4,63	4,28;

bien entendu que ces analyses se rapportent aux fluides de trois individus.

M. Prout n'a trouvé d'hydrochlorate d'ammoniaque que dans un cas (n.º 3), et il ajoute que le malade qui avoit rendu ce liquide, avoit contracté l'habitude de prendre de l'ammoniaque comme médicament.

Quelques expériences que je fis, il y a, je crois, une douzaine d'années, sur le liquide que feu le docteur Montègre avoit la faculté de rendre à jeun, paroissent démontrer que l'hydrochlorate d'ammoniaque peut exister naturellement dans l'estomac de l'homme.

20 grammes de ce liquide m'ont donné :

	Gr.
Eau et matières volatiles	19,8000
Matières organiques fixes	0,1081
Hydrochlorate d'ammoniaque	0,0019
Chlorures de sodium et de potassium mêlés d'un atome de sous-carbonate	0,0800
Phosphate de chaux	0,0100
	20,0000.

Je ne recherchai pas si ce liquide contenoit de l'acide hydrochlorique libre. Il est certain qu'il s'y trouvoit un acide libre, volatil, très-odorant, qui se forme pendant la putréfaction des matières azotées. Cet acide a de grands rapports avec l'acide acétique.

Enfin j'ajouterai que la présence de l'hydrochlorate d'ammoniaque dans le suc gastrique des corneilles a été indiquée par Scopoli il y a plus de cinquante ans. (Cʜ.)

SUC PANCRÉATIQUE. (*Chim.*) J'ai fait sur quelques gouttes d'un liquide qui m'avoit été remis par M. Magendie sous la dénomination de *suc pancréatique du chien*, quelques observations que je consignerai ici, ne connoissant aucun travail sur ce sujet.

Le suc pancréatique que j'ai examiné, étoit jaunâtre, sensiblement alcalin au papier rouge de tournesol.

Exposé à la chaleur, il se troubloit, et des flocons d'un gris roux se séparoient d'un liquide légèrement verdâtre.

En outre, l'odeur fade du suc pancréatique avoit disparu par la cuisson ; elle avoit été remplacée par celle du blanc d'œuf cuit : les flocons étoient très-solubles dans l'eau de potasse ; la liqueur d'où ils avoient été séparés, se couvroit de pellicules pendant l'évaporation. Elle laissoit un résidu contenant une matière azotée et un peu de matière grasse. La matière azotée étoit soluble dans l'eau bouillante et précipitée par le chlore.

Les flocons et l'extrait provenu du liquide d'où ils s'étoient séparés, ayant été réunis, puis brûlés, ont exhalé l'odeur des matières azotées, et ont laissé une cendre qui contenoit du chlorure de sodium et du sous-carbonate de soude.

Sans pouvoir affirmer que les phénomènes que présente le suc pancréatique lorsqu'il est chauffé, y démontrent l'existence de l'albumine, cependant il faut convenir qu'ils sont les mêmes que ceux qu'on observe dans les fluides albumineux étendus d'une certaine quantité d'eau. (Ch.)

SUCARUM. (*Bot.*) Nom arabe de la ciguë, suivant Daléchamps. (*J.*)

SUCCARATH. (*Mamm.*) Voyez Su. (Desm.)

SUCCARUM. (*Bot.*) Mentzel cite ce nom arabe de l'*hyoscyamus albus*. Une autre espèce, l'*hyoscyamus datura* de Forskal, est nommée par lui *sœkaran*. (J.)

SUCCE. (*Ornith.*) Ce canard, de Saint-Domingue, est l'*anas Jacquini* de Latham. (Ch. D.)

SUCCET. (*Ichthyol.*) Voyez Sucet. (H. C.)

SUCCIN[1]. (*Min.*) C'est un minéral combustible avec flamme

---

[1] De *succus*, dit-on, suc fossile, et aussi *ambre jaune*, qui est son nom le plus ordinaire et aussi le plus impropre, ce corps n'ayant aucun rapport avec l'ambre ; quelquefois *karabé*, nom persan, qui signifie tire-paille. — *Electrum* des anciens, à cause de sa couleur jaune : c'est de ce nom qu'est venu celui d'électricité, parce que ce corps présente le plus facilement, et a fait connoitre le premier, les phénomènes qu'on a appelés électriques de son nom. — *Bernstein* des minéralogistes allemands.

et fumée, composé à la manière des corps organiques, d'un jaune qui varie du blanc jaunâtre au jaune de cire et au jaune roussâtre. Il est quelquefois parfaitement translucide et jamais complétement opaque. Sa texture est résino-vitreuse; sa cassure conchoïde, avec l'éclat vitreux. Il est assez homogène et assez dur pour rayer le gypse et recevoir un poli brillant. Néanmoins il se laisse rayer aisément par le calcaire spathique. Enfin sa pesanteur spécifique est d'environ 1.08.

Il est éminemment et très-aisément électrique par frottement.

Le succin brûle facilement avec bouillonnement : il répand une fumée dont l'odeur est fragrante et piquante. Cette fumée, recueillie dans le tube du matras, se condense en petites aiguilles cristallisées ou en une liqueur aqueuse qui rougit le papier blanc. L'acide particulier qu'elle renferme et qu'on nomme acide succinique, caractérise essentiellement le succin et le distingue du mellite, des résines fossiles qui lui ressemblent et qui n'ont pas encore été nettement spécifiées, et enfin de la résine copale, produit végétal, qui a d'ailleurs presque tous les autres caractères de combustibilité, fusibilité, couleur, transparence, dissolubilité dans les huiles, l'alcool et les alcalis du succin, en sorte qu'on ne trouve d'autre caractère distinctif absolu entre ces deux substances que la présence de l'acide succinique dans le succin et son absence totale dans la résine copale.

Variétés. Le succin présente peu de variétés réelles, c'est-à-dire dont on puisse limiter les caractères. On distingue dans ce combustible fossile :

Le Succin jaunâtre (*Gelber Bernstein*, W.).

D'une couleur où le jaune domine, mais qui varie du jaune pur ou roussâtre au rougeâtre, au brunâtre et même au verdâtre. Il est solide, transparent ou au moins translucide.

Le Succin blanchâtre (*Weisser Bernstein*, W.).

Il est d'un blanc opaque, quelquefois aussi pur que celui du lait, quelquefois tirant sur le jaunâtre. Il est solide.

Le Succin résinoïde.

Il est jaune brunâtre, jaune pâle ou brun jaunâtre, soit même verdâtre ou grisâtre; tantôt solide, tantôt pulvérulent:

dans le premier cas il est en général extrémement fragile;
sa cassure et son éclat sont parfaitement résineux. Il a quelquefois l'aspect d'une terre et même d'une poussière jaunâtre (*Bernerde, W.*).

Ce combustible résineux fossile diffère beaucoup des deux
autres variétés, et pourra même constituer une espèce distincte, lorsque ses caractères positifs seront mieux connus et
mieux généralisés: ce qui le distinguera surtout, c'est l'absence presque absolue d'acide succinique.

Gisement. Le succin des deux premières variétés a un gisement ou une position géognostique bien caractérisée, et qui
paroît constamment différer de celui de la troisième variété.

Il se trouve, on peut dire presque constamment, en morceaux noduleux, disséminés dans le sable, l'argile ou les morceaux de lignite de la formation des argiles plastiques et des
lignites qui sont situés entre le calcaire grossier du terrain
de sédiment supérieur et la craie blanche. La grosseur de
ces nodules varie depuis celle d'une noisette jusqu'à celle
de la tête d'un homme. Cette dernière dimension est très-
rare dans le vrai succin.

Le succin ne se présente ni en couches continues, ni en
filons; il est, comme on vient de le dire, tantôt dans les
roches terreuses et friables qui accompagnent ou renferment
les lignites, tantôt engagé dans les lignites eux-mêmes; il y
est associé avec les minéraux qui entrent dans la composition
de cette formation, et principalement avec les pyrites, qui
y sont quelquefois si abondantes.

Le succin qu'on trouve en morceaux dans les sables et autres terrains meubles évidemment de transport, celui que l'on
trouve en morceaux isolés sur les rivages de la mer dans certains pays, et notamment dans la Poméranie, vient sans contredit de cette formation : les corps auxquels il est quelquefois encore adhérent, ne peuvent laisser aucun doute sur sa
position primitive.

Je ne sache pas qu'on ait trouvé le vrai succin dans d'autres terrains que celui dont je viens d'indiquer la position géognostique. Cette position me paroit donc clairement et sûrement déterminée: ce n'est point celle des terrains qu'on ap-

pelle d'alluvion, et qu'on regarde comme moderne : elle est au contraire assez ancienne, puisqu'elle est recouverte par trois ou quatre séries de roches souvent puissantes et bien caractérisées comme roches de sédiment et même de cristallisations ; ce sont, en allant de bas en haut et en partant de la formation d'argile plastique qui renferme le succin : le calcaire grossier, le gypse à ossemens et ses marnes, le calcaire marneux, le grès marneux supérieur qui le recouvre, et enfin la formation lacustre, souvent si puissante et composée de roches calcaires et siliceuses.

Le succin n'est pas toujours recouvert de toutes ces roches ; il est même rare de voir une masse puissante de l'une d'elles au dessus du terrain qui le renferme, et on doit en présumer la raison et sentir que c'est précisément dans les cas où il est ainsi recouvert qu'il doit être difficile de rencontrer une heureuse réunion de circonstances qui mettroient sa présence à nu ; mais en liant les observations qu'on a pu faire dans différens lieux sur les lambeaux de ces terrains, qui recouvrent les couches dans lesquelles il se trouve, en remarquant qu'on n'a jamais vu dans ces lambeaux d'autres roches que celles que nous venons de citer, il me semble qu'on a établi sa situation géologique aussi solidement qu'il est possible de le faire.

Le succin proprement dit, qu'on peut désigner aussi par le nom de *succin borussique*, du pays d'où vient la plus grande partie des succins du commerce, appartient au gisement du lignite de l'argile plastique ou lignite soissonnois. Tout ce que nous avons dit sur les circonstances de ce gisement, sur les roches et les débris organiques qui accompagnent ces lignites, s'applique au succin. Nous ne devons donc pas le répéter ici, mais renvoyer à l'article Lignite (tom. XXVI, pag. 352 à 367), et ne nous occuper que des circonstances particulières au succin.

Ces circonstances sont relatives à la manière dont il se présente dans son gîte, à ses formes et aux corps qu'il renferme.

C'est, comme on vient de le dire, avec et même dans le lignite que se trouve le succin. Il est quelquefois interposé en petites plaques dans les couches minces des lignites, plus vers l'écorce des lignites fibreux qui ont conservé la forme du bois, que vers le milieu du tronc , position analogue à celle des matières résineuses dans les végétaux ligneux. Les lignites fibreux qui contiennent ainsi du succin appartiennent à des bois dicotylédons , et cette substance paroît avoir été formée pendant la vie des végétaux qui la présentent. Mais l'acide succinique , qu'on n'a encore trouvé que dans cette sorte de résine fossile, étoit-il un produit particulier des végétaux succinifères ? ou résulte-t-il d'une altération de cette résine dans la terre ? On remarque que les terrains dans lesquels on trouve le succin contiennent en même temps des sulfates de fer, d'alumine et de chaux , ou au moins les élémens de ces sels dans les pyrites, qui y sont si abondantes.

Le succin ne se trouve jamais cristallisé , mais toujours en nodules et quelquefois en veines, ou plutôt en plaquettes de peu d'étendue. Les nodules sont ordinairement irréguliers ; quelquefois ils présentent une forme ovoïde ou grossièrement pyriforme, à surface mamelonnée , dont les mamelons sont disposés en réseaux peu réguliers, à peu près comme le sont les fruits des Annones. L'irrégularité de ces réseaux fait voir néanmoins que ces nodules ne sont pas des fruits ou d'autres corps organisés ayant une forme propre ; elle indique plutôt une sorte de contraction par desséchement ou solidification , et par conséquent une matière qui a été fluide , visqueuse ou seulement molle.

Les différens corps que le succin renferme et que sa transparence permet de distinguer, établissent d'une manière encore plus évidente son état primitivement liquide ou mou. Ces corps, très-différens, ont beaucoup occupé les naturalistes. Ce sont généralement des insectes ou des débris d'insectes , et quelquefois des feuilles, des tiges ou d'autres parties de végétaux.

Certaines familles d'insectes s'y trouvent plus abondamment que d'autres. Ainsi on remarque que les hyménoptères et les diptères y sont les plus communs ; ensuite les araignées, quelques coléoptères, principalement de ceux qui vivent sur les arbres, tels que les élaters, charansons, chrysomèles. Les lépidoptères s'y rencontrent très-rarement. On voit par cette énumération , qui résulte des travaux de E. V. Germar, Schweiger, etc., que les insectes enveloppés dans cette matière résinoïde sont en général de ceux qui se posent sur les troncs d'arbres ou qui vivent dans les fissures des écorces.

On a cherché à déterminer les espèces de ces insectes, et on n'a encore pu les rapporter exactement à aucune espèce vivante. On a cru remarquer qu'ils ressembloient plus aux insectes des climats chauds qu'à ceux des zones tempérées : on y cite par exemple des mutiles, des scorpions, etc.

On a aussi trouvé dans le succin quelques débris de végétaux dicotylédons, tels que des feuilles, un fruit semblable à une noix, un autre semblable à celui de l'aune ; des semences, que M. Léman compare à celles du *ptelea trifoliata* ou du *dodonea viscosa*, et qui se rapprochent du fruit des ormes.

Enfin, on a cité aussi dans cette substance des fucus et des petites coquilles analogues aux paludines. Mais ces dernières observations sont vagues et par conséquent douteuses.

Les lieux où l'on trouve le succin dans les conditions convenables à l'exploitation, c'est-à-dire en quantité suffisante, et en morceaux d'un volume notable et d'une assez grande pureté, sont peu nombreux ; ceux, au contraire, où il se montre en petites parties éparses, sont extrêmement multipliés.

La principale exploitation de ce combustible minéral a lieu dans la Prusse orientale, sur les bords de la mer Baltique, depuis Memel jusqu'à Dantzick, et principalement dans les environs de Kœnigsberg, sur la côte qui se dirige du nord au sud depuis Grossdirschheim jusqu'à Pillau ; sur le territoire de Grosshubennicken, Palmnicken, et dans les environs de Dantzick sur le territoire des villages de Klischkow, Geschkow, Rosenberg, Langenau, etc.

On le recueille sur cette côte de plusieurs manières différentes : 1.° dans le lit de petits ruisseaux qui coulent près des villages ; en morceaux arrondis et sans écorce, ou sur le sable des rivages, en morceaux rejetés par la mer et arrondis par le roulis. Lorsque le vent vient du nord-est, le succin se porte vers la forteresse de Weichselmünde et sur les villages de Neubade, Bohnsack, Ostheide ; s'il vient du nord-ouest ou de l'ouest, le succin est principalement rejeté sur les villages de Stutthoff, Vogelsang, etc.

2.° Si les rejets de la mer ne sont pas abondans, les pêcheurs, couverts d'un vêtement de cuir, s'avancent dans la

mer jusqu'au cou et cherchent à découvrir le succin à la vue.
Ils le pêchent avec des espèces de dragues très-longues, garnies d'un filet en forme de poche. On présume que beaucoup
de succin a été détaché par la mer, lorsqu'on voit flotter de
nombreux morceaux de lignite. Cette dernière manière de
recueillir le succin n'est pas sans danger, et les pêcheurs s'avancent toujours plusieurs ensemble pour se prêter secours;
mais toutes deux dépendent entièrement d'un heureux hasard et leur résultat est très-incertain.

La troisième manière est une véritable exploitation : elle
consiste à faire des fouilles sur les bords des dunes, qui ont
quelquefois jusqu'à quarante mètres de profondeur.

Enfin, le quatrième procédé peut encore être comparé à
une exploitation assujettie à certaines règles, mais accompagnée d'un assez grand danger. Les pêcheurs de succin, montés
sur une chaloupe, côtoient les rivages près du village de Prostenort ou plutôt Brusterorth. Ces côtes, ordinairement escarpées, sont presque entièrement composées d'un terrain meuble
sableux et un peu argileux. Les pêcheurs cherchent au niveau
qui est propre au succin à en reconnoître ou des rognons ou
au moins des indices, et quand ils ont découvert un gîte ou
des nodules de cette substance, ils approchent avec leur chaloupe du pied de l'escarpement à falaise de sable et essaient
de faire tomber, à l'aide de longues perches armées de crocs,
les parties de succin qu'ils ont reconnues; mais il y a deux
dangers à courir : comme il faut faire approcher la chaloupe
au pied de la falaise, si la mer est agitée, elle risque d'être
submergée ou brisée; et comme on n'est jamais assuré de ne
pas détacher une grande masse de terrain meuble de la falaise en voulant en arracher le succin, on s'expose à avoir
la chaloupe submergée par la chute d'une de ces masses sableuses. (STRUVE, dans le *Taschenbuch für Mineral.* de Leonhard, tom. 5, pag. 48.)

Lieux. On connoît du succin dans beaucoup d'autres lieux,
mais il n'est dans aucun de ces lieux ni assez abondant, ni
assez régulièrement disposé pour être l'objet d'une exploitation régulière; on le recueille ordinairement en exploitant le
lignite et l'argile qui l'accompagne.

Les lieux où l'on cite cette substance, sont, en FRANCE, dans les Basses - Alpes, près de Sisteron, et dans la colline de Lure, près Forcalquier; à Noyer près Gisors, dans un gîte d'argile plastique et de lignite bien évidemment supérieur à la craie; à Villers-en-Prayer, près Soissons, et sur divers autres points du département de l'Aisne, dans le terrain de lignite pyriteux qui recouvre une grande partie de ce département; à Auteuil, près Paris, dans l'argile plastique qui s'y trouve : il y est fort rare.

A Saint-Pollet, dans le département du Gard. Il est en nodules assez volumineux, brunâtres, presque opaques, à cassure facile et résinoïde, et comme il ne renferme que des traces d'acide succinique, il paroit appartenir plutôt au succin résinoïde qu'aux premières variétés. Il se trouve dans un lit de lignite accompagné de très-grosses ampullaires, que nous avons désignées au mot LIGNITE par le nom d'*ampullaria l'aujasii*.

A Trahéguies près de Binch dans le Hainaut. Il y a été découvert en 1759, et se trouve dans un terrain d'argile plastique.

Dans plusieurs parties de l'ANGLETERRE, et toujours dans des terrains meubles composés de sables, de marnes, de lignites, et accompagnés de coquilles qui placent ces terrains parmi la formation de sédiment la plus supérieure. Dans la colline de Highgate, au nord et près de Londres, et à Brentford, à trois lieues à l'ouest de cette ville : c'est un succin résinoïde[1], qui se trouve en petits amas nodulaires formant des lits interrompus dans l'argile, accompagnés de coquilles marines et de lignites perforés par des vers marins, imprégnés souvent de pyrites plus ou moins volumineuses.

On en cite encore dans quelques autres parties de l'Angleterre, telles que les côtes de Suffolk, Norfolk, en Essex; mais sa situation géologique n'est pas aussi bien déterminée que celle du succin résinoïde des lieux que je viens de décrire et sur lesquels j'ai eu dans le temps, par Blagden, des renseignemens précis.

En SUISSE on connoît aussi du succin à Neuwelt près de Bâle,

---

1 *Carbo resinasphaltum et highgate resin*, SOWERBY, pl. 522. — *Fossil - Copal*, AIKINS, *Manual*, p. 64.

dans une argile schisteuse qui renferme des empreintes de plantes. — A Arau en Suisse, dans un schiste bitumineux.

En Espagne. dans la province des Asturies. A Coboalles, évêché d'Oviédo : il est fissile et engagé dans un charbon fossile, qui est vraisemblablement du lignite, et dans les montagnes de Santander, engagé dans un calcaire assez dur.

En Sicile. Le succin se trouve sur le prolongement des chaînes qui, vers l'angle septentrional de cette île, forment le pied des Apennins, et sur la côte orientale dans les environs de Catane : il est disséminé dans des bancs d'argile et de marne qui sont inférieurs au calcaire grossier; du bitume l'accompagne (B. Lavia). Ce succin, quoique peu abondant, est cependant exploité par le commerce. Il est recouvert d'une sorte d'écorce blanchâtre : il présente d'assez nombreuses variétés de couleur et renferme beaucoup d'insectes. Sa pesanteur spécifique est de 1,078 à 1,085. M. Ferrara assure qu'il ne diffère pas de celui de Prusse. Il se rencontre aussi dans les terrains meubles des côtes méridionales de cette île, aux environs de Girgenti, d'Alicata, de Terra-nuova, etc.

Dans un grand nombre de lieux de la partie sablonneuse de la Pologne, et à une très-grande distance de la mer. On l'y trouve mêlé avec des cônes de pin. (Guettard et Alex. Saphina.) — On le trouve, suivant M. Borkoski, en rognons d'un blanc jaunâtre ou d'un jaune foncé, dans un grès coquillier à Podhorodyscze, à deux milles de Lemberg, en Galicie. Ce grès repose sur un calcaire également coquillier.

A Oslavan en Moravie : il est blanc-jaunâtre opaque.

En Saxe. Dans le voisinage de Pretsch et de Wittemberg, dans une argile bitumineuse mêlée de lignite.

Sur les rives de la mer Glaciale, dans le golfe de Kara, en petits fragmens roulés, mêlés avec de gros fragmens de houille (Pallas). C'est vraisemblablement du lignite.

En Sibérie. A l'embouchure du Jénisey, et toujours avec des lignites. — En Groënland, et de la même manière. — Il vient aussi du succin de diverses nuances du Japon.

On en trouve sur les rivages de Madagascar.

Dans l'Amérique septentrionale, au lieu dit le cap Sable, sur la rivière Magothy dans le Maryland. M. G. Toost, qui a décrit ce gîte de succin, dit que cette substance est tantôt opaque, tantôt transparente comme de la résine. Il se trouve dans un terrain de sable souvent ferrugineux et renfermant une couche de lignite qui a quelquefois un mètre de puissance : il est mêlé de pyrites.

Le second gîte du succin, qui renferme plutôt le succin résinoïde ou sans acide succinique, que le succin borussique, est beaucoup plus ancien que celui que nous venons de décrire et paroît appartenir à la formation marine de marne argileuse, qui est immédiatement inférieure à la craie, ou même à ces roches inférieures de la formation de craie qu'on désigne sous les noms de glauconie crayeuse et glauconie sableuse (*Greensand* des géologues anglois).

Le succin résinoïde s'y trouve en nodules disséminés dans des marnes argileuses, des sables marneux et micacés, des lignites fibreux et pyriteux : il n'est plus accompagné de productions organiques fluviatiles, mais des coquilles marines caractéristiques de ce terrain. L'énumération de ces corps et les circonstances de leur position ayant été données à l'occasion du Lignite que nous avons désigné sous le nom de *lignite de l'île d'Aix*, nous ne les répéterons pas, mais nous renverrons à cet article. Nous ne connoissons encore qu'un seul exemple authentique de cette position, et c'est celui que nous venons d'indiquer. Il renferme plusieurs variétés de succin : les unes sont grises ou brunes, les autres d'une couleur roussâtre assez vive ; mais toutes sont friables, et quelques-unes n'ont pas donné aux recherches de M. Berthier la moindre partie d'acide succinique.

Ce n'est que par une présomption encore peu fondée qu'on peut ramener à ce gisement quelques lieux où l'on a cité des succins qui, par leur caractère minéralogique et par leur composition, paroissent appartenir à cette époque de formation.

Tel seroit le succin résinoïde de Pinna-cerrada, province d'Alatava dans les Pyrénées espagnoles, qui se trouve en très-gros morceaux rougeâtres ou jaunes de miel très-friables dans une couche de lignite, et qui, d'après l'analyse faite par M. Berthier, contient à peine une trace d'acide succinique.

Je regarde comme un exemple unique jusqu'à présent, et dont les circonstances demandent à être développées, la

presence du succin que M. Pfaff dit avoir observé dans le
gypse du Segeberg en Holstein, qui renferme de la karsténite et qui paroît appartenir à un terrain de sédiment moyen.

Le succin résinoïde et le succin terreux se trouvent dans
un assez grand nombre de lieux dont la position géognostique n'est pas assez bien déterminée pour que nous assurions
qu'ils appartiennent aux terrains auxquels nous rapportons celui de l'île d'Aix ; nous ne les citerons donc ici que pour com-
pléter la série des localités des succins, sans leur attribuer
aucune position certaine. Tel est celui d'Olbersdorf et d'Op-
pelsdorf, près de Zittau en Saxe, dans un terrain d'ampé-
lite ; celui de Wettin, près de Halle, qu'on dit être dans
un terrain houiller ; celui de Louhans, dans le département
de Saone-et-Loire en France.

Usages. Le succin est exploité et mis dans le commerce
comme objet d'ornement et comme substance utile par les
propriétés chimiques, techniques et médicinales de son acide
et de ses produits. On n'emploie pour ces derniers usages que
le succin impur, en petits fragmens opaques et sans éclat.

Mais on recherche pour les objets d'ornement le succin le
plus homogène et celui qui réunit une belle transparence à
une couleur d'un jaune roussâtre, bien déterminée. On en
fait des bijoux, principalement des colliers, des petits ustensiles, tels que des pommes de canne, des poignées de
couteaux et de poignards, des embouchures de pipes, etc. Il
reçoit très-bien le poli.

Le pays qui fournit la plus grande partie du succin ainsi
employé, est la Poméranie et toute la côte de la Baltique,
que nous avons citée plus haut. Non-seulement ce pays
est encore à présent le plus riche et le plus célèbre par la
quantité de beau succin qu'il met dans le commerce ; mais
il avoit déjà cette réputation et étoit fréquenté dans ce but
dès les temps les plus reculés.

Cette substance avoit frappé les anciens par sa couleur, la
facilité avec laquelle on la trouvoit éparse sur les rivages,
sa transparence, le beau poli qu'elle pouvoit recevoir sans
peine, et l'odeur assez agréable qu'elle répand en brûlant, et
même par la propriété attractive qu'elle acquiert au moyen

du frottement. Ils y avoient remarqué aussi les insectes qu'elle renferme. Il y a une épigramme de Martial qui ne laisse aucun doute sur la manière dont ce phénomène les avoit frappés. [1]

On façonne aussi beaucoup de petits bijoux avec le succin de Sicile, à Catano et à Tripani.

On assure que celui des environs de Coboalles, dans la province des Asturies, est assez abondant pour être taillé et poli à Oviédo et mis dans le commerce.

Les peuples d'Orient attachent beaucoup plus de prix aux bijoux et ustensiles faits avec cette substance, que les peuples chrétiens d'Occident; aussi le commerce qu'on en fait est-il presque en entier pour la Turquie. (B.)

SUCCIN. (*Foss.*) Voyez au mot Insectes [Foss.]. (D. F.)

SUCCIN. (*Chim.*) Substance qui passe généralement pour être d'origine organique ; mais on ignore à quelle espèce d'être organisé on doit en rapporter la production.

Le succin a une couleur jaune variable; ce qui prouve, suivant nous, que cette couleur ne lui est pas essentielle.

Il est insipide. Il a une légère odeur.

L'eau n'a pas ou n'a qu'une action très-foible sur lui.

L'alcool, chauffé avec le succin dans le digesteur distillatoire, en dissout une petite quantité. Par le refroidissement il se trouble. Si l'on filtre et si on évapore la liqueur filtrée, on obtient un résidu jaune, qui donne des cristaux acides, qui m'ont paru avoir toutes les propriétés de l'acide succinique. Ce qu'il y a de certain, c'est que les ayant distillés, ils ont donné un sublimé blanc, cristallisé, doué des caractères de l'acide succinique.

Le succin est dissous par plusieurs corps gras.

Lorsqu'on le soumet à la distillation, on en retire l'*acide succinique.* Voyez Succinique [Acide]. (Ch.)

---

1   De ape electro inclusâ.

Et latet et lucet phætontide condita gutta
  Ut videatur apis nectare clusa suo :
Dignum tantorum pretium tulit illa laborum,
  Credibile est ipsam sic voluisse mori.

SUCCIN CRISTALLISÉ. (*Min.*) Avant qu'on ait reconnu que le mellite étoit une espèce distincte, de Born l'avoit prise pour du succin cristallisé. Voyez MELLITE. (B.)

SUCCIN NOIR. (*Min.*) On a donné ce nom à un combustible fossile noir, qui n'est pas du succin, mais bien un lignite jayet, ayant la cassure plus conchoïde, plus résineuse, plus luisante que les autres jayets. (B.)

SUCCINATES. (*Chim.*) Combinaisons salines de l'acide succinique avec les bases salifiables.

Dans les succinates la quantité d'acide est à l'oxigène de la base :: 6,28 : 1, et l'oxigène de l'acide est à celui de la base :: 5 : 1, suivant M. Berzelius.

Les succinates solubles se préparent directement. On obtient les succinates insolubles par la voie des doubles affinités.

Les succinates n'ont été examinés jusqu'ici que très-superficiellement.

Voici à quoi nos connoissances se réduisent sur ce sujet :

SUCCINATE D'AMMONIAQUE.

Il cristallise en aiguilles.
Il est volatil sans décomposition.
Sa saveur est acerbe, amère et fraîche.

SUCCINATE D'ALUMINE.

Il cristallise en prismes.

SUCCINATE D'ARGENT.

L'acide succinique dissout l'oxide d'argent. La dissolution cristallise en prismes fins, radiés.

SUCCINATE DE BARYTE.

Ce sel est peu soluble ou insoluble dans l'eau.

SUCCINATE DE DEUTOXIDE DE CUIVRE.

L'acide succinique dissout le deutoxide de cuivre. La solution cristallise.

Il existe un succinate de cuivre insoluble. J'ignore si c'est un sel neutre ou un sel avec excès de base.

51.

16

Succinate de chaux.

Il est peu soluble dans l'eau, même quand elle est bouillante. Cependant on peut l'obtenir en prismes oblongs, pointus.

Il est décomposé par les sous-carbonates solubles.

Succinate d'étain.

Ce sel est soluble dans l'eau et peut être obtenu en larges cristaux.

Succinate de peroxide de fer.

Ce sel est blanc-jaunâtre, insoluble dans l'eau.

Tous les sels solubles de peroxide de fer sont précipités par les succinates de potasse, de soude et d'ammoniaque. C'est pourquoi on emploie ces derniers sels pour séparer le fer de plusieurs métaux, notamment du manganèse, dont les succinates sont solubles.

Succinate de glucine.

Ce sel est insoluble.

Succinate de magnésie.

Il est déliquescent.

Succinate de protoxide de mercure.

Il est soluble dans l'eau.

Succinate de plomb.

Acide 31,05
Protoxide de plomb..... 68,95.

Il est insoluble ou un peu soluble dans l'eau.

L'acide succinique précipite l'acétate de plomb; mais il n'a pas d'action sur la solution du nitrate et du chlorure.

Succinate de protoxide de manganèse.

Ce sel est soluble dans l'eau : c'est pour cette raison qu'on peut séparer, ainsi que Gehlen l'a prescrit, au moyen du succinate de potasse, de soude ou d'ammoniaque, le peroxide de fer du protoxide de manganèse, qui sont mêlés à l'état salin.

Succinate de potasse.

Suivant Leonhardi, il cristallise en prismes à trois pans.
Sa saveur est amère et salée.

Il est déliquescent.

Il est employé pour précipiter le peroxide de fer, qui est mêlé dans des solutions salines à du protoxide de manganèse.

Succinate de soude.

Il est très-soluble, mais non déliquescent. Sa solution, évaporée spontanément, donne de beaux cristaux transparens, dont quelques-uns sont des prismes tétraèdres, terminés par des sommets dièdres, et d'autres sont des prismes hexaèdres, terminés par une face oblique.

Succinate de zinc.

Il est soluble et cristallisable en longs prismes.

Succinate d'yttria.

Il est peu soluble.

Il cristallise en cubes. (Ch.)

SUCCINÉE, *Succinea*. (*Malacoz.*) Genre d'animaux mollusques, ou mieux réellement de coquilles, que Linné, avec raison peut-être, confondoit parmi ses hélices, et qui a été établi par Draparnaud, dans son Histoire naturelle des mollusques terrestres et fluviatiles de France, sous le nom françois d'*ambreile*, et par M. de Lamarck, sous la dénomination d'*amphibulime*. La priorité du nom, imposé par Draparnaud, a dû prévaloir; mais celui de M. de Lamarck étoit peut-être préférable, parce qu'il indique les rapports de cette division générique avec celle des bulimes, parmi lesquels, en effet, Bruguière, qui a établi ce dernier genre, confondoit les succinées. Les caractères que nous avons assignés à ce genre sont les suivans : Animal tout-à-fait semblable à celui de l'hélice, mais pouvant à peine être contenu dans une coquille fort mince, translucide, ovale-oblongue, à spire conique aiguë, formée d'un très-petit nombre de tours; ouverture très-grande, ovale, oblique, à bords désunis; le droit constamment tranchant, le gauche également tranchant et formé par la columelle. C'est donc un genre qui, en ne considérant

que la coquille, a quelque chose des limnées, par la forme
et par l'acuité du bord droit, mais qui en diffère par le bord
columellaire. Il tient véritablement davantage des bulimes,
cependant son bord droit jamais rebordé, et le bord columellaire tranchant, l'en distinguent encore.

Les succinées ou ambrettes ont tout-à-fait les mœurs et
les habitudes de certaines espèces d'hélices, dont le têt est
mince et poli ; elles vivent constamment sur les plantes qui
croissent à peu de distance des eaux douces, et même qui
y sont en partie plongées ; mais jamais elles ne vont à l'eau,
comme les limnées, ou du moins cela est fort rare et sans
doute par accident.

On ne connoît encore qu'un petit nombre de véritables
succinées. M. de Lamarck n'en caractérise du moins que trois
espèces.

La Succinée capuchon : *S. patula ; Amphibulimus cucullatus*,
de Lamarck, Ann. du Mus., vol. 6, p. 55, fig. 1, *a*, *b*, *c ; Helix
patula*, de Férussac, Hist. des moll., pl. 11, fig. 14 à 16, et
pl. 11 *a*, fig. 12 et 13. Coquille mince, ovale, enflée, striée
obliquement, à spire très-courte, à ouverture très-grande,
très-évasée et oblique. Couleur jaunâtre, si ce n'est au bou-
ton de la spire, qui est rougeâtre.

De la Guadeloupe.

La S. amphibie : *S. putris ; Helix putris*, Linn., Gmel. ; *S.
amphibia*, Draparn.. Mollusq., pl. 3, fig. 22 et 23 ; de Féruss.,
Mollusq., pl. 11, fig. 4 — 10, et pl. 11 *a*, fig. 7 — 10, et Dict.,
pl. xxxviii, fig. 4. Assez petite coquille ovale-oblongue, transparente, de couleur de corne, extrêmement mince ; ouverture dilatée en avant et subverticale, ou moins oblique que
dans la précédente.

Dans toutes les parties de l'Europe.

La S. oblongue : *S. oblonga*, Draparnaud, Mollusq., pl. 3,
fig. 24 et 25 ; *Helix elongata*, de Férussac, Hist. des Mollusq.,
pl. 11, fig. 1 — 3. Coquille ovale-oblongue, striée, à tours
de spire au nombre de quatre, séparés par une suture sub-
excavée ; ouverture médiocre et surpassant à peine la longueur de la spire. Couleur blanche.

Du Midi de la France et de l'Allemagne, d'après M. Pfeif-
fer, qui, ne suivant sous ce rapport aucun conchyliologue

françois, réunit les succinées avec les vitrines sous ce dernier nom générique commun, ce qui ne nous paroît guère convenable, du moins conchyliologiquement parlant; car les unes et les autres sont également de véritables limacinés. (De B.)

SUCCINIQUE. [Acide]. (*Chim.*) Acide organique qu'on prépare ordinairement en distillant le succin. Il a été appelé *sel essentiel de succin, sel de succin.*

Composition.

Berzelius.

		Volume.
Oxigène.......	47,78........	3
Carbone.......	47,99........	4
Hydrogène.....	4,23........	4.

Propriétés.

L'acide succinique est en écailles, en lames rhomboïdales, ou en prismes aplatis.

Il est incolore et transparent.

Sa saveur est acide. Il rougit fortement la teinture de tournesol et très-légèrement le sirop de violette.

Soumis à la distillation, il se fond, se sublime, à l'exception d'une foible partie qui est décomposée.

Il est inaltérable à l'air.

Il exige, dit-on, pour se dissoudre, de 24 à 30 parties d'eau froide et 203 p. d'eau bouillante.

100 parties d'alcool bouillant peuvent dissoudre 73 part. d'acide succinique. La solution cristallise en se refroidissant.

L'acide sulfurique dissout l'acide succinique à chaud sans qu'il se manifeste de signes bien sensibles d'altération.

L'acide nitrique n'altère l'acide succinique qu'avec beaucoup de difficulté.

Préparation.

On introduit dans une cornue de verre du succin grossièrement pulvérisé. Quelques auteurs recommandent de le recouvrir d'une couche de sable fin. On adapte à la cornue une alonge et un ballon; puis on chauffe très-doucement. Voici ce qu'on observe lorsqu'on élève graduellement la température jusqu'au ramollissement du verre.

(*a*) Le succin se fond. Il se dégage 1.º un peu d'humidité, qui, suivant Schéele, contient de l'acide acétique; 2.º de l'acide succinique, qui se condense en cristaux; 3.º une huile fluide peu colorée, qui contient de l'acide succinique.

Quand on ne se propose, en distillant le succin, que de recueillir de l'acide succinique, on arrête ordinairement l'opération à l'époque où l'huile qui se dégage perd de sa liquidité et devient brune. Alors la matière qui est dans la cornue ne se boursoufle plus, si on continue la distillation; et MM. Robiquet et Colin, qui ont décrit avec soin les phénomènes de cette opération, attribuent spécialement le boursouflement du succin au dégagement de l'acide succinique.

(*b*) Le succin qui a donné les produits précédens, étant refroidi, a l'aspect d'une résine. Si on le soumet à une distillation rapide, il bout vivement sans se tuméfier. L'huile qui se condense est encore très-chaude. Elle est très-fluide, et, sous ce rapport, elle ressemble à l'huile qu'on a obtenue en premier lieu; mais elle est plus colorée.

(*c*) Si l'on continue à chauffer la cornue, après que la matière qu'elle renferme est devenue noire comme du charbon, il se dégage une substance jaune, ayant la consistance de la cire. Lorsque cette substance a été soumise à la presse et à des lavages, pour en séparer, autant que possible, l'huile dont elle est imprégnée, elle n'a ni odeur, ni saveur. Si dans cet état on la tient pendant un temps suffisant dans l'eau bouillante, elle perd de l'huile, et elle prend un aspect cristallin lorsqu'elle a été parfaitement séchée, fondue et refroidie. Si alors on la traite par l'éther hydratique, celui-ci laisse des paillettes jaunes micacées, et dissout une substance qu'on sépare de l'éther par l'évaporation spontanée. Le résidu est jaune gluant. Par une légère chaleur il devient ductile. Quant aux paillettes jaunes micacées, elles sont volatiles, insolubles dans l'eau et l'alcool, insolubles ou presque insolubles dans l'éther.

Le résidu de la distillation du succin est un charbon brillant.

L'acide succinique obtenu par ce procédé, est presque toujours mêlé d'une huile colorée. Pour le purifier, il existe différens moyens; mais aucun d'eux n'est parfait. Nous allons les indiquer successivement.

1.° On fait cristalliser plusieurs fois l'acide au milieu de l'eau.

2.° On lave les cristaux avec une foible proportion d'alcool froid. A la vérité, le liquide dissout une quantité notable d'acide ; mais, en l'exposant à l'évaporation spontanée, la plus grande partie cristallise, et l'huile reste dans l'eau-mère des cristaux.

Les cristaux d'acide ainsi obtenus, sont dissous par l'eau, et la dissolution est mise en digestion avec du charbon animal.

3.° Guyton a proposé de traiter l'acide succinique par l'acide nitrique, qui s'empare de l'huile ou la décompose. Mais, quoique l'action de l'acide nitrique sur l'acide succinique soit foible, cependant on peut toujours craindre de produire quelque altération.

4.° On neutralise l'acide succinique par le sous-carbonate de potasse ou de soude. On ajoute du charbon animal à la liqueur ; on fait digérer le mélange ; on le filtre, et on précipite la liqueur filtrée par le nitrate de plomb. Le succinate ainsi précipité, est lavé, puis décomposé par l'acide sulfurique étendu. L'oxide de plomb est séparé à l'état de sulfate insoluble, et l'acide succinique reste dans l'eau. On l'obtient cristallisé en faisant évaporer doucement la solution.

État.

L'acide succinique est tout formé dans le succin, suivant Gehlen ; je crois cette opinion très-vraisemblable ; car j'ai observé qu'en dissolvant le succin dans l'alcool chauffé dans mon digesteur distillatoire, on obtient une dissolution acide qui, étant filtrée après qu'elle est refroidie, puis concentrée et mêlée à l'eau et filtrée de nouveau, donne des cristaux qui m'ont paru avoir toutes les propriétés de l'acide succinique.

MM. Lecanu et Serbat disent avoir retiré par la distillation de la térébenthine des pins de Fontainebleau, des cristaux d'acide succinique.

Histoire.

Glaser, Lefèvre, Charas et Hoffmann ont considéré le sublimé cristallisé qu'on obtient de la distillation du succin comme un sel alcalin. Boyle démontra sa nature acide, et Boulduc et Barkhusen professèrent cette opinion. Pott établit ensuite la nature particulière de l'acide succinique. Enfin M. Berzelius l'analysa en 1815, et MM. Robiquet et Colin décrivirent avec soin les phénomènes de la distillation du succin en 1817. (CH.)

SUCCINITE. (*Min.*) Le docteur Bonvoisin, de Turin, qui a découvert un si grand nombre de variétés et même d'espèces minérales dans la vallée de Mussa et d'Ala en Piémont, a donné ce nom à un grenat, d'un jaune brunâtre de succin, du vallon de Vieu dans la vallée de Lans en Piémont. Voyez GRENAT. (B.)

SUCCION. (*Bot.*) La succion est cette propriété qu'ont les racines, les feuilles et les autres parties du végétal, de pomper les fluides et les gaz dont elles sont environnées.

Les racines jouissent de cette propriété à un degré plus éminent qu'aucune autre partie ; aussi les regarde-t-on comme le principal organe de la succion.

Hales pratiqua une fosse au pied d'un poirier ; il mit à découvert une racine dont il retrancha la pointe, et il ajusta à cette racine l'une des extrémités d'un tube qu'il remplit d'eau. Il plongea l'autre extrémité dans un bain de mercure, et vit le métal s'élever de huit pouces dans le tube, en six minutes.

Une branche renversée aspira quatre livres d'eau en quatre jours ; une autre branche éleva le mercure à douze pouces en trois heures.

Dans l'état naturel la succion s'opère surtout par le chevelu et par les feuilles.

L'anatomie fait voir une communication intime entre les diverses parties du végétal ; les expériences physiologiques montrent les résultats de cette communication. Chaque partie est en état de succion à l'égard des autres, et les fluides sollicités par cette force aspirante se répandent de tous côtés. Des entailles profondes, faites au tronc d'un arbre dans différens sens, de manière que la communication directe soit interrompue, n'empêchent pas les fluides de se porter dans tous les organes, parce que les vaisseaux ont de nombreuses anastomoses, ou, pour mieux dire, composent un réseau, et que les parois sont criblées de pores.

Que l'on prenne une branche chargée de feuilles, qu'on applique à la surface de l'eau quelques-unes de ces feuilles et que les autres soient à sec; l'abondante transpiration de ces dernières et la durée de leur fraîcheur, prouvent que l'eau, absorbée par les premières, s'est partagée entre toutes.

Hales a essayé de mesurer la force avec laquelle une vigne aspire l'humidité de la terre. Le 6 Avril, à six heures du matin, il coupa un cep de vigne à trente-trois pouces de terre. Le chicot étoit sans rameaux et avoit sept à huit lignes de diamètre. A cette section transversale il ajusta un tube recourbé, qu'il remplit de mercure jusqu'à ce qu'il se fût élevé tout près de la courbure. Les pleurs de la vigne, sortant successivement dans ce jour et les suivans, eurent assez de force pour pousser le mercure et le soutenir à trente-deux pouces et demi au-dessus de son niveau. Or, on sait que le poids d'une colonne d'air, de la hauteur de l'atmosphère, est égal à celui d'une colonne de mercure d'un pareil diamètre et d'environ vingt-huit pouces de haut, ou d'une colonne d'eau d'environ trente-trois pieds : ainsi la pression de la séve étoit plus considérable que la pression de l'atmosphère.

Dans une expérience analogue, Hales vit monter le mercure à vingt-huit pouces, ce qui revient à une colonne d'eau de quarante-trois pieds trois pouces et demi, et il observa que cette force est environ cinq fois plus grande que celle qui pousse le sang dans la grande artère crurale du cheval, sept fois plus grande que la force du sang dans la même artère du chien, et huit fois plus grande que la force du sang dans la même artère du daim.

Quelques physiciens, étonnés de ces résultats, en ont contesté l'exactitude. Ils ont allégué que l'épiderme et les enveloppes des boutons ne pourroient résister à une telle force; mais tous les raisonnemens échouent contre des faits. Nous avons répété, avec M. Chevreul, l'expérience de Hales au mois d'Avril 1811, et nous avons vu la séve d'une vigne élever et soutenir pendant plusieurs jours le mercure à plus de vingt-neuf pouces, résultat qui, tout inférieur qu'il est à celui qu'obtint l'illustre physicien anglois, ne nous permet pas de douter de la vérité de ce qu'il avance. Voyez Déper-

DITION, MARCHE DES FLUIDES DANS LE VÉGÉTAL. Mirbel, Élém. (MASS.)

SUCCISA. (*Bot.*) Matthiole et d'autres anciens donnoient ce nom à une scabieuse, *scabiosa succisa*, dont l'extrémité de la racine est comme tronquée. (J.)

SUCCOODOODOO. (*Bot.*) Arbrisseau de Sumatra, ayant, suivant Marsden, l'aspect d'un rosier sauvage, et dont la décoction des feuilles est employée dans une espèce de dartre qui se porte sur les pieds. (J.)

SUCCOPEGO. (*Ichtuyol.*) Nom que l'on donne à Nice à l'échénéide remora. Voyez à l'article ÉCHÉNÉIDE, tome XIV, page 171. (H. C.)

SUCCOWIA. (*Bot.*) Genre de plantes dicotylédones, à fleurs complètes, polypétalées, régulières, de la famille des *crucifères*, de la *tétradynamie siliculeuse* de Linné, offrant pour caractère essentiel : Un calice dressé, presque égal à sa base ; quatre pétales onguiculés ; le limbe entier ; six étamines tétradynames ; un ovaire ovale, supérieur ; un style tétragone, subulé ; une petite silique ovale, globuleuse, terminée par le style, à deux loges, à deux valves concaves, déhiscentes, hérissées ; une cloison membraneuse ; les semences solitaires dans chaque loge, pendantes, globuleuses.

SUCCOWIA DES ÎLES BALÉARES : *Succowia balearica*, Dec., Syst. vég., 2, pag. 645 ; *Bunias balearica*, Linn., *Mant.*, 429 ; Jacq., *Hort. Vind.*, 144 ; Gouan., *Ill.*, tab. 20 ; *Myagrum balearicum*, Encycl., 1, pag. 571. Cette plante a une racine fibreuse, d'où s'élève une tige droite, glabre, rameuse, anguleuse vers le sommet, à peine haute d'un pied. Les feuilles sont glabres, pétiolées, presque pinnatifides, à trois ou quatre lobes de chaque côté, obtus, à large échancrure. Les fleurs sont disposées en grappes opposées aux feuilles, droites, composées de cinq ou six fleurs, oblongues, dépourvues de bractées ; les pédicelles filiformes, longs de deux ou trois lignes ; ces fleurs sont jaunes, petites. Le fruit est une petite silique presque globuleuse, à valves concaves, hérissées de toutes parts de longs aiguillons coniques, aigus : une cloison membraneuse ; les placentas filiformes, se réunissant en un style conique, subulé, glabre, plus long que les valves. Les semences sont brunes, un peu maculées, pendantes, globuleuses, solitaires

dans chaque loge. Cette plante croît dans les îles Baléares,
à Ténériffe, dans la Sicile. (POIR.)

SUCCULENTES [PLANTES]. (*Bot.*) Épaisses et formées d'un
tissu cellulaire pulpeux; exemples: *sempervivum tectorum*, *aloe*,
stapelia, orobanche major. (MASS.)

SUCE-BŒUF. (*Ornith.*) L'oiseau désigné sous ce nom dans
le Dictionnaire de chasse et de pêche, est le pique-bœuf,
buphaga, Briss. (CH. D.)

SUCE-FLEUR. (*Ornith.*) L'oiseau appelé au Mexique
guachichil ou *suce-fleur*, est l'oiseau-mouche, nommé *bour-
donneau* par Dampier. (CH. D.)

SUCE-SANG. (*Entomoz.*) Voyez SANGSUES. (DESM.)

SUCEPIN. (*Bot.*) Nom vulgaire d'une espèce de monotrope.
(J. D.)

SUCET. (*Ornith.*) L'oiseau appelé dans les environs d'Or-
léans sucet ou petit sucet, est le roitelet, *motacilla regulus*,
Linn., qu'on nomme aussi *suet*. (CH. D.)

SUCET, *Petromyzon sanguisuga*. (*Ichthyol.*) Nom spécifique
d'une lamproie décrite dans ce Dictionnaire, tome XXXIX,
pag. 524. (Voyez aussi REMORA et ÉCHÉNÉIDE.)

Sucet est encore le nom d'un cyprin de feu de Lacépède.
(H. C.)

SUCEUR DE MIEL. (*Ornith.*) Les voyageurs donnent ce
nom à diverses espèces de colibris. (CH. D.)

SUCEURS, *Insecta suctoria*. (*Entom.*) Sous ce nom, employé d'abord par Retzius, M. Latreille avoit établi un ordre
dans la classe des insectes sans ailes et à six pattes : il n'y
rangeoit que le genre Puce; depuis (en 1825) il l'a appelé
siphonaptères, pag. 334 des Familles du règne animal. (C. D.)

SUCEURS. (*Ichthyol.*) Voyez CYCLOSTOMES. (H. C.)

SUCH BLAOU (*Ichthyol.*) Voyez SUCK BLAOU. (H. C.)

SUCH CAGNENCK. (*Ichthyol.*) Nom nicéen du TRACHURE.
Voyez ce mot et CARANX. (H. C.)

SUCHAHA. (*Bot.*) Daléchamps cite ce nom arabe du *spina
arabica* des anciens, qui est l'*echinops strigosus* des botanistes.
J.)

SUCK. (*Ichthyol.*) Un des noms suédois du lavaret. Voyez
CORÉGONE. (H. C.)

SUCK BLAOU. (*Ichthyol.*) A Nice on donne ce nom à

un poisson que M. Risso regarde comme le *caranx amia* de Linnæus, et qu'il a nommé *caranx amie*. Mais les ichthyologistes savent aujourd'hui que rien n'est moins certain que le caractère du *scomber amia* d'Artédi et de Linnæus ; qu'aucune des figures qu'ils citent ne répond à la description qu'ils en donnent ; que celle de Rondelet est une bonite et celle de Salviani une liche, et que c'est à cette dernière que Bloch a assigné le nom de *scomber amia*. Quoi qu'il en soit, ce poisson, dont le dos est d'un bleu céleste et le ventre argentin, dont chaque opercule est ornée d'une tache noire, a une chair excellente et parvient au poids de quatre livres environ. (H. C.)

SUCK CAGNENCK. (*Ichthyol.*) Nom nicéen du saurel ou maquereau bâtard. Voyez CARANX. (H. C.)

SUCKING-FISH. (*Ichthyol.*) Nom anglois du remora. Voyez ÉCHÉNÉIDE. (H. C.)

SUCLE. (*Ichthyol.*) Dans les planches d'ichthyologie de l'Encyclopédie méthodique le *sparus massiliensis* des auteurs est nommé *spare sucle*. Voyez SPARE. (H. C.)

SUÇOIR, *Haustellum.* (*Entom.*) On nomme ainsi dans quelques insectes, et particulièrement chez ceux à deux ailes, un instrument qui est composé de diverses parties de la bouche soudées de manière à former une sorte de pipette ou de biberon, souvent muni de lames ou de pointes acérées mobiles, à l'aide desquelles l'insecte pique la peau des végétaux ou des animaux pour y introduire son suçoir. Fabricius, qui, dans sa Philosophie entomologique, a employé dans un sens déterminé le nom d'*Haustellum*, en donnoit d'abord une définition fautive qu'il a rectifiée dans son ouvrage sur les antliates. Voici comme il le décrit : *Haustellum breve, intrà os reconditum aut exsertum, aut inflexum, rariùs geniculatum, constat vaginà rarissimè nullà, sæpè univalvi; valvula cornea, acuta aut obtusa; proboscidis canalem supernè claudente bivalvi; valvulis æqualibus aut inæqualibus; corneis, acutis, subulatis constat setis 1 — 5, æqualibus aut inæqualibus, corneis, acutis, intrà canalem proboscidis aut intrà valvulas haustelli recondendis.* Ce qui signifie, sans en donner une traduction littérale et ayant l'intention de ne pas parler des modifications variables que présentent les diverses parties qui composent cet instrument:

Le suçoir est en général court, quelquefois il peut rentrer
dans la cavité de la tête; mais il en sort plus ou moins; il est
quelquefois courbé, plus rarement coudé. Il se compose d'une
gaîne qui manque rarement, mais qui est le plus souvent
formée d'une seule pièce. Son extrémité est garnie d'une petite soupape cornée, plus ou moins aiguë, qui clot l'orifice
du canal de la trompe; cette soupape est souvent composée
de deux pièces, dont la forme varie. L'intérieur du suçoir est
en outre muni de soies, dont le nombre varie d'une à cinq,
qui se meuvent et se cachent complétement dans sa cavité et
dont la longueur et la forme varient dans chaque genre. Le
suçoir est ordinairement garni de deux palpes articulés à sa
base.

C'est en effet des parties diverses qui composent le suçoir
et de la forme des antennes, que Fabricius a tiré les caractères des genres.

Beaucoup d'insectes, étant appelés à ne se nourrir que de
liquides, emploient pour cet usage les diverses parties de
leur bouche, qui ont alors une forme spécialement déterminée pour cet emploi. C'est ainsi que, parmi les coléoptères,
les lucanes ou cerfs-volans sucent la séve du bois avec leurs
mâchoires velues en forme de pinceaux, que quelques zo-
nites, nommés némognathes, sucent le nectaire des fleurs.
Cette disposition est à peu près la même dans les abeilles et
autres mellites, chez lesquelles les mâchoires et la lèvre infé-
férieure, prolongées, modifiées, font l'office d'une langue.
Dans les hémiptères, le rostre ou le bec est aussi un véritable
suçoir: la trompe roulée en spirale, chez les lépidoptères, pourroit être considérée comme remplissant le même office. Cependant, pour la science entomologique, le nom de suçoir,
haustellum, n'est réellement appliqué qu'aux insectes diptères
qui ont la bouche solide et cornée, et en particulier à la
famille des Sclérostomes ou Haustellés. Les genres qui ont
une trompe molle, charnue, *proboscis*, appartiennent à une
autre famille. Voyez l'article Bouche dans les insectes, tom. V,
pag. 248. (C. D.)

SUÇOIRS, *Haustoria*. (*Bot*.) M. De Candolle donne ce nom
aux tubercules placés çà et là sur la tige (sur celle des cus-
cutes, par exemple), et qui sont organisés de manière à se

fixer sur une autre plante et à pomper de la nourriture. (Mass.)

SUCOPHAGOS. (*Ornith.*) C'est, en grec moderne, le nom du loriot, *oriolus galbula*, Linn. (Ch. **D.**)

SUCOTACOS. (*Bot.*) Nom grec ancien, cité par Ruellius et Mentzel, de l'*helxine* de Dioscoride ou *herba muralis*, qui est la pariétaire commune. (J.)

SUCOTARIO. (*Mamm.*) Voyez Sukotyro. (Desm.)

SUCRE D'AMIDON. (*Chim.*) Il se prépare en traitant l'amidon par l'acide sulfurique étendu ; il est identique avec le sucre cristallisable du raisin. (Ch.)

SUCRE DE CHAMPIGNONS. (*Chim.*) Espèce particulière du genre Sucre. Voyez Sucres. (Ch.)

SUCRE CRISTALLISABLE DE BETTERAVE, SUCRE CRISTALLISABLE DE CANNE, SUCRE CRISTALLISABLE DE CHATAIGNE. (*Chim.*) Tous ces sucres sont identiques. Voyez Sucres. (Ch.)

SUCRE CRISTALLISABLE DU RAISIN. (*Chim.*) Espèce particulière du genre Sucre, qui existe dans un grand nombre de fruits de notre pays. Voyez Sucres. (Ch.)

SUCRE DE LAIT. (*Chim.*) Principe immédiat organique, qui n'a été trouvé jusqu'ici que dans le lait.

Le nom de sucre, qui lui a été donné à cause de sa saveur douce, est très-impropre, par la raison qu'en chimie nous n'appliquons ce nom qu'aux substances qui sont susceptibles d'éprouver la fermentation alcoolique, et le sucre de lait n'est point dans ce cas.

Composition.

Cay-Luss. et Thénard.

Oxigène.....	53,834		
Carbone.....	38.825	ou carbone..	58,825
Hydrogène...	7,541	eau......	61,175.

Propriétés.

Le sucre de lait cristallise en parallélipipèdes réguliers, terminés par des pyramides à quatre faces.

Il est dur, cassant, susceptible d'être réduit en poudre fine par trituration.

Il est plus dense que l'eau.

Cas où il n'est pas altéré.

Il n'éprouve aucun changement par son exposition à l'air.

Il exige 9 parties d'eau froide environ pour se dissoudre. L'eau bouillante en dissout une plus grande proportion. Aussi dépose-t-elle des cristaux en se refroidissant. Cette dissolution n'est précipitée par aucun réactif, si ce n'est par l'alcool. qui s'empare de l'eau.

La potasse et la soude augmentent sa solubilité dans l'eau. M. Vauquelin dit même qu'en le triturant dans un peu d'eau légèrement alcoolisée. il se dissout si bien que, s'il étoit mêlé à quelque matière azotée. celle-ci resteroit sous la forme de flocons. L'alcool n'en dissout que des traces.

Cas où il est altéré.

M. Vauquelin a observé qu'en l'exposant à une température suffisante pour qu'il se caramélise, il devient incristallisable et beaucoup plus soluble dans l'eau.

Si on l'expose dans une cornue à une température plus élevée, il donne de l'eau, de l'acide acétique, de l'huile, des gaz acide carbonique, oxide de carbone, hydrogène carburé et du charbon.

Si l'on fait bouillir 100 parties de sucre de lait avec 400 parties d'eau, contenant 2, 3, 4 ou 5 parties d'acide sulfurique concentré, le sucre de lait se change en sucre de raisin. suivant l'observation de M. Vogel. Le même chimiste pense que l'acide hydrochlorique produit le même effet.

L'acide nitrique bouillant le convertit en acide sacholactique et oxalique. Ce caractère le distingue éminemment de la mannite et du sucre.

Extraction.

Le sucre de lait est préparé en grande quantité dans quelques contrées de la Suisse. où l'on fabrique des fromages. Pour cela on évapore le petit-lait, d'où le fromage a été séparé. en consistance convenable pour obtenir des couches de 0^m.02 d'épaisseur environ. On décante l'eau-mère de ces cristaux; puis on soumet ceux-ci à des dissolutions et à des cristallisations successives, jusqu'à ce qu'on juge le produit

suffisamment pur pour être versé dans le commerce. Il est
en plaques ou en morceaux durs et sonores.

Usages.

Le sucre de lait a été employé en médecine et l'est encore
quelquefois ; mais il faut avouer que les vertus qu'il semble
avoir sur l'économie animale malade sont encore à démontrer.

On le mêle quelquefois au sucre en poudre ou à la cassonade. Le moyen de le reconnoître dans ces mélanges consiste à
dissoudre le sucre de canne par l'alcool à 33^d, suffisamment
chaud. Le sucre de lait n'est pas dissous. On traite ce résidu par
l'eau ; on fait cristalliser la solution, et on voit que les cristaux
qu'on en obtient, traités par 8 fois leur poids d'acide nitrique à
30^d, donnent des acides sacholactique et oxalique. (Ch.)

SUCRE LIQUIDE. (*Chim.*) Espèce particulière du genre
Sucre. Voyez Sucres. (Ch.)

SUCRE DE SATURNE. (*Chim.*) Ancien nom de l'acétate
de plomb. (Ch.)

SUCRÉ-VERT. (*Bot.*) Ce nom est donné à une variété de
poire. (L. D.)

SUCRES. (*Chim.*) Genre de principes immédiats dans lequel
nous ne comprenons que des espèces douées d'une saveur
douce et de la propriété de se convertir en acide carbonique et en alcool, lorsqu'elles sont placées dans des circonstances convenables. (Voyez Fermentation alcoolique, tome
XVI, page 440.)

Nous comptons quatre espèces de sucre : 1.° le sucre cristallisable de la canne ; 2.° le sucre cristallisable du raisin ;
3.° le sucre crisallisable des champignons ; 4.° le sucre liquide
ou incristallisable.

Quoiqu'il y ait dans la canne à sucre et dans le raisin
deux espèces de sucre, l'une qui cristallise et l'autre qui ne
cristallise pas, cependant, quand nous nous servirons de
l'expression *sucre de canne* et même du mot *sucre*, il faudra
toujours entendre le sucre cristallisable de la canne, et nous
désignerons de même le sucre cristallisable du raisin par l'expression de *sucre de raisin.*

1.re *Espèce.*

SUCRE CRISTALLISABLE DE LA CANNE A SUCRE.

Lavoisier. Gay-Lussac et Thénard.

Oxigène.....	64..	50,63	ou Carbone.. 42,47
Carbone.....	28..	42.47	Eau...... 57,53.
Hydrogène ..	8..	6,90	

Berzelius.

		Volume.
Oxigène.......	49,015.....	10
Carbone.	44,200.....	12
Hydrogène.....	6,785.....	21.

M. Berzelius, en chauffant dans le vide à 100^d du pro-toxide de plomb avec du sucre qui avoit été préalablement exposé au vide sec, a obtenu une perte, d'après laquelle il a conclu que

100 de sucre contiennent 5,3 d'eau,

ou que 100 de sucre anhydre s'unissent à 5,6 de ce liquide.

Propriétés physiques.

Le sucre est incolore. Il cristallise en polyèdres transparens, dont la forme primitive est un prisme quadrilatère, à base rhomboïdale. Ces polyèdres sont des prismes quadrilatères ou hexaèdres, terminés par des sommets dièdres et quelquefois trièdres.

Le sucre en pain ne paroît opaque que parce qu'il est formé de très-petits cristaux qui ne se touchent pas.

Il est plus dense que l'eau.

Il peut être fondu dans le vide sans qu'il s'altère.

Il est très-phosphorescent quand on le frotte ou qu'on le percute dans l'obscurité; il répand même de la lumière, lorsqu'il est frappé rapidement au milieu de l'eau.

Il est inodore et a la saveur agréable que tout le monde lui connoît.

Cas où le sucre ne s'altère pas.

Le sucre est inaltérable à l'air sec. S'il est exposé dans une atmosphère saturée d'humidité, il est déliquescent.

A la température de 9° cent. l'eau dissout un poids de sucre égal au sien. A la température de 99° cent. l'eau peut en prendre en toutes proportions. L'eau ainsi saturée est appelée *sirop*. Le sirop ne se décompose pas : aussi sert-il à conserver beaucoup de substances végétales.

C'est avec ce sirop que l'on obtient le sucre cristallisé que l'on appelle *candi*. Pour cela on épaissit fortement le sirop ; on le verse dans des terrines que l'on a placées dans une étuve. Les cristaux se forment sur des fils que l'on a tendus dans les terrines.

Le sirop est très-soluble dans l'alcool à 36° : mais le sucre sec l'est extrêmement peu dans l'alcool à 40°. Suivant Margraff, il faut 16 parties d'alcool (36° ?) bouillant pour en dissoudre 1 de sucre, et par le refroidissement et le repos le sucre cristallise au bout de quelques jours en prismes parfaitement transparens.

La potasse fait disparoître la saveur du sucre ; mais si l'on neutralise l'alcali par l'acide sulfurique, la saveur du sucre redevient sensible. L'alcool que l'on agite avec la combinaison de sucre et de potasse, ne la dissout pas ; il surnage.

Cruickshank, qui a observé cette combinaison, a vu, qu'en faisant bouillir de la chaux dans une dissolution de sucre, il y a également combinaison. Le liquide a bien encore une saveur sucrée ; mais il a acquis une amertume et une astriction très-sensibles. L'alcool, ajouté à cette dissolution, y fait un précipité floconneux blanc, qui est formé de sucre uni à de la chaux. L'acide sulfurique sépare la chaux du sucre.

Daniel a confirmé ces résultats et y a ajouté des faits intéressans. Il a fait bouillir pendant une demi-heure 1000 parties de sucre, 600 parties de chaux vive et 1500 parties d'eau. La liqueur étoit devenue astringente et elle n'étoit plus que légèrement sucrée. Elle contenoit pour 100 parties 16,5 p. de chaux et 33,2 parties de sucre. Elle laissoit un résidu jaune, demi-transparent, semblable à la gomme.

M. Berzelius dit que le protoxide de plomb forme avec le sucre un composé, qu'il a appelé *sacharate de plomb*. Le sous-sacharate de plomb est formé de

Sucre 100
Protoxide......... 139,6.

L'oxigène du sucre est à celui de l'oxide :: 49,015 : 9,98.

M. Vogel, qui a aussi observé cette combinaison, a vu que 50ᵍ de sucre bouilli avec 10ᵍ de litharge dans l'eau, ont dissous 2ᵍ,7 d'oxide de plomb.

La solution filtrée bouillante dans un flacon, que l'on ferme quand il est entièrement plein, dépose du sacharate de plomb blanc sous forme de choux-fleur. Ce composé est très-léger, insipide, inaltérable à l'air, privé d'acide carbonique. L'eau et l'alcool bouillant n'en séparent que des traces de plomb. L'hydrogène sulfuré liquide le décompose, le sucre reste dans l'eau et le sulfure de plomb se précipite. M. Vogel dit avoir retiré 1 gramme de sucre de 5 grammes de sacharate de plomb.

On voit donc que le sucre se comporte comme un acide avec beaucoup de bases salifiables.

Cas où le sucre est altéré.

L'acide sulfurique concentré décompose le sucre avec beaucoup de rapidité. Il se forme de l'eau aux dépens des élémens du sucre ; mais il y a aussi de l'acide sulfurique de décomposé. Il se dégage du gaz sulfureux et beaucoup de gaz hydrogène carburé. Il reste un charbon bitumineux.

L'acide nitrique forme avec le sucre des acides malique et oxalique, mais point d'acide sacholactique. Il y a dégagement de gaz carbonique nitreux et d'acide prussique. 100 parties de sucre donnent environ 58 p. d'acide oxalique.

Le sucre en poudre absorbe lentement le gaz hydrochlorique, avec lequel on le met en contact. Il devient brun, et acquiert une odeur acide très-forte.

Le chlore le convertit en acide malique, suivant M. Vauquelin, lorsqu'on fait passer ce gaz dans une solution de sucre.

Suivant M. Vogel, en faisant bouillir 50ᵍ de sucre et 50ᵍ d'acétate de cuivre dans la quantité d'eau nécessaire pour dissoudre ce sel, il se dégage de l'acide acétique ; il se précipite du protoxide de cuivre, et il reste de l'acétate de protoxide dans la liqueur avec du sucre altéré. Tous ces phénomènes ont lieu sans qu'il se dégage aucun produit gazeux.

Le sucre décompose aussi le sulfate de cuivre, mais le précipité formé est du cuivre métallique. Je pense que cela tient à ce que le protoxide produit est transformé en deutoxide et en métal par l'acide sulfurique mis à nu.

Le sucre réduit le perchlorure de cuivre dissous dans l'eau bouillante en protochlorure hydraté.

Il a une action analogue sur le perchlorure de mercure.

Le sucre bouilli avec le nitrate de protoxide de mercure, en précipite du mercure réduit.

Le peroxide de mercure est décomposé par l'eau sucrée bouillante. Il en est de même du peroxide de plomb.

M. Vogel pense que dans toutes ces opérations la désoxigénation des métaux s'opère par l'hydrogène du sucre.

Quand on fait bouillir un excès de potasse ou de chaux avec le sucre et le contact de l'air, on le décompose en partie. A la longue même l'altération s'opère à la température ordinaire, suivant l'observation de M. Daniel. En effet, ce chimiste a observé que la solution de chaux dans le sucre, abandonnée à elle-même, dépose après quelques mois des rhomboèdres très-aigus de sous-carbonate de chaux, et qu'en même temps la solution se change en gelée. Il faut de 9 à 12 mois pour que ce dernier phénomène soit parfait. La gelée, dissoute dans l'eau, n'éprouve pas de changement de la part de l'iode. L'acide oxalique n'en précipite que des traces de chaux ; elle est précipitée par l'alcool, l'acétate de plomb et la solution d'étain dans l'eau régale. M. Daniel conclut de ces expériences que le sucre s'est changé en mucilage.

Cruickshank dit que les hydrosulfates, les sulfures hydrogénés et les phosphures de chaux, paroissent réduire le sucre en une espèce de gomme ou plutôt en une substance incristallisable, qui n'a plus la saveur du sucre en gomme. M. Daniel, qui a repris ces expériences, a vu que le sucre ne s'altère pas, qu'il s'unit simplement à la chaux.

Quant à la conversion du sucre en acide carbonique et en alcool, voyez Fermentation, tome XVI, page 432.

Lorsqu'on chauffe le sucre avec le contact de l'air, il se fond, se boursoufle, devient d'un brun roux, dégage des gaz et une odeur connue sous le nom de caramel. A une chaleur rouge il brûle avec une flamme blanche nuancée de bleu sur les bords.

Il donne à la distillation de l'eau, ensuite de l'acide pyroacétique, de l'huile empyreumatique noire. Il reste un charbon volumineux. L'on obtient beaucoup de gaz acide carbonique et de gaz hydrogène carburé.

Le charbon du sucre parfaitement pur ne laisse pas de cendre, lorsqu'on le fait brûler.

État.

Le sucre existe dans un assez grand nombre de plantes : on le trouve en grande quantité dans la canne à sucre, la racine de betterave, les chàtaignes, la séve des érables.

Extraction du sucre de canne.

Le suc de la canne, récemment extrait, contient, suivant Proust, de la fécule verte, de la matière animale, de la gomme, de l'extractif, de l'acide malique, du sulfate de chaux, du sucre cristallisable et du sucre liquide. On démontre l'existence de ces corps par les procédés suivans.

On sépare la fécule verte par l'exposition du suc au feu. Cette fécule se coagule avec un peu de matière animale. On filtre, on verse dans le suc concentré de l'alcool; celui-ci sépare d'abord la gomme. ensuite le sulfate de chaux. En faisant bouillir avec du carbonate de chaux une partie du suc soluble dans l'alcool, et dont on a chassé ce liquide par l'évaporation, on sépare du malate de chaux, lorsqu'on vient à mêler le suc à l'alcool. L'acide malique n'y est qu'en petite quantité.

En faisant évaporer les deux sucres qui sont en dissolution dans l'alcool, il reste un sirop qui donne du sucre concret et du sucre liquide.

L'art du sucrier consiste à isoler le sucre concret de toutes les substances auxquelles il est uni dans la canne.

Dans les Indes occidentales on prépare le sucre de la manière suivante :

1.° On fait passer plusieurs fois de suite la canne à sucre entre des cylindres de fer. Le suc ou *vesoul* tombe dans une auge garnie de plomb; de là il s'écoule dans un *réservoir*, où il ne doit pas rester plus de vingt minutes ; autrement il fermenteroit.

2.° Dès qu'il y a assez de suc. on en remplit une chaudière à fond plat. appelée *clarificatoire*. et on y ajoute de la chaux.

Il faut employer au plus ½ litre de chaux sur 800 de suc; si l'on en mettoit davantage, le sucre ne cristalliseroit pas. On allume le feu sous la chaudière et on expose le suc à une chaleur de 60^d centigr. Dans cette opération la chaux neutralise l'acide malique et les autres acides qui pourroient s'y trouver; elle précipite la partie colorante extractive, ainsi que la matière végéto-animale, qui se coagule par la chaleur. Ces matières se réunissent à la surface du liquide sous la forme d'une écume visqueuse, que l'on enlève avec des écumoires.

3.° On tire le suc à clair au moyen d'un robinet placé dans la partie inférieure du *clarificatoire*, et on le fait arriver dans une grande chaudière de cuivre; on pousse fortement l'ébullition du suc, et on sépare avec une écumoire une nouvelle quantité de matière végéto-animale, etc., qui se coagulent.

4.° Le liquide concentré est conduit dans une troisième chaudière : on le fait bouillir et on l'écume : on ajoute de l'eau de chaux si la liqueur n'est pas claire.

5.° Le liquide est conduit de cette chaudière dans une quatrième, et de celle-ci dans une cinquième, qui porte le nom de *flambeau*.

6.° Lorsque le suc y est devenu visqueux, on le verse dans un vaisseau de bois appelé *rafraichissoir*, qui a 280 millimètres de profondeur, 2 mètres de long, et de 1 à 2 mètres de largeur. Le suc se refroidit, il se *grène* et se sépare du sucre liquide, que l'on appelle *mélasse*.

7.° On porte le sucre grené dans des tonneaux défoncés d'un côté et posés debout sur l'autre fond, qui est percé de trous, à travers lesquels on fait passer la queue d'une feuille de canne à sucre. La mélasse que retient encore le sucre cristallisé s'écoule pour la plus grande partie dans un réservoir. Cette opération dure trois semaines; le sucre qu'elle donne est appelé *moscouade* ou *sucre brut*.

Dans les îles françoises des Indes occidentales, on verse le suc épaissi du rafraichissoir dans des vases de terre cuite de forme conique, ayant à la pointe un petit trou que l'on a eu soin de boucher. Dès que le sucre a pris de la consistance, on débouche le trou pour laisser couler la mélasse. Quand celle-ci cesse de couler, on recouvre le sucre

d'une couche de sucre blanc, puis d'une couche de terre
argileuse , délayée dans l'eau : la terre abandonne peu à
peu son eau ; celle-ci, en dissolvant le sucre blanc, forme
un sirop qui pénètre dans toute la masse du sucre et pousse
la mélasse colorée qui y restoit. Le sucre préparé par cette
méthode est appelé *sucre terré*.

On donne le nom de *cassonade* à tous les sucres obtenus
par ces procédés : ils retiennent toujours de la chaux, de la
matière colorante, du sirop; pour les raffiner on suit le procédé que nous allons décrire.

On dissout le sucre brut dans l'eau ; on y mêle de l'eau de
chaux et du sang de bœuf. On réduit le sirop par l'ébullition ;
on enlève les écumes produites en grande partie par le sang
de bœuf qui s'est coagulé et qui a entraîné avec lui la plus
grande partie des matières étrangères qui étoient contenues
dans le sucre brut. Le sirop , clarifié par ce moyen et suffisamment concentré , est refroidi à un certain degré et traité de
nouveau par l'eau de chaux et le sang, et cela encore une
fois ; il est versé ensuite dans un filtre de laine, puis concentré et versé dans un rafraîchissoir, où il est agité jusqu'à
ce qu'il marque 40^d centigr. ; alors on le met dans des formes
coniques de terre vernissée. Lorsqu'il est pris en grain , on
débouche le trou placé à la pointe de la forme. Les parties
étrangères et le sirop qui n'a pas cristallisé s'écoulent dans
un pot de terre , qui sert de support à chaque forme. On
met ensuite sur le sucre une couche de sucre blanc, puis
une couche d'argile délayée : la terre abandonne son eau ,
et le sucre se purifie : pour qu'il soit complétement lavé, il
faut *quatre terrages*. Le sucre ainsi préparé est appelé *sucre en
pain*. Quand on veut l'obtenir dans son dernier état de pureté , on lui fait subir un second traitement, comme celui
que nous venons de décrire ; on a alors le *sucre royal*. M.
Thénard dit avec juste raison qu'au lieu d'égoutter le sucre ,
on peut le laver avec un sirop incolore.

Dans ces derniers temps on a employé avec un grand
succès, pour le raffinage du sucre, le charbon animal, qui a
l'avantage non-seulement d'enlever la matière colorante, mais
encore l'excès de chaux qui se trouve dans le sirop , ainsi
que M. Payen l'a prouvé.

Extraction du sucre de betterave.

Il faut d'abord réduire les racines de betterave en une pulpe, dont on exprime ensuite le suc au moyen de la presse. Voici comment on peut exécuter ces opérations mécaniques.

a) Après avoir ôté le collet et la radicule des betteraves, on jette celles-ci dans une auge, où elles sont divisées en morceaux de la grosseur du pouce, à l'aide de pilons armés de couteaux à double tranchant, qui sont soulevés et qui s'abaissent alternativement au moyen d'un arbre garni de cames.

b) A mesure que les betteraves sont coupées, on les jette par un couloir dans une trémie, d'où elles passent dans un moulin qui a beaucoup de ressemblance avec un moulin à café.

c) Les betteraves, réduites en pulpe par ce procédé, sont enfermées dans des sacs de crin qu'on place entre des madriers mobiles, serrés par des coins qui sont enfoncés chacun à l'aide d'un mouton qu'on a élevé au moyen d'un cylindre garni de cames. Ces sacs éprouvent une compression latérale tellement forte, que presque tout le sucre est exprimé de la pulpe, et qu'il ne reste dans les sacs qu'une matière sèche et friable.

1.° Le suc de betterave exprimé est mis dans une chaudière, où on en porte promptement la température de 80 à 82^d. A cette époque on ralentit le feu, en introduisant dans le foyer de la braise mouillée. On verse dans la chaudière 2^g,5 de chaux vive délayée dans 18 gr. d'eau pour chaque litre de suc. On agite la liqueur pour la bien mélanger, et puis on chauffe promptement jusqu'à 100^d; alors on retire le feu du foyer : après trois quarts d'heure, il se produit une écume d'un gris verdâtre et un dépôt. On enlève la première et on jette la liqueur sur une étoffe de laine.

2.° Le suc filtré est jaunâtre; il a une saveur douce et amère. On le chauffe de nouveau; dès qu'il est bouillant, on sature la chaux avec de l'acide sulfurique étendu. Si on a employé 10 parties de chaux, il faut 1 partie d'acide sulfurique à 66^d. Cette quantité n'est pas tout-à-fait suffisante pour neutraliser la chaux.

3.º On ajoute ensuite dans la chaudière 3 parties de noir animal pour 100 parties de liqueur, et ensuite 1½ partie du noir qui a déjà servi une fois. Le charbon entraîne l'excès de chaux; on maintient l'ébullition jusqu'à ce que le sirop marque de 18 à 20^d à l'aréomètre de Baumé. Alors on le transvase dans une chaudière profonde, où il reste de 18 à 24 heures.

4.º Quand le sirop est suffisamment clair, on le verse sur un filtre de laine et on le porte ensuite dans une chaudière ronde, que l'on remplit au tiers de sa capacité. On le fait bouillir jusqu'à ce que sa température soit à 110^d; à cette époque on le verse dans un rafraîchissoir, et quand il est à 40^d. on le verse dans des formes coniques de terre; le sucre cristallise, et on en sépare le sirop par le procédé qu'on suit pour raffiner le sucre de canne.

2.ᵉ *Espèce.*

SUCRE DE RAISIN.

Composition.

	Th. de Saussure.
Oxigène.	56,61
Carbone.	36,71
Hydrogène.	6,78.

Propriétés.

Il cristallise en petites aiguilles incolores, qui sont transparentes lorsqu'elles se sont formées lentement, et qui sont demi-transparentes lorsqu'elles se sont formées rapidement.

Il a une saveur fraîche, parce qu'il absorbe une certaine quantité de calorique pour se dissoudre dans la salive. Il a ensuite une saveur sucrée, sans arrière-goût désagréable. Il est sensiblement moins sucré que le sucre de canne.

a) *Cas où il ne s'altère pas.*

Il est beaucoup moins soluble dans l'eau que le sucre de canne; il a tant de tendance à cristalliser, qu'on ne peut en former des sirops analogues à ceux qu'on prépare avec le sucre, et ce qui s'oppose encore à ce qu'on puisse employer sa solution comme *sirop*, c'est qu'elle se décompose spontanément avec beaucoup de rapidité; elle se recouvre de moisissures. Quoi qu'il en soit, quand on l'emploie en quantité un peu considérable, il donne à l'eau une saveur douce, comme le fait le sucre de canne; mais quand on emploie 1 partie de celui-ci, il faut en employer de $2\frac{1}{4}$ à $2\frac{1}{2}$ de sucre de raisin.

Il est soluble dans l'alcool; cette dissolution donne des cristaux par l'évaporation.

b) *Cas où il est altéré.*

Au feu il donne les mêmes produits que le sucre de canne.

Il est décomposé par l'acide sulfurique concentré.

Il est converti en acide oxalique par l'acide nitrique.

État.

Suivant Proust, les sucres cristallisables de la groseille, de la cerise, de l'abricot, etc., sont identiques avec celui du raisin; il en est de même du sucre solide du miel, et cela n'est pas étonnant, puisque les abeilles vont le récolter sur des végétaux qui paroissent contenir le sucre de raisin.

Le candi qui se forme dans les confitures de groseille et de cerise, n'est que du sucre de raisin, suivant Proust. Le sucre qui se forme dans les tonneaux qui renferment des figues desséchées, paroît être encore de la même nature.

Le sucre de raisin existe dans plusieurs urines de diabétiques, ainsi que je l'ai observé.

Enfin, l'acide sulfurique foible convertit l'amidon et plusieurs autres substances végétales en sucre de raisin.

Extraction.

On prend du suc de raisin, on le met sur le feu et on sature les acides en excès par de la craie ou du marbre pulvérisé. On clarifie la liqueur avec un liquide albumineux, soit du blanc d'œuf, soit du sang dont on a séparé la fibrine par l'agitation. On évapore ensuite le suc filtré jusqu'à ce qu'il marque 35^{d} à l'aréomètre: on le laisse refroidir; il se prend en une masse cristalline; on le fait égoutter; on le lave avec un peu d'eau froide, puis on le soumet à une forte pression. Le sucre liquide s'en écoule pour la plus grande partie, et l'on obtient par ce moyen un produit qui, étant dissous dans l'eau et cristallisé, est le sucre de raisin pur.

Histoire.

Nous devons la découverte du sucre de raisin à Proust.

Plusieurs chimistes ont pensé qu'il étoit une combinaison de sucre de canne et d'un acide végétal; mais aucun d'eux n'a prouvé cette opinion par des expériences analytiques.

3.ᵉ Espéce.

SUCRE DES CHAMPIGNONS.

Propriétés.

Il a une tendance remarquable à cristalliser, et il est facile de l'obtenir par l'évaporation spontanée de sa solution dans l'eau, en longs prismes quadrilatères à bases carrées.

Quand il cristallise rapidement, il est en petites aiguilles soyeuses.

Il a une saveur moins douce que celle du sucre de canne.

Il est soluble dans l'eau et dans l'alcool.

Les acides étendus d'eau ne l'empêchent pas de cristalliser.

Chauffé avec le contact de l'air, il se fond, se boursoufle, répand une odeur de caramel et s'enflamme.

L'acide nitrique le décompose; il se produit de l'acide oxalique, sans qu'il se manifeste de matière jaune amére.

M. Braconnot, qui le découvrit en 1810, conseille, pour le préparer, de réduire les champignons en pulpe dans un mortier de marbre, de délayer cette pulpe dans de l'eau, de filtrer la liqueur et de la faire évaporer presque à siccité; de reprendre le résidu par l'alcool; de filtrer la liqueur et de la faire concentrer. Par le refroidissement le sucre cristallise; pour le purifier on le dissout dans l'eau et on fait cristalliser la solution.

4.ᵉ Espéce.

SUCRE LIQUIDE.

Le sucre liquide accompagne le sucre de canne et le sucre

de raisin dans les végétaux. Ainsi, lorsque les sucs de canne et de raisin ont donné leur sucre cristallisable, il reste un liquide sucré incristallisable qui retient de l'acide malique, plusieurs sels et une matière colorante, que l'on reconnoît avec l'acétate de plomb et le proto-hydrochlorate d'étain. Ce sucre a des propriétés chimiques analogues à celles des sucres solides.

Etat.

Il y a des sucs qui ne paroissent être formés que de sucre liquide: tels sont les sucs de coings, de pommes et d'azeroles. Il y a des miels qui ne contiennent également que du sucre liquide.

Histoire.

M. Deyeux a reconnu le premier cette espèce de sucre. On l'a appelé mucoso-sucré, parce qu'on l'a regardé comme du sucre concret qui contenoit de la gomme, et qui à cause de cela ne pouvoit cristalliser. MM. Deyeux et Proust ont avancé que ce sucre se distinguoit des deux autres, en ce qu'il fermentoit sans le secours d'une matière étrangère, tandis que les sucres cristallisables avoient toujours besoin d'être en présence d'un corps appelé ferment ; mais M. Thénard pense que, si le sucre liquide fermente spontanément, c'est qu'il contient déjà naturellement du ferment. (Ch.)

SUCRIER. (*Ornith.*) Les oiseaux décrits par Levaillant, Ornithol. d'Afr., tome 6, sous le nom de sucriers, sont plus connus sous celui de souï - mangas, *nectarinia* d'Illiger. (Ch. D.)

SUCRIER DE MONTAGNE. (*Bot.*) C'est le Gomart. Voyez ce mot. (Lem.)

SUCRIN. (*Bot.*) Nom d'une variété de melon. (L. D.)

SUCS PROPRES. (*Bot.*) Les physiologistes comprennent sous le nom de sucs propres, les fluides gommeux, résineux, oléagineux, qui donnent aux différentes espèces une odeur et une saveur particulières, et qui sont contenus tantôt dans des lacunes, tantôt dans des vaisseaux, tantôt dans de simples cellules de l'écorce et de la moëlle.

Les sucs propres des euphorbes, des pavots, des figuiers, des apocinées, etc., sont laiteux. Les sucs de cette sorte se décomposent souvent à l'air : une partie se coagule et se précipite en petits grains, l'autre devient un fluide transparent et incolore.

Le suc de la chélidoine est jaune; il se décompose de même que les précédens. Le suc de l'artichaut est rouge-orangé : il paroît être de la nature des huiles grasses. Le suc de la pervenche est vert. Les sucs des conifères ne sont que des huiles volatiles, en partie résinifiées.

Les sucs propres du *schinus molle* et de quelques *rhus* se montrent non seulement dans l'écorce et la moelle, mais encore dans les vaisseaux naissans du liber et de l'aubier. Ceux des conifères paroissent même dans les vaisseaux du bois, mais ils y sont moins résinifiés que dans les lacunes de l'écorce.

Les parties vertes, telles que les feuilles et les jeunes branches, sont les principaux laboratoires où se composent les sucs propres. La lumière aide puissamment à ce travail, et cela doit être, puisque les élémens nécessaires à la formation des sucs propres sont l'hydrogène, le carbone et l'oxigène, lesquels ne peuvent provenir que de la décomposition du gaz acide carbonique et de l'eau. La chaleur paroît aussi contribuer à la formation des sucs propres. Le *fraxinus ornus* donne de la manne dans le Midi de l'Europe et n'en produit pas dans le Nord.

Le suc propre du *periploca græca*, et sans doute de beaucoup d'autres végétaux, n'existe que dans les jeunes pousses. Les tiges et les branches anciennes n'en offrent plus de traces.

Lorsque les sucs propres ne sont pas susceptibles de se vaporiser par la chaleur et par conséquent de s'échapper par la transpiration insensible, ils deviennent trop abondans, le tissu se rompt et le trop-plein se répand au-dehors sans qu'il en résulte rien de fâcheux pour la végétation. Quelquefois aussi les glandes excrétoires facilitent l'écoulement des sucs propres. Mirb., Élém. (Mass.)

SUCTOLT. (*Ichthyol.*) Un des noms de pays du tétrodon hérissé. Voyez TÉTRODON. (H. C.)

SUCUBION. (*Bot.*) Nom arabe de l'*orchis serapias* de J. Bauhin, cité d'après Avicenne par Mentzel. (J.)

SUCUDIUM. (*Bot.*) Mentzel cite ce nom arabe d'un ail sauvage. (J.)

SUCUDUS. (*Bot.*) La plante que Daléchamps avoit reçue d'un savant médecin sous le nom de *sucudus* d'Avicenne, est le *lavandula stœchas*, dont il donne la description et la figure. Pour confirmer l'assertion du médecin, il ajoute que les Maures des environs de Valence donnoient aussi à cette plante le nom de *sugudus*. A la suite il mentionne une seconde espèce de *sucudus* ou *secedes* des Arabes, fort différent de la première, et paroissant appartenir à quelque astragale, que C. Bauhin cite comme la première à son article *Stœchas*. Voyez Secudes. (J.)

SUDA - MALAM, SANDA - MALAM, TRUNA - MALAM. (*Bot.*) Ces divers noms malais, signifiant à peu près un objet agréable la nuit, sont donnés dans l'Inde à la tubéreuse, *polyanthes*, suivant Rumph, qui, à raison de son odeur forte et agréable, surtout la nuit, la nomme *amica nocturna*. (J.)

SUDACKI. (*Ichthyol.*) Nom russe du Sandat. Voyez ce mot. (H. C.)

SUDAR. (*Bot.*) C. Bauhin cite ce nom de Sérapion, auteur arabe, pour l'*œnoplia*, espèce de jujubier. (J.)

SUDER. (*Ichthyol.*) Nom danois de la tanche. (H. C.)

SUDES. (*Foss.*) On a quelquefois nommé ainsi des pointes d'oursin cylindriques à l'état fossile. (D. F.)

SUDIS. (*Ichthyol.*) Voyez Vastré. (H. C.)

SUE, SUJE. (*Bot.*) Voyez Supier. (J.)

SUE-HVAL. (*Mamm.*) Nom norwégien du cachalot macrocéphale. (Desm.)

SUEL-FISH. (*Ichthyol.*) Nom anglois du guara. Voyez Diodon. (H. C.)

SUENDADI PULLU. (*Bot.*) Nom malabare d'une plante légumineuse à feuilles ternées, à gousses monospermes, disposées en épis axillaires, décrite et figurée par Rhéede, laquelle a de l'affinité avec le mélilot. (J.)

SUET. (*Ornith.*) Voyez Sucet. (Ch. D.)

SUEUR. (*Chim.*) Voyez Humeur de la transpiration, tom. XXII, pag. 40. (Ch.)

SUFA. (*Bot.*) Adanson donne ce nom au *lycoperdon* représenté pl. 97, fig. 2, du *Nova genera* de Michéli, qui diffère essentiellement du Lycoperdon par son péridium revêtu d'une écorce qui se détache irrégulièrement et par lambeaux assez épais. Dans le Lycoperdon, cette peau adhère fortement ; elle est pulvérulente , ridée, et garnie de tubercules ou de verrues. Dans le *Bovista*, autre genre plus voisin, le péridium est revêtu d'une écorce qui tombe par écailles. Le *Sufa* se rapproche davantage de ce dernier genre , et comme lui , ainsi que le Lycoperdon , il s'ouvre irrégulièrement au sommet. Paulet a nommé la plante de Michéli *glycididerma* et *vesse-de-loup en robe et en étoile ;* mais il ne faut pas comprendre par ce nom que ce soit une espèce de *Geastrum* , genre dont le volva est très-distinct et ne sauroit être pris pour l'écorce du péridium du Sufa, qui se déchire de toute autre manière , et dont le bas reste attaché à la base du péridium aminci en un stype épais. (LEM.)

SUFFÆJR. (*Bot.*) Nom égyptien du *cassia sophera* , selon Forskal. C'est le *soffeyr* de M. Delile. (J.)

SUFFAIR. (*Ornith.*) Cet oiseau, qui paroît être un rollier, est cité par Forskal, *Descript. anim.,* page 9, comme étant de passage et quittant l'Égypte au commencement de Novembre. (CH. D.)

SUFFO-O-KOKOTOO. (*Ornith.*) Nom qu'on donne, à Timor, au paradisier superbe, *paradisea superba*, Gmel. (CH. D.)

SUFFRÉNIE ; *Suffrenia* , Bellardi. (*Bot.*) Genre de plantes dicotylédones apétales, de la famille des *salicariées*, Juss., et de la *diandrie monogynie*, Linn., qui a pour caractères : Un calice monophylle, campanulé, à quatre dents ; point de corolle ; deux étamines à filamens courts, insérés sur le calice, portant de petites anthères ovales ; un ovaire supère, arrondi, surmonté d'un style court , à stigmate simple ; une capsule ovale-oblongue, à deux valves, à une seule loge, contenant des graines nombreuses, petites, attachées à un placenta central. Ce genre ne renferme que l'espèce suivante.

SUFFRÉNIE FILIFORME ; *Suffrenia filiformis* , Bellardi , *Act. acad. Taurin.,* 7, p. 444, t. 1, fig. 1. Sa racine est annuelle, fibreuse ; elle produit une tige divisée dès sa base en plusieurs rameaux grêles, couchés, glabres, longs de quatre à six pouces, et garnis de feuilles ovales-oblongues, obtuses, sessiles, opposées, plus courtes que les entrenœuds. Les fleurs sont jaunâtres, petites, sessiles dans les aisselles des feuilles supérieures. Cette plante croît dans les rizières du Piémont. (L. D.)

SUFFULENO. (*Ornith.*) Un des noms italiens du bouvreuil, *loxia pyrrhula*, Linn., qu'on appelle aussi, dans la même langue, *suflotto*. (Ch. D.)

SUFNOK. (*Ichthyol.*) A Lohéia les Arabes nomment ainsi le *caranx djedaba* de feu de Lacépède, *scomber albus* de Gmelin. Voyez Caranx. (H. C.)

SUGA. (*Conchyl.*) Adanson (Sénég., p. 132, pl. 9) décrit et figure une très-petite coquille, que je crois jeune, qui n'a pas été reprise par Gmelin, et qui pourroit être rangée dans le genre Fuseau de M. de Lamarck. (De B.)

SUGARE. (*Ichthyol.*) Un des noms danois de la **myxine** glutineuse. Voyez Myxine. (H. C.)

SUGGER. (*Ichthyol.*) Voyez Zee-luys. (H. C.)

SUGHERELLO. (*Bot.*) Voyez Soucoupe peau-douce ou de liége. (Lem.)

SUGI, SAN. (*Bot.*) Noms japonois du *cupressus japonica*, cités par Kæmpfer. Son bois, enterré pendant quelque temps et retiré ensuite, acquiert une couleur bleuâtre, suivant Thunberg. On nomme *ito-sugi* le *cupressus pendula* de ce dernier auteur, facile à distinguer par ses jeunes rameaux nombreux, pendans, très-longs et dichotomes. Le genévrier ordinaire est nommé *sugi-bjakusi*, et celui des Barbades, *hankin-sugi*. (J.)

SUGLACURU. (*Entom.*) Selon La Condamine, ce nom est donné par les Maynas, tribu d'Indiens de l'Amérique méridionale, à une larve d'insecte qui vit dans les plaies que produisent sur l'homme les piqûres des moustiques ou maringouins, et quelquefois aussi dans les chairs des animaux.

Ces larves, qui sont plus généralement connues sous le nom de *vers macaques*, pourroient appartenir à un insecte du genre des Oestres. (Desm.)

SUGLUN. (*Ornith.*) Ce nom et celui de *surglun* désignent chez les Turcs, suivant Gesner et Aldrovande, le faisan commun, *phasianus colchicus*, Linn. (Ch. D.)

SUGOR ou SUROK. (*Mamm.*) Suivant Erxleben, ces noms désignent la marmotte en Sibérie. (Desm.)

SUGUNTUS. (*Ornith.*) Ce nom, dit La Chesnaye-des-Bois,

désigne au Pérou un grand corbeau, nommé *aura* au Mexique, c'est-à-dire vautour aura ou urubu, *vultur aura*, Linn. (Ch. D.)

SUI. (*Bot.*) Voyez Sino-ki. (J.)

SUIBA. (*Bot.*) Voyez Skambo. (J.)

SUIBITES. (*Bot.*) Nom celtique ancien du lierre, suivant Ruellius. (J.)

SUIE. (*Chim.*) La suie est, comme tout le monde sait, la matière noire qui s'accumule dans les tuyaux des cheminées ; elle provient de la combustion incomplète que le bois éprouve. En effet, si toutes les parties combustibles qui se dégagent du bois à l'état de gaz inflammable ou de vapeurs huileuses brûloient complétement, il ne se formeroit que de l'eau et de l'acide carbonique ; mais il n'en est point ainsi. Quelque belle que soit la flamme du bois, il y a toujours une quantité plus ou moins grande d'une matière abondante en carbone hydrogéné qui échappe à la combustion et qui se rassemble dans les tuyaux de cheminée à l'état de suie. La suie peut contenir en outre une quantité variable d'acide acétique empyreumatique et de sels ammoniacaux, surtout celle qui se trouve dans la partie supérieure de la cheminée.

La suie est employée en teinture pour donner une couleur d'un jaune-roux brun à la laine. (Ch.)

SUIF. (*Chim.*) D'après mes expériences, le suif est formé de stéarine de mouton, d'oléine et d'hircine, unies dans des proportions telles que l'ensemble de ces corps est fusible de 38^d à 40^d.

On pourra prendre une idée exacte des propriétés du suif, en lisant l'histoire chimique de la Stéarine de mouton. Voyez ce mot. (Ch.)

SUILLUS. (*Bot.*) Les Latins nommoient *suilli*, des champignons en grand usage du temps de Pline, et sur les qualités desquels il avertit de se méfier, particulièrement des espèces qui croissent au pied du figuier, sous la férule et sous toutes les plantes qui donnent de la résine ; de celles qui croissent sous le hêtre, le chêne, le pin, le cyprès. Quant aux bonnes espèces, en Bithynie on les enfiloit avec des joncs pour les faire sécher, et on les vendoit ensuite en cet état. Pline conseille de rejeter les espèces qui durcissent en cuisant ou qui ne cuisent pas avec le sel. Celui-ci, ainsi que le vinaigre et les viandes avec lesquels on faisoit bouillir les espèces recherchées, leur servoient de correctifs. Ces champignons étoient en telle estime, que les Romains les faisoient quelquefois servir dans leurs festins, avec tout l'appareil du luxe, dans des vaisseaux d'argent et avec des couteaux de succin. On les employoit encore en médecine dans diverses circonstances, comme dans les fluxions, les maladies d'yeux, pour remédier aux taches de rousseur sur la peau, guérir des gales, etc. Sans entrer dans aucune discussion sur la nature et les espèces des champignons que les Romains ont nommé *suilli*, nous ferons observer que les auteurs se sont généralement accordés à les rapporter aux champignons qu'on nomme vulgairement *cèpes* et *potirons*, qui jouissent de notre temps d'une réputation d'excellence aussi grande que celle des *suilli* chez les Romains. Ces mêmes cèpes ou potirons sont appelés en italien *silli*, et, dans le Midi de la France, *souillous*, *siallous*, *nissoulous*, tous noms qui sont évidemment dérivés du *suillus* des Latins.

C'est par une suite de cette opinion que les mêmes plantes sont désignées par les vieux auteurs sous le nom latin ancien de *suillus* jusqu'à Michéli, qui est celui chez lequel on le voit employé génériquement pour désigner des champignons qui ont un chapeau stipité, ordinairement hémisphérique, convexe en dessus, concave en dessous, et formé de deux parties, dont une, l'inférieure, séparable de la supérieure, est un composé de tubes seminifères intérieurement, et l'ouverture des tubes offre des petits corps ovoïdes, rayonnans, donnés par Michéli pour des pétales. Cette définition convient très-bien aux cèpes, et le nom de *suillus* fut admis alors par les botanistes pour désigner ces champignons et ceux analogues. Haller et Adanson le leur ont consacré. Il est étonnant que Linnæus se soit plu à changer ce nom très-ancien de *Suillus* en celui de *Boletus*, adopté ensuite par les botanistes, et qui cependant étoit alors consacré aux morilles, que cet auteur se vit forcé de désigner par *Phallus*.

Le genre *Boletus* de Linnæus ayant vu naître à ses dépens des genres nouveaux, il en résulte que les espèces de *suillus* des anciens botanistes se trouvent dispersées dans les genres *Boletus* et *Polyporus* actuels. Cependant on doit faire observer que les espèces de *suillus* de Michéli, figurées dans son *Nova genera*, pl. 68 et 69. représentent des espèces du genre *Boletus*, tel que Persoon et Fries l'admettent à présent. (Lem.)

SUINDA. (*Ornith.*) Cette chouette, dont parle d'Azara, tome 3 de la traduction française, page 120, n.º 45, est rapportée par Sonnini à la grande chevêche de Saint - Domingue, *strix dominicensis*, Linn. : c'est le *strix suinda* de M. Vieillot. (Ch. D.)

SUINT. (*Chim.*) Matière qui recouvre la laine et que M. Vauquelin a considéré, dans l'examen qu'il en a fait, comme composée essentiellement :

1.º D'un savon à base de potasse, qui en fait la plus grande partie :

2.º D'une petite quantité de carbonate de potasse ;

3.º D'une quantité notable d'acétate de potasse ;

4.º De chaux dont il n'a pas déterminé l'état de combinaison, mais qui lui a paru cependant être à l'état de sulfate :

5.º D'un atome de chlorure de potassium :

6.º D'une matière animale dans laquelle réside l'odeur du suint.

Le sous-carbonate de chaux, le sable et les autres matières insolubles dans l'eau ne se trouvent dans le suint, suivant M. Vauquelin, qu'accidentellement. Il croit que le suint est, pour la plus grande partie, le produit de l'humeur de la transpiration, humeur qui peut d'ailleurs être modifiée par les agens extérieurs.

Il pense que l'urine putréfiée qu'on emploie pour dégraisser les laines, n'agit pas sur elles par le sous-carbonate d'ammoniaque qu'elle contient, et qu'il seroit avantageux, pour le dessuintage, de laver les laines à l'eau courante, puis de les fouler pendant quelques heures dans de l'eau contenant 1 partie de savon pour 20 parties de laine.

Il a remarqué que les laines qu'on met dans la quantité d'eau strictement nécessaire pour les submerger, se dégraissent mieux que si on les exposoit à un courant d'eau ; il attribue cet effet à ce que le suint, en se dissolvant dans l'eau, a lui-même la puissance de dissoudre une portion de graisse que la laine contient, et qui n'est pas unie à un alcali.

M. Vauquelin dit que la laine qui a éprouvé le plus grand déchet dans ses expériences, a perdu 45 p. 100, et que celle qui en a éprouvé le moins, n'a perdu que 35. (Ch.)

SUIRIRI. (*Ornith.*) Les oiseaux ainsi nommés par d'Azara sont des moucherolles et des tyrans. (Ch. **D.**)

SUISSE. (*Entom.*) Nom vulgaire donné par les gens de la campagne au lygée aptère. (Desm.)

SUISSE. (*Erpét.*) Nom spécifique d'une couleuvre décrite dans ce Dictionnaire, tom. XI, pag. 201. (H. C.)

SUISSE. (*Erpét.*) Nom bourguignon de la salamandre terrestre. Voyez Salamandre. (H. C.)

SUISSE. (*Ichthyol.*) Nom vulgaire de la vandoise. (H. C.)

SUISSE. (*Mamm.*) Nom spécifique d'un petit rongeur de l'Amérique septentrionale, long-temps placé parmi les écureuils, et dont Illiger a fait le type de son genre Tamia. Voyez ce mot. (Desm.)

SUITO. (*Ornith.*) L'oiseau auquel ce nom et celui de *nichoulo* sont donnés en Languedoc, est la chevêche, et le *suitoun* est la hulotte en Piémont. (Ch. **D.**)

SUJEF, SUJÉFIAN, *Sujefii, Sujefianus.* (*Ichthyol.*) Noms spécifiques d'une Gonnelle, d'un Murénoïde et d'un Salarias. Voyez ces mots. (H. C.)

SUKANA. (*Bot.*) Sous ce nom Adanson fait un genre du *celosia castrensis*, qui, suivant lui, diffère du *celosia* par un calice à six sépales. (J.)

SUKOTYRO. (*Mamm.*) Niewhoff a indiqué et figuré sous ce nom, dans son *Voyage aux Indes*, un animal que les Chinois disent exister à Java, et qui, selon eux, seroit de la grosseur du bœuf, et auroit la tête terminée par un groin semblable à celui du cochon. Des cornes longues, pointues et dirigées à peu près comme les défenses de l'éléphant, se trouveroient placées de chaque côté de la tête entre l'œil et l'oreille, et cette dernière seroit large et pendante comme celle de l'éléphant; enfin, sa queue seroit longue et touffue, et ses gros pieds auroient chacun quatre doigts. Cet animal vivroit de végétaux.

Maintenant que l'île de Java a été explorée avec soin dans

toute son étendue, on peut assurer que le sukotyro ne s'y trouve point, et il y a même de fortes raisons à croire que son existence ailleurs n'est pas plus réelle.

Sloane a écrit sur le sukotyro une Dissertation, dans laquelle il s'est efforcé de prouver que c'étoit le *taureau carnivore* de quelques anciens auteurs ; animal tout aussi problématique que celui-ci. (DESM.)

SUKUMO. (*Bot.*) Nom du *scirpus lacustris* dans le Japon, suivant Thunberg. (J.)

SUL. (*Ichthyol.*) Un des noms islandois de l'appât de vase. Voyez AMMODYTE. (H. C.)

SULA. (*Ornith.*) Nom latin du genre Fou, qui est appelé *dysporus* par Illiger. (CH. D.)

SULASSI-PUTI. (*Bot.*) Nom du basilic ordinaire, *ocimum basilicum*, à Java, suivant Burmann ; l'*ocimum inodorum* de cet auteur est nommé *sulassi-puti-utan*. On trouve dans Rumph (*Amb.*) plusieurs autres *sulassi*, qui appartiennent au même genre. (J.)

SULD. (*Ornith.*) Ce nom est donné dans le 5.ᵉ volume de la traduction françoise du Voyage en Islande d'Olafsen et Povelsen, page 269, comme celui d'une espèce de pélican dans cette contrée : c'est, peut-être, le *sula Hoieri*, ou fou de Bassan. nommé *sule* dans Salerne. (CH. D.)

SULFATES. (*Chim*) Combinaisons salines de l'acide sulfurique avec les bases salifiables.

Composition.

Dans les sulfates neutres à base d'oxide, la quantité de l'acide est à l'oxigène de la base :: 5 : 1 , et l'oxigène de l'acide est à celui de la base :: 3 : 1.

Il existe des bisulfates et des sous-sulfates.

Caractères des sulfates.

Tous les sulfates ne dégagent pas de fluide élastique, quand, après les avoir réduits en poudre, on les met en contact avec l'acide sulfurique concentré.

Les sulfates solubles donnent avec le chlorure de barium un précipité blanc, insoluble dans un excès d'acide, qui, rougi avec du charbon, se convertit en sulfure facile à reconnoître à sa saveur sulfureuse et à ce qu'il dégage de l'acide hydrosulfurique avec l'acide hydrochlorique. On peut opérer la décomposition du sulfate par le charbon en faisant rougir ces corps dans un petit tube de verre fermé à un bout.

Comme ce caractère ne peut être constaté que pour les sulfates solubles, il est bon de savoir qu'on peut l'étendre aux sulfates insolubles, en ayant soin de les faire bouillir avec une forte solution de 2 fois leur poids de sous-carbonate de potasse; filtrant la liqueur, neutralisant son excès d'alcali par l'acide hydrochlorique, et la précipitant ensuite par le chlorure de barium.

Propriétés générales des sulfates à base d'oxide.

Excepté les sulfates de chaux, de baryte, de strontiane, de potasse, de soude, et peut-être le sulfate de protoxide de plomb, ils sont tous décomposés par la chaleur. Celle-ci tend à réduire l'acide sulfurique en vapeur, et même en gaz acide sulfureux et en oxigène, lorsque la base a une affinité plus ou moins grande pour l'acide. Si la base est susceptible d'être réduite par la chaleur, son oxigène se dégage en même temps que l'acide se sépare. Si la base est au contraire susceptible de s'oxigéner davantage, au degré de chaleur où la décomposition du sulfate s'opère, une portion d'oxigène de l'acide se porte sur la base.

Il y a un assez grand nombre de sulfates solubles dans l'eau; aucun, à une ou deux exceptions près, n'est soluble dans l'alcool.

Les bases qui, à la température ordinaire, ont le plus d'affinité pour l'acide sulfurique, lorsqu'elles agissent par la voie humide, sont la baryte, la strontiane, la potasse, la soude, la chaux, la magnésie et l'ammoniaque.

La plupart des sulfates sont décomposés par l'hydrogène à une température rouge. Pour opérer cette décomposition, on introduit le sulfate desséché autant que possible dans un renflement qu'on a soufflé au milieu d'un tube de verre; on dirige un courant d'hydrogène sec dans ce tube pour en expulser l'air, puis on élève la température du sulfate au rouge. M. Arfvedson a vu, en opérant de cette manière, qu'il y a des sulfates qui sont réduits partie en sulfure et partie en oxide ; d'autres, qui le sont en sulfures seulement ; enfin, qu'il en existe qui sont réduits en métal.

Tous les sulfates de nos quatre dernières sections sont réduits par le charbon. M. Berthier a observé que l'action des corps a lieu lors même que le sulfate est introduit dans un creuset brasqué. Voici sa manière d'opérer : il place le sulfate, broyé ou non, dans un creuset ; il remplit celui-ci avec de la brasque tassée fortement ; il le ferme avec un couvercle assujetti avec de l'argile. Il expose ensuite les matières à la chaleur rouge-blanche ; la réduction s'opère, et le carbone est converti en acide carbonique et en oxide de carbone. Si le sulfure est fusible, la réduction de plusieurs centaines de grammes n'exige que quelques heures ; s'il ne l'est pas, elle est plus lente : pour 25 à 30 grammes, il faut deux heures de chaleur.

M. Berthier a vu que les sulfates de baryte, de strontiane et de chaux, traités de cette manière, sont réduits en sulfures métalliques neutres, qui, traités par l'acide hydrochlorique, donnent de l'acide hydrosulfurique parfaitement pur, sans mélange de soufre.

Il en est de même des sulfates de potasse et de soude ; mais on ne peut isoler les sulfures produits, de la brasque à laquelle ils sont mêlés.

Le sulfate de magnésie donne de la magnésie et un peu de sulfure de magnésium.

Le sulfate de zinc donne un sulfure neutre ; mais si l'on chauffe très-fortement, le charbon peut le décomposer : il se produit du sulfure de carbone. Le sulfate de manganèse donne également un sulfure neutre.

Le sulfate de plomb est réduit en bi-sous-sulfure.

Le protosulfate de fer est décomposable en sulfure neutre ; mais le sulfure est décomposable par le charbon.

Lorsqu'on veut réduire des sulfates en sulfures, pour unir leur base à d'autres acides que le sulfurique, il est plus expéditif de mélanger le sulfate réduit en poudre avec du charbon pulvérisé.

Les acides phosphorique, borique et silicique, chauffés avec les sulfates, les décomposent.

Sulfate d'alumine.

Composition.

	Berzelius.
Acide sulfurique	70,07
Alumine.	29,93.

Histoire et préparation.

M. Vauquelin a fait connoître le premier le sulfate d'alumine pur; pour le préparer, il faut faire chauffer, dans de l'acide sulfurique étendu, de l'alumine gélatineuse. Par la concentration on obtient des cristaux lamelleux d'un aspect nacré.

Propriétés.

Le sulfate d'alumine est en feuillets mous, ductiles : il a une saveur astringente.

Il n'est pas déliquescent, quand il est exposé à l'atmosphère.

Il est très-soluble dans l'eau.

L'ammoniaque le décompose complétement, et conséquemment les bases qui ont une affinité supérieure à celle de cet alcali pour l'acide sulfurique.

Lorsqu'on le mêle avec du sulfate de potasse ou du sulfate d'ammoniaque, il se produit de l'alun; c'est même une de ses propriétés caractéristiques.

Il est décomposé au feu en totalité; il perd d'abord son eau, ensuite de l'acide sulfurique; les dernières portions de son acide sont dégagées à l'état de gaz sulfureux et de gaz oxigène : il reste de l'alumine pure.

Tri-sous-sulfate d'alumine.

(*Aluminite.*)

	Berzelius.
Acide.	33,85
Alumine.	43,37
Eau.	22,78.

Il est insoluble dans l'eau.

Nous verrons qu'il est susceptible de s'unir au sulfate de

potasse et de former un composé pareillement insoluble dans l'eau.

Le même sel est aussi susceptible de former un sel double insoluble, en se combinant au sulfate d'ammoniaque.

Du Sulfate d'alumine et d'ammoniaque et du Sulfate d'alumine et de potasse.

Après que nous aurons décrit les propriétés des combinaisons du sulfate d'alumine avec les sulfates de potasse et d'ammoniaque, nous parlerons des procédés que l'on emploie pour préparer ces combinaisons, qui sont d'un grand usage dans les arts.

Sulfate d'alumine et d'ammoniaque.

(*Alun à base d'ammoniaque.*)

Ce sel cristallise en octaèdres. Il est réduit par l'action de la chaleur en alumine pure et en sulfite d'ammoniaque acide.

Pour reconnoître l'ammoniaque dans un alun, il suffit de chauffer celui-ci avec de la potasse pour en dégager l'alcali volatil.

Lorsqu'on veut déterminer la proportion de l'ammoniaque qui s'y trouve, il faut pulvériser le sel et le mêler avec du deutoxide de cuivre bien sec, comme si l'on vouloit faire l'analyse d'une matière organique. On conclut la proportion de l'ammoniaque d'après le volume de l'azote recueilli.

Usages.

Ce sel est employé aux mêmes usages que l'alun à base de potasse.

Sulfate d'alumine et de potasse.

(*Alun à base de potasse.*)

Composition.

	M. Vauquelin.	Thénard et Roard.
Eau	48,58	51,41
Acide	3o,5z	z6,o4
Alumine	1o,5o	1z,53
Potasse	1o,4o	1o,oz.

	Berzelius.
Sulfate d'alumine........	36,85
Sulfate de potasse	18,15
Eau...............	45,00.

Propriétés.

Le sulfate d'alumine et de potasse, ou alun à base de potasse, cristallise en octaèdres réguliers. Sa pesanteur spécifique est de 1.7109, suivant Hassenfratz.

Exposé à l'action de la chaleur, il se fond dans son eau de cristallisation, ensuite il devient opaque ; en perdant celleci. il se boursoufle beaucoup et s'appelle alors *alun brûlé* ou *calciné*. Il perd environ 45 p. 100. A une chaleur rouge, l'acide du sulfate d'alumine se dégage, une partie n'est pas décomposée, tandis que l'autre est réduite en acide sulfureux et en gaz oxigène. Il reste de l'alumine mêlée de sulfate de potasse.

Il est légèrement efflorescent en été.

L'eau à $15^d,55$ en dissout le vingtième de son poids ; 100 parties d'eau bouillante en dissolvent 75 d'alun.

Les matières organiques, végétales ou animales, chauffées avec l'alun, le décomposent par leur hydrogène et surtout par leur carbone. Quand on fait cette décomposition avec les précautions que nous allons décrire, on obtient une matière inflammable par le contact de l'air humide, qui a été appelée *pyrophore de Homberg*. Ce chimiste le découvrit en distillant de l'alun avec des excrémens humains. Pour le préparer, on fait fondre dans une casserole de fer 3 parties d'alun et 1 partie de sucre, de miel, ou de farine. Quand ce mélange est réduit en poudre et bien desséché, on en remplit jusqu'aux trois quarts une fiole placée au milieu d'un creuset plein de sable. On le chauffe dans un fourneau jusqu'à ce qu'on voie sortir de la fiole une flamme bleue. On laisse refroidir le vase et on verse le pyrophore dans un flacon de cristal qui ferme bien.

Ce pyrophore, ainsi que Schéele l'a démontré, peut être fait avec le sulfate de potasse pur, et ne peut l'être avec le sulfate d'alumine pur, ni par conséquent avec le sulfate d'alumine et d'ammoniaque.

Le pyrophore contient du sulfure de potassium, de l'alumine et du charbon très-divisé. Quand on le lessive avec de l'eau, le sulfure est dissous et l'alumine reste mêlée au charbon.

Lorsqu'on le met en contact avec l'air, il absorbe l'oxigène, s'échauffe, et cela d'autant plus que l'air est plus humide; il s'embrase ensuite. Il paroît que c'est la chaleur qui se dégage de l'air et de l'eau absorbés par le pyrophore, qui, venant à s'accumuler dans le charbon, détermine la combinaison de ce corps avec l'oxigène de l'atmosphère. Plusieurs chimistes, et notamment M. Serrulas, ont pensé que l'inflammation est produite par le sulfure de potassium, et que c'étoit pour cela que l'humidité favorisoit singulièrement l'inflammation de cette matière; mais M. Berzelius a observé que le sulfure de potassium fait directement, ne s'enflamme pas spontanément à l'air à la température ordinaire.

Lorsqu'on lessive le pyrophore qui a été exposé à l'air, on trouve de l'acide sulfureux et de l'acide carbonique combinés à la potasse; il arrive souvent qu'il y reste du sulfure non décomposé.

La baryte, la strontiane, précipitent l'acide sulfurique et l'alumine de l'alun. La chaux ne précipite que l'alumine; la potasse et la soude la précipitent également, mais un excès d'alcali la redissout; l'ammoniaque la précipite, et comme cet alcali n'a pas la propriété de la dissoudre en quantité notable, quand il n'est pas employé en grand excès, on l'emploie toujours pour séparer l'alumine de l'acide sulfurique et en général de tous les acides qui la dissolvent.

Comme l'alun est un sel très-important, nous allons indiquer les moyens qu'on a employés pour en faire l'analyse, et nous dirons ici que tous les aluns formés d'alumine et de potasse sont absolument les mêmes; ils ne diffèrent que par des quantités très-foibles de sulfate de fer. Il est bien prouvé maintenant que les différences que l'on a remarquées en teinture entre l'alun de Rome et d'autres aluns, provenoient du fer que ces derniers contiennent, qu'en purifiant ceux-ci de leur fer, ils sont aussi bons que l'alun de Rome. Il arrive quelquefois que l'alun contient des traces de sulfate de chaux.

Évaluation de l'eau.

Pour évaluer l'eau contenue dans l'alun, on chauffe ordinairement ce sel avec beaucoup de précaution, afin qu'il ne s'en perde pas lorsqu'il vient à se gonfler. On prescrit de ne pas pousser la chaleur trop loin, afin d'éviter qu'une portion d'acide s'en sépare; mais il faut avouer qu'il est bien difficile pour ne pas dire impossible, que cela n'arrive pas, si l'on veut expulser la totalité de l'eau.

Évaluation de l'acide sulfurique.

On dissout 100 parties d'alun dans l'eau; on l'acidule avec de l'acide hydrochlorique; on verse dans la solution du chlorure de barium jusqu'à ce qu'il ne se fasse plus de précipité. Dans cette opération l'acide sulfurique se combine à la baryte, et l'acide hydrochlorique à l'alumine et à la potasse. La quantité de sulfate obtenue fait connoître celle de l'acide sulfurique.

Évaluation de l'alumine.

On dissout 100 parties d'alun dans l'eau; on sature la dissolution d'ammoniaque; il se forme du sulfate d'ammoniaque et l'alumine se précipite. On décante la liqueur et on lave le précipité jusqu'à ce que le lavage ne trouble plus la solution de baryte. Lorsque l'alumine est bien lavée, on la jette sur un filtre; on la met à égoutter sur du papier brouillard, et ensuite on la calcine au rouge dans un creuset de platine ou d'argent.

Évaluation de la potasse.

Pour obtenir le sulfate de potasse, on peut employer le procédé de Berzelius, qui consiste à faire digérer une solution d'alun avec du carbonate de strontiane. L'alumine est précipitée; il se forme du sulfate de strontiane insoluble, et il reste dans la liqueur du sulfate de potasse pur, qu'on obtient par l'évaporation à l'état sec.

Évaluation du sulfate de fer.

Pour reconnoître le fer dans les aluns, on fait dissoudre l'alun que l'on veut essayer dans l'eau; il faut faire ensuite une dissolution semblable à celle-ci avec de l'alun parfaitement pur; ensuite mettre dans deux verres deux quantités égales de ces dissolutions, y verser un volume égal de prussiate de potasse très-étendu. Si l'alun qu'on essaie contient du fer, la liqueur devient bleue, et au bout de plusieurs heures il se dépose du bleu de Prusse : l'alun pur ne devient pas bleu, seulement quand la solution est concentrée, il peut arriver que son excès d'acide réagisse sur la prussiate, et qu'alors il prenne une légère teinte de verdâtre. On peut encore répéter la même expérience avec l'infusion de noix de galle. L'alun qui contient du fer devient noir; l'alun pur ne change pas.

Un assez bon moyen de reconnoître le fer dans l'alun, c'est d'aluner deux écheveaux de soie dans l'alun pur et dans l'alun soumis à l'examen, de les plonger ensuite dans un bain de gaude. La couleur de l'alun pur est jaune; celle de l'alun qui tient du fer, tire plus ou moins sur la couleur olive.

La quantité de sulfate de fer contenue dans les aluns ne passe guère $\frac{1}{1000}$; au moins c'est dans cette proportion que le sulfate de fer est contenu dans l'alun de Liége, qui est le moins estimé. L'alun de Rome en contient à peine $\frac{1}{2000}$. Ces quantités sont trop petites pour qu'on puisse les reconnoître par l'analyse; il faut, pour les déterminer, faire des mélanges d'alun pur et de sulfate de fer; ensuite, en faisant les trois épreuves que nous avons indiquées comparativement avec l'alun pur, mêlé de fer, et l'alun que l'on essaie, on arrive à estimer la quantité de fer quand tous les deux donnent les mêmes résultats.

C'est de cette manière que MM. Thénard et Roard ont opéré dans leurs Recherches sur les aluns du commerce.

État et préparation de l'alun.

De l'extraction et de la fabrication de l'alun.

Les minéraux qui fournissent l'alun sont de deux sortes : les uns contiennent ce sel tout formé; les autres ne contiennent que quelques-uns de ses principes.

1.re Sorte.

Mines d'alun tout formé.

La mine d'alun de La Tolfa, qui fournit l'alun de Rome, a pour principes l'eau d'acide sulfurique, l'alumine, la potasse, le silice et l'oxide de fer. M. Descotils a prouvé que ces deux derniers sont accidentels, et M. Cordier a considéré ce minéral comme formé essentiellement d'alun $+$ d'hydrate d'alumine.

Il n'éprouve pas d'altération de la part de l'air et de l'eau ; il n'a aucune saveur.

L'acide hydrochlorique le dissout en grande partie. En faisant évaporer à siccité et en reprenant le résidu par l'eau, on sépare de la silice et on obtient une liqueur qui donne de l'alun et une eau-mère contenant des hydrochlorates d'alumine et de fer.

L'acide sulfurique et l'acide nitrique se comportent à peu près de la même manière.

La potasse le dissout sans qu'il se forme de sulfure hydrogéné : cela prouve bien que le soufre y est à l'état d'acide.

Soumis à la distillation, il donne de l'eau, de l'acide sulfureux et du gaz oxigène, comme cela a lieu avec l'alun.

La masse qui a été chauffée, est poreuse, à cause des principes qu'elle a perdus. Lessivée avec de l'eau, elle ne donne qu'un peu d'alun ; mais si elle est humectée et abandonnée pendant quelques temps à elle-même, elle se gonfle, se délite et donne ensuite beaucoup d'alun. Le contact de l'air n'est pas nécessaire pour que cet effet ait lieu.

On admet généralement aujourd'hui que c'est l'alumine qui est en excès à la combinaison de l'alun, qui empêche celui-ci de se dissoudre dans l'eau, et que la calcination a pour objet de détruire cette combinaison ou de l'affoiblir tellement, que l'eau qu'on ajoute à la masse calcinée, en se combinant à l'alun, achève de l'isoler de l'excès d'alumine. M. Cordier, dans sa manière d'envisager la composition de la mine de la Tolfa, admet que la combinaison de l'alun avec l'alumine n'existe qu'autant que cette base est à l'état d'hydrate : dès-lors, si l'on décompose l'hydrate d'alumine par la chaleur, cette base étant devenue anhydre ne peut plus rester unie à l'alun : on conçoit donc que l'eau doit dissoudre celui-ci. Dans tous les cas, si la mine calcinée exige un contact prolongé de l'eau pour céder l'alun à ce liquide, cela tient au rapprochement des parties que l'action de la chaleur a déterminé.

En Italie on exploite la mine de la Tolfa de la manière suivante :

On calcine la mine réduite en morceaux de la grosseur du poing. On la laisse exposée à l'air pendant deux mois, en ayant soin de la tenir toujour humectée d'eau, quand la calcination a été bien faite, elle se change en pâte, qu'on lessive avec une petite quantité d'eau ; on fait évaporer cette eau et on obtient de bel alun.

Les eaux-mères donnent souvent de l'alun cubique, ce qui annonce un excès de base. Il arrive même que, quand les lessives bouillent trop long-temps avec les résidus, on obtient de l'alun saturé de base. De là l'origine de la poudre blanche qui recouvre l'alun de Rome.

L'oxide rouge de fer qui est dans la mine ne se dissout pas, parce qu'il n'y a pas d'acide en excès. On sait, d'ailleurs, que le peroxide de fer qui a éprouvé l'action du feu, n'est pas disposé à s'unir aux acides.

2.ᵉ Sorte.

Mines d'alun ne contenant pas tous les principes de l'alun.

SCHISTE PYRITEUX.

Nous allons décrire la manière d'obtenir l'alun d'un schiste alumineux et pyriteux. Ce minéral, qui se trouve ordinairement en couches dans le sein de la terre, est exploité par galeries. Quand on l'a retiré de la mine, on en fait des tas qui ont de 10 à 12 pieds de hauteur, afin de le faire effleurir : dans les grandes chaleurs il faut les arroser. Les morceaux qui sont durs, ne s'effleurissent qu'au bout de trois ou quatre ans. Dans cette exposition du schiste à l'air, le fer et le soufre se brûlent : ils forment du sulfate de fer. Il ne se produit que très-peu d'alun.

Pour griller le minérai effleuri, on fait un double lit de fagots qui a 60 pieds de long sur 6 de large ; on le recouvre de deux pieds de minérai; on laisse un espace libre de deux pieds dans le milieu du lit de fagots, afin d'y mettre le feu. Quand la première couche est en feu, on en fait une seconde de fagots et de minérai; on y met le feu; on en fait une troisième, une quatrième, etc. Les couches vont toujours en diminuant d'étendue superficielle, de manière que leur ensemble représente une pyramide quadrangulaire, à côtés inégaux. Dans le grillage, le sulfate de fer est décomposé. Sa base se suroxide, et son acide se porte sur l'alumine et la potasse, et forme de l'alun.

Après que le minérai est grillé, on abat un côté de la pyramide; on commence par la partie inférieure; on porte le minérai dans des cuves de bois de 15 pieds carrés. Ces cuves ont un fond qui repose sur de l'argile battue: à un pied du fond, il y en a un autre fait avec des planches, qui reposent sur des madriers placés de champ sur le premier fond: on laisse l'eau pendant 24 heures sur le minérai; ensuite on ouvre un robinet placé dans la partie inférieure; la lessive est claire, parce qu'elle a filtrée entre les intervalles que laissent les planches du premier fond. On rassemble ces eaux par des canaux dans des réservoirs situés près des chaudières évaporatoires.

On fait évaporer ces lavages du minérai dans des chaudières de plomb de 13 pieds de largeur sur 14 de longueur et $4\frac{1}{3}$ de profondeur. A mesure que la liqueur évapore, on en fait arriver de nouvelle. Dans les fabriques où l'on veut évaporer avec économie, on a quatre chaudières, dont deux pour l'évaporation, une pour chauffer les lessives, et l'autre les eaux-mères : ces deux dernières sont échauffées par les cheminées des fourneaux sur lesquels les chaudières évaporatoires sont placées. Avant de commencer l'évaporation des lessives, on fait arriver dans les chaudières une certaine quantité d'eau-mère; ensuite on finit de la remplir avec de la lessive.

Après 24 heures d'évaporation, on tire la liqueur dans un *refroidissoir*, où elle dépose l'oxide de fer provenant de la décomposition du sulfate de fer pendant l'évaporation; au bout de deux heures, on la laisse écouler dans des cristallisoirs.

L'alun de la première cristallisation est très-impur; on le

lave dans l'eau froide pour enlever une partie du sulfate de fer; ensuite on le raffine : pour cela on le fait fondre dans une petite chaudière avec un peu d'eau; ensuite on tire la liqueur dans des tonneaux, dont les douves sont mobiles. Quand l'alun est cristallisé, on ôte les douves et l'on a des masses d'alun. Il y a dans l'intérieur de ces masses un liquide qui retient beaucoup de sulfate de fer.

Dans les mines dont nous venons de parler, la potasse est fournie par le minéral lui-même et par le combustible que l'on emploie pour le griller.

Lorsque la mine ne contient pas de potasse ou que le combustible avec lequel on la grille n'en fournit pas assez, après avoir lessivé le minérai effleuri et grillé, on fait concentrer la lessive et on ajoute ensuite dans celle-ci du sulfate de potasse ou du sulfate d'ammoniaque; lorsqu'on n'a pas ce dernier sel, on le remplace par des urines pourries, qui contiennent beaucoup de carbonate d'ammoniaque.

TOURBE PYRITEUSE DE L'OISE ET DE LA SOMME, etc.

Cette matière, qu'on exploite dans une grande partie de la Picardie, etc., a été l'objet de quelques essais d'un de mes élèves, M. Lœvel, qui a dirigé, pendant plusieurs années, une fabrique d'alun et de sulfate de fer de ce pays.

Je vais les faire connoître :

La matière qui a été l'objet des essais que je vais rapporter, appartenoit à un dépôt de huit pieds d'épaisseur, recouvert de douze pieds de terre et de sable. Ce dépôt étoit entre-coupé de couches de glaises, de deux à trois pouces d'épaisseur. Les parties supérieures ne s'effleurissoient presque pas; on les vendoit sous le nom de *cendres* aux cultivateurs pour les prairies artificielles. Les parties inférieures étoient particulièrement réservées pour la fabrication de l'alun et du sulfate de fer. Dans le pays elles sont connues sous le nom de *charbon*.

Le charbon est d'un brun noir. Sa densité ne surpasse pas 2. Il est très-friable.

À l'air, il perd de l'humidité, et ne s'effleurit que très-lentement s'il est en petite quantité; mais si, au contraire, il est en tas plus ou moins considérables, où l'humidité qu'il contient naturellement peut se conserver, et dans lesquels cependant l'air peut pénétrer, il s'échauffe, exhale une odeur qui a quelque rapport avec celle du sulfure de carbone; quelquefois même il s'embrase. En le remuant de temps en temps, on accélère l'efflorescence.

A une température de 80 à 90^d il perd 0,37 d'eau.

Projeté dans un creuset, il devient incandescent, mais sans s'enflammer. 10^g laissent 3^g,539 de cendres, formées de peroxide de fer, d'un peu d'alumine, de sulfate de chaux et de silice.

A froid l'acide sulfurique étendu, l'acide hydrochlorique, sont sans action sur le charbon; à chaud, ils dissolvent un atome de fer et de sulfate de chaux.

L'acide nitrique l'attaque promptement. Il reste du peroxide de fer et de la silice, et l'on obtient une dissolution de fer, de très-peu d'alumine et d'une matière jaune, amère et astringente, provenant de l'altération d'une matière organique azotée qui se trouve dans le charbon.

La potasse, la soude, l'ammoniaque, digérées sur le charbon, dissolvent cette matière organique et se colorent en brun foncé. La solution la laisse précipiter quand on la neutralise par un acide.

Le charbon distillé dans une cornue, qui en est entièrement remplie, donne une huile brune, un liquide jaune, fétide, ammoniacal, sulfuré, et 0,35 d'un résidu formé de charbon, de protosulfure de fer, de chaux, d'alumine et de silice.

M. Lœvel pense que le charbon doit être considéré comme un mélange d'*une matière organique azotée, abondante en charbon hydrogéné*, de *persulfure de fer efflorescent* et d'*argile*.

La production du sulfate d'alumine est une suite de la décomposition que le sulfate de protoxide de fer éprouve de la part de l'air, surtout quand la température est élevée à un certain degré.

M. Lœvel a vu que, quand on prépare ce qu'on appelle les cendres rouges avec le charbon, soit que les tas s'allument spontanément ou qu'on y mette le feu, il se forme dans la partie supérieure des tas de petits cratères, d'où se dégagent des vapeurs de soufre et de sulfate d'ammoniaque.

Parlons maintenant de la fabrication de l'alun et du sulfate de protoxide de fer.

(*a*) On expose la mine en petits tas à l'air pour la faire effleurir; tous les trois mois on la retourne et on l'arrose de temps en temps, afin de favoriser l'efflorescence et de s'opposer à une combustion vive, qui auroit l'inconvénient de rendre la mine impropre à la fabrication des deux sulfates.

(*b*) La terre effleurie est lessivée.

(*c*) Quand on a des lessives à 26^d (aréomètre de Baumé), on les met dans des chaudières de plomb, où on les porte à 37^d environ; puis on y ajoute du fer métallique, afin de prévenir la suroxidation du protoxide de fer, et de ramener, dit-on, au minimum celui qui se seroit suroxidé.

(*d*) La liqueur, suffisamment concentrée, est amenée dans un cristallisoir doublé en plomb. Le sulfate de fer cristallise, et le sulfate d'alumine reste dans les eaux-mères. Dans plusieurs mines de la nature de celle dont nous parlons, pour 1 partie de sulfate de fer cristallisé, il reste dans l'eau-mère une quantité de sulfate d'alumine suffisante pour produire 2 parties d'alun.

(*e*) Quand la liqueur a donné son sulfate de fer, elle est descendue à 34^d environ de l'aréomètre. On y ajoute alors du sursulfate de potasse en poudre, s'il est pur; en dissolution, s'il est impur : dans ce dernier cas on en fait une lessive marquant 21^d, on la mêle au sulfate d'alumine et on fait concentrer le tout à 34^d. Par le refroidissement il se dépose beaucoup d'alun cristallisé.

(*f*) On met ces cristaux (*e*) à égoutter; on les fait dissoudre dans l'eau. La lessive marquant 54 donne de gros cristaux.

(*g*) Les gros cristaux (*f*) sont cassés, puis lavés avec de l'eau froide (on y ajoute quelquefois du sulfure de chaux pour en séparer le fer) et enfin ils sont redissous dans très-peu d'eau bouillante. La solution est coulée dans un moule en bois, recouvert de plomb. Ce moule a la forme d'un cône tronqué. Il est ouvert aux deux bouts. L'ouverture la plus grande repose dans une rainure circulaire, pratiquée dans une pierre calcaire. Par le refroidissement on obtient un bloc d'alun dans lequel il y a deux cavités. La paroi horizontale de la cavité supérieure a un pouce d'épaisseur. On remarque dans cette cavité, appelée la fontaine, de *longues chandelles d'alun,* plongeant dans une eau-mère de sulfate de fer et d'alun. La cavité inférieure ne contient pas de liquide.

(*h*) Le moule s'ouvre verticalement de quelques pouces seulement.

Le bloc d'alun pèse environ 2000 livres : il est scié. Les *chandelles* sont refondues; car le commerce n'en veut pas.

Alun fabriqué de toutes pièces.

Le ciment de Faux-fortiers ou le résidu du nitre distillé avec l'argile, est excellent pour faire de l'alun, ainsi que M. Vauquelin l'a prouvé le premier. Ce ciment est une combinaison de silice, d'alumine et de potasse. Pour le convertir en alun, on le casse en petits morceaux, on l'arrose d'acide sulfurique et on le laisse effleurir à l'air; peu à peu l'acide se combine à la potasse et à l'alumine, et il se forme des cristaux qui s'effleurissent à la surface des morceaux. Quand le ciment paroît être bien attaqué par l'acide, on le lessive, et ensuite on fait évaporer la liqueur, pour en obtenir l'alun; le résidu, insoluble dans l'eau, est formé de silice et d'oxide de fer. L'alun qu'on obtient par ce procédé est très-bon, parce que le fer du ciment, étant au maximum, ne se combine que très-difficilement à l'acide sulfurique.

On peut encore préparer l'alun en faisant griller de l'argile pour suroxider le fer, traitant cet argile dans des chaudières de plomb par l'acide sulfurique foible, lessivant et mêlant la lessive à du sulfate de potasse.

Pour purifier l'alun qui contient du fer, on réduit ce sel en petits fragmens, ou bien on le divise en faisant une dissolution très-concentrée, que l'on fait cristalliser confusément en l'agitant. L'alun étant divisé, on le lessive avec de l'eau froide. Celle-ci enlève le sulfate de fer. On presse l'alun lavé; on le dissout dans un peu d'eau, et on le prive ainsi du sulfate de fer qu'il pourroit retenir.

Usages.

L'alun est employé en médecine à l'état de cristaux et à l'état d'alun calciné. Dans le premier état on le prend intérieurement. Il est antiseptique et astringent. Quand il est

calciné, on l'applique sur les brûlures , sur les vieux ulcères,
pour les nettoyer.

Il est employé par les chandelliers pour blanchir le suif et
pour lui donner, dit-on, *plus de solidité.* Les papetiers le
mêlent à la pâte de papier, pour lui donner les mêmes qualités.

Il est employé en teinture comme mordant; il sert à faire
l'acétate d'alumine, qui est d'un grand usage dans les fabriques de toiles peintes.

Les hongroyeurs s'en servent conjointement avec le chlorure de sodium pour préparer les cuirs blancs.

On a proposé d'employer la dissolution de ce sel pour empêcher les incendies, comme diminuant la combustibilité des
corps sur lesquels on l'a appliquée.

Histoire.

Les anciens connoissoient l'alun et l'employoient en teinture. Jusqu'au 15.ᵉ siècle l'alun nous venoit d'Asie : ce ne
fut qu'à cette époque qu'on le fabriqua en Espagne, en Allemagne et en Angleterre.

On savoit depuis long-temps que l'alun contenoit de l'acide
sulfurique, et Pott et Margraff avoient prouvé qu'il contenoit de l'alumine ; mais avec l'acide sulfurique et l'alumine
on ne pouvoit former d'alun; les fabricans de ce sel avoient
vu qu'il falloit de toute nécessité ajouter à ces corps de la
potasse ou de l'ammoniaque , quand les matériaux employés
ne contenoient pas ces alcalis. Bergman crut que ceux-ci ne
faisoient que saturer l'excès d'acide des lessives; mais plus
tard, MM. Descroizilles, Vauquelin et Chaptal, prouvèrent
que la potasse et l'ammoniaque se combinent avec le sulfate
d'alumine et forment un sel triple. M. Berzelius démontra
ensuite que l'alun est représenté par du sulfate de potasse, du
sulfate d'alumine et de l'eau.

ALUN CUBIQUE.

Ce sel s'obtient, assure-t-on, en saturant, soit par l'alumine, soit par la potasse, une partie de l'acide de l'alun dissous dans l'eau. Ce sel cristallise alors en cubes, au lieu de

cristalliser en octaèdres. Suivant M. Berthollet, en faisant bouillir sa solution, il se dépose de l'alumine et l'on peut en obtenir ensuite des cristaux octaèdres.

TRI-SOUS-SULFATE D'ALUMINE ET SULFATE DE POTASSE,

(*Alun saturé de sa terre, Alun aluminé.*)

Composition.

A. Riffault.

Tri-sous-sulfate d'alumine.....	52,157
Sulfate de potasse.............	20,019
Eau	17,824.

Propriétés.

Ce sel est en poudre blanche insoluble. On ne peut en séparer toute son eau sans décomposer en même temps une partie de son acide.

Préparation.

M. Vauquelin l'a obtenu en faisant bouillir de l'alumine pure, très-divisée, dans une solution d'alun. Presque tout l'alun a été précipité.

MM. Thénard et Roard, en répétant cette opération, disent n'avoir obtenu que de l'alun contenant un peu plus de base que l'alun ordinaire, et du sulfate de potasse très-acide. Ces deux sels étoient dissous. L'excès d'alumine étoit séparé à l'état de pureté.

M. Anatole Riffault a préparé ce sel en ajoutant à une solution bouillante d'alun à base de potasse assez de potasse pour que l'acide, sensible au tournesol, fût presque entièrement neutralisé, recueillant le précipité dans une cloche et le lavant à grande eau jusqu'à ce que les lavages ne troublassent plus le nitrate de baryte, jetant le précipité dans une capsule et le faisant sécher au-dessous de 100^d.

La poudre rose, qui recouvre l'alun de Rome, est formée *d'alun saturé de sa terre, de silice et de peroxide de fer*, suivant MM. Vauquelin, Clément et Desormes. Ces deux derniers pensent que l'alun insoluble se forme pendant le lessivage de la mine effleurie et qu'il se dépose ensuite par l'évaporation des eaux de lavage.

Nous avons dit que M. Cordier a considéré l'alun de la Tolfa comme formé d'alun, plus d'hydrate d'alumine. M. Anatole Riffault pense qu'il est plus conforme à la chimie de le considérer comme formé *d'une proportion de sulfate d'alumine et de quatre proportions de quadro-sous-sulfate d'alumine;* car on sait, d'après l'analyse de Descotils, que *l'alun de Montione est formé d'une proportion de sulfate de potasse et de 2 proportions de quadro-sous-sulfate d'alumine.*

Tri-sous-sulfate d'alumine et Sulfate d'ammoniaque.

Composition.

	Anat. Riffault.
Acide sulfurique	58,724
Alumine	37,572
Ammoniaque	4,164
Eau	19,540.

Propriétés.

Ce sel est blanc, insoluble dans l'eau.

Préparation.

On le prépare en versant, peu à peu, de l'ammoniaque dans une solution bouillante d'alun ammoniacal.

Sulfate d'ammoniaque. (*Sel ammoniacal secret de Glauber.*)

Composition.

	Kirwan.	Wenzel.	Richter.
Acide	54,66	58,75	59,8
Ammoniaque	14,24	41,25	40,2
Eau	31,10.		

	Berzelius.
Acide	70,02
Ammoniaque	29,98.

		En volume.
Acide sulfurique	Vapeur de soufre	1
	Oxigène	1,5
Ammoniaque		2.

Propriétés.

Ce sel cristallise en petits prismes à six pans, terminés par des pyramides à six faces. Sa saveur est piquante et amère. Pour peu qu'il ait été un peu chauffé, il est très-acide au papier de tournesol.

Exposé à la chaleur, il décrépite, se fond, perd de l'eau et de l'ammoniaque; il devient acide. A une chaleur presque rouge il se sublime du sulfite acide d'ammoniaque, et il se dégage en même temps de l'eau et du gaz azote. Quand le sel est pur, il n'y a pas de résidu. Dans cette opération presque tout l'acide sulfurique est réduit en acide sulfureux. L'oxigène qui en est séparé, décompose une portion de l'ammoniaque; il se forme de l'eau, et en même temps il se dégage du gaz azote. L'acide sulfureux se combine avec l'ammoniaque non décomposé, et forme un sulfite. Il peut arriver, suivant M. Vauquelin, qu'une portion de l'acide sulfurique soit réduite en acide hyposulfurique; dans ce cas il doit se former de l'hyposulfite d'ammoniaque.

Ce sel est un peu déliquescent.

Il se dissout dans deux fois son poids d'eau à $15^{d},15$, et dans son poids d'eau bouillante.

Il est décomposé par les bases alcalines : il ne l'est complétement par la magnésie, qu'en opérant à chaud.

État.

Ce sel s'est trouvé dans les produits volcaniques. On dit qu'il existe en dissolution dans quelques eaux de la Toscane.

Préparation.

Pour le faire, il faut saturer du carbonate d'ammoniaque d'acide sulfurique foible; il faut faire concentrer la liqueur à une douce chaleur, et quand cela est fait, y mettre un peu d'ammoniaque, pour remplacer celle qui a été chassée par l'évaporation.

Usages.

Ce sel est employé pour faire de l'alun.

SULFATE D'AMMONIAQUE ET DE POTASSE.

Sulfate d'ammoniaque . . 40
Sulfate de potasse . . . . 60.

Link l'a obtenu en neutralisant le sur-sulfate de potasse par l'ammoniaque ; il est en cristaux lamelleux, brillans, amers, inaltérables à l'air.

Ce sel existe dans la nature : je l'ai découvert dans le sol de la caverne de Kuyloch.

SULFATE D'AMMONIAQUE ET DE SOUDE.

Anat. Riffault.

Sulfate d'ammoniaque 42,239
Sulfate de soude 31,729
Eau . . . . 26,032.

Link l'a obtenu en neutralisant le sur-sulfate de soude par l'ammoniaque, et Séguin, en mêlant des dissolutions de sulfate de soude et d'ammoniaque.

Il est en cristaux réguliers, inaltérables à l'air.

SULFATE D'AMMONIAQUE ET DE MAGNÉSIE OU SULFATE AMMONIACO-MAGNÉSIEN.

Composition.

Fourcroy.

Sulfate d'ammoniaque 32
Sulfate de magnésie. . . . . 68.

Préparation.

On peut préparer ce sel en mêlant des dissolutions de sulfate de magnésie et de sulfate d'ammoniaque. Quand les dissolutions sont concentrées, le sel se sépare en cristaux.

Propriétés.

Il cristallise en dodécaèdres ; il a une saveur amère et piquante.

Quand on le distille, il donne du sur-sulfite d'ammoniaque, et il reste du sulfate de magnésie.

Tous les alcalis fixes, chauffés avec ce sel, en dégagent de l'ammoniaque.

Histoire.

Il a été découvert par Bergman et analysé par Fourcroy.

SULFATE D'ALUMINE ET SULFATE DE PROTOXIDE DE FER.

Composition.

R. Philipps.

Acide sulfurique 3o,9	ou 1 prop. de sulfate
Alumine. 5,2	d'alum., 3 prop.
Protoxide de fer. . . . 2o,7	de sulfate de fer,
Eau. 43,2	25 p. d'eau.

C'est une composition analogue à celle de l'alun ; mais c'est le sulfate d'alumine qui représente le sulfate de potasse ou d'ammoniaque, et le sulfate de protoxide qui représente celui d'alumine.

Propriétés.

Ce sel, décrit par Sowerby, a été trouvé dans la nature. Il provenoit des schistes argileux d'une mine de charbon de terre.

Il étoit en fibres dures, incolores, soyeuses.

A l'air il devient brun, parce que le fer se suroxide.

Dissous dans l'eau, il donne des cristaux de sulfate de fer et une eau-mère de sulfate d'alumine.

SULFATE D'ANTIMOINE.

On le prépare en faisant bouillir l'acide sulfurique sur l'antimoine jusqu'à ce qu'il ne se dégage plus d'acide sulfureux. Le sulfate se précipite en partie sous la forme d'une masse blanche. En faisant évaporer le lavage de la masse blanche, on obtient du sulfate cristallisé en petites aiguilles soyeuses.

M. Arfvedson a vu que l'hydrogène le réduit en antimoine, en oxide et en sulfure.

SULFATE D'ARGENT.

Berzelius.

Acide sulfurique	25,66
Oxide d'argent	74,34

Propriétés.

Ce sel est en prismes fins, brillans; il est légèrement acide au tournesol.

Lorsqu'on le distille, il donne des volumes égaux de gaz sulfureux et de gaz oxigène; le résidu est de l'argent pur. Le gaz oxigène provient de la décomposition de l'acide et de l'oxide.

Il est peu soluble dans l'eau, puisque, suivant Wenzel, il faut 87,25 d'eau pour en dissoudre 1 de ce sel. Il est beaucoup plus soluble dans un excès d'acide sulfurique. Lorsque celui-ci est concentré et qu'on le fait bouillir sur le sulfate d'argent, il en dissout une assez grande quantité, et lorsqu'on vient à verser de l'eau dans cette dissolution, une partie du sel s'en précipite.

Lorsqu'on fait chauffer le sulfate d'argent dans l'acide nitrique, il s'y dissout: en faisant évaporer cette dissolution, on en obtient du sulfate d'argent.

Le sulfate d'argent est décomposé par tous les réactifs qui ont de l'action sur le nitrate.

Préparation.

On peut le préparer en faisant bouillir de l'argent en limaille dans de l'acide sulfurique concentré. Il se forme une masse blanche qui ne se dissout pas, parce que ce sel est peu soluble. On peut encore précipiter du nitrate d'argent par du sulfate de soude, et laver le précipité avec de l'eau froide.

Sulfate de baryte.

Synonymie. Spath pesant; pierre de Bologne; terre pesante vitriolée.

Composition.

	Chenevix.	Thénard.	Rose.	Berthier.	Berzelius.
Acide. . .	24 . .	25,18 . .	32,5 . .	33 . .	34,37
Baryte . .	76 . .	74.82 . .	67,5 . .	67 . .	65,63.

Propriétés.

Cristallisé et pur, il a une pesanteur spécifique de 4,2984 à 4,47[...]

Quand il est pur et en poussière, il est blanc; quand il est cristallisé, il est transparent et incolore. Sa réfraction est double.

Sa forme primitive est un prisme droit, à bases rhombes, dont les angles sont de 101° 32′ 13″ et 78° 27′ 47″.

La molécule intégrante est un prisme droit, triangulaire, à bases rectangles.

Il n'a ni saveur, ni odeur.

Il est fusible en un émail blanc, solide; mais qui tombe en poudre au bout de quelques heures; il n'est pas décomposé par la chaleur.

Il est inaltérable à l'air et insoluble dans l'eau et l'alcool.

L'hydrogène, le phosphore et le soufre, n'ont pas d'action sur lui.

Le charbon le décompose en sulfure; pour cela on met dans une cornue de grès 4 parties de sulfate et 1 p. de charbon fortement chauffé.

On élève la température jusqu'au rouge, et on la soutient pendant deux ou trois heures, suivant la quantité de matière sur laquelle on opère. Il se dégage un mélange gazeux d'acide carbonique et d'oxide de carbone, provenant de la décomposition de l'acide sulfurique par le charbon, et il reste du sulfure de barium.

C'est ce procédé que l'on suit ordinairement dans les laboratoires pour obtenir des combinaisons salines de baryte; car dès que le sulfure est obtenu, on le dissout dans l'eau; on décompose ensuite cette solution par l'acide auquel on veut combiner la baryte. Lorsqu'on décompose le sulfate de baryte pour en obtenir des sels, on opère dans des creusets au feu de forge ou dans un fourneau à réverbère.

En chauffant sur les charbons de la poussière de sulfate de baryte, réduite en pâte avec de la gomme ou de la farine, on obtient un peu de sulfure, et en portant le sel ainsi traité dans l'obscurité, on aperçoit qu'il est très-phosphorescent.

Cette propriété fut découverte par Casciarolo, qui, ayant trouvé du sulfate de baryte au pied du mont Paterno, crut qu'il en retireroit quelque métal précieux en le calcinant avec

du charbon. Le sulfate de baryte du mont Paterno est formé,
suivant M. Arfwedson, de

Sulfate de baryte, 62,

Silice, alumine, sulfate de chaux, oxide de fer, eau, 38.

M. Berthollet a dit que les acides nitrique et muriatique
décomposoient le sulfate de baryte; mais cela n'est pas encore
prouvé.

L'acide phosphorique, l'acide borique, le décomposent à
cause de leur fixité. Il se dégage alors du gaz sulfureux et
du gaz oxigène.

L'acide sulfurique chaud et concentré dissout ce sel. Cette
dissolution dépose des cristaux et se précipite par l'eau. Une
légère chaleur suffit pour en séparer l'acide.

Suivant M. Berthollet, la potasse et la soude décomposent
un peu le sulfate de baryte. Il se forme du sulfate avec excès
de base et un atome de sulfate de potasse ou de soude.

Le sulfate de baryte natif est incolore, jaunàtre, olivàtre,
bleuàtre, rouge, blanc, transparent ou opaque. Il est tantôt
cristallisé, tantôt en masses amorphes.

Il accompagne les mines d'antimoine, de zinc, de mercure, de fer sulfuré, de plomb sulfuré, d'argent, etc. Il se
trouve en Hongrie, à Saint-Étienne, à Roya en Auvergne, etc.

Préparation.

On verse de l'acide sulfurique dans du nitrate de baryte,
il se fait un précipité qu'on lave à l'eau distillée et qu'on
calcine ensuite.

Usage.

On l'emploie dans les laboratoires pour préparer les sels
de baryte. Dans les contrées où il est très-abondant, on s'en
sert pour bàtir. Il est employé comme fondant à Birmingham.

SULFATE DE BISMUTH.

En lavant la masse provenant de la réaction de l'acide
sulfurique sur le bismuth, on obtient un sous-sulfate peu soluble, et en faisant évaporer les lavages, on obtient, vers
la fin, des cristaux de sulfate, qui sont décomposés par l'eau
en sur-sulfate et en sous-sulfate, suivant M. Lagerhielm.

Le sulfate de bismuth est formé de

Acide. 66,52 100
Oxide. . . . . 33,68 . . . . 50,71 ,

et le sous-sulfate de bismuth l'est de

Acide . . . 14,5 } contenant { 8,66 oxig.
Oxide . . . 85,5 }   { 8,65 oxig.

Dans le sulfate, l'acide contient trois fois l'oxigène de la base et dans le sous-sulfate il en contient quantité égale.

L'hydrogène chaud réduit le sulfate de bismuth à l'état métallique.

SULFATE DE CHAUX.

Composition.

Le sulfate de chaux est formé de

	Bucholz.	Klaproth.	Vauq.	Kirvan.
Acide . . .	56,58 . . .	57,57 . . .	59	
Chaux . . .	43,42 . . .	42,43 . . .	41.	

		Berzelius.
Acide. . . .	58,47 . . .	46,51
Chaux . . .	41,53 . . .	32,91
Eau		20,78.

Propriétés.

Le sulfate de chaux artificiel est en poudre blanche ou bien en petites aiguilles brillantes, soyeuses. Il n'a pas de saveur sensible ; cependant les eaux qui en contiennent ont un goût particulier, qu'on ne peut trop définir.

Lorsqu'on expose le sulfate de chaux, cristallisé en grandes lames, à l'action de la chaleur, il décrépite, il perd son eau de cristallisation, et se réduit en poudre blanche. 100 parties de sulfate de chaux perdent 24, suivant Bucholz ; 22, suivant Bergmann, et 20,78, suivant Berzelius.

Lorsqu'on l'expose par le tranchant de ses lames à l'action des rayons du soleil concentrés par une lentille, ou de la flamme du chalumeau, il se fond en un émail blanc, quelquefois jaunâtre ; il ne fond pas si on l'expose par la surface large de ses lames. Chauffé dans une cornue de grès, il n'est pas sensiblement décomposé, suivant Baumé, même en em-

ployant une chaleur susceptible de ramollir la cornue, et en
la soutenant pendant quatre heures. Dans un creuset, il paroît
être décomposé par les matières terreuses qui sont en contact
avec lui. Il se dégage alors du gaz oxigène et de l'acide sulfureux.

Le sulfate de chaux n'éprouve pas de changement de la
part de l'air.

Il demande pour se dissoudre 46o parties d'eau à 15°,55
et 45o d'eau bouillante, suivant Bucholz. Les eaux qui en
contiennent ne peuvent cuire les légumes.

La potasse et la soude que l'on verse dans une solution de
sulfate de chaux, en précipitent la chaux et se combinent en
même temps à l'acide sulfurique.

La baryte et la strontiane en précipitent également la
chaux, et le sulfate qu'elles forment se précipite avec cette
dernière.

La magnésie et l'ammoniaque n'ont pas d'action sur la solution de sulfate de chaux.

Les oxides terreux, chauffés dans des creusets avec le sulfate de chaux, en déterminent la décomposition par l'affinité
qu'elles exercent sur la chaux.

Le sulfate de chaux, calciné, absorbe l'eau en dégageant
de la chaleur. Quand il est en poudre bien fine et qu'on ne
met qu'une petite quantité d'eau, les molécules se réunissent,
forment de petits cristaux qui se croisent en tout sens et
dont la réunion forme une masse solide. C'est à cause de
cette propriété qu'on emploie le plâtre pur ou celui qu'on
prépare en calcinant du sulfate de chaux cristallisé en lames
pour faire des statues, des modèles de fourneaux, de ma-
chines, etc. Pour cela on mêle le plâtre à une quantité d'eau
plus considérable que celle qu'il peut solidifier ; on coule ensuite la matière dans un moule ; la matière se solidifie peu
à peu ; on l'expose à l'air, afin qu'elle perde son excès d'eau :
c'est la grande quantité d'eau qu'elle perd alors, qui rend le
plâtre si poreux.

Lorsque le sulfate de chaux a été trop fortement chauffé,
ou, comme on le dit, *brûlé*, il n'est plus susceptible d'absorber l'eau ; il paroît qu'alors ses molécules sont trop rapprochées.

Paul a observé qu'une dissolution de sulfate de chaux, saturée de gaz hydrogène, avoit été réduite au bout de six mois en sulfure hydrogéné.

Le charbon réduit le sulfate de chaux en un sulfure très-peu soluble dans l'eau. Pour décomposer 6 parties de sulfate, il faut en employer 1 p. de charbon.

L'acide phosphorique et l'acide borique, chauffés avec le sulfate de chaux, en chassent l'acide sulfurique.

Les acides sulfurique, nitrique et hydrochlorique, dissolvent le sulfate de chaux. Quand les dissolutions sont concentrées, elles précipitent par l'eau ; si on les fait évaporer, le sulfate de chaux cristallise en petites aiguilles, qui ne retiennent pas de l'acide dissolvant, quand elles ont été lavées.

État.

Sulfate de chaux hydraté.

Ce sulfate se trouve dans la nature à l'état de cristaux et de masses informes ; on en rencontre dans les terrains primitifs, mais il est plus abondant dans les terrains secondaires. La forme primitive de ses cristaux est un prisme droit, quadrangulaire, dont les bases sont des parallélogrammes obliquangles, ayant leurs angles de 113^d $7'$ $48''$ et 66^d $52'$ $12''$. Sa pesanteur spécifique est de 2,2642.

Ce sel a porté beaucoup de noms différens : ainsi on l'a appelé *sélénite*, quand il étoit blanc et surtout cristallisé ; *gypse*, albâtre gypseux, quand il étoit en masse compacte.

Sulfate de chaux anhydre.

Il y a un sulfate de chaux natif différant beaucoup du précédent par son aspect nacré, par sa forme primitive qui est un prisme rectangulaire, et par sa pesanteur spécifique de 2,950. M. Haüy, qui l'a distingué le premier du sulfate de chaux hydraté, l'a appelé *chaux sulfatée anhydre*, parce que, d'après l'analyse de Vauquelin, qui a été confirmée par Chenevix et Klaproth, il n'en diffère qu'en ce qu'il ne contient pas d'eau. Il n'absorbe pas l'eau, comme le fait le sulfate de chaux qui a été calciné à une douce chaleur.

Presque tous les végétaux contiennent du sulfate de chaux.

Il se dépose ordinairement lorsqu'on fait rapprocher les sucs où il se trouve en quantité notable.

L'urine des hommes et celle des carnivores en contiennent aussi.

Préparation.

Si l'on vouloit préparer ce sel, on prendroit deux dissolutions bien neutres de sulfate de soude et de nitrate ou d'hydrochlorate de chaux ; on les mêleroit. Il se feroit un précipité qu'on laveroit à grande eau.

On pourroit encore dissoudre à chaud du marbre blanc ou des écailles d'huitres dans de l'acide sulfurique très-étendu d'eau.

Usages.

Le sulfate de chaux est un excellent engrais pour les prairies artificielles.

Il est employé pour faire des statues.

La pierre à plâtre, si précieuse pour la construction des bâtimens, est un mélange naturel de sulfate de chaux et de sous-carbonate de chaux. Pour en déterminer la composition, il faut la traiter par l'acide hydrochlorique ; elle se dissout avec effervescence, parce que le sous-carbonate qu'elle contient est décomposé. Il faut faire évaporer à siccité ; traiter le résidu par l'alcool : celui-ci dissout, outre l'hydrochlorate de chaux, de l'hydrochlorate de fer, parce que le plâtre contient un peu d'oxide de ce métal. Le résidu, insoluble dans l'alcool, est le sulfate de chaux pur. On reconnoit la quantité de fer contenue dans l'acide, en le précipitant par l'ammoniaque, filtrant la liqueur et séparant ensuite la chaux par le sous-carbonate de soude. Le précipité, séché à 100^d, représente le sous-carbonate calcaire qui étoit contenu dans la pierre à plâtre.

On convertit la pierre à plâtre en plâtre, en la calcinant dans des fourneaux. Par ce moyen on décompose une partie du sous-carbonate de chaux et on volatilise l'eau du sulfate. Lorsqu'on vient à mettre le plâtre ainsi préparé avec de l'eau, celle-ci est absorbée par le sulfate et par la chaux vive. Il se forme une pâte qui durcit considérablement en se séchant. Lorsqu'on mêle l'eau au plâtre, il y a presque toujours dégagement d'hydrogène sulfuré, parce que dans la calcination une portion de sulfate a été décomposée par le charbon. La chaleur qui se dégage au moment du mélange entretient pendant quelque temps la mollesse de la pâte; mais bientôt après les molécules obéissent à leur affinité; elles se réunissent en petits cristaux, qui, en se croisant en tous sens, forment une masse très-solide. Dès que le plâtre est solidifié, l'eau surabondante s'évapore, et alors le plâtre prend toute la dureté qu'il est susceptible de prendre; mais quand le plâtre est employé dans un lieu humide, de manière que son eau surabondante ne puisse s'évaporer promptement, alors il se gonfle et finit par se détacher des surfaces sur lesquelles il a été appliqué. Dans cette circonstance les molécules du sulfate de chaux cristallisent lentement et se réunissent en aiguilles beaucoup plus grosses que celles qui sont produites par une cristallisation confuse. Ces cristallisations, qui ne sont que successives, n'ont point autant de solidité que celles qui ont lieu instantanément, parce qu'il y a dans leur intérieur des parties qui sont isolées les unes des autres dans beaucoup de points.

La propriété qu'a le plâtre de se gonfler, le rend très-propre pour les scellemens, parce qu'en augmentant de volume, il agit comme le feroient des ressorts qui presseroient de toutes parts le corps que l'on veut sceller.

SULFATE DE COBALT.

Composition.

	Berzelius
Acide...............	51,66
Oxide...............	48,34.

Propriétés.

Il a une saveur légèrement piquante, un peu amère et métallique.

Il cristallise en octaèdres, mais le plus souvent ses cristaux ne sont que des sections d'octaèdres peu réguliers, qui sont entassées les unes sur les autres.

Il est d'un rouge de groseille.

Exposé au feu il perd 42 cent. d'eau, suivant Proust: il devient alors rose et opaque. Ce sulfate anhydre peut être chauffé au rouge pendant quelque temps sans se fondre ni se décomposer, seulement dans les parties qui ont le contact du verre, l'oxide se combine à celui-ci et le teint en bleu.

Le sulfate de cobalt, aussi neutre que possible, donne un léger précipité d'hydrosulfate noir par l'acide hydrosulfurique; mais la précipitation est bientôt arrêtée par l'acide qui est mis à nu.

L'hydrogène qu'on fait passer sur le sulfate de cobalt anhydre rouge de feu, donne lieu à un dégagement d'eau et de gaz acide sulfureux: la moitié du sulfate est changée en sulfate, et l'autre en oxide.

Les hydrosulfates le décomposent en totalité.

La potasse étendue en précipite de l'oxide bleu. Si l'on opère à froid, le bleu passe au vert, à cause de l'oxigène atmosphérique dissous dans l'eau. Si l'on fait cette précipitation dans l'eau bouillante, l'oxide se combine à l'eau et forme un hydrate d'un rose feuille-morte; enfin, si l'on fait bouillir le précipité vert, il se convertit en hydrate et en oxide noir.

Si l'on jette dans un flacon plein de potasse liquide des cristaux de sulfate, et si l'on bouche sur-le-champ, on obtient un précipité bleu qui passe promptement au violet, et du violet au rose, en se combinant à l'eau.

Lorsqu'on jette quelques gouttes de dissolution de sulfate dans la potasse bouillante, une partie d'oxide finit par se dissoudre dans l'alcali et le colore en bleu. Cette dissolution dépose de l'oxide, quand on l'étend d'eau; à l'air elle précipite en absorbant l'oxigène.

SULFATE DE COBALT ET DE POTASSE.

Ce sel cristallise beaucoup plus facilement que le sulfate de cobalt simple.

Ses cristaux sont des prismes rhomboïdaux.

Il est moins soluble que le sulfate simple; il ne contient pas d'eau.

SULFATE DE DEUTOXIDE DE CUIVRE.

(Vitriol bleu.)

Composition.

Berzelius.

Acide	50,27	 52,14
Oxide	49,73	 31,80
Eau....................		56,06.

Propriétés.

Le sulfate de cuivre cristallise en rhomboïdes ; sa forme primitive est un parallélipipède oblique.

Il a une saveur fortement stiptique et une odeur métallique ; c'est un poison.

Lorsqu'on le chauffe doucement, il perd environ 0,56 d'eau : dans cet état il est blanc, et ce qui prouve que c'est l'eau qu'il a perdue qui lui donnoit la couleur bleue, c'est qu'en ajoutant de l'eau au sel calciné, cette couleur reparoît.

A une chaleur rouge il donne de l'acide sulfurique : tant que cet acide n'a pas le contact de l'air, il est invisible ; mais en a-t-il le contact, il se combine à l'humidité, devient nébuleux et se condense en vapeur : il donne en outre du gaz oxigène, du gaz sulfureux et de l'oxide noir.

Il s'effleurit légèrement à l'air.

Il est soluble dans 4 parties d'eau à 15,55 , et dans 2 parties d'eau à 88,22 centig.

Le phosphore précipite le cuivre à l'état métallique.

A chaud l'hydrogène le réduit en cuivre métallique pur.

L'hydrogène sulfuré le précipite en sulfure ; mais quand le sulfate contient trop d'acide, le cuivre n'est pas précipité en totalité ; il faut, pour que cela ait lieu, neutraliser l'excès d'acide par la potasse. Les hydrosulfates précipitent en totalité ; il se forme un sulfure : ce sulfure est verdâtre, quand il est divisé.

Le fer, le zinc, précipitent le cuivre à l'état métallique ; il en est de même d'une lame de plomb, d'étain, d'antimoine.

La potasse, la soude, en précipitent de l'hydrate. Pour décomposer entièrement le sulfate , il faut mettre un excès

d'alcali, sans cela il se formeroit du sous-sulfate de deutoxide de cuivre.

L'ammoniaque forme avec le sulfate de cuivre un sel triple.
Lorsqu'on ne met qu'une petite quantité d'ammoniaque, il y
a un précipité, susceptible de se redissoudre par un excès d'alcali ; si le sulfate contenoit de l'oxide de fer, celui-ci ne
seroit pas redissous.

Préparation.

On le prépare dans les arts en faisant chauffer un mélange
de 63 p. de cuivre rouge et 36 p. de soufre dans un fourneau
à réverbère ; le cuivre et le soufre s'oxident, il se forme du
sulfate de cuivre. Il faut avoir le soin de remuer les matières
avec un ringard de fer. Quand l'opération est terminée, on
jette la masse dans l'eau ; celle-ci dissout le sulfate. On remet
le résidu dans le fourneau.

On peut encore le préparer : 1.° en grillant les mines de
cuivre sulfureuses ; 2.° en traitant les battitures de cuivre
par l'acide sulfurique ; 3.° en dissolvant l'oxide noir, provenant de la décomposition du nitrate, dans l'acide sulfurique
étendu.

Lorsque l'on a dissous le cuivre dans l'acide sulfurique par
les procédés précédens, on fait évaporer la liqueur, et à
5.° à l'aréomètre elle donne de beaux cristaux bleus, si son
refroidissement se fait avec lenteur.

SOUS-SULFATE DE DEUTOXIDE DE CUIVRE.

Composition.

Acide........ 25,21 21,55
Deutoxide... 74,79 63,94
Eau..................... 14,51.

L'oxigène de l'acide est égal à celui de la base.

Préparation.

On peut le préparer en versant dans une solution de sulfate de cuivre une quantité de potasse insuffisante pour enlever tout l'acide au deutoxide de cuivre ; il est nécessaire
d'agiter le précipité dans la liqueur où il s'est formé. La potasse précipite d'abord un hydrate, qui précipite peu à peu
le sulfate de cuivre en s'y combinant.

En mettant de l'hydrate frais dans une solution de sulfate de cuivre, on obtient le même résultat.

Propriétés.

Le sous-sulfate est facile à distinguer de l'hydrate par sa couleur verte et par sa forme grenue. Il ne cristallise pas.

Ce sel, chauffé dans une cornue, passe du vert au brun; à mesure que l'eau qu'il contient s'en sépare, il change de nature. Il se forme du sulfate anhydre, et l'oxide en excès, à la composition de ce sel, se sépare. Quand on traite par l'eau la matière qui a été ainsi exposée à la chaleur, elle s'échauffe, parce que le sulfate anhydre solidifie ce liquide; il se fait une solution bleue, et il reste de l'oxide noir.

Si l'on conserve quelque temps la solution de cuivre sur l'oxide noir, celui-ci se combine peu à peu à l'eau et au sulfate, pour reformer du sous-sulfate.

Il est insoluble dans l'eau; les acides nitrique, hydrochlorique et sulfurique le dissolvent.

Il est décomposé par la potasse.

Histoire.

Ce sel a été découvert par Proust.

SULFATE DE PROTOXIDE D'ÉTAIN.

Composition.

	Berzelius.
Acide	37,5
Protoxide	62,5.

On obtient un sulfate au minimum en précipitant l'hydrochlorate de protoxide d'étain par l'acide sulfurique; si l'on fait dissoudre ce précipité dans l'eau, et qu'on fasse évaporer la dissolution, il se forme des cristaux prismatiques.

On peut l'obtenir encore en précipitant le même sel d'étain par le sulfate de soude.

Le sulfate de protoxide d'étain décompose le chlorure d'or et forme du pourpre de Cassius.

Berthollet fils dit que les alcalis le réduisent en sous-sulfate.

...hydrogène réduit à chaud le sulfate d'étain en métal,
mêlé d'un peu de sulfure.

SULFATE DE PEROXIDE D'ÉTAIN.

Composition.

	Berzelius.
Acide	51,73
Peroxide.	48,27.

Ce sulfate s'obtient, selon Berthollet fils, en faisant chauffer
l'acide sulfurique concentré sur le sulfate de protoxide d'étain :
celui-ci est dissous, et la liqueur concentrée se prend en
masse sirupeuse et ne cristallise pas.

SULFATE DE PROTOXIDE DE FER.

(*Sulfate de fer vert, vitriol vert.*)

Composition.

	Kirwan.	Bergman.	Berzelius.	
Acide.	26	39	29,01	53,29
Protoxide de fer.	28	23	25.43	46.71
Eau.	46	38	45,56.	

Le soufre est au fer dans le rapport du protosulfure.

Propriétés.

Il est en cristaux dont la forme dérive d'un prisme rhomboïdal.

Il est d'un vert pâle.

Il a une saveur astringente et sucrée, et une odeur d'encre ;
cette dernière propriété a été généralement confondue avec
l'action qu'il exerce sur le goût. Il produit du froid dans la
bouche.

Il est toujours acide au papier de tournesol.

Lorsqu'on l'expose à une douce chaleur, il perd son eau
et se réduit en un sulfate anhydre blanc ; mais il est difficile d'en chasser l'eau sans volatiliser une portion d'acide.

Il est insoluble dans l'alcool.

Il est soluble dans deux fois son poids d'eau à 15°, et dans
les 3/4 de son poids d'eau bouillante. Lorsqu'on verse dans

cette solution concentrée de l'acide sulfurique, on obtient un précipité blanc de sulfate anhydre.

Le sulfate de fer exposé à l'air devient blanc en perdant une partie de son eau; il se recouvre ensuite d'une croûte jaunâtre, qui est un bi-sous-sulfate de peroxide de fer.

Sa dissolution dans l'eau, exposée à l'air, absorbe l'oxigène; le peroxide de fer qui se forme, exigeant, pour rester en dissolution, une plus grande quantité d'acide que le protoxide, se précipite; mais il entraîne avec lui un peu d'acide sulfurique, en sorte que le précipité jaune produit est un bi-sous-sulfate de peroxide de fer. La liqueur d'où ce sous-sel s'est précipité, est plus foncée qu'avant d'avoir éprouvé l'influence de l'oxigène atmosphérique. M. Berzelius l'a considéré comme un composé double de sulfate de protoxide et de sulfate de peroxide susceptible de cristalliser en rhombes obliques d'un vert d'émeraude.

Si cette dissolution reste exposée à l'air (et surtout si elle est chauffée, puis refroidie, suivant M. Berzelius), elle prend une couleur rougeâtre, devient sirupeuse, incristallisable et présente encore une combinaison double des deux sulfates, dans laquelle il y a plus de sulfate de peroxide que dans la combinaison cristallisable.

La solution de sulfate de protoxide de fer absorbe le gaz nitreux et prend une couleur d'un jaune brun. Cette solution, chauffée en vaisseaux clos, donne presque tout le gaz qu'elle a absorbé. Elle laisse précipiter un peu de peroxide. Si l'on verse de la potasse dans la dissolution concentrée, on en dégage de l'ammoniaque. Il paroît d'après cela qu'une petite quantité de gaz nitreux et d'eau sont décomposés; que l'oxigène de ces substances se porte sur l'oxide de fer, pour former du peroxide, tandis que l'hydrogène (de l'eau) et l'azote (du gaz nitreux) s'unissent pour former de l'ammoniaque.

L'acide nitrique, bouilli sur le sulfate de fer, le convertit en sulfate de peroxide et en nitrate de même base; il y a dégagement de gaz nitreux.

Le chlore qu'on fait passer dans la solution produit un effet analogue.

La potasse, la soude, etc., en précipitent de l'oxide de fer, à l'état d'un hydrate blanc.

L'ammoniaque y fait un précipité semblable, mais un excès d'alcali le redissout.

La noix de galle n'y fait pas de précipité.

L'hydrocyanoferrate de potasse y fait un précipité blanc, qui, en s'oxigénant à l'air, passe promptement au bleu.

Tous les sels dont les acides forment avec l'oxide de fer un sel insoluble, décomposent le sulfate de fer.

Le chlorure de sodium, bouilli avec ce sel, le décompose. Il se produit du sulfate de soude et de l'hydrochlorate de fer.

L'hydrogène qu'on fait passer sur le sulfate de fer rouge de feu, dégage de l'eau, du gaz sulfureux et un peu d'acide hydrosulfurique. 100 parties de sulfate anhydre donnent 46,82 de sulfure entièrement soluble dans l'acide hydrochlorique : ce sulfure est formé de 1 proportion de soufre et de 2 proportions de fer.

L'acide hydrosulfurique n'altère pas la solution de sulfate de fer, mais les hydrosulfates y font un précipité noir.

Le sulfate de fer distillé donne de l'eau, du gaz sulfureux, qui est mêlé ensuite de gaz oxigène, de l'acide sulfurique ; il reste dans la cornue de l'oxide rouge de fer, qui a été appelé *colcothar*. Comme la base du sulfate soumis à la chaleur étoit au minimum d'oxidation, et comme il n'y avoit plus ou presque plus d'eau dans le sel, quand l'acide sulfureux a commencé à s'en dégager, et que d'ailleurs il ne s'est pas développé d'hydrogène, il s'ensuit que l'oxide rouge, qui se trouve dans la cornue, n'a pu se former que par la décomposition d'une partie de l'acide sulfurique, réduite en gaz sulfureux.

Les premières portions d'acide qui passent à la distillation sont de l'acide sulfurique foible, mais sur la fin on obtient un produit qui cristallise en partie, et qui a été appelé *huile de vitriol glaciale*, *acide sulfurique fumant de Nordhausen*. (Voyez SULFURIQUE [ACIDE].)

Le résidu de la distillation est rarement de l'oxide pur, presque toujours il donne à l'eau un sulfate de fer que l'on a appelé *sel de colcothar*, et qui est susceptible de cristalliser. L'oxide rouge de fer lavé étoit autrefois appelé *terre douce de vitriol* ; on s'en sert pour polir les glaces et pour la peinture en émail.

Le sulfate de protoxide de fer peut s'unir au sulfate de deutoxide de cuivre en un grand nombre de proportions. Parmi ces combinaisons, il en est une remarquable par sa forme de prisme à 4 pans tronqués et par sa belle couleur bleue : c'est le *vitriol hermaphrodite*. On dit que les sulfates y sont à parties égales.

Il est susceptible de s'unir encore au sulfate de zinc, au sulfate d'alumine, au sulfate de cobalt, etc.

État.

Le sulfate de protoxide de fer se trouve dans la nature à la surface de terrains qui contiennent la pyrite blanche efflorescente, ou en dissolution dans des eaux qui ont lavé des terrains de cette nature.

Préparation.

Nous avons parlé, à l'article du sulfate d'alumine et de potasse, du procédé suivi pour préparer le sulfate de protoxide de fer avec des terres qui contiennent du sulfure de fer efflorescent.

Dans les laboratoires de chimie, et quelquefois même en grand, on prépare le sulfate de protoxide de fer en traitant le fer par l'acide sulfurique marquant de 10^d à 15^d à l'aréomètre de Baumé.

En général, le sulfate de fer du commerce a une couleur plus foncée que celle du sulfate pur; cela est dû à ce qu'on mêle à sa solution de la noix de galle, ou, ce qui vaut mieux, encore un peu d'hydrocyanoferrate de potasse; dans ce cas il se forme du bleu de Prusse. Enfin, il y a des sulfates de fer du commerce dont la couleur est rendue plus foncée par du sulfate de cuivre.

Usages.

Le sulfate de fer est très-fréquemment employé dans les arts, particulièrement pour fabriquer l'encre et pour la teinture en noir.

Il sert à faire une poudre micacée d'un rouge violet, excellente pour repasser les rasoirs sur le cuir : pour cela on fait un mélange de parties égales de sulfate de fer et de chlorure de sodium : on l'expose à une température rouge-cerise pendant quelque temps, puis on pulvérise la matière, et, en la lessivant avec l'eau, on obtient la poudre micacée, qui n'est que du peroxide de fer.

SULFATE D'OXIDE NOIR DE FER.

L'oxide noir de fer, dissous dans l'acide sulfurique, ne peut donner du sel cristallisé, suivant M. Gay-Lussac; quand on fait rapprocher la liqueur, on obtient des rhombes de sulfate de protoxide et une eau-mère contenant du sulfate de peroxide: l'alcool détermine le même changement, quand on le mêle à une solution sulfurique d'oxide noir.

L'hydrocyanoferrate de potasse, ainsi que la noix de galle, précipitent cette solution en bleu.

Les alcalis la précipitent en hydrate d'oxide noir, qui a une couleur verte foncée.

D'après M. Berzelius, l'oxide noir, en se dissolvant dans l'acide sulfurique, seroit susceptible de former un sulfate double de protoxide et de peroxide, c'est-à-dire, un sel contenant 1 prop. de sulfate de protoxide et 2 prop. de sulfate de peroxide.

SULFATE DE PEROXIDE DE FER.

(Sulfate de fer rouge ou sulfate à base d'oxide au maximum.)

Il contient une fois et demie plus de soufre, relativement au fer, qu'il ne s'en trouve dans le protosulfure.

Composition.

	Berzelius.
Acide	60,58
Peroxide.	39,42.

Préparation.

On traite l'oxide de fer rouge par l'acide sulfurique à 26°, ou bien l'on fait dissoudre 200 gr. de sulfate de protoxide de fer hydraté dans 500 gr. d'eau; on y ajoute 35ᵍ,52 d'acide sulfurique d'une densité de 1,843, et 50 centimètres cubes d'acide nitrique à 34°; puis l'on fait évaporer à siccité.

Propriétés.

Ce sel cristallise en petites aiguilles incolores; il est plus acide que le sulfate vert aux réactifs colorés, et, ce qui est remarquable, c'est que sa saveur est franchement astringente, sans odeur atramentaire : il tient moins à l'acide sulfurique que le sulfate vert, aussi donne-t-il moins de gaz oxigène à la distillation.

Il est très-soluble dans l'eau : quand la solution est concentrée, elle n'est presque pas colorée ; mais par un excès d'eau elle passe au jaune rouge et finit par déposer du sous-sulfate.

Il est soluble dans l'alcool, en quoi il diffère du sulfate vert, qui ne s'y dissout pas ; c'est pour cela qu'on peut employer l'alcool pour séparer ces deux sels lorsqu'ils sont mêlés. La dissolution alcoolique de sulfate de fer rouge dépose à la longue une poudre jaune qui est du sous-sulfate au maximum.

L'hydrogène sulfuré le convertit en sulfate vert ; il y a alors précipité de soufre, parce que l'hydrogène forme de l'eau avec une partie de l'oxigène du fer.

Le fer, bouilli avec le sulfate rouge, lui enlève, dit-on, une partie de son oxigène et le convertit en sulfate vert.

Lorsqu'on fait bouillir de l'argent métallique dans du sulfate de fer rouge, il se forme du sulfate d'argent qui se dissout, parce que l'argent s'oxide aux dépens de l'oxide de fer rouge. On a alors du sulfate d'argent et du sulfate de fer vert : pour reconnoître ce corps, on verse dans la dissolution filtrée et chaude du chlorure de sodium ; on sépare du chlorure d'argent : en versant ensuite de la potasse dans la liqueur, on a un précipité d'hydrate de protoxide. Si, au lieu de séparer l'argent, on laisse refroidir les deux sulfates, le fer absorbe l'oxigène à l'argent, il se reforme du sulfate de fer rouge, et il se précipite de l'argent métallique.

Il est précipité en rouge par la potasse, la soude et l'ammoniaque ; quand on ne met qu'une quantité d'alcali insuffisante pour neutraliser l'excès de son acide, il prend une couleur rouge.

Il forme une couleur bleue avec la noix de galle.

Il précipite du bleu de Prusse par l'hydrocyanoferrate de potasse.

BI-SOUS-SULFATE DE PEROXIDE DE FER.

Composition.

Berzelius.

Acide. . . . 20,39 . . 16,00
Base. . . . . 79,61 . . 62,40
Eau. . . . . 21,55.

La base est en quantité six fois plus considérable que dans le sulfate rouge soluble.

Par conséquent l'oxigène de la base est double de celui de l'acide.

Le soufre est au fer dans la proportion de $\frac{1}{4}$ de celui du protosulfure.

Propriétés.

Il est jaune.

Ce sel est insoluble dans l'eau ; il est soluble dans l'acide hydrochlorique.

M. Berzelius croit qu'il peut s'unir au sulfate d'ammoniaque.

Il est décomposé par la potasse et la soude.

Préparation.

On peut l'obtenir en lavant bien le précipité jaune qui se produit dans la solution du protosulfate de fer exposée à l'air.

DOUBLE-SOUS-SULFATE DE PEROXIDE DE FER.

Composition.

Berzelius.

Acide. . . . . . 11,35 . . . 8,69
Peroxide de fer. 68,65 . . . 67,90
Eau . . . . 23,41.

Ce sel hydraté existe dans la nature : il est connu en minéralogie sous le nom de *fer sulfaté résinite*.

SULFATE DE PEROXIDE DE FER ET SULFATE D'AMMONIAQUE.

Composition.

Sulfate de peroxide . . 41,95 . 3 prop.
Sulfate d'ammoniaque 12,11 . 1 —
Eau . . . . 45,94 . 24 —

Ce sel a donc une composition analogue à celle de l'alun, et comme lui il cristallise en octaèdres.

Il est d'une couleur jaune serin.

M. Forchhammer l'a obtenu en précipitant du chlorure d'or, préparé avec un mélange d'acide nitrique et de sel ammoniaque, par le sulfate de peroxide de fer, puis en abandonnant à elle-même, pendant un mois, la liqueur concentrée en sirop.

SULFATE DE GLUCINE.

(*Sulfate neutre.*)

Composition.

	Berzelius
Acide	60,97
Glucine	37,03.

Propriétés.

Il a une saveur sucrée et astringente ; il est complétement décomposé à une chaleur rouge ; l'acide sulfurique est réduit en partie en gaz sulfureux et en gaz oxigène.

Il est très-soluble dans l'eau ; quand cette dissolution est concentrée, elle est sous forme sirupeuse.

Toutes les bases salifiables de la 2.ᵉ section, les métaux et l'ammoniaque le décomposent.

Préparation des sulfates de glucine.

M. Berzelius est le seul chimiste qui ait étudié la combinaison de la glucine avec l'acide sulfurique, dans la vue de déterminer la composition du sulfate neutre. Voici ce qu'il a observé.

Il a fait dissoudre la glucine dans un excès d'acide sulfurique, a évaporé la dissolution jusqu'à ce que l'acide ait commencé à se volatiliser, a mêlé le résidu à l'alcool : le sulfate précipité, formé de

Acide	75,68	. . .	100
Glucine . . .	74,32	. . .	32,1;

étoit un bi-sulfate.

Il a neutralisé ce sel en le faisant digérer avec du sous-carbonate de glucine ; il a séparé la solution pour la diviser en deux portions égales.

(*a*) Elle a été mêlée à l'eau; il s'est fait un précipité qui a été séparé par le filtre; il est resté dans la liqueur du sul-*fate neutre*, formé de

Acide . . . 60,97 . . 100
Glucine . . 59,05 . . 64,05.

(*b*) Elle a été évaporée à sec : le résidu étoit formé de

Acide . . . . 50,4 . . . 100
Glucine . . . 49,6 . . . 98,4

c'est un sesqui-sous-sulfate.

Enfin, M. Berzelius a obtenu un tri-sous-sulfate de glucine par

Acide . . . . 27,85 . . . 100
Glucine . . . 55,44 . . . 192,15
Eau . . . . . 18,75.

SULFATE DE MAGNÉSIE.

Synonymie : *Sel d'Epsom*, *Sel d'Egra*, *Sel de Sedlitz.*

Il a reçu ces noms, parce qu'on l'a extrait des eaux d'Epsom, d'Egra et de Sedlitz.

Composition.

	Kirwan.	Wenzel.	Mojon.	Bergm.	Richter.	Kirwan.
Acide	29.55	50,64	52	53	61,9	55,5
Magnésie	17.00	16.86	19	19	58,1	56,0
Eau	53,65	52,50	49	48.		

	Berzelius.	
Acide	65,93	. . 57,92
Magnésie . . .	34.02	. . 19,54
Eau		. . 42,54.

Pour en faire l'analyse, il faut le dissoudre dans l'eau, précipiter par la potasse, et décomposer le sulfate de potasse, au moyen du nitrate de baryte, après avoir saturé l'excès d'alcali par l'acide nitrique.

Propriétés.

Il cristallise en prismes à 4 pans, terminés par une pyramide à 4 faces, ou par un biseau. Sa forme primitive est un prisme tétraèdre à bases carrées, et celle de sa molécule intégrante un prisme triangulaire, dont les bases sont des triangles rectangles isocèles. Ce sel a une réfraction double, une pesanteur spécifique de 1,66.

Il a une saveur très-amère.

Chauffé dans un creuset, il perd son eau de cristallisation et ne se décompose pas; c'est pour cela que, quand le sulfate de magnésie contient des sulfates métalliques, la calcination est un moyen de le purifier.

Ce sel n'est pas déliquescent : celui du commerce l'est quelquefois; mais alors il contient de l'hydrochlorate de magnésie qu'on peut dissoudre dans l'alcool. On reconnoît l'existence de ce dernier sel par le nitrate d'argent.

Le sulfate de magnésie est un peu efflorescent en été.

Ce sel se dissout dans son poids d'eau froide à 15°,18; l'eau bouillante en dissout une fois plus que l'eau froide. Il se dissout dans l'eau en absorbant de la chaleur; quand il est calciné, il en dégage au contraire.

Le charbon rouge de feu le décompose en sous-sulfure; il faut 1 p. de charbon contre 6 p. de sel.

Les acides borique et phosphorique le décomposent à une chaleur rouge.

La baryte, la strontiane, la chaux, le décomposent; quand on opère avec les deux premières, les sulfates qui se forment se précipitent avec la magnésie.

La potasse, la soude, le décomposent complétement.

L'ammoniaque ne le décompose qu'en partie; car, si l'on filtre le sel saturé d'ammoniaque, on obtient un précipité par la potasse. Il faut attendre quelque temps pour que l'ammoniaque décompose tout le sulfate de magnésie qu'il est susceptible de décomposer; quand cela est fait, si l'on fait évaporer la liqueur, on obtient un sel double.

M. Berzelius assure que l'ammoniaque décompose en totalité le sulfate de magnésie, quand le contact des corps est suffisamment prolongé.

État.

Ce sel se trouve dans un grand nombre de sources. Souvent il effleurit sur les parois des caves qui sont creusées dans les terrains calcaires.

Usages.

Il est employé en médecine et dans les laboratoires de chimie pour préparer la magnésie.

Préparation.

Dans plusieurs contrées on l'obtient en calcinant et en faisant ensuite effleurir à l'air des minéraux qui contiennent de la magnésie et du soufre. Quand ce sulfate contient des matières métalliques, on peut l'en débarrasser au moyen de l'hydrosulfate d'ammoniaque ou bien en le calcinant et reprenant le résidu par l'eau.

Histoire.

Il y a plus de 150 ans qu'il est connu dans le commerce. Grew en 1675, et Brown en 1723, parlèrent de quelques propriétés de ce sel, et surtout de son extraction et de sa purification.

SULFATE DE MAGNÉSIE ET DE POTASSE.

Link obtint ce sel en saturant par la magnésie le sulfate acide de potasse; Berthollet l'a préparé en mêlant des quantités égales de dissolution de sulfate de potasse et de l'hydrochlorate de magnésie.

Il est en cristaux rhomboïdaux inaltérables à l'air; il a à peu près la même solubilité que le sulfate de potasse : il est amer.

Il est formé de

   3 de sulfate de potasse,
   4 de sulfate de magnésie ?

SULFATE DE MAGNÉSIE ET DE SOUDE.

Ce sel s'obtient en saturant le sulfate acide de soude par la magnésie; il cristallise en prismes, qui sont efflorescens : il a une saveur amère.

Il est formé de

   5 de sulfate de soude,
   6 de sulfate de magnésie ?

Sulfate de manganèse.

Composition.

Berzelius.

Acide	52,37	. . . 33
Protoxide	47,63	. . . 30
Eau		. . 37.

Propriétés.

Ce sel, exposé au feu, perd son eau; il exige une température très-élevée pour se décomposer en gaz sulfureux et oxigène : c'est pour cela que l'on peut purifier jusqu'à un certain point le sulfate de manganèse du fer qu'il peut contenir, en le soumettant à la calcination et en reprenant la matière calcinée par l'eau. Le peroxide de fer n'est pas dissous.

Le sulfate de manganèse n'est ni déliquescent, ni efflorescent.

Il paroît que, quand sa dissolution est exposée à l'air pendant quelque temps, elle passe en partie au maximum.

Aucun combustible ne précipite le manganèse de sa dissolution.

M. Arfwedson a vu qu'en faisant passer de l'hydrogène sur du sulfate anhydre de manganèse chauffé au rouge dans un tube de verre, il se dégage de l'eau, du gaz sulfureux : il reste une poudre d'un vert clair, formée de

Sulfure de manganèse 55
Protoxide de manganèse. . . 45.

Il n'est pas précipité par l'acide hydrosulfurique; les hydrosulfates y forment un précipité d'hydrosulfate de manganèse, qui est d'un blanc jaunâtre.

La potasse y forme un précipité d'hydrate blanc, qui ne tarde pas à passer au noir en absorbant de l'oxigène.

L'ammoniaque le précipite; mais un excès redissout le précipité.

Il précipite en blanc par l'hydrocyanoferrate de potasse.

Préparation.

On le prépare : 1.° en dissolvant le carbonate de manganèse dans l'acide sulfurique étendu : en faisant évaporer, on obtient des cristaux rhomboïdaux et transparens d'une saveur très-amère ; 2.° en traitant par l'acide sulfurique l'oxide noir de manganèse calciné.

On reconnoît la pureté de ce sel lorsqu'il précipite en blanc par l'hydrocyanoferrate de potasse, qu'il ne noircit pas par la noix de galle, et que l'hydrogène sulfuré ne le trouble pas. S'il contient de l'oxide de manganèse rouge, il est rose.

SULFATE ROUGE DE MANGANÈSE.

Composition.

                                   Berzelius.
Acide 59,78
Oxide rouge. . . . . 40,22.

Il est ramené au minimum par la plupart des corps combustibles, et comme il perd alors sa belle couleur rouge, il peut être employé comme réactif des corps oxigénables.

Il est rouge.

Il est ramené au minimum par l'acide hydrosulfurique ; il se dépose alors du soufre.

Ce sulfate, étendu d'eau, dépose de l'oxide ; les alcalis en précipitent un oxide rougeâtre ou brun.

Préparation.

On le prépare en distillant sur de l'oxide de manganèse de l'acide sulfurique : on obtient une masse qui, lessivée avec de l'eau, donne un sulfate rouge.

Il est très-rare que ce sel ne contienne pas de sulfate au minimum : dans ce cas on le trouve dans sa dissolution après qu'elle a été précipitée par l'eau.

SULFATE DE PROTOXIDE DE MERCURE.

Acide 16
Protoxide . . . . 84.

Propriétés.

Il cristallise en petits prismes.
Il a peu de saveur.
Il noircit à la lumière.

Chauffé dans une cornue de verre, il se fond et il se décompose; il donne très-peu d'acide sulfurique; du mercure se sublime, avec un peu de sulfate; de l'acide sulfureux et du gaz oxigène se dégagent.

Il est inaltérable à l'air.

Il est soluble dans 500 d'eau froide et 287 d'eau bouillante. L'eau ne change pas la proportion de ses élémens.

Il est réduit à l'état de protochlorure insoluble par l'acide hydrochlorique.

Il est décomposé par la potasse et la soude. Le précipité est noir; c'est un mélange de mercure et de peroxide de ce métal.

Il est réduit à l'état métallique par les phosphites, par l'hydrogène sulfuré et par le protochlorure d'étain.

Préparation.

La meilleure manière de préparer ce sel, est de verser de l'acide sulfurique ou même du sulfate de soude dans du nitrate de mercure au minimum. Il se fait un précipité blanc, cristallin, qui est du sulfate de mercure au minimum pur.

Sulfate de deutoxide de mercure.

Composition.

Berzelius.

Acide 26,84
Peroxide. . . . . . 73,16.

Préparation.

On peut l'obtenir: 1.° en faisant bouillir de l'acide sulfurique concentré sur du mercure jusqu'à ce qu'il ne se dégage plus d'acide sulfureux; 2.° avec l'acide sulfurique concentré et l'oxide rouge de mercure.

Ce sel est en aiguilles blanches.

Il a une saveur acide et métallique extrêmement forte.

Il est décomposé par la chaleur.

Il est inaltérable à l'air.

Il ne peut se dissoudre dans l'eau sans subir une décomposition. Il se sépare une poudre jaune qui a été appelée *turbith minéral*, à cause de sa couleur jaune : c'est un *sous-sulfate*

de peroxide de mercure. Une portion de ce sel reste en dissolution dans l'eau acidulée.

Cette dissolution n'est pas précipitée par l'acide hydrochlorique, comme celle du sulfate au minimum : elle est précipitée en peroxide jaune hydraté par la potasse et la soude.

L'acide hydrosulfurique le précipite en jaune. Il paroît que c'est un sulfate au minimum combiné à du soufre. Une plus grande quantité de précipitant fait passer le précipité au noir.

SOUS-SULFATE DE PEROXIDE DE MERCURE.

Le sous-sulfate de deutoxide de mercure est d'un beau jaune.

Il noircit à la lumière.

Il donne à la distillation de l'acide sulfureux, du gaz oxigène et du mercure.

Il demande 2000 parties d'eau pour se dissoudre.

L'acide sulfurique le convertit en sur-sulfate blanc.

L'acide hydrochlorique le dissout et le convertit en sublimé corrosif.

La potasse et la soude en séparent l'oxide au maximum sous la forme de flocons jaunes, orangés.

L'ammoniaque forme avec lui un sel double, peu soluble.

	Brancamp.
Acide...............	15
Oxide..............	84,7
Eau	0,3.

SULFATE DE NICKEL.

Composition.

		Berzelius.
Acide	51,62	28,51
Oxide	48,38	26,72
Eau.		44,77.

Propriétés.

Le sulfate de nickel est d'un beau vert; il cristallise en prismes hexaèdres, terminés par des pyramides irrégulières.

Il a une saveur astringente et sucrée.

Il perd 0,44 d'eau de cristallisation par l'action de la chaleur. Son résidu est d'un jaune clair, qui devient vert si on lui rend l'eau qu'il a perdue.

Chauffé au rouge dans une cornue de verre, il ne se fond pas; il donne un peu d'acide sulfurique. En lavant le résidu de l'opération, on obtient un peu de sulfate soluble et une poudre *verte*, qui est un *sous-sulfate de nickel*.

Il n'est ni déliquescent ni efflorescent, suivant Proust; il est efflorescent, suivant Tupputi.

L'hydrogène qu'on fait passer sur le sel chaud, en dégage de l'eau, du gaz sulfureux, de l'acide hydrosulfurique; il reste un sulfure métallique contenant 1 proportion de soufre et 2 proportions de nickel.

L'hydrogène sulfuré en précipite un peu d'oxide à l'état d'hydrosulfate noir, lorsque le sulfate de nickel est saturé autant que possible; mais s'il y a un peu d'acide en excès, il n'y a pas de précipité.

Les hydrosulfates le précipitent très-bien.

L'étain ne précipite pas le nickel de sa dissolution. Le zinc en sépare des flocons verts; le sulfate de zinc produit forme un sel double avec le sulfate de nickel indécomposé.

La potasse, en excès, réduit le sulfate de nickel en hydrate.

L'ammoniaque, versé dans la solution du sulfate de nickel, forme un sel double et se combine à la portion d'oxide, qu'il a séparé de l'acide. En faisant évaporer, on obtient des cristaux verts en prismes aplatis, terminés par des pyramides à 4 faces : c'est le sulfate ammoniaco de nickel.

L'hydrocyanoferrate de potasse y fait un précipité d'un vert pâle.

Le sulfate de nickel est susceptible de se combiner au sulfate de potasse. Il forme un sel double qui cristallise en rhomboïdes. Ce sel est vert d'émeraude, comme le précédent.

Il est beaucoup moins soluble.

Il perd 24 centièmes d'eau, quand on l'expose à la chaleur.

Le sulfate de nickel se combine avec le sulfate de fer; il forme un sel double, efflorescent, qui cristallise en tables.

Sulfate de protoxide de plomb. (*Sulfate de plomb.*)

Composition.

	Kirwan.	Bucholz.	Klaproth.	Berzelius.
Acide ..	23,37 ..	24,72 ..	26,50 ..	26,44
Oxide ..	75,00 ..	75,28 ..	73,50 ..	73,56
Eau ...	1,63.			

Ce sel peut cristalliser en petits prismes tétraèdres. Sage dit l'avoir obtenu sous cette forme en faisant évaporer sa solution dans l'acide sulfurique.

Il n'a pas de saveur.

Exposé à l'action d'un feu de fourneau de réverbère, dans une cornue de grès, il donne du gaz oxigène et du gaz sulfureux ; mais comme il faut une température très-élevée, et que l'intérieur de la cornue se recouvre d'un enduit vitreux, il est probable que l'action des terres a quelque influence dans cette décomposition.

Il est insoluble dans l'eau.

L'hydrogène, au rouge-cerise, le convertit en sulfure et en plomb métallique.

La flamme intérieure du chalumeau le réduit en sulfure.

Lorsqu'on le chauffe avec de la limaille de fer et du charbon, celui-ci convertit le sulfate en sulfure, et le fer réduit ensuite ce dernier à l'état de plomb en se combinant au soufre.

En distillant le sulfate de plomb avec du sulfure, on le décompose. Il se dégage de l'acide sulfureux ; il reste du plomb. Pour que la décomposition soit complète, il faut une quantité de sulfate dont le soufre et le plomb soient égaux au poids du sulfure.

L'acide sulfurique le dissout.

L'acide nitrique n'en dissout que des atomes.

L'acide hydrochlorique le décompose en partie ; on s'en assure en faisant bouillir du sulfate de plomb avec de l'acide hydrochlorique. Par le refroidissement il se précipite des cristaux de chlorure.

Il paroit que la potasse et la soude ne peuvent enlever tout l'acide sulfurique à ce sel, qu'ils le convertissent seulement en sous-sulfate.

Les carbonates alcalins le décomposent.

Préparation.

On prépare le sulfate de plomb en précipitant le nitrate de ce métal par le sulfate de soude, et lavant le précipité jusqu'à ce que le lavage soit insipide.

SULFATE DE POTASSE.

Composition.

Berzelius.

Acide	45,33
Potasse.	54,67.

Synonymie : Specificum purgans, Arcanum duplicatum, Panacea holsatica ; Sel de duobus, Sel polychreste de Glaser, Tartre vitriolé.

Propriétés.

Il est dur, facile à réduire en poudre ; il a une saveur amère désagréable ; une pesanteur spécifique de 2,4073, suivant Hassenfratz.

Il cristallise en prismes hexaèdres courts, terminés par des pyramides à six faces, ou bien en dodécaèdres. Quand la cristallisation est confuse, il est en petits cristaux pointus.

Exposé au feu, il décrépite en perdant 0,004 d'eau interposée environ ; il se fond ensuite en émail. A un feu plus fort, et quand il a le contact de l'air, il se vaporise.

Il est inaltérable à l'air.

Suivant M. Gay-Lussac 100, parties d'eau, à $12^d,72$, en dissolvent 10,57 parties, et à 101,5, elles en dissolvent 26,33.

Le charbon le réduit en sulfure. Il ne faut qu'un huitième de charbon.

L'acide nitrique et l'acide hydrochlorique le décomposent en partie. Pour opérer cette décomposition par l'acide nitrique, on met dans un matras 1 partie de sulfate de potasse en poudre ; on verse par-dessus 2 parties d'acide nitrique à 32^d, que l'on étend de 1 partie d'eau ; on chauffe ; quand tout le sel est dissous, on verse la liqueur dans une capsule de porcelaine. Par refroidissement, on obtient du nitrate de potasse.

Lorsque le sulfate de potasse est dissous dans l'acide nitrique, les deux acides agissent en même temps sur la base.

L'acide sulfurique perd de son affinité pour la potasse autant que l'acide nitrique en acquiert; de sorte qu'il faut considérer la dissolution du sulfate de potasse dans l'acide nitrique comme un alcali qui est neutralisé en même temps par deux acides, et considérer l'excès d'acide comme étant formé de l'acide sulfurique qui a été séparé de la potasse et de l'acide nitrique, qui ne neutralise pas l'alcali. Tant que la liqueur est chaude, les choses restent dans cet état; mais à mesure que la liqueur refroidit, la force de cohésion rompt l'équilibre; elle détermine la séparation du nitrate de potasse et il reste dans la liqueur une combinaison de sulfate de potasse avec un excès d'acide sulfurique, plus la portion d'acide nitrique qui étoit en excès à la neutralisation de l'alcali.

L'acide phosphorique et l'acide borique décomposent par la voie sèche le sulfate de potasse. L'acide sulfurique, séparé, est réduit en acide sulfureux et en oxigène.

L'eau de baryte et l'eau de strontiane décomposent le sulfate de potasse, parce que ces alcalis forment avec l'acide sulfurique une combinaison plus insoluble que ne l'est le sulfate de potasse.

La chaux, bouillie avec le sulfate de potasse, en décompose une partie.

Les terres doivent agir sur ce sel comme sur le précédent.

État.

Le sulfate de potasse se rencontre dans un grand nombre de végétaux. Il se trouve dans l'urine des herbivores.

Préparation.

Lorsqu'on veut préparer ce sel, il faut prendre de la potasse, l'étendre d'eau, la saturer d'acide sulfurique et faire rapprocher pour obtenir le sel cristallisé.

Il y a des potasses qui en contiennent une assez grande quantité pour qu'on puisse l'en extraire avec avantage, en les traitant par un peu d'eau; le sulfate ne se dissout pas. On peut encore dissoudre ces potasses dans une petite quantité d'eau bouillante; par le refroidissement, le sulfate cristallise.

Usages.

Il est employé en médecine, dans la coqueluche, comme fondant ; mais il a l'inconvénient d'agir sur les nerfs et de donner des coliques. Il est employé pour broyer plusieurs corps, tels que les cathartiques végétaux, le sulfure de molybdène ; il est un des principes de la fabrication de l'alun.

BISULFATE DE POTASSE, SULFATE ACIDE DE POTASSE OU SUR-SULFATE.

Composition.

Acide.......... 62,95
Potasse......... 37,05
Eau............ *x.*

Ce sel a été décrit pour la première fois par Rouelle.

Propriétés.

Ce sel est acide au papier de tournesol et au sirop de violette. Il cristallise ordinairement en petites aiguilles, qui ont la propriété de grimper sur les parois des vases, où elles se forment, de sorte que les cristaux, au lieu de se former au fond de la liqueur, se forment au-dessus de la surface de celle-ci. Il se dépose d'abord des aiguilles, qui font l'office de tuyaux capillaires, et qui élèvent par conséquent le liquide au-dessus de son niveau. La dissolution saline qui est dans les interstices de ces aiguilles perd son eau, en même temps que ses molécules, attirées par les cristaux, se réunissent à ceux-ci et les accroissent en longueur. Le sulfate acide de potasse cristallise quelquefois en prismes à six pans. Suivant Berthollet, la cristallisation fait varier la proportion de l'acide.

Ce sel se fond au feu sans se décomposer ; mais, à une température plus élevée il perd tout son acide : une partie se dégage à l'état d'acide sulfurique ; une autre est réduite en acide sulfureux et en gaz oxigène.

Il est inaltérable à l'air : ce qui prouve bien que l'acide sulfurique, en excès à la neutralisation de l'alcali est en véritable combinaison ; car, sans cela, il absorberoit l'eau de l'atmosphère.

Il est beaucoup plus soluble que le sulfate de potasse, puisqu'il n'exige que 5 parties d'eau froide pour se dissoudre. Aussi, quand on a saturé sa dissolution concentrée par la potasse, il s'en dépose des cristaux de sulfate.

Il n'est pas décomposé par les acides nitrique et hydro-chlorique.

Préparation.

Lorsqu'on prend le mélange d'acide nitrique et de sulfate de potasse qui a fourni du nitre, et qu'on fait évaporer la liqueur à siccité, l'acide sulfurique étant plus fixe que l'acide nitrique, il arrive que ce dernier se volatilise en entier et qu'il reste un sulfate de potasse qui retient un excès d'acide.

En mettant dans un creuset 2 parties de sulfate de potasse et 1 p. d'acide sulfurique, et en chauffant jusqu'à ce qu'il ne se dégage plus de vapeur blanche, on obtient la même combinaison.

Le sel qui reste après la décomposition du nitre par l'acide sulfurique, est avec excès d'acide.

Usages.

Ce sulfate peut être employé pour faire l'alun. Quand on veut le convertir en sulfate de potasse, il faut saturer l'excès d'acide par cet alcali, ou bien le faire bouillir avec de la craie, qui n'absorbe que l'excès de son acide : dans ce cas on obtient du sulfate de chaux avec le sulfate de potasse.

SULFATE DE SOUDE.

Synonymie. Glauber, qui le décrivit le premier, l'appela *Sel admirable.* Il a porté ensuite le nom de *Sel de Glauber.* En France on a mis dans le commerce, sous le nom de *Sel d'Epsom, de Lorraine,* du sulfate de soude en petites aiguilles, obtenu en agitant la dissolution saturée de ce sel,

Composition.

Berzelius.

Acide............	56,18	 24,85
Soude	43,82	 19,39
Eau....................		55,76.

Propriétés.

Le sulfate de soude, quand il est régulièrement cristallisé, est incolore et transparent. Il a une pesanteur de 2,246, suivant Wallerius. Il cristallise en longs prismes à six pans, terminés par des pyramides à six faces. Ces cristaux sont ordinairement cannelés, parce qu'ils résultent presque toujours de la réunion d'un nombre plus ou moins grand de prismes minces. Ce sel produit dans la bouche une sensation de fraîcheur, parce qu'il absorbe du calorique pour se fondre ; sa saveur est salée et amère.

Lorsqu'il est exposé à la chaleur dans une fiole, il devient liquide comme de l'eau. Dans cet état, le sel est dissous dans son eau de cristallisation : c'est ce qu'on appelle une *fusion aqueuse*. Ce phénomène prouve que ce sel n'a pas une force de cohésion très-grande, puisque l'eau qu'il contient est susceptible de la lui faire perdre à une température peu élevée.

Si on l'expose au feu dans un creuset de platine, il se fond, perd son eau, et devient sec et blanc; à une chaleur plus élevée, il se fond en un verre qui devient opaque en refroidissant. Kirwan a observé que le sulfate de soude, fortement calciné, perdoit un peu d'acide; j'ai fait la même observation en opérant dans un creuset de platine exactement fermé.

Le sulfate de soude perd 55,76 pour 100 d'eau de cristallisation par l'action de la chaleur.

Lorsque ce sel est exposé à l'air sec, il perd de 20 à 25 parties pour 100 ; il devient blanc, opaque, pulvérulent. La solution de sulfate de soude, renfermée toute chaude dans un flacon, ne cristallise pas, même quand on l'agite; mais elle se prend en masse par le contact de l'air. On ignore la cause de ces phénomènes.

Le sulfate de soude, calciné, solidifie l'eau et en dégage beaucoup de chaleur. Lorsqu'il est saturé d'eau, qu'il est cristallisé, par exemple, il produit, au contraire, du froid en se dissolvant, parce qu'alors il absorbe du calorique pour se liquéfier.

100 parties d'eau dissolvent, suivant M. Gay-Lussac :

A la température de zéro   ... 5^P,02

                    17,91 ... 16 ,73
                    30,75 ... 43 ,05
                    52,73 ... 50 ,65
                    70,61 ... 44 ,35
                    103,17 ... 42 ,65,

Le sulfate de soude, chauffé avec le charbon, se convertit en sulfure de sodium. Comme nous l'avons dit, c'est sur cette décomposition, sur la propriété qu'a la chaux d'enlever le soufre au sodium, et sur la propriété que le sulfure de calcium a de former avec la chaux un composé insoluble dans l'eau froide, qu'est fondé le procédé généralement suivi aujourd'hui pour fabriquer le sous-carbonate de soude, procédé dû à Leblanc, et auquel MM. Dizé, Anfrie et Darcet ont apporté des perfectionnemens.

On décompose le chlorure de sodium dans un fourneau à réverbère, partagé en deux soles horizontales, qui font, pour ainsi dire, deux fourneaux chauffés par un seul foyer. La sole la plus éloignée du foyer est couverte d'une lame de plomb dont les bords sont relevés : elle finit à la naissance de la cheminée. Dans les côtés du mur du fourneau sont des ouvreaux par lesquels on charge la sole des matières qu'on veut chauffer. Il est aisé de les y remuer au moyen d'un ringard, et de les en retirer après qu'elles ont éprouvé l'action du feu.

Lorsque le plomb est chaud, on place sur la sole 200 livres de chlorure de sodium, écrasé à la meule ou par tout autre moyen. On verse par-dessus, au moyen d'un entonnoir de plomb, 276 livres d'acide sulfurique à 45^d. On remue le mélange avec un ringard de bois. Quand il a été suffisamment chauffé pour être sec, on élève un peu plus la température, puis, afin de l'exposer à une température plus élevée, on le transporte sur la sole du fourneau, qui est la plus rapprochée du foyer, et qui, au lieu d'être couverte de plomb, est carrelée en brique. Si la matière retient du chlorure de sodium, elle se fond; si tout le chlorure a été décomposé dans la première opération, elle ne se fond pas. Quand on juge que la matière a été assez chauffée, on la tire du fourneau par une ouverture opposée à celle par laquelle on l'y a introduite.

On prend :

<pre>
Sulfate de soude. . . 1000 livres.
Craie. 1200
Charbon.   550
</pre>

Ou bien encore :

         Sulfate de soude. . . 1000
         Craie. 1000
         Charbon. . . . . . . 611.

On écrase et on mêle ces matières en même temps, au moyen d'une meule verticale, mise en mouvement par un cheval ou par toute autre force.

On introduit le mélange dans un fourneau à réverbère ovoïde, dont la sole est en briques réfractaires, et dont la température intérieure a été portée un peu au-dessus du rouge-cerise. On remue le mélange de quart d'heure en quart d'heure avec un ringard de fer; et cela est surtout nécessaire au moment où la matière commence à se fondre, afin que les couches inférieures soient ramenées à l'extérieur et que toutes les parties soient également chauffées. La fonte est pâteuse; elle bouillonne, parce qu'il s'en dégage de l'acide carbonique et du gaz inflammable. L'opération est terminée, lorsque la matière, étant en fonte tranquille, présente une masse homogène : pour voir si elle est dans cet état, on en prend une portion avec le ringard de fer.

Si l'on chauffoit trop, la craie se fritteroit avec l'alcali ; si l'on ne chauffoit pas assez, la matière durciroit, et on ne pourroit la retirer du fourneau avec le râble de fer qu'on emploie à cet usage, lorsque la matière a été convenablement chauffée.

La matière tirée du fourneau tombe par terre sous la forme d'une pâte molle, terreuse et embrasée. Elle se durcit en refroidissant; alors elle se brise sans peine, et ressemble à la soude brute. Les mélanges précédens donnent environ 1666 de soude, contenant au quintal de 32 à 33 de sous-carbonate.

A mesure que la soude refroidit, on la casse en morceaux, qu'on expose ensuite dans un endroit bas et humide. La soude absorbe de l'eau, de l'acide carbonique et de l'oxigène, qui se porte sur du soufre.

Dans cette opération, le charbon réduit le sulfate de soude en sulfure de sodium, en passant à l'état d'acide carbonique et d'oxide de carbone. La craie abandonne son acide carbonique, dont une partie produit de l'oxide de carbone. Une portion de chaux, en réagissant sur le sulfure de sodium,

donne lieu à du sulfure de calcium et à de l'oxide de sodium, dont une partie absorbe de l'acide carbonique; enfin le sulfure de calcium s'unit lui-même à la portion de chaux qui ne perd pas son oxigène.

La lessive de soude concentrée donne du sous-carbonate de soude cristallisé, ou *sel de soude* du commerce.

Les eaux-mères du carbonate de soude contiennent ordinairement de la soude carbonatée et un peu de sulfate de soude et de chlorure de sodium.

L'action des acides sur le sulfate de soude est la même que sur le sulfate de potasse.

La baryte, la strontiane, décomposent le sulfate de soude en totalité. C'est pour cela que M. Guyton avoit proposé la baryte pour préparer la soude en grand.

Lorsqu'on met de la chaux en poudre dans du sulfate de soude, il y a une portion de ce sel qui est décomposée; il se forme du sulfate de chaux, et de la soude est mise à nu.

Les terres à une température rouge décomposent ce sel : de là l'emploi qu'on peut en faire pour la fabrication du verre.

On prépare rarement ce sel dans les laboratoires en saturant le carbonate de soude par l'acide sulfurique. Celui qui est dans le commerce provient de la décomposition du sel marin par l'acide sulfurique, ou bien du traitement des eaux salées de la Franche-Comté et de la Lorraine.

Bisulfate de soude.

Composition.

Acide.............. 71,94
Soude.............. 28,06.

En abandonnant à elle-même une dissolution de sulfate de soude dans l'acide sulfurique, on obtient de larges cristaux rhomboïdaux, qui contiennent un excès d'acide; ils sont en outre efflorescens, et perdent leur acide à une chaleur médiocre, suivant Link, qui les a décrits.

M. Gay-Lussac a observé que ce sel donne, par la chaleur, de l'acide sulfurique et du gaz sulfureux mêlé de gaz oxigène, absolument comme le bisulfate de potasse.

Sulfate de soude et d'ammoniaqué.

Composition.

Anat. Riffault.

Sulfate de soude...... 42,239 ... 1 proport.
Sulfate d'ammoniaque. 31,729 ... 1 —
Eau................. 26,032 ... 5 —

Préparation et propriétés.

Lorsqu'on mêle ensemble des solutions de sulfate de soude et de sulfate d'ammoniaque, et qu'on les fait évaporer, on obtient de beaux cristaux, qui ne sont pas efflorescens à la température ordinaire.

Sulfate de soude et Sulfate de chaux.

Composition.

Sulfate de soude....... 51
Sulfate de chaux....... 49.

Cette substance, découverte dans la nature par M. Brongniart, est en prismes rhomboïdaux. Il suffit d'y appliquer l'eau pour dissoudre le sulfate de soude et obtenir un dépôt de sulfate de chaux.

Sulfate de strontiane.

(*Cœlestine, Spath séléniteux, Strontianite.*)

Composition.

	Vauquel.	Klaproth.	Berzelius.
Acide.	46	42	43,64
Strontiane.	54	58	56,36.

Propriétés.

Cristallisé et pur, il a une pesanteur spécifique de 3,5827.

En poudre, il est blanc : cristallisé et pur, il est incolore, transparent et doué de la double réfraction.

Sa forme primitive est un prisme droit à bases rhombes, dont les angles sont de 104^d 48′ et 75^d 12′. Sa molécule intégrante est un prisme droit, triangulaire, à bases rectangles.

Il est insipide et inodore.

Il est fusible, en répandant au chalumeau une lumière phosphorique pourpre, ce qui peut le faire distinguer du sulfate de baryte.

Il ne s'altère pas à l'air.

Il est insoluble dans l'alcool et l'eau. Cependant ce liquide paroît avoir plus d'action sur le sulfate de strontiane que sur le sulfate de baryte ; car lorsqu'on met dans deux verres pleins d'eau quelques gouttes d'eau de baryte et d'eau de strontiane, et qu'on y verse une goutte d'acide sulfurique, la baryte précipite sur-le-champ , et si la strontiane se précipite ce n'est qu'au bout de quelques heures.

Les combustibles, les acides et les alcalis ont la même action sur ce sel que sur le sulfate de baryte.

État.

Ce sulfate a été appelé *strontianite*, parce que c'est à Strontian qu'on l'a trouvé pour la première fois; il a été appelé *cælestine*, parce qu'il contient quelquefois un peu de cuivre, qui le colore en bleu. Il accompagne le soufre en Sicile. Il se trouve encore en Espagne, en Pensylvanie, à Montmartre, à Bouveron, en Égypte : ce dernier est bleu et fibreux, comme celui de Bouveron.

Tantôt il est bien cristallisé, comme celui de Sicile ; tantôt en masse informe, mêlé d'argile et de carbonate de chaux, comme celui de Montmartre. Il est ou bleu, ou blanchâtre, ou limpide et incolore.

Préparation.

On verse dans de l'hydrochlorate de strontiane, soit de l'acide sulfurique, soit du sulfate de soude; on lave le précipité, et on l'expose à la chaleur.

Histoire.

Hope et Klaproth ont prouvé les premiers que l'on confondait le sulfate de strontiane natif avec celui de baryte, sous le nom de spath séléniteux.

SULFATE D'YTTRIA.

Composition.

	Berzelius.
Acide	49,93
Yttria	50,07.

Quand on dissout l'yttria dans l'acide sulfurique étendu, on obtient, en concentrant la liqueur, du sulfate d'yttria en petits cristaux. Si l'acide est concentré, la dissolution s'opère avec chaleur, et par refroidissement elle dépose du sulfate d'yttria.

Suivant Eckeberg, ces cristaux ont la forme d'un prisme hexaèdre, terminé par une pyramide à 4 faces.

Ce sel a une saveur astringente et sucrée moins prononcée que celle du sulfate de glucine.

Il est décomposé par une chaleur rouge en acide sulfurique, en gaz sulfureux et oxigène; il reste de l'yttria pure, si la chaleur a été soutenue assez long-temps.

Il demande 30 p. d'eau à 15,55 cent. pour se dissoudre.

Toutes les bases salifiables de la 2.ᵉ section des métaux et l'ammoniaque séparent l'yttria de son acide.

SULFATE DE PROTOXIDE D'URANE.

Composition.

Acide	23,05
Protoxide	76,95.

Il est vert.

SULFATE DE PEROXIDE D'URANE.

Composition.

	Bucholz.	Berzelius
Acide	18	30,57
Peroxide	70	69,63
Eau	12.	

Il est jaune de citron.

Ce sel, cristallisé, perd 0,12 d'eau par la chaleur; une chaleur blanche le décompose en totalité.

Il est soluble dans les 0,625 de son poids d'eau froide, et dans les 0,450 d'eau chaude.

Il est un peu soluble dans l'alcool. Il paroît que cette dissolution, exposée au soleil, passe au minimum, car elle perd sa couleur jaune et devient verte. Peu à peu l'oxide s'en précipite en entraînant un de l'acide sulfurique. Il semble qu'il se forme un peu d'éther.

Suivant Klaproth, le fer, le zinc et l'étain, ne précipitent pas cette dissolution.

Les hydrosulfates la précipitent en brun jaunâtre.

La potasse précipite le sulfate en jaune; l'oxide paroît retenir de l'alcali: l'ammoniaque se comporte comme la potasse.

Les carbonates alcalines y forment un précipité soluble dans un excès de carbonate.

L'hydrocyanoferrate de potasse y forme un précipité couleur de chocolat.

On le prépare en faisant bouillir l'oxide jaune dans l'acide sulfurique étendu; en faisant concentrer et évaporer la liqueur, on obtient des prismes ou des aiguilles d'un jaune de citron.

Sesqui-sous-sulfate d'urane.

Composition.

	Berzelius
Acide	19,56
Deutoxide	67,27
Eau	13,17.

Il est insoluble dans l'eau.

Sulfate de zinc.

Vitriol blanc, Vitriol de Goslar.

Composition.

	Bergmann.	Kirwan.	Berzelius	
Acide	40	20,5	51,99	49,9
Oxide	20	40	52,12	50,1
Eau	40	39,5	55,89.	

On reconnoît la pureté du sulfate de zinc, lorsque sa solution n'éprouve aucun changement par la noix de galle; lorsque l'hydrocyanoferrate de potasse le précipite en blanc.

enfin, lorsque le précipité qui y forme l'ammoniaque est soluble en totalité dans un excès de cet alcali, et que l'ammoniaque ne se colore pas.

Propriétés.

Le sulfate de zinc est incolore.

Sa forme est celle d'un prisme à 4 faces, dont deux, opposées, très-larges , terminées par des pyramides à 4 faces.

Il a une saveur fortement stiptique.

Il est décomposé par la chaleur, mais il faut une température très-élevée : il y a alors dégagement de gaz sulfureux
et de gaz oxigène. Quand on distille ce sulfate, on n'obtient
que très-peu d'acide sulfurique ; il est très-difficile de le décomposer complétement.

Il est soluble dans 2 parties d'eau froide.

Il est légèrement efflorescent.

L'hydrogène qu'on fait passer sur le sulfate rouge de feu
donne lieu à un dégagement d'eau, de gaz sulfureux, de
vapeur de zinc ; il reste un composé de sulfure et d'oxide
de zinc.

Il est décomposé par l'acide hydrosulfurique ; il y a précipitation de flocons d'un blanc jaunâtre, qui sont de l'hydrosulfate de zinc, mais l'acide hydrosulfurique ne peut jamais
séparer la totalité du zinc de sa dissolution, parce que, dès
qu'il y a un certain excès d'acide, celui-ci s'oppose à toute
décomposition ultérieure ; c'est pourquoi, lorsqu'on veut séparer tout le zinc de sa solution, il faut employer un hydrosulfate. Si le zinc contient du fer ou du cuivre, le précipité
obtenu par les hydrosulfates est coloré en brun.

La potasse, la soude et l'ammoniaque, précipitent de l'hydrate de zinc, du sulfate ; mais un excès d'alcali redissout le
précipité.

Préparation.

En grand on le fabrique en grillant le sulfure de zinc natif ;
il se forme de l'oxide de zinc et de l'acide sulfurique. En
lessivant avec de l'eau la mine grillée et en faisant évaporer
le lavage, on obtient des cristaux de sulfate de zinc, qui
sont ordinairement colorés en jaune, parce que la mine de zinc
contient presque toujours du fer. Pour priver le sulfate de

zinc de son sulfate de fer, il faut le calciner au rouge ; comme le sulfate de fer est plus facile à décomposer que celui de zinc, on isole le sulfate de zinc de l'oxide de fer, en lessivant le résultat de la calcination. On peut encore faire digérer dans la solution de sulfate de zinc de l'oxide de ce dernier métal, qui précipite le peroxide de fer.

Dans les laboratoires, on prépare ce sel en dissolvant le zinc dans l'acide sulfurique.

Sulfate de zircone.

Propriétés.

Ce sel est en poudre blanche ou en petites aiguilles ; il n'a presque pas de saveur : il est peu soluble dans l'eau ; mais, en se combinant à un excès d'acide, il s'y dissout. Ce sel se décompose aisément par la chaleur.

Le sulfate acide de zircone cristallise en aiguilles qui se réunissent en étoiles ; il a une saveur astringente : il précipite par l'acide phosphorique.

Préparation.

On le prépare en dissolvant dans l'acide sulfurique la zircone en gelée, ou bien en décomposant l'hydrochlorate de cette base par le sulfate de soude. (Ch.)

SULFATES [Hypo-]. (*Chim.*) Combinaisons salines de l'acide hyposulfurique avec les bases salifiables.

Composition.

L'acide hyposulfurique contient 5 fois plus d'oxigène que les oxides qui peuvent le neutraliser, et la quantité d'acide est à la quantité d'oxigène de l'oxide :: 9 : 1.

Propriétés.

Les hyposulfates qu'on a obtenus, savoir, ceux de potasse, de soude, de baryte, de strontiane, de chaux, de protoxide de manganèse, de protoxide de plomb et d'oxide d'argent, sont solubles dans l'eau.

Tous les hyposulfates précédens à base d'oxide, exposés à l'action d'une température peu élevée, sont réduits en gaz acide sulfureux et en sulfate neutre.

L'acide sulfurique foible déplace l'acide hyposulfurique de ses combinaisons salines sans l'altérer, tant qu'on opère à la température ordinaire ; mais si l'on chauffe les corps, ou , ce qui revient au même, si l'on emploie de l'acide sulfurique concentré, il y a décomposition de l'acide hyposulfurique et manifestation d'acide sulfureux.

Les hyposulfates ne paroissent pas susceptibles d'absorber l'oxigène de l'atmosphère, au moins par leur acide.

Préparation.

C'est avec l'hyposulfate de protoxide de manganèse, mêlé de sulfate, qu'on prépare l'hyposulfate de baryte, et avec celui-ci qu'on prépare l'acide hyposulfurique : une fois qu'on l'a obtenu en dissolution dans l'eau, on l'unit à la potasse, à la soude, à la chaux, etc. Pour préparer l'acide hyposulfurique et l'hyposulfate de baryte, voyez SULFURIQUE [HYPO-].

HYPOSULFATE DE BARYTE.

Composition.

Acide.	90,00	1 prop.
Baryte.	97,00	1 —
Eau.	22,64	2 —

Il cristallise en prismes quadrangulaires, terminés par un grand nombre de facettes : ils sont très-brillans.

Ils sont inaltérables à l'air et dans le vide sec.

Projetés sur un corps chaud , ils décrépitent.

100 p. d'eau à $8^d,14$ peuvent en dissoudre 13,94 p.

L'oxigène et le chlore ne convertissent pas leur solution en sulfate.

L'acide sulfurique en précipite la baryte et laisse l'acide hyposulfurique en dissolution dans l'eau ; c'est même par ce procédé qu'on prépare l'acide hyposulfurique.

HYPOSULFATE DE CHAUX.

Il cristallise en lames hexagonales régulières, qui sont réunies en réseau.

HYPOSULFATE DE MANGANÈSE.

Il est déliquescent.

HYPOSULFATE DE POTASSE.

Il cristallise en prismes cylindroïdes tronqués.

HYPOSULFATE DE STRONTIANE.

Il cristallise en très-petites lames hexaèdres, dont les bords sont alternativement inclinés en sens contraire, comme celles qu'on obtiendroit d'un octaèdre, en le coupant parallèlement à deux de ses faces opposées. (CH.)

SULFITES. (*Chim.*) Combinaisons salines de l'acide sulfureux avec les bases salifiables.

Composition.

Dans les sulfites neutres à base d'oxide l'acide contient deux fois autant d'oxigène que la base; c'est pour cette raison et parce que dans les sulfates l'acide contient trois fois autant d'oxigène que l'oxide nécessaire pour le neutraliser, que les sulfites neutres qui se changent en sulfates en absorbant de l'oxigène, conservent leur neutralité.

Propriétés essentielles au genre.

Tous les sulfites mis dans la bouche exhalent de l'acide sulfureux, qui devient sensible à l'odorat.

Tous font effervescence avec l'acide hydrochlorique en dégageant de l'acide sulfureux : ils sont dissous, si leur base est soluble, dans l'acide hydrochlorique; l'on ne trouve pas d'acide sulfurique dans la liqueur.

Propriétés générales des sulfites à bases d'oxides.

Tous les sulfites sont décomposables par l'action de la chaleur.

La base tient-elle beaucoup à l'acide sulfureux, et le métal qui la forme a-t-il une affinité marquée pour le soufre, le sulfite qui est dans ce cas, est réduit par l'action de la chaleur en sulfure et en sulfate.

Les bases ont-elles peu d'affinité pour l'acide sulfureux, elles le laissent se dégager à l'état de gaz et restent à l'état de pureté.

Il y a des sulfites solubles dans l'eau et des sulfites qui ne le sont pas; mais ces derniers le deviennent dans un excès de leur acide.

Les solutions de sulfites sont en général très-avides d'absorber l'oxigène gazeux : il se forme des sulfates.

L'acide nitrique, l'eau de chlore, produisent le même effet que l'oxigène gazeux sur les sulfites.

Le charbon agit sur les sulfites qui ont une certaine stabilité au feu d'une manière analogue à celle dont il agit sur les sulfates.

Les sulfites réduisent à l'état métallique le chlorure d'or et les sels d'argent. Ils noircissent les sels de mercure.

Préparation.

On prépare les sulfites en mettant dans une cornue 3 parties d'acide sulfurique concentré, et 1 partie de charbon de bois blanc divisé en petits morceaux. On adapte à la cornue une suite de flacons de Woulf; on met dans les flacons les bases salifiables : lorsque celles-ci sont solubles, on les dissout dans l'eau; lorsqu'elles sont peu solubles ou insolubles, on les délaie dans ce liquide. Au lieu des bases pures, on peut employer les carbonates de ces bases, parce que ceux-ci sont décomposés par l'acide sulfureux. Il faut mettre dans le premier flacon de la baryte ou de la chaux pour arrêter l'acide sulfurique non décomposé; l'ammoniaque doit être mise dans le dernier flacon, autrement une portion de cette base seroit emportée par le gaz sulfureux et se mêleroit aux bases qui seroient placées après lui. Il est bon de remplir les flacons le plus qu'il est possible, pour éviter le contact de l'air avec les sulfites; sans cette précaution, les sels qu'on obtiendroit seroient mêlés de sulfate. Quand on a préparé les sulfites, il est presque toujours nécessaire d'ajouter aux liqueurs des flacons une certaine quantité de base salifiable, afin de neutraliser l'acide sulfureux qui peut être en excès.

Quant aux sulfites insolubles, on peut encore les préparer avec des sulfites neutres de potasse, de soude ou d'ammoniaque, qu'on verse dans les solutions des sels dont les bases font des sulfites insolubles.

Sulfite d'alumine.

Composition.

	Fourc. et Vauq.	Berzelius.
Acide	52	. . . 65,20
Alumine . . .	44	. . . 54,80
Eau	24.	

Propriétés.

Ce sel est en poudre blanche peu soluble dans l'eau ; soluble dans un excès de son acide. Cette dissolution, exposée à l'air, perd son excès d'acide, se recouvre d'une pellicule ductile et tenace de sulfite d'alumine, et laisse déposer une autre portion de ce sel, qui s'attache aux parois de la capsule.

Lorsqu'on verse de l'eau sur le sulfite d'alumine, on entend un bruit remarquable.

Exposé à la chaleur, il laisse dégager beaucoup d'acide sulfureux, et, suivant Fourcroy et Vauquelin, une petite quantité se réduit en soufre, qui se sublime en un acide sulfurique qui reste uni à une portion de l'alumine.

Il n'est pas décomposé par l'acide nitrique.

Il fut décrit en 1795 par Fourcroy et Vauquelin.

Sulfite d'ammoniaque.

Composition.

	Berzelius.	
Acide sulfureux. . .	65,15	. . 55,09
Ammoniaque	54,85	. . 29,47
Eau		15,44.

Propriétés.

Il cristallise en prismes à 6 pans, terminés par une pyramide à 6 faces ; quelquefois en tables carrées, dont les bords sont en biseau.

Il a une saveur fraîche, piquante, avec l'odeur d'acide sulfureux.

Il est soluble à 10^d dans son poids d'eau, et si l'on opère sur une quantité suffisante, le thermomètre descend à -2^d. Cette dissolution absorbe très-rapidement l'oxigène de l'air.

Le sulfite d'ammoniaque, cristallisé, est déliquescent; mais, après s'être liquéfié à l'air, il en absorbe l'oxigène et se convertit en sulfate qui cristallise.

Les cristaux de sulfites d'ammoniaque, chauffés brusquement, décrépitent légèrement, puis se ramollissent sans se fondre et exhalent de l'ammoniaque, et le reste se sublime à l'état de bisulfite.

Tous les oxides salifiables de la 2.ᵉ section des métaux en dégagent l'ammoniaque. Lorsqu'on opère avec la magnésie, il faut chauffer légèrement.

Préparation.

Lorsqu'on fait arriver dans une cloche remplie de mercure des gaz sulfureux et ammoniaque, on obtient un dépôt jaune, qui n'a pas été examiné et qui paroît être un sulfite anhydre.

Pour obtenir le sulfite d'ammoniaque cristallisé, il faut employer une forte solution d'ammoniaque; si on sature l'ammoniaque de gaz acide, on forme un bisulfite.

SULFITE DE BARYTE.

Composition.

	Fourc. et Vauq.	Berzelius.
Acide	39	29,54
Baryte	59	70,46
Eau	2.	

Propriétés.

Il est en petites aiguilles incolores, très-dures.

Il est insoluble dans l'eau.

C'est le sulfite le moins soluble dans un excès de son acide. Il est susceptible de cristalliser en tétraèdres dont les angles sont tronqués.

Il exige plus de temps que les autres sulfites pour absorber l'oxigène et se convertir en sulfate.

Par la chaleur il se convertit en sulfate et en sulfure : il ne se volatilise qu'une trace de soufre.

Procédé.

Le meilleur procédé pour le préparer consiste à précipiter l'hydrochlorate de baryte par le sulfite de soude.

Composition.

	Fourc. et Vauq.	Berzelius
Acide	48	52,98
Chaux	47	47,02
Eau	5.	

Propriétés.

Il cristallise en aiguilles minces très-brillantes.

Le goût et l'odeur du sulfite de chaux mis dans la bouche ne se manifestent qu'après un certain temps.

Il exige 800 p. d'eau pour se dissoudre ; c'est pour cette raison que l'acide sulfureux, avec lequel on neutralise l'eau de chaux, donne un précipité de sulfite. L'acide sulfurique ne donne pas lieu au même phénomène, parce que le sulfate est plus soluble que l'eau de chaux.

Le sulfite de chaux est dissous par l'acide sulfureux. Cette solution, conservée dans un flacon qui n'en est pas entièrement rempli, dépose des cristaux en aiguilles, et une chose remarquable, c'est qu'ils peuvent se changer en sulfate sans éprouver de changement dans leur forme et leur aspect, suivant Vauquelin.

Fourcroy et Vauquelin disent qu'il n'est pas décomposé par la potasse, ni par la soude, et qu'il l'est quand on le fait bouillir dans de l'eau de baryte.

Le sulfite de chaux donne à la distillation de l'acide sulfureux, du soufre sublimé et un résidu de chaux et de sulfate.

Usages.

Proust a prescrit de muter le moût de vin avec le sulfite de chaux. Si ce sel est décomposé, comme cela est probable, cela ne peut être que par l'acide tartrique ou malique ; car l'acide acétique ne le décompose pas.

Composition.

La détermination théorique des principes immédiats de ce sel donne

  Acide sulfureux. 31,04
  Protoxide de cuivre . . . 68,96.

Et l'analyse m'a donné

	(Moyenne.)	(Expér. directe.)
Acide sulfureux	36,15 . . .	52,16
Protoxide	63,85 . . .	56,70
Eau.		11,14,

sans que j'aie pu découvrir la cause de cette différence. Depuis la découverte de l'acide hyposulfurique j'avois pensé que cet acide pouvoit se produire dans la réaction de l'acide sulfureux sur le deutoxide de cuivre ; mais des essais, à la vérité assez superficiels, n'ont pas confirmé ce soupçon.

1.° J'ai vu que l'acide hyposulfurique s'unit au deutoxide de cuivre et forme un sel bleu déliquescent, et qu'il réduit le protoxide de cuivre en métal et en deutoxide.

2.° Que l'acide sulfureux reproduit du sulfite quand on le met en contact avec le protoxide de cuivre.

Propriétés.

Le sulfite de cuivre est en petits cristaux d'un beau rouge-brun violet.

Il est insoluble dans l'eau froide ; chauffé au milieu de l'eau pendant un temps suffisant et jusqu'à l'ébullition , il perd tout son acide : il reste du protoxide parfaitement pur et cristallisé ; on trouve dans l'eau une quantité sensible de sulfate de deutoxide.

Distillé dans une petite boule de verre, il donne de l'eau , du gaz sulfureux pur et un résidu de protoxide , du sulfate de cuivre , mêlé d'un atome de sulfure.

La potasse, la soude, lui enlèvent tout son acide.

Le chlore dissous dans l'eau, et l'acide nitrique, le convertissent en acide sulfurique et en deutoxide.

L'acide hydrochlorique en dégage du gaz acide sulfureux avec effervescence.

Dissous dans un excès de son acide ; l'oxigène atmosphérique le convertit en sulfate de deutoxide.

Préparation.

En faisant passer du gaz sulfureux dans de l'eau où l'on

verse du deutoxide de cuivre, on obtient du sulfate de deutoxide et du sulfite de protoxide qui cristallise en partie.

En versant à chaud du sulfite de potasse ou de soude dans
de l'hydrochlorate de deutoxide de cuivre, on obtient un
précipité rouge de sulfite.

Si l'on opère à froid, le précipité est jaune, d'abord floconneux, puis cristallisé : c'est cette matière que Fourcroy
et Vauquelin ont décrite sous le nom de sulfite de cuivre; mais
j'ai démontré que c'est un sulfite double qui se réduit dans
l'eau chaude en sulfite alcalin, qui se dissout en un sulfite
de protoxide de cuivre.

SULFITE DE PROTOXIDE DE FER.

Composition.

	Berzelius.
Acide	47,73
Protoxide de fer	52,27.

Thompson dit qu'en mettant de l'hydrate de protoxide de
fer dans une solution d'acide sulfureux, on obtient un sel
soluble dans l'eau, insoluble dans l'alcool, et qui se convertit
en sulfate par son exposition à l'air.

Il ne paroit pas y avoir de sulfite de peroxide de fer; car,
lorsqu'on met cette base en contact avec l'acide sulfureux,
on obtient un sulfate de protoxide.

SULFITE DE MAGNÉSIE.

Composition.

	Fourc. et Vauq.	Berzelius.
Acide	59	60,83
Magnésie . . .	16	39,17
Eau	45.	

Propriétés.

Il cristallise en tétraèdres surbaissés, transparens.

Il est légèrement efflorescent.

Il se convertit lentement à l'air en sulfate.

Il exige 20 p. d'eau pour se dissoudre : cette solution se
convertit rapidement en sulfate par son exposition à l'air.

Il est très-soluble dans l'eau d'acide sulfureux.

La baryte, la strontiane, la chaux, la potasse, la soude, le décomposent.

L'ammoniaque n'en sépare qu'une portion de la base : il forme avec l'autre un sulfite double, susceptible de cristalliser en octaèdres.

Exposé à la chaleur, il se ramollit, se boursoufle, devient ductile, comme une gomme, perd 0,45 d'eau, suivant Fourcroy et Vauquelin; enfin, il laisse dégager tout son acide, et la base reste à l'état de pureté.

SULFITE DE PROTOXIDE DE PLOMB.

Composition.

	Thompson.	Berzelius.
Acide	25,5 . . .	22,54
Protoxide de plomb .	74,5 . . .	77,66.

Propriétés.

Il est blanc, insoluble dans l'eau; chauffé au chalumeau sur un charbon, il se fond, répand une flamme phosphorique et devient d'un jaune pâle en refroidissant. Si on le chauffe suffisamment, il se réduit, bouillonne et passe tout entier à l'état métallique.

Distillé en vase clos, il donne de l'eau, de l'acide sulfureux, du soufre et un résidu jaune-verdâtre qui est du sulfate mêlé d'oxide.

La potasse et la soude séparent l'acide sulfureux du protoxide de plomb.

SULFITE DE POTASSE.

Composition.

	Berzelius.
Acide	40,48
Potasse.	59,52
Eau	x

Propriétés.

Il est en cristaux lamelleux, alongés, de forme rhomboïdale; ou, s'il a cristallisé rapidement, en aiguilles très-petites, disposées en houppes.

il attire l'oxigène atmosphérique très-promptement, surtout quand il est dissous dans l'eau.

Il est soluble dans moins que son poids d'eau froide : il l'est encore davantage dans l'eau bouillante; aussi ce liquide, lorsqu'il en est saturé, cristallise-t-il en se refroidissant.

La strontiane, la baryte et la chaux, le décomposent.

Exposé brusquement au feu, il décrépite : à la distillation il donne un peu d'acide, et un résidu de sulfate et de sulfure.

Le charbon chaud le réduit en sulfure.

Le sulfite de potasse peut dissoudre du soufre et se changer en hyposulfite.

Préparation.

On peut obtenir ce sel en cristaux, en faisant passer du gaz sulfureux dans de l'eau contenant 1 p. de bicarbonate de potasse dissous dans 3 p. d'eau, suivant Fourcroy et Vauquelin; mais les cristaux qu'ils ont obtenus étoient-ils du sulfite ou du bisulfite? c'est ce que nous ne pouvons décider,

SULFITE DE SOUDE.

Composition.

	Fourc. et Vauq.	Berzelius.
Acide.	31,2	50,65
Soude.	18,8	49.35
Eau.	50,0.	

Propriétés.

Ce sel est en beaux cristaux prismatiques à 4 pans et quelquefois à 6, terminés en biseau.

Il se dissout dans 4 p. d'eau froide au plus, et dans moins que son poids d'eau bouillante : il abaisse beaucoup la température de l'eau froide, dans laquelle il se dissout.

Il est insoluble dans l'alcool.

Il est efflorescent; il se convertit rapidement en sulfate par son exposition à l'air.

Les corps qui décomposent le sulfite de potasse, décomposent le sulfite de soude.

Préparation.

Pour l'avoir en cristaux, il faut, suivant Fourcroy et Vauquelin, recevoir l'acide sulfureux dans une solution formée de 1 p. de sous-carbonate de soude et de 2 p. d'eau.

SULFITE DE STRONTIANE.

Composition.

		Berzelius.
Acide	. . . .	38,26
Strontiane	. . . .	61,74.

Ce sel est analogue au sulfite de baryte, si ce n'est qu'il est moins insoluble dans un excès de son acide, et que l'acide paroît tenir moins fortement à sa base que l'acide sulfureux tient à la baryte.

SULFITE DE ZINC.

Composition.

Acide	. . . .	44,36
Oxide	. . . .	55,64.

L'acide sulfureux dissout l'oxide de zinc, avec dégagement de chaleur, suivant Fourcroy et Vauquelin. La liqueur donne un sel cristallisé en trémies incolores, d'une saveur stiptique, qui se convertit promptement en sulfate par son exposition à l'air. (Cʜ.)

SULFITES [Hypo-]. (*Chim.*) Combinaisons salines de l'acide sulfureux avec les bases salifiables.

Composition.

Dans les hyposulfites neutres, à base d'oxide, l'oxigène de l'acide est à celui de l'oxide :: 2 : 1.

Il suit de là, ainsi que de la composition des bisulfites, de celle de l'acide sulfureux et de celle de l'acide hyposulfureux, que si on enlève à un bisulfite dans lequel l'oxigène de l'acide est quadruple de celui de la base, la moitié de son oxigène, il restera de l'acide hyposulfureux, dont l'oxigène sera précisément double de celui de la base.

Il existe des bi-hyposulfites dans lesquels l'oxigène de l'acide est à celui de la base :: 4 : 1.

Ce genre de sels ayant été à peine étudié, nous ne traiterons pas des espèces par ordre alphabétique; nous parlerons d'abord de l'hyposulfite de soude, le premier sel du genre qui ait été connu. M. Chaussier en a d'abord fait mention, mais il l'a pris pour de l'hydrosulfate sulfuré de soude. M. Vauquelin, l'ayant soumis à un nouvel examen, l'a considéré comme un composé de sulfite de soude et de soufre, ou comme un sulfite sulfuré, et plus tard il a vu que l'acide sulfureux, dissous dans l'eau, en agissant sur le fer, le zinc, etc., donne naissance à des sulfites sulfurés. Enfin, M. Gay-Lussac, en 1814, et M. J. F. W. Herschell, quelques années après, considérèrent les sulfites sulfurés comme des composés d'acide hyposulfureux.

HYPOSULFITE DE SOUDE.

Propriétés.

Il cristallise en prismes à quatre pans, inclinés les uns sur les autres, terminés par des pyramides très-courtes.

Il est transparent.

Mis dans la bouche, il occasionne une sensation de fraîcheur, puis il a une saveur amère, légèrement alcaline; enfin il exhale une odeur d'acide sulfureux.

Il est inodore, lorsqu'on le flaire.

Il ne s'altère point à l'air, ou au moins il lui faut un très-long temps.

Il est assez soluble dans l'eau.

La solution qui en résulte a la propriété remarquable de dissoudre le chlorure d'argent récemment précipité et de former un liquide d'une saveur douce, comme celle du miel, et qui n'a rien de métallique. Il est incolore; il n'est pas précipité par l'hydro-ferro-cyanate de potasse, ni par le sous-carbonate de soude. Le zinc en précipite de l'argent. Évaporé, il donne des cristaux soyeux d'hyposulfite de soude et d'argent d'une saveur douce, qui sont mêlés de sulfure d'argent. La potasse, ou un de ses sels, versée dans cette solution, en précipite de petites écailles noires, semblables à celles de l'acide borique. Ces cristaux sont un hyposulfite de potasse et d'argent.

L'eau de baryte et l'hydrochlorate de baryte précipitent du sulfite de baryte de la solution d'hyposulfite de soude.

L'acide sulfurique concentré en dégage de l'acide sulfureux, un peu d'acide hydrosulfurique, et en précipite du soufre.

L'acide sulfurique étendu, l'acide hydrochlorique, etc., produisent le même effet, à l'exception, cependant, qu'il ne se dégage pas d'acide hydrosulfurique.

L'acide sulfureux y produit un léger dépôt de soufre.

Le deutoxide de mercure se dissout promptement dans l'hyposulfite de soude, et en sépare l'alcali. La dissolution, abandonnée à elle-même, se trouble par le repos, et dépose beaucoup de cinabre.

Préparation.

On l'obtient par différens procédés :

(*a*) On fait passer un courant d'acide hydrosulfurique dans une solution de sulfite de soude; on filtre; on laisse évaporer spontanément la liqueur filtrée, et l'on obtient des cristaux d'hyposulfite de soude.

(*b*) On fait passer un courant d'acide sulfureux dans le sulfure hydrogéné ou l'hydrosulfate de soude; on filtre et on fait évaporer la liqueur.

(*c*) On mêle des solutions de sulfite de soude et d'hydrosulfate de même base.

(*d*) On fait digérer le soufre dans une solution de sulfite de soude.

(*e*) Enfin, on peut retirer ce sel de l'eau-mère des soudes qui contiennent du sulfure de soude et qui ont été exposées à l'air. Le premier échantillon d'hyposulfite qu'on ait examiné avoit cette origine.

Hyposulfite de potasse.

Il cristallise en aiguilles déliées. Ses propriétés sont analogues à celles du précédent.

Hyposulfite de potasse et d'argent.

Ce sel double est en écailles nacrées : il a une saveur très-douce; il est soluble dans une grande quantité d'eau.

Hyposulfite d'ammoniaque.

Ce sel s'obtient difficilement en cristaux réguliers. Si sa solution est très-concentrée, elle se prend en une masse molle, formée de très-petites aiguilles.

Hyposulfite d'ammoniaque et d'argent.

On prépare ce sel en dissolvant le chlorure d'argent dans l'hyposulfite d'ammoniaque et en ajoutant de l'alcool à la liqueur. Il se précipite un sel blanc, que l'on presse entre du papier Joseph et que l'on sèche dans le vide.

Il est très-soluble dans l'eau, et sa saveur sucrée est si forte qu'elle en est désagréable.

1 partie de ce sel rend sapide 32000 parties d'eau.

M. Herschell soupçonne l'existence d'un autre sel double d'argent, qui contiendroit la moitié moins d'hyposulfite d'ammoniaque. On l'obtiendroit en ajoutant du chlorure d'argent à une solution d'hyposulfite d'ammoniaque déjà saturée de chlorure.

Hyposulfite de chaux.

Composition.

	Herschell.
Acide...........	56,71
Chaux...........	21.71
Eau............	41,58.

M. Herschell a obtenu ce sel en faisant passer du gaz sulfureux dans de l'hydrosulfate de chaux ou dans de l'eau où l'on avoit fait bouillir préalablement du soufre et de la chaux.

Cette solution doit être évaporée au-dessous de 60^{d}; autrement elle se décomposeroit en sulfite de chaux et en soufre.

Le sel cristallise en prismes hexaèdres, dont 2 faces sont ordinairement plus petites que les quatre autres.

L'eau, à 5^{d}, en dissout un poids égal au sien environ.

Il paroît susceptible de s'unir à l'argent en 2 proportions.

Hyposulfite de strontiane.

Composition.

Gay-Lussac.

Oxigène....... 2 proportions.
Soufre......... 2 —
Strontiane...... 1 —
Eau.......... 5 —

Propriétés.

Il cristallise en rhomboèdres aplatis.

Il est soluble dans 4 parties d'eau à 15^d et dans $1\frac{3}{4}$ p. d'eau bouillante.

La solution n'est pas décomposée, au moins d'une manière notable, par l'évaporation à une température qui surpasse 60^d.

Préparations.

On le prépare en faisant passer de l'acide sulfureux dans une solution de sulfure de strontiane.

Il paroît susceptible de ne s'unir à l'argent que dans une seule proportion.

Hyposulfite de magnésie.

On l'obtient en faisant bouillir des fleurs de soufre avec du sulfite de magnésie. Ce sel, quoique très-soluble dans l'eau, ne paroît pas être déliquescent.

Hyposulfite de protoxide de cuivre.

M. Herschell l'a préparé en faisant digérer de l'hyposulfite de chaux sur du sous-carbonate de cuivre ou en mêlant le premier sel avec du sulfate de cuivre.

L'hyposulfite de protoxide de cuivre est incolore : il ne devient bleu avec l'ammoniaque qu'autant qu'il a le contact de l'air.

Hyposulfite de protoxide de plomb.

Lorsqu'on verse une solution de nitrate de plomb dans une solution d'hyposulfite de chaux, il se fait un précipité abondant d'hyposulfite de plomb.

Ce sel est blanc.

3266 parties d'eau n'en dissolvent qu'une partie.

A 100^d et même au-dessous, il devient noir. Si on le distille, on obtient du gaz sulfureux et une poudre noire, que M. Herschell considère comme un sulfure d'oxide; cette opinion n'est guère probable.

HYPOSULFITE D'ARGENT.

Le nitrate d'argent, versé dans l'hyposulfite de chaux, y fait un précipité noir, formé de sulfure et d'hyposulfite d'argent. Il reste de l'acide sulfurique dans la liqueur.

En lavant le précipité et le traitant par l'ammoniaque, on dissout l'hyposulfite. La liqueur filtrée, puis neutralisée par l'acide nitrique foible, le laisse précipiter.

L'hyposulfite d'argent est peu soluble dans l'eau. Il a une saveur sucrée.

Il se décompose spontanément en donnant des produits analogues à ceux qu'on obtient de l'hyposulfite de plomb distillé.

HYPOSULFITE D'ÉTAIN.

Suivant Fourcroy et Vauquelin, une lame d'étain, plongée dans l'acide sulfureux, décompose une portion de cet acide en oxigène et en soufre. Tout l'oxigène se fixe sur l'étain, tandis que le soufre se divise en deux portions : l'une se porte sur le métal pour former un sulfure noir, tandis que l'autre, en s'unissant à l'acide sulfureux non décomposé, forme l'acide hyposulfureux.

HYPOSULFITE DE PROTOXIDE DE FER.

Suivant Fourcroy et Vauquelin, l'acide sulfureux, mis en contact avec l'eau et le fer, dissout ce métal sans effervescence. L'oxigène d'une portion d'acide se porte sur le métal, tandis que le soufre de cette même portion, en s'unissant à l'acide indécomposé, forme de l'acide hyposulfureux, qui neutralise le protoxide de fer.

HYPOSULFITE DE ZINC.

Fourcroy et Vauquelin disent que l'acide sulfureux attaque rapidement le zinc métallique, et qu'une décomposition simultanée d'eau et d'acide donne lieu à une formation d'acide hydrosulfurique.

La solution qu'on obtient, exposée à l'air, prend la consistance de miel et dépose des tétraèdres, terminés par des pyramides quadrangulaires qui sont solubles dans l'eau et l'alcool.

Au chalumeau, ce sel répand une lumière éclatante et forme une végétation. (Ch.)

SULFURES. (*Chim.*) Combinaisons définies, non acides, résultant de l'union du soufre avec un combustible simple ou une base salifiable, dans lesquelles le soufre est électro-négatif.

Sulfures des corps simples.

Nous n'entrerons ici dans aucun détail sur les propriétés spécifiques des sulfures, par la raison que nous avons fait l'histoire de chacun d'eux à l'article de chaque Corps qui est susceptible de s'unir au soufre en proportions définies et qui est électro-positif par rapport à ce dernier.

Les sulfures non acides, qu'on peut considérer comme formant un genre naturel, sont tous à base métallique, et ceux qu'on doit étudier comme type du genre, sont formés d'un métal dont l'oxide a des propriétés éminemment alcalines.

Le soufre est susceptible de s'unir aux combustibles en diverses proportions. En général, on considère comme sulfures neutres ceux dont le soufre est au combustible en une telle proportion que, ces corps venant à se convertir en sulfate, l'oxigène qui s'unira au soufre sera triple de celui qui s'unira au métal pour faire l'oxide le plus alcalin que ce métal est susceptible de former, ou encore ceux dans lesquels l'hydrogène de l'eau, nécessaire pour convertir le métal en oxide salifiable, sera au soufre uni à ce métal dans le rapport convenable pour former de l'acide hydrosulfurique.

Tels sont les sulfures de potassium, de sodium, de barium, de strontiane, de calcium, qui sont solubles dans l'eau. Ces solutions sont caractérisées surtout par la propriété de donner du gaz hydrosulfurique pur, sans dépôt de soufre, lorsqu'on y verse de l'acide sulfurique, de l'acide hydrochlorique foible,

qui n'ont pas d'action pour décomposer l'acide hydrosulfurique. Enfin, les sulfures dissous sont susceptibles de se convertir en sulfates neutres. Ces sulfures ont été obtenus par M.
Berthier en décomposant les sulfates des métaux que nous
venons de nommer dans des creusets brasqués, et il a vu qu'en
prenant ces sulfates à l'état anhydre, la perte qu'ils éprouvent dans l'opération est précisément égale à l'oxigène de
l'acide et à celui de l'oxide.

Le protosulfure de fer, les sulfures de manganèse, de plomb,
de cuivre, etc., sont analogues aux précédens par leur composition.

Il existe des sulfures qui contiennent une proportion de
soufre plus forte que celle qui se trouve dans ceux que nous venons de nommer. Tels sont le bisulfure de fer, et les sulfures
de baryte, de strontiane, etc., qu'on obtient ordinairement
en décomposant à la chaleur rouge-cerise, les sulfates de ba-
ryte, de strontiane, etc., mêlés avec $\frac{1}{3}$, $\frac{1}{4}$ de leur poids de
charbon. En effet, les résultats de ces opérations, traités par
l'eau, ne dégagent pas d'hydrogène, et lorsqu'on ajoute un
acide foible aux solutions, il se dégage de l'acide hydrosulfurique, et il se dépose du soufre ; conséquemment ils
doivent être considérés à l'état sec comme des persulfures
métalliques $+$ de l'oxide.

Les sulfures neutres sont susceptibles de s'unir avec une
quantité d'acide hydrosulfurique contenant autant de soufre
qu'eux. Telle est une combinaison obtenue par M. Gay-
Lussac en chauffant du potassium dans de l'acide hydrosulfurique : pour 1 volume d'hydrogène, mis en liberté, 1 volume
d'acide hydrosulfurique est absorbé par le sulfure produit.

SULFURES DES BASES SALIFIABLES.

On avoit cru avant Proust cette classe de sulfures beaucoup plus nombreuse qu'elle ne l'est en effet. Mais ce savant a démontré que les oxides des métaux des 3.ᵉ, 4.ᵉ et
5.ᵉ sections ne pouvoient donner des sulfures d'oxides, au
moins lorsqu'on les chauffoit avec le soufre sans intermède,
et en même temps il a fait voir qu'un sulfure métallique
peut se combiner avec l'oxide du même métal. Il l'a démontré d'une manière spéciale pour l'antimoine.

Depuis, MM. Vauquelin, Gay-Lussac, Berzelius et Berthier, ont prouvé qu'il en est de même pour les métaux de la seconde section. (Ch.)

SULFUREUX [Acide]. (*Chim.*) Une des quatre combinaisons acides que le soufre forme avec l'oxigène.

Composition.

Berzelius.

Oxigène........ 99,44
Soufre......... 100.

1 volume d'acide sulfureux contient 1 volume d'oxigène.

Propriétés.

L'acide sulfureux, sous la pression de 0^m,760, est liquide jusqu'à — 10^d, où il entre en ébullition.

L'acide liquide est incolore, d'une densité de 1,45. Quand on l'expose à l'air dans une atmosphère dont la température est au-dessus de — 10^d, il ne se réduit pas subitement en gaz, par la raison que la portion qui éprouve ce changement d'état absorbe tant de chaleur que l'acide restant se trouve assez refroidi pour conserver quelque temps sa liquidité.

Versé sur la main, il y produit un froid très-vif et se volatilise complétement.

Si on imprègne d'acide sulfureux du coton qui enveloppe la boule d'un thermomètre à air marquant 10^d au-dessus de zéro, le thermomètre indique un froid de 57^d au-dessous de zéro, en opérant au milieu de l'air; et un froid de 68^d en opérant dans le vide.

En mettant du mercure dans un tube à thermomètre dont la boule est enveloppée de coton, on opère la congélation du métal, lorsqu'on verse de l'acide sulfureux sur le coton, et qu'on agite le thermomètre dans l'air.

M. Bussy, en faisant évaporer l'acide sulfureux dans le vide, a congelé l'alcool marquant 33^d à l'aréomètre.

Il a liquéfié le chlore, l'ammoniaque, et il a obtenu le cyanogène à l'état cristallin, en faisant arriver ces gaz desséchés par le chlorure de calcium dans un tube coudé, dont l'une des branches, placée horizontalement, à angle droit, portoit

une boule qu'on refroidissoit au moyen de l'acide sulfureux :
la branche verticale plongeoit de quelques centimètres dans
le mercure.

L'acide sulfureux liquide, versé dans l'eau à la température ordinaire, se partage en deux portions ; l'une se volatilise et l'autre est dissoute. Si on augmente la dose d'acide,
une partie de la portion qui ne se volatilise pas se rassemble
au fond du vase ; si on la touche avec l'extrémité d'un tube,
elle se réduit en vapeur et l'eau se refroidit assez pour se
couvrir de glace.

Telles sont les propriétés que M. Bussy a reconnues à
l'acide sulfureux liquide. Avant lui cet acide avoit été liquéfié par Monge et Clouet. Mais ces phycisiens croyoient
qu'il falloit un froid de $27^d.77$.

Examinons maintenant les propriétés de l'acide sulfureux
à l'état de gaz.

Le gaz acide sulfureux n'est pas coloré. Son odeur est celle
du soufre qui brûle. Il excite la toux et les larmes.

Il a une pesanteur spécifique de 2,2553. Le décimètre
cube pèse $2^g,932$.

Il rougit fortement la teinture de tournesol ; mais il finit
par la décomposer et la faire passer au jaune.

Priestley, Bergmann et Berthollet, ont prétendu qu'on pouvoit convertir le gaz acide sulfureux en soufre et en acide
sulfurique en le faisant passer dans un tube rouge de feu ;
mais Fourcroy et Vauquelin ont démontré que c'étoit une
erreur. Une chaleur de 100°, comme une chaleur rouge,
n'altère point la composition de l'acide sulfureux.

Le gaz sulfureux et le gaz oxigène n'éprouvent aucun changement quand ils sont bien desséchés. Mais si dans un mélange de 2 volumes de gaz acide sulfureux et 1 volume de
gaz oxigène, contenus dans une cloche, sur le mercure, on
introduit un peu d'eau, la combinaison s'opère peu à peu
et l'on obtient de l'acide sulfurique en dissolution dans
l'eau.

Fourcroy et Vauquelin ont dit qu'on obtenoit de l'a-
cide sulfurique en faisant passer le mélange dans un tube
de porcelaine rouge ; mais si ce résultat est exact, cela ne
peut être qu'à une certaine température, puisqu'en chauf-

fant le soufre dans l'oxigène, on admet généralement qu'il ne se produit que du gaz sulfureux.

Le gaz acide sulfureux seroit probablement décomposé par le bore à une chaleur rouge.

Lorsqu'on fait passer dans un tube de porcelaine rouge de feu, 1.° du gaz acide sulfureux qui se dégage d'une fiole à médecine qui contient 1 partie de mercure et 4 parties d'acide sulfurique concentré; 2.° du gaz hydrogène qui étoit contenu dans une vessie, il se produit de l'eau et il se dépose du soufre. Si le gaz hydrogène est en excès et si la température n'est pas très-élevée, il se produit de l'acide hydrosulfurique. Pour enlever tout l'oxigène au soufre, il faut 2 volumes d'hydrogène contre 1 volume d'acide sulfureux.

Le charbon rouge décompose le gaz acide sulfureux. On fait l'opération dans un tube de porcelaine; on obtient de l'acide carbonique, du gaz oxide de carbone et du soufre. Il est probable que le charbon se combine à une portion de soufre.

Le phosphore peut être distillé dans le gaz sulfureux sans le décomposer.

Le gaz acide sulfureux décompose le gaz hydrogène phosphoré : 100 parties de gaz hydrogène phosphoré et 75 parties de gaz acide sulfureux donnent de l'eau et des plaques jaunes formées de soufre et de phosphore.

1 vol. de gaz acide sulfureux et 2 vol. de gaz hydrosulfurique secs ne réagissent que lentement, environ une demi-heure ou une heure après avoir été mélangés : il se produit de l'eau et il se dépose du soufre. Si les gaz sont humides, la décomposition est beaucoup plus rapide. L'eau agit en condensant les gaz.

Le gaz acide sulfureux est assez soluble dans l'eau : 1 mesure à 18° en dissout 43,78 mesures. (Th. de Saussure.)

1 mesure d'alcool en dissout 115^m,77.

L'eau saturée de gaz acide sulfureux à la température de zéro, a une pesanteur spécifique de 1020, celle de l'eau étant 1000; 100 d'eau en poids dissolvent 15 de gaz acide.

Cette eau a l'odeur et la saveur du gaz acide. Elle commence à bouillir à 18°; mais elle ne peut être privée de tout son acide par l'ébullition.

Elle se gèle à zéro sans abandonner de gaz. Elle a donc plus d'affinité pour l'acide sulfureux que pour l'acide carbonique.

L'eau d'acide sulfureux absorbe l'oxigène de l'air, et passe à l'état d'acide sulfurique.

Elle est décomposée par l'eau qui tient de l'hydrogène phosphuré ou sulfuré en dissolution.

État.

Le gaz acide sulfureux se rencontre dans le voisinage des volcans : ne général toutes les fois que le soufre se dégage de la terre suffisamment échauffé, il prend feu dès qu'il a le contact de l'air, et le produit de sa combustion est toujours de l'acide sulfureux.

Préparation.

Pour préparer le gaz acide sulfureux, on met dans une cornue ou une fiole à médecine 1 partie de mercure et 4 parties d'acide sulfurique concentré. On adapte à la fiole un bouchon muni d'un tube recourbé ; on fait chauffer : quand l'odeur du gaz se fait sentir, on engage le col de la cornue ou l'extrémité du tube de la fiole sous une cloche pleine de mercure. On reconnoit la pureté du gaz lorsqu'il est absorbé en totalité par l'eau. Dans cette opération, le mercure enlève ½ d'oxigène à une portion d'acide sulfurique qui, étant ainsi désoxigénée, se dégage à l'état de gaz sulfureux. L'oxide de mercure s'unit en même temps à une autre portion d'acide qui n'est pas décomposée et forme un sulfate de mercure; 30 gr. de mercure donnent plusieurs litres de gaz acide sulfureux.

Pour obtenir l'acide sulfureux liquide, on adapte l'appareil propre au dégagement du gaz sulfureux à un tube rempli de fragmens de chlorure de calcium, qui communique par une de ses extrémités à un matras entouré d'un mélange de 2 parties de glace et de 1 partie de chlorure de sodium. L'acide s'y liquéfie sous la pression ordinaire à une température qui ne descend pas au-dessous de 18 à 20° — o.

Lorsqu'on veut préparer l'acide sulfureux dissous dans l'eau, on met le mélange qui doit le former dans une cornue qui communique à un appareil de Woulf. Pour obtenir de l'acide sulfureux pur, il faut mettre de l'eau de chaux dans le premier flacon, et remplir d'eau presque en totalité les autres flacons.

Dans les arts on emploie du charbon ou des copeaux de sapin au lieu de mercure. La proportion est toujours de 1 partie de charbon, ou 1 partie de copeaux de sapin et 4 parties d'acide sulfurique concentré. On obtient alors du gaz acide carbonique avec le gaz acide sulfureux.

Usages.

Lorsqu'on expose la laine et la soie qui sont colorées par des matières organiques à la vapeur du soufre brûlant dans l'air, on les blanchit au moyen du gaz acide sulfureux qui est produit.

Histoire.

Stahl examina le premier le produit de la combustion du soufre brûlant sous une cloche pleine d'air; il en reconnut l'acidité et la propriété qu'il avoit de neutraliser la potasse. Schéele le dégagea ensuite du sulfite de potasse au moyen de l'acide tartarique : il l'obtint en dissolution dans l'eau.

Priestley, en 1774, le fit connoître à l'état gazeux.

Monge et Clouet l'ont liquéfié; mais leur résultat fut contesté jusqu'en 1824, où M. Bussy l'obtint à l'état liquide, en le recevant dans un ballon refroidi à — 18° sous la pression ordinaire de l'atmosphère. Avant M. Bussy, M. Faraday l'avoit liquéfié; mais il avoit joint la compression au refroidissement. (Cʜ.)

SULFUREUX (Hʏᴘᴏ-), [Aᴄɪᴅᴇ]. (*Chim.*) Acide formé de 2 proportions d'oxigène et de 2 proportions de soufre, ou de

$$\text{Oxigène} \dots \dots \dots \quad 100$$
$$\text{Soufre} \dots \dots \dots \quad 200.$$

On voit donc qu'il est représenté par de l'acide sulfureux plus une quantité de soufre égale à celle de cet acide.

Jusqu'ici il n'a pu être produit directement en unissant l'oxigène au soufre, ni même isolé des bases salifiables auxquelles il est uni. (Cʜ.)

SULFURIQUE [Acide]. (*Chim.*) Des quatre combinaisons acides que le soufre forme avec l'oxigène, l'acide sulfurique est celle qui contient le plus de ce principe.

Composition.

	Gay-Lussac.	Berzelius.
Oxigène	138	146,436
Soufre	100	100
ou Oxigène		1 vol.
Acide sulfureux		2.

Propriétés.

L'acide sulfurique anhydre est solide, blanc, opaque, difficile à couper, se réduisant en vapeur à la température ordinaire.

Mis en contact avec le papier, le bois, il les charbonne sur-le-champ.

Il est très-déliquescent, et répand des fumées blanches dans l'atmosphère quand celle-ci contient de la vapeur d'eau.

Lorsqu'on le jette dans l'eau, il fait entendre un bruit très-fort, comme si l'on plongeoit un fer chaud dans ce liquide. Si, après avoir rempli de mercure une cloche qui contient de l'acide sulfurique, on la renverse sur la cuve à mercure, et qu'on fasse passer ensuite de très-petites quantités d'eau, il se dégagera de la chaleur et il se formera de la vapeur, mais il ne se dégagera aucun gaz permanent.

L'acide sulfurique se liquéfie à un degré assez bas; il se maintient liquide à 25^d; à 20^d, sa densité est de 1.97. Il est transparent; il réfracte fortement la lumière; il est plus fluide que l'acide sulfurique hydraté. Lorsque la température s'abaisse suffisamment, il cristallise en houppes soyeuses et finit par se solidifier entièrement.

Il dissout le soufre et forme des composés bruns, verts et bleus, qui ont été décrits par M. Vogel, de Bareuth. Dès que l'acide a le contact de l'eau, le soufre s'en sépare.

L'iode est dissous par cet acide. La dissolution est d'un bleu verdâtre.

L'indigo s'y dissout également. La dissolution est d'un beau rouge pourpre, suivant l'observation de M. Bussy.

Enfin, si on unit la baryte à cet acide, en prenant toutes les précautions convenables pour ne rien perdre, on trouve que le poids entier de l'acide s'est ajouté à la baryte, qui le neutralise ; d'où il résulte qu'il ne contient pas d'eau.

ACIDE SULFURIQUE HYDRATÉ.

(*Huile de vitriol.*)

Composition.

Acide sulfurique 81,67
Eau .... 18,33.

Propriétés.

L'acide sulfurique est sous la forme liquide à la température ordinaire. Il est incolore et inodore ; il est comme huileux ; de là le nom d'huile de vitriol, qu'il a porté pendant long-temps. Il pèse 1,85 , l'eau pesant 1.

C'est un des acides les plus corrosifs connus. Il désorganise les matières organiques avec une grande rapidité ; il les charbonne toujours ou presque toujours, surtout lorsque la température est élevée.

L'acide sulfurique est congelé par un froid de 10 à 12°. Mais M. Chaptal a vu que l'acide d'une pesanteur de 1,78 (63 à 65°) se congeloit à zéro et même au-dessus. Il l'a observé sous la forme de cristaux prismatiques hexaèdres qui étoient aplatis et terminés par une pyramide à six faces. Kunckel, Bohn , Boerhaave , sont les premiers qui aient parlé de cette congélation.

L'acide sulfurique entre en ébullition à 310 ; suivant Bergmann , à 285,55 ; suivant Erxleben , à 300.

On peut le distiller comme de l'eau, si on a la précaution de mettre dans la cornue de verre qui le contient, un fil de platine, et si l'alonge et le récipient dans lesquels on reçoit la vapeur, ne sont pas exposés à un courant d'air froid : autrement la rupture de l'alonge et du récipient pourroit avoir lieu.

L'acide sulfurique, réduit en vapeur, se décompose lorsqu'on le fait passer dans un tube de porcelaine rouge de feu. Il se réduit en 2 volumes de gaz acide sulfureux, 1 vo lume de gaz oxigène et en vapeur d'eau. Lorsque la vapeur se condense, elle entraîne avec elle une portion d'acide sulfurique, soit que les deux gaz se soient recombinés, soit qu'il y eût eu une portion d'acide non décomposée, comme cela est très-vraisemblable. Il faut recueillir les gaz sur le mercure.

L'électricité décompose l'acide sulfurique concentré. Le gaz oxigène se [...] au pôle positif, et du soufre se dépose en flocons sur le [...] négatif.

L'acide sulfurique n'éprouve aucune altération de la part de l'air et du gaz oxigène secs. S'ils contiennent de l'humidité, l'acide l'absorbe. Il peut doubler de poids. Si l'on opère dans l'atmosphère, l'acide se colore toujours, parce qu'il réagit sur les matières organiques qui étoient dans l'atmosphère et qui sont tombées dedans.

Quoique l'acide sulfurique contienne près du cinquième de son poids d'eau, cependant on voit qu'il a une grande affinité pour ce liquide, même quand il est à l'état de vapeur. C'est à cette affinité qu'il faut attribuer les changemens de température qu'on observe lorsqu'on le mêle avec l'eau ou la glace.

500 grammes d'acide sulfurique et 125 grammes d'eau, produisent 105 degrés de chaleur. D'un autre côté la chaleur qui se dégage d'un mélange de 734 grammes d'eau et de 979 d'acide (pes. sp., 1,85), peut fondre 1529 grammes de glace.

4 parties d'acide concentré et 1 partie de glace, dégagent assez de chaleur pour faire monter le thermomètre à 100°; mais si l'on mêle 4 parties de glace avec 1 partie d'acide concentré, le thermomètre peut descendre à —20. Dans cette circonstance il se dégage bien de la chaleur, mais elle est loin de suffire à celle qui est nécessaire pour opérer la liquéfaction de la glace.

L'acide sulfurique étendu d'eau peut toujours être ramené à 1,85 de pesanteur spécifique par l'exposition sur le feu.

L'hydrogène décompose l'acide sulfurique. Pour s'en convaincre, on adapte à l'une des extrémités d'un tube de porcelaine qui traverse un fourneau, 1.° une petite cornue, contenant de l'acide sulfurique, 2.° un tube de verre communiquant à une vessie pleine de gaz hydrogène ; à l'autre extrémilé on ajuste un tube pour recueillir les gaz. Si l'on fait passer la vapeur d'acide avec le gaz hydrogène dans le tube rouge de feu, on obtient de l'eau et du gaz sulfureux, s'il y a peu d'hydrogène ; de l'eau et du soufre, s'il y a une suffisante quantité de gaz inflammable pour décomposer le gaz sulfureux et en saturer l'oxigène ; enfin, on pourra obtenir de l'eau et du gaz hydrosulfurique, si la température n'est pas élevée au rouge-blanc et s'il y a un excès de gaz hydrogène.

Il est probable qu'en faisant passer la vapeur d'acide sulfurique sur le bore chauffé au rouge, on obtiendroit de l'acide borique et du soufre.

En faisant la même expérience avec le charbon, on obtient du gaz acide carbonique, du gaz oxide de carbone, de l'hydrogène et de l'hydrogène sulfuré, plus du soufre et du charbon sulfuré. Dans cette opération l'acide sulfurique est décomposé en même temps que l'eau qu'il contient.

Lorsqu'on met 1 partie de charbon calciné dans une fiole avec 3 ou 4 parties d'acide sulfurique concentré et qu'on fait chauffer, on obtient de l'acide sulfureux et du gaz acide carbonique.

Le phosphore qu'on fait bouillir dans l'acide sulfurique se convertit en acide phosphoreux et réduit l'acide sulfurique en gaz sulfureux. Il agit donc comme le charbon.

Le soufre, dans la même circonstance, enlève une portion d'oxigène à l'acide sulfurique, et le convertit en acide sulfureux en passant lui-même à cet état. Les deux corps ne réagissent qu'à 200° environ. L'expansibilité de l'acide sulfureux s'oppose à ce que la décomposition de l'acide sulfurique soit complète, lorsque le combustible est chauffé au milieu même de cet acide.

L'acide hydrosulfurique et l'hydrogène phosphuré décomposent l'acide sulfurique.

L'acide sulfurique concentré et entouré de glace peut dissoudre beaucoup de gaz acide sulfureux.

L'acide sulfurique se distingue du sulfureux en ce qu'il n'est pas odorant, en ce qu'il forme avec la baryte un sel insoluble dans un excès de son acide étendu, en ce que l'acide sulfureux précipite l'eau de chaux, tandis que l'acide sulfurique ne la précipite pas, etc.

État.

L'acide sulfurique se trouve dans la nature, dans les envi‑
rons des volcans, et particulièrement dans des grottes où il
distille des voûtes. Baldassari l'a trouvé près de Santa‑Fiora,
dans le voisinage de Sienne. M. Pictet en a observé dans une
petite grotte, près d'Aix en Savoie. Enfin M. Leschenault a
trouvé un lac d'acide sulfurique dans l'intérieur du volcan du
mont Idienne, situé dans la partie la plus orientale de l'île de
Java.

Préparation.

1.ᵉʳ *Procédé.* On a préparé pendant long-temps l'acide sul‑
furique exclusivement en distillant des sulfates de fer, de
cuivre et de zinc. Comme ces sulfates étoient appelés vi‑
triols, on a donné le nom d'acide vitriolique à l'acide qu'on
en retiroit. C'est par ce procédé qu'on prépare l'acide fu‑
mant de Nordhausen en Saxe, et il est d'autant plus con‑
venable de le décrire qu'il est lié à la préparation de l'acide
sulfurique anhydre.

Nous en parlerons d'après M. Bussy.

On dessèche du sulfate de fer pour le priver de son eau
de cristallisation. On l'introduit dans une cornue de verre
lutée, à laquelle on adapte une alonge, dont l'extrémité
doit être effilée à la lampe. A cette alonge on adapte un
ballon à pointe, et à celui‑ci un ballon tubulé. On met
de l'acide sulfurique à 66ᵈ dans les deux récipiens et on dis‑
tille ensuite le sulfate de fer. De 2 kilogrammes de ce sel
M. Bussy a obtenu assez d'acide anhydre pour convertir
750 grammes d'acide à 66° en 1 kilogramme d'acide sulfurique
très-fumant. En saturant l'acide ordinaire de vapeurs de
l'acide anhydre, on obtient des cristaux transparens très‑
fumans, et un liquide dont la densité peut être de 1,907.
Elle seroit plus grande, s'il ne contenoit pas d'acide sulfureux,
car celui-ci diminue la densité de l'acide sulfurique hydraté.

Tous les sulfates décomposables par la chaleur donnent les
mêmes produits que le sulfate de fer, c'est-à-dire, de l'acide
sulfureux, de l'oxigène et de l'acide anhydre.

M. Bussy a obtenu l'acide sulfurique anhydre de l'acide
de Nordhausen de la manière suivante : il a introduit ce

5ı.   24

dernier dans une cornue de verre tubulée, bouchée à l'émeri ;
il a effilé le bec de la cornue et l'a engagé dans un tube de
verre long et étroit, bouché à l'une de ses extrémités et
servant de récipient. Le tube a été placé au milieu de la glace.
L'acide a ensuite été chauffé légèrement ; puis on a élevé graduellement la température. L'acide de Nordhausen a bouilli,
parce que l'acide anhydre s'est réduit en vapeur. Cette vapeur est venue se cristalliser dans le tube refroidi. Pour l'y
conserver, il faut fermer à la lampe l'extrémité du tube qui
est ouverte, autrement l'acide anhydre attireroit l'humidité
de l'air.

2.º *Procédé*. Il paroît que c'est en Angleterre qu'on a
préparé d'abord l'acide sulfurique hydraté, en faisant brûler
un mélange de soufre et de nitre. On a opéré d'abord cette
combustion dans des ballons de verre contenant un peu d'eau
et communiquant les uns aux autres.

Depuis une trentaine d'années environ on a opéré la
combustion d'un mélange de 90 de soufre et de 10 de nitre
dans des chambres formées de lames de plomb, qui sont
soudées les unes aux autres et attachées à une charpente extérieure par des bandes de plomb, soudées d'une part à
ces lames et clouées de l'autre à cette charpente. Les chambres de plomb ont souvent de 9 à 10 mètres de longueur
et de largeur, et 5 à 6 mètres de hauteur. Elles sont établies sur des parallélipipèdes en pierre, à environ 2 mètres
au-dessus du sol et à peu près à la même distance des mu-
railles et du toit.

La chambre porte sur un des côtés une ouverture par laquelle on peut pénétrer dans l'intérieur. Le sol doit en être
incliné, afin que l'acide puisse s'écouler par un robinet placé
dans la partie inférieure.

On peut brûler le mélange de différentes manières. Il y
a des chambres où le foyer est extérieur. Les vapeurs produites par la combustion sont entraînées dans la chambre
par le courant d'air qui s'y établit. Il y en a d'autres où on
place le mélange enflammé sur un chariot de fer, qu'on
pousse ensuite dans la chambre. Enfin on peut brûler le
soufre de la manière suivante : près de l'un des côtés de la
chambre, et à quelques décimètres de son fond, on dispose

horizontalement une plaque en fonte, dont les bords sont relevés, sur un fourneau qui traverse le fond de la chambre, et dont la cheminée n'a aucune communication avec celle-ci. C'est sur cette plaque qu'on met le mélange; on l'y porte en ouvrant une trappe qui fait partie de la paroi latérale de la chambre et qui s'appuie inférieurement sur la plaque elle-même. Le mélange étant ainsi placé, la chambre fermée et son sol recouvert d'eau, on fait du feu dans le fourneau. Le mélange s'enflamme. Quand il est brûlé, ce qu'on peut apercevoir au moyen d'un carreau de verre adapté à la trappe, on lève celle-ci; on enlève le résidu de la combustion, qui consiste pour la plus grande partie en sulfate de potasse, et on le remplace par du mélange ; on renouvelle l'air dans la chambre, en ouvrant la porte et une soupape située sur le côté opposé à la trappe; on referme la trappe, la porte et la soupape, et on remet le feu dans le fourneau : on fait ainsi brûler de nouveaux mélanges jusqu'à ce que l'acide soit à environ 45° de l'aréomètre de Baumé. Quand l'acide a ce degré de concentration, on le retire de la chambre en ouvrant le robinet dont nous avons parlé. Cet acide contient, 1.° de l'eau ; 2.° un peu d'acide sulfureux ; 3.° un peu d'acide nitrique : 4.° une très-petite quantité de sulfate de plomb, qui provient de l'action de l'acide sulfurique sur l'oxide de plomb, produit par les vapeurs nitreuses. et 5.° une quantité notable de sulfate de protoxide de fer. Pour le rendre propre aux arts, on le porte dans des chaudières en plomb ou en platine ; on le fait chauffer jusqu'à ce qu'il marque 55° à l'aréomètre de Baumé. On dégage beaucoup d'eau et tout l'acide sulfureux qu'il contenoit ; on l'introduit dans des cornues de grès, qu'on place sur des barres de fer dans un fourneau rond et assez grand pour en recevoir plusieurs en les rangeant circulairement : on les recouvre de terre, de briques et de tessons, arrangés en forme de dôme ; on adapte au col de la cornue un récipient : et on distille. On est averti que l'acide est concentré à 66°, lorsqu'il se produit un bruit semblable à une petite détonation au moment où l'acide qui distille tombe dans le récipient : arrivé à ce point, on brise le dôme du fourneau, on en retire la cornue et on verse l'acide dans des bouteilles de verre vert qu'on nomme dames-jeanne, après l'avoir séparé par décantation d'un dépôt, qui est principalement formé de sulfate de fer anhydre.

Quant à la théorie de la formation de l'acide sulfurique hydraté, voyez tome Ier, page 209.

L'acide sulfurique du commerce à 66° ne contient plus d'acide nitrique; mais il s'y trouve du sulfate de fer et des traces de sulfates de plomb et de potasse. Pour le purifier complétement, il faut le distiller dans des cornues de verre, qu'on place à feu nu dans un fourneau à réverbère ou dans du sable sur un fourneau à galère. On met dans les cornues des fils de platine, afin de prévenir les soubresauts.

Usages.

L'acide sulfurique est employé pour préparer presque tous les acides, pour convertir le chlorure de sodium en sulfate de soude, pour fabriquer l'alun et le sulfate de fer, pour faire le bleu de Saxe avec l'indigo, pour gonfler les peaux qu'on veut tanner, pour fabriquer l'éther hydratique, etc. (Ch.)

SULFURIQUE (Hypo-) [Acide]. (*Chim.*) Acide formé de soufre et d'oxigène, découvert en 1819 par MM. Gay-Lussac et Welter.

Composition.

	Proportions
Oxigène...................	5
Soufre	2

ou

Acide sulfurique.....	1 proportion
Acide sulfureux	1 — —

Préparation.

On met dans un flacon de Woulf de l'eau et du peroxide de manganèse très-divisé; on fait communiquer ce flacon avec un appareil propre à préparer du gaz acide sulfureux. Dès que cet acide arrive dans le flacon il réagit sur l'oxide métallique, de manière qu'il le ramene à l'état de protoxide en même temps qu'il se convertit en acides sulfurique et hyposulfurique qui sont neutralisés par le protoxide de manganèse. En versant dans la liqueur un excès de baryte, on pré-

cipite ce dernier, ainsi que l'acide sulfurique, et l'on obtient une dissolution d'hyposulfate de baryte, dans laquelle il suffit de diriger un courant de gaz carbonique pour en précipiter l'excès de base; en faisant évaporer la liqueur convenablement, elle donne de beaux cristaux d'hyposulfate de baryte. On en isole l'acide, en le faisant dissoudre dans l'eau et en en précipitant toute la baryte par la quantité d'acide sulfurique strictement nécessaire pour cela. On met ensuite la liqueur dans le vide sec, à la température de 10^d, et l'on obtient l'acide hyposulfurique, dont il faut arrêter la concentration, lorsque la densité du liquide a 1,347; car alors il commence à se réduire en acide sulfureux et sulfurique.

Propriétés.

L'acide obtenu par le procédé précédent, retient toujours beaucoup d'eau.

Il est incolore.

Exposé à la chaleur, il se réduit en acides sulfurique et sulfureux, à moins qu'il ne soit très-étendu.

A froid, le chlore, l'acide nitrique concentré, le sulfate rouge de manganèse, ne l'altèrent pas.

Il dissout le zinc sans se décomposer. Il y a un dégagement d'hydrogène.

Il sature très-bien la baryte, la strontiane, la chaux, l'oxide de plomb, etc. (Ch.)

SULIMÉ. (*Ichthyol.*) Nom que les Cosaques donnent à l'esturgeon. (H. C.)

SULIN. (*Conchyl.*) Adanson (Sénég., p. 38, pl. 2) décrit et figure sous ce nom, parmi les lépas à coquille chambrée, une coquille que Gmelin a rapportée à sa *patella porcellana*, et qui est aujourd'hui le type du genre Crépidule de M. de Lamarck. Mais il faut remarquer que toutes les autres citations de la *P. porcellana* de Gmelin ont rapport à une espèce de navicelle; aussi cet auteur, que l'on critique tant, toutefois en suivant la plupart de ses indications, termine-t-il ses observations sur cette espèce par cette phrase : *Nonne potius ad neritas amandanda;* ce qui a été éxecuté, en effet, par M. de Lamarck et par nous. (De B.)

SULIO. (*Ichthyol.*) Nom espagnol de l'esturgeon. (H. C.)

SULITRA. (*Bot.*) Ce genre de plantes légumineuses, fait par Médicus et Mœnch, ne paroît pas différent du *lessertia* de M. De Candolle. (J.)

SULLAC ou SNAK. (*Mamm.*) Ces dénominations tartares s'appliquent à l'antilope saïga. (Desm.)

SULPHUR BOTTOM. (*Mamm.*) De Lacépède place ce nom parmi les synonymes de la baléinoptère jubarte. Il dit qu'il est employé sur les côtes occidentales de l'Amérique méridionale pour désigner ce cétacé. (Desm.)

SULTAN TERNATE. (*Ichthyol.*) Les colons hollandois de l'archipel des Indes donnent ce nom au baliste vieille. Voyez Baliste. (H. C.)

SULTAN-ZAMBACH. (*Bot.*) C. Bauhin cite, d'après Clusius, ce nom d'un martagon dans Constantinople. (J.)

SULTANE [Poule]. (*Ornith.*) Nom vulgaire du Talève. Voyez ce mot. (Desm.)

SULUC. (*Bot.*) Nom turc, arabe et persan, cité par Acosta, Clusius, Daléchamps et Rumph, de l'*herba viva* des anciens, *oxalis sensitiva*. (J.)

SUM, SUN. (*Bot.*) Noms égyptiens du *vitex agnus castus*, cités par Ruellius et Mentzel. (J.)

SUM. (*Ichthyol.*) Nom polonois du glanis ou mal. Voyez Silure. (H. C.)

SUMAC; *Rhus*, Linn. (*Bot.*) Genre de plantes dicotylédones polypétales, de la famille des *térébinthacées*, Juss., et de la *pentandrie trigynie*, Linn., qui présente les caractères suivans : Calice monophylle, à cinq découpures persistantes ; corolle de cinq pétales ovales ; cinq étamines à filamens très-courts ; un ovaire supère, arrondi, surmonté de trois styles très-courts, quelquefois nuls, et alors chargé immédiatement de trois stigmates ; un petit drupe souvent monosperme, contenant quelquefois trois graines osseuses.

Les sumacs sont des arbres ou des arbrisseaux à feuilles alternes, simples ou ternées, ou ailées, et dont les fleurs sont disposées en grappes ou en panicule. On en connoît quatre-vingt et quelques espèces, la plupart exotiques à l'Europe. Toutes ces plantes contiennent un suc propre lactescent, de nature gommo-résineuse et plus ou moins âcre.

* *Feuilles ailées.*

Sumac des corroyeurs, vulgairement Roux ou Roure des corroyeurs, Vinaigrier : *Rhus coriaria*, Linn. , *Spec.* , 379; Duham.. Arbr., nouv. éd., 2, p. 162, t. 46. C'est un arbrisseau de dix à douze pieds de hauteur, dont les branches et les rameaux sont étalés , revêtus d'une écorce velue. Ses feuilles sont ailées avec impaire, composées d'un grand nombre de folioles ovales, dentées , velues. Ses fleurs sont petites , verdâtres ou d'un blanc sale , disposées en grappes serrées à l'extrémité des rameaux ; leurs ovaires sont dépourvus de styles et immédiatement chargés de trois stigmates sessiles. Cette espèce croît naturellement dans les lieux secs et pierreux du Midi de la France et de l'Europe ; on la trouve aussi dans le Levant.

Les fruits du sumac sont astringens; on les prescrivoit autrefois en médecine contre les cours de ventre et le scorbut: ils sont aujourd'hui tombés en désuétude. Ces fruits ont, d'ailleurs , une saveur acide et agréable , qui les faisoit employer par les anciens pour assaisonner les viandes; et les Turcs , dit-on, les emploient encore de cette manière. Les anciens se servoient aussi des jeunes rameaux de cet arbrisseau, desséchés et réduits en poudre, pour tanner les cuirs, et maintenant on en fait encore usage, sous ce rapport, dans quelques parties de l'Espagne et de l'Italie, principalement pour préparer les peaux de chèvres dont on fabrique le maroquin noir. L'écorce des tiges teint en jaune, et celle des racines en brun. Cet arbrisseau n'est pas difficile sur la nature du terrain: il vient dans les sols les plus arides; mais il craint le froid, et les gelées un peu rigoureuses du climat de Paris le font souvent périr. Cependant les tiges sont communément les seules frappées , et les racines que la gelée n'a pas atteintes , ne tardent pas à repousser de nouveaux rejetons.

Sumac de Virginie; *Rhus typhinum*, Linn. , *Spec.*, 379. C'est un arbrisseau de douze à quinze pieds de hauteur, dont la tige se divise, dans sa partie supérieure. en branches et en rameaux étalés , dont l'écorce , dans les jeunes rameaux surtout, est abondamment recouverte de poils courts, roussàtres, assez doux au toucher. Ses feuilles sont ailées avec impaire, composées de onze à quinze folioles oblongues-lancéolées, vertes et glabres en dessus, glauques et légèrement pubescentes en dessous, très-aiguës, dentées en scie, sessiles sur un pétiole commun très-pubescent. Ses fleurs sont rougeâtres ou jaunâtres, petites, nombreuses, disposées en une grappe droite, rameuse, paniculée, serrée, terminale, et dont toutes les ramifications sont velues ; il leur succède de petites baies presque cachées par les poils du calice, qui prennent plus d'accroissement après la floraison et deviennent rouges. Cette espèce est originaire de l'Amérique septentrionale, et on la cultive depuis assez long-temps, en France et dans toute l'Europe, pour l'ornement des jardins. Les vieux pieds produisent des rejetons nombreux qui rendent cet arbrisseau facile à multiplier. Il n'est pas difficile sur la nature du terrain, et il vient assez bien partout, pourvu que le sol ne soit pas trop humide. Son feuillage prend, en automne, une teinte rouge, qui produit alors un joli effet par le contraste que cela fait avec la verdure des autres arbres. Les fruits du sumac de Virginie ont les mêmes propriétés que celui de notre espèce d'Europe. Il découle des incisions faites à son écorce un suc lactescent très-abondant, qui est de nature gommo-résineuse. En Amérique, cette écorce, séchée et réduite en poudre, est employée pour le tannage des cuirs.

Sumac glabre ; *Rhus glabrum*, Linn., *Spec.*, 380. Cette espèce ressemble à la précédente, quant au port ; mais elle est facile à distinguer, parce que ses rameaux et ses feuilles sont glabres. Ses fleurs sont petites, verdâtres, nombreuses, rapprochées de même au sommet des rameaux en une grappe serrée et paniculée. Ce sumac est originaire des États-Unis d'Amérique. On le cultive dans les jardins comme le précédent ; il se traite de même et a les mêmes propriétés.

Sumac vernis ; *Rhus vernix*, Linn., *Spec.*, 380. Cet arbrisseau s'élève à la hauteur de douze à vingt pieds, en se divisant en branches et en rameaux étalés, glabres, garnis de feuilles ailées avec impaire, composées de neuf à treize folioles ovales-oblongues, entières, glabres des deux côtés. Les fleurs sont d'un blanc verdâtre, très-petites, nombreuses, disposées en panicules lâches, placées dans les aisselles des feuilles supérieures. Cette espèce croît au Japon ; elle fournit, dans ce pays, par les incisions faites à l'écorce, un suc laiteux qui se condense et se noircit à l'air , et dont les Japonois se servent, en le faisant dissoudre dans une huile particulière, pour faire un beau vernis. Ils retirent aussi de ses graines une huile concrète qu'ils emploient pour faire des chandelles.

Sumac copal ; *Rhus copallinum*, Linn. , *Spec.*, 380. Ses racines sont traçantes, et elles donnent naissance à plusieurs tiges ligneuses, hautes de huit à dix pieds, divisées en branches et en rameaux légèrement pubescens, surtout dans leur jeunesse. Ses feuilles sont ailées avec impaire , composées de onze à quinze folioles ovales , très-entières , glabres et luisantes en dessus, chargées de quelques poils en dessous, et portées sur un pétiole commun un peu ailé. Ses fleurs sont d'un jaune verdâtre, disposées en grappes droites et paniculées à l'extrémité des rameaux. Cette espèce croit dans les lieux secs et sablonneux de l'Amérique septentrionale. Il en découle un suc qui porte dans le commerce le nom de *résine* ou *gomme copale d'Amérique*.

** *Feuilles ternées.*

Sumac radicant ; *Rhus radicans*, Linn., *Spec.*, 381. Ses racines sont ligneuses, traçantes ; elles produisent des tiges divisées en rameaux nombreux , flexueux , foibles et couchés dans leur jeunesse, s'élevant ensuite sur les arbres qui sont dans leur voisinage, et s'y attachant par le moyen de suçoirs presque en forme de racine , qu'ils enfoncent dans leur écorce. Ses feuilles sont alternes , longuement pétiolées , composées de trois folioles ovales, vertes . glabres et très-entières. Les fleurs sont dioïques, disposées en petites grappes courtes, d'un vert blanchâtre, et situées dans les aisselles des feuilles. Cet arbrisseau croît naturellement dans l'Amérique septentrionale. Transporté depuis long-temps en France , il est aujourd'hui parfaitement acclimaté dans les jardins, où il se multiplie avec la plus grande facilité.

Sumac vénéneux ; *Rhus toxicodendron*, Linn. , *Spec.* , 381. Cette espèce ne diffère de la précédente que par ses feuilles incisées, anguleuses et pubescentes. Elle croit aussi dans l'Amérique septentrionale, et se cultive de même dans les jardins,

en France et en d'autres contrées de l'Europe. Le nom donné à
ce sumac annonce quelles sont ses propriétés ; effectivement,
plusieurs observations prouvent assez qu'il doit être mis au
rang des plantes dangereuses ; mais beaucoup d'autres végétaux le sont incomparablement beaucoup plus que lui , et ses
émanations paroissent , d'ailleurs , être plus véritablement
nuisibles que lorsqu'il est pris à l'intérieur ; car , de cette
dernière manière, ce n'est qu'à forte dose qu'il agit comme
poison. Fontana, Gouan et Amoureux, ont constaté par des
expériences les effets dangereux que peut produire le seul
toucher de cette plante ; et ces effets , selon M. Van-Mons ,
pharmacien à Bruxelles, qui a aussi fait des expériences sur
le même sujet , tiennent moins au suc gommo-résineux contenu dans ses feuilles et dans la partie corticale de ses tiges ,
qu'à un miasme particulier qui est exhalé par la plante,
lorsqu'elle n'est pas directement frappée par les rayons du
soleil, et que le même M. Van-Mons a reconnu être un gaz
hydrogène carboné. Les effets ordinaires de ce gaz, lorsqu'on
y est exposé, sont de déterminer la tuméfaction et l'inflammation plus ou moins considérable des paupières et même de
tout le visage, une cuisson brûlante des mains, suivie de l'inflammation de ces dernières parties, avec éruption de petites
vésicules pleines de sérosité. Tous les individus ne sont pas
d'ailleurs affectés de la même manière; il en est qui peuvent toucher impunément à ce sumac, tandis que d'autres
ne pourroient rester auprès sans en être plus ou moins désa-
gréablement affectés : cela dépend de la susceptibilité particulière à chaque personne.

Malgré les propriétés malfaisantes de ce sumac, cela n'a
point empêché les médecins d'y chercher un remède contre
certaines maladies qui avoient résisté à d'autres moyens.
C'est ainsi que Dufresnoy, professeur de botanique et médecin à Valenciennes , n'a pas craint d'essayer son emploi ,
et il assure en avoir fait usage avec le plus grand succès pour
la guérison de dartres qui jusque-là avoient paru rebelles ,
et pour la cure de beaucoup de paralysies. La manière d'ad-
ministrer ce sumac , est, selon Dufresnoy , de donner l'extrait de ses feuilles à la dose de quinze à vingt grains, qu'on
répète trois à quatre fois par jour, et dont on augmente

progressivement la quantité, de manière à porter celle-ci,
dans l'espace de six semaines à deux mois, à un ou deux gros
pour chaque fois, ce qui fait que les malades prennent alors,
chaque jour, d'une demi-once à une once de l'extrait en question. Les feuilles peuvent aussi se donner en décoction, et
alors on commence par un gros pour chaque dose. Au reste,
il paroît qu'on peut employer indifféremment, dans tous ces
cas, le sumac vénéneux ou le sumac radicant, ce dernier
ayant absolument les mêmes propriétés que le premier, et
plusieurs botanistes ne le considérant que comme une simple
variété.

Sumac luisant; *Rhus lucidum*, Linn. , *Spec.* , 382. C'est un
arbrisseau qui s'élève à six ou dix pieds de hauteur, en se divisant en rameaux étalés, glabres, striés, garnis de feuilles
pétiolées, composées de trois folioles ovales-cunéiformes,
glabres, luisantes et d'un vert foncé en dessus, plus pâles en
dessous ; les fleurs sont disposées en petites grappes placées
dans les aisselles des feuilles supérieures, et au moins moitié
plus courtes que les feuilles elles-mêmes. Les fruits sont de
petites baies globuleuses, rougeâtres et très-glabres. Cet arbrisseau croît naturellement au cap de Bonne-Espérance ; on
le cultive dans les jardins, et sous le climat de Paris on le
rentre dans l'orangerie pendant l'hiver.

Sumac flexible; *Rhus viminale*, Willd., *Spec.*, 1, p. 1484.
Cette espèce est un arbrisseau qui s'élève à six ou huit pieds
de hauteur, en se divisant en rameaux grêles, flexibles,
parfaitement glabres comme toute la plante, garnis de feuilles
composées de trois folioles lancéolées ou le plus souvent linéaires-lancéolées, luisantes et d'un vert assez foncé en dessus,
plus pâles en dessous. Ses fleurs sont petites, d'un blanc verdâtre, disposées, dans les aisselles des feuilles supérieures
et à l'extrémité des rameaux, en grappes peu fournies.
Cette espèce est originaire du cap de Bonne-Espérance ; on
la cultive au Jardin du Roi, à Paris, et on la rentre dans la
serre pendant l'hiver.

*** *Feuilles simples.*

Sumac fustet ; *Rhus cotinus*, Linn., *Spec.*, 383. Les tiges de
cet arbrisseau sont droites, hautes de six à dix pieds, divi-

sées en rameaux étalés , glabres comme toute la plante , garnis de feuilles ovales , d'un vert gai et luisantes en dessus , d'un vert blanchâtre en dessous. Ses fleurs sont petites , verdâtres , disposées au sommet des rameaux en panicules très-rameuses. dont les divisions sont filiformes , et dont celles qui ne portent que des fleurs stériles s'alongent beaucoup après la floraison , et se chargent d'une grande quantité de poils garnis de nombreuses glandes rougeâtres , ce qui donne aux panicules l'aspect de grosses houpes de duvet. Les fruits sont de petits drupes presque cordiformes. Cette espèce croît naturellement dans les lieux secs , arides et découverts du Midi de la France et de l'Europe.

Le fustet passoit autrefois pour avoir les mêmes propriétés médicinales que le sumac des corroyeurs ; mais il étoit peu ou point employé en médecine. Il y a dix-huit ans , lorsque la guerre maritime privoit le continent de quinquina , ou du moins lorsque cette dernière substance étoit devenue d'un prix excessif, le docteur Soldos, de Papa en Hongrie, proposa le fustet comme pouvant remplacer cette écorce exotique , et il remporta l'un des prix de cent ducats que l'empereur d'Autriche avoit fait proposer pour trouver des succédanées aux drogues étrangères les plus usitées en médecine.

Le fustet est cultivé dans les jardins et les bosquets. Ses rameaux et ses feuilles sont employés, dans le Midi, pour le tannage des cuirs. Son bois , de couleur jaune et veiné de verdâtre , est assez dur, quoique peu compacte , et il prend bien le poli. Les ébénistes et les luthiers l'emploient pour quelques-uns de leurs ouvrages. Il donne pour la teinture une couleur jaune-orangée qui sert pour teindre les draps, les étoffes et les maroquins , mais qui n'est pas solide lorsqu'elle est appliquée seule. (L. D.)

SUMAC. (*Chim.*) Les parties herbacées du sumac sont employées en teinture : elles agissent comme le feroit un mélange d'acide gallique et d'un principe colorant jaune, c'est-à-dire , que les mordans ferrugineux forment avec lui du noir ou du gris, et les mordans alumineux des jaunes plus ou moins verdâtres. (Cʜ.)

SUMAC-ACHIRA. (*Bot.*) Dans le Pérou le balisier, *canna*, est nommé *achira*. Une des espèces, *canna iridiflora* de la Flore du Pérou, dont la forme est plus agréable, reçoit pour cette raison le nom de *sumac-achira*. Elle est un des ornemens des jardins. (J.)

SUMAN. (*Mamm.*) Ce nom est, dit-on, employé à la Chine pour désigner un animal domestique, qui peut-être est un chat. (Desm.)

SUMIC-YCHHU. (*Bot.*) Nom cité par M. Kunth de son *stipa eriostachya*, dans les environs de Riobamba en Amérique. (J.)

SUMIS, SUMIZI. (*Bot.*) Noms arabes de la nigelle, *nigella*, selon Daléchamps. (J.)

SUMIUM. (*Bot.*) Nom arabe du *sium*, plante ombellifère citée par Mentzel. (J.)

SUMMÆJR. CHAFUR. (*Bot.*) Forskal cite ces noms égyptiens de l'averon, *avena fatua*, commun dans les champs de l'Égypte. (J.)

SUMMAN. (*Ichthyol.*) Voyez Symman. (H. C.)

SUMMAN. (*Ornith.*) Nom arabe de la caille, *tetrao coturnix*, Linn. (Ch. D.)

SUMMANA. (*Ichthyol.*) Voyez Symman. (H. C.)

SUMMER-DUCK. (*Ornith.*) L'oiseau ainsi nommé par Catesby, est le beau canard huppé de Buffon, *anas sponsa*, Lath. Le *Sommer-rœtele* est, en allemand, le rossignol de muraille. Le *summer-teal* est, en anglois, la sarcelle d'été, et le *Sommer-Zaunkœnig* est, en allemand, le roitelet. (Ch. D.)

SUMMINA. (*Bot.*) Voyez Scheiteregi. (J.)

SU-MOMU. (*Bot.*) Voyez Si-momu. (J.)

SUMMOODRA CAUKY. (*Ornith.*) Nom du bec-en-ciseaux ou coupeur d'eau, *rhynchops nigra*, à la côte de Madras. (Ch. D.)

SUMPITT. (*Ichthyol.*) Un des noms de l'*Amphisile velitaris*, qui est décrit à la page 27 du Supplément du tome II de ce Dictionnaire. (H. C.)

SUMUQUE, *Sumuca*. (*Entomoz.?*) Sous ce nom M. Bosc a établi un genre de vers aquatiques dont il regarde la *sangsue des poissons* comme en étant le type. Cet animal a le corps oblong, mutique, contractile, pouvant se fixer comme par une ventouse par chacune de ses extrémités; sa ventouse postérieure étant autrement conformée que celle des sangsues ; sa bouche, garnie de deux lèvres, est dépourvue de dents. Sa nourriture consiste dans la mucosité qui enduit le corps des poissons. (Desm.)

SUMUS. (*Ichthyol.*) Nom esclavon du glanis. Voyez Silure. (H. C.)

SUN. (*Bot.*) Voyez Sum. (J.)

SUN-BIRD. (*Ornith.*) Nom donné par les habitans de Surinam à l'héliorne d'Amérique, *plotus surinamensis*, Lath. ; *heliornis surinamensis*, Vieill. C'est probablement du même oiseau que parle Stedman, sous le nom de *sun-fowlo*, au tome 18, page 157, de son Voyage dans la même contrée, et qu'il dit être appelé vulgairement gobe-mouches, à cause de son adresse à prendre ces insectes. (Ch. D.)

SUN-FISH, MOLÉBATE. (*Ichthyol.*) Noms anglois du poisson lune-de-mer. Voyez Orthagoriscus. (H. C.)

SUNA. (*Bot.*) Nom arabe d'une casse, *cassia lanceolata* de Forskal. (J.)

SUNEG. (*Bot.*) Nom égyptien d'une nigelle, cité par C. Bauhin d'après Prosper Alpin. (J.)

SUNET. (*Conchyl.*) Adanson (Sénég., p. 229, pl. 17) décrit et figure sous ce nom une coquille des sables du cap Bernard, dont Gmelin a fait avec raison une Vénus, sous la dénomination de *V. scripta.* C'est, en effet, une véritable Vénus de la division de la *V. decussata*, type du genre Tapis de M. Schumacher. Voyez Vénus. (De B.)

SUNGIKU. (*Bot.*) Voyez Singits. (J.)

SUNSUB. (*Bot.*) Nom arabe d'une casse, nommée pour cette raison *cassia sunsub* par Forskal. (J.)

SUNT et SAIEL. (*Bot.*) Le voyageur Browne nous apprend que dans le Darfour, royaume d'Afrique, on donne ces noms au *mimosa nilotica*, Linn., qui fournit dans ce pays une grande partie de la gomme qu'on exporte en Égypte. (Lem.)

SUO-KI, TORI-TOMARA. (*Bot.*) Thunberg cite ces noms japonois de l'épine-vinette, *berberis vulgaris*. (J.)

SUOBAR, SUOUBAR. (*Bot.*) Noms arabes du pin, selon Forskal. Daléchamps le nomme *senabar*. (J.)

SUOTTOLF. (*Ichthyol.*) Voyez Lump. (H. C.)

SUOYE. (*Bot.*) Nom donné dans la Nouvelle-Grenade, suivant M. Kunth, à son *saccharum dubium.* (J.)

SUP. (*Ornith.*) C'est, en Illyrie, le vautour brun ou grand vautour cendré, *vultur cinereus*, Gmel. (Cн. D.)

SUPA. (*Bot.*) On connoît sous ce nom à Amboine, suivant Rumph, une espèce de figuier, qui est le *ficus pumila.* (J.)

SUPERAXILLAIRE. (*Bot.*) Les épines du *ribes*, qui naissent au-dessous du point d'attache des feuilles, sont infer-axillaires; celles du *citrus*, qui naissent dans l'angle supérieur que forment les feuilles avec les rameaux, sont axillaires ; celles du *gleditsia triacanthos*, qui naissent au-dessus de cet angle, sont superaxillaires. Il en est des fleurs comme des épines. Le *borago laxiflora*, par exemple, a les fleurs super-axillaires. (Mass.)

SUPERBA. (*Bot.*) Ce nom avoit été donné par Tragus, Lobel et d'autres anciens à plusieurs espèces d'œillets, tels que les *dianthus superbus, plumarius*, etc. (J.)

SUPERBE. (*Ornith.*) C'est un paradisier, dont M. Vieillot a fait son genre Lophorine. (Cн. D.)

SUPERFICIELLES [Parasites]. (*Bot.*) Celles qui, comme la vanille par exemple, se nourrissent de l'humidité super-ficielle des végétaux qui leur servent de support. (Mass.)

SUPÉRIEUR ou SUPÈRE. (*Bot.*) Lorsqu'on applique ce mot au calice, il exprime qu'il est sur l'ovaire, c'est-à-dire, adhérent à l'ovaire (poirier, *saxifraga tridactylites*); lorsqu'on l'applique à l'ovaire, il exprime que l'ovaire est libre, c'est-à-dire, sans aucune adhérence avec l'enveloppe de la fleur (lis, pécher, *saxifraga umbrosa*). (Mass.)

SUPERPOSÉS. (*Bot.*) L'*ixia polystachia*, et d'autres espèces du même genre, ont des bulbes superposées ; chaque année une nouvelle bulbe se développe sur l'ancienne. Le *monarda* offre un exemple d'anthère à lobes superposés. (Mass.)

SUPHLO. (*Bot.*) Voyez Stœchas. (J.)

SUPIER, SUP, SUJE. SUE. (*Bot.*) Noms vulgaires donnés, suivant M. Desvaux, dans les divers cantons de l'Anjou, au sureau, qui, comme l'on sait, est une plante sudorifique. (J.)

SUPPILOTE. (*Ornith.*) On trouve dans l'Histoire générale des voyages, tome 12, page 627, ce nom appliqué à deux oiseaux de proie, dont l'un est dit avoir sur la tête une crête de chair et l'autre une huppe de plumes : ce sont des vautours du Mexique, où le mot *Izo* paroît signifier vautour, et le mot *pilot*, roi, et d'où M. Vieillot a tiré le genre Zopilote. (CH. D.)

SUPPORTS. (*Bot.*) Linné désignoit sous ce nom les organes accessoires qui servent à faciliter la végétation, tels que stipules, bractées, épines, aiguillons, vrilles, glandes, poils : on emploie aujourd'hui ce mot générique dans un sens plus restreint.

Les supports de la plante sont : les vrilles, qui servent à la soutenir sur les corps voisins; les griffes, espèces de radicelles, qui servent à la fixer (lierre, *fucus*); les suçoirs, qui servent à la fixer et à pomper la nourriture (cuscute).

Les supports de la fleur sont : le PÉDONCULE, la HAMPE, l'AXE, le SPADIX, le CLINANTHE. Voyez ces mots. (MASS.)

SUPRAGE, *Suprago*. (*Bot.*) Ce genre de plantes appartient à l'ordre des Synanthérées, à notre tribu naturelle des Eupatoriées, et à la section des Eupatoriées-Liatridées, dans laquelle nous l'avons placé entre les deux genres *Trilisa* et *Liatris*. (Voyez notre tableau des Eupatoriées, tom. XXVI, p. 228 et 234; et notre article LIATRIS, même tome, p. 238.)

La *Suprago spicata*, qui est le type de ce genre, nous a offert les caractères génériques suivans :

Calathide incouronnée, équaliflore, pluriflore, régulariflore, androgyniflore. Péricline inférieur aux fleurs, oblong, cylindracé, formé de squames régulièrement imbriquées, intradilatées, entièrement appliquées et privées d'appendice : les extérieures ovales, obtuses, coriaces-foliacées, ciliées; les intérieures oblongues, larges, à bords membraneux, à sommet arrondi et coloré. Clinanthe petit, plan, nu. Ovaires sessiles, oblongs, subcylindracés, un peu épaissis de bas en haut, un peu anguleux, striés, plurinervés, velus, privés de bourrelet basilaire; aigrette composée de squamellules nombreuses, inégales, uni-bisériées, un peu entregreffées à la base, filiformes, fortes, très-garnies sur les deux côtés de *barbelles*[1], qui sont droites, roides, subulées, dressées obli-

____

[1] Chaque squamellule de l'aigrette porte réellement trois rangs de

quement. Corolles glabres, membraneuses, larges dès la base
et s'élargissant insensiblement de bas en haut, à tube nullement distinct du limbe, à cinq divisions demi-lancéolées,
glabres en dedans, parsemées de glandes en dehors, munies
de nervures intra-marginales. Étamines à filet libéré vers le
milieu de la partie indivise de la corolle ; article anthérifère
court ; anthère munie d'un appendice apicilaire court, arrondi, échancré, et de deux appendices basilaires courts,
arrondis, pollinifères, point libres. Nectaire grand, cupuliforme. Style à base glabre ; stigmatophores d'Eupatoriée.

SUPRAGE A ÉPI : *Suprago spicata*, Gærtn., *De fruct. et sem.
pl.*, vol. 2, pag. 402 ; *Liatris spicata*, Gærtn., *ibidem in icone*,
tab. 167, fig. 1 ; *Serratula spicata*, Linn., *Sp. pl.*, pag. 1147.
C'est une plante herbacée, à tige dressée, haute d'environ
deux pieds et demi, simple, épaisse, cylindrique, striée,
très-garnie de feuilles ; celles-ci sont alternes, très-rapprochées,
sessiles, longues, étroites, très-entières, inégales, graduellement plus courtes et plus étroites suivant qu'elles sont situées plus haut ; les feuilles inférieures sont longues d'environ sept pouces, larges d'environ sept lignes, étroitement
lancéolées, munies de plusieurs nervures longitudinales, parallèles, qui sont garnies de poils sur les deux faces ; les intermédiaires sont longues d'environ quatre pouces, larges de
trois lignes, linéaires-lancéolées, plurinervées, velues sur les
nervures ; les supérieures sont longues de deux pouces, larges
d'une ligne, linéaires, uninervées, glabres, à partie inférieure ciliée par des poils marginaux ; les calathides, disposées en un long épi terminal, sont rapprochées, sessiles, situées chacune dans l'aisselle d'une petite feuille, ou bractée
foliiforme, linéaire ; chaque calathide, haute de six lignes (en
faisant abstraction des stigmatophores), est composée d'environ neuf fleurs ; le péricline est glabre, un peu visqueux,
coloré en rouge au sommet ; les corolles, les anthères et
les stigmatophores sont de couleur lilas ; le pollen est blanc.

---

barbelles ; mais celui qui occupe le milieu de la face extérieure est
composé de barbelles moins longues que celles des deux rangs latéraux.
Nous avons aperçu un vaisseau filiforme dans l'axe de chaque squamellule.

Nous avons fait cette description spécifique, et celle des caractères génériques, sur un individu vivant, cultivé au Jardin du Roi, où il fleurissoit en Septembre. Cette plante, qui a la racine vivace, et tubéreuse ou bulbeuse, habite l'Amérique septentrionale.

SUPRAGE A CALATHIDES SPHÉRIQUES : *Suprago sphærocephala*, H. Cass.; *Liatris sphæroidea*, Mich., *Fl. bor. amer.*, tom. 2, page 92. Cette espèce, qui habite les prairies des Illinois et les hautes montagnes de la Caroline, a les feuilles lisses, les inférieures largement lancéolées, les supérieures lancéolées-linéaires; l'épi est composé de calathides grandes, solitaires, alternes, stipitées; leur péricline est subglobuleux, formé de squames ovales, dressées.

Nous avons examiné, dans l'herbier de M. de Jussieu, une calathide de cette seconde espèce, et quoiqu'elle fût demi - pourrie, nous avons pu y observer ce qui suit : le péricline est inférieur aux fleurs, et paroît analogue à celui de la première espèce, si ce n'est que les squames intérieures, qui sont oblongues et coriaces, ont la partie supérieure élargie, arrondie, subfoliacée, presque appendiciforme, en sorte que ces squames sont spatulées; les ovaires sont oblongs, cylindracés, multinervés, très-hispides; leur aigrette est composée de squamellules inégales, filiformes, *barbellées*, à barbelles plus longues que dans la première espèce; la corolle a ses divisions longues, oblongues-lancéolées, glabres en dedans, parsemées de glandes en dehors; l'appendice apicilaire des anthères est uninervé, et échancré en cœur au sommet.

Les espèces admises par les botanistes dans le genre *Liatris* ont été distribuées par nous en trois genres ou sous-genres, distingués principalement par la structure de l'aigrette : le premier, nommé *Liatris*, ayant pour type la *Liatris squarrosa*, a l'aigrette barbée, c'est-à-dire longuement plumeuse; le second, nommé *Suprago*, ayant pour type la *Liatris spicata*, a l'aigrette barbellée, c'est-à-dire ciliée ou courtement plumeuse; le troisième, nommé *Trilisa*, ayant pour type la *Liatris odoratissima*, a l'aigrette barbellulée, c'est-à-dire dentée, mais point du tout plumeuse. On peut voir, dans notre article LIATRIS (tom. XXVI, pag. 238), que le vrai *Liatris* et le *Suprago* diffèrent non-seulement par l'aigrette, mais encore par le péricline et par la corolle.

Il faut bien se garder de confondre notre genre ou sous-genre *Suprago* avec le genre auquel Gærtner avoit donné ce nom, et qu'il caractérisoit ainsi : « Calice polyphylle, imbri-« qué, uni ou squarreux; fleurons tous androgyns; récep-« tacle plan, nu, scrobiculé; aigrette sétacée, roide, dentée-« ciliée. » Gærtner attribuoit expressément à ce genre les *Serratula glauca* et *spicata* de Linné, et il ajoutoit que les *Serratula præalta*, *squarrosa* et *noveboracensis* du même botaniste paroissoient s'y rapporter aussi. Mais ces cinq espèces, très-hétérogènes, ont été plus exactement distribuées par Schreber. Willdenow, Michaux, en deux genres nommés *Vernonia* et *Liatris*.

Le nom de *Suprago*, étant ainsi resté sans emploi, nous a paru pouvoir être appliqué assez convenablement au genre ou sous-genre décrit dans le présent article. En effet, quoique Gærtner n'ait point indiqué l'étymologie de ce nom générique, nous croyons qu'il est dérivé du mot *Sopragine*, cité dans la table d'Adanson (pag. 567) comme étant un nom italien de la laitue. La *Serratula spicata* de Linné ayant été comparée à la laitue par Dillen (qui la nommoit *Cirsium tuberosum lactucæ capitulis spicatis*), Gærtner, autorisé par l'exemple des noms de *Rhagadiolus*, *Scorzonera*, etc., aura cru pouvoir latiniser le mot italien *Sopragine*, en lui donnant une terminaison analogue à celle des *Tussilago*, *Filago*, *Medicago*, etc. Si nos conjectures sont fondées, il en résulte que ce nom de *Suprago* s'appliquoit mieux à la *Serratula spicata* (*Liatris*, Willd.) qu'à la *Serratula glauca* (*Vernonia*, Willd.), quoique Gærtner l'ait appliqué à ces deux plantes. Ainsi l'emploi que nous faisons de ce nom pour désigner un genre ou sous-genre principalement fondé sur la *Serratula spicata*, nous semble à l'abri de toute critique.

Les *Liatris* et les *Vernonia* ayant été confondus ensemble par Linné dans son genre *Serratula*, et par Gærtner dans son genre *Suprago*, les botanistes pensent qu'ils sont immédiatement voisins, et L. C. Richard les réunissoit (avec le *Tarchonanthus*) dans sa section des Liatridées. C'est une grave erreur sur les affinités, car les *Liatris* n'appartiennent point à la même tribu naturelle que les *Vernonia* : il suffit pour s'en convaincre d'observer attentivement la structure du style et des stigmatophores, qui, dans les *Liatris*, *Suprago*, *Trilisa*, etc., est tout-à-fait différente de celle qui caractérise les Vernoniées, et absolument conforme à celle qui est propre aux Eupatoriées; il y a deux bourrelets stigmatiques d'un rouge sanguin, et qui n'occupent que le tiers inférieur des stigmatophores. (H. Cass.)

SUR. (*Bot.*) Nom arabe d'un figuier semblable au sycomore, et dont les fruits, de la grosseur d'un œuf de pigeon et bons à manger, naissent sur le tronc de l'arbre; Forskal le nomme *ficus sur*. (J.)

SURA. (*Bot.*) Suivant C. Bauhin (*Pin.*, p. 509), ce nom est donné dans l'Inde à la noix du cocotier, dont on extrait l'eau intérieure avant qu'elle soit figée et consolidée. Ce suc, fermenté, produit une liqueur spiritueuse, agréable et très-recherchée, qui porte peut-être le même nom. Il dit aussi qu'on l'extrait des autres parties de l'arbre, en attachant des vases aux queues des feuilles et des spathes florifères, dont on retranche les sommités. Ce palmier n'est pas le seul qui donne un pareil produit. C'est ainsi qu'on obtient le vin de palme et celui d'areng. (J.)

SURDÉCOMPOSÉES [Feuilles]. (*Bot.*) Le pétiole commun est divisé en pétioles secondaires; les pétioles secondaires sont divisés en pétioles tertiaires; exemples : feuille triternée de l'*epimedium alpinum*, feuille tripennée du *thalictrum minus*. (Mass.)

SURE-SUGIRO, TSURU-SUGI. (*Bot.*) On donne ce nom dans le Japon, suivant Thunberg, à son *orchis japonica*, dont il a donné la description et la figure. (J.)

SUREAU; *Sambucus*, Linn. (*Bot.*) Genre de plantes dicotylédones, de la famille des *caprifoliacées*, Juss., et de la *pentandrie trigynie*, Linn., dont les principaux caractères sont les suivans : Un calice monophylle, très-petit, à cinq divisions; une corolle monopétale, en roue, à cinq lobes; cinq étamines alternes avec les divisions du calice; un ovaire infère, chargé de trois stigmates sessiles; une baie globuleuse à une seule loge contenant trois graines.

Les sureaux sont des arbustes à feuilles opposées, ailées,

et à fleurs disposées en corymbe ou en grappe. On en connoît huit espéces, dont trois sont indigènes de l'Europe, deux de l'Amérique septentrionale, une du Pérou, une de la Cochinchine et une autre du Japon.

SUREAU HIÈBLE, vulgairement HIÈBLE, YÈBLE, PETIT SUREAU : *Sambucus ebulus*, Linn., *Spec.*, 585; *Ebulus*, Blackw., t. 488. Sa racine est blanchâtre, charnue, vivace, rampante; elle donne naissance à des tiges herbacées, cannelées, annuelles, simples, hautes de trois à quatre pieds. Ses feuilles sont pétiolées, composées de sept à neuf folioles oblongues-lancéolées, dentées en scie, munies, à la base du pétiole, de stipules foliacées, dentées; les fleurs sont blanches, disposées, au sommet de la tige, en un large corymbe imitant une ombelle. Cette plante croît sur le bord des chemins, dans les lieux humides, en France, dans l'Europe entière et dans plusieurs contrées de l'Asie. L'odeur forte et désagréable que cette plante exhale fait que tous les bestiaux la rejettent. Ses propriétés médicinales sont les mêmes que celles du sureau qui suit.

SUREAU NOIR, vulgairement SUREAU, SUREAU COMMUN, GRAND SUREAU : *Sambucus nigra*, Linn., *Spec.*, 585; *Sambucus*, Dod., *Pempt.*, 845. Sa tige est ligneuse, haute de dix à quinze pieds et plus, divisée en rameaux droits, cylindriques, revêtus d'une écorce grisâtre. Ses feuilles sont pétiolées, composées de cinq à sept folioles lancéolées, dentées, acuminées à leur sommet et presque toujours dépourvues de stipules. Les fleurs sont blanches, nombreuses, disposées, à l'extrémité des rameaux, en un large corymbe ombelliforme; elles ont une odeur forte, un peu nauséeuse. Cet arbrisseau croit en Europe et dans une grande partie de l'Asie; il est commun, en France, dans les haies et dans les buissons. On en connoît plusieurs variétés cultivées dans les jardins. Telles sont : le *sureau à feuilles de persil ou à feuilles découpées*, le *sureau à feuilles panachées de blanc ou de jaune*, et le *sureau à fruits verts ou blancs*.

Le sureau noir est purgatif dans toutes ses parties; il a été employé, sous ce rapport, dès la plus haute antiquité, et il paroît même avoir été bien plus en usage qu'il ne l'est de nos jours. Dans quelques provinces de l'Allemagne, les gens de

la campagne mangent ses jeunes feuilles et ses fleurs en salade,
et cela les purge doucement. Les baies et les graines peuvent
produire le même effet; mais on préfère généralement à
toutes ces parties l'écorce moyenne, ou le liber, que de cé-
lèbres médecins ont conseillé comme un excellent remède
dans l'hydropisie. La dessiccation modifie d'une manière remarquable la propriété des fleurs; car, dans ce dernier état,
elles n'agissent plus que comme sudorifiques, et c'est sous ce
rapport qu'on en fait le plus d'usage, toutes les fois qu'on
veut rappeler la transpiration supprimée ou provoquer la
sueur, comme dans les catarrhes, les maladies cutanées, les
rhumatismes chroniques, les exanthèmes, lorsque l'éruption
est difficile ou a été répercutée, etc. Extérieurement, on
emploie, comme résolutive et calmante, l'infusion de ces
mêmes fleurs en lotions et fomentations, dans les inflamma-
tions, l'érysipèle, etc.

Le rob de sureau, sorte d'extrait qu'on prépare dans les
pharmacies avec les baies du sureau noir, se prescrit encore
quelquefois comme sudorifique, à petite dose, et comme
purgatif, à dose plus élevée.

Les marchands de vin emploient les fleurs de sureau pour
communiquer au vin blanc ordinaire un faux goût de vin
muscat. Quelques personnes font de même infuser de ces
fleurs dans le vinaigre pour lui donner un parfum agréable.
Plusieurs espèces d'oiseaux se nourrissent de ses fruits en
automne. Ces mêmes fruits, cuits dans le vinaigre, teignent
le fil et les peaux en violet. En les faisant seulement fer-
menter, on peut en retirer une sorte de boisson vineuse qui
donne de l'eau-de-vie à la distillation. Le bois de sureau,
quand il est vieux, devient assez dur, et il est propre à être
employé pour certains ouvrages de tour; il a la couleur du
buis, mais il n'est pas aussi solide. En vidant les jeunes branches de la moelle abondante dont elles sont remplies, les
enfans en font des canonnières, des sarbacanes. Avec les tiges
de trois à quatre ans on peut faire des échalas qui durent
assez long-temps.

Le sureau n'est pas difficile sur la nature du terrain; il
croît assez bien partout, pourvu que le sol ne soit pas absolument aride ou marécageux. Il se multiplie facilement de

semences ; mais on le plante le plus souvent de boutures,
parce qu'il reprend avec la plus grande facilité de cette manière, et que souvent, dès la première année, ces boutures
donnent des jets de quatre à cinq pieds. Cet arbrisseau est
très-propre à faire des haies, qui offrent l'avantage de croître
rapidement, de devenir avec le temps de très-bonnes défenses et d'être peu exposées à la dent des bestiaux ; les moutons seuls en broutent quelquefois les feuilles. Le bel effet
que produisent les fleurs du sureau fait employer cet arbrisseau à la décoration des jardins paysagers, mais il est bon
de ne l'y placer qu'au milieu de massifs d'autres arbres, et
jamais sur le devant des allées ou au-dessus des gazons, parce
qu'il fait mieux de loin que de près, et parce qu'à la fin de
l'été ses baies ont, lorsqu'elles tombent, l'inconvénient de ta-
cher le linge et les habits.

Sureau du Canada ; *Sambucus canadensis*, Linn., *Spec.*, 585.
Sa tige est cylindrique, divisée en rameaux glabres, ainsi
que les pétioles ; les feuilles sont pétiolées, composées de folioles ovales-oblongues, luisantes, glabres, excepté sur la
nervure du milieu, qui est très-légèrement pubescente, dentées en scie, longuement et étroitement acuminées. Les fleurs
sont blanches, inodores, disposées en une cime lâche. Cette
espèce est originaire du Canada ; on la cultive dans les jardins.

Sureau a grappes : *Sambucus racemosa*, Linn., *Spec.*, 386 ;
Jacq., *Icon. rar.*, 1, t. 50. Sa tige est ligneuse ; elle s'élève à
huit ou dix pieds de hauteur, en se divisant en rameaux
étalés, glabres : les feuilles sont pétiolées, composées de trois
à sept folioles glabres, ovales-lancéolées, dentées en scie, aiguës ; les fleurs sont d'un blanc jaunâtre, disposées, à l'extrémité des jeunes rameaux, en grappes ovales, ramifiées et
très-fournies. Les fruits sont de petites baies d'un rouge assez
éclatant, qui restent assez long-temps sur l'arbre et qui produisent un bel effet. Cet arbrisseau croît naturellement dans
les lieux montagneux, en France et dans d'autres parties de
l'Europe. Il a les mêmes propriétés que le sureau commun.
On le plante fréquemment dans les jardins paysagers ; il se
multiplie facilement de boutures et de semis. (L. D.)

Sureau aquatique ou SUREAU D'EAU. (*Bot.*) Noms
vulgaires de la viorne obier. (L. D.)

SUREAUTIER. (*Bot.*) Cet agaric, cité par Paulet, d'après Michéli, lui paroît être le même que l'*agaricus aromaticus* de Scopoli. Le champignon de Michéli se mange en Toscane ; il croît sur les racines des peupliers et surtout sur celles du sureau, presque toute l'année, excepté l'hiver. Il a la forme d'un entonnoir blanc. Plusieurs individus naissent d'une même racine, tantôt courte, tantôt très-longue. Le chapeau est sujet à se fendre en plusieurs parties ; sa substance est très-mince et sa surface déchiquetée. (Lem.)

SUREGADA. (*Bot.*) Adr. Juss., *Euphorb.*, 60. Genre jusqu'alors peu connu, de la famille des *euphorbiacées*, à fleurs dioïques, pourvues d'un calice à cinq folioles ; point de corolle : dans les fleurs mâles, plusieurs étamines ; les filamens linéaires ; les anthères ovales, dressées : dans les fleurs femelles, un ovaire surmonté de trois stigmates bifides ; point de style. Le fruit est une capsule à trois coques souvent monospermes. Cette plante, découverte à Madras, est un arbre à feuilles alternes, glabres, veinées, très-entières, qui paroît avoir quelque affinité avec le *gelonium*. (Poir.)

SURELLE ou SURETTE. (*Bot.*) Un des noms vulgaires de l'oseille. M. Desvaux, dans sa Flore de l'Anjou, l'applique à l'oxalide, *oxalis.* (J.)

SURFACE DU GLOBE. (*Min.*) On a dit au mot Montagne, qu'il seroit plus convenable de réunir dans un même article toutes les considérations relatives aux *inégalités de la surface du globe,* dont les montagnes font une des parties principales. C'est donc sous ce point de vue général qu'on va considérer ici la surface du globe terrestre.

Une première inégalité à noter, par rapport à la planète que nous habitons, seroit celle de ses différens diamètres. Cette inégalité résulte de ce que la terre, ainsi que les autres planètes, n'est pas un globe parfait, mais un sphéroïde comprimé dans le sens de son axe de rotation, et renflé sous son équateur.

La différence entre l'axe terrestre et le diamètre de l'équateur a été différemment évaluée, suivant les bases adoptées pour la calculer. Les uns l'ont portée jusqu'au rapport entre les nombres 177 et 178, tandis que d'autres la réduisoient au rapport entre les nombres 334 et 335. Des calculs plus récens donnent pour limites à cette différence la fraction $\frac{1}{305}$ ou cette autre fraction $\frac{2}{575}$, et plus probablement, suivant M. Du Perrey $\frac{1}{790}$. Le rayon moyen (celui qui va du centre du globe au 45.ᵉ degré de latitude) ayant été trouvé d'environ 6367 kilomètres, il s'ensuit que la longueur du rayon de l'équateur surpasse de 102 à 104 kilomètres le rayon moyen ; et qu'au contraire le demi-axe terrestre est plus court que le rayon moyen de la même quantité. Un point de la surface du globe pris à l'équateur, est donc d'environ 302 kilomètres plus éloigné du centre de la terre que ne l'est le pôle (au moins le pôle boréal ; car on n'affirme point que l'hémisphère opposé au nôtre soit parfaitement égal et semblable à celui-ci).

On ne s'étendra pas davantage ici sur cette sorte d'inégalités.

Celles qui font l'objet de cet article sont les inégalités superficielles du globe, c'est-à-dire les éminences et les creux dont la surface du globe est parsemée.

Notre intention est d'offrir ici, sous un point de vue commun, des notions qui n'appartiennent pas en particulier aux montagnes, aux plaines ou aux vallées ; mais à une idée générale, dont les termes essentiellement corrélatifs expriment différentes circonstances.

Pour généraliser plus complétement, nous ne nous bornerons pas même aux inégalités de la surface sèche et découverte du globe ; nous exposerons aussi ce que l'on sait, et même ce qu'on suppose touchant les inégalités que la mer recouvre : en un mot, c'est la surface solide du globe que nous nous proposons de décrire en peu de mots, sous le rapport de ses inégalités, abstraction faite des fluides proprement dits qui en couvrent une partie, aussi bien que des fluides élastiques qui en forment l'enveloppe générale.

Nous diviserons cet article en trois sections, qui auront pour objet :

1.ᵉ La hauteur des inégalités du globe et les phénomènes qui dépendent de cette circonstance.

2.ᵉ Les proportions entre les espaces plans et les espaces montueux, et la distribution de ces derniers sur la surface du globe.

3.ᵉ Quelques considérations sur les matériaux dont les hauteurs sont composées.

I.

§. 1. Pour se faire une idée exacte du globe terraqué, il faut se représenter ce qui arriveroit si la mer s'élevoit au-dessus des plus hautes montagnes, ou si elle s'abaissoit au niveau de ses plus grandes profondeurs.

Dans le premier cas, il est évident que toutes les inégalités de la surface du globe auroient disparu, sans être anéanties; le parfait niveau d'un liquide uniformément répandu les remplaceroit; si ce niveau étoit altéré, ce ne pourroit être que par les masses de glace accumulées vers les pôles, et par l'action temporaire des vents, des marées et des courans. Les plateaux qui occupent le centre des grands continens ne pourroient plus s'appeler que des bancs ou des hauts fonds; les sommets des plus hautes montagnes seroient des récifs ou des écueils; les vallées les plus basses et nos plaines inférieures appartiendroient aux abimes de la mer. Toutes ces inégalités auroient dû changer de noms, mais sans changer de nature et de disposition.

L'abaissement successif de la mer poussé à l'extrême, opéreroit un changement analogue, quoiqu'en sens contraire, dans les noms, mais dans les noms seulement; les hauts fonds deviendroient des plateaux, les écueils seroient des montagnes; d'immenses vallées occuperoient la place des bassins des mers.

Si l'on supposoit, enfin, que le niveau de l'océan universel se fût abaissé seulement de manière à laisser à découvert quelques plateaux, quelques montagnes, dont le pied seroit encore caché sous les eaux, le globe terraqué se montreroit tel que nous le voyons, c'est-à-dire, composé d'une partie liquide et d'une partie sèche; la partie sèche consistant en îles de toutes les grandeurs, de toutes les formes et plus ou moins élevées au-dessus de la mer. Si l'on croyoit nécessaire de distinguer les plus considérables de ces îles par un nom particulier, on pourroit leur donner celui de continent, mais sans attacher à ce nom, comme faisoient les anciens géographes, l'idée d'une continuité absolue entre les terres, et en reconnoissant, au contraire, que les mers seules sont continues et isolent les terres les unes des autres. Enfin, il

resteroit encore, sous les eaux, des montagnes, des plaines
et des vallées, semblables à celles de la partie sèche du globe.

De l'abaissement plus ou moins grand du niveau de l'Océan
universel dépend essentiellement la configuration des terres
et des mers, leur étendue respective, l'élévation des unes et
la profondeur des autres. Si la mer fût restée au-dessus de
son niveau actuel, elle eût été plus profonde, les continens,
ainsi que les îles eussent été moins grands et les montagnes
eussent semblé moins élevées. Le contraire fût arrivé si les
eaux de la mer se fussent abaissées au-dessous du niveau
que nous leur voyons.

Ce niveau (où l'Océan est fixé depuis un grand nombre de
siècles), est-il tel qu'il y ait plus de profondeur d'eau au-
dessous, que les montagnes n'ont de hauteur au-dessus; ou
bien le contraire a-t-il lieu; ou bien, enfin, peut-on supposer
que la mer ait sa surface vers la moitié de la pente intermédiaire entre les deux extrêmes ?

Il y a des autorités pour et contre ces diverses opinions;
toutefois la dernière présente une assez grande probabilité
pour que nous croyions pouvoir l'adopter ici. Nous admettrons donc que les plus grandes profondeurs de la mer égalent
l'élévation des plus hautes montagnes terrestres.

§. 2. Cette élévation au-dessus du niveau de la mer, autant
qu'on la connoit jusqu'à présent avec certitude, ne dépasse
pas 6531 mètres et demi, qui est la hauteur du Chimborasso.
On parle de montagnes plus élevées dans la chaîne des monts
Himalaya au nord de l'Indostan: admettons qu'il y en ait de
7000 mètres dans cette chaîne; supposons même un instant
qu'on vienne à découvrir, dans les parties encore inconnues
du globe, par exemple, dans l'intérieur de l'Afrique, des
sommets élevés de 7500 mètres, nombre qu'il faudra doubler dans notre hypothèse pour la plus grande profondeur de la mer, on ne trouvera encore que 15 kilomètres
de différence entre le point le plus élevé et le point le plus
bas. Il suit de là que le rayon moyen de la terre, c'est-à-dire
la distance moyenne du centre du globe à la surface de l'O-
céan, est 422 fois plus grand que la plus grande inégalité de
niveau présumable à la surface de notre planète.

D'autres planètes paroissent offrir des inégalités plus considérables, soit relativement au diamètre de ces planètes, soit même d'une manière absolue.

Ainsi les observateurs parlent de montagnes hautes d'environ 43 kilomètres au-dessus de la surface de la planète Vénus, dont le rayon est de 606 kilomètres; ils annoncent en avoir vues de 16 kilomètres sur Mercure, planète dont le diamètre n'est que les $\frac{2}{5}$ de celui de la terre. La lune, mieux connue de nous que les autres corps célestes, à raison de sa proximité, a des montagnes élevées de 8 kilomètres au-dessus de la surface de ce satellite, et supérieures par conséquent, en hauteur absolue, à toutes celles de la terre. Le rayon de la lune n'étant que les $\frac{3}{11}$ de celui de la terre ($\frac{273}{1000}$), il s'ensuit que de telles montagnes sont $\frac{1}{219}$ du rayon lunaire, tandis qu'elles ne seroient que $\frac{1}{781}$ du rayon terrestre.

Un géognoste allemand (M. Schubert, de Nuremberg) a prétendu tirer du petit nombre d'observations qu'on possède en ce genre, des résultats généraux qui annoncent une brillante imagination. Suivant lui, les fluides élastiques passent à l'état liquide et les liquides à l'état solide. L'époque de ce qu'il nomme la mort d'une planète est celle de sa solidification absolue. C'est par cette raison, dit-il, que la lune qui est arrivée au terme de la caducité, n'a probablement ni mers, ni lacs; qu'elle n'a presque point d'atmosphère, mais qu'elle possède des montagnes si démésurément grandes, proportion gardée avec la grosseur de ce satellite.

§. 3. Il appartient à la physique de faire connoître avec détail les méthodes par lesquelles on détermine l'élévation des montagnes à l'aide du baromètre. D'autres sciences s'occupent de la mesure des hauteurs par le nivellement ou par les opérations trigonométriques. La sonde fournit aux marins le moyen de mesurer les profondeurs qui n'excèdent pas une certaine limite.

§. 4. Il suffira de dire ici quelque chose de la manière dont les hauteurs et les profondeurs sont énoncées et de celles dont elles pourroient l'être. La plus rigoureuse seroit de partir du centre de la terre; mais pour ne pas employer d'aussi grands nombres, on a pris pour point de départ la surface de la mer, qu'on a considérée comme un niveau uniforme et constant, bien qu'il ne le soit pas entièrement. D'après cela,

la surface de la mer est le zéro de l'échelle des hauteurs et
des profondeurs. On les énonce en affectant celles-là du signe
plus et celles-ci du signe *moins*.

Mais, quelque mesure qu'on emploie dans cette énoncia-
tion, il importe que ce soit la même pour la série ascendante
et descendante. Cette attention est nécessaire pour faciliter
la comparaison des termes de l'une avec ceux de l'autre.

Il sera plus facile, par exemple, de comparer ensemble
l'élévation de $+ 5879 \frac{5}{10}$ mètres, où MM. de Humboldt et
Bonpland ont porté le baromètre près de la cime du Chimborasso, et la profondeur de $— 1426 \frac{5}{10}$ mètres, où le capitaine Phips a fait descendre la sonde sans trouver le fond,
que si, au lieu d'employer les mêmes mesures dans les deux
cas, on énonçoit l'un en toises et l'autre en brasses.

Il seroit même à conseiller d'employer comme unité de
mesure, dans les hauteurs considérables, le décamètre ou
même l'hectomètre de préférence au mètre.

Ainsi, dans les exemples qu'on vient de rapporter, on di-
roit mieux $+ 58 \frac{80}{100}$ hectomètres, et $— 14 \frac{27}{100}$ hectomètres, ou
si l'on croyoit avoir besoin d'une plus grande précision, ce
dont il est permis de douter, $+ 587 \frac{23}{100}$ décamètres, et $—
142 \frac{65}{100}$ décamètres.

Des quantités ainsi exprimées sont bien plus faciles à retenir et à comparer entre elles.

§. 5. Les inégalités du globe sont soumises, à raison de la différence des niveaux qu'elles atteignent, à l'influence de deux
ordres de phénomènes, dépendant les uns de la pression
exercée par les fluides ambians, les autres des divers états de
la température. L'examen de ces causes et le calcul de leurs
effets sont du domaine de la physique.

Il y a cependant une observation générale à faire, c'est
qu'on est d'accord sur le sens dans lequel la pression va en
croissant : car c'est aussi bien du haut en bas, au-dessous du
niveau de la mer, qu'au-dessus. Mais les opinions ne s'accordent pas de même touchant le sens où s'accroît la température : les uns, supposant à l'intérieur du globe une température propre, appliquent la même règle générale à la température qu'à la pression, et à la mer aussi bien qu'à la
terre ; tandis que les autres, faisant dériver uniquement du

soleil la chaleur de même que la lumière, placent le maximum de température, toutes choses égales d'ailleurs, à la surface de la mer, en sorte que tout ce qui s'éloigne de ce niveau, soit en montant, soit en descendant, appartient, suivant eux, à une région graduellement plus froide.

Cette question est d'une haute importance, mais nous ne faisons que l'indiquer ici.

II.

§. 1. Les surfaces planes occupent sur notre globe des espaces beaucoup plus considérables que les surfaces montueuses. La partie sèche de la terre n'a peut-être pas un cinquantième de sa superficie qui mérite le nom de montagnes, si on en exclut, comme il est raisonnable de le faire, les terrains en pente douce, tous ceux, par exemple, qui ne font pas avec le plan de l'horizon un angle de 10 degrés.

Si tel est l'état actuel des terrains découverts, n'a-t-on pas lieu de penser que le fond de la mer est de niveau sur des espaces plus considérables encore ; le propre des grandes nappes d'eau étant d'aplanir les surfaces. D'ailleurs, les abîmes de la mer doivent tendre sans cesse à se combler, soit par les détritus de terrains supérieurs entraînés par les courans terrestres et marins, soit par les résidus des corps organisés.

Les plaines de la partie sèche tendent à s'accroître et les vallées à s'exhausser par les mêmes causes. Il y a lieu de penser que, dans les temps reculés, les inégalités du globe ont été plus considérables qu'elles ne sont de nos jours. En effet, parmi les causes qui ont produit ces inégalités, une seule agit encore, quoique à un degré bien moindre qu'autrefois : c'est l'action des feux souterrains. Mais elle ne suffit pas, à beaucoup près, pour contrebalancer les forces qui tendent sans cesse à l'aplanissement. Au nombre de celles-ci on peut mettre la puissance que l'homme exerce sur la nature, en faisant disparoître successivement des lieux qu'il habite, les arbres antiques et les gazons qui préservoient les montagnes et les empêchoient de se dégrader.

§. 2. Il y a des parties du globe plus montueuses que d'autres, et l'Europe occidentale en offre un exemple ; mais les plus hautes sont-elles dans l'hémisphère austral plutôt que dans l'hémisphère boréal, à l'est de l'Atlantique plutôt qu'à l'ouest de cette même mer? voilà ce qu'on ne peut pas dire avec exactitude. Suivant M. Schröter, les plus hautes montagnes de notre globe seroient situées dans l'hémisphère austral, et il en est de même, ajoute-t-il, de la lune et des quatre planètes dont nous pouvons observer la surface. Lorsqu'il écrivoit cela, on ignoroit encore la grande élévation des monts Himalaya, lesquels appartiennent à l'hémisphère boréal. C'est au reste une question d'une foible importance que celle de la région du globe où se trouvent les points les plus élevés, puisque cette élévation est toujours peu de chose en elle-même.

Ce que l'on sait sans équivoque, et ce qui est plus essentiel, c'est que la partie sèche du globe est dans une proportion plus forte avec la partie liquide au nord qu'au sud de l'équateur, et à l'est qu'à l'ouest de l'Atlantique. L'hémisphère austral n'offre que l'extrémité des continens, lesquels se terminent de ce côté généralement en pointe, et de plus une multitude de petites îles; mais les grands espaces de terre ferme continue appartiennent à l'hémisphère boréal.

Un fait très-connu, c'est que les inégalités visibles du globe sont disposées souvent en lignes ou bandes, qu'on désigne le plus ordinairement sous le nom de *chaînes*. On peut soupçonner par analogie qu'il en est de même des inégalités du fond de la mer, et que les îles qui forment des chapelets dans plusieurs parages, ne sont que les principaux sommets de ces chaînes sous-marines. Un géographe célèbre (Philippe Buache) a fait de cette hypothèse la base d'un système ingénieux, qu'il a exposé d'abord dans les Mémoires de l'Académie des sciences, et ensuite dans son Atlas de géographie physique.

III.

La géologie, telle qu'on s'en occupe ordinairement, a pour objet à peu près unique la composition et la structure des terrains de la partie sèche du globe. On a entièrement négligé la géologie sous-marine, rébuté probablement par les difficultés que rencontre le genre de recherches qui s'y rapporte.

Marsigli avoit entrepris un grand ouvrage, qu'il intituloit *Histoire physique de la mer*. On lui doit une bonne description

du golfe de Lyon, mais ce qu'il a dit du bassin de la mer,
se borne à quelques pages, dans lesquelles il s'est attaché
principalement à déterminer la profondeur des différens niveaux du fond de la Méditerranée dans cette partie. Il paroît
avoir jugé peu possible de connoître la nature des roches qui
forment le véritable lit de la mer. Les mariniers, dit-il,
trouvent presque toujours au lieu d'un fond de roche, un
fond de fange, de sable, d'herbes pourries, de conglutina-
tions de terre, de sable, de coquillages, enfin des incrus-
tations de toute espèce, lesquelles probablement recouvrent
le véritable fond et font prendre pour le naturel ce qui
n'est qu'accidentel ; pour se faire mieux entendre, Marsigli compare le lit de la mer à un tonneau qui, ayant long-
temps contenu du vin, semble être à son intérieur de lie et
de tartre, bien qu'il soit de bois : il en conclut que le bassin de la mer est formé des mêmes pierres que nous voyons,
dit-il, dans les couches de la terre avec les mêmes interstices d'argile. Après cela, cet auteur ne parle plus que des
couleurs des différentes substances qui forment le bassin de
la mer ; il n'en examine aucune minéralogiquement.

Une autre partie de la Méditerranée a été étudiée avec
plus de soin : c'est le golfe Adriatique, grâce aux travaux de
Donati, Ginanni, Bianchi, Olivi, Renieri, Brunnich, etc.

Le fond de l'Adriatique, dit Donati, offre différens marbres brèches, des marbres lumachelles, des pierres lenticulaires ; mais le véritable lit du golfe est recouvert presque
partout d'une croûte composée de testacés, de polypiers et
de débris de crustacés mêlés avec du sable et de la terre.
Cette croûte, qui va en augmentant d'épaisseur, exhausse
successivement le fond de la mer. Dans cette croûte les
corps marins sont rangés sans aucune régularité ; ils sont,
au contraire, répandus confusément. A la surface on en trouve
encore de vivans, ou qui paroissent morts récemment ; mais
à la profondeur d'un pied ou même moins, ils se trouvent
passés à l'état de marbre.

L'abbé Olivi rapporte à peu près les mêmes faits. Il paroît
constant, dit-il, que le lit du golfe Adriatique est entièrement de roc calcaire ; ce roc est à nu partout où le courant
agit assez puissamment sur le fond pour enlever le limon ;

il parle en particulier de certaines masses calcaires, vulgairement nommées *tegnue*, qui s'élèvent, de loin en loin, au
milieu d'un banc de vase, et il indique les parties de l'Adriatique où l'on peut observer de ces masses. Le vulgaire les
prend pour des ruines de villes que la mer auroit englouties.
Un fond de calcaire solide commence à se faire remarquer
vers Comachio, et sa largeur est d'environ cinq milles ; il se
prolonge de là vers le nord, en s'élargissant toujours jusqu'à
l'extrémité supérieure du golfe. La même nature de fond calcaire, à nu et presque entièrement exempt de dépôts terreux et limoneux, occupe près de la moitié du golfe, du côté
de la Dalmatie et de l'Istrie, et de l'anse du Carnero. Appliquant ensuite ces connoissances sur la nature minéralogique
du fond de la mer aux êtres organisés qui étoient l'objet immédiat de ses recherches, Olivi dit avoir observé que, dans
les fonds de roches calcaires, les animaux marins sont couverts de têts fort durs ; que, dans les fonds mêlés de calcaire
et d'argile, il entre dans leur composition moins de calcaire
et plus de gélatine ; enfin, que les animaux qui habitent dans
les fonds limoneux, abondent en matière animale, particulièrement en substance huileuse. Quant à ceux qui se trans-
portent d'un fond à un autre, ils participent à ces différentes
qualités. On voit par là, dit cet auteur, que la nature a placé
les différentes espèces dans les circonstances qui leur étoient
les plus favorables ; ou bien que les qualités des lieux se communiquent aux êtres qui y vivent. C'est ce qui se reconnoît
surtout avec évidence lorsque l'on compare les individus d'une
même espèce trouvés dans des fonds différens : car il est facile de reconnoître alors combien ils ont été modifiés par l'influence locale. Une observation du même naturaliste, c'est que
les dimensions des êtres marins sont proportionnées à l'étendue
et à la profondeur des mers où ils vivent ; soit que cela dépende
de la tranquillité plus constante ou de la température plus
égale, dont ils jouissent à de grandes profondeurs ; soit qu'ils
y trouvent plus facilement la quantité d'alimens nécessaire
à un plus grand développement de toutes leurs parties. Le
golfe Adriatique semble confirmer cette règle ; car cette mer
étroite, et dont la profondeur n'excède guère cent mètres,
n'a que des productions de foibles dimensions, à peu d'excep-

tions près. Ainsi un animal à coquille qui a vécu sur le sable ou dans la vase, a son têt moins dur, moins compacte, moins coloré, moins opaque que l'animal de la même espèce qui a vécu sur un fond de roche calcaire. Les individus d'une même espèce de vers mous et sans coquille seront aussi plus gros et plus charnus, s'ils ont vécu dans un fond limoneux que s'ils ont habité sur un fond calcaire ou sablonneux. Dans le sable les coquilles ont le têt plus mince et plus transparent que sur un fond de roche ou dans la vase. Les lithophytes des fonds pierreux sont moins élevés, moins branchus, moins onctueux que ceux de la même espèce qui ont crû sur les fonds argileux ou mixtes.

Nous avons rapporté ces passages avec quelque détail, parce que nous les croyons propres à fixer l'attention des géologues sur la nature et l'étendue des avantages qu'ils peuvent espérer d'obtenir, en étudiant soigneusement la profondeur, la qualité et les productions du lit de la mer.

Mais les vœux des naturalistes sur ce point seroient superflus, s'ils n'étoient secondés par les marins. Or ceux-ci, comme Marsigli l'observoit déjà il y a un siècle, ne prennent guère d'intérêt aux recherches qui ne se rattachent pas à l'utilité de la navigation. Il faudroit donc travailler à les convaincre (et la chose n'est pas difficile) qu'il y auroit nonseulement de la gloire, mais un avantage immédiat pour la marine, à seconder les recherches relatives à la géologie hydrographique.

C'est ce que nous essayâmes de faire, il y a quelques années, dans des notes lues à notre Académie royale des sciences et à la Société géologique de Londres.

Il seroit à souhaiter, disions-nous, que les personnes appelées à donner des instructions aux navigateurs, surtout à ceux à qui l'état confie des voyages de découvertes, n'oubliassent pas de leur recommander entre autres choses de recueillir tout ce que la sonde rapporte du fond de la mer, en notant soigneusement le jour et l'heure où la sonde auroit été jetée.

A la vérité, le plomb de sonde, tel qu'il est disposé ordinairement, ne peut se charger que d'un peu de terre, de sable, de gravier, de coquilles brisées et d'autres corps aussi menus et sans adhérence. C'est aussi tout ce qu'indiquent les journaux de navigation et les cartes ; au plus ajoute-t-on quelque épithète propre à désigner la couleur, le volume, la dureté ou la mollesse des matières dont il s'agit. Par exemple, on dit, en parlant du sable ou du gravier, s'il est gris, noir, blanc ou verdâtre ; en parlant des coquilles, si elles sont vivantes, brisées ou pourries, etc.

Mais puisque des indications aussi vagues sont jugées utiles par les marins, ne le seraient-elles pas davantage encore, si des échantillons soigneusement étiquetés permettoient de distinguer le sable en quarzeux, micacé, ferrugineux, calcaire, volcanique ; les coquilles d'après les genres ou même les espèces ; la vase par sa nature, soit argileuse, soit argilo-calcaire, ou formée de débris d'animaux ou de végétaux.

Si l'on ne pouvoit faire à bord les vérifications nécessaires, on s'en occuperoit à terre ; les échantillons seroient placés dans un dépôt où les navigateurs seroient à portée de les consulter, d'en prendre même communication.

L'utilité d'une telle collection étant reconnue, on pourroit ne se plus borner à du sable, des coquilles ou de la vase, mais s'efforcer d'obtenir des fragmens des roches qui constituent le véritable fond de la mer.

Pour cela il faudroit faire à la sonde ordinaire quelques changemens qui missent cet instrument en état de pénétrer plus avant, et d'arracher au moins de petites portions des matières solides adhérentes au fond.

Une sonde propre à remplir cette indication avoit été employée par Meunier, lors des travaux de la rade de Cherbourg : une autre a été imaginée et mise en usage par M. Beautemps-Beaupré. La sonde ainsi perfectionnée sera bien plus utile qu'elle ne l'est actuellement : c'est l'avis de quelques officiers instruits que nous avons consultés. Lorsqu'on sonde, nous ont-ils dit, pour savoir si l'on peut jeter l'ancre avec confiance, le fond dont il importe de connoître la qualité, est souvent placé plus bas que cette couche superficielle et meuble, la seule que la sonde actuelle puisse atteindre. Un fond d'une excellente tenue peut être placé sous une couche mince de gros galets que la sonde aura fait prendre pour un banc de roche, et, au contraire, des roches peuvent être masquées à la superficie par des matières adventices qui induiront en erreur.

Nous finirons par une dernière considération, qui intéresse également la navigation et la géologie, et qui peut servir à confirmer ce qui vient d'être dit sur les services que ces deux sciences peuvent se rendre mutuellement, quelque éloignées qu'elles semblent être l'une de l'autre. Les marins de nos jours ont senti la nécessité de connoître la configuration des côtes non-seulement en plan, mais aussi en relief. Or, la forme de ces reliefs dépend en grande partie de la nature minéralogique des différens parages : une côte granitique ne se présente pas sous le même aspect qu'une côte schisteuse ou bien de calcaire compacte; toutes trois diffèrent extrêmement des falaises de craie, ainsi que des dunes de sable. Enfin, les terrains volcanisés ont aussi des formes extérieures qui leur sont propres.

Un temps viendra, on peut le présumer, où l'on ajoutera aux indications que doivent offrir les ouvrages à l'usage des navigateurs, celles de la nature minéralogique des différentes parties de côtes.

Pour faire usage de ces indications, il suffira que les marins sachent distinguer et nommer un petit nombre de roches les plus communes, et qu'ils aient fait attention à la manière dont ces roches se présentent dans la nature. Une telle connoissance n'est ni longue, ni difficile à acquérir.

Avec cette connoissance, avec les cartes minéralogiques dont nous avons parlé, et de bonnes sondes de fond, les navigateurs, étant en mer à quelque distance des côtes, pourront juger à l'inspection des fragmens détachés par la sonde, dans quels parages ils se trouvent, parce que le fond de la mer est ordinairement de même nature que la côte la plus voisine.

Nous prendrons, dans le Voyage du capitaine Krusenstern autour du monde, un exemple qui pourra jeter plus de jour sur ce que nous venons de dire. Le vaisseau que montoit cet officier, longeoit la côte de la terre Sachalien, dans la mer des Kouriles; les circonstances ne permettoient pas d'aller à terre. On apercevoit, dit M. de Krusenstern, d'abord des falaises blanches, qui paroissoient être de craie; ensuite une ligne continue de rochers noirs, dont la masse étoit parsemée de taches blanches. Ces rochers furent jugés granitiques.

Il nous semble évident qu'on se fût assuré de la nature de ces différentes parties de côtes, si l'on eût fait usage d'une sonde de fond ; puisque les moindres fragmens eussent suffi pour cela. M. de Krusenstern eût donc pu indiquer sur sa carte que de tel point à tel autre la côte de Sachalien étoit de craie, et que plus loin elle étoit de granite, ou plutôt, comme la description qu'il donne de ces rochers noirs parsemés de taches blanches, nous le fait penser, de roche trapéenne superposée à la craie, comme elle l'est sur la côte nord-est de l'Irlande.

On ne sauroit douter qu'une telle indication ne fût d'un grand prix pour les navigateurs qui pourroient se trouver dans les mêmes parages, et qui feroient usage des mêmes moyens. (C. M.)

SURGOAR. (*Ornith.*) Ce nom désigne un aigle chez les Kouriles. (Cʜ. D.)

SURI. (*Ornith.*) Un des noms de l'autruche d'Amérique ou nandou, *struthio rhea*, Linn. (Cʜ. D.)

SURIANE, *Suriana*. (*Bot.*) Genre de plantes dicotylédones, à fleurs complètes, polypétalées, de la famille des *rosacées ?* de la *décandrie pentagynie* de Linné, dont le caractère essentiel consiste dans un calice persistant, à cinq divisions profondes; cinq pétales: dix étamines, dont quelques-unes avortent; cinq ovaires supérieurs: cinq styles latéraux ; autant de capsules monospermes, indéhiscentes.

Suriane maritime: *Suriana maritima*, Linn., Lamk.. *Ill. gen.*, tab. 389; Sloan.. *Jam.*. 2, tab. 162, fig. 4; Pluken.. *Almag.*, tab. 241, fig. 5. Arbrisseau de huit à neuf pieds, dont la tige est droite, épaisse, d'un brun foncé; ses rameaux sont cylindriques, alternes, élancés, noueux par l'impression de l'attache des feuilles, pubescens, d'un gris cendré. Les feuilles sont éparses, sessiles, lancéolées, spatulées, longues d'un pouce au plus, entières, rétrécies à leur base, obtuses, un peu mucronées au sommet, presque glabres: ces feuilles sont trèscaduques: les supérieures fasciculées, plus durables. Les fleurs sont axillaires, latérales, situées vers l'extrémité des rameaux,

au nombre de quatre ou cinq, presque en petites grappes, à
l'extrémité d'un pédoncule commun, long d'environ un pouce.
Le calice est à cinq folioles ovales-lancéolées, aiguës; la corolle
jaune, de la longueur du calice; les pétales sont ovales, obtus,
rétrécis en onglet à leur base; les filamens plus courts que la
corolle; les anthères simples; les cinq ovaires presque ronds;
autant de styles de la longueur des étamines, insérés sur le
côté intérieur des ovaires. Il leur succède cinq capsules monospermes, à une seule loge indéhiscente. Cette plante croît
dans l'Amérique méridionale et à Porto-Ricco. (Poir.)

SURICATE ou SURIKATE, *Suricata.* (*Mamm.*) Genre de
mammifères carnassiers digitigrades, que nous avons établi
en 1805, et qui depuis a été nommé *Ryzæna* par Illiger. Il
ne comprend qu'une seule espèce, très-semblable par ses
caractères extérieurs aux animaux du genre des Mangoustes,
mais qui en diffère un peu par la conformation des dents.

Sous ce rapport le suricate est intermédiaire d'une part
aux civettes, mangoustes, genettes, paradoxures et surtout
aux ictides, et de l'autre aux ratons et aux coatis.

Il a trente-six dents en tout; savoir : à la mâchoire supérieure, six incisives à tranchant simple, dont la seconde de
chaque côté est un peu rentrée; deux canines assez fortes;
deux fausses molaires coniques de chaque côté, dont la première est la plus petite; une carnassière semblable à celle
des mangoustes, en ce qu'elle a un talon ou tubercule interne très-développé, et deux tuberculeuses, dont la première a aussi un fort talon mousse du côté intérieur : à la
mâchoire inférieure, six incisives bien rangées; deux canines
de la force et de la forme des supérieures; trois fausses molaires, dont les deux premières coniques et la troisième
pourvue d'une pointe principale en avant et d'un talon interne divisé en petits tubercules; une carnassière construite
sur le même plan, mais dont le tubercule antérieur est divisé
en trois petits mamelons, son talon interne présentant trois
ou quatre tubercules, et une tuberculeuse très-ressemblante à
la carnassière pour la forme et les dimensions, si ce n'est
que son tubercule antérieur est divisé en deux mamelons
seulement.

Le corps du suricate est alongé et placé sur des jambes

médiocrement élevées, qui sont terminées chacune par quatre
doigts seulement, pourvus de griffes assez fortes. La tête ressemble assez à celle des mangoustes, mais le museau est plus
pointu ; les oreilles sont courtes et arrondies ; les yeux sont
médiocrement ouverts : la langue est couverte de petites
papilles cornées, comme celle des chats ; près de l'anus existe
une cavité ou poche très-semblable à celle qu'on observe
dans les mangoustes ; enfin, la queue est un peu plus courte et
surtout beaucoup plus grêle à sa base que celle de ces derniers animaux. Le pelage se compose de poils assez roides et
sur les plus apparens desquels les couleurs sont disposées par
anneaux.

Le SURICATE DU CAP ou SURICATE VIVERRIN : *Suricata capensis*,
Desm., Mamm.. n.° 330, ou *Viverra tetradactyla*, Linn.,
Gmel., auquel il faut joindre, comme n'en différant pas spé-
cifiquement. le Zenik du Cap, décrit et mal figuré par Sonnerat (Voy. aux Indes. pl. 42). C'est un animal dont le corps
et la tête ensemble n'ont guère qu'un pied de longueur, et
dont la queue est à peu près aussi grande. Son pelage, sur
les parties supérieures et latérales du corps, est d'un brun
légèrement roussâtre et piqueté. qui résulte du mélange des
couleurs noire, brune, jaunâtre et blanchâtre, qui sont disposées par anneaux sur les poils qui le composent ; le nez,
le tour des yeux et les oreilles, sont noirs ; le chanfrein est
brun : les côtés de la tête et le dessous sont blanchâtres ; la
poitrine et le dessous du ventre tirent au jaunâtre ; la queue,
généralement de la couleur du dos, a son extrémité noirâtre :
les ongles. qui sont fort robustes. surtout aux pieds de devant, sont de couleur noire.

Le suricate habite les environs du cap de Bonne-Espérance.
On ne sait rien sur ses habitudes naturelles dans l'état de
nature. et l'on présume seulement qu'elles doivent avoir de
l'analogie avec celles des animaux les plus voisins, tels que
sont les mangoustes. Deux individus seulement ont été observés
en captivité : l'un, par Buffon (t. 13. pl. 7). était un animal très-
vif. très-adroit, d'un caractère gai, qui aimoit beaucoup la
chair et le lait. et refusoit les fruits. à moins qu'ils n'eussent
été mâchés préalablement. Il était frileux et ne buvoit que de
l'eau tiède. à laquelle il préféroit encore son urine. Sa voix

étoit semblable à l'aboiement d'un jeune chien et quelque-fois au bruit d'une crécelle tournée rapidement. Il avoit une disposition à gratter la terre, qui, jointe à la conformation de ses ongles, pourroit faire penser qu'il est fouisseur de sa nature. Le second, observé par M. F. Cuvier (Hist. nat. des mamm., 22.ᵉ liv.), lui a paru, sous le rapport de la dentition, plus rapproché des mammifères omnivores que les mangoustes, avec lesquelles on avoit d'abord placé son espèce. Il avoit l'odorat très-fin ; ce qui se trouve en rapport avec l'alongement et la grande mobilité de son nez, qui a quelque analogie avec celui des coatis. Sa nourriture consistoit en chair et en lait, et il ne dédaignoit pas les fruits sucrés ; il buvoit en lappant, et ne sembloit point souffrir de la lumière, quoiqu'il parût voir facilement dans l'obscurité. Ses habitudes avoient du rapport avec celles des chats ; mais il paroissoit plus suscep-tible d'attachement que ne le sont ces animaux. (Desm.)

SURIGHAHAS. (*Bot.*) Hermann dit qu'on nomme ainsi à Ceilan un arbre qui est l'*hibiscus tiliaceus* de Linnæus. (J.)

SURIN. (*Bot.*) Dans quelques cantons c'est le nom qu'on donne aux jeunes pommiers. (L. D.)

SURINAM. (*Ichthyol.*) Nom spécifique d'une espèce d'Es-clave, d'un Pristipome, d'un Spare et de l'Anableps. Voyez ces mots. (H. C.)

SURINAMSCHER AAL. (*Ichthyol.*) Nom allemand du Ca-rapo. Voyez ce mot. (H. C.)

SURIRELLE, *Surirella*. (*Bot. zool.? micros.*) Voyez l'atlas de ce Dictionnaire. En continuant avec zèle et persévérance ses observations microscopiques, M. le docteur Suriray découvrit, l'année dernière, en Août 1826, dans les eaux saumâtres, stagnantes et bourbeuses des environs du Hâvre, une produc-tion organisée, microscopique, extrêmement remarquable par l'élégance de sa forme symétrique, sa grande transpa-rence et par son mode de reproduction.

Cette production, examinée avec un grossissement de 400 fois, consiste en deux valves ou coques, parallèlement appliquées l'une contre l'autre, de forme ovoïde, plus pointues par l'un des bouts, planes, ou, peut-être, légèrement convexes, marquées dans leur milieu longitudinal d'une espèce de ra-chis, composé de quinze à dix-huit petites bosselettes, vers

lesquelles viennent aboutir un nombre double de côtes qui
partent du bord des valves et qu'elles rendent comme crénelées, à la manière de certaines coquilles.

La couleur blanche et transparente comme du cristal,
de ces valves, permet d'apercevoir entre elles une masse
ovoïde, verte, occupant un peu plus que le tiers de leur
longueur. Cette masse, composée d'un grand nombre de globules, destinés à la reproduction de l'espèce, est naturellement située comme dans la figure 1 ; mais il arrive souvent
qu'elle se dérange (figure 2), ou qu'elle se déforme pour se
dissoudre en globules reproducteurs (figure 5). On observe, en
outre, des individus entièrement vides de leur pulvicule
reproductrice et qui ne présentent que leurs deux valves
fermées ou bâillantes, comme dans les figures 2 et 5. Certaines
portions de cercle (figures 2, 2 c), qui semblent se détacher
du bord des valves, feroient soupçonner qu'une troisième
pièce sert à constituer chaque individu de *surirella*.

La longueur réelle, mesurée au micromètre, est d'un
dixième de millimètre.

Nageant autour des individus entièrement développés (fig. 1
et 2), on aperçoit (figure 5) une quantité immense de corps
reproducteurs verdâtres, qui, peu à peu, s'alongent, en
passant successivement par les formes (figures 6, 7, 8 et 9),
pour devenir enfin des individus parfaits.

Les fragmens (figure 4) que l'on rencontre assez fréquemment, annoncent par leurs cassures que les valves de ce
singulier être sont de nature calcaire.

Après avoir examiné cette production, telle que je viens
de la décrire, on se demande tout naturellement si elle
est végétale ou animale? En ne considérant d'abord que la
nature cassante et calcaire des valves, on se décideroit en
faveur de l'animalité; mais lorsqu'ensuite on s'assure que cet
être, à quelque âge qu'on l'observe, est parfaitement inerte
et simplement végétant; que, d'un autre côté, sa reproduction est semblable à celle d'un végétal confervoïde, c'est-à-
dire, réduite à des séminules ou corps reproducteurs verts,
on reste dans l'indécision, en attendant que de nouvelles
observations viennent nous éclairer à cet égard.

La *surirella* peut être facilement étudiée : il suffit d'en avoir une petite quantité dans un bocal rempli d'eau douce, débouché et exposé à la lumière, pour qu'elle y multiplie sans cesse et d'une manière prodigieuse, au point de permettre qu'on en suive tous les développemens, depuis le simple globule vert jusqu'à l'individu parfait.

Sa pesanteur la précipite au fond du bocal dans lequel on la conserve, où, à l'œil nu, elle ressemble à de la cendre.

Cette production ne pouvant être rapportée à aucune de celles connues dans la science, j'ai cru devoir en former un genre nouveau et le dédier à mon estimable compatriote le docteur Suriray, comme un foible témoignage de ma sincère amitié.

Ce genre ne se compose encore que de la seule espéce surirelle striée, *surirella striatula*. (TURP.)

SURKERKAN. (*Mamm.*) Nom sous lequel Vicq-d'Azyr a décrit le *mus talpinus* de Pallas, ou *spalax minor* d'Erxleben. Il vient du tartare, *Sucher-tskan*, qui signifie rat aveugle. Voyez l'article RAT-SUKERKAN. (DESM.)

SURMONTO. (*Bot.*) Nom languedocien de la livêche de montagne. (L. D.)

SURMOUSSE. (*Bot.*) Espéce de champignon du genre *Agaricus*. Voyez ÉTEIGNOIR ROUX, tom. XV, pag. 440. (LEM.)

SURMULET, *Surmuletus*. (*Ichthyol.*) Voyez MULLE. (H. C.)

SURMULOT. (*Mamm.*) Nom employé par Buffon pour désigner l'espéce du rat gris domestique, la plus commune maintenant en France, et qui y a remplacé presque partout l'espéce du rat proprement dit ou rat noir. (DESM.)

SURMURINS. (*Mamm.*) Vicq-d'Azyr, dans son Anatomie comparée, qui fait partie de l'Encyclopédie, propose sous ce nom l'établissement d'une petite famille de rongeurs, correspondante au genre *Cavia* de Linné. (DESM.)

SURNIE. (*Ornith.*) Ce nom, en latin *surnia*, est donné par M. Duméril, dans sa Zoologie analytique, page 35, à des chevêches, qui ont la queue longue ou étagée; le corps alongé, et qu'on désignoit sous le nom de chouettes-éperviers; telles sont les espèces appelées funèbre, sibérienne, etc. (CH. D.)

SURNO-FA. (*Bot.*) Voyez SJO. (J.)

SURO. (*Bot.*) Voyez SERU. (J.)

SURO-SAGGI. (*Ornith.*) Nom d'un héron blanc au Japon. (Ch. D.)

SUROK ou SUGOR. (*Mamm.*) Noms sibérien et tartare de la marmotte proprement dite. (Desm.)

SURON. (*Bot.*) Nom donné, dans quelques provinces de France, à la racine tubéreuse de la terre-noix, *bunium*. (J.)

SURPEAU ou ÉPIDERME. (*Anat.*) Voyez Système épidermique. (H. C.)

SURSU. (*Ornith.*) La Chesnaye-des-Bois dit, d'après l'Histoire générale des voyages, que les poules sont ainsi nommées dans le royaume d'Angola. (Ch. D.)

SURTURBRAND. (*Min.*) C'est un nom islandois qui a passé dans quelques ouvrages françois sans traduction, pour désigner un lignite ou bois bitumineux fossile, abondant et fort utile dans ce pays, comme combustible et même comme présentant des morceaux propres à être taillés et polis à la manière de l'ébène ou du jayet. Voyez Lignite. (B.)

SURUCUA. (*Ornith.*) Les Guaranis appellent ainsi le couroucou à ventre rouge, de Buffon, *trogon curucui*, Linn. (Ch. D.)

SURUGEN. (*Bot.*) Voyez Kusam. (J.)

SURUM. (*Bot.*) Mentzel cite ce nom arabe de la nigelle. (J.)

SUS. (*Bot.*) Nom arabe de la réglisse, selon Daléchamps. (J.)

SUS. (*Mamm.*) Nom grec et latin du porc. (Desm.)

SUS. (*Ornith.*) Ce nom hébreu a été traduit, tantôt par le mot *grue*, tantôt par le mot *hirondelle*. (Ch. D.)

SUSAL. (*Bot.*) Voyez Symbulei. (J.)

SUSANN, SUSEN. (*Bot.*) Voyez Sousan. (J.)

SUSAR. (*Bot.*) Nom arabe du buis, selon Mentzel. (J.)

SUSARDA. (*Ornith.*) Belon cite ce mot comme une dénomination italienne de la bergeronnette lavandière, *motacilla alba* et *cinerea*, Linn. (Ch. D.)

SUSEAU. (*Bot.*) C'est le nom du sureau dans quelques endroits. (L. D.)

SUSERRE. (*Ornith.*) Un des noms vulgaires de la grive draine, *turdus viscivorus*, Linn. (Ch. D.)

SUSÈTE. (*Mamm.*) Nom polonois du zizel, variété du spermophile souslik. (Desm.)

SUSLIK. (*Mamm.*) Voyez Spermophile souslik. (Desm.)

SUSTILLE. (*Entom.*) Nous trouvons ce nom cité dans le Dictionnaire nouveau de Déterville, comme employé par les Espagnols au Pérou pour désigner une sorte de chenille qui se nourrit des feuilles de l'acacia à fruit sucré, arbre sur lequel elle se file, en commun avec d'autres de la même race, un tissu de soie très-fin, qui peut être employé aux mêmes usages que le papier; il y est dit aussi que les indigènes font un grand cas de ces chenilles, qu'ils regardent comme un manger délicieux. (C. D.)

SUSZCHE. (*Ichthyol.*) Chez les Lèches on appelle ainsi l'Anguille. (H. C.)

SUTHERLANDIA. (*Bot.*) Ce genre de Gmelin est le même que le *balanopteris* de Gærtner ou *heritiera* d'Aiton et Willdenow. (J.)

SUTHERLANDIA. (*Bot.*) Genre de plantes dicotylédones, à fleurs complètes, papilionacées, de la famille des *légumineuses*, de la *diadelphie décandrie* de Linné, établi dans la nouvelle édition de l'*Hortus Kewensis*, pour le *colutea frutescens*, Linn., fondé sur les caractères suivans : Un calice à cinq dents; la corolle papilionacée; l'étendard privé de callosités, replié à ses bords, plus court que la carène; les étamines diadelphes; le style velu en dessous et vers son sommet; une gousse enflée et scarieuse.

Sutherlandia sous-arbrisseau : *Sutherlandia frutescens*, Ait., *Hort. Kew.*, edit. nov., 4, p. 327; *Colutea frutescens*, Linn.; Mill., *Ic.*, 99; Breyn., centur. 70, tab. 29; *Bot. Magaz.*, tab. 181. Arbrisseau fort élégant, rameux et blanchâtre, qui s'élève environ à deux ou trois pieds de haut, chargé de poils courts et blanchâtres à la partie supérieure de la tige et des rameaux, si abondans qu'il en paroît cotonneux et comme argenté. Ses feuilles sont pétiolées, alternes, ailées, composées de sept à huit paires de folioles, avec une impaire, petites, ovales-oblongues, vertes et glabres en dessus, blanches et cotonneuses en dessous. Les fleurs sont très-belles, d'un rouge éclatant; elles produisent un bel effet par leur contraste avec la blancheur des rameaux et des feuilles : elles

sont disposées en grappes dans l'aisselle des feuilles supérieures, remarquables par leur carène beaucoup plus longue
que l'étendard, et par l'extrême petitesse des ailes. Son fruit
est une gousse membraneuse, diaphane, enflée et vésicu-
leuse, uniloculaire, renfermant de petites semences réni-
formes, attachées aux deux bords de la suture supérieure.
Cette plante est originaire de l'Afrique. On la cultive dans
tous les jardins comme une très-belle plante d'ornement.
(Poir.)

SUTORE. (*Ichthyol.*) Un des noms suédois de la tanche.
(H. C.)

SUTOTACHOS. (*Bot.*) Voyez Helxine. (J.)

SUTURALE. (*Foss.*) C'est le nom qu'on a quelquefois donné
aux Spondyiolithes. Voyez ce mot. (D. F.)

SUTURE, *Sutura.* (*Conchyl.*) Terme de conchyliologie,
indiquant le petit espace qui se voit, dans certaines coquilles
bivalves, au-dessous de celui qui sépare les nymphes, et qui
est formé par le bord interne de cette partie de la circonférence des valves. On tire de sa considération assez peu de
caractères, et encore ne sont-ils guère que spécifiques.

Ce mot *suture* est aussi un terme technique de la termino-
logie des coquilles univalves, et s'applique au sillon de jonc-
tion des tours de spire. Voyez Conchyliologie. (De B.)

SUTURE, *Sutura.* (*Conchyl.*) C'est aussi le nom sous lequel Megerle, dans son Système de classification des coquilles
bivalves, a établi un genre avec les espèces de pernes rondes,
peu ou point auriculées, très-nacrées, comme la P. sellaire,
P. ephippium. Voyez Perne. (De B.)

SUTURES DU FRUIT. (*Bot.*) Lignes qui indiquent la jonc-
tion des valves dont la réunion compose le péricarpe. Ces
lignes sont tantôt rentrantes (*rhododendrum*), tantôt proémi-
nentes (noyer), et même quelquefois forment des saillies qui
s'étendent en ailes (*evonymus latifolius*). (Mass.)

SUVE. (*Bot.*) Nom provençal du liége, *suber*, cité par Ga-
ridel. (J.)

SUVEREOU. (*Ichthyol.*) A Marseille on appelle ainsi le
maquereau bâtard. Voyez Caranx. (H. C.)

SUYER. (*Bot.*) Un des anciens noms vulgaires du sureau,
cité par Daléchamps. (J.)

SUYGER. (*Ichthyol.*) Nom hollandois du *remora*. Voyez
Échénéide. (H. C.)

SUYUNTU. (*Ornith.*) C'est, au Pérou, le vautour urubu,
vultur aura, Linn. (Ch. D.)

SUZYGIUM. (*Bot.*) Ce genre de plantes, décrit et figuré
par P. Browne, dans son Histoire de la Jamaïque, a été
réuni au *calyptranthes* de Swartz, dans la famille des Myrtées. Il diffère du *syzygium* de Gærtner, qui est un *myrtus*.
(J.)

SVINE-HVAL ou SWINE-VAL. (*Mamm.*) Nom d'une
des espèces de cachalot que feu de Lacépède a décrite.
(Desm.)

SWÆRTA. (*Ornith.*) Nom de la grande macreuse en Suède.
(Desm.)

SWAINSONA. (*Bot.*) Voyez Loxidie. (Poir.)

SWALE. (*Ornith.*) C'est, en danois et en saxon, le nom
générique de l'hirondelle, qui s'appelle *swalem* en hollandois,
et *swallow* en anglois et en flamand. (Ch. D.)

SWALOW-FISH. (*Ichthyol.*) Un des noms anglois du *dactyloptère pirabèbe*. Voyez Dactyloptère. (H. C.)

SWAMP-PALMETTO. (*Bot.*) Le Sabal, genre de palmier,
est ainsi nommé par les Anglois. (J.)

SWAMPINE. (*Ichthyol.*) Voyez Hydrargyre. (H. C.)

SWAN. (*Ornith.*) C'est le nom anglois et suédois du cygne.
(Ch. D.)

SWARD-FISK. (*Ichthyol.*) Nom suédois de l'Espadon. Voyez
ce mot. (H. C.)

SWARRE. (*Ornith.*) Les colons du cap de Bonne-Espérance
donnent ce nom et celui de *bonte canary-byter*, au merle noir
d'Abyssinie, *turdus æthiopicus*, Linn., que Sonnini regarde
comme une pie-grièche, ainsi que le *boubou*, auquel Levaillant l'assimile. (Ch. D.)

SWART-BAKUR. (*Ornith.*) Nom hollandois du goéland
à manteau noir, *larus marinus*, Lath., lequel est appelé *swart-
bay* en danois. (Ch. D.)

SWART HAY. (*Ichthyol.*) Nom suédois du sagre. Voyez
Aiguillat. (H. C.)

SWARTLASSE. (*Ornith.*) Nom suédois du stercoraire à
longue queue, *larus parasiticus*, Linn. (Ch. D.)

SWARTZIA. (*Bot.*) Hedwig avoit d'abord désigné ainsi le genre de la famille des mousses qu'il a nommé ensuite *Cynontodium*, et Bridel *Cynodontium* et *Cynodon* (voyez CYNODONTIUM). Diverses espèces de mousses, qui ont été décrites comme des *Swartzia* par Hedwig, Poiret et Bridel, font partie maintenant des genres *Didymodon*, *Ptychostomum*, *Trematodon* et *Desmatodon* ou Ligatule. (LEM.)

SWARTZIA. (*Bot.*) Pour conserver la mémoire de Swartz, célèbre auteur du *Flora occidentalis* et d'une bonne monographie des fougères, divers genres lui ont été consacrés. Le *Swartzia* d'Allioni est le *tolpis* d'Adanson; celui de Schreber est le *possira* d'Aublet; celui de Gmelin est le *solandra* de Linnæus fils. Voyez POSSIRA. (J.)

SWENDADI-PULLU. (*Bot.*) Nom malabare du *melilotus indica*, cité par Burmann. (J.)

SWENSKA. (*Ornith.*) Nom suédois du verdier, *fringilla petronia*, Linn. (CH. D.)

SWIAZI. (*Ornith.*) Nom russe d'une espèce de canard, dont parle Krascheninnikow aux pages 497 et 506 de sa Description du Kamtschatka, formant le 2.ᵉ vol. in-4.º du Voyage de Chappe d'Autroche en Sibérie; mais sans rien dire de ses habitudes et sans même le rapporter à une nomenclature classique: c'est l'*igouingoan* des Kamtschadales et le *geichogatchi* des Koriaques. (CH. D.)

SWINIA-MORSKA. (*Mamm.*) Feu de Lacépède place ce nom polonois parmi les synonymes du marsouin, cétacé du genre Dauphin. (DESM.)

SWIT. (*Ornith.*) Nom anglois du martinet, *cypselus*, Illiger; *apus*, Cuv. (CH. D.)

SWORD-FISH. (*Ichthyol.*) Un des noms anglois du voilier (voyez ISTIOPHORE) et de l'Espadon. Voyez ce mot. (H. C.)

SYACOU. (*Ornith.*) C'est un tangara, à peu près de la taille de la linotte, que Buffon a figuré sous le nom de tangara tacheté des Indes, pl. 155, n.º 1. Voyez TANGARA. (CH. D.)

SYÆNA. (*Bot.*) Schreber a substitué ce nom générique à celui de *mayaca* d'Aublet, réuni à la famille des Joncées. (J.)

SYALITA. (*Bot.*) Nom malabare, cité par Rhéede, du *dillenia indica*. (J.)

SYANKA. (*Bot.*) A Java on nomme ainsi le girofle, *cario-phyllus*, au rapport de Mentzel. (J.)

SYCALIS. (*Ornith.*) C'est à la roussette ou fauvette des bois, *motacilla schœnobenus*, Linn., que s'appliquent dans Belon les noms de *sykalis* et de *becafigha*. Buffon les donne aussi comme synonymes à son bec-figue, pl. enlum., 688, n.° 1 ; mais le bec-figue lui-même paroît n'être qu'une espèce imaginaire à M. Cuvier, qui pense que le nom de cet oiseau, auquel répond le mot *ficedula*, s'applique dans le Midi de la France et en Italie, à diverses fauvettes et farlouses, dont les naturalistes ont réuni les attributs sur un certain état du gobe-mouches ordinaire, *muscicapa atricapilla*, Gmel., qui est remarquable par les changemens de plumage que le mâle éprouve en été. Voyez GOBE-MOUCHES NOIR A COLLIER, tome XXXIII, page 82. (CH. D.)

SYCAMINO, SYCAMINUS. (*Bot.*) Voyez SYCOMORUS. (J.)

SYCE. (*Bot.*) Nom grec d'un figuier de l'île de Chypre ou d'Égypte, cité par Mentzel d'après Théophraste. Il ajoute ailleurs que le fruit du figuier est le *sycon* des Grecs. Pline parle d'une herbe *syce*, sur laquelle il ne donne aucun dé-tail. (J.)

SYCHINIUM. (*Bot.*) Genre de plantes dicotylédones, de la famille des *urticées*, de la *monoécie tétrandrie?* de Linnæus, rapproché des *dorstenia*, offrant pour caractère essentiel : Un très-long réceptacle bifurqué, portant, dans une partie de son étendue, les fleurs recouvertes par un bord membraneux, s'étendant de chaque côté, à la manière de l'involucre mar-ginal de plusieurs fougères. Les autres détails sur les fleurs et les fruits nous manquent. Ce genre a été nommé *Sychinium* par M. Desvaux, du mot grec *suchinos* (*ficarius*), qui a quel-ques rapports avec le figuier.

SYCHINIUM FOURCHU ; *Sychinium furcatum*, Poir., Desv., An-nal. de la soc. linn. de Paris, vol. 4, 3.e livr., Juillet 1825, pag. 216. Cette plante, rapprochée des *dorstenia* par son port général, s'en éloigne par la singularité de son inflorescence, qui, au lieu d'avoir un involucre ovale, arrondi ou an-guleux, est un très-long réceptacle pédonculé, fourchu, un peu charnu, prolongé à sa partie supérieure, presque ailé, ramifié en découpures inégales, linéaires, alongées, stériles. Le pédoncule est glabre, long de deux pouces; il part immédiatement de la racine : celle-ci est glabre, fibreuse et jaunâtre ; elle émet une tige souterraine, droite, simple, couverte d'écailles charnues, ondulées. Les feuilles sont radicales, pétiolées, rudes en dessous, nerveuses, palmées, échancrées en cœur à leur base, à sept lobes lancéolés, acuminés, inégaux ; les inférieurs un peu sinués. Cette plante croît au Brésil. (Poir.)

SYCOBIUS. (*Ornith.*) M. Vieillot avoit, dans la 1.ʳᵉ édition de son Ornithologie élémentaire, donné au 73.ᵉ genre de sa méthode, composé des malimbes, le nom de *sycobius ;* mais il lui a ensuite substitué celui de *ploceus*, appliqué par M. Cuvier à ses tisserins. (Cн. D.)

SYCOMORE. (*Bot.*) Nom spécifique d'un figuier ; c'est aussi le nom vulgaire d'une espéce d'érable. (L. D.)

SYCOMORE [Faux]. (*Bot.*) Nom vulgaire de l'azédarach. (L. D.)

SYCOMORUS. (*Bot.*) Ce nom a été cité par Ruellius pour un érable, *acer pseudoplatanus*, dit aussi le *faux sycomore*. Le *sycomorus* de Matthiole et Dodoëns est un figuier, *ficus sycomorus*, qui est le *sycamino* de Théophraste, et c'est probablement son fruit qui est le *sychon* des Grecs. C'est encore le *sycaminus* de Dioscoride et de Pline, cité par Ruellius et Mentzel. Suivant Césalpin, le figuier de Pharaon en Égypte, et suivant Rauwolf et Belon, l'azédarach, *melia*, ont été aussi nommés *sycomorus Italorum* par Cordus. (J.)

SYCONE. (*Bot.*) Nom donné par M. Mirbel au fruit du figuier, du *dorstenia*, de l'*ambora*, etc., fruit qui présente une réunion de carcérules ou de drupéoles placés sur un clinanthe qui tapisse la paroi interne d'un involucre. Cet involucre, de consistance variable, est plan dans le *dorstenia*, hémisphérique dans l'*ambora*, sphérique ou pyriforme dans le figuier. etc. (Mass.)

SYCOPHAGOS. (*Ornith.*) Selon M. Vieillot, c'est le nom du loriot en grec moderne. (Desm.)

SYDERITIS. (*Bot.*) Voyez Crapaudine. (L. D.)

SYENA. (*Bot.*) Voyez Mayague. (Poir.)

SYÉNILITE. (*Min.*) M. Haberlé nomme ainsi une roche qui est formée d'une sorte de syénite dont la texture grenue a

disparu. Il est probable que c'est la même roche que le Trappite felspathique. Voyez ce mot. (B.)

SYÉNITE. (*Min.*) Werner, qui, le premier, a employé
ce nom pour désigner une sorte particulière de terrain granitoïde principalement composé de felspath lamellaire et d'amphibole, paroît avoir fait une erreur dans la ressemblance
qu'il a cru reconnoître entre les roches de Saxe, généralement rougeâtres et piquetées de noir, et le granite rose, également piqueté de noir, des environs de Syène. Celui-ci est un
véritable granite qui en renferme tous les élémens, et dans
lequel le mica, presque noir, a pu être pris pour de l'amphibole. M. de Rosière, qui a fait remarquer cette confusion,
a proposé de donner le nom de *sinaïtes* aux syénites du mont
Sinaï, bien mieux caractérisées que celles d'Égypte, et aux
roches qui leur ressemblent.

Néanmoins le nom de *syénite*, avec la définition qu'on lui
donne, est maintenant si connu, si généralement appliqué à
cette définition, que nous ne proposerons pas un changement qui, quelque conséquent qu'il soit, ne seroit admis
par personne. Nous caractérisons donc la syénite comme il
suit, en avertissant que toutes les roches granitiques des
environs de Syène en Haute-Égypte, ne lui appartiennent
pas.

La Syénite[1] est *essentiellement composée* de felspath lamellaire, d'amphibole et de quarz. Le felspath y est dominant.

Les *parties accessoires* sont le mica et quelquefois la chlo-
rite.

Les *parties accidentelles* sont :

Le zircon, et d'une manière assez remarquable pour constituer une variété particulière;

Le titane nigrine;

La diallage, dans la variété nommée *norite* par M. Esmark;

L'hypersthène;

L'épidote;

Le grenat, dans la Finlande;

---

1 Syénite et Pyropæcilon, Pline, liv. 36, chap. 8. — Granitelle, de
Sauss. — *Rapakivi*, en Finlande, Wall. — Vulgairement Granite
d'Égypte.

Le péridot, en Dalécarlie;

Les pyrites, fort rarement.

Les deux premières espéces s'y trouvent fréquemment : les dernières y sont plus rares. Toutes s'y présentent disséminées.

La syénite est une roche évidemment formée par voie de cristallisation, dont la *structure* est grenue et semblable à celle du granite.

Sa *couleur* dominante et la plus commune est le rose rougeàtre : elle la doit au felspath. Elle est alors tachée de noir ou de vert foncé produit par l'amphibole, et de gris lorsqu'elle renferme du quarz. Elle est quelquefois noiràtre et blanche, verdàtre, etc. Enfin elle présente dans quelques lieux (en Norwége, en Groënland) un éclat et des couleurs chatoyantes très-vifs, dus uniquement au felspath.

Elle a la *cassure* droite et raboteuse. Elle est généralement *solide* et *très-dure*, en sorte qu'elle reçoit un poli brillant, mais un peu inégal, en raison de la différence de dureté des matériaux qui la composent.

La syénite éprouve par *l'action du feu* le même genre d'altération que le granite ; et quand elle ne renferme que peu de quarz, elle est fusiblè en totalité.

La syénite *passe* au granite, lorsque le quarz est abondant et que le mica fait partie de cette roche; à la diorite, lorsque le felspath a la texture presque compacte et que le quarz y est peu abondant; à la protogyne, lorsque le mica est verdàtre et qu'il n'est pas très-différent du talc; au porphyre, quand elle est composée d'une espèce de pàte qui n'est qu'une syénite à petits grains, enveloppant de grosses parties de felspath.

Cette roche se *désagrège* et se *décompose* à la manière du granite, etc., et donne une argile lithomarge verdàtre : c'est surtout dans le voisinage des filons.

La syénite est susceptible, par ses masses, ses couleurs et son poli, d'être *employée* dans les arts de construction et dans les ornemens des édifices. Elle a surtout été d'un grand usage en Égypte. Les obélisques, le tombeau de Cheops, les sphinx, etc., sont faits avec des syénites.

1. SYÉNITE GRANITOÏDE.[1]

Felspath et amphibole laminaires, avec très-peu de mica.

Ex. C'est à cette variété qu'on peut rapporter les syénites d'Égypte qui appartiennent réellement à cette sorte de roche. — Plauen en Saxe. — Dans le voisinage de la cime du Mont-blanc (DE SAUSS. , 4 , §. 177). — Le Rehberg au Harz. — Le ballon de Giromagny, dans les Vosges. — La contrée de Schemnitz en Hongrie. — La contrée de Wiborg et beaucoup d'autres lieux en Finlande. — La péninsule du mont Sinaï, etc.

2. SYÉNITE SCHISTOÏDE.

Felspath lamellaire et amphibole hornblende. Point de quarz. Texture feuilletée.

Ex. Roche des Chalanches au-dessus d'Allemont. Elle passe à la diorite et en diffère à peine, mais le felspath est lamellaire. De Saussure nomme cette roche *schiste de hornblende et de felspath.* [2]

3. S. PORPHYROÏDE.

Felspath en gros cristaux dans une syénite à petits grains.

Ex. Sainte-Marie et Giromagny, dans les Vosges. — Allen-berg en Saxe, etc.

4. SYÉNITE ZIRCONIENNE.

Felspath souvent opalin, amphibole lamellaire et zircon jargon.

La couleur générale est tantôt rougeâtre et tantôt verdâtre, avec des taches angulaires noires, dues à l'amphibole. Sa texture est à gros grains cristallins.

Elle renferme de l'éléolithe, du molybdène, du fer oxidulé, etc.

Cette belle variété se trouve abondamment dans plusieurs contrées de la Norwége, et particulièrement aux environs de Friedrickswärn, de Porsgrund et de Laurvig. C'est dans ce dernier lieu qu'elle renferme de l'éléolithe.

On la cite encore à Asby et en Dalécarlie; à Vake, dans l'île de Portusok, et sur plusieurs points de la côte du Groënland.

---

1 *Gemeiner Syenit*, DE LEONHARD.
2 Voyage aux Alpes, tom. 3, pag. 390.

5. Syénite hypersténique.

L'hyperstène brun-rougeâtre remplaçant l'amphibole en tout ou en partie.

Ex. Montagnes de Cuchullin en Écosse. (Macculloch.)

6. S. diallagique. (*Norite*, Esmark.)

De la diallage avec l'amphibole et le felspath grenu. Quelques cristaux ou grains de titane nigrine, de mica, de zircon et de grenats.

Ex. Dans le terrain d'ophiolite de Hitteren, Egeroë, Stavanger, Bergen, etc., en Norwége. (Voyez Norite.)

M. Cordier a étendu l'application du nom de *syénite* aux roches qui sont composées, comme elle, de felspath et d'amphibole, lors même que ces composans ne sont pas visibles ou qu'ils sont en petites parties compactes, qui donnent alors à la roche une texture différente de celle qui est, pour nous, caractéristique de la syénite. Ainsi il nomme *syénite granulaire* et *syénite compacte*, dans son Mémoire sur les substances volcaniques en masses, la roche nommée *basalte noir antique*, que nous avons séparée des basaltes et des syénites, en la désignant sous le nom de *trappite felspathique*. Cette roche accompagne souvent les vraies syénites et est composée à peu près des mêmes principes. On la cite et sur la côte de Cherbourg en Normandie, et près des cataractes du Nil. (**B.**)

SYFEN. (*Ichthyol.*) Voyez Sœfen. (H. C.)

SYKALIS (*Ornith.*) Voyez Sycalis. (Desm.)

SYKOPHAGOS. (*Ornith.*) Voyez Sycophagos. (Desm.)

SYKORA. (*Ornith.*) Nom illyrien de la mésange, *parus*. (Ch. D.)

SYLITHRA. (*Bot.*) Nom grec de la réglisse, cité par Mentzel. (J.)

SYLLA-VAND-OSCH. (*Mamm.*) Ce nom, dit Sonnini, est rapporté par quelques voyageurs, comme étant celui de la gazelle proprement dite au Congo. (Desm.)

SYLLAM. (*Bot.*) Nom arabe du *mimosa flava* de Forskal. L'acacia nilotica est nommé *sœlam* dans l'Arabie et *sant* en Égypte. (J.)

SYLLIS. (*Chétopod.*) M. Savigny, dans son Système général des annélides, a établi sous ce nom une division générique, parmi les néréides, pour les espèces proboscidées ou non dentées, qui sont pourvues de trois tentacules céphaliques, dont l'impair est fort long; de deux paires de points pseudo-oculaires, et dont les appendices sont uniramés, sans branchies distinctes. Les deux espèces que M. Savigny place dans ce groupe, sont : la *N. prolifera* de Gmelin, et une nouvelle espèce des côtes d'Égypte, qu'il nomme la S. monilaire, *S. monilaris*. Voyez Néréide, tome XXXIV, pag. 440, où ces espèces ont été décrites. (De B.)

SYLPHION. (*Bot.*) C'étoit, chez les anciens, une plante si rare et si précieuse, qu'on l'estimoit au poids de l'or. On en attribuoit la découverte à un Aristée, qui, d'après Sprengel, vivoit plus de six cents ans avant Jésus-Christ.

Le sylphion, après avoir été assez répandu, devint fort rare, parce que les bergers, selon Pline, ou des nomades ou Arabes, suivant Strabon, détruisirent cette plante en faisant paître leurs troupeaux dans les lieux où elle croissoit. Le premier de ces deux auteurs rapporte que, du temps de Néron, il en fut trouvé un seul pied dans la Cyrénaïque, et que ce pied fut donné en présent à cet empereur. Antérieurement, ajoute le naturaliste latin, et sous le consulat de C. Valérius et de M. Herennius, on apporta à Rome trente livres de ce végétal (appelé par les Latins *laserpitium*, et son suc, *laser*), qui furent vendues publiquement. Jules-César étant dictateur, dit encore Pline, tira du trésor public, au commencement de la guerre civile, un morceau de *laser* du poids de cent onze livres, lequel y étoit conservé avec l'or et l'argent, et qui fut également vendu pour subvenir aux frais de cette guerre.

La Cyrénaïque, partie de la Lybie, étoit la région d'où on tiroit le sylphion, ce qui l'avoit fait appeler par les anciens *regio sylphifera*; et sur d'anciennes et très-rares médailles de ce pays on voit gravé sur une des faces le sylphion.

Les modernes ont été fort embarrassés pour savoir quelle étoit cette plante. Les uns ont cru la reconnoitre dans l'espèce de *ferula* qui donne l'*assa-fœtida*; d'autres ont pensé qu'on devoit la rapporter au *ferula tingitana*, plante qui croît dans l'Afrique septentrionale et même dans la Cyrénaïque. Mais on conservoit encore des doutes sur le véritable sylphion, et ce n'est que dans un voyage fait en Lybie, en 1817, par M. Della Cella, que cette plante paroît avoir enfin été retrouvée.

C'est dans sa Flore de Lybie, publiée par M. **D.** Viviani, que
cet auteur décrit cette espèce, dont il n'a pas vu les fleurs;
mais dont les fruits, en bon état, lui ont montré qu'elle appartenoit au genre *Thapsia*, et il l'a nommée *thapsia sylphium*.
Effectivement cette dernière espèce a un feuillage semblable
à celui des médailles cyrénaïques, dont M. Viviani offre une
gravure dans son ouvrage. Sa racine fusiforme rend un suc
qui, concrété, formoit sans doute le sylphion; car il est à
remarquer que ce devoit être cette gomme-résine, et non la
racine, à laquelle on attribuoit beaucoup de vertus en médecine, ce qui la rendoit d'un si grand prix. Hippocrate a employé le vrai sylphion, puisqu'il vante son odeur agréable :
il dit qu'on avoit tenté sans succès de cultiver la plante dans
le Péloponèse, et qu'elle ne prospéroit que dans la Cyrénaïque. (L. **D.**)

SYLVAIN. (*Entom.*) Nom d'un papillon. Voyez SILVAIN.
(C. **D.**)

SYLVAINS. (*Ornith.*) Ce nom, en latin *sylvicolæ*, est celui
du second ordre de la méthode de M. Vieillot, lequel comprend les *passeres* et les *picæ* de Linné et de Latham, sans
en excepter, avec MM. Illiger et Cuvier, les grimpeurs, qui,
sous le nom de zygodactyles, forment la 1.ʳᵉ tribu des sylvains. (CH. **D.**)

SYLVANDRE. (*Entom.*) Voyez SILVANDRE. (C. **D.**)

SYLVANITE. (*Min.*) Werner n'a jamais admis le nom de
tellure, donné à un métal découvert dans le dernier siècle. Il
l'a nommé *sylvan*, et ses différens minérais, *sylvanite* ou *syl-
vanerz*, etc. Voyez TELLURE. (B.)

SYLVARUM DOMINUS. (*Ornith.*) Ce nom et celui de
spinitorquus, sont donnés par Rzaczynski, *auct. Hist. nat. Polon.*,
pag. 587, à la pie-grièche grise, *lanius major*, Linn. (CH. **D.**)

SYLVATIQUES [PLANTES]. (*Bot.*) Stationnées dans les bois;
exemples : *melampyrum sylvaticum*, *anemone nemorosa*, etc.
(MASS.)

SYLVIA. (*Ornith.*) Quoique ce genre comprenne, chez
Latham et plusieurs autres ornithologistes, des petits oiseaux
d'espèces et de genres différens, et que M. Temminck emploie ce terme comme désignant en général les bec-fins,
qu'il se borne à diviser en sections, il sembleroit plus con-

venable d'en restreindre l'application aux fauvettes proprement dites, si l'on ne préfère pour elles, avec Bechstein,
le mot *curruca*. (Cʜ. D.)

SYLVICOLES ou ORNÉPHILES. (*Entom.*) Ce nom, qui
signifie qui habite les forêts, qui aime les bois, a été donné
par nous à une famille de coléoptères hétéromérés, dont les
larves se développent dans le tronc des arbres, tels sont les
cistèles, les pyrochres, les serropalpes, les calopes. Voyez
Oʀɴᴇ́ᴘʜɪʟᴇs. (C. D.)

SYLVIE. (*Bot.*) Nom vulgaire de l'*anemone nemorosa*, plante
printanière. (J.)

SYLVIE. (*Entom.*) C'est le nom donné par Geoffroy à une
espèce de libellule, n.° 9, qui est le *libellula cancellata* de
Linné et de M. Vanderlinden, dans la Monographie qu'il a
publiée à Bruxelles, en 1825. (C. D.)

SYMBADJUL. (*Bot.*) Forskal cite ce nom turc de son *rosa
ephemera*, dont la fleur, de couleur rose le matin, devient
pâle le soir et blanche le lendemain. (J.)

SYMBRANCHE. (*Ichthyol.*) Voyez Uɴɪʙʀᴀɴᴄʜᴀᴘᴇʀᴛᴜʀᴇ.
(H. C.)

SYMBULET-ENNESEN, SUFAL. (*Bot.*) Noms arabes du
symbuleta de Forskal, que Vahl reporte à l'*antirrhinum* avec
doute ; il se rapproche peut-être plus de l'*anarrhinum*. (J.)

SYMÉ, *Syma*. (*Ornith.*) Ce genre a été formé pour y
placer une espèce nouvelle d'oiseau de la famille des martins-pêcheurs ou alcyons. Le genre *Alcedo* de Linné, subdivisé dans ces derniers temps, comprendra donc aujourd'hui les
genres *Alcedo*, *Dacelo*, Leach ; *Ceyx*, Lacép. ; *Syma*, Lesson ;
et *Todiramphus*, Lesson.

Les caractères génériques des *Syma* (nom emprunté à la
Mythologie, et qui est celui d'une nymphe de la mer), et
par opposition avec les caractères des genres que nous venons d'énumérer, sont :

Bec long, élargi à la base, comprimé et mince sur les côtés, vers l'extrémité ; mandibule supérieure à arête recourbée légèrement vers sa pointe, qui est très-aiguë, plus longue
que l'inférieure ; mandibule inférieure carénée en dessous,
convexe, très-aiguë au sommet, qui se loge dans une rainure
de la mandibule supérieure ; bords des deux mandibules gar-

nis, dans les deux tiers de leur longueur, de dents fortes, en scie, nombreuses, dirigées d'avant en arrière; pourtour inférieur de l'œil nu; troisième et quatrième rémiges égales, longues, la première courte; tarses médiocres, à trois doigts antérieurs réunis, l'externe plus court; ailes courtes, queue médiocre, à rectrices inégales, au nombre de dix grandes et deux petites, externes.

On ne connoît encore qu'une espèce de ce genre.

Symé torotoro; *Syma torotoro*, Less.; *Alcedo ruficeps?* G. Cuvier, Gal. du Muséum. Cet oiseau se distingue par les caractères spécifiques suivans : Tête, bec, pieds et abdomen d'un jaune-roux vif en dessus, plus pâle en dessous; deux taches noires de chaque côté du cou; manteau bleu-noir; queue bleue azurée; un cercle noir autour des yeux.

Le symé qui est figuré planche 31 *bis* de la Zoologie de la Coquille, a sept pouces de longueur totale du bout du bec à l'extrémité de la queue; le bec a deux pouces de la commissure à la pointe, et la queue a vingt-sept lignes; le bec est entièrement d'un jaune doré brillant; la tête et les joues sont d'une couleur jaune cannelle claire et uniforme, séparée d'une teinte plus claire, formant collier au-dessus du manteau, par deux taches noires foncées, qui ne se réunissent pas complétement; un cercle noir se dessine légèrement autour de l'œil; le manteau est d'un noir de velours; la couleur des grandes couvertures des ailes est d'un bleu vert uniforme; le croupion est d'un vert clair; les pennes sont brunes en dedans, et bordées de verdâtre métallisé en dehors; les rectrices sont égales, d'un bleu assez foncé en dessus, brunes en dessous; la gorge est d'un jaunâtre blond très-clair, qui prend une teinte plus foncée sur les côtés du ventre et sur la poitrine, pour s'éclaircir et passer au blanchâtre sur le bas-ventre. Les pieds sont assez forts, d'un jaune clair; les ongles sont noirs.

Cet oiseau habite le bord de la mer, le long des palétuviers (*Bruguiera*). Il rase les grèves en volant, pour saisir les petits poissons, que son bec, fortement dentelé, ne lui permet pas de laisser échapper. Nous en observâmes plusieurs individus volant sur les eaux des petites rivières qui se jettent dans le hâvre de Doréry, à la Nouvelle-Guinée. Les

Papous le nomment *Torotoro*, sans doute par analogie avec son cri. (Lesson.)

SYMETHUS. (*Crust.*) Nom donné par M. Rafinesque à un genre de crustacés, dont nous avons rapporté les caractères dans l'article Malacostracés, tome XXVIII, page 312, note. (Desm.)

SYMÉTRIQUE. (*Erpét.*) Nom spécifique d'une Couleuvre, décrite dans ce Dictionnaire, tome XI, p. 210. (H. C.)

SYMMAN. (*Ichthyol.*) Nom arabe d'un poisson appelé par Forskal *perca summana*, et rangé par feu de Lacépède parmi les pomacentres. Il paroît appartenir plutôt aux serrans de M. Cuvier. (H. C.)

SYMPATHIE, *Sympathia.* (*Physiol. générale.*) Ce mot, qui dérive du grec, σὺν, *avec*, et παθος, *affection*, indique, dans le sens physique, un rapport marqué entre les actions de deux ou de plusieurs organes plus ou moins éloignés les uns des autres dans une même machine animée.

Dans un autre sens, dans le sens moral, si l'on peut s'exprimer ainsi, il désigne cette puissance secrète et inconnue dans son essence, qui entraîne l'un vers l'autre deux animaux d'une même espèce ou d'une espèce souvent très-différente, qui lie telle race à telle race par des rapports aussi multipliés qu'étroits.

C'est par des exemples uniquement que le naturaliste doit être mis à même d'apprécier les effets extraordinaires et comme hyperorganiques des sympathies de ces deux sortes.

La dépendance dans laquelle sont, les uns par rapport aux autres, les différens organes du corps de l'homme, en particulier, et qui leur permet de s'influencer réciproquement; le lien par lequel l'affection de l'un se transmet à l'autre ou aux autres; la correspondance qui au moins y détermine un changement quelconque, se manifestent dans un grand nombre de cas divers aux yeux de l'observateur même le moins attentif.

Il n'est, en effet, presque personne qui n'ait éprouvé une douleur vive dans la membrane pituitaire à la suite de l'application de certaines substances sur le palais : tel est surtout l'effet de la préparation connue sous la dénomination de moutarde. Lorsqu'on prend une glace sans être encore habitué à son action, on éprouve une sensation très-désagréable à la racine du nez. Les entozoaires manifestent leur présence dans les voies digestives par une démangeaison de l'entrée des fosses nasales, et le refroidissement des pieds donne lieu fréquemment à la maladie que les médecins appellent coryza, et qui n'est qu'une inflammation de la membrane qui tapisse ces cavités. On sait aussi qu'en les faisant passer subitement de l'obscurité à une vive lumière, on détermine instantanément l'éternument chez l'homme et chez les animaux mammifères.

D'autre part une odeur répugnante augmente d'une manière marquée la sécrétion de la salive et peut quelquefois même abattre les facultés de l'ame.

Des odeurs douces, chez certaines personnes nerveuses, produisent la syncope ou la cessation des battemens du cœur, auquel elles ne peuvent pourtant point parvenir. Les vapeurs de l'ammoniaque, dirigées vers le nez, réveillent l'action des poumons dans l'asphyxie, celle du cerveau dans l'épilepsie. La titillation de la membrane pituitaire entraîne à sa suite la contraction convulsive du diaphragme et des muscles expirateurs, comme le chatouillement de la luette force l'estomac à se soulever et à chasser par le vomissement les matières contenues dans son sein, et de même encore que celui de la plante des pieds ou des hypocondres fait rire involontairement.

C'est encore par une action sympathique physique que l'on peut concevoir l'altération de la voix chez les animaux châtrés ; l'absence de la barbe chez les eunuques, etc.

Mais tous ces faits appartiennent essentiellement à la médecine : c'est l'anatomie qui, en développant les ressorts de l'organisation des animaux, et établissant les fondemens d'une physiologie positive, peut seule répandre sur ce sujet les lumières propres à le faire discuter avec connoissance de cause. Les *sympathies morales*, encore plus inexplicables, à la vérité, sont plus évidemment du ressort de l'histoire naturelle, et s'offrent en foule dans toutes les espèces sociales, où l'on voit, par la seule puissance des signes, les impressions se communiquer d'un être sensible à d'autres êtres, qui, pour les partager, semblent alors s'identifier avec lui; où l'on voit le doux et vif penchant qui attire l'homme vers l'homme, attirer aussi l'abeille vers l'abeille, la fourmi vers la fourmi.

La vue, l'odorat, l'ouïe, le tact, peuvent être, tour à tour ou même de concert, les instrumens extérieurs de la sympathie dans la grande classe des êtres animés.

C'est ainsi que dans beaucoup d'animaux le sens de l'odorat devient l'organe de la sympathie. Plusieurs espèces sont évidemment dirigées vers les êtres de la même ou d'une autre espèce, par des émanations odorantes, qui leur en indiquent la trace et leur en font connoître la présence long-temps avant que leurs oreilles aient pu les entendre ou leurs yeux les apercevoir.

Il suffit sur ce point d'en attester les soins mêmes que la nature a pris de faire exhaler une odeur forte et spéciale aux organes sexuels de la plupart des animaux : telle est celle de la Civette, du Castoréum, que nous offrent les Genettes, les Muscardins, les Ondatras, les Bufles, les Boucs, les Zorilles, les Putois, etc. (Voyez ces divers mots.)

Dans le temps des amours aussi, les mâles et les femelles se pressentent et se reconnoissent de loin par l'intermède des odeurs exhalées de leur corps, qu'anime, durant cette époque, une plus grande vitalité.

Ce n'est point ici le lieu de pousser plus loin l'examen d'une matière aussi difficile à étudier : nous la recommandons aux méditations de nos lecteurs. (H. C.)

SYMPATHIQUE, *Sympathicus*. (*Anat. générale*.) On a donné généralement ce nom à tout ce qui a rapport à la sympathie; mais on l'a appliqué plus spécialement à certains phénomènes nerveux qui se manifestent dans l'exercice de la vie, et à l'ensemble d'un système nerveux indépendant, jusqu'à un certain point, de l'encéphale et de la moelle vertébrale, et dont nous parlerons à notre article Système nerveux ganglionnaire et Trisplanchnique. Voyez aussi Sympathie. (H. C.)

SYMPHÆPHON. (*Bot.*) Nom égyptien du lis, cité par Mentzel et Adanson. (J.)

SYMPHODE, *Symphodus*. (*Ichthyol.*) Nom donné par M. Rafinesque à un genre de poissons osseux, thoraciques, marins, très-voisin de celui des labres, mais qui en diffère en ce que les deux nageoires pectorales sont réunies par une membrane, au lieu d'être séparées. Le symphode fauve, *symphodus fulvescens*, est de forme alongée et n'a pas plus de trois pouces de longueur. Sa couleur générale est le fauve, rayé longitudinalement de fauve plus clair, et sa queue, de la même couleur, est marquée d'un point noir à sa base. Sa bouche est conformée comme celle des *labrus macrostomus* et *verdolidus*.

Ce poisson porte en Sicile les noms de *rossolida* et de *trombetta*. (Desm.)

SYMPHONIA. (*Bot.*) Ce nom, sous lequel Pline désignoit l'*amaranthus tricolor* des jardins, suivant Daléchamps et C. Bauhin, a été employé par Linnæus fils pour un genre réuni plus tard au *moronobea* d'Aublet, dans la famille des guttifères. (J.)

SYMPHONIE. (*Bot.*) Voyez Mani. (Poir.)

SYMPHOREMA. (*Bot.*) Genre de plantes dicotylédones, à fleurs complètes, monopétalées, de l'*heptandrie monogynie* de Linné, offrant pour caractère essentiel : Un involucre à six ou huit folioles ; un calice à six ou huit dents, une corolle monopétale, à sept ou huit divisions ; le tube court ; sept ou huit étamines attachées à l'orifice de la corolle ; un ovaire supérieur ; un style ; un stigmate bifide ; une semence globuleuse, renfermée dans le calice, imitant un péricarpe.

Symphorema a involucre : *Symphorema involucratum*, Roxb., *Corom.*, vol. 2, pag. 46, tab. 186. Arbrisseau grimpant, dont les rameaux sont opposés, garnis de feuilles médiocrement pétiolées, opposées, pubescentes, ovales, aiguës, dentées en scie, longues de trois pouces, à nervures simples. Les fleurs sont sessiles, latérales, ramassées en une ombelle courte, entourées d'un involucre presque à huit folioles ; le pédoncule simple, portant les fleurs à son sommet. Leur calice est divisé en six ou huit folioles ; il y a autant de divisions à la corolle ; les étamines sont en même nombre ; l'ovaire est globuleux, il lui succède une semence renfermée dans le calice. Cette plante croit dans les forêts du Coromandel. (Poir.)

SYMPHORIA. (*Bot.*) Le *symphoricarpos*, confondu par Linnæus avec son *lonicera*, et rétabli ensuite par nous, a été ainsi nommé par M. Pursh. (J.)

SYMPHORICARPOS. (*Bot.*) Genre de plantes dicotylédones, à fleurs complètes, monopétalées, de la famille des *caprifoliées*, de la *pentandrie monogynie* de Linné, offrant pour caractère essentiel : Un calice fort petit, à quatre ou cinq dents ; une corolle infundibuliforme ; le limbe à cinq divisions presque égales ; cinq étamines ; un ovaire inférieur ; un style ; un stigmate à demi globuleux ; une baie couronnée par le calice, à quatre loges, dont deux monospermes, les deux autres vides.

Ce genre, confondu d'abord avec les chèvre-feuilles, en a été séparé d'après les caractères que nous venons d'exposer (voyez Chèvrefeuille). Il renferme des arbrisseaux très-rameux. Les rameaux opposés ; les feuilles opposées, très-entières ; les pédoncules axillaires, à une ou plusieurs fleurs munies de deux bractées.

Symphoricarpos a petites fleurs : *Symphoricarpos parviflora*, Desf., Catal. ; *Lonicera symphoricarpos*, Linn., *Spec.* ; Duham., Arb., 2, tab. 82. Petit arbrisseau élégant, très-rameux, en forme de buisson, qui s'élève à la hauteur de trois ou quatre pieds. Ses rameaux sont fort menus, opposés, cylindriques, pubescens. Les feuilles pétiolées, opposées, ovales, obtuses, glabres en dessus, un peu pubescentes et cendrées en dessous. Les fleurs sont très-petites, peu apparentes, campanulées, régulières, disposées en petites têtes axillaires, portées sur des pédoncules très-courts. Il leur succède de petites baies rouges, couronnées par le calice, quadriloculaires, à deux semences. Cet arbrisseau est originaire de l'Amérique septentrionale. On le cultive dans les jardins pour la décoration des bosquets d'automne.

Symphoricarpos a petites feuilles ; *Symphoricarpos microphyllus*, Kunth, *in* Humb. et Boupl., *Nov. gen.*, 3, pag. 424. Arbrisseau chargé de rameaux nombreux, opposés, glabres, cylindriques, pubescens dans leur jeunesse ; les feuilles pétiolées, opposées, ovales, arrondies, obtuses ou un peu aiguës, entières, pubescentes en dessous et un peu en dessus, longues de deux ou trois lignes ; les pétioles pubescens. Les fleurs sont disposées en grappes axillaires, opposées, solitaires, médiocrement pédonculées, avec deux bractées ovales, opposées, aiguës, concaves et pubescentes, un peu plus longues que l'ovaire. Le calice est petit, à quatre, cinq ou six dents presque égales, aiguës et ciliées ; la corolle blanche, en entonnoir, à cinq lobes presque orbiculaires, égaux ; le tube pubescent en dedans ; l'ovaire un peu globuleux, à quatre loges, dont deux monospermes et les deux autres à quatre semences ; le stigmate en tête. Cette plante croit au Mexique.

SYMPHORICARPOS DES MONTAGNES ; *Symphoricarpos montanus*, Kunth, *loc. cit.*, tab. 296. Cette plante a des rameaux bruns, cylindriques, striés, glabres ou pubescens ; les feuilles opposées, à peine pétiolées, ovales, aiguës, un peu mucronées, arrondies à leur base, quelquefois pubescentes ; les fleurs solitaires ou géminées, axillaires sur les rameaux, opposées, un peu pédonculées, accompagnées de deux bractées ovales, aiguës et ciliées ; le calice à cinq dents inégales, aiguës ; la corolle infundibuliforme, glabre, longue de quatre ou cinq lignes ; le limbe à cinq lobes presque orbiculaires, égaux, trois fois plus courts que le tube, pubescent à l'intérieur ; l'ovaire glabre, en ovale renversé ; les ovules pendans. Le fruit est une baie globuleuse, glabre, ombiliquée par le calice persistant, blanche, à deux loges monospermes. Cette plante croit près de Sainte-Rose au Mexique.

SYMPHORICARPHOS GLAUQUE ; *Symphoric. glaucescens*, Kunth, *loc. cit.*, tab. 295. Arbrisseau de trois pieds et plus, très-rameux, à rameaux bruns, glabres, cylindriques : les plus petits filiformes et pubescens. Les feuilles sont opposées, à peine pétiolées, elliptiques, aiguës, obtuses à leur base, glabres ou un peu pubescentes, ciliées, d'un vert gai, un peu glauques, longues de six ou sept lignes, larges de trois lignes et demie ; les pétioles pubescens. Les fleurs sont opposées, solitaires, axillaires, accompagnées de deux bractées ovales, un peu pubescentes, aiguës, de la longueur de l'ovaire. Le calice est glabre, à trois ou quatre dents aiguës, ciliées, un peu inégales ; la corolle blanche, infundibuliforme, à lobes du limbe égaux, orbiculaires ; l'orifice et le tube pubescens en dedans ; l'ovaire lisse, à quatre loges, dont deux monospermes, les deux autres à quatre semences ; les ovules sont oblongs et pendans. Cette plante croit aux environs de la ville de Mexico. (POIR.)

SYMPHYONÈME, *Symphyonema*. (*Bot.*) Genre de plantes dicotylédones, à fleurs incomplètes, de la famille des *protéa-*

cées, de la *tétrandrie monogynie* de Linné, offrant pour caractère essentiel : Une corolle régulière, à quatre divisions profondes ; point de calice ; sur la division du milieu sont placées quatre étamines ; les filamens connivens à leur sommet ; les anthères libres ; point de glandes ; un ovaire supérieur à deux ovules ; le stigmate presque tronqué ; une noix monosperme et cylindrique.

Ce genre, établi par M. Rob. Brown, renferme des arbustes ou des herbes glabres, ou parsemées de quelques poils rares, glanduleux ; les feuilles à trois divisions ; leurs lobes découpés ; les feuilles inférieures opposées ; les fleurs disposées en épis simples, terminaux ou placés dans l'aisselle des feuilles supérieures : ces fleurs sont sessiles, alternes ; les bractées concaves, persistantes. On y rapporte les deux espèces suivantes :

SYMPHYONÈME DES MARAIS ; *Symphyonema paludosum*, Rob. Brown, *Trans. linn.*, vol. 10, pag. 158. Cette plante a les découpures de ses feuilles subulées, à demi cylindriques ; les fleurs en épis, très-glabres, ainsi que les bractées. Elle croît aux lieux marécageux, sur les côtes orientales de la Nouvelle-Hollande. Dans le *Symphyonema montanum*, Rob. Brown, *loc. cit.*, les découpures des feuilles sont planes, linéaires, traversées par une seule nervure ; les fleurs en épis pubescens, ainsi que les bractées. Les poils sont glanduleux et très-courts. Cette plante croit à la Nouvelle-Hollande, sur les montagnes. (POIR.)

SYMPHYTUM (*Bot.*) Voyez CONSOUDE. (LEM.)

SYMPLOCARPE, *Symplocarpus*. (*Bot.*) Genre de plantes monocotylédones, à fleurs incomplètes, de la famille des aroïdes, offrant pour caractères essentiels : une spathe ventrue, ovale, acuminée ; un spadice arrondi, couvert de fleurs hermaphrodites ; un calice persistant, à quatre parties, devenant épais et spongieux ; point de pétales ; un style pyramidal et quadrangulaire, à stigmate simple ; des semences solitaires au fond du calice.

Ce genre a été établi par Salisbury pour y placer une espèce du genre Pothos, le *pothos fetida* de Michaux. (POIR.)

SYMPLOQUE, *Symplocos*. (*Bot.*) Genre de plantes dicotylédones, à fleurs complètes, de la famille des *ébénacées*, de la *polyadelphie polyandrie* de Linné, offrant pour caractère essentiel : Un calice à cinq divisions profondes ; une corolle en roue, de cinq à dix divisions très-profondes, étalées ; les alternes intérieures souvent plus petites ; les étamines nombreuses, placées sur trois ou quatre rangs ; les filamens réunis à leur base en un ou plusieurs paquets ; l'ovaire inférieur, à trois ou cinq loges ; quatre ovules dans chaque loge ; un style ; un stigmate en tête, à trois ou cinq lobes ; un drupe un peu charnu, couronné par le calice, renfermant une noix à trois ou cinq loges monospermes ; la radicule supérieure.

D'après une connoissance plus parfaite des Alstonia, Hopea, Ciponima, ces genres ont été réunis à celui-ci. (Voyez ces différens articles.)

Symploque de la Martinique : *Symplocos martinicensis*, Linn., *Spec.*; Lamk., *Ill. gen.*, tab. 455, fig. 1 ; Swartz, *Obs.*, 293, tab. 7, fig. 1. Grand arbrisseau, garni de rameaux alternes, diffus, glabres, cylindriques, striés, de couleur cendrée. Les feuilles sont alternes, pétiolées, ovales, longues de trois ou quatre pouces, larges de deux ou trois, glabres, coriaces, un peu luisantes, entières ou un peu crénelées à leurs bords ; les pétioles longs de trois ou quatre lignes. Les fleurs sont ou solitaires ou plus souvent disposées en petites grappes latérales, peu garnies, axillaires, munies de petites bractées ovales, un peu pubescentes ; le calice est fort court, à cinq divisions concaves, ovales, un peu pubescentes ; la corolle est blanchâtre, longue de quatre ou cinq lignes, à pétales droits, obtus, réunis en tube à leur base. Le fruit est un drupe ovale, obtus, à cinq loges. Cette plante croît aux Antilles et dans les forêts de Porto-Ricco.

Symploque a huit pétales ; *Symplocos octopetala*, Swartz, *Prodr.*, pag. 109. Arbre de vingt ou trente pieds, supportant à son sommet des branches dressées, chargées de rameaux épars, lisses, cylindriques, fragiles. Les feuilles sont alternes, pétiolées, un peu roides, glabres, ovales, d'un vert gai en dessus, à dentelures obtuses, avec une petite pointe ; les pétioles courts, un peu réfléchis. Les fleurs sont axillaires, terminales ; les pédoncules courts, solitaires, à une, quelquefois deux fleurs ; le calice a cinq divisions ovales, ciliées à leurs bords ; à sa base trois ou quatre bractées un peu arrondies, concaves, velues et ciliées. La corolle est blanche, odorante, à huit divisions égales, disposées sur deux rangs; l'ovaire oblong, velu vers son sommet; le style épais, de la longueur des filamens; le stigmate en tête, à deux lobes; le drupe sec, oblong, de la grosseur d'une noisette, à cinq loges, couronné par le calice contenant des semences oblongues. Cette plante croît sur les hautes montagnes, dans les contrées méridionales de la Jamaïque.

Symploque a fleurs écarlates; *Symplocos coccinea*, Humb. et Bonpl., *Pl. æquat.*, 1, pag. 185, tab. 52. Cet arbre a un tronc peu épais; le bois dur; les rameaux étalés; les feuilles alternes, très-peu pétiolées, oblongues, acuminées, crénelées à leur contour, arrondies à leur base, vertes et glabres en dessus, un peu pileuses en dessous, longues de trois ou quatre pouces, larges d'un pouce et demi. Les fleurs sont axillaires, solitaires, presque sessiles, d'un beau rouge, munies à leur base de cinq bractées ovales et pileuses; le calice à cinq découpures lancéolées, aiguës, pubescentes. La corolle est composée de dix pétales en roue, oblongs, réunis à leur base en un tube très-court, pubescens en dehors, disposés sur deux rangs; les étamines nombreuses, placées sur quatre rangs; l'ovaire surmonté d'un disque à cinq tubercules; le stigmate charnu, à cinq lobes; un drupe presque sec, couronné par les divisions du calice, renfermant un noyau à cinq loges monospermes. Cette plante croît dans les grandes forêts, au Mexique. Son bois pourroit être très-utile pour les constructions. Ce seroit une très-bonne acquisition pour les grandes forêts de l'Europe.

Symploque a fleurs inclinées : *Symplocos cernua*, Humb. et Bonpl., *loc. cit.*, tab. 59. Arbre d'environ trente pieds de haut, d'un feuillage agréable et d'un beau vert, distingué du précédent par ses rameaux droits, plus rapprochés; par ses feuilles nombreuses, luisantes, plus petites, coriaces, longues d'un pouce, larges de deux, dentées en scie, excepté à leur partie inférieure, glabres, velues en dessous sur leur principale nervure. Les fleurs sont solitaires, inclinées, axillaires, à peine pédonculées, munies de bractées ovales, pubescentes. Le calice est un peu pubescent; la corolle blanche, un peu plus grande que le calice, à cinq divisions extérieures ovales, autant d'intérieures plus courtes; les étamines sont disposées sur trois rangs; les anthères globuleuses ; le style est plus court que la corolle; le stigmate en massue. Cette plante croît sur les bords de la rivière des Amazones, proche la ville de Jaen de Bracamoros.

SYMPLOQUE DENTELÉ: *Symplocos serrulata*, Humb. et Bonpl., *loc. cit.*, tab. 54. Arbre de douze à quinze pieds, peu rameux, à rameaux rapprochés, couverts, vers leur sommet, de poils roussâtres. Les feuilles sont membraneuses, ovales, oblongues, un peu acuminées, à peine pétiolées, longues de trois ou quatre pouces sur un et demi de large, très-rapprochées, à petites dentelures, d'un beau vert en dessus, plus pâles en dessous, et couvertes de poils roussâtres; cinq bractées ovales, caduques et velues. Le calice est pubescent, à cinq divisions ovales, presque égales ; la corolle une fois plus longue que le calice, à six ou neuf divisions très-profondes, chargées de poils très-courts ; les étamines sont disposées sur trois ou quatre rangs; les filamens réunis à leur base en plusieurs paquets; le style est pubescent, et le stigmate à cinq lobes peu apparens. Cette plante croît dans l'Amérique méridionale, aux environs de Popayan.

SYMPLOQUE ROUSSATRE : *Symplocos rufescens*, Humb. et Bonpl., *loc. cit.*, tab. 55. Arbre de cinquante à soixante pieds de haut, dont le bois est jaunâtre, pesant, très-dur, susceptible de prendre un beau poli. Les branches sont touffues, très-rameuses ; les rameaux chargés, vers leur sommet et au-dessus des feuilles, de poils roussâtres; les feuilles très-rapprochées, membraneuses, oblongues, acuminées, longues de cinq pouces, un peu rétrécies et arrondies à leur base, vertes et glabres en dessus, entières ou un peu sinuées et denticulées à leurs bords. Les fleurs sont blanches, solitaires, axillaires, quelquefois réunies deux ou trois sur le même pédoncule rameux, très-court, et garni de quatre ou cinq bractées ovales, velues et caduques; le calice est velu, à cinq dents ovales; la corolle pubescente, une fois plus longue que le calice, à sept ou huit divisions profondes, formant à leur base un tube cylindrique ; les étamines sont disposées sur trois rangs; le style est velu vers sa base; le stigmate en massue; le drupe long d'un pouce, peu charnu ;

le noyau divisé en quatre loges monospermes. Cette plante croît sur la montagne de Quindiu, dans l'Amérique méridionale.

Symploque tomenteux; *Symplocos tomentosa*, Humb. et Bonpl., *loc. cit.* Cet arbre supporte une cime fort ample, composée de rameaux glabres, alternes, couverts dans leur jeunesse de poils rudes, un peu roussâtres. Les feuilles sont alternes, ovales, alongées, acuminées, glabres, dentées en scie, luisantes en dessus, tomenteuses et roussâtres en dessous. Les fleurs sont blanches, axillaires, au nombre de quatre ou cinq sur le même pédoncule, tomenteuses et velues en dehors; la corolle à dix divisions oblongues, obtuses, réunies en tube à leur base; les étamines disposées sur trois rangs; le stigmate en tête, presque à trois lobes. Cette plante croît dans la Nouvelle-Grenade, proche Ibague.

Symploque nu; *Symplocos nuda*, Humb. et Bonpl., *loc. cit.* Cette espèce est glabre sur toutes ses parties; ses rameaux sont alternes, cylindriques, garnis de feuilles alternes, oblongues, obtuses, en ovale renversé, rétrécies en coin à leur base, entières, dentées en scie au sommet; les pétioles longs d'un demi-pouce. Les fleurs sont solitaires, axillaires, presque sessiles, munies de bractées. Le fruit est un drupe, long d'un pouce, contenant un noyau à trois loges. Cette plante croît dans l'Amérique, dans les forêts de Loxa.

Symploque limoncillo; *Symplocos limoncillo*, Humb. et Bonpl., *loc. cit.* Cet arbre est très-élevé, glabre sur toutes ses parties, garni de feuilles alternes, pétiolées, alongées, entières ou légèrement dentées en scie, luisantes, aiguës à leurs deux extrémités; les pétioles comprimés, longs de six lignes; les pédoncules rameux, axillaires, chargés de plusieurs fleurs. Le fruit est un drupe glauque, long d'un pouce, renfermant un noyau à trois ou quatre loges. Cette plante croît proche Xalapa, dans le Mexique.

Symploque mucroné; *Symplocos mucronata*, Humb. et Bonpl., *loc. cit.* Cet arbre s'élève à la hauteur de douze ou quinze pieds. Ses feuilles sont alternes, médiocrement pétiolées, alongées, denticulées, mucronées à leur sommet, coriaces, entières vers leur base, glabres, ainsi que toutes les autres parties de la plante. Les pédoncules sont solitaires, axillaires, uniflores, longs de deux ou trois lignes. Cette plante croit en Amérique, dans la Nouvelle-Grenade. (Poir.)

SYNAGRE. (*Ichthyol.*) Nom spécifique d'un spare de Linnæus et de feu de Lacépède. (H. C.)

SYNAGRE, *Synagra*. (*Entom.*) M. Latreille a fait connoître sous ce nom un genre d'insectes hyménoptères de la famille des diploptères, qui ne renferme que des espèces étrangères à l'Europe, dont les parties de la bouche sont différentes de celles des autres guêpes; telle est la *vespa cornuta* de Linné, espèce d'Afrique, figurée par Drury. (C. D.)

SYNAGRIDA. (*Ichthyol.*) Nom grec moderne du *denté ordinaire*. Voyez DENTÉ. (H. C.)

SYNAGRIS. (*Ichthyol.*) Nom donné par Klein au LABRE GRISON, décrit dans ce Dictionnaire, tom. XXV, p. 37. (H. C.)

SYNALISSA. (*Bot.*) Genre proposé récemment par Fries pour placer des cryptogames voisins des *Rhizomorpha* et surtout des *Thamnomyces*. Dans ce genre, fondé sur le *collema ramulosum*, Hoffm., qu'Acharius doutoit qu'on pût laisser parmi les lichens, le thallus est ramuleux, en forme de bouquet touffu, d'une nature cornée, et de la substance duquel percent des espèces de périthéciums oblongs ou obovales; les sporidies forment des amas très-fins. Indépendamment de la plante d'Hoffmann, Fries ramène à ce genre le *collema symphoreum*, Decand., Fl. fr., et le *collema synalissum* d'Acharius. Toutes ces plantes sont roides et noires.

La plante d'Hoffmann, ou le *synalissa ramulosa*, Fries, *Syst. orb.*, 1, pag. 297, est une plante parasite du *lecidea lucida*, Ach., qui conserve sa rigidité et sa couleur noir de charbon, quoique mouillée depuis long-temps.

Le *synalissa Acharii*, Nob., ou *collema synalissum*, Ach., *Synops.*, p. 317, paroit être le *collema botrytis*, décrit par Hoffmann et par Bernhardi. On le trouve en Allemagne, en France, etc., sur les rochers, dans la mousse; son thallus est presque uniquement formé de petits lobules en forme de granulations; les pseudo-périthéciums (apothéciums, Achar.) sont très-petits, agrégés, de même couleur que le thallus, et agglomérés en petites têtes presque pédicellées. Fries pense que le genre *Obryzum* de Wallroth est peut-être le même que le *Synalissa*. (LEM.)

SYNALLAXE. (*Ornith.*) Les oiseaux auxquels M. Vieillot a, le premier, donné ce nom, et dont la planche 52 du *Synopsis* de Latham paroît être le type, offrent de nombreux rapports avec les mérions. Comme ceux-ci, ils ont une queue très-large, pourvue de pennes longues et pointues. Leur port est svelte et élancé, et la forme de leurs ailes annonce aussi de foibles moyens pour le vol ; mais les mérions ont le bec garni de fortes soies, et la mandibule supérieure échancrée, tandis que les synallaxes ont ces parties glabres et unies : ce qui annonce une différence dans les alimens dont ils se nourrissent et dans la manière dont ils se les procurent. Les seules choses que l'on sache des mœurs des synallaxes, c'est qu'ils habitent les forêts sombres et humides, sans se montrer dans les plaines, tandis qu'on a trouvé des mérions dans les marais ; on sait aussi que les espèces de synallaxes qui ont été découvertes jusqu'à ce jour, viennent de l'Amérique méridionale, tandis que les mérions que nous possédons, appartiennent tous à l'ancien monde : ce qui permet au moins d'établir entre eux une division géographique.

Comme on ne connoissoit encore qu'une espèce de synallaxe, quand le genre a été formé par M. Vieillot, et qu'il en existoit cinq lorsque M. Temminck a donné, avec quelques changemens, les caractères de ce genre dans son Recueil d'oiseaux coloriés, c'est de ceux-ci qu'on croit devoir présenter plus particulièrement l'analyse.

Le bec, très-comprimé, est grêle et pointu, et n'a point de poils à sa base, ainsi que l'observation en a déjà été faite. Les bords des mandibules sont légèrement courbés en dedans ; la supérieure est un peu arquée, et l'inférieure droite. Les narines sont oblongues, couvertes d'une petite membrane voûtée et garnies de plumes à leur origine ; les deux doigts extérieurs sont égaux et unis à leur base au doigt du milieu, que le pouce égale en longueur. Les ailes, arrondies, sont très-courtes ; les pennes en sont étagées, ainsi que celles de la queue, qui est fort longue et dont les rémiges sont terminées en pointe.

Des cinq espèces figurées par M. Temminck, trois le sont sur la 227.e planche, et deux sur la 311.e L'auteur ne fait pas nominativement mention des deux espèces décrites par M.

Vieillot, et il seroit difficile de rapporter ces dernières aux figures, qui ont toutes des noms particuliers, sans s'exposer à des erreurs ou de doubles emplois.

Synallaxe ardent; *Synallaxis rutilans*, Temm., pl. 227, n.° 1. Cette espèce a le front, les sourcils, les joues, les côtés du cou, la poitrine et les couvertures des ailes d'un roux châtain; la gorge est noire; tout le dessus du corps, le bas-ventre et l'abdomen, ont une teinte olivâtre, nuancée de roux foncé; l'aile et la queue sont noirâtres; le bec, argenté à la base, est noir à la pointe.

Synallaxe albane; *Synallaxis albescens*, Temm., pl. 227, n.° 2. Cette espèce, qui paroît correspondre au synallaxe à tête rousse de M. Vieillot, a le dessus de la tête d'un roux vif, qui se retrouve sur les petites couvertures des ailes; le menton et le ventre sont blanchâtres; le front, les sourcils et les joues, d'un gris foncé; la nuque, le dos et les pennes alaires, et caudales d'un cendré olivâtre.

Synallaxe grisin; *Synallaxis cinerascens*, Temm., pl. 227, n.° 3. Le très-petit bec de cette espèce est entièrement noir. Les pennes très-étagées de la queue sont terminées par un prolongement de la tige. Le dessus du corps est d'un cendré olivâtre; le menton est couvert latéralement de raies blanches et noires. Le devant du cou est noir; les ailes et la queue sont roussâtres, et tout le dessous du corps est d'un gris cendré.

Synallaxe damier; *Synallaxis tessellata*, Temm., pl. 311, n.° 1. Cette espèce, à laquelle le nom de *damier* est peu convenable, a le sommet de la tête et le poignet de l'aile d'un roux marron, et les autres parties supérieures, ainsi que les ailes et la queue, qui est longue et conique, sont d'un brun mélangé de couleur de terre d'ocre, avec de légères mèches noirâtres. Le menton et les côtés de la poitrine sont jaunes, les côtés du cou blanchâtres, et la gorge offre une assez grande plaque noire; le milieu du ventre est blanc, et les flancs, ainsi que l'abdomen, sont d'un roussâtre fauve. La longueur de l'oiseau est de sept pouces, en y comprenant la queue, qui seule en a quatre.

Synallaxe a filets: *Synallaxis setaria*, Temm., pl. 311, n.° 2. Cette espèce, récemment découverte, ainsi que la précédente, par M. Auguste de Saint-Hilaire, est de la même taille de sept pouces ; mais, outre les différences de couleur dans le plumage, elle présente deux signes propres à la faire distinguer ; savoir, une huppe, dont les précédentes sont dépourvues, et deux pennes caudales beaucoup plus longues que les autres. La huppe, qui couvre le front et tout le sommet de la tête, est composée de plumes à barbes un peu lâches, qui sont noires, avec une ligne longitudinale blanche. Le dos et les ailes sont d'un roux vif, ainsi que la queue, très-étagée, et dont les deux pennes centrales se terminent en filets étroits et prolongés ; un petit trait blanc s'étend au-dessus des yeux ; le haut du cou et la poitrine sont de la même couleur et lisérés par une fine bordure brune ; le ventre est d'un blanc roussâtre ; la mandibule inférieure du bec est blanche à sa base.

Cette espèce se trouve au Brésil, dans la capitainerie de Saint-Paul, et probablement aussi dans d'autres parties de ce royaume. (Ch. D.)

SYNANCÉE, *Synanceia*. (*Ichthyol.*) M. Schneider a ainsi nommé un genre de poissons osseux holobranches, qui rentre dans la famille des céphalotes de M. Duméril, et que l'on reconnoît aux caractères suivans :

Corps épais, quoique comprimé; tête très-grosse, hérissée de tubercules plus ou moins saillans; gueule et yeux dirigés vers le ciel; catopes thoraciques; nageoire dorsale unique et longue; gueule très-fendue; dents en velours; nageoires pectorales très-larges, embrassant une partie de la gorge, mais à rayons non prolongés; point de vessie hydrostatique.

A l'aide de ces caractères il devient facile de distinguer le genre assez généralement adopté des Synancées, des Scorpènes, qui ont la tête hérissée d'épines ; des Ptéroïs, chez lesquels les rayons des nageoires pectorales sont prolongés au-delà des membranes ; des Gobiésoces, dont la nageoire dorsale est courte ; des Cottes, qui ont deux nageoires dorsales. (Voyez ces divers mots et Céphalotes.)

Les synancées ont un estomac en cul-de-sac et ne possèdent qu'un petit nombre de cœcums.

Parmi les espèces qui composent ce genre, nous décrirons en particulier :

La **Synancée horrible** ou **Crapaud de mer**, *Synanceia horrida; Scorpæna horrida*, Linn. Tête énorme, à surface très-inégale , alternativement creusée par de profonds sinus et relevée par des protubérances très-saillantes; yeux fort petits et logés chacun dans un tubercule un peu arrondi par le haut, qui semble, avec deux autres tubercules placés sur la nuque, former quatre sortes de cornes très-irrégulières et très-hideuses; mâchoires articulées de manière à s'élever presque verticalement pendant l'occlusion de la bouche, l'inférieure représentant une sorte de pont-levis courbé en fer à cheval; une foule de très-petites dents sur les mâchoires et dans le gosier; langue large, arrondie , assez libre et lisse, de même que le palais ; les trois ou quatre premiers rayons de la nageoire du dos très-gros et difformes, séparés les uns des autres, presque libres, inégaux, irréguliers, à sommet branchu ; corps et queue tuberculeux , calleux; nageoire caudale arrondie.

Cette dernière nageoire est rayée, et la couleur générale de l'animal est variée de brun et de blanc.

La synancée horrible habite les mers des Indes orientales.

La **Synancée double-filament**, *Synanceia bicirrhata; Scorpæna bicirrhata* , Lacép. Mâchoire inférieure repliée sur la supérieure; un filament double et très-long à l'origine de la nageoire dorsale; yeux extrêmement petits et très-rapprochés ; nageoires caudale et anale arrondies; deux filamens très-déliés, nés de la nuque et dépassant l'extrémité de la queue.

Cette espèce a été établie par feu de Lacépède, d'après les notes du voyageur Commerson.

La **Synancée didactyle**, *Synanceia didactyla ; Scorpæna didactyla*, Pallas , Linnæus. Deux rayons séparés l'un de l'autre auprès de chaque nageoire pectorale ; yeux gros , ovales , saillans, placés au sommet de deux tubérosités très-rapprochées et séparées du museau par deux fossettes; des barbillons charnus, découpés, aplatis, larges , dispersés sur plusieurs points de la surface de la tête , et dont deux plus grands pendent aux deux côtés de la mâchoire inférieure, laquelle est plus avancée que la supérieure, et se trouve, comme celle-ci, le devant du palais et le fond du gosier.

garnie de dents; langue rayée de noir et piquetée de jaune; peau comme alépidote et visqueuse.

Ce poisson, de la taille de onze à quinze pouces, fréquente la mer des Indes. Il est brun, avec des raies jaunes sur le dos et des taches de la même couleur sur les côtés et sur le ventre. Des bandes noires sont distribuées sur ses nageoires caudale et pectorales.

Il faut encore rapporter à ce genre SYNANCÉE les *scorpænæ verrucosa, monodactyla* et *carinata*, de Schneider; le *trigla rubicunda*, décrit par Euphrasen dans le tome 9.ᵉ des Nouveaux Mémoires de Stockholm, et très-probablement la scorpène brachion du comte de Lacépède. (H. C.)

SYNANCHICA. (*Bot.*) Voyez CYNANCHICA. (J.)

SYNANDRA. (*Bot.*) Voyez SYNANDRE. (POIR.)

SYNANDRE A GRANDES FLEURS, *Synandra grandiflora* (*Bot.*), Nuttal, *Gen. of North Amer.*, pl. 2, page 29. Genre de plantes dicotylédones, à fleurs complètes, monopétalées, irrégulières, de la famille des *labiées*, de la *didynamie gymnospermie* de Linnæus, qui a des rapports avec les *Lamium* et dont le caractère essentiel consiste dans un calice à quatre divisions inégales, subulées, les deux supérieures plus larges; une corolle labiée, la lèvre supérieure entière, en voûte, l'inférieure obtuse, à trois lobes inégaux; l'orifice nu et enflé; quatre étamines didynames; les deux anthères supérieures adhérentes, à deux loges; celles par lesquelles elles se réunissent sont vides; les filamens tomenteux; un style; quatre semences au fond du calice.

Ce genre se distingue particulièrement des *Lamium*, des *Galeopsis*, par le caractère des deux anthères supérieures. L'espèce qu'il renferme croît sur les bords de l'Ohio, dans l'Amérique septentrionale. Ses tiges sont herbacées, presque simples, hautes d'un pied, lisses, en partie cylindriques, à quatre cannelures; les feuilles opposées, sessiles, amplexicaules, un peu hérissées en dessus, ovales en cœur, acuminées, à dentelures obtuses; les feuilles radicales et inférieures un peu pétiolées. Les fleurs sont solitaires et sessiles dans l'aisselle de presque toutes les feuilles; le calice est court, très-pileux; la corolle longue d'un pouce, d'un blanc jaunâtre, rayée de pourpre sur la lèvre inférieure; les semences sont trigones, très-lisses ; deux avortent très-souvent. (Poir.)

SYNANTHÉRIQUES, SYNGÉNÈSES [Étamines] (*Bot.*) : Dont les anthères sont soudées l'une à l'autre par les côtés en un tube que traverse le style; exemples : *chicorium* , *cynara* , *aster* , *lobelia* , *viola*. (Mass.)

SYNANTHÉROLOGIE. (*Bot.*) La Botanique ou la Phytologie , c'est-à-dire la science du règne végétal tout entier, se distribue, selon nous, de la manière la plus régulière et la plus naturelle, en trois parties principales, que nous intitulons *Phytotechnie*[1] , *Phytonomie*, *Phytographie*. La Phytotechnie, qui n'est point la science , mais seulement l'introduction ou le préliminaire de la science, peut se définir en deux mots, l'*Art de la Botanique*, c'est-à-dire l'art d'étudier les végétaux, de les connoître soi-même et de les faire connoître aux autres; elle correspond à peu près à ce que l'on a souvent désigné sous le nom beaucoup moins convenable de Philosophie botanique. La Phytonomie, qui a pour objet les *lois de la végétation* considérées en général, est ce qu'on appeloit autrefois tantôt Physique végétale , tantôt Anatomie et Physiologie végétales, et ce qu'on a nommé plus récemment Organographie , etc. La Phytographie s'occupe uniquement de la *description* et de l'histoire *des végétaux*, considérés, chacun en particulier, comme distincts les uns des autres. Cette troisième et dernière partie de la Botanique , qui est la plus étendue et la moins profonde, s'appelle communément Botanique descriptive ou Botanique proprement dite;

---

1 Ce mot *Phytotechnie* est de l'invention de M. Desvaux ; mais la signification qu'il lui donne est loin de correspondre exactement à celle que nous croyons devoir adopter : on peut voir, dans le Journal de Botanique de Juillet 1813 (pag. 9), que la méthode générale proposée par ce botaniste pour diviser la science des végétaux et classer toutes ses parties, n'a aucun rapport avec la nôtre. Nous en pouvons dire autant de la méthode de M. De Candolle, qui, par exemple, emploie le mot *Phytographie* tout autrement que nous : suivant lui (Théor. élém., pag. 20), ce mot ne désigne point la description des plantes, mais l'art de décrire les plantes, tandis que cet art appartient, selon nous, à la Phytotechnie. Notre méthode se trouve développée, avec tous les détails qu'elle comporte, dans un traité spécial sur la Phytotechnie, que nous espérons publier prochainement.

et elle constitue à elle seule toute la science , suivant la plupart de ceux qui se disent botanistes.

Au lieu d'embrasser la totalité du règne végétal , un botaniste peut se borner à en étudier quelque grande portion remarquable et bien déterminée , comme les Champignons, les Graminées , les Synanthérées, etc. , afin de pouvoir mieux approfondir son sujet en le restreignant. De là résulte un autre système de division, suivant lequel la Botanique se composeroit d'autant de sciences particulières qu'il y a de grandes divisions naturelles dans le règne végétal. Ainsi, de même que dans la Zoologie, on distingue l'Ornithologie ou la science des Oiseaux , l'Ichthyologie ou la science des Poissons , l'Entomologie ou la science des Insectes, etc. ; de même dans la Phytologie, on pourroit distinguer la *Mycologie* ou la science des Champignons , la *Graminologie* ou la science des Graminées , la *Synanthérologie* ou la science des Synanthérées, etc.

Chacune de ces sciences particulières doit , selon nous, se subdiviser , à l'instar de la science générale, en trois parties ayant pour objets : 1.° l'art d'étudier , 2.° la connoissance des généralités , 3.° la connoissance des particularités ou des choses particulières. Ainsi la Synanthérologie se divise en *Synanthérotechnie, Synanthéronomie, Synanthérographie.*

Nous avions eu l'intention d'offrir à nos lecteurs , dans le présent article, un résumé général de toute la Synanthérologie, c'est-à-dire un tableau méthodique et complet, quoique très-abrégé, de chacune des trois parties dont elle se compose. Mais, outre que l'exécution d'un tel dessein exigeroit beaucoup plus de temps que nous ne pouvons lui en donner dans les circonstances actuelles, et retarderoit la publication des volumes qui doivent bientôt terminer ce Dictionnaire, deux considérations nous déterminent à y renoncer : la première est que notre résumé général feroit double emploi avec une multitude de nos articles particuliers, où nous avons successivement développé tous les principes qu'il faudroit reproduire ici ; tels sont, entre autres, nos articles Composées ou Synanthérées, tom. X, pag. 131 ; Hélianthées, tom. XX, pag. 354 ; Inulées, t. XXIII, pag. 559 ; Lactucées, t. XXV, pag. 59, etc. Une autre considération qui nous arrête, c'est que notre travail n'étant pas encore entièrement achevé, le résumé dont il s'agit seroit aujourd'hui prématuré, incomplet et imparfait.

Lorsque nous nous sommes chargé, en 1816, de rédiger pour ce Dictionnaire tous les articles concernant les Synanthérées, nos travaux sur cette immense famille de plantes étoient assurément bien loin d'avoir acquis le degré de maturité auquel ils sont maintenant parvenus, et qui pourtant est encore très-imparfait. Depuis cette époque, plus de dix ans se sont écoulés, pendant lesquels nous n'avons pas cessé de multiplier nos observations, nos recherches, nos réflexions, nos efforts de toute espèce, pour approcher du but que nous désespérions d'atteindre. On conçoit facilement que l'ordre alphabétique, auquel étoient assujetties la rédaction et la publication successives de nos articles, ne pouvoit s'accorder avec la série des circonstances fortuites qui favorisoient le progrès de nos études, tantôt sur telle partie, tantôt sur telle autre. Falloit-il donc, pour respecter religieusement l'ordre alphabétique, nous interdire toute espèce de corrections, de rectifications, de changemens, d'additions, de perfectionnemens? Cela eût été peut-être plus régulier dans un Dictionnaire sous le rapport de la forme; mais au fond, quand un Dictionnaire scientifique se compose d'une soixantaine de volumes, qui se publient lentement l'un après l'autre, pendant une longue suite d'années, au milieu des progrès continuels et rapides de toutes les sciences, ne seroit-il pas éminemment absurde d'imposer aux auteurs l'obligation de rester étrangers à ce mouvement, dont ils sont eux-mêmes complices, de rétrograder jusqu'au point de départ ou d'y demeurer stationnaires, pour éviter de violer l'ordre alphabétique, et afin qu'on ne trouve aucune disparate entre le commencement, le milieu et la fin du Dictionnaire? Nous aurions certainement abandonné toute participation à la rédaction de ce grand ouvrage, si l'éditeur eût adopté un pareil système; mais il a laissé une entière liberté aux auteurs, et, pour notre part, nous en avons largement usé.

Il en est résulté que, dans notre partie surtout, l'ordre alphabétique s'est trouvé très-fréquemment interverti, c'est-à-dire qu'un sujet a été souvent traité, sous forme d'appendice ou de supplément, dans un article dont le titre lui étoit étranger, et qu'un même sujet a été quelquefois successivement corrigé, changé, augmenté, dans plusieurs articles différens. C'est sans doute un inconvénient très-grave, et auquel il importe de remédier, si, comme nous osons nous en flatter, les observations nombreuses et neuves, accumulées par nous dans ce Dictionnaire, et toutes puisées uniquement dans notre propre fonds, méritent d'être un jour consultées par les botanistes, comme d'utiles matériaux pour la Synanthérologie. Toutes ces observations, éparses çà et là dans une soixantaine de volumes, et pour la recherche desquelles l'ordre alphabétique, trop fréquemment interverti, est un guide trompeur et insuffisant, surchargeroient inutilement les pages du Dictionnaire, et seroient presque entièrement perdues, si nous négligions le seul moyen qu'il y ait de les indiquer sûrement, utilement et commodément.

Ce moyen consiste à dresser une double table générale, méthodique et alphabétique, des matières, avec des renvois indiquant les tomes et les pages où elles sont traitées. Cette table sera beaucoup plus utile et occupera beaucoup moins de place que le résumé de Synanthérologie qu'on s'attendoit peut-être à trouver dans cet article. La table alphabétique, contenant l'indication des volumes et des pages, seroit nécessairement incomplète, si nous la placions ici : il faudra donc l'insérer à la suite de notre dernier article intitulé ZOËGÉE. Le même motif nous oblige à reléguer aussi dans ce dernier article la table méthodique des genres. Mais rien ne nous empêche de tracer dès à présent le tableau sommaire et systématique des chapitres et des articles dont se composent les trois parties de la Synanthérologie.

PREMIÈRE PARTIE.

SYNANTHÉROTECHNIE.

La Synanthérotechnie est l'art d'étudier les Synanthérées. Voici les matières principales qui s'y rapportent.

Chapitre I. *Histoire de la Synanthérologie.* Elle présente, suivant l'ordre chronologique, l'analyse critique et raisonnée des travaux de tous les botanistes qui se sont occupés de l'étude des Synanthérées.

Chapitre II. *Glossologie synanthérologique.* C'est le vocabulaire méthodique et systématique des termes techniques, substantifs et adjectifs, qu'il convient d'employer pour désigner toutes les parties de la fleur et de la calathide des Synanthérées, ainsi que leurs diverses modifications, de manière à donner des idées justes sur leur nature et leurs rapports, et à introduire dans la description des genres l'ordre, l'uniformité, l'exactitude.

Chapitre III. *Théorie des Genres de Synanthérées.*

1.ᵉʳ Article. Établissement d'une règle pour la formation des genres. = Quoique cette règle doive être fondée sur la nature des choses, elle ne peut qu'être arbitraire et conventionnelle à bien des égards; et la meilleure qu'on puisse établir nous semble être celle-ci : Un genre de Synanthérées est tantôt une réunion de plusieurs espèces appartenant à la même tribu naturelle, et qui se ressemblent *suffisamment* par toutes les parties de la fleur et de la calathide; tantôt c'est une seule espèce qui diffère *notablement* de toutes les autres espèces de la même tribu par une ou plusieurs parties de la fleur ou de la calathide. Les mots suffisamment et notablement, employés dans l'énoncé de cette règle, peuvent être fort diversement interprétés et appliqués, suivant qu'on est plus disposé à considérer les ressemblances ou à considérer les différences, et suivant le système qu'on adopte sur les avantages ou les inconvéniens de la multiplicité des genres.

2.ᵉ Article. Des avantages et des inconvéniens de la multiplicité des genres. = La plupart des genres de Synanthérées étant des groupes à peu près artificiels, quant à leurs limites, qu'on peut étendre ou restreindre presque à son gré, et les deux systèmes d'extension et de restriction ayant chacun des avantages et des inconvéniens, quel est celui qui mérite la préférence? En d'autres termes, quoique la multiplicité des genres ne soit pas exempte d'inconvéniens, n'est-elle pas plus avantageuse aux progrès de la science que le système contraire ?

3.ᵉ Article. Sur l'évaluation respective des différens caractères génériques. = D'après la règle établie dans l'article 1.ᵉʳ, tous les caractères notables de la fleur et de la calathide sont ou peuvent être des caractères génériques. L'observation prouve qu'il n'est pas un seul de ces caractères qui ne soit sujet à des exceptions, des variations, des anomalies, des perturbations ; elle prouve aussi que telle partie de la fleur ou de la calathide qui fournit les meilleurs caractères dans certains groupes, perd tout-à-fait ses avantages dans d'autres groupes. Il est donc impossible de fixer généralement pour tous les cas la valeur relative, la prééminence ou l'infériorité, de chacune des parties et de chacun de ses caractères.

4.ᵉ Article. De la forme des descriptions génériques. = Il résulte de la règle établie au 1.ᵉʳ article que, dans l'ordre des Synanthérées, les descriptions génériques doivent offrir en abrégé le tableau complet des caractères notables de toutes les parties de la fleur et de la calathide. — Suivant quel ordre convient-il de disposer les divers traits de ce tableau ? Cet ordre, quel qu'il soit, doit être constamment uniforme ou presque uniforme, afin que toutes les descriptions génériques soient facilement comparables entre elles. — Il est très-utile d'indiquer et de faire remarquer, dans ce tableau général, les caractères vraiment essentiels ou différentiels, en les traçant en lettres italiques. — La description générique peut ou doit être tantôt dessinée à grands traits, tantôt plus ou moins détaillée, plus ou moins minutieuse, suivant les cas et les circonstances. Elle peut aussi, dans certains cas, négliger ou même exclure tout-à-fait quelques parties de la fleur ou de la calathide. — Quoi qu'on fasse, l'immutabilité des descriptions génériques sera toujours une chimère : car, étant conçues *à priori*, sous certains rapports, on a beau les réduire à l'expression la plus simple, la plus courte, la plus générale, l'introduction d'une espèce nouvelle peut forcer à supprimer ou à modifier quelqu'un des caractères, même de ceux qui avoient paru les plus essentiels ; et l'établissement d'un nouveau genre voisin peut entraîner d'autres changemens en sens contraire.

5.ᵉ Article. Des Sous-genres. = La distinction entre les genres proprement dits et les sous-genres n'a aucun fondement réel ; elle est purement arbitraire, et ne dépend que du caprice des botanistes, qui élèvent au rang de genre ou abaissent au degré de sous-genre un groupe quelconque d'espèces, suivant leur fantaisie. Cette distinction au surplus seroit sans importance, et ne vaudroit pas la peine d'être sérieusement discutée, si l'on admettoit, comme nous, le principe fondé sur l'ordre naturel des idées, qui veut que le mot adjectif désignant l'espèce soit joint au nom du sous-genre, au lieu d'être joint au nom du genre, suivant l'usage abusivement adopté.

Chapitre IV. Théorie des Tribus naturelles et de leurs sections, dans l'ordre des Synanthérées.

1.er Article. Des organes propres à caractériser les tribus naturelles. = L'observation établit que, dans l'ordre des Synanthérées, les tribus naturelles doivent être fondées sur les caractères des organes floraux, c'est-à-dire des parties de la fleur proprement dite, qui sont : 1.° l'ovaire et ses accessoires; 2.° le style, les stigmatophores, les stigmates, les collecteurs; 5.° les étamines; 4.° la corolle. — Le vrai type de l'ovaire étant souvent altéré dans les fleurs marginales, et quelquefois dans les fleurs centrales de la calathide, il doit être observé dans les fleurs intermédiaires. Le type du style n'existe sans altération que dans les fleurs hermaphrodites; et quand il n'y en a pas, il faut combiner la structure de cet organe dans la fleur femelle avec sa structure dans la fleur mâle. Le type de la corolle ne se trouve que dans les fleurs pourvues d'étamines parfaites, c'est-à-dire hermaphrodites ou mâles. Ainsi, les fleurs hermaphrodites sont les seules qui puissent présenter, sans aucune altération, la réunion complète de tous les caractères de la tribu à laquelle elles appartiennent.

2.e Article. Lois constitutives et fondamentales des tribus naturelles. = Une tribu naturelle de Synanthérées est une réunion de plusieurs genres qui se ressemblent *suffisamment* par l'ovaire, par le style, par les étamines, et par la corolle; et qui diffèrent *notablement* de tous les autres genres sous un ou plusieurs de ces quatre rapports. — On ne peut assigner aux tribus naturelles que des caractères *ordinaires* ou *habituels*, très-souvent démentis par des caractères insolites, qui forment des exceptions plus ou moins graves et plus ou moins nombreuses. — Les différences caractéristiques qui distinguent les tribus, se réduisent souvent à des nuances indécises, très-délicates, très-légères et très-minutieuses. — Beaucoup de Synanthérées offrent un mélange de caractères

appartenant à plusieurs tribus différentes, en sorte que
pour classer ces genres ambigus, il faut, en comparant et
appréciant avec beaucoup de soin toutes leurs affinités, parvenir enfin à déterminer le rapport prépondérant.

3.ᵉ Article. Sur l'évaluation relative des différens caractères des tribus. = En général, c'est le style qui fournit aux
tribus leurs caractères les plus importans. Cependant la pré-
minence habituelle de cet organe ne se soutient pas toujours
à la même hauteur, et tombe quelquefois tout-à-fait; et il
est vrai de dire que l'importance ou la valeur de chacun
des quatre organes caractéristiques s'élève ou s'abaisse suivant
les différentes tribus.

4.ᵉ Article. De la forme des descriptions de tribus. = La
description caractéristique d'une tribu naturelle de Synanthérées doit offrir le tableau complet des caractères ordinaires des quatre organes floraux, c'est-à-dire, de la structure
que l'*ovaire*, le *style*, les *étamines* et la *corolle* présentent le
plus souvent dans cette tribu, et notamment dans les genres
qu'on peut considérer comme les types les plus parfaits de ce
groupe. Il est utile de joindre à la suite de ce tableau quelques *remarques* sur la conformation habituelle de la calathide,
du péricline, du clinanthe, etc. — L'exactitude et la brièveté,
si désirables dans toute description caractéristique, ne peuvent malheureusement pas se trouver ici : l'exactitude, puisque tous ces caractères étant sujets à des exceptions, sont
par cela même inexacts en certains cas; la brièveté, puisque
tous les caractères pouvant défaillir, non simultanément,
mais alternativement, le caractère qui se trouve en défaut
doit être suppléé par les autres, et qu'ainsi aucun d'eux ne
peut être impunément négligé.

5.ᵉ Article. Du nombre des tribus. = L'ordre des Synanthérées forme un ensemble tellement lié qu'il est absolument impossible d'y faire un petit nombre de grandes coupes
naturelles, susceptibles d'être distinguées et caractérisées, et
qu'on ne peut le diviser naturellement qu'en une vingtaine
de tribus. — Le système contraire seroit assurément bien
plus commode et bien plus agréable pour les botanistes; de
même qu'il leur seroit plus agréable et plus commode d'avoir
toujours à leur disposition des caractères infaillibles, bien

manifestes, et de la plus grande simplicité. Mais lorsqu'ils exigent dans une méthode de classification naturelle des qualités absolument incompatibles avec ce genre de méthodes, ils oublient sans doute que nous n'avons pas le pouvoir de créer la nature comme nous voudrions qu'elle fût, mais le devoir de l'étudier telle qu'elle est.

6.ᵉ Article. De la disposition des tribus. = Les vingt tribus naturelles, dont se compose l'ordre des Synanthérées, peuvent être disposées en une ligne simple et droite, en une ligne simple et circulaire, ou en plusieurs lignes complexes, irrégulières, ramifiées, réticulées, etc. La série linéaire, simple et droite, exprime les affinités de chaque groupe avec celui qui le précède et avec celui qui le suit : mais elle ne peut indiquer ses affinités avec plusieurs autres groupes. Néanmoins cette disposition est (avec la suivante) la meilleure et la plus naturelle de toutes celles qu'on peut imaginer, parce que, si elle n'est pas entièrement conforme à la nature des objets extérieurs que nous étudions, elle est au moins parfaitement conforme à la nature de notre propre entendement qui les étudie. La disposition circulaire, que nous avons adoptée comme la plus convenable pour l'ordre des Synanthérées, ne diffère pas essentiellement de la précédente, dont elle n'est qu'une modification applicable à certains cas ; en effet, elle peut et doit être présentée aux yeux du lecteur sous la forme d'une série linéaire, simple et droite, en l'avertissant que les deux extrémités de la série étant occupées par des groupes qui ont beaucoup de rapports entre eux, cette série doit être considérée par la pensée comme courbée en cercle, ou comme rapprochant immédiatement ses deux extrémités. La disposition géographique ou réticulaire, qui semble, au premier aperçu, très-philosophique, est repoussée par la vraie philosophie, parce que c'est une méthode contraire à la nature de notre entendement, qui est telle que nous ne pouvons comparer que deux objets à la fois, et que par conséquent les vrais rapports des choses, quoique réellement simultanés, ne peuvent être envisagés par nous que dans un ordre successif.

7.ᵉ Article. Des sections de tribus. == La plupart des tribus naturelles de Synanthérées peuvent être divisées et subdi-

visées naturellement en sections et en sous-sections. Ces divisions ne doivent point s'opérer suivant un système général et
uniforme dans toutes les tribus; mais au contraire chacune
d'elles doit être l'objet d'un système particulier de distribution qui n'est point applicable aux autres, parce que les
caractères propres à établir les sections ne sont pas, à beaucoup près, les mêmes dans toutes ces tribus.

Chapitre V. *Méthode de classification artificielle pour les
Synanthérées.* La multiplicité des tribus naturelles, la com-
plication de leurs caractères, la prolixité de leur signalement,
la minutie et l'équivoque de ces caractères, toujours difficiles
à observer et souvent réduits à des nuances indécises, les
nombreuses et graves exceptions qui les démentent, les hési-
tations fréquentes de la classification, ne permettent pas
d'approprier notre méthode naturelle à l'usage habituel dans
la pratique ordinaire de la botanique. Une méthode de classification purement artificielle est donc indispensable pour
faire connoître les *noms* à ceux qui ne se soucient guère de
connoître les *choses.*

SECONDE PARTIE

SYNANTHÉRONOMIE.

La Synanthéronomie a pour objet la connoissance générale,
1.° des caractères, de l'organisation et des fonctions, qui appartiennent en commun à toutes les plantes (ou à la plupart des plantes) de l'ordre des Synanthérées: 2.° des modifications que ces caractères, cette organisation et ces fonctions présentent dans chacune des tribus naturelles, et qui
appartiennent en commun à la plupart des plantes de la
tribu.

Chapitre I. *Analyse de la Fleur des Synanthérées.* C'est l'examen
de la structure et des fonctions de toutes les parties de cette
fleur, considérées dans tous les âges, depuis leur naissance
jusqu'à leur mort.

1.er Article. De l'Ovaire (ou du Fruit) et de ses accessoires. == Les parties accessoires de l'ovaire des Synanthérées
sont le pédicellule, l'aigrette, le plateau, le nectaire.

2.e Article. Du Style, des stigmatophores, des stigmates,
des collecteurs.

3.ᶜ Article. **Des Étamines.**

4.ᶜ Article. **De la Corolle.**

Chapitre II. *Analyse de la Calathide des Synanthérées.*

1.ᵉʳ Article. Considérations générales sur l'Inflorescence, ou la disposition des fleurs, dans l'ordre des Synanthérées.

2.ᶜ Article. Composition de la Calathide.

3.ᶜ Article. Du Clinanthe et de ses appendices.

4.ᶜ Article. Du Péricline.

5.ᶜ Article. De l'Involucre.

6.ᶜ Article. Du Capitule. = C'est un assemblage de plusieurs calathides groupées ensemble.

(La structure de la racine, de la tige et des feuilles, considérée en général, n'ayant rien qui soit particulièrement propre à l'ordre des Synanthérées, elle ne mérite pas de faire le sujet d'un chapitre distinct, et il est inutile de s'en occuper dans la Synanthéronomie.)

Chapitre III. *Sur les différens modes de la Dissémination chez les Synanthérées, et sur les dispositions dont ils dépendent.* Les autres fonctions ont pu et dû être traitées sous les titres des organes auxquels elles se rapportent : mais la dispersion des graines (ou plutôt des fruits) des Synanthérées ne dépend pas toujours uniquement de la structure du fruit et de l'aigrette ; la disposition de plusieurs autres parties concourt souvent à l'exercice de cette fonction, qui présente beaucoup d'intérêt dans l'ordre des Synanthérées, soit à raison de la diversité de ses modes, soit par ses relations avec la géographie végétale, soit sous le rapport des causes finales. Cet important sujet, dont nous avons tracé une ébauche très-imparfaite dans le Bulletin des sciences de 1821 (pag. 92), mérite donc d'être ici l'objet d'un chapitre particulier.

Chapitre IV. *Géographie synanthérologique.* C'est l'étude de la distribution de l'ordre des Synanthérées, en général, et de chacune de ses tribus naturelles, en particulier, sur la surface du globe terrestre et sur ses différentes parties. — On peut suivre dans cette étude deux méthodes absolument inverses, selon qu'on prend pour base la division de l'ordre des synanthérées en tribus naturelles, ou celle de la surface terrestre en grandes régions naturelles, et qu'on subordonne alternativement l'une de ces considérations à l'autre.

Chapitre V. *Caractères des tribus.* Ce chapitre contient la description méthodique et complète des caractères *ordinairement* propres à chacune des vingt tribus naturelles dont se compose l'ordre des Synanthérées.

Chapitre VI. *Tableau méthodique des tribus.* Ce dernier chapitre présente la simple liste nominale de tous les genres ou sous-genres, méthodiquement classés dans les vingt tribus naturelles et dans leurs sections et sous-sections, avec les caractères de ces divisions et subdivisions de tribus, et des remarques, à la suite de chaque tribu, sur le mode de distribution qui lui convient particulièrement. Ce tableau général de la classification naturelle des genres de l'ordre des Synanthérées, peut être considéré comme le plan ou le canevas de la synanthérographie.

Troisième partie.

Synanthérographie.

La Synanthérographie contient la description de tous les genres et de toutes les espèces appartenant à l'ordre des synanthérées. La distribution des matières de cette dernière partie est exactement calquée sur le tableau méthodique des tribus, tracé dans le dernier chapitre de la Synanthéronomie, et dont la Synanthérographie n'est qu'un immense développement.

En terminant ce tableau synoptique des trois parties de la Synanthérologie, nous croyons pouvoir indiquer à ceux qui désireroient connoître à fond l'ensemble de nos travaux sur les Synanthérées, le recueil en deux volumes, que nous avons publié en 1826, sous le titre d'*Opuscules phytologiques*[1] : ils y trouveront le texte entier de tous nos principaux mémoires ou articles sur les Synanthérées, insérés soit dans ce Diction-

---

[1] *Opuscules phytologiques,* par M. Henri Cassini, Président à la Cour royale de Paris, etc. Premier recueil, contenant : 1.° une ébauche de la Synanthérologie, 2.° des mémoires ou articles de botanique sur différens sujets étrangers à la Synanthérologie ; précédé d'une table indicative de tous les mémoires et articles concernant la botanique, publiés jusqu'à ce jour par l'auteur dans quelques journaux scientifiques et dans le Dictionnaire des sciences naturelles ; 2 vol. in-8.°, avec 12 planches. Strasbourg et Paris, chez F. G. Levrault.

naire, soit dans quelques journaux scientifiques, et qui se rapportent à la Synanthérotechnie ou à la Synanthéronomie, c'est-à-dire qui contiennent des études générales sur l'ordre des Synanthérées, ou sur les tribus dont il se compose ; ils y trouveront aussi la liste complète et l'indication exacte de tous les autres mémoires ou articles moins importans, c'est-à-dire de ceux qui, ayant pour objets des descriptions particulières de genres et d'espèces, se rapportent à la Synanthérographie. Un troisième et dernier volume sera incessamment ajouté à ce recueil, pour offrir aux botanistes le complément définitif de tous nos travaux Synanthérologiques. (H. Cass.)

SYNAPHÉE, *Synaphea*. (*Bot.*) Genre de plantes dicotylédones, à fleurs incomplètes, de la famille des *protéacées*, de la *tétrandrie monogynie* de Linné, offrant pour caractère essentiel : Une corolle tubulée, presque en masque ; la lèvre supérieure plus large ; point de calice ; trois anthères renfermées ; l'inférieure à deux lobes ; un ovaire supérieur ; le stigmate adhérent avec le filament supérieur stérile ; une noix ovale.

Ce genre a été établi par M. R. Brown : il renferme des arbrisseaux très-élevés, jusqu'alors peu connus, garnis de feuilles planes, éparses, élégamment réticulées, cunéiformes et lobées ; les inférieures souvent entières ; les pétioles dilatés, presque en gaine à leur base ; les épis axillaires ou terminaux, simples ou rameux ; les fleurs alternes, sessiles, solitaires, munies d'une seule bractée ; la corolle jaune, caduque, à quatre divisions ; les bractées concaves et persistantes. On y rapporte les espèces suivantes :

Synaphée dilatée : *Synaphea dilatata*, Rob. Brown, *Trans. linn.*, 10, p. 156, et *Botan. run. of Terr. austr.*, 74, tab. 7. Arbrisseau dont les feuilles sont éparses, planes, dilatées au sommet, divisées en trois lobes incisés et dentés ; les pétioles velus ; les fleurs disposées en épis velus ; le stigmate à deux cornes. Dans le *synaphea favosa* les feuilles sont oblongues, cunéiformes, glabres à leurs deux faces, entières ou à trois lobes ; le stigmate à deux lobes.

Synaphée polymorphe ; *Synaphea polymorpha*, Rob. Brown, *loc. cit.* Cet arbrisseau a les feuilles de ses rameaux très-médiocrement pétiolées, divisées en trois parties, canaliculées ;

les lobes inférieurs presque sans divisions ou à trois lobes. Les fleurs sont disposées en épis simples, plus longs que les pédoncules; le stigmate est aigu. Le *synaphea petiolaris* a les feuilles des rameaux presque de la longueur des pétioles, à trois divisions; les lobes plans, découpés, à trois lobes ou entiers; les épis rameux, alongés; le stigmate aigu. Ces plantes croissent au cap de Bonne-Espérance. (Pois.)

SYNAPHIA. (*Bot.*) Voyez Syncollesia. (Lem.)

SYNAPSIUM (*Bot.*), Hemisynapsium, Brid.; *Micollée.* Ce genre de mousses a été créé par Bridel pour placer deux espèces que R. Brown avoit considérées comme des *pohlia;* mais s'en distinguant essentiellement par le péristome interne, qui adhère par sa moitié inférieure avec le péristome externe, et dont la moitié supérieure est divisée en seize cils alternes, avec autant de dents. L'urne ou la capsule est munie d'une apophyse, comme dans les *pohlia.* Les espèces sont de jolies mousses, qui, à la forme près de l'urne, ressemblent au *Bryum* et se rapprochent du *Ptychostomum* par une certaine analogie entre leur péristome interne. Ces mousses sont rameuses, garnies de feuilles grandes, entières; les urnes sont longuement pédicellées; l'opercule est obtus et court; les fleurs sont hermaphrodites ou monoïques : les mâles terminales, en forme de bourgeon discoïde, remplies d'anthères nombreuses cylindracées, courtement pédicellées, entremêlées de paraphyses filiformes articulés. Ces mousses sont vivaces et végètent dans les endroits marécageux de l'île Melville, située dans la partie la plus septentrionale de l'Amérique.

1. L'*Hemisynapsium bryoides*, Brid., *Bryol. univ.*, p. 665; *Pohlia bryoides*, R. Brown, *Hist. of pl. coll. in insul.* Mell. Sa tige est rameuse, tomenteuse dans le bas, garnie de feuilles ovales-lancéolées, acuminées, entières; les capsules sont oblongues-pyriformes, pendantes, munies d'une apophyse obconique, courte, et d'un opercule conique. Les fleurs sont monoïques.

2. L'*Hemisynapsium arcticum*, Brid., *loc. cit.; Pohlia arctica,* R. Brown, *loc. cit.* Sa tige, rameuse, tomenteuse inférieurement, porte des feuilles vertes, ovales-lancéolées, pointues, entières, recourbées; les capsules sont pendantes, oblongues-pyriformes, munies d'une apophyse courte et d'un opercule

hémisphérique : les fleurs sont hermaphrodites. Bridel rapporte à cette espèce, et comme variété, le *pohlia purpurascens* de R. Brown, qui, d'après la simple phrase caractéristique donnée par cet auteur, n'en diffère que par ses feuilles purpurines extrêmement pointues et par son opercule hémisphérique obtus. (LEM.)

SYNARTHRE, *Synarthrum.* (*Bot.*) Ce genre de plantes, que nous avons proposé récemment, appartient à l'ordre des Synanthérées, à notre tribu naturelle des Sénécionées, et à la section des Sénécionées-Prototypes, dans laquelle nous l'avons placé entre les deux genres *Sclerobasis* et *Gynoxys.* (Voyez notre tableau des Sénécionées, tom. XLVIII, p. 448 et 455.)

Voici les caractères génériques du *Synarthrum.*

Calathide radiée : disque multiflore, régulariflore, androgyniflore; couronne unisériée, liguliflore, féminiflore. Péricline très-inférieur aux fleurs du disque, hémisphérique-cylindracé, subcampanulé, squamulé; vraies squames (environ douze) unisériées, égales, appliquées, se recouvrant par les bords, oblongues-lancéolées, aiguës au sommet, subfoliacées, complétement entregreffées par les bords en leur tiers inférieur, qui est revêtu en dehors, ainsi que l'anticlinanthe, par un épaississement subéreux, formant une couche extérieure très-épaisse; squamules surnuméraires très-longues, très-étroites, linéaires. Clinanthe petit, un peu convexe, absolument nu. Fruits oblongs, très-glabres, striés : aigrette longue, blanche, composée de squamellules nombreuses, inégales, filiformes, barbellulées. Corolles du disque munies de cinq grandes nervures surnuméraires, beaucoup plus apparentes que les vraies nervures. Corolles de la couronne à languette longue, très-large, elliptique, quadrinervée, tridentée au sommet.

Nous ne connaissons qu'une seule espèce de ce genre.

SYNARTHRE APPENDICULÉ: *Synarthrum appendiculatum*, H. Cass.; *Conyza appendiculata*, Lam., Encycl., tom. 2, page 86. La tige est ligneuse, ainsi que les rameaux, qui sont un peu striés, tomenteux, blanchâtres, garnis de feuilles; celles-ci sont alternes, peu distantes, pétiolées, longues de trois à quatre pouces, larges d'environ un pouce: le pétiole est court, et muni d'environ quatre appendices foliacés, latéraux, à peu près opposés, très-divergens, étroits, linéaires-lancéolés: le limbe est lancéolé, aigu, fortement denté en scie sur les bords, régulièrement penninervé; sa face inférieure est tomenteuse et blanche; la supérieure, un peu laineuse dans sa jeunesse, devient ensuite glabre et verte; chaque rameau se termine par un corymbe comme pédonculé, large d'environ un pouce et demi, à ramifications laineuses, grisâtres, accompagnées de bractées très-longues, très-étroites, linéaires; les calathides, qui forment ce corymbe, sont nombreuses et portées chacune sur un long pédoncule grêle, muni de quelques bractées; le péricline est tomenteux ou laineux; les corolles sont jaunes.

Nous avons fait cette description spécifique, et celle des caractères génériques, sur un échantillon sec, de l'herbier de M. Desfontaines, recueilli dans l'Isle-de-France par Commerson.

Cette plante, associée par M. de Lamarck aux Conyzes, est un exemple frappant de l'abus qu'on a fait de ce genre *Conyza*, en y entassant pêle-mêle une foule d'espèces hétérogènes. Chaque calathide contient plusieurs fleurs femelles, ligulées, radiantes, à grande languette longue et large; il est vrai que, sur les échantillons secs, la plupart de ces languettes sont détruites par les insectes et que leur tube subsiste, ce qui a pu tromper M. de Lamarck, et lui faire dire qu'*il y a des demi-fleurons très-courts à la circonférence;* mais toutes les analogies indiquoient que cette plante se rapprochoit des Jacobées, des Séneçons, et non pas des Conyzes.

Notre genre *Synarthrum*, très-voisin du *Sclerobasis*, mais suffisamment distinct, est remarquable par l'anticlinanthe, revêtu, comme dans le *Sclerobasis*, d'une écorce très-épaisse, subéreuse, mais qui, au lieu de se terminer brusquement sous la base des squames du péricline, s'élève bien plus haut, et enveloppe toute la partie basilaire de ces squames, en sorte qu'elles se trouvent entregreffées et considérablement épaissies en dehors vers la base, tandis qu'elles demeurent libres et subfoliacées dans le reste de leur étendue.

Le nom de *Synarthrum*, composé de deux mots grecs, qui signifient *jointures réunies*, fait allusion aux squames du péricline entregreffées par les bords.

Le vrai genre *Arnica*, que nous avions rapporté avec doute (tom. XXXVIII, p. 205) à la tribu des Tagétinées, nous semble aujourd'hui appartenir à la même tribu que le *Synarthrum*. Voici ses caractères, tels que nous les avons observés sur l'*Arnica montana*, qui est le véritable type de ce genre.

Arnica. Calathide grande, radiée : disque multiflore, régulariflore, androgyniflore; couronne unisériée, liguliflore, féminiflore. Péricline égal aux fleurs du disque, formé de squames égales, bisériées, linéaires-lancéolées, aiguës, foliacées-membraneuses. Clinanthe tout hérissé de courtes fimbrilles piliformes. *Fleurs du disque :* Ovaire pédicellulé, long, étroit, subcylindracé, atténué aux deux bouts, muni de plusieurs côtes saillantes, tout hérissé de poils roides et assez longs, parsemé de petites glandes, et pourvu d'un bourrelet basilaire pédiforme; aigrette composée de squamellules plurisériées, nombreuses, inégales, filiformes, fortes, hérissées de barbellules nombreuses, très-rapprochées, longues et fortes. Corolle à tube bien distinct, plus court que le limbe, hérissé, ainsi que le bas du limbe, de longs poils articulés, aigus; limbe membraneux, élargi de bas en haut, divisé en lobes semi-ovales, bien plus courts que la partie indivise, hérissés de papilles sur la face intérieure, parsemés de quelques glandes, privés de nervure surnuméraire. Étamines libérées au sommet du tube de la corolle. Style à deux stigmatophores longs, arqués en dehors, demi-cylindriques, munis de deux bourrelets stigmatiques, garnis de collecteurs piliformes sur leur partie supérieure, et terminés chacun par un cône hérissé de collecteurs semblables. *Fleurs de la couronne :* Ovaire et aigrette comme dans les fleurs du disque. Corolle à tube hérissé de longs poils, à languette très-longue, large, ovale-oblongue, multinervée, parsemée de quelques glandes, souvent tridentée au sommet. Fausses-étamines tantôt absolument nulles, tantôt très-manifestes et formant quatre filets courts, membraneux. Style féminin, à deux stigmatophores longs, arqués en dehors, glabres, un peu aigus au sommet.

L'*Arnica corsica*, Lois., nous a offert les mêmes caractéres génériques; elle est donc bien congénère de l'*Arnica montana*, Linn., et appartient comme elle au véritable genre *Arnica,*

dont nous ne connoissons que ces deux espèces , les autres
plantes rapportées à ce genre par les botanistes ne lui appartenant réellement pas.

Ce genre est l'un des plus ambigus et des plus difficiles à
classer naturellement. Il paroit être fortement attiré vers les
Tagétinées, auprès des Hélianthées-Héléniées, par certains
caractères de ses organes floraux. Cependant de puissans mo-
tifs, qu'il seroit trop long d'exposer ici, nous déterminent à
placer l'*Arnica* dans la tribu des Sénécionées et dans la section des Sénécionées-Doronicées, au commencement de cette
section , immédiatement avant les *Doronicum* et *Grammar-*
thron, mais en le considérant comme un genre très-anomal
dans ce groupe naturel.

Le genre *Selloa* de M. Kunth, qui nous avoit semblé avoir
quelques rapports avec l'*Arnica*, et que nous avions aussi
classé avec doute parmi les *Tagétinées*, doit en être exclus,
parce qu'il s'associe mieux aux Hélianthées-Héléniées, et qu'il
y sera convenablement placé auprès du *Sabazia*. (Voyez notre
article SABAZIE, tom. XLVI, pag. 480.)

Nous avons récemment observé, dans l'herbier de M. Desfontaines, une plante, qui, au premier aspect, nous avoit
paru se rapprocher de l'*Arnica*, mais que nous avons bientôt
reconnue pour une espèce d'*Heterotheca*. Sa description, que
nous insérons ici, sera un utile supplément à notre article
HÉTÉROTHÈQUE (tom. XXI, pag. 150).

Heterotheca inuloides , H. Cass. Tige herbacée , probablement dressée, simple inférieurement, paniculée supérieurement, cylindrique , hérissée de poils, très-garnie de feuilles.
Feuilles radicales à pétiole très-long, linéaire, velu, élargi
à sa base, à limbe elliptique, velu sur les deux faces, bordé
de crénelures ou dents arrondies. Feuilles caulinaires alternes,
peu distantes, sessiles, semi-amplexicaules, ovales-lancéolées,
un peu échancrées en cœur ou presque auriculées à la base,
plus ou moins aiguës au sommet, entières ou à peine sinuées
sur les bords, hérissées de poils sur les deux faces. Calathides
radiées, grandes , peu nombreuses, formant ensemble une
sorte de panicule corymbiforme, terminale; chaque calathide solitaire au sommet d'un long rameau grêle, pédon-
culiforme, velu , ordinairement muni de quelques bractées

étroites, linéaires-subulées. Corolles d'un beau jaune doré.
Péricline subhémisphérique, un peu supérieur aux fleurs du
disque, très-hispide et parsemé de globules glanduliformes,
composé de squames nombreuses, très-inégales, plurisériées,
régulièrement imbriquées, étagées, appliquées, uniformes,
étroites, linéaires, aiguës au sommet, uninervées, coriaces-
foliacées, un peu membraneuses sur les bords. Clinanthe large,
planiuscule, alvéolé, à cloisons charnues, formant des lames
saillantes, aiguës, demi-lancéolées. Disque composé d'un très-
grand nombre de fleurs régulières, hermaphrodites. Couronne
composée de fleurs nombreuses, unisériées, ligulées, femelles,
Ovaires du disque comprimés bilatéralement, obovales-oblongs,
très-hispides, portant une double aigrette : l'extérieure courte,
blanchâtre, composée de squamellules unisériées, contiguës,
inégales, laminées, membraneuses, linéaires-subulées : l'intérieure longue, grisâtre, composée de squamellules nombreuses,
très-inégales, filiformes, barbellulées. Ovaires de la couronne
hispidules, absolument privés d'aigrette, mais pourvus d'un
bourrelet apicilaire dilaté, saillant, cupuliforme, cartilagineux, imitant une très-petite aigrette stéphanoïde : ces ovaires
de la couronne deviennent en mûrissant des fruits obovoïdes,
triquètres, glabriuscules, munis d'un bourrelet apicilaire
épais, et qui n'est plus dilaté en cupule, ni saillant en couronne. Corolles du disque glabres, infundibuliformes, à cinq
divisions. Anthères pourvues d'appendices apicilaires lancéolés, et privées d'appendices basilaires. Stigmatophores d'As-
térée. Corolles de la couronne à tube long et grêle, à languette très-longue, un peu étroite, presque linéaire, pluri-
nervée, à peine tridentée au sommet.

M. Desfontaines croit que cette plante est originaire du
Mexique, et qu'elle a été envoyée de Genève au Jardin du
Roi par M. De Candolle, qui l'attribue au genre *Doronicum*.

Cette attribution, probablement suggérée par les fruits de
la couronne privés d'aigrette, est, selon nous, contraire et
aux caractères techniques, et aux affinités naturelles. La plante
en question ne peut pas être un *Doronicum*, ni une Sénécionée : mais elle appartient indubitablement à la tribu des Astérées, à la section des Astérées-Solidaginées, à la sous-section des Solidaginées vraies, et à notre genre *Heterotheca*

(voyez le tableau des Astérées, tom. XXXVII, p. 460 et 475).

Dans l'article Sénécionées (tom. XLVIII, pag. 460) nous avions trop légèrement hasardé une conjecture sur la *Cacalia atriplicifolia*, Linn., en supposant qu'elle pouvoit être une Tagétinée voisine du genre *Porophyllum*. Ayant voulu dernièrement dissiper nos doutes sur ce point, par de nouvelles observations plus exactes et plus complètes, nous avons reconnu que cette plante est une vraie Sénécionée, et qu'elle est ambiguë entre les Prototypes et les Othonnées, parce que la squamule unique qui accompagne son péricline, naît ordinairement un peu au-dessous de la base de l'anticlinanthe, en sorte que cette squamule pourroit être considérée comme une bractée du pédoncule, qui porte quelques autres petites bractées semblables, alternes, distantes. Cette plante doit peut-être se rapporter au genre *Arnoglossum* de M. Rafinesque, qu'on pourroit placer avec doute au commencement de la section des Othonnées.

Quoi qu'il en soit, il est certain que quelques Synanthérées sont plus ou moins ambiguës entre les Sénécionées et les Tagétinées, et que par conséquent il existe une affinité réelle entre ces deux tribus. Faut-il en conclure que les Tagétinées doivent être immédiatement rapprochées des Sénécionées? On obtiendroit sans doute quelques avantages en interposant les deux tribus équivoques des Calendulées et des Tagétinées entre les Astérées et les Sénécionées : mais on y perdroit d'autres avantages propres à la disposition que nous avons adoptée. N'oublions pas que la série linéaire, simple et droite, la seule qu'on puisse employer, est incapable d'exprimer toutes les affinités. (H. Cass.)

SYNBRANCHE. (*Ichthyol.*) Voyez Symbranche. (H. C.)

SYNBRANCHE. (*Ichth.*) Voyez Unibranchaperture. (H. C.)

SYNCARPE. (*Bot.*) Nom donné par M. Richard au fruit organisé comme celui du *magnolia*, de l'*annona*, etc. Voyez Étairion. (Mass.)

SYNCARPHE, *Syncarpha*. (*Bot.*) Ce genre de plantes appartient à l'ordre des Synanthérées, à notre tribu naturelle des Inulées, à la section des Inulées-Gnaphaliées, et au petit groupe des Faustulées, dans lequel nous l'avons placé auprès du genre *Faustula*. (Voyez notre tableau des Inulées, tom.

XXIII. pag. 561 ; et le même tableau rectifié et augmenté,
tom. XLIX. pag. 223.)

Voici les caractères génériques du *Syncarpha*, tels que nous
les avons observés sur un échantillon sec.

Calathide incouronnée, équaliflore, multiflore, régulariflore, androgyniflore. Péricline égal aux fleurs sans ses appendices, supérieur par eux ; formé de squames régulièrement
imbriquées, appliquées, oblongues, coriaces et laineuses sur
le milieu de leur face externe, scarieuses et glabres sur les
bords, toutes terminées par un appendice bien distinct, réfléchi, très-long, assez large, subulé, droit, roide, coriace-
scarieux, glabre, brun. Clinanthe plan, hérissé d'appendices
irréguliers, inégaux, un peu plus longs que les ovaires, squa-
melliformes, coriaces, les uns libres, les autres entregreffés.
Ovaires courts, épais, couverts de grosses papilles rondes,
charnues, glanduliformes ; aigrette longue, blanche, caduque,
composée de squamellules égales, unisériées, entregreffées à
la base en une seule pièce tubuleuse, et au-dessus de la base
en plusieurs faisceaux laminés, s'arquant en dehors, filiformes, hérissées sur les deux côtés de barbes longues et fines,
très-rapprochées au sommet. Corolles (jaunes) glabres, à
limbe subcylindracé, point distinct du tube, à cinq divisions
arquées en dehors, chargées de glandes sur la face externe.
Étamines à filets libérés vers le milieu de la hauteur de la
partie indivise de la corolle ; tube anthéral pourvu de cinq
appendices apicilaires libres, longs, lancéolés, aigus, et de
dix appendices basilaires libres, très-longs, étroits, linéaires-
subulés, membraneux, plumeux ou barbus. Style à deux stigmatophores libres, très-longs, arqués en dehors, glabres,
munis de deux bourrelets stigmatiques distincts, et surmon-
tés, derrière le sommet, par une grosse masse arrondie,
charnue.

On ne connoit qu'une seule espèce de ce genre (*Syncarpha gnaphaloides*, Dec.) ; c'est une plante du cap de Bonne-
Espérance, herbacée ou ligneuse, tomenteuse, à feuilles très-
étroites, linéaires, entières, et à calathides terminales.

Cette plante, que Linné nommoit *Stæhelina gnaphaloides*,
est bien vraiment celle sur laquelle il avoit originairement
fondé son genre *Stæhelina* ; et, quoi qu'on en ait dit, les carac-

tères génériques du *Stæhelina*, tracés par ce botaniste avec
détail dans son *Genera plantarum*, et en abrégé dans le *Systema vegetabilium*, sont fort exactement applicables à la plante
dont il s'agit. Mais Linné, ennemi de la multiplicité des genres,
associa bientôt à l'espèce primitive une plante qu'il nomma
Stæhelina dubia, et qui n'étoit point du tout congénère; et il
admit plus tard dans le même genre d'autres plantes également
hétérogènes.

Necker, dans ses *Elementa botanica*, publiés en 1791, divise le genre *Stæhelina* de Linné en deux, sous les titres de
Stæhelina et *Roccardia*. Il attribue au *Stæhelina* le péricline
oblong, cylindrique, formé de squames imbriquées, les anthères munies de queues à la base, le clinanthe courtement
paléacé, les graines pourvues d'une aigrette rameuse, con-
née à la base. Les caractères qu'il assigne au *Roccardia* sont
le péricline turbiné, dont toutes les squames sont terminées
par une petite membrane réfléchie, solitaire, imitant un
rayon, les anthères munies de plusieurs soies à la base et au
sommet, le clinanthe nu, les graines garnies de points saillans, et couronnées par une aigrette sessile, simple ou pileuse. Malgré les deux graves inexactitudes qui se trouvent
dans cette dernière description caractéristique, il est bien
évident[1] que le genre *Roccardia* de Necker est fondé, comme
le *Syncarpha*, sur la *Stæhelina gnaphaloides* de Linné, et que
le genre *Stæhelina* de Necker comprend la *Stæhelina dubia* et
les autres espèces. Remarquons que l'auteur place le *Roccardia* immédiatement auprès du *Gnaphalium*, ce qui est assez
conforme aux affinités.

Thunberg et Willdenow, qui ont attribué la *Stæhelina gnaphaloides* au genre *Leysera*, ont assurément méconnu les caractères génériques de cette plante; mais ils n'ont pas mal
apprécié ses affinités naturelles. M. Poiret, en rapportant la
même plante au genre *Serratula*, ne s'est conformé ni aux caractères, ni aux affinités.

---

1 Cependant M. de Jussieu croit (tom. XLV, pag. 514) que le *Roccardia* de Necker correspond au *Vernonia* de Schreber : il n'a probablement pas remarqué ces mots, *Quæd. Stæhelin. Linn.*, par lesquels
Necker déclare positivement que son genre est fondé sur une espèce
linnéenne de *Stæhelina*.

Il est probable que M. De Candolle n'avoit pas remarqué la distinction générique anciennement proposée par Necker; car il n'en fait aucune mention dans ses deux Mémoires sur les Cinarocéphales. publiés en 1810 (Ann. du Mus., tom. 16, pag. 135 et 181), où il reproduit précisément la même distinction, mais en nommant *Syncarpha* le genre que Necker avoit nommé *Roccardia*, et en le caractérisant avec beaucoup plus d'exactitude.

M. De Candolle convient que la *Stæhelina gnaphaloides* de Linné fut le type primitif du genre *Stæhelina;* et pourtant il se décide à donner le nouveau nom générique à cette espèce, en réservant l'ancien nom de *Stæhelina* pour les autres, parce qu'elles sont plus nombreuses, et parce qu'il suppose que c'est sur elles que Linné a établi le caractère générique. En conséquence. il attribue quatre espèces (*dubia, Lobelii, fruticosa, arborescens*) au genre *Stæhelina*, qu'il caractérise ainsi: « Involucre cylindrique, imbriqué, à folioles inermes, le » plus souvent colorées au sommet: fleurons tous hermaphro- « dites; anthères munies de queues à la base; style bifide; « réceptacle paléacé; *aigrette rameuse.* » Le même auteur assigne au genre *Syncarpha*, fondé sur la *Stæhelina gnaphaloides*. les caractères suivans : « Involucre imbriqué, à écailles « nombreuses. lancéolées, ayant le sommet entier, subsca- « rieux. réfléchi; fleurons tous égaux, hermaphrodites; *pail-* « *lettes du réceptacle entières, soudées ensemble*, et formant des « loges ouvertes par en haut, dans lesquelles les graines sont « nichées: aigrette longue, plumeuse. »

M. De Candolle classe le *Syncarpha* dans sa section des Cinarocéphales et dans sa sous-section des Carduacées, entre le *Cynara* et le *Carlowizia;* et il prétend que ce genre diffère de presque toutes les Cinarocéphales par la structure des paillettes du réceptacle, dont le caractère ne se retrouve, suivant lui, que dans le seul genre *Carlowizia*.

L'autorité d'un botaniste tel que M. De Candolle est si imposante, que lorsqu'on ose attaquer ses opinions, il faut être armé d'argumens aussi nombreux que solides. Cependant l'association du *Syncarpha* avec les Cinarocéphales et les Carduacées nous paroît si évidemment contraire aux affinités naturelles, que, pour la réfuter. nous croyons pouvoir nous

51.

borner à faire remarquer la structure des stigmatophores munis de deux bourrelets stigmatiques bien manifestes. Aucune vraie Cinarocéphale n'offre ce caractère, qui suffiroit seul, indépendamment de beaucoup d'autres considérations, pour éloigner le *Syncarpha* de ce groupe, auquel il est tout-à-fait étranger. Au contraire, les caractères, les affinités, tout se réunit pour fixer le *Syncarpha* parmi les Inulées-Gnaphaliées.

Ceux qui admettent le principe que, de deux noms génériques successivement imposés à la même plante par deux botanistes, le plus ancien doit toujours être préféré, sans avoir aucun égard à l'exactitude ou à l'inexactitude des descriptions caractéristiques; ceux-là, dis-je, s'ils veulent être conséquens à eux-mêmes, doivent nécessairement rejeter le nom de *Syncarpha*, pour adopter de préférence celui de *Roccardia*. Nous, qui pensons au contraire qu'on n'est légitime inventeur d'un genre que lorsqu'on l'a décrit ou caractérisé avec une exactitude sinon parfaite au moins suffisante, nous n'hésitons pas à préférer le nom de *Syncarpha*. Mais nous croyons que M. De Candolle auroit dû appliquer ce nouveau nom générique à la *Stæhelina dubia* et aux autres espèces analogues, afin de conserver l'ancien nom de *Stæhelina* à l'espèce qui fut le vrai type originaire de ce genre. La violation du principe que nous invoquons est tout au plus excusable dans un cas pareil à celui des *Erica* et *Calluna* : mais les espèces de *Stæhelina* n'étoient pas assez nombreuses pour autoriser à s'écarter ici d'une règle très-importante, quoique fort négligée.

Le motif qui paroît avoir principalement déterminé M. De Candolle, c'est qu'il a cru que le caractère assigné par Linné au genre *Stæhelina* avoit été fondé par lui sur l'espèce *dubia*, et qu'il n'étoit applicable qu'à cette espèce et à ses vraies congénères. Ces deux suppositions nous semblent erronées : la première est en contradiction avec ce que M. De Candolle reconnoît lui-même, que l'espèce *gnaphaloides* fut le type primitif du genre ; la seconde n'est pas plus exacte, car l'expression *pappus ramosus*, dont Linné s'est servi, n'exclut pas l'aigrette plumeuse ; elle indique seulement que les filets (plumeux ou pileux) de l'aigrette sont réunis par le bas en plusieurs faisceaux, ce qui les fait paroître rameux, comme dans la Carline. Or, si l'on observe attentivement l'aigrette de la *Stæhelina gnaphaloides*, on reconnoîtra qu'elle offre ce caractère presque aussi manifestement que telle autre espèce admise sans difficulté par M. De Candolle dans le genre *Stæhelina*; car la greffe qui réunit à la base tous les filets de l'aigrette en une seule pièce annulaire, tubuleuse, se prolonge par en haut très-inégalement et très-irrégulièrement, de manière à former des faisceaux plus ou moins distincts.

Il eût donc été parfaitement convenable à tous égards de conserver le nom de *Stæhelina* à l'espèce dont il s'agit; et rien n'empêchoit M. De Candolle d'appliquer aux autres espèces le nom de *Syncarpha*, qui signifie, dit-il, *paillettes soudées*. En effet, ce caractère, qu'il croit exclusivement propre à la *Stæhelina gnaphaloides* et au *Carlowizia*, se retrouve avec quelques modifications dans la plupart des Carlinées, et notamment dans les *Stæhelina dubia, arborescens*, etc., puisque leur clinanthe porte des fimbrilles laminées et entregreffées inférieurement. Les appendices du clinanthe de la *Stæhelina gnaphaloides* ne sont point de vraies squamelles; ils ressemblent beaucoup à ceux du *Lepidocline*, de l'*Edmondia*, du *Leysera*, etc., et ne diffèrent pas autant qu'on peut le croire des cloisons formant les alvéoles de beaucoup de clinanthes.

Les rapports qui existent entre le *Syncarpha* et le *Chevreulia* nous autorisent à signaler ici une faute d'impression qui se trouve dans notre article CHEVREULIA (tom. VIII, p. 517, lign. 5), où on lit : aigrette de *squamelles* filiformes; et où il faut lire : aigrette de *squamellules* filiformes. On sait que, dans notre Glossologie synanthérologique, ces deux mots expriment deux choses fort différentes, quoique analogues sous certains rapports : les *squamelles* étant des appendices du clinanthe, tandis que les *squamellules* sont les pièces de l'aigrette. Nous pouvons profiter aussi de cette occasion pour indiquer à nos lecteurs une nouvelle espèce de *Chevreulia*, que nous avons vue dans l'herbier de M. Gaudichaud, et qui a été découverte par lui aux environs de Rio-Janeiro. Cette plante, qu'on pourroit nommer *Chevreulia lanceolata*, et qui sera décrite par cet habile botaniste dans le cours de son bel ouvrage, dont la publication est commencée, diffère de notre *Chevreulia stolonifera*, principalement par ses feuilles étroites, lancéolées, aiguës. (H. Cass.)

SYNCHITE, *Synchita*. (*Entom.*) M. Hellwig a ainsi appelé un petit genre de coléoptères tétramérés, de la famille des planiformes, pour y placer en particulier le lycte du noyer. Voyez Lycte. (C. D.)

SYNCHRISIS. (*Bot.*) Mentzel cite ce nom grec du concombre sauvage, *momordica elaterium*. (J.)

SYNCLIOPA. (*Bot.*) Voyez Stœchas. (J.)

SYNCOLLESIA. (*Bot.*) Nées et Agardh ont formé sous ce nom un genre remarquable par l'extrême simplicité des êtres qui le composent; en effet, ce sont de simples filamens moniliformes articulés, dont les articulations se désunissent et forment de petites masses, dont les grains se gonflent, en produisant de nouveaux filamens, et ainsi de suite. Cette végétation est plutôt un développement continuel, qui, comme l'observe Fries, rapproche le *Syncollesia* des infusoires. Agardh définit ainsi ce genre : Globules très-petits, rassemblés sur des filamens rampans et réunis en gazon. Il avoit d'abord nommé ce genre *Cyclobion* ou *Cyclobium*; Nées, *Synaphia*; Fries, *Clisosporium*. On y rapporte des espèces qui sont plutôt unies par convenance que par des caractères réels; car plusieurs d'entre elles ont été placées dans le genre *Conferva* de la famille des algues, et dans le *Fumago* de la famille des champignons. Agardh convient que probablement plusieurs des espèces qu'il décrit seront sans doute, étant mieux connues, placées dans les genres *Monilia*, *Fumago* et *Torula*. Fries même renvoie le *Syncollesia* au *Torula*, dans la famille des champignons.

Le *Syncollesia*, le *Byssocladium* et le *Mycinema* forment dans Agardh, *Syst. alg.*, p. 21, la première section de son ordre des algues convervoïdées : mais il les considère plutôt comme un degré intermédiaire entre les confervoïdées et les champignons. Cet auteur n'y rapporte avec certitude que la seule espèce suivante.

Le Syncollesia mucoroïde : *Syncoll. mucoroides*, Agardh, *Syst.*, p. 52; *Synaphia* ou *Syncollesia mucoroides*, Nées; *Con-*

Jerva mucoroides, Agardh, *Act. Holm.*, 1814, pl. 8, fig. 1—6; et *in* Spreng., *Anleit.*, 2, pl. 1. En très-petits gazons plans, orbiculaires, composés de filamens simples, rayonnans, arqués, articulés, à articulations globuleuses. On le trouve, dans les temps humides, sur les boiseries des fenêtres.

Agardh ramène avec doute à ce genre :

1.° Le *fumago foliorum*, Pers., que MM. Nestler et Mougeot ont découvert sur les feuilles des arbres dont les filamens sont anastomosés et forment des pellicules planes, vagues, et dont les articulations sont presque globuleuses. C'est le *syncollesia foliorum*, Agardh.

2.° Le *conferva melæna*, Lyngb., *Tent. hydr.*, pl. 57 (*Syncollesia melæna*, Agardh), dont les filamens sont un peu rameux, entrelacés, très-courts, roides, droits, d'un noir foncé; les rameaux étalés, vagues, et les articulations ovales, deux fois plus larges que longues. On le trouve sur les bois pourris, en Danemarck.

3.° Enfin, le *conferva minuta*, Agardh, *Synops.*, dont les filamens sont simples, menus, courbés, flexueux, formant par leur réunion des taches purpurines sur les boiseries des fenêtres. (LEM.)

SYNDACTYLES. (*Ornith.*) Ce terme, qui indique une union entre les doigts, est appliqué par plusieurs naturalistes à des oiseaux d'ordres et de genres différens. Les syndactyles de M. Cuvier forment une division des passereaux, qui comprend ceux chez lesquels le doigt externe, presque aussi long que celui du milieu, lui est uni jusqu'à l'avant-dernière articulation. Ce professeur n'en fait qu'une seule famille, composée des *guépiers*, des *momots*, des *martins-pêcheurs* ou *alcyons*, des *todiers* et des *calaos*. Illiger restreint ses syndactyles au genre *Jacamar*, dont les deux doigts antérieurs sont unis presque jusqu'à l'extrémité. Chez M. Vieillot les syndactyles sont de l'ordre des nageurs, tribu des téléopodes, et ont les quatre doigts engagés dans la même membrane. Cette famille comprend les genres *Frégate*, *Cormoran*, *Pélican*, *Fou*, *Phaéton* et *Anhinga*. (CH. D.)

SYNECHOU. (*Bot.*) Nom égyptien de la renoncule, cité d'après Tabernæmontanus par Mentzel. (J.)

SYNÉDRELLE, *Synedrella*. (*Bot.*) Ce genre de plantes appartient à l'ordre des Synanthérées, à la tribu naturelle des Hélianthées, et à notre section des Hélianthées-Coréopsidées. Voici ses caractères, tels que nous les avons observés sur des individus vivans, cultivés au Jardin du Roi.

Calathide quasiradiée : disque pluriflore, régulariflore, androgyniflore ; couronne subunisériée, liguliflore, féminiflore. Péricline oblong, à peu près égal aux fleurs, irrégulier, variable, ordinairement formé d'environ quatre squames inégales, subunisériées, appliquées, concaves, ovales, foliacées, plurinervées ; deux squames plus grandes, opposées entre elles, hispides en dehors, couvrant plus ou moins les bords des deux autres, qui sont aussi opposées entre elles, mais alternes avec les deux premières, un peu intérieures par rapport à elles, moins grandes, glabres, analogues aux squamelles du clinanthe. Clinanthe petit, plan, garni de squamelles à peu près égales aux fleurs, oblongues, planes, membraneuses, plurinervées, analogues aux deux squames intérieures du péricline. *Fleurs du disque :* Ovaire oblong, obcomprimé, glabre, muni d'une côte longitudinale très-saillante sur le milieu de la face interne, privé de bordure ; aigrette continue avec l'ovaire, formée de deux squamellules opposées, latérales, ordinairement égales, dressées, droites, très-longues, épaisses, triquètres, subulées, roides, cornées, spinescentes, barbellulées sur les trois angles, à barbellules piliformes. Corolle infundibuliforme, glabre, à quatre lobes très-courts. *Fleurs de la couronne :* Ovaire obovale ou elliptique, obcomprimé, glabre, convexe en dehors, concave en dedans, muni sur ses deux arêtes latérales d'une large bordure confluente avec l'aigrette, laminée, cartilagineuse ou coriace, aliforme, profondément découpée en plusieurs lanières distantes, longues, lancéolées ou subulées, barbellulées sur les bords ; aigrette absolument continue avec la bordure de l'ovaire, formée de deux squamellules opposées, latérales, à peu près égales, dressées, subulées, laminées, coriaces, épaisses, triquètres, corniformes, hispidules ou barbellulées sur les bords. Corolle glabre, à tube long et grêle, à languette un peu plus courte que le tube, large, peu régulière, souvent elliptique, binervée, bidentée au sommet.

La calathide est peu radiée, presque discoïde, parce que
les fleurs de la couronne ne sont guère plus longues que
celles du disque ; le disque est composé d'environ seize fleurs ;
la couronne en a ordinairement huit, disposées à peu près
sur deux rangs ; les deux grandes squames du péricline sont
quelquefois un peu plus longues que les fleurs de la couronne ;
la partie centrale du clinanthe paroît quelquefois privée de
squamelles ; à l'époque de la maturité les fruits du disque
ont la face interne tuberculée, et les deux squamellules de
leur aigrette sont devenues divergentes ; la bordure des fruits
de la couronne devient, en mûrissant, épaisse et subéreuse ;
les fruits du disque portent quelquefois une troisième squamellule d'aigrette, plus courte que les deux autres, et qui
correspond à la côte saillante de leur face interne.

Le genre *Synedrella* est voisin de l'*Heterospermum*, et il
semble avoir quelque affinité, sous certains rapports, avec le
Blainvillea et avec l'*Ogiera*. Ce genre ne possède jusqu'à présent qu'une seule espèce : c'est la *Synedrella nodiflora*, Gærtn.,
plante herbacée, annuelle, de l'Amérique méridionale, rameuse, dichotome, à feuilles opposées, ovales, dentées en
scie, à calathides axillaires, presque sessiles, un peu agglomérées, à corolles jaunes.

Cette plante, qui, d'après les notes de l'herbier de Surian,
etoit nommée *Hucacou* par les Caraïbes, fut rapportée par
Vaillant à son genre *Ceratocephalus*, mal caractérisé et composé de vingt espèces plus ou moins hétérogènes. Dillen, dans
son *Hortus elthamensis*, attribua la même plante au genre
Bidens; mais ensuite Linné la transféra dans le genre *Verbesina*,
en la nommant *Verbesina nodiflora*.

Adanson, dans ses *Familles des plantes*, publiées en 1763, a
proposé un genre *Ucacou* (tom. 2, pag. 131) ou *Ukakou*
(pag. 615), caractérisé ainsi : « Feuilles opposées, entières;
« plusieurs fleurs axillaires et solitaires terminales ; enveloppe
« simple, de cinq à sept feuilles larges ; réceptacle à écailles
« larges; calice (c'est-à-dire aigrette) de deux à trois soies
« persistantes; corolle hermaphrodite à cinq dents ; corolle
« femelle à trois dents; deux stigmates dans toutes les fleurs. »
Les espèces plus ou moins clairement indiquées par Adanson
(pag. 131 et 615) comme appartenant à son genre *Ucacou*,

sont la *Verbesina nodiflora* de Linné, la *Cotula spilanthus* du
même botaniste, notre *Chatiakella stenoglossa* (tom. XLVI,
pag. 405), la *Bidens nodiflora* de Linné, et les trois espèces
composant le genre *Melanthera*. Ainsi, quoique ce genre
Ucacou ait pour type la *Verbesina nodiflora*, et que par conséquent il corresponde principalement au genre *Synedrella*,
qui est bien plus moderne, il doit néanmoins être rejeté,
parce qu'il n'est qu'un mélange confus de cinq genres différens, et que d'ailleurs le nom générique d'*Ucacou* est beaucoup trop barbare pour pouvoir être adopté. (Voyez notre
discussion sur la synonymie du genre *Ucacou*, tom. XXIX,
pag. 489.)

Gærtner, en 1791, a solidement établi le genre nommé
par lui *Synedrella*, en le fondant uniquement sur la *Verbesina
nodiflora*, Linn., et en le caractérisant ainsi : « Calice double;
« l'extérieur formé de deux folioles ovales, aiguës, oppo-
« sées, égales, chacune d'elles couvrant un fleuron femelle
« ligulé; l'intérieur formé de huit folioles égales, disposées
« sur un seul rang; réceptacle nu, entouré par le calice in-
« térieur; fleurons du disque androgyns; ceux du rayon, ou
« plutôt les extérieurs, femelles, à languettes entières ou
« légèrement échancrées; les uns et les autres fertiles; graines
« dissemblables; aigrette de deux arêtes. » Gærtner ajoute
que le réceptacle est étroit, plan, et manifestement nu; que
le rayon est composé de deux fleurs extérieures, ayant des
graines plus grandes, ovales, comprimées, planes, glabres,
entourées d'une bordure membraneuse, dentée; que le disque est composé de plusieurs fleurs à graines cunéiformes-
oblongues, comprimées, hérissées de points tuberculeux,
privées de bordure; que les arêtes formant l'aigrette sont
presque membraneuses, flexibles, inermes, dans les graines
extérieures; subulées, piquantes, divergentes, presque aussi
longues que la graine, dans les intérieures.

Si l'on compare cette description de Gærtner avec la nôtre,
on verra que, sur quelques points, nous ne sommes pas d'accord avec lui. La description caractéristique de ce genre,
insérée par Richard dans le *Synopsis* de M. Persoon (tom. 2,
pag. 472), admet le réceptacle paléacé; mais on y lit que le
calice est ordinairement formé de deux folioles, et que les

fleurs sont flosculeuses. Les caractères génériques tracés en
abrégé par M. Kunth, dans ses *Nova genera et species plantarum* (tom. 4, pag. 245), nous paroissent plus exacts, ou
du moins ils sont plus conformes à ceux qui résultent de nos
propres observations.

N'ayant plus désormais à insérer dans ce Dictionnaire aucun article concernant les Coréopsidées, il est à propos d'a-
jouter ici quelques descriptions, remarques ou observations,
omises dans les articles précédens , et qui se rapportent à
cette section naturelle.

Kerneria ferulæfolia, H. Cass. (*Coreopsis ferulæfolia*, Jacq.,
Hort. Schœnbr., vol. 5.) Tiges hautes de six pieds, dressées,
simples, ramifiées seulement au sommet, épaisses, cylindriques, glauques, un peu rougeâtres; feuilles opposées, con-
nées à la base, longues d'environ six pouces, larges d'environ quatre pouces, un peu glauques ou d'un vert pâle, glabriuscules, pétiolées, tripinnées, à divisions étroites, linéaires;
calathides terminales, peu nombreuses, radiées, larges de
quinze lignes, portées sur de longs pédoncules grêles; disque
composé de fleurs nombreuses, régulières, hermaphrodites;
couronne composée de cinq ou six fleurs unisériées, ligulées,
neutres; péricline double : l'extérieur égal à l'intérieur, involucriforme, composé de squames bractéiformes nombreuses
(environ vingt), irrégulièrement bi-trisériées, libres, dis-
tancées, très-étalées, longues, étroites, linéaires, obtuses,
foliacées, ciliées; le péricline intérieur, ou vrai péricline,
à peu près égal aux fleurs du disque, formé de squames égales,
unisériées, libres, appliquées, oblongues-lancéolées, membraneuses, colorées; clinanthe planiuscule, garni de squamelles inférieures aux fleurs, longues, étroites, linéaires,
obtuses, membraneuses, colorées; fleurs de la couronne ayant
un faux-ovaire semi-avorté, privé de style, et une corolle à
tube court, à languette très-grande, très-large, concave, multinervée; fruits du disque longs, étroits, linéaires-oblongs,
obcomprimés, portant une aigrette de deux squamellules
opposées, latérales, continues et très-adhérentes au fruit,
courtes, épaisses, roides, subtriquêtres, munies de quelques
barbelles fortes, dirigées de haut en bas.

Nous avons fait cette description sur un individu vivant,

cultivé au Jardin du Roi. Il est évident, par la structure du fruit et de l'aigrette, que cette belle plante n'appartient pas légitimement au genre *Coreopsis*, mais bien au *Kerneria* (tom. XXIV, p. 597), si l'on admet, comme nous, une distinction générique ou sous-générique entre les *Bidens* à calathide incouronnée et les *Bidens* à calathide radiée. Ceux qui rejettent cette distinction devront rapporter au genre *Bidens* cette fausse espèce de *Coreopsis*.

Kerneria serrulata, H. Cass. (*Bidens serrulata*, Desf., Tabl. de l'éc. de bot., 2.ᵉ édit., pag. 130; *Coreopsis serrulata*, Poir., Encycl., Suppl.) Plante herbacée, entièrement glabre (à l'exception du péricline); tige haute d'environ trois pieds, dressée, très-rameuse, rougeâtre, un peu couverte de poudre glauque; feuilles inférieures opposées, pinnées ou quelquefois bipinnées, à pétiole embrassant, très-large, canaliculé, à folioles presque sessiles, ovales, dentées en scie, très-variables; feuilles supérieures alternes, à folioles étroites, pinnatifides; calathides très-radiées, larges de près d'un pouce et demi, lâchement corymbées ou paniculées, solitaires au sommet de longs rameaux pédonculiformes; corolles jaunes; disque composé de fleurs nombreuses, régulières, hermaphrodites; couronne composée de cinq ou six fleurs unisériées, ligulées, neutres; péricline pubescent, double : l'extérieur égal à l'intérieur, involucriforme, composé de sept ou huit squames bractéiformes à peu près égales, unisériées, étalées, linéaires, foliacées; le péricline intérieur à peu près égal aux fleurs du disque, formé de squames unisériées, égales, appliquées, obtusiuscules, submembraneuses; clinanthe plan, garni de squamelles à peu près égales aux fleurs, étroites, linéaires, obtuses, membraneuses; fleurs de la couronne ayant un faux-ovaire stérile, privé d'aigrette et de style, et une corolle à languette très-grande, très-large, elliptique; fruits du disque divergens et disposés en boule à l'époque de la maturité, longs, étroits, subtétragones ou subcylindracés, portant une aigrette de deux ou trois squamellules, absolument continues au fruit, épaisses, subtriquètres, armées de quelques barbelles aiguës, dirigées de haut en bas.

Nous avons fait cette description sur des individus vivans, cultivés au Jardin du Roi. Cette espèce et la précédente étant les plus remarquables du genre ou sous-genre *Kerneria*, dont elles offrent le type le plus parfait, nous regrettions de les avoir omises dans notre article KERNÉRIE.

M. Labillardière, dans son bel ouvrage intitulé *Sertum austro-caledonicum*, a décrit (pag. 44) sous le nom de *Bidens tenuifolia*, une plante qui nous semble mériter de constituer un genre ou sous-genre particulier, qu'on pourroit nommer *Glossogyne* ou *Gynactis*, à cause de ses *languettes* ou *rayons femelles*. En effet, ce genre, essentiellement caractérisé par une couronne de fleurs ligulées, vraiment femelles et fertiles, seroit suffisamment distinct du vrai *Bidens*, qui n'a point de couronne, et du *Kerneria*, qui a une couronne de fleurs ligulées, neutres et stériles. M. Labillardière ayant eu l'extrême complaisance de nous donner un échantillon de sa plante, nous avons reconnu l'exactitude des observations de cet habile botaniste. Chaque calathide nous a offert une couronne de plusieurs fleurs ligulées, ayant chacune un ovaire bien conformé, aigretté, et un style féminin à deux stigmatophores. Le péricline nous a paru n'être point double, comme dans les vrais *Bidens* et les *Kerneria*, mais composé de squames uni-bisériées, presque égales, presque semblables, uniformes, homogènes. Le clinanthe, qui, à l'époque de la dissémination, est globuleux sur la figure (tab. 45) dessinée par M. Turpin, et que M. Labillardière dit être convexe, nous a paru plan sur notre échantillon, dont les calathides n'étaient pas assez avancées en âge pour nous offrir le caractère figuré par le dessinateur, et qui sans doute ne se manifeste qu'après la maturité des fruits. Le genre ou sous-genre *Glossogyne* se distingueroit très-bien de notre *Narvalina*, décrit dans ce Dictionnaire (tom. XXXIV, pag. 355) sous le nom de *Needhamia*, qui a aussi une couronne liguliflore et féminiflore, mais qui diffère par l'aigrette caduque, etc.

Le *Voyage autour du monde* par M. de Freycinet nous présente dans la partie botanique (1.re livraison, pl. 35) la figure d'une plante nommée par l'auteur, M. Gaudichaud, *Bidens micrantha*, et dont la description n'est point encore publiée. Cette espèce, qui semble avoir quelques rapports avec celle de M. Labillardière, pourroit être rapportée au *Glossogyne*, si les fleurs de sa couronne sont femelles et fertiles, ou au

Kerneria, si elles sont neutres et stériles. Cependant nous pensons que, quelle que soit la nature de cette couronne, la plante dont il s'agit peut constituer, sous le nom de *Cumpylotheca*, qui signifie *étuis flexueux*, ou de *Dolichotheca*, qui signifie *longs étuis*, un genre ou sous-genre suffisamment distinct du *Glossogyne* et du *Kerneria*, par ses fruits très-longs, étroits, linéaires, arqués ou flexueux, portant une aigrette extrêmement courte, formée de deux très-petites squamellules arquées en crochet et nues.

Quoique le genre *Phaëthusa* de Gærtner n'appartienne point à la section des Hélianthées-Coréopsidées, nous nous permettons encore, en terminant cet article, d'avertir ici nos lecteurs que ce genre, attribué par nous (tom. XXXVIII, pag. 18) à la section des Hélianthées-Millériées, doit être transféré dans celle des Hélianthées-Prototypes, immédiatement auprès du genre *Verbesina*, avec lequel il se confond très-probablement. En effet, ayant récemment observé la plante cultivée au Jardin sous le nom de *Phaëthusa americana*, Gærtn., nous avons reconnu que cette plante est la *Verbesina siegesbeckia* de Michaux et de Willdenow; que la plupart de ses ovaires portent une aigrette de *Verbesina*, composée de deux squamellules inégales; que sur d'autres ovaires cette aigrette est réduite à une seule squamellule, et que sur quelques-uns elle est complétement avortée; qu'enfin cette plante offre exactement tous les caractères génériques et spécifiques attribués par Gærtner à sa *Phaëthusa americana*, si ce n'est que l'aigrette existe sur presque tous les ovaires de notre plante, et qu'elle est nulle sur tous ceux de la plante de Gærtner. Il est infiniment vraisemblable que cette différence unique n'est que le résultat d'un avortement accidentel de l'aigrette dans la plante de Gærtner, que cette plante est de même espèce que la nôtre, et que le genre *Phaëthusa* doit être supprimé. (H. Cass.)

SYNGÉNÉSIE. (*Bot.*) Onzième classe du Système sexuel de Linné, dans laquelle sont comprises les plantes dont les étamines sont réunies par leurs anthères. De là *plantes syngénèses*. (Mass.)

SYNGNATHE, *Syngnathus*. (*Ichthyol.*) D'après les mots grecs σὺν et γνάθος, qui indiquent une réunion des mâchoires.

Artédi avoit ainsi appelé un genre nombreux de poissons, rapporté par M. Cuvier à son ordre des lophobranches, et partagé par lui en *Hippocampes* et en *Syngnathes proprement dits*.

Ceux-ci peuvent être ainsi caractérisés :

Squelette cartilagineux; calopes nuls; corps très-alongé, très-mince et d'un diamètre presque égal dans toute son étendue; nageoires impaires distinctes; bouche sans dents au bout d'un museau tubuleux formé par le prolongement de l'ethmoïde, du vomer, des tympaniques, des préopercules et des sous-opercules.

Il devient ainsi facile de séparer les Syngnathes des Hippocampes, qui ont le tronc plus élevé que la queue et comprimé latéralement; des Coffres, des Diodons et des Tétrodons, qui ont des dents; des Ovoïdes et des Sphéroïdes, qui n'ont point de nageoires impaires. (Voyez ces différens noms de genres et Ostéodermes, nom de la famille à laquelle les Syngnathes sont rapportés par l'auteur de la Zoologie analytique.)

Les espèces de ce genre ont été partagées en plusieurs sections.

§. 1. *Des nageoires pectorales, une nageoire caudale, une nageoire anale et une dorsale.*

La Trompette de mer; *Syngnathus typhle*, Linnæus. Corps prismatique, à six pans, revêtu de plaques d'un jaune verdâtre; tête aplatie, très-petite; museau fort alongé, presque cylindrique, un peu relevé par le bout; extrémité de la mâchoire inférieure fermant la bouche comme une sorte d'opercule; opercules des branchies grandes et couvertes de stries rayonnées; yeux petits, verdâtres; sourcil saillant; nageoire dorsale pointillée; dix-huit anneaux à la cuirasse autour du corps; trente deux autour de la queue.

Ce poisson, qui n'a guère plus d'un pied ou de dix-huit pouces de longueur, a les nageoires grises et très-petites, et habite l'Océan et la Méditerranée, où il a été observé anciennement, puisque Aristote et Pline ont fait mention de lui et parlé de ses habitudes. Il fréquente aussi, quoique rarement, en été la région des algues sur les côtes des Alpes maritimes, et il est fort multiplié le long du littoral de l'Égypte, entre Aboukir et Alexandrie.

Il paroît qu'on le rencontre aussi dans la mer du Nord et dans la Baltique.

Du reste c'est un poisson de rivage, qu'on ne prend jamais à l'hameçon, mais qu'on trouve quelquefois dans les filets. Les pêcheurs de Marseille lui donnent le nom de *gagnola*, parce qu'ils regardent sa capture comme un signe de bonheur, préjugé qui existoit déjà du temps de Belon.

On ne le mange point, en raison du peu d'abondance de sa chair, et on ne l'emploie guère que comme appât.

Il ne se nourrit que de vers, de petits mollusques et d'œufs de poissons.

L'Aiguille de mer; *Syngnathus acus*, Linn. Corps à sept pans; des bandes transversales et des taches alternativement brunes et rougeâtres.

Ce syngnathe parvient quelquefois à la taille de trois pieds. Il habite l'Océan septentrional.

§. 2. *Point de nageoire anale.*

Le Syngnathe vert; *Syngnathus viridis*, Risso. Corps à sept pans et couvert de plaques ovales-oblongues, ciselées en rayons et formant seize rangées jusqu'à la nageoire dorsale et trente-quatre sur la queue, qui est tétragone; yeux d'un jaune doré, à prunelle bleue; nageoire dorsale d'un jaune verdâtre; nageoires pectorales courtes; caudale subulée; dos d'un beau vert; flancs et ventre d'un jaune doré verdâtre.

Il habite la région des algues sur la côte de Nice. La femelle met bas cent cinquante petits individus au moins vers la fin de Juin.

Sa taille est d'un pied environ. A Nice on l'appelle *cavau*.

Le Syngnathe de Rondelet; *Syngnathus Rondeletii*, Fr. de la Roche, Ann. du Mus., 13, 515. Corps à sept pans; museau très-comprimé, presque aussi haut que le corps; taille de cinq à six pouces; queue hexagonale à sa base et tétragonale vers son extrémité; nageoire caudale étroite et alongée; nageoires pectorales très-courtes; couleur générale d'un brun verdâtre.

Cette espèce, que M. Risso considère comme une variété

de la précédente, est commune à Iviça, auprès du rivage. Les pêcheurs la désignent sous le nom de *serp de mer.*

Le Tuyau de mer; *Syngnathus pelagicus*, Linn. Corps à sept pans, d'un jaune foncé, avec de petites bandes transversales brunes. Taille de sept à huit pouces.

On l'a observé dans la mer Caspienne, dans celle qui baigne les côtes de la Caroline, et dans le voisinage du cap de Bonne-Espérance. Pallas dit qu'en outre il s'avance quelquefois dans un des bras du Jaïk jusqu'à Gourief, et Noël de la Morinière nous apprend qu'on le pêche vers l'embouchure de la Seine, sur les fonds de Tot, de Quillebœuf, de Berville, etc.

§. 3. *Ni nageoires pectorales, ni nageoire anale.*

La Pipe de mer; *Syngnathus æquoreus*, Linn. Nageoire caudale rayonnée; corps anguleux: (Montagu, Soc. Wern., I, 4, fig. 1.)

§. 4. *Une nageoire dorsale, toutes les autres manquant.*

Le Syngnathe ophidion, ou la Vipère de mer; *Syngnathus ophidion*, Linn. Corps très-délié; taille d'environ deux pieds; couleur générale verdâtre avec des bandes transversales et quatre raies longitudinales, plus ou moins interrompues, d'un très-beau bleu.

De l'Océan septentrional et des mers du Japon.

Le Syngnathe Papacin; *Syngnathus papacinus*, Risso. Dos arrondi; ventre caréné; queue ronde et déliée; couleur dominante d'un rouge de corail varié de taches rondes d'un jaune d'or. Taille d'un pied à dix-huit pouces.

Des profondeurs rocailleuses de la mer de Nice, où il a été découvert par M. Risso, qui l'a dédié à son compatriote Papacin d'Antony, et qui en a fait le type d'un genre qu'il appelle *Scyphius.*

La génération des syngnathes a cela de particulier, que leurs œufs se glissent et éclosent dans une poche qui se forme par une boursouflure de la peau, dans les uns sous le ventre, dans les autres autres sous la base de la queue, et qui se fend pour laisser sortir les petits tout vivans et déjà assez développés pour subvenir à leurs besoins. (H. C.)

SYNGNATHE DEUX-PIQUANS, SYNGNATHE FEUILLE, SYNGNATHE HIPPOCAMPE. (*Ichthyol.*) Voyez HIPPOCAMPE. (H. C.)

SYNGNATHES. (*Entom.*) M. Latreille avoit donné ce nom, qu'il a ensuite changé en celui de chilopodes, aux insectes aptères, de la famille des myriapodes ou mille-pieds. (C. D.)

SYNISTATES, *Synistata.* (*Entom.*) Sous ce nom Fabricius avoit formé ce qu'il nommoit une classe parmi les insectes, et il y comprenoit presque tous les névroptères, à l'exception des odonates ou des libelles : il y joignoit aussi les insectes aptères de la famille des némoures, tels que les forbicines, machiles, podures, sminthures. Le caractère de cette classe se rapprochoit de celui des éleuthérates ou des coléoptères, en ce que les mâchoires n'étoient pas supposées garnies en dehors d'une galète et que ces mâchoires étoient jointes entre elles (d'où le nom Συνιϛατα) à la base et supportées par une lèvre inférieure, munie de palpes. (C. D.)

SYNOCHITÆ. (*Foss.*) On a autrefois donné ce nom aux échinites qui ont la forme d'un cœur. (D. F.)

SYNODE, *Synodus.* (*Ichthyol.*) De Lacépède a donné ce nom à un genre de poissons osseux holobranches abdominaux, de la famille des siagonotes et voisin de celui des ésoces.

Ce genre peut être ainsi caractérisé :

Branchies complètes, opercules lisses ; rayons pectoraux réunis ; mâchoires très-prolongées, ponctuées, sans barbillons ; dents fortes et pointues ; écailles dures ; nageoire dorsale unique, courte, implantée au-dessus ou en avant des catopes, qui sont sans appendices.

On distingue aisément les SYNODES des ÉLOPES, qui ont des catopes à appendices ; des TRUITES, des CHARAÇINS, des SPHYRÈNES, des OSMÈRES, des CORÉGONES, des SERRASALMES, des POLYPTÈRES, des SAURES, des SCOPÈLES, qui ont deux nageoires dorsales au moins ; des MÉGALOPES, des ÉSOCES, des LÉPISOSTÉES, qui ont la nageoire dorsale placée en arrière des catopes. (Voyez ces divers noms de genres, et SIAGONOTES.)

On a divisé les espèces de ce genre en deux sections.

§, 1. *Nageoire de la queue fourchue ou échancrée en croissant.*

Le SYNODE FASCÉ : *Synodus fasciatus*, Lacép. : *Esox synodus*, Linn. Tête un peu enfoncée entre les yeux ; deux ou trois rangées de dents à chaque mâchoire, sur le palais et auprès du gosier ; dos de la langue tout couvert de petites dents ; écailles grandes ; nageoire dorsale triangulaire ; des bandes transversales brunes ; des raies noires sur les nageoires ; le ventre blanc.

Des mers de l'Amérique septentrionale et de la Méditerranée.

Le SYNODE RENARD : *Synodus vulpes*, Lacép.; *Esox vulpes*, Linn. Nageoire caudale en croissant ; une rangée de dents petites et aiguës à chaque mâchoire ; des teintes jaunâtres sur le dos ; une couleur blanchâtre sur le ventre ; taille de quinze à dix-huit pouces.

Des mers de l'Amérique septentrionale.

Le SYNODE CHINOIS ; *Synodus chinensis*, Lacép. Tête petite ; museau pointu : un enfoncement au-devant de la nuque ; trois pièces à chacun des opercules, qui sont d'ailleurs alépidotes : teinte générale d'un argenté verdâtre ; point de bandes, de raies, ni de taches.

Le SYNODE MACROCÉPHALE : *Synodus macrocephalus*, Lacép. Tête et museau alongés ; mâchoire inférieure plus avancée que la supérieure ; yeux très-rapprochés l'un de l'autre et du bout du museau ; nageoires dorsale et anale en forme de faux ; couleur générale d'un verdâtre argenté ; ligne latérale dorée.

§. 2. *Nageoire de la queue arrondie.*

Le SYNODE MALABAR : *Synodus malabaricus*, Lacép.; *Esox malabaricus*, Bloch. Deux orifices à chaque narine ; mâchoire inférieure un peu plus longue que la supérieure ; dents inégales, peu serrées, mais grandes, fortes et pointues ; écailles larges et lisses ; dos verdâtre ; tête, flancs et ventre jaunâtres ; nageoires variées de jaune et de gris, présentant des raies brunes.

Des rivières du Malabar. Chair blanche, savoureuse et facile à digérer. (H. C.)

SYNODENDRE , *Synodendron*. (*Entom.*) Genre d'insectes coléoptères pentamérés, à antennes en masse pectinée d'un seul côté, et par conséquent de la famille des serricornes ou priocères.

Ce genre, établi par Fabricius, paroît avoir tiré son nom. de cette particularité qu'on trouve les espèces sur les écorces des arbres, de deux mots grecs Σὺν, *avec*, et Δενδρὸν, *le bois*. C'est donc à tort que la plupart des auteurs, et Fabricius le premier, ont laissé imprimer ce nom avec un *i* simple et non avec l'*y*.

Ce genre paroit tenir une sorte de milieu entre la famille des pétalocères et celle des priocères. On a décrit, en effet, l'espèce principale qui a servi de type au genre, comme un scarabée, sous le nom de *cylindrique*.

Le caractère essentiel de ce genre , auquel on n'a rapporté que deux espèces d'Europe et sept autres des parties les plus chaudes de l'Asie et de l'Afrique. peut être ainsi exprimé : Antennes brisées , en masse pectinée ; corps cylindrique ; corselet comme tronqué en devant.

Cette disposition du corps donne à ces insectes l'apparence des Apates , dont ils ont les habitudes , mais qui n'ont que quatre articles à tous les tarses. Ils diffèrent ensuite des Lucanes et des Passales , parce que dans ces deux genres le corps est aplati, et qu'en particulier il n'y a pas dans le dernier des antennes brisées, comme il est facile de le voir en comparant les figures des insectes de cette famille, représentées dans l'atlas de ce Dictionnaire , pl. 5 , n.ᵒˢ 1 , 2 et 3.

Le corps des synodendres est alongé, arrondi en dessus. plat en dessous ; la tête est petite, surmontée d'une corne ou d'un tubercule ; les antennes sont en masse, mais celle-ci est alongée, formée de trois pièces dentelées en dedans, dont la dernière est de figure triangulaire : cette masse est supportée sur une base alongée, ce qui semble la rendre coudée ; le front ne se prolonge pas en un chaperon pointu, comme dans les Lucanes ; les tarses se terminent, à peu près comme dans ce dernier genre, par deux crochets, entre lesquels on voit aussi un appendice fourchu.

Des deux espèces de ce genre l'une se trouve assez communément en Normandie, dans les vergers, sur le tronc des pommiers et des cerisiers. C'est celle que nous avons fait figurer, et dont nous allons parler.

1. Le Synodendre cylindrique, *Synodendron cylindricum.*

Car. Noir; troncature du corselet à cinq dents; corne de la tête redressée, plus longue dans le mâle.

Les élytres sont pointillés et rugueux : les jambes de devant dentelées.

2. Le Synodendre épineux, *Synod. muricatum.*

Car. Noir; troncature du corselet à deux épines.

C'est le *dermestes muricatus* de Linné. On croit que c'est la femelle de l'espèce précédente. (C. D.)

SYNODON. (*Ichthyol.*) Ælien et Athénée ont parlé sous les noms de συνόδων et de συναγρις, d'un poisson qui paroît être le *denté ordinaire.* Voyez Denté. (H. C.)

SYNODONTE ou SHAL, *Synodontis.* (*Ichthyol.*) M. Cuvier a donné ce nom à un genre de poissons de sa famille des siluroïdes, reconnoissable aux caractères suivans :

Museau étroit; mâchoire inférieure portant un paquet de dents très - aplaties latéralement, terminées en crochets et suspendues chacune par un pédicule flexible; crâne en casque rude; première épine des nageoires dorsale et pectorale très-forte; des barbillons souvent barbellés eux - mêmes.

On trouve les poissons de ce genre dans le Nil et dans le Sénégal.

Leur chair est méprisée.

Le *silurus clarias* d'Hasselquist, bien différent de celui de Gronow et de Bloch, doit être rapporté ici, de même que les *pimelodus synodontes* et *membranaceus* de M. Geoffroy Saint-Hilaire.

Aucun autre animal ne présente une semblable disposition des dents. (H. C.)

SYNOÏQUE. *Synoicum.* (*Malacoz.*) Genre de mollusques de la tribu des ascidiens agrégés, établi par Phipps, dans son Voyage au pôle boréal, et qui a été étendu par M. de Blainville, pour contenir toutes les espèces d'ascidies réunies en masse plus ou moins considérable, dont les deux ouvertures de chaque individu composant sont cachées au fond d'une cavité plus ou moins profonde, formée par la réunion des enveloppes, et qui n'a qu'un seul orifice extérieur, garni ordinairement de six papilles tentaculiformes. Ce genre, que M. de Lamarck place dans sa classe des tuniciers, ne comprend encore que quatre espèces, qui servent de type à autant de genres dans la classification de M. Savigny.

A. *Espèces où les individus sont réunis irrégulièrement en une masse convexe, arrondie, charnue, et forment à sa surface des mamelons percés d'un orifice branchial, dont les bords sont fendus en six dents, disposées en étoiles; orifice anal peu ou point distinct.* (G. APLIDIUM, Savigny ; PULMONELLE, de Lamk.)

Le SYNOÏQUE FIGUE DE MER : *Alcyonium ficus*, Linn., Gmel., p. 3813, n.° 10; Ellis, *Corallin.*, p. 97, pl. 16, fig. *b* B, C, D; PULMONELLE SUBLOBÉE, de Lamarck, Syst. des anim. sans vert., tome 3, page 95. Masse ovale, globuleuse, irrégulièrement mamelonnée, de couleur verte, adhérente aux corps submergés.

Des côtes de la Manche.

Le S. LOBÉ : *S. lobatum; Aplidium lobatum*, Savigny, Mém., pag. 4, pl. 3, fig. 4, et pl. 16, fig. 1. Corps demi-cartilagineux, étendu en masse horizontale, épaisse, relevée de lobes plus ou moins saillans, inégaux et irrégulièrement arrondis, de couleur gris cendré; les orifices jaunâtres, à rayons simples.

Cette espèce, qui forme une masse d'un diamètre de cinq à six pouces, vient du golfe de Suez et de la Méditerranée, sur les côtes d'Égypte.

Le S. TREMBLANT : *S. tremulum; Aplidium tremulum*, Savigny, *loc. cit.*, pl. 16, fig. 2. Corps gélatineux, en masse un peu convexe, non lobée, molle, demi-transparente, blanchâtre, formée par un grand nombre d'individus très-serrés, dont les orifices ont des rayons simples et obtus.

Cette espèce, qui vient du golfe de Suez, comme la précédente, en diffère-t-elle réellement ?

Le S. ÉTALÉ : *S. effusum; Aplidium effusum*, Savigny, *loc. cit.*, pl. 16, fig. 3. Corps subgélatineux, étalé en masse très-irrégulière, assez épaisse, inégale, lisse, demi-transparente, formée de petites ascidies réunies en groupes épars, et dont les orifices, très-petits, à rayons simples, sont d'un violet foncé.

Cette espèce, dans laquelle chaque individu n'a qu'une demi-ligne de long, et qui forme des masses de quatre à huit pouces de large, est aussi du golfe de Suez.

Le Synoïque bosselé : *S. gibbulosum; Aplidium gibbulosum*, id., *ibid.*, pl. 17, fig. 1. Ascidie d'une à deux lignes de long, extrêmement grêle, à orifices à peine visibles, se groupant irrégulièrement, et formant une masse subgélatineuse, irrégulièrement arrondie, bosselée à la surface, subtransparente, avec une légère nuance vert-d'eau changeant en jaunâtre.

De la Méditerranée.

Le S. caliculé : *S. caliculatum; Aplidium caliculatum*, id., *ibid.*, pl. 4, fig. 1, et pl. 17, fig. 2. Ascidies de quatre à cinq lignes, pourvues d'orifices très-visibles, caliculés, se groupant en systèmes un peu épars, et formant par leur réunion intime une masse demi-cartilagineuse, verticale, conique, obtuse au sommet, lisse, demi-transparente, de couleur jaunâtre, changeant en vert-d'eau.

Des mers d'Europe.

B. *Espèces dont les corps, horizontaux, disposés sur un seul rang autour d'un centre, se réunissent en croûte mamelonnée.* (G. Eucælium, Savigny.)

Le Synoïque hospitalier : *S. hospitiolum; Eucælium hospitiolum*, Savigny, *loc. cit.*, pl. 4, fig. 4, et pl. 20, fig. 2; *Eucælium subgelatinosum*, de Lamarck. Ascidies d'une demi-ligne de haut, pourvues d'orifices rougeâtres, non rayonnés, au sommet de mamelons un peu ovales, formant par leur réunion irrégulière une sorte de croûte molle, peu épaisse, d'un gris pâle, pointillé de blanc mat.

Du golfe de Suez.

C. *Espèces dont les corps, verticaux, se réunissent en une croûte, et dont l'orifice branchial est à six rayons.* (G. Didemmum, Savigny.)

Le Synoïque blanc : *S. candidum; Did. candidum*, Savigny,

loc. cit., pl. 4, fig. 3, et pl. 20, fig. 1 ; *Eucœlium fungorum*, de Lamarck. Ascidies d'une demi-ligne de long, de couleur jaune, à rayons de l'orifice branchial très-pointus, formant par leur réunion irrégulière une croûte mince, opaque, d'un blanc de lait, relevée çà et là de quelques gibbosités d'un à deux pouces de diamètre.

Du golfe de Suez.

Le Synoïque visqueux ; *S. viscosum, id, ibid.* Ascidies d'une petitesse extrême, un quart de ligne de long, à orifices grisâtres, formant par leur réunion une croûte mince, un peu transparente, visqueuse, d'un blanc terne.

De la même mer.

D. *Espèces dont les corps, fort longs et verticaux, se réunissent en petit nombre, et forment une espèce de cylindre cannelé, excavé à l'extrémité par un orifice comme étoilé, résultat de l'union des orifices anaux.* (G. Synoicum, Phipps.)

Le S. simple : *S. turgens*, Savigny, *loc. cit.*, pl. 3, fig. 3, et pl. 15 ; *Alcyonium synoicum*, Linn., Gmel., p. 3816, n.° 25. Ascidies de huit à neuf lignes de haut, cylindriques, verticales, réunies circulairement en petit nombre (cinq à dix), constituant une masse pubescente, subpédiculée, marquée de cannelures, et de couleur cendrée.

Cette espèce vient des côtes du Spitzberg. Elle a beaucoup de rapports avec les botrylles.

M. de Lamarck rapporte encore, il est vrai avec doute, à ce genre deux animaux : l'un sous le nom de S. orangé, *S. aurantiacum*, type du genre Telesto de Lamouroux (voyez ce mot), et l'autre sous le nom de S. pélagique, *S. pelagicum*, *Alcyonium pelagicum* (Bosc, *Vers*, 3, pag. 131, pl. 30, fig. 6 et 7), et qui est composé de tiges très-rameuses, cylindriques, substriées et verdâtres : il a été trouvé sur des fucus dans l'océan Atlantique. (De B.)

SYNONYMIE. (*Bot.*) Voyez l'article Théorie élémentaire. (Mass.)

SYNOVIE, *Synovia ; Axungia articularis.* (*Physiol. génér.*) Ce mot, d'une origine obscure et récente, et que Paracelse

paroît avoir, le premier, mis en usage, sert à désigner un
fluide d'une nature particulière, qui baigne les surfaces ar-
ticulaires des os et la surface interne des ligamens dans les
diarthroses de contiguité chez les animaux vertébrés, ainsi
que les cartilages de glissement des tendons dans les lieux
où ceux-ci sont couchés immédiatement sur les os.

Ce fluide, qui n'est nullement, comme on l'a cru pendant
long-temps, le produit du mélange de la sérosité des membranes avec la moelle des os, est blanchâtre, visqueux et
transparent, d'une saveur douceâtre et un peu salée, d'une
odeur animale fade; si on le laisse reposer au sortir de l'articulation, il se prend en gelée; il est facilement miscible à
l'eau, avec laquelle il mousse si on l'agite; d'une pesanteur
spécifique de 105: il file comme la glaire d'œuf, sans être ni
aussi consistant ni aussi onctueux qu'elle.

L'action du calorique, de l'alcool, des acides minéraux, y
démontre l'existence de l'albumine. La fibrine est également
un des principes constituans de cette humeur animale, qui
contient aussi du mucus et de la soude à nu et divers sels,
qu'il est du domaine de la chimie de faire connoître.

La quantité de la synovie varie beaucoup, suivant les articulations : celle du coude-pied, chez l'homme, en contient
surtout plus que les autres : celle de l'os canon avec les os
voisins, chez les ruminans, sont dans le même cas. En général,
du reste, plus la mobilité de la partie est grande, plus ce
fluide est abondant, et réciproquement.

Le fluide dont il s'agit, est versé par exhalation à la surface de certaines membranes très-analogues, sous tous les rapports, aux membranes séreuses; mais il n'est point sécrété
par des glandes propres, comme l'ont voulu Clopton Havers, Winslow, Bertin, Haller. (H. C.)

SYNOVIE. (*Chim.*) Liquide qui lubrifie les articulations et
les coulisses des tendons : il sort des capsules synoviales.

M. Margueron examina, en 1792, la synovie du bœuf,
et M. Vauquelin celle de l'éléphant long-temps après.

SYNOVIE DU BŒUF.

288 grains de cette synovie ont donné à M. Margueron :

D'albumine sous un état particulier 34
D'albumine ordinaire. 13
De chlorure de sodium. 5
De sous-carbonate de soude. 2
De phosphate de chaux . . . . de 1 à 2
D'eau 232

                              288 grains.

La synovie est visqueuse, demi-transparente, alcaline aux réactifs colorés.

Peu de temps après avoir été extraite des articulations, elle prend une consistance gélatineuse; elle dépose une matière filandreuse, et perd de sa viscosité.

A l'air sec elle s'évapore, laisse un résidu sec et des cristaux de sous-carbonate de soude mêlés de cristaux de chlorure de sodium.

La synovie se dissout dans l'eau en la rendant visqueuse.

Les acides sulfurique, nitrique, acétique, sulfureux, étendus de 12 à 15 fois leur poids d'eau, troublent la synovie sans en faire disparoître la viscosité. S'ils sont très-étendus d'eau, ils en diminuent la viscosité et l'éclaircissent en précipitant une matière filandreuse. L'acide acétique est surtout propre à opérer la séparation de cette matière; après cela, il suffit d'évaporer la liqueur pour obtenir des pellicules d'albumine.

M. Margueron considère la matière filandreuse comme de l'albumine dans un état particulier, parce qu'elle se dissout par l'agitation dans l'eau froide. Cette solution est précipitée en flocons par les acides et l'alcool. Soumise à l'action de la chaleur, elle produit une écume blanche très-raréfiée.

L'alcool sépare des flocons de la synovie sans en détruire la viscosité.

SYNOVIE DE L'ÉLÉPHANT.

Voici les propriétés que M. Vauquelin lui a reconnues :
Elle étoit légèrement rosée, visqueuse; elle a déposé des filamens blancs (1 grain environ sur 6 onces de synovie).

L'acide acétique en a séparé une matière filandreuse, qui s'est redissoute dans un excès d'acide.

Les acides et la chaleur l'ont coagulée comme le blanc d'œuf.

Le coagulum, produit par la chaleur, étoit entièrement soluble dans l'eau de potasse : il ne donnoit pas de matière grasse à l'alcool.

M. Vauquelin a confirmé la plupart des résultats de Margueron. Il a remarqué seulement, 1.º que les deux synovies contiennent probablement une autre matière azotée que l'albumine, qui n'est pas susceptible de se coaguler par la chaleur, ni par les acides, mais qui est précipitable par la noix de galles ; 2.º qu'il s'y trouve un sel à base de potasse. (Ch.)

SYNTHERISMA. (*Bot.*) Nom donné par Schrader à un nouveau genre formé aux dépens des *Panicum* ; il en a été traité dans ce Dictionnaire, à l'article Digitaire. (L. D.)

SYNTHÈSE. (*Chim.*) Ce mot s'applique à toute opération chimique qui a pour objet d'unir des corps ensemble de manière à en former des combinaisons. Il est opposé au mot Analyse. (Ch.)

SYNTOMIDE, *Syntomis.* (*Entom.*) Illiger a formé sous ce nom un genre parmi les insectes lépidoptères dont les espèces avoient été rangées parmi les sphinx ou les zygènes, telles sont les espèces nommées par Linnæus *phegea*, n.º 35, et *cerbera*, n.º 38. (C. D.)

SYNTRICHIA, Tressule. (*Bot.*) Genre de la famille des mousses, établi par Bridel et adopté par les botanistes. Les espèces faisoient partie des genres *Bryum* et *Mnium* de Linnæus, d'où Hedwig les retira pour les placer dans ses genres *Barbula* et *Tortula* ; Bridel même, avant d'en faire un genre distinct, les avoit réunies à son *Barbula*, qui représentoit alors le *Tortula* et le *Barbula* de Hedwig.

Le caractère essentiel de ce genre est dans son péristome simple, composé de seize ou trente-deux cils ou dents capillaires réunis, depuis leur base jusqu'à la moitié de leur longueur, en une membrane cylindrique, réticulée, tortus en spirale dans le reste de leur étendue, et nullement ou très-obscurément veiné en travers. La capsule est presque régulière, privée d'anneaux et recouverte d'une coiffe cuculiforme.

Ce genre, que nous présentons d'après Bridel, *Bryol. univ.*,

?, p. 578, renferme huit espèces, dont deux douteuses. Elles ont le port des *barbula* et n'en diffèrent réellement que par la structure de leur péristome. C'est précisément le caractère fourni par l'adhérence des deux péristomes que Palisot-Beauvois donne à son genre *Barbula*, qui conséquemment est le *Syntrichia*. Mais les fleurs sont monoïques ; les mâles presque terminales, discoïdes ou gemmiformes et latérales ; elles contiennent six à vingt anthères, avec de nombreux paraphyses régulièrement articulés ; les fleurs femelles sont terminales. Ces mousses sont vivaces ; elles forment des touffes ou gazons, ou coussinets. On les trouve en Europe et en Amérique ; mais elles se plaisent plus particulièrement dans le Nord et sur les Alpes : quelques-unes cependant sont fort répandues et très-vulgaires. Les genres *Barbula* et le *Tortula* d'Hedwig n'en font qu'un pour M. De Candolle, Schwægrichen, Hooker, Arnott, Sprengel. Il se trouve désigné par les uns sous le nom de *Tortula*, et par d'autres sous celui de *Barbula*. (Voyez TORTULA.)

§. 1.er *Tige simple.*

1. Le SYNTRICHIA SUBULÉ: *Syntrichia subulata*, Brid., Schultz, *Recens. de Barb. et Synt.*, p. 34, pl. 34, fig. 1, *A* ; *Barbula subulata*, Pal. Beauv., Mém. de la Soc. linn. de Paris, 1, pl. 6, fig. 2 ; *Tortula subulata*, Hedw., *Sp. musc.*, pl. 37 ; *ejusdem Fund. musc.*, 2, pl. 8, fig. 38—40 ; Schwæg., *Suppl.*, 1, part. 1, pl. 34 ; *Engl. bot.*, pl. 1101 ; Hook. et Tayl., *Musc. brit.*, pag. 31, pl. 12 ; *Mollia subulata*, Schranck, *Prim. Fl. Salzb.* ; *Bryum subulatum*, Linn. ; Œd., *Fl. Dan.*, pl. 1000, fig. 2 ; Curt., *Fl. Lond.*, pl. 214 ; *Bryum*, Dillen., *Musc.*, pl. 45, fig. 10 ; Vaill., *Bot. par.*, pl. 35, fig. 8. Tige droite, fort courte, de trois à quatre lignes, d'abord simple, puis un peu rameuse, garnie de feuilles oblongues-lancéolées, courtement mucronées, se tortillant par la sécheresse ; pédicelles terminaux, entourés à la base par une vaginule ou petite gaîne obconique, longs d'un pouce ou d'un pouce et demi, solitaires, purpurins, un peu contournés, soutenant chacun une capsule très-longue, cylindrique, légèrement arquée, rouge d'abord, puis brune et striée longitudinalement lorsqu'elle est sèche, munie d'un opercule en forme d'alène longue, droite,

de couleur pâle , dont les bords sont orangés , et striée en spirale ; coiffe en forme de cornet, d'un brun jaunâtre et facilement caduque. Cette mousse , infiniment commune et qui se trouve citée dans toutes les Flores européennes , se rencontre, en effet, dans toute l'Europe , depuis les confins les plus méridionaux jusqu'à ceux les plus septentrionaux. Elle croit, au printemps et en été, sur la terre nue humide , dans les fossés , dans les champs, dans les bois sablonneux , dans les fentes des rochers , sur les murs en terre , etc. Elle forme des coussinets ou des plaques remarquables par la longueur et le nombre des pédicelles. Bridel en indique trois variétés , dont l'une , curieuse par l'extrême longueur de sa capsule , se trouve à Saint-Domingue.

Cette première division offre une seconde espèce des Alpes de la Suisse , d'Autriche et du Dauphiné , où elle a été découverte par M. Dejean : c'est le *syntrichia mucronata* , Brid. , dont la capsule est également cylindrique , mais droite ; le feuillage plus lâche, et les feuilles largement mucronées.

§. 2. *Tige rameuse.*

2. Le SYNTRICHIA RURAL : *Synt. ruralis* , Schultz , *Recens.* , p. 57 ; pl. 54 , fig. 5 ; *Barbula ruralis*, Hedw. , *Musc.*, 1 , pl. 4 , fig. 25 — 52 ; *Tortula ruralis*, Hooker, *Musc. brit.*, pl. 12 ; *Mollia ruralis*, Schrank ; *Bryum rurale*, Linn. ; Dillen. , *Musc.* , 552 , pl. 45 , fig. 12 ; Vaillant , Bot. paris. , pl. 25 , fig. 5. Tige alongée , longue d'un à deux pouces , rameuse , droite , fastigiée , garnie de feuilles nombreuses , imbriquées , ovales , oblongues , obtuses , carénées , ouvertes , mais recourbées en dehors , se tortillant par la sécheresse , terminées par un poil dentelé, tantôt court et coloré, tantôt long et blanchâtre : feuilles de l'extrémité des rameaux disposées en rosette ; pédicelles terminaux solitaires , droits, longs d'un pouce et plus , purpurins , le plus souvent tordus ; capsules cylindriques , légèrement courbées , d'un brun fauve , fermées par un opercule en cône alongé , ou subulé , plus court que les capsules et strié en spirale. Cette mousse , l'une des plus communes et des plus remarquables , forme des gazons et des tapis assez étendus et denses sur les toits de paille , sur les chaumières , sur les murs, dans les champs et les lieux

incultes de toute l'Europe et de l'Asie septentrionale. Elle a été observée à Unalaschka, aux Aléoutes, et dans l'île Melville, parties les plus septentrionales de l'Amérique ; on remarque qu'elle végète rarement sur les arbres.

3. Le SYNTRICHIA A POIL LISSE : *Synt. lœvipila*, Brid.; Schultz, *Recens.*, pl. 34, fig. 4 ; *Tortula lœvipila*, Schwæg., *Suppl.* 2, part. 1, p. 66, pl. 120. Sa tige est droite, rameuse, fastigiée, à rameaux courts, renflés, garnis de feuilles oblongues-ovales, un peu planes, un peu réfléchies et terminées par un poil lisse, un peu tortillé ; la capsule est cylindrique, un peu courbe, munie d'un opercule conique-subulé. Cette mousse a des rapports avec la précédente ; on la trouve sur les toits, dans les champs, sur les décombres, sur les rochers et sur les arbres, dans les parties tempérées et méridionales de l'Europe. Villars l'a observée dans le Val-Gaudemar, en Dauphiné, et Schwægrichen, sur les arbres, à Ermenonville, etc.

4. Le SYNTRICHIA INTERMÉDIAIRE ; *Synt. intermedia*, Bridel. Il diffère du *S. ruralis* par sa tige, plus grande, rameuse ; ses feuilles deux fois plus petites, très-obtuses, presque émarginées, toujours droites et ouvertes, planes et point carénées, remarquables par la blancheur de leurs poils, d'un beau vert lorsqu'elles sont fraîches, et noirâtres dans la sécheresse. Cette espèce a été découverte à Vaucluse par M. Requien. (LEM.)

SYNTROPHOS. (*Bot.*) Un des noms anciens de la ronce, *rubus*, cité par Ruellius. (J.)

SYNUCHUS. (*Entom.*) M. Gyllenhal a nommé ainsi un genre rangé d'abord parmi les carabes, insectes coléoptères créophages, qui paroissent être les mêmes que les taphries de M. Bonelli, dans le travail qu'il a publié sur les genres de cette famille. (C. D.)

SYNZŒCIPHYTES. (*Amorphoz.*) M. Lamouroux a proposé cette dénomination complexe pour indiquer des êtres animaux réunis sous la forme de plantes. (DE B.)

SYNZYNANTHERA. (*Bot.*) Voyez DIDYMANDRA. (POIR.)

SYPHONION. (*Bot.*) Ce nom grec, cité par C. Bauhin d'après Tabernæmontanus, est regardé par lui comme synonyme de l'*œgylops* de Dodoëns, dont il fait un *festuca graminea*, et que Linnæus nomme *bronus secalinus*. Mentzel, qui l'écrit *siphonium*, le renvoie aussi à l'*œgylops*, ainsi que le *siphon* de Théophraste, et Adanson les associe tous deux à son *agrostis*. (J.)

SYPHONOBRANCHES, *Syphonobranchiata*. (*Malac.*) Voyez SIPHONOBRANCHES. (De B.)

SYRICHTA. (*Mamm.*) Petiver, dans ses *Gazophilacium*, a indiqué et fort grossièrement figuré sous le nom de *cercopithecus luzonicus minimus*, un singe, que Gmelin a placé, dans le *Systema naturæ*, sous le nom de *simia syrichta*, à la suite des sapajous.

Cet animal, dont les seuls caractères donnés sont d'avoir une queue longue, nue et écailleuse, avec la bouche brune et les cils, ainsi que les moustaches, très-longs, n'est plus admis dans nos systèmes de nomenclature, et son existence paroit très-problématique. Les deux circonstances de l'habitation dans l'ile de Luçon et de la forme de la queue nue et écailleuse, pourroient faire soupçonner qu'il s'agiroit d'un phalanger, si la figure ne représentoit pas un trait grossier de singe. (Desm.)

SYRINGA. (*Bot.*) Ce nom a été donné par les anciens, soit au lilas, soit à un autre arbrisseau à fleurs très-odorantes, qui fait, comme le premier, l'ornement des bosquets. Tournefort et les autres modernes l'avoient conservé à ce dernier, qui l'a encore retenu comme nom françois ; mais Linnæus l'a transporté au lilas, et donné au dernier le nom de *philadelphus*, d'après un seul auteur ancien.

Il existe un autre *syringa* de Lobel, la *syringias* de Dodoëns, cité par C. Bauhin, espèce de roseau dont les anciens se servoient pour écrire. Voyez SERINGAT. (J.)

SYRINGIA. (*Bot.*) C'est sous ce nom que Pline désigne une espèce de roseau ou autre végétal qu'il nomme *calamus*, et dont on fait des chalumeaux, parce qu'il n'est, dit-il, ni cartilagineux, ni charnu. (J.)

SYRINGITES. (*Foss.*) On a ainsi appelé autrefois les dentales fossiles de forme cylindrique. (D. F.)

SYRINX. (*Subentomoz.*) C'est le nom générique sous lequel Bohadsch, *De quibusdam animalibus marinis*, p. 93, a décrit et figuré une espèce de siponcle de la Méditerranée, le *S. nudus* de Linn., Gmelin. Voyez SIPONCLE. (De B.)

SYRIOT. (*Ornith.*) Salerne applique cette dénomination vulgaire au guignard, *charadrius morinellus*, Linn. (Ch. **D.**)

SYRMATOPHORUS. (*Ichthyol.*) Nom donné par Gronow au *gobius lanceolatus* de Linnæus. Voyez Gobie. (H. C.)

SYRNIUM. (*Ornith.*) Les oiseaux de nuit auxquels M. Savigny applique cette dénomination générique, correspondent aux chats-huans. (Ch. **D.**)

SYROPERDIX. (*Ornith.*) Suivant Belon, liv. 2, pag. 258, l'oiseau auquel d'anciens auteurs ont donné ce nom, est de couleur noire et a le bec rouge. Quoique cette observation se trouve au chapitre 16, consacré à la perdrix de Damas ou de Syrie, c'est une espèce différente, et la perdrix de Damas de Belon, que Brisson a rapportée à la gélinotte des Pyrénées, est, selon M. Temminck, un tétras, qu'on ne peut comparer avec les gangas. (Ch. **D.**)

SYRPHE, *Syrphus*. (*Entom.*) Nom d'un genre d'insectes à deux ailes, à bouche charnue, rétractile ; à antennes, avec un poil isolé, latéral ; et en conséquence rangé dans la famille des latérisètes ou chétoloxes.

Ce genre, confondu d'abord par Linnæus, Geoffroy et Degéer, avec les mouches, en avoit été séparé sous ce nom de *Syrphus* par Scopoli, puis par Fabricius, qui ensuite en retira beaucoup d'espèces, qu'il distribua dans les trois genres *Scæva*, *Eristalis* et *Milesia*, en laissant dans le genre *Syrphus* les espèces qui se rapportoient aux volucelles de Geoffroy, et, en particulier, au genre que nous avions établi sous le nom de Cénogastre.

Le mot *syrphus* est tout-à-fait grec, Συρφος. On le trouve dans le dictionnaire d'Hésychius comme indiquant un insecte semblable au cousin, une mouche.

Nous avons ainsi caractérisé le genre Syrphe : *Tête sessile ou tronquée en arrière ; antennes à dernier article en palette, portant un poil simple, dressées dans le repos ; ventre ovale ou conique, gros.*

A l'aide de ces caractères, ainsi qu'on peut le voir à l'article Chétoloxes, et en ayant sous les yeux les figures des planches 49 et 50 de l'atlas de ce Dictionnaire, il est facile de distinguer les Syrphes de tous les autres genres.

D'abord des *Cénogastres* et des *Mouches*, qui ont le poil

latéral des antennes plumeux : puis des *Échinomyes* et des *Tétanocères*, qui ont l'article intermédiaire des antennes plus court que les autres; des *Ceyx*, qui ont la tête supportée par une sorte de col ou de prolongement du corselet; des *Dolichopes* et des *Cosmies*, dont le ventre, arrondi, est courbé en dessous; des *Malions*, qui ont les antennes en fuseau; des *Cérochètes* et des *Thérèves*, dont les antennes, en palette, sont reçues et presque cachées dans un creux du front; enfin, des *Sarges*, qui ont les mêmes caractères, mais dont la tête, non tronquée en arrière, est légèrement arrondie, ce qui isole ou sépare légèrement la nuque du corselet.

Les premières espèces que nous allons faire connoître sont celles dont Fabricius, dans son Système des antliates, a composé son genre *Scæva*. Leurs larves se trouvent sur les arbres, et, quoique privées de pattes, comme toutes celles des diptères, elles se tiennent sur les branches et sur les pétioles des feuilles attaquées des pucerons, dont elles font leur principale nourriture; aussi Réaumur les a-t-il désignées sous le nom de *mangeurs de pucerons*, ou, sous l'état parfait, quoique très-improprement alors, *mouches aphidivores*. Ces larves sont alongées, aplaties, pointues aux deux extrémités, surtout antérieurement ou dans la partie qui correspond à la bouche; leur peau est nue, molle, d'une teinte variable du vert au jaune : on voit en dessous quelques tubercules disposés par paires symétriques, qui servent à la progression de l'animal, qui change de lieu à peu près comme les chenilles des phalènes dites géomètres ou arpenteuses. Ces larves sucent les pucerons, qu'elles soutiennent élevés de manière à les vider entièrement des sucs qui leur conviennent, et dont elles rejettent les dépouilles presque desséchées.

Quand ces larves se sont développées complétement, elles collent quelques feuilles qu'elles replient sur elles-mêmes pour s'en faire une sorte de coque. C'est dans cette coque que l'insecte se change en nymphe, en conservant sa peau, qui lui forme une enveloppe, a la surface de laquelle on ne distingue aucune trace des membres de l'insecte qu'elle recèle, comme cela arrive à la plupart des diptères.

Les principales espèces de ce genre sont les suivantes :

1. Le SYRPHE DU GROSEILLER, *Syrphus ribesii*.

Fabricius le range dans le genre *Scæva.*

Geoffroy le décrit comme une mouche, n.° 37, pag. 511 : la mouche à quatre bandes jaunes sur le ventre, dont la première est interrompue.

Car. Tête jaune, à yeux bruns ; corselet foncé, à poils et à écusson jaunes ; l'abdomen noir, à quatre bandes transverses jaunes ; pattes jaunes, tachetées de noir.

Les femelles, qui sont plus grosses, ont sur leur ventre, qui est plus développé, une bande jaune de plus à l'extrémité. Cet insecte se nourrit des pucerons des groseillers, *ribes grossularia*, qui font recroqueviller les feuilles à l'extrémité des branches principales, de manière à en former une voûte ou un toit protecteur contre la pluie et la trop grande ardeur du soleil.

2. Le Syrphe du poirier sauvage, *S. pyrastri.*

C'est l'espèce que nous avons fait figurer dans l'atlas de ce Dictionnaire, pl. 50, n.° 10. C'est la mouche du rosier dont Degéer a fait connoître l'histoire, tom. 6, pag. 108, n.° 5, et qu'il a aussi figurée pl. 6, fig. 8.

Réaumur l'a aussi figurée dans ses Mémoires, tom. 3, pl. 31, fig. 9.

C'est la mouche à six bandes blanches en croissant sur le ventre, Geoffroy, n.° 46, tom. 3, pag. 517.

Car. Tête blanche ; corps noir ; corselet bronzé noirâtre ; ventre blanc en dessous, noir mat en dessus, avec six taches blanches en croissant.

On trouve la larve de ce syrphe sur le rosier, le pommier, le poirier, au milieu des pucerons.

3. Le Syrphe de la menthe sauvage, *S. menthastri.*

C'est la mouche à points jaunes sur le ventre, de Geoffroy, n.° 42, pag. 515.

Car. Noir ; corselet noir, à écusson jaune ; abdomen noir, à trois paires de taches arrondies jaunes.

4. Le Syrphe écrit, *S. scriptus.*

Réaumur en a tracé l'histoire, tom. 4, pl. 10, fig. 2 et 3.

Car. Corselet à lignes longitudinales jaunes ; abdomen à bandes jaunes.

Parmi les espèces que Fabricius a rangées avec les éristales, nous citerons les espèces qui ont des antennes à soie simple.

5. Le Syrphe suspendu, *S. pendulus.*

C'est le genre Hélophile de Meigen : la mouche à corselet strié et à bandes jaunes interrompues sur le ventre, de Geoffroy, n.° 59, pag. 513.

Sa larve provient d'un ver à queue de rat. Réaumur en a fait l'histoire dans le tome 4 de ses Mémoires, pl. 31, fig. 9 — 11. Elle se développe dans les eaux des ruisseaux qui croupissent. L'insecte porte à la surface de l'eau le long tube respiratoire qui le tient ainsi suspendu.

Car. Tête jaune ; corselet à quatre lignes longitudinales jaunes ; ventre à trois bandes jaunes interrompues.

6. Le Syrphe des bois, *S. nemorum.*

Geoffroy l'a décrit, n.° 56 . pag. 311 , sous le nom de *mouche cendrée à bandes blanches sur le ventre et deux grandes taches jaunes sur le premier anneau.*

Car. Brun ; abdomen noir, à trois cerceaux blancs ; bords du premier segment jaunes ; pattes brunes, à genoux blancs ; ailes transparentes, avec un point marginal noir au milieu.

7. Le Syrphe tenace, *S. tenax.*

C'est la mouche apiforme de Geoffroy. pag. 520 , n.° 52.

Swammerdam et Degéer en ont fait l'histoire. Le nom de *tenace* lui a été donné par une particularité que présentent les larves. Elles se développent dans les matières végétales qui se pourrissent, et en particulier dans le chiffon qu'on laisse s'altérer dans les manufactures de papier avant de le soumettre au pilon ; car elles cèdent aux coups des marteaux sans en être déchirées.

Car. Brun, à duvet grisâtre ; abdomen à une tache jaune de chaque côté de sa base ; jambes postérieures comprimées.

Cet insecte ressemble, au premier aspect, à une abeille à miel.

8. Le Syrphe gai, *S. festivus.*

Il est figuré par Geoffroy, pl. 13, n.° 1, sous le nom de *mouche imitant la guêpe à courtes antennes.*

Car. Corselet noir, avec une ligne latérale et l'écusson jaune ; ventre noir, avec une bande transversale jaune sur chaque anneau, dont les deux antérieurs sont interrompus.

9. Le Syrphe cuivreux, *S. æneus.*

Car. D'un noir cuivreux brillant ; pattes à genoux blancs.

On trouve une vingtaine d'espéces de ce genre aux environs de Paris.

Les espéces qui suivent ont été inscrites par Fabricius dans son genre *Milesia*.

10. Le Syrphe pipant, *S. pipiens*.

C'est la mouche à grosses cuisses de Geoffroy, pag. 519, n.° 49.

Car. Alongé. noir : front et bords du corselet jaunes; deux taches jaunes sur les deux anneaux intermédiaires du ventre; cuisses postérieures très-grosses.

Cet insecte fait un petit bruit en volant et continue de le produire lorsqu'il est saisi ou attaqué par les araignées.

11. Le Syrphe conops, *S. conopseus*.

Car. Semblable au précédent, mais trois bandes jaunes à l'abdomen, et cuisses de derrière simples. (C. D.)

SYRPHIES. (*Entom.*) Tribu établie par M. Latreille dans l'ordre des Diptères et dans ce qu'il nomme la quatrième famille. celle des athéricères. Cette tribu comprend, parmi les genres les plus connus, ceux dont les noms suivent : Cérie, Rhingie, Volucelle, Éristale, Syrphe, Milésie, etc., en tout, trente-un genres. (C. D.)

SYRRHAPTES. (*Ornith.*) Ce nom générique a été donné par Illiger au *tetrao paradoxus*, Gmel., et cet oiseau, qui vit dans les déserts de la Tartarie, a déjà été décrit au tome XXI de ce Dictionnaire, pages 122 et suivans, sous le nom assez bizarre d'Hétéroclite, auquel Syrrhapte seroit peut-être préférable; mais depuis l'impression de cet article, M. Temminck a publié, dans la 16.ᵉ livraison des planches coloriées, et sous le n.° 95, une figure de cet oiseau faite sur un dessin corrigé par le professeur Fischer, de Moscou; et, instruit postérieurement par M. Lichtenstein, directeur du Musée de Berlin, que cette figure et la description qui l'accompagnoit étoient inexactes, il a promis de donner une nouvelle figure, qui seroit numérotée 95 *bis*, quand il auroit reçu des individus en meilleur état que le premier, et, d'avance, il a rectifié sa description d'après les remarques faites par M. Lichtenstein, traducteur d'un voyage de M. Eversmann.

Les individus rapportés par ce voyageur portent, en longueur totale, les deux filets exceptés, onze pouces six lignes;

la queue a trois pouces six lignes, et les deux pennes intermédiaires dépassent celle-ci de cinq pouces dans l'un des sujets, et de trois pouces dans l'autre. La gorge est d'un orangé vif, ainsi que la partie antérieure de la tête et une raie derrière les yeux ; la tache à la gorge est d'une nuance plus foncée à la partie inférieure et bordée par une bande marron ; la poitrine au-dessous de cette bande et les petites couvertures des ailes sont d'un cendré jaunâtre plus foible que sur le dos. La bande noire du ventre s'étend plus sur la ligne moyenne que vers les côtés ; la première rémige est noire sur toute l'étendue de la barbe extérieure ; les suivantes sont d'un cendré blanchâtre à tiges noires, et d'un brun enfumé à la pointe, à partir de la sixième ; les barbes intérieures sont bordées de blanc. Toutes les pennes caudales et leurs couvertures sont très-étroites et terminées en pointes ou fils ; les couvertures inférieures et l'abdomen sont d'un blanc pur.

On trouve dans le Dictionnaire classique d'histoire naturelle, tom. 8, p. 182, des observations fournies par M. Delanoue, qui, ayant traversé après Pallas les déserts habités par les hétéroclites, a remarqué que leur marche lente et même pénible en apparence, les oblige à de fréquentes alternatives de repos ; que leur vol est rapide, bruyant, direct et élevé, mais peu soutenu ; qu'ils ont une manière particulière de chercher sur le sable mouvant leur nourriture, qui consiste en petites graines amenées par les vents, et qu'ils prennent un soin extrême de leur progéniture. Ce voyageur a plusieurs fois, pendant l'incubation, surpris la femelle, qui, malgré de vives inquiétudes, ne se décidoit qu'à la dernière extrémité à quitter son nid, lequel n'offroit pour tout duvet que quelques brins de graminées entourés de sable et étoit placé au milieu de pierres amassées sous un buisson. Ce nid contenoit quatre œufs d'un blanc roussâtre, tachetés de brun.

La femelle, peu différente du mâle, se distingue surtout par la privation des longues pennes de la queue et des ailes.

L'espèce est désignée par les Russes sous le nom de *sadscha*, et par les Kirguis sous celui de *buldrak*, que ces peuplades donnent aux jolies femmes. (CH. D.)

SYRRHOPODON. (*Bot.*) Genre de la famille des mousses, établi par Schwægrichen et adopté par Bridel sous le nom

de *Cleistostoma*, avec quelques modifications. Bridel fait observer qu'il est un passage remarquable du *Weissia* à l'*Orthotrichum* qu'il représente très-bien dans les Indes orientales.
Enfin, c'est, dit-il, l'*Orthotrichum* privé du péristome externe.

Nous suivrons ici l'opinion de Bridel. Ce genre offre un
péristome simple, à seize dents cunéiformes, placées horizontalement sur l'ouverture de la capsule, ainsi fermée en tout
ou en partie; coiffe presque campanulée, glabre, fendue à
la base; capsule régulière, privée d'anneau.

Ces mousses ont le port des *weissia*, des *orthotrichum* et
même des *pterigynandrum*. Elles sont droites ou pendantes
un peu rameuses et délicates, à feuilles presque linéaires,
tortillées, le plus souvent dentées en scie, à nervures fortes,
à surface granuleuse; les capsules sont droites, souvent cylindriques, longuement pédicellées, rarement sessiles. On
observe que les fleurs sont monoïques : peut-être sont-elles
aussi dioïques? les mâles axillaires gemmiformes; les femelles
terminales ou dans l'aisselle des nouvelles pousses : elles contiennent six à dix organes génitaux mêlés avec quelques paraphyses filiformes très-fins.

Toutes ces mousses croissent en touffes ou gazons sur les
écorces des arbres et le bois pourri, aux Indes orientales,
dans les iles de l'océan Indien, et, à ce qu'il paroît, aux
Antilles.

Bridel partage ce genre en deux divisions si distinctes,
qu'elles semblent être deux genres. La seconde représente le
Syrrhopodon, Schwæg.

§. 1.ᵉʳ *Capsule presque sessile, entourée de feuilles,
tige pendante.* (Cleistostoma, Brid.)

1. Le Cleistostoma ambigu : *Cl. ambiguum*, Brid., *Bryol.
univ.*, 1, pl. 154; *Pterogonium ambiguum*, Hook., *Trans. linn.
Lond.*, vol. 9, p. 510, pl. 26, fig. 14. Tige longue de six
pouces et plus, dénudée, débile, pendante, rameuse, pen-
née; feuilles lâches, imbriquées, droites, mais ouvertes,
obovales, enroulées par les bords à leur sommet, striées lorsqu'elles sont sèches; capsules globuleuses, sessiles à l'extrémité des rameaux les plus courts. Cette mousse a été décou-

verte dans le Népal, région de l'Inde : elle vit sur les arbres, après lesquels ses tiges restent suspendues pendant long-temps. Cette division ne contient que cette seule espèce.

§. 2. *Capsules longuement pédicellées ; tige droite.*
(Syrrhopodon, Schwæg.)

Cette division comprend cinq espéces, dont la connoissance est due à Schwægrichen, qui les a décrites et figurées dans ses Supplémens muscologiques. Nous indiquerons succinctement les suivantes :

2. Le *Cleistostoma albovaginatum*, Brid.; *Syrrhopodon albovaginatus*. Schwægr., *Suppl.* 2, p. 112, pl. 131. Tige simple ou divisée, ascendante : feuilles un peu lâches, rejetées sur un côté, engaînantes à la base, s'alongeant en façon de languette, dentées et pellucides; capsule cylindrique, portée sur un pédicelle long de cinq à six lignes, droit, fauve, comme la capsule; coiffe campanulée plus courte que la capsule, de couleur baie, fendue par sa base plus élargie ; opercule muni d'un long bec. On observe sur les feuilles de cette mousse, ainsi que sur le *Syrrhopodon Gœrtneri*, Schwæg., des corpuscules particuliers, agrégés et anthéroides, d'après Schwægrichen et Bridel. On observe aussi de pareils corpuscules sur les *orthotrichum*, Linn. Cette mousse a été découverte par M. Gaudichaud dans l'île Radack, aux Moluques. Elle forme sur les arbres et sur le bois pourri des touffes très-épaisses. On doit aussi aux recherches de M. Gaudichaud la connoissance du *syrrhopodon involutus*, Schw., *Suppl.* 2, pl. 13.. Ce naturaliste, qui faisoit partie de l'expédition du capitaine Freycinet, a recueilli cette mousse dans l'île Rauwack, dans l'archipel Indien.

3. Le Cleistostomum de Taylor : *Cleist. Taylori*, Bridel ; *Syrrhopodon Taylori*, Schwæg., *Suppl.*, *loc. cit.*, pl. 152. Sa tige, presque simple, est garnie de feuilles denses, linéaires, un peu dentées, à bords enroulés, tortillées, presque secondaires : capsule cylindrique, plus courte que la coiffe, qui est grande, contractée à la base; l'opercule est convexe, à bec droit. Cette mousse se trouve dans le Népal, en gazons sur l'écorce pourrie des arbres.

Le *Syrrhopodon ciliatus*, Schwæg., est le type du genre

Trachymitrium, Brid. (voyez ce mot). Le *syrrhopodon incompletus*, Schwæg., paroît être une espèce du genre *Hymenostomum* de R. Brown, qui n'est qu'un démembrement du *Gymnostomum*.

Ce genre doit ses noms de *Cleistostoma* et de *Syrrhopodon* à la disposition des dents de son péristome. Le premier signifie, en grec, *bouche close*, et le second, *convergent;* ils rappellent la direction des dents vers le centre de l'ouverture.

Nous terminerons cet article *Syrrhopodon* en indiquant au lecteur le travail sur ce genre par W. S. Hooker et R. K. Greville, inséré dans le Journal des sciences d'Édinbourg, n.° 6. Octobre 1825, page 218. Ces auteurs considèrent ce genre d'une manière différente de Bridel. Ils le caractérisent ainsi : soie terminale; péristome à seize dents horizontales, unies à leur base par une membrane, ou libres, droites ou inclinées en dedans; coiffe lisse, grande, enveloppant la capsule, se fendant ensuite latéralement, et caduque. Onze espèces composent ce genre, selon les auteurs cités, dont plusieurs nouvelles. Le *syrrh. ciliatus*, Schwæg., en fait partie. Cet excellent travail ne paroît pas avoir été connu de Bridel, ni de Curt Sprengel; le premier ne le cite pas, et le second, dans son *Systema vegetabilium*, se borne à y rapporter cinq espèces de celles données par Schwægrichen, auxquelles il associe le *pterogonium ambiguum*, Hook., décrit ci-dessus. Voyez Cleistostoma ambigu. (Lem.)

SYRTALE. (*Erpét.*) Voyez Sirtale. (H. C.)

SYRTIS. (*Entom.*) Fabricius a employé ce nom dans son *Systema rhyngotorum* pour un genre d'insectes hémiptères qui comprend, en particulier, le *cimex erosus* de Linné et l'*acanthia crassipes*, figuré par Panzer, cah. 23, pl. 24, de sa Faune d'Allemagne. (C. D.)

SYSTÈME. (*Bot.*) Voyez Théorie élémentaire. (Mass.)

SYSTÈME ABSORBANT. (*Physiol. générale.*) Voyez Système lymphatique. (H. C.)

SYSTÈME ARTÉRIEL. (*Physiol. générale.*) Voyez Système circulatoire. (H. C.)

SYSTÈME CELLULAIRE, *Tela cellularis, Systema telæ cellularis.* (*Physiol. générale.*) On donne ce nom à l'ensemble du tissu cellulaire chez les animaux, c'est-à-dire à celui de tous les tissus organiques qui est le plus généralement répandu, qui entoure tous les organes de l'économie , les unit et en même temps les isole les uns des autres, les pénètre et concourt à leur composition.

Ce tissu, qu'il seroit peut-être plus convenable de nommer *tissu celluleux*, et que M. Chaussier appelle *tissu lamineux*, est un assemblage de lamelles, de filamens très-fins, mous, blanchâtres, extensibles, entrecroisés en une foule de sens différens, laissant dans leurs intervalles des aréoles, des vacuoles, des espèces de cellules nombreuses, irrégulières, qui communiquent toutes les unes avec les autres, et qui sont le siége d'une exhalation séreuse, dont le produit s'amasse en plus ou moins grande quantité dans leur cavité, mais qu'il faut bien se garder de confondre avec la graisse, humeur produite par un tissu spécial, le tissu adipeux, développé lui-même dans le tissu cellulaire.

Malgré la profusion avec laquelle le tissu cellulaire est répandu dans l'économie, les anatomistes ne sont point d'accord sur sa véritable structure et ne le considèrent point tous sous le point de vue d'après lequel nous venons de le considérer. Haller, par exemple, le compose de cellules distinctes, d'une forme et d'un volume déterminés, et résultant de l'entrecroisement de lamelles multipliées. Bordeu, Wolff, F. Meckel, au contraire, le regardent comme une substance simplement visqueuse, tenace, dépourvue de lames et de cellules.

Ce qui paroit certain, c'est que ce tissu n'est doué d'une organisation bien distincte que dans les endroits où son épaisseur est considérable, tandis que dans ceux où il ne forme qu'une couche mince, il semble inorganique.

Quant aux cellules qu'il présente, il faut les considérer comme des vides ouverts de toutes parts, comme des espaces irréguliers, situés entre ses lames et ses fibres, et communiquant les uns avec les autres d'un bout du corps à l'autre, à la manière des vacuoles d'une éponge.

En conséquence de cette dernière particularité les liquides et les gaz pénètrent le tissu cellulaire avec la plus grande facilité. On voit tous les jours les bouchers le distendre avec de l'air, qu'ils y poussent à l'aide d'un soufflet et qui se répand dans toutes les régions du corps des animaux soumis à cette opération. Il n'est point de chirurgien ou de vétérinaire qui n'ait eu occasion de remarquer que le même phénomène a lieu lors de l'emphysème, c'est-à-dire dans les cas d'épanchement morbide de gaz dans le tissu dont il s'agit. Les anatomistes, à l'aide d'injections artificielles, peuvent de même remplir, de proche en proche, toutes ses parties vides ; et les chirurgiens, lorsque, dans les cas d'ecchymoses, le sang s'infiltre et se dissémine dans les parties voisines du siége de la contusion, observent que ce liquide suit absolument la même marche.

Le tissu cellulaire est donc partout continu à lui-même, et cette continuité est principalement sensible dans les grands vides qui séparent les organes les uns des autres. C'est ainsi que celui du cou, par exemple, communique par en haut avec celui de la tête, et inférieurement avec celui du thorax ; que celui de cette dernière cavité se prolonge dans l'abdomen et a des connexions marquées avec celui des membres supérieurs ; que celui de l'abdomen est lié à celui des membres pelviens par le moyen des prolongemens qui traversent les arcades crurales, les anneaux inguinaux, les échancrures sciatiques, etc.

Ce tissu constitue, en outre, pour chaque organe, une enveloppe qui lui est propre, qui varie en épaisseur et qui envoie des ramifications dans son intérieur. Il forme des gaînes autour des artères, des veines, des conduits excréteurs, des vaisseaux lymphatiques ; il unit, par une de leurs faces, la peau et les membranes muqueuses et séreuses aux parties environnantes ; il recouvre les muscles d'une couche fort épaisse, pénètre entre chacun de leurs faisceaux, entre chacune des fibres de ceux-ci, de manière à représenter une série de canaux emboîtés, se continuant les uns avec les autres, de la même manière que l'enveloppe cellulaire propre aux différens organes se continue avec l'enveloppe générale du corps. Enfin, les glandes, leurs lobes, leurs lobules et les grains qui composent ceux-ci, sont de même isolés entre eux ou des parties voisines par des enveloppes du même genre, successivement de plus en plus petites.

Le tissu cellulaire est pellucide, blanchâtre ou légèrement

coloré en jaune. Il est très-extensible, et offre une force de
résistance plus ou moins prononcée, suivant les régions du
corps où on l'examine; il est aussi plus ou moins abondant,
suivant les mêmes circonstances.

Dans le canal vertébral, et surtout à l'intérieur, on
n'observe presque point de tissu cellulaire, tandis que l'extérieur du crâne, et surtout le devant de la colonne rachi-
dienne, en offrent en quantité.

À la tête, la face renferme en général beaucoup de tissu
cellulaire, comme on peut s'en convaincre en examinant les
orbites, les joues.

Toutes choses égales, d'ailleurs, vu les enveloppes qu'il
fournit nécessairement à chaque organe, il doit exister en
plus grande abondance là où il y a un plus grand nombre
d'organes, comme au cou, par exemple, le long des vaisseaux et des muscles, dans l'aine, dans l'aisselle, au creux
du jarret, à la paume des mains et à la plante des pieds.

On en observe encore une grande quantité à l'extérieur du
thorax, autour des mamelles, et, dans l'intérieur de cette
même cavité, entre les lames des médiastins. Il n'y en a pas
moins, soit dans l'intérieur de l'abdomen, soit dans l'épaisseur de ses parois.

On peut dire qu'en général les organes qu'enveloppent des
couches épaisses de tissu cellulaire, sont les organes les plus
importans.

Ce même tissu est aussi plus abondant dans les endroits qui
permettent de grands mouvemens.

Sous la peau il forme une couche universellement répandue, si ce n'est aux endroits où s'implantent des muscles ou
des aponévroses.

Il est d'observation également que sa trame est plus serrée
dans le trajet de la ligne médiane que partout ailleurs.

Il est au contraire plus lâche dans les parties très-mobiles,
très-sujettes à varier de forme et de volume, comme aux
paupières, au scrotum, au prépuce, aux grandes lèvres de
la vulve.

Il se condense de plus en plus dans les régions où la peau
ne glisse point sur les parties sous-jacentes, comme au-devant
du sternum, au dos, à la paume des mains, à la plante des

pieds , etc. Il en est de même lorsqu'il double des membranes sans soutien, comme la membrane muqueuse de l'estomac, de l'intestin , des fosses nasales, de la vessie, etc.

Celui qui couvre la face adhérente des membranes séreuses est généralement floconneux.

Bichat et un certain nombre de savans ont examiné les propriétés chimiques du tissu cellulaire, et, sous ce rapport, lui ont reconnu les propriétés suivantes:

En le privant d'eau par la dessiccation , on le rend hygrométrique , et. on peut lui faire reprendre son premier aspect en le plongeant dans un fluide aqueux.

Par l'action du calorique il se dessèche rapidement , se crispe, et finit par brûler en laissant fort peu de cendres.

Il ne se fond dans l'eau qu'après une ébullition très-prolongée.

Il se putréfie lentement, et ne se décompose entièrement qu'après une macération de plusieurs mois.

Suivant Fourcroy, il est composé presque entièrement de gélatine ; mais M. John y a rencontré, en outre, du phosphate et du carbonate de chaux, et une petite quantité de fibrine.

La nature intime du tissu cellulaire est encore assez peu connue. Il reçoit évidemment des ramifications artérielles, et il donne naissance à des radicules veineuses ; mais il ne paroît point entièrement vasculaire, comme Ruysch le supposoit. On y trouve des vaisseaux absorbans; mais il n'est point entièrement formé de vaisseaux blancs, comme le prétend Mascagni ; de cylindres tortueux, comme le veut Fontana ; ou d'un épanouissement des nerfs, comme l'affirment quelques auteurs. Haller, Albinus, Prochaska et d'autres encore, pensent que les artères et les veines ne font que le traverser, et que les canaux qu'il renferme lui sont propres. Cette opinion paroît assez probable ; mais, dans tous les cas, en admettant même que ce tissu ne contienne ni vaisseaux ni nerfs réellement, il faut du moins reconnoître que les premiers abandonnent un fluide dans ses aréoles; que ce fluide, très-ténu , les baigne , les imbibe , et est en si petite quantité , qu'il semble à l'état de simple vapeur.

L'extensibilité et la contractilité sont des propriétés très-prononcées dans le tissu cellulaire ; la sensibilité, au contraire, y est assez obscure, et ne s'y développe guère que dans les cas d'inflammation.

Il jouit d'une force de formation très-marquée, d'autre part; car il peut se former de toutes pièces et même se reproduire quand il a été détruit.

Par sa souplesse et son extrême flexibilité il facilite le jeu et les mouvemens des différens organes qu'il entoure, en même temps qu'il les sépare les uns des autres et qu'il est pourtant l'unique lien qui sert à les unir.

C'est lui qui semble la première partie développée dans l'embryon, où il paroit d'abord liquide et très-abondant, pour diminuer postérieurement de proportion et acquérir de plus en plus, avec l'âge, de la consistance, en sorte que, chez les vieillards, il semble quelquefois comme fibreux.

Il faut remarquer aussi que le tissu cellulaire est plus mou et plus abondant chez la femme que chez l'homme. (H. C.)

SYSTÈME CIRCULATOIRE, *Systema circulationis sanguinis.* (*Physiol. génér.*) Les zoologistes et les physiologistes désignent en général sous le nom de *circulation*, le mouvement progressif et déterminé auquel sont assujettis, dans les vaisseaux qui les contiennent, les divers fluides qui entrent dans la composition des corps animés, comme le chyle, la lymphe, le sang, etc. ; mais on appelle ainsi plus spécialement encore le cours que suit le sang dans l'homme et dans les animaux des classes supérieures.

Ainsi considérée, la circulation devient une fonction des plus importantes, par laquelle, chez l'homme en particulier, le sang parti du ventricule gauche du cœur, se répand dans tout le corps par les artères, chemine dans le système capillaire, passe dans les veines, revient au cœur, entre dans l'oreillette droite de cet organe, puis dans le ventricule correspondant, qui l'envoie à son tour dans l'artère pulmonaire, pour être distribué dans les poumons, d'où il sort par les veines pulmonaires, afin de se rendre dans l'oreillette et dans le ventricule gauches et en partir de nouveau.

Tel est le mouvement entier de la circulation dans l'animal le plus compliqué, et il est facile de reconnoître que, dans ce trajet, le sang décrit un double cercle, l'un dans les poumons, lequel est appelé *petite circulation*; l'autre dans tout le corps, et celui-ci est connu sous le nom de *grande circulation*.

Le mouvement auquel ce même fluide est soumis dans les vaisseaux capillaires, porte, enfin, le nom de *circulation capillaire*.

Le cours du sang, tel que nous venons de l'indiquer, n'a été connu des anatomistes et des médecins qu'à une époque assez rapprochée de la nôtre. Le médecin anglois Harvée a, comme on le sait généralement, la gloire d'en avoir fait la découverte, d'en avoir présenté le premier une rigoureuse démonstration.

La disposition anatomique des parties et les expériences physiologiques peuvent, au reste, servir à prouver que les choses se passent ainsi que nous l'avons indiqué.

Les valvules tricuspides et mitrales qui garnissent les orifices auriculo-ventriculaires du cœur, les valvules sigmoïdes qui sont à l'origine de l'aorte et de l'artère pulmonaire, ne permettent le cours du sang que dans la direction décrite.

D'autre part, si l'on coupe transversalement une artère et une veine, on voit par la première le sang jaillir du bout le plus voisin du cœur, tandis que, par la seconde, il s'écoule du bout opposé au cœur.

Si, enfin, on applique une ligature sur ces vaisseaux, on voit l'artère se gonfler entre la ligature et le cœur, tandis que le contraire a lieu pour la veine.

Les causes qui président à cette fonction, qui en déterminent l'exercice, ne sont pas, à beaucoup près, aussi bien connues que les phénomènes qui la caractérisent. Les physiologistes ont long-temps et beaucoup discuté sur l'action du cœur, des artères, des veines, des systèmes capillaires, dans l'accomplissement de la circulation, et ce que l'on sait de plus clair sur ce sujet se rapporte aux corollaires suivans, dont l'expérience a démontré la vérité chez l'homme et les animaux mammifères.

Les deux oreillettes se dilatent simultanément par l'écartement de leurs parois et se remplissent de sang, auquel dans cet état elles offrent un libre accès, et sur lequel elles exercent peut-être même une action d'aspiration.

En même temps que cette dilatation s'opère, les deux
ventricules se contractent, par suite du resserrement de
leurs parois, et chassent dans l'aorte et dans l'artère pulmonaire le sang qui, par suite de l'abaissement des valvules
tricuspides et mitrales, pendant son passage hors de l'oreillette, n'avoit pu, aussitôt son entrée, pénétrer dans ces vaisseaux.

A cet état des ventricules succède la contraction des oreillettes, laquelle coïncide avec la dilatation des ventricules qui
reçoivent le sang chassé par elles.

Le mouvement où les oreillettes et les ventricules se distendent, est nommé *diastole; leur contraction*, au contraire,
s'appelle *systole*.

La diastole des oreillettes coïncide constamment avec la
systole des ventricules, et réciproquement.

La diastole est toujours plus long-temps à s'accomplir que
la systole.

Celle-ci est évidemment active; on ne peut pas affirmer
aussi positivement que la diastole le soit.

A chaque contraction des cavités du cœur, celles-ci paroissent se vider en entier du sang qu'elles contiennent. Telle
est au moins l'opinion de Haller, quoique Weittbrecht, Fontana, Spallanzani, aient pensé absolument le contraire.

Il paroit impossible d'estimer exactement la quantité de
sang qui est envoyée dans les artères par le cœur à chaque
contraction de ses cavités, quoiqu'on l'évalue assez généralement à deux onces chez un homme bien conformé.

La quantité de sang que projette le cœur, doit dépendre en
effet de la quantité de fluide qui est versée dans les cavités de
cet organe et de la force avec laquelle celui-ci se contracte.
Or, ces deux conditions sont exposées aux plus grandes variétés.

On ne peut non plus préciser l'espace de temps que met
à s'accomplir le cercle circulatoire, ni dire à quelle époque
une molécule qui s'échappe du cœur doit y revenir.

Les différences données par les physiologistes dans cette
évaluation sont extrêmes, puisque, suivant les uns, le sang
qui part du cœur y revient en deux minutes; tandis que,
suivant les autres, il lui faut vingt heures pour faire le trajet.

Aussi s'accorde-t-on assez généralement aujourd'hui à abandonner la solution d'une question aussi complexe.

L'appréciation de la puissance impulsive du cœur est absolument dans le même cas. Cette puissance, en effet, échappe au calcul par les nombreuses variétés qui la caractérisent suivant les âges, les sexes, les idiosyncrasies, l'état de santé ou de maladie, de sommeil ou de veille, etc.

Il n'y a donc rien d'étonnant que Borelli ait estimé la force du cœur à 180,000 livres, tandis que Reil ne l'a portée qu'à 5 ou 6 onces.

Le sang circule dans les artères sous l'influence manifeste de la contraction des ventricules; aussi à chaque contraction de ceux-ci on voit les artères se dilater et éprouver une légère locomotion, par suite du flot de sang qui est lancé dans leur cavité.

Les artères ont en outre aussi, sur le cours du sang, une action propre et vitale, qui est plus que de l'élasticité et moins que de la contraction.

C'est par le concours de ces deux causes réunies que le sang est poussé jusqu'aux extrémités des artères et dans les systèmes capillaires.

Ces systèmes font le partage du sang en deux portions : l'une qui passe dans les veines, l'autre qui est mise en œuvre dans les organes.

C'est alors, et avec le secours de cette seconde portion, que s'opèrent les sécrétions, les exhalations et la nutrition, que se dégage la chaleur animale très-probablement.

Enfin, les veines rapportent au centre la première portion du sang par un reste de l'action du cœur et des artères, par l'influence des systèmes capillaires, par une sorte d'action qui leur est propre.

La circulation est d'une haute importance dans l'économie de l'homme et des animaux des classes supérieures; c'est par son moyen que les principes assimilables sont distribués aux organes; c'est elle aussi qui préside à l'enlèvement des molécules qui doivent être rejetées au dehors.

La circulation ne s'opère point de la même manière dans le fœtus et dans l'homme qui a respiré. Les mammifères offrent une semblable particularité.

La circulation n'existe point dans les polypes et les animaux radiaires, chez lesquels le produit de l'absorption va
immédiatement nourrir les organes.

Cette fonction présente des particularités notables dans
chacune des quatre grandes classes des animaux vertébrés;
particularités qui sont la plupart exposées à leur place dans
le cours des articles généraux qui les concernent dans ce
Dictionnaire, et sur lesquelles nous n'insisterons que peu ici.

Dans les mammifères la circulation ressemble beaucoup à
ce qu'elle est dans l'homme. Cependant parmi eux, comme
les phoques plongent assez long-temps, plusieurs anatomistes,
parmi lesquels il faut citer Kulm, Perrault, Parson et Por-
tal, ont prétendu que le trou de Botal restoit ouvert chez eux
comme chez les fœtus. Cette assertion n'est point fondée;
MM Cuvier et Lobstein ont remarqué que la communication entre les oreillettes du cœur est totalement interceptée,
et Schelhammer et Albers ont fait la même remarque, tant
sur le phoque à ventre blanc que sur le phoque commun.
Cependant un énorme sinus, que la veine cave abdominale
présente aux environs du foie, doit les aider à plonger en
leur rendant la respiration moins nécessaire au mouvement
du sang, qui est d'ailleurs chez eux d'un noir foncé et extrêmement abondant.

Les baleines et les autres cétacés sont absolument dans le
même cas.

Les systèmes de circulation des différens fluides sont les
mêmes dans les oiseaux que dans les mammifères; mais chez
eux les mouvemens de ces fluides sont plus rapides, parce
que les organes sont plus vivement stimulés à cause de la
grande étendue de la respiration. Le cœur, perpétuellement
en action, ne se contracte que pour se dilater aussitôt, et
chasse le sang avec une telle activité, qu'on a peine à comp-
ter les pulsations des artères, surtout dans les petites espèces.

Il n'en est point dans les reptiles comme dans l'homme,
les mammifères et les oiseaux. Leur cœur est disposé de manière qu'à chaque contraction il n'envoie dans le poumon
qu'une portion du sang qu'il a reçu des diverses parties du
corps, et que le reste de ce fluide retourne aux organes sans

avoir passé par le poumon et sans avoir éprouvé l'influence de la respiration.

La circulation pulmonaire de ces animaux n'est donc qu'une fraction de la grande circulation, fraction plus ou moins forte selon les genres et produisant ainsi des effets plus ou moins marqués.

Il résulte de là que l'action de l'oxigène sur le sang est moindre chez eux que dans les mammifères et que, si la quantité de respiration de ceux-ci, où tout le sang est obligé de passer par le poumon avant de retourner aux autres organes, est exprimée par l'unité, on ne pourra exprimer la quantité de respiration des reptiles que par une fraction de cette unité d'autant plus petite, que la portion de sang qui se rend dans le poumon à chaque contraction du cœur, sera moindre.

De là aussi moins de force dans le mouvement, moins de finesse dans les sensations, moins de rapidité dans la digestion, moins de violence dans les passions chez les reptiles que chez les mammifères et surtout que chez les oiseaux ; de là, enfin, leur inertie, leur stupidité apparente, leurs habitudes communément paresseuses, la température froide de leur sang, l'engourdissement dans lequel ils passent généralement l'hiver ; l'irritabilité manifeste que conserve leur chair long-temps encore après avoir été séparée du corps : le phénomène singulier de la continuation de la circulation pendant plusieurs jours, malgré la dilacération des poumons et la ligature de l'artère pulmonaire, comme le savant de Lacépède a eu occasion de le noter au sujet d'une tortue.

La totalité du sang des poissons est chassée par le cœur dans les vaisseaux des branchies ; alors c'est du sang noir, du sang veineux ; mais lorsqu'il a été mis en contact avec l'eau, il devient rouge, artériel ; il passe dans d'autres vaisseaux, qui se réunissent successivement en troncs plus gros, lesquels se rendent dans une grosse artère. Celle-ci est placée sous l'échine : elle fait l'office de cœur sans avoir cependant de ventricule à sa base, de sorte que les poissons ont une circulation simple dans laquelle le cœur n'est chargé que de pousser le sang noir dans le poumon.

En conséquence le cœur n'a qu'un seul ventricule, une seule oreillette et une seule artère.

En conséquence aussi, et surtout en vertu de leur mode
de respiration, leur sang est froid.

Dans tous les mollusques il y a une circulation complète,
c'est-à-dire un système veineux qui se rend au cœur, et un
système artériel qui en part; et le sang ou l'humeur circu-
lante vient se mettre en contact, soit avec l'air dans une
cavité pulmonaire, soit avec l'eau sur des feuillets membraneux placés à l'intérieur ou à l'extérieur du corps. (H. C.)

SYSTÈME CUTANÉ. (*Physiol. génér.*) Voyez TÉGUMENS.
(H. C.)

SYSTÈME DIGESTIF. (*Physiol. génér.*) On désigne par le
mot de *digestion* une fonction en vertu de laquelle des substances introduites dans des cavités intérieures du corps des
animaux y éprouvent une altération particulière, et telle
qu'elles se partagent en deux portions, l'une qui sert à la
formation, à l'entretien, à l'accroissement du corps où s'o-
père la digestion; l'autre, qui doit être rejetée au dehors
comme inutile.

La digestion ne commence à s'exercer véritablement qu'a-
près la naissance, et est une fonction plus ou moins simple,
plus ou moins compliquée, suivant les animaux dans lesquels
on l'observe. (Voyez ANIMAL.)

Dans l'homme, en particulier, elle exige pour son accomplissement le concours d'un nombre considérable d'organes
différens. Elle nécessite l'action successive des *lèvres*, des dents,
des joues, des mâchoires et des muscles de ces diverses parties pour accomplir la trituration des alimens : celle des glandes
salivaires pour les réduire en une pâte humide; celle de la
langue, du voile du palais, du pharynx, de l'œsophage,
pour en opérer la *déglutition;* celle de l'estomac, pour les
convertir en chyme; celle des intestins, du foie, du pancréas,
de la rate, pour la séparation du chyle (voyez BILE, CHYLE);
celle du rectum et de l'anus, pour déterminer la sortie des
excrémens.

Précédée du développement de deux sentimens qui nous
font désirer de prendre des alimens, la *faim* et la *soif;* de-
vancée par l'exercice de deux sensations, la *gustation* et l'*ol-
faction*, qui nous avertissent des qualités intimes de ces alimens, qui nous mettent à même de les apprécier, de les juger,

et par celui des organes de préhension, qui les placent dans la bouche pour leur ingestion. la digestion se compose, chez nous, en effet de tous ces actes, qui semblent autant de fonctions isolées et distinctes, et commence véritablement à s'effectuer dès le moment où les alimens sont reçus dans la cavité de la bouche, par l'effet de l'écartement des deux mâchoires.

Or, cet écartement, qui, dans beaucoup de mammifères, se fait autant par l'élévation de la mâchoire d'en haut que par l'abaissement de celle d'en bas, est, chez l'homme, l'objet de discussions nombreuses, les uns, avec Winslow et notre estimable collègue à l'Académie royale de médecine, M. le docteur Ribes, niant l'élévation de la première et n'admettant comme réel que l'abaissement de la seconde ; les autres, avec Boerhaave, Pringle, Ferrein, Alexandre Monro, M. Chaussier, et la plupart des modernes, croyant qu'une légère élévation de la mâchoire supérieure participe à l'ouverture de la bouche.

Quoi qu'il en soit, une fois introduits dans la bouche et retenus dans cette cavité par les parois qui la circonscrivent, les alimens solides y sont divisés, triturés, broyés, par l'action des dents qui arment la mâchoire inférieure et qui viennent, par suite des mouvemens de cet os, frapper avec plus ou moins de force contre les dents de la supérieure.

C'est dans l'action de ces instrumens de division, mis en exercice à la manière d'un marteau sur une enclume, par la disposition même de la mâchoire inférieure, qui représente à cet effet un levier coudé du troisième genre, que consiste le phénomène préparatoire et si important de la *mastication*, phénomène dans lequel les dents et les mâchoires ne sont, à proprement parler, que des agens passifs et que contribuent activement à effectuer les muscles qui, comme les digastriques, les génio-hyoïdiens, les mylo-hyoïdiens, servent à l'abaissement de la mâchoire inférieure ; ceux qui, tels que les muscles crotaphites, masséters et ptérygoïdiens internes, ont pour office de l'élever ; et ceux, enfin, qui lui impriment des mouvemens horizontaux et de glissement, comme les ptérygoïdiens externes.

Durant la mastication, les alimens mous et qui offrent pe-

de résistance aux puissances masticatoires, sont placés instinc-
tivement au niveau des dents incisives, qui les coupent lors
de l'élévation de la mâchoire inférieure ; les matières fibreuses
et qu'il faut déchirer, lacérer, sont soumises à l'action des
dents canines ; enfin, les corps durs, secs, cassans, sont écra-
sés et brisés par les dents molaires, qui les broient ensuite
et les triturent à la manière des meules de moulin.

Plusieurs parties, en outre, concourent efficacement à
l'accomplissement de cet acte : les lèvres, en empêchant, par
leur coaptation, la sortie des alimens, et en contribuant avec
les joues à les renvoyer sous les dents qui les broient ; le voile
du palais, en les empêchant de pénétrer prématurément dans
le pharynx, et la langue, en maintenant entre les dents les
portions de ces alimens qui se dispersent dans la cavité de
la bouche.

Tandis que les alimens sont ainsi mâchés et divisés méca-
niquement, les fluides contenus dans la bouche, et spécialement la salive, les pénètrent d'ailleurs progressivement. C'est
là ce qui constitue, à proprement parler, l'*insalivation*, opération par laquelle les différentes parties des alimens divisés
par les dents sont liées entre elles de manière à former une
sorte de pâte qui permet leur agglomération en bol, par
suite de l'action des lèvres, des joues et de la langue surtout.

C'est sous cette dernière forme, en effet, que les alimens
sont avalés à l'aide d'un mécanisme qui constitue la *déglutition*, mécanisme très-compliqué et qui se compose d'une série
d'actions successives très-variées.

Dans la déglutition, le bol résultant de l'agglomération des
alimens est placé d'abord au-dessus de la langue, entre cet
organe et la voûte palatine. Bientôt les muscles palato-staphy-
lins élèvent le voile du palais, que tendent transversalement, en même temps, les muscles péristaphylins externes ;
la pointe de la langue s'élève : sa base se déprime, et le bol,
pressé d'avant en arrière sur un plan incliné, glisse dans le
pharynx d'autant plus facilement que les mâchoires, par
leur rapprochement, ferment la bouche en devant, et que
l'isthme du gosier est lubrifié par les mucosités que versent
à sa surface les tonsilles et les cryptes muqueuses de la base
de la langue.

Jamais, à moins de quelque altération morbide, on ne voit, dans ce passage, le bol alimentaire pénétrer dans le larynx, soit parce que, comme la plupart des physiologistes l'ont pensé, il abaisse devant lui l'épiglotte et se ferme ainsi la voie à lui-même, soit parce que, comme le pense M. Magendie, qui a vu que l'amputation de ce fibro-cartilage laissoit la déglutition intacte, il y a occlusion de la glotte par l'action de ses muscles constricteurs.

Dans ce moment, au reste, le pharynx est élevé et transversalement élargi par la contraction des muscles stylo-pharyngiens. Il est subitement tiré en haut, avec l'os hyoïde et le larynx, par les muscles génio-hyoïdiens, stylo-hyoïdiens, mylo-hyoïdiens et digastriques, qui l'amènent, pour ainsi dire, au-devant des alimens. Presque aussitôt ces muscles, ainsi que les élévateurs de la base de la langue, se relâchent, et le pharynx s'abaisse brusquement, entraînant avec lui le bol alimentaire qu'il vient de saisir, aidé en cela par l'abaissement du voile du palais, abaissement actif opéré par la contraction des muscles glosso-staphylins et pharyngo-staphylins, très-bien décrit par Sandifort, en particulier, et empêchant le corps avalé de s'introduire dans les ouvertures postérieures des fosses nasales, et dans les pavillons des trompes d'Eustachi, ou de revenir dans la cavité de la bouche. Alors les trois contricteurs du pharyux entrent en action, et poussent le bol alimentaire jusqu'à l'orifice de l'œsophage.

Celui-ci contracte ses fibres circulaires successivement de haut en bas, et pousse le bol de proche en proche jusqu'au cardia, en même temps, d'ailleurs, que le conduit se raccourcit par la contraction de ses fibres longitudinales.

C'est ainsi que les alimens parviennent à l'estomac, dans la cavité duquel ils s'accumulent, en poussant devant eux, lors de l'introduction de chaque bouchée, la membrane muqueuse de l'œsophage, qui vient former un bourrelet circulaire autour du cardia.

A mesure que les alimens se rassemblent suivant ce mode de déglutition, l'estomac augmente de volume par la distension de ses parois; toutes ses fibres charnues s'alongent; les plis de sa membrane interne s'effacent; il s'engage lui-même entre les lames du feuillet antérieur du grand épiploon et celles des épiploons gastro-hépatique et gastro-splénique, se rapprochant ainsi du colon, du foie et de la rate, refoulant le diaphragme dans le thorax et soulevant la paroi antérieure de l'abdomen.

En même temps que ce viscère s'arrondit ainsi, il change de situation, c'est-à-dire que sa face antérieure devient supérieure, que la postérieure se dirige en bas, et que sa grande courbure se montre en avant, mouvement qui coïncide d'ailleurs avec l'élévation de la grosse tubérosité, le pylore restant à sa place et permettant ainsi à tout l'organe de se redresser sur lui comme sur un point fixe.

Alors l'appétit et la faim ont cessé; un sentiment de chaleur plus ou moins agréable se développe dans la région épigastrique; les parois du viscère, par un mouvement de péristole, se resserrent sur la masse des alimens solides mêlés aux boissons, la pressent, la compriment, l'imprègnent des fluides fournis par les sécrétions perspiratoires et folliculaires dont elles sont le siége, sécrétions alors devenues plus actives par la transformation de l'organe en un centre de fluxions.

Bientôt, sous l'influence des forces gastriques, les alimens ingérés changent d'état et de composition; ils se dissolvent et se convertissent en chyme, opération qui ne commence guère qu'une heure et demie après le repas, et dont la durée générale, très-variable, ne sauroit être fixée exactement, et se balance entre quatre et cinq heures.

La chymification s'effectue d'abord au point même de contact de la masse alimentaire avec les parois de l'estomac. Une couche de chyme d'environ une ligne d'épaisseur recouvre la masse, et est dirigée vers le pylore et le duodénum par les contractions péristaltiques de l'estomac; une seconde lui succède: puis une troisième, et ainsi de suite jusqu'à ce que toute la masse alimentaire contenue dans l'estomac soit, de la périphérie au centre, réduite de cette manière en chyme.

Il paroît donc évident que c'est aux dépens des fluides que fournissent les parois de l'estomac, que se forme ce dernier.

A mesure que ce changement s'opère et que le chyme déjà formé est chassé par le pylore, l'estomac se resserre, se rétrécit et s'applique plus exactement sur ce qui reste d'alimens dans sa cavité.

Quoi qu'il en soit, la nature de ce phénomène, l'explication de ses causes immédiates, ont, de la part des médecins et des physiologistes de tous les siècles, donné lieu à une foule d'opinions, tour à tour adoptées et abandonnées.

C'est ainsi qu'Hippocrate, Galien et la plupart des anciens, d'après eux, regardoient la digestion stomacale comme une espèce de *coction*; que Pierre du Chastel et Van Helmont en faisoient une *fermentation*; que d'autres successivement l'attribuèrent à la *putréfaction*, à la *trituration*, à la *macération*, à la *dissolution chimique*.

Mais cette opération n'est ni mécanique, ni physique, ni chimique; elle trouve son principe dans les lois de la vie; elle semble être, à proprement parler, et comme l'a dit M. Chaussier, une véritable *dissolution vitale*, laquelle est favorisée d'ailleurs évidemment par le mélange avec les alimens d'une foule de fluides et d'humeurs qui viennent se rassembler dans la cavité du viscère, soit qu'ils appartiennent à l'économie, ou qu'ils lui soient étrangers, et qui sont, d'une part, la salive, les larmes, les mucosités des tonsilles, des glandes buccales, pharyngiennes, etc., les produits exhalés de la bouche, du pharynx, de l'œsophage et de l'estomac lui-même; et, de l'autre, les boissons et les sucs inhérens aux alimens.

Ceux-ci sont donc pénétrés intimement par tous ces liquides, qui en écartent les molécules, les délaient, et transforment leurs principes dissociés en une combinaison nouvelle et spéciale, à peu près identique, et à laquelle concourent efficacement la température du viscère, les mouvemens de péristole et les contractions péristaltiques qu'exercent ses parois, le soulèvement de la paroi antérieure de l'abdomen, l'élévation et l'abaissement alternatifs du diaphragme.

Une fois, au reste, qu'en franchissant le pylore, le chyme est sorti de l'estomac pour passer dans le duodénum, qui se trouve distendu dans tous les sens et surtout transversalement, il ne peut plus retourner vers le lieu d'où il est venu, par l'effet de la constriction du pylore. Là, pressé, condensé, par le péristole du duodénum, il se mêle avec une certaine

quantité de fluides muqueux et s'unit à la bile et au suc pancréatique, qui arrivent à plein canal dans la cavité de l'intestin. La vésicule du fiel elle-même se vide alors. (Voyez Bile,
Vésicule.)

Lorsque le mélange des alimens et de ses divers fluides est
bien opéré, le chyme, après avoir subi d'ailleurs l'influence
des mouvemens de l'organe et de sa température, n'est plus
le même évidemment. Moins homogène que dans l'estomac,
il est aussi plus ou moins coloré en jaune, surtout à partir
de l'insertion du canal cholédoque; son odeur aigre, sa saveur acide, ont disparu, et il est parsemé de petits filamens
blanchâtres, consistans, comme élastiques, placés à sa surface, et que M. Magendie regarde comme du *chyle brut*, en
même temps que, selon Marcet et M. Prout, il s'y fait un développement notable d'albumine.

C'est dans le chyme, ainsi perfectionné et animalisé, que
les vaisseaux lactés vont puiser les matériaux à l'aide desquels ils fabriquent le chyle, qui doit, avec plus ou moins
d'activité, être porté dans le torrent de la circulation, pour
augmenter la masse du sang et en renouveler les matériaux.
L'absorption de cette humeur est très-manifeste dans le duodénum; mais à mesure que le chyme s'éloigne de cet intestin, elle devient de moins en moins active, et le chyme
se montre de plus en plus jaune et de plus en plus consistant. Ces changemens se manifestent très-évidemment déjà
vers l'iléon, c'est-à-dire vers le tiers inférieur de l'intestin
grêle, spécialement dans les parties de cet intestin qui s'approchent du cœcum. Ainsi, tandis qu'à son origine l'intestin
grêle donne naissance à une foule de vaisseaux chylifères,
on n'en voit plus que quelques-uns, très-clairsemés et placés
à de grandes distances les uns des autres, sur la *région* inférieure de cet intestin, et l'on cesse, pour ainsi dire, d'en
trouver sur les diverses parties du gros intestin.

La perte que le chyme éprouve par l'effet de l'absorption
du chyle, est en quelque sorte compensée par son mélange
avec les mucosités et l'humeur plus ou moins liquide que
fournissent les parois intestinales, et dont la quantité, d'après
un calcul de Haller, peut être évaluée à sept ou huit livres
par vingt-quatre heures. Ce mélange se fait d'ailleurs pro-

gressivement, car le chyme chemine lentement depuis la fin
du duodénum, à travers les circonvolutions multipliées du
jéjunum et de l'iléon, jusque dans le cœcum, d'où il ne peut
retourner dans l'intestin grêle, la valvule de Bauhin y mettant obstacle. dans l'état de santé, par une disposition anatomique des plus curieuses.

Cette progression de la pâte chymeuse est déterminée par
le mouvement péristaltique du duodénum et par la contraction des fibres circulaires de l'intestin grêle, laquelle, rétré-
cissant la cavité de celui-ci de haut en bas, pousse dans ce
sens et devant elle les matières qui y sont contenues, en même
temps que les fibres longitudinales, entrant aussi en action,
diminuent d'ailleurs la longueur du trajet à parcourir, et
que les mucosités et les fluides perspirés lubrifient et facilitent les voies.

En parcourant le long canal que représente l'intestin grêle,
le chyme subit encore une autre modification que celles
que nous avons déjà notées ; il se mélange avec divers produits gazeux, qui, durant la chylification, se forment dans
des proportions variées et se rassemblent dans les voies digestives en quantités plus ou moins considérables. Ces gaz, qui
ont été examinés par Jurine, d'abord, et ensuite par MM.
Magendie et Chevreul, ne sont que de l'acide carbonique,
de l'azote et de l'hydrogène, et ne sont jamais combinés à de
l'oxigène. Ils paroissent être le résultat d'une sécrétion particulière, opérée à la surface de la membrane muqueuse.

En pénétrant dans le cœcum, le chyme cesse d'être aussi
mou, aussi diffluent, qu'il l'avoit été jusque-là. En y séjour-
nant il se durcit et acquiert une fétidité notable, en même
temps que sa couleur devient plus foncée Ces diverses modifications deviennent de plus en plus évidentes, à mesure
que la masse, dépouillée de chyle et devenue excrémenti-
tielle. se rapproche de l'anus. Dans le colon, déjà, elle forme
une sorte de magma solide. ou se pelotonne et s'agglomère
en boules plus ou moins volumineuses et plus ou moins arrondies, dernière disposition qui est due aux bosselures que
présente à sa surface le gros intestin, c'est-à-dire le cœcum et
le colon.

C'est dans cette portion des voies digestives encore que les excrémens, dernier résidu de la pâte chymeuse, sont accompagnés de gaz, parmi lesquels on reconnoit, outre ceux que nous avons signalés plus haut, l'hydrogène carboné et l'hydrogène sulfuré: mais on n'y trouve plus l'hydrogène pur, qui se rencontroit dans l'intestin grêle.

Parvenus au rectum, les excrémens s'y accumulent comme dans un réservoir, le distendent et se rassemblent en une masse plus ou moins considérable. Par sa force de contraction et par son élasticité, le sphincter de l'anus ferme cette ouverture, et met à leur sortie un obstacle qu'un acte de la volonté peut seul vaincre.

L'excrétion stercorale, qu'on a proposé encore d'appeler *défécation*, est accompagnée de phénomènes que le physiologiste ne sauroit ignorer. Lorsque le besoin d'y satisfaire se manifeste, on contracte simultanément, à cet effet et par un véritable effort, le diaphragme et les muscles de l'abdomen, ce qui refoule vers le bassin les viscères de la cavité du ventre et les fait presser sur le rectum, en même temps que les muscles de la paroi inférieure de l'abdomen, les releveurs de l'anus et les ischio-coccygiens, fortement contractés, résistent à cet effort et pressent en sens contraire. Alors la résistance du sphincter ne tarde point à être surmontée, et l'excrément franchit l'anus.

Tel est l'exposé simple et rapide, mais exact, des divers phénomènes qui, chez l'homme adulte, constituent la digestion proprement dite. Cette fonction offre des variétés assez notables, suivant les différens temps de la vie auxquels on l'examine, et surtout suivant les divers ordres d'animaux chez lesquels elle s'exécute. Nous sommes obligés, pour la première série de ces variétés, de renvoyer le lecteur aux traités spéciaux de physiologie ; les autres se trouvent naturellement exposés dans divers volumes de ce Dictionnaire, et spécialement aux mots ANIMAL, BILE, CHYLE, DENTS, INSECTES, OISEAUX, SALIVE, SUC GASTRIQUE, VOILE DU PALAIS, ZOOLOGIE, etc. (H. C.)

SYSTÈME ÉPIDERMIQUE ou ÉPIDERMOÏDE. (*Physiol. génér.*) Voyez TÉGUMENS. (H. C.)

SYSTÈME DE LA GÉNÉRATION. (*Physiol. génér.*) Voyez les articles ANIMAL, INSECTES, LAITE, MOLLUSQUES, ŒUF, OVI-

TARES, REPRODUCTION DES POISSONS, SPERME, TESTICULE, UTÉRUS, VIE, VIVIPARES, VERGE, VÉGÉTAUX, ZOOLOGIE et ZOOPHYTES. (H. C.)

SYSTÈME GRAISSEUX. (*Physiol. génér.*) La graisse, si bien connue depuis les excellens travaux de MM. Chevreul, Bérard et Théodore de Saussure, joue un rôle assez important dans l'économie des animaux, pour que nous croyons devoir consacrer cet article au tissu qui est consacré à la conserver ; tissu qu'il ne faut point confondre avec le tissu cellulaire, et qui a été entrevu par Malpighi ; aperçu dans la moelle par Clopton Havers ; indiqué par Bergen, Morgagni et d'autres, et rejeté, au contraire, par Haller, et tout récemment encore par J. F. Meckel. W. Hunter, le premier, en a donné une description satisfaisante. Al. Monro en a publié une bonne figure, et Mascagni a fort bien représenté la disposition des vaisseaux sanguins qu'il reçoit.

Ce tissu, comme on le voit par ce qui précède, a été un sujet de longues discussions, et son histoire n'a été totalement éclairée que dans ces dernières années, où mon ami, feu le professeur Béclard, en a fait le sujet de recherches spéciales aussi ingénieuses qu'utiles.

Le tissu adipeux sert de réservoir à la graisse et se présente sous deux états différens : le *tissu adipeux commun*, et celui des os, qui prend le nom de *tissu médullaire*. C'est du premier seul qu'il s'agira ici.

Il se compose d'une multitude de vésicules ou d'utricules, agglomérées et réunies en grains plus volumineux, qui, à leur tour, forment de petites masses arrondies, séparées par des sillons plus ou moins profonds.

Ces masses ont un diamètre qui varie d'une ligne à six lignes. Les grains sont beaucoup plus petits, et les vésicules, qui ne se voient qu'au microscope, ont seulement un six-centième ou un huit-centième de pouce de diamètre.

Ces dernières ne communiquent point les unes avec les autres et forment autant de petits sacs sans ouvertures, à parois diaphanes et d'une étonnante ténuité. Lorsqu'on les incise, la graisse ne s'écoule que de celles qui ont été ouvertes, et, pendant la vie, ce fluide n'obéit pas à la pression, ni aux lois de la pesanteur, comme la sérosité du tissu cellulaire.

L'assemblage de ces vésicules constitue le tissu adipeux, dont les formes sont excessivement variées, qui s'étend sous la peau en une couche membraneuse, qui représente des masses irrégulières dans les orbites, dans l'épaisseur des joues, autour des reins; qui pend, à l'extérieur du péritoine et sur le bord libre des épiploons, en appendices pyriformes et pédiculées; qui entoure certaines artères d'un réseau graisseux, etc.

Autant l'aspect du tissu adipeux offre de variétés, autant son abondance varie elle-même, suivant les régions du corps où on l'observe.

Le panicule graisseux, qu'il forme à l'extérieur du corps au-dessous de la peau, est, par exemple, beaucoup plus épais à la paroi antérieure de l'abdomen et du thorax, au pubis, aux fesses et dans le creux de l'aisselle, que partout ailleurs.

À l'intérieur, il est plus particulièrement accumulé dans l'excavation du bassin, dans les orbites, dans les grands interstices des muscles.

Il représente, en général, la vingtième partie du poids total du corps; mais il peut faire beaucoup plus encore, et, quoique chez les sujets très-gros il semble s'être glissé à peu près partout, il est cependant certaines parties qu'il n'envahit jamais, même dans l'obésité la plus complète. Les paupières, le prépuce, le scrotum, la cavité du crâne, la surface des poumons, du foie, de la rate, de l'estomac, de l'utérus, par exemple, n'offrent de graisse dans aucun cas.

Les vaisseaux sanguins que reçoit le tissu adipeux, sont logés dans les intervalles des espèces de lobes que présente ce tissu; leurs rameaux se placent entre les granulations secondaires, et leurs dernières ramifications rampent entre les vésicules elles-mêmes. Ils pénétrent dans ces différentes parties par un point peu étendu de leur surface, ce qui fait paroître chacune d'elles comme suspendue à un pédicule vasculaire.

On n'a point encore aperçu de nerfs ni de vaisseaux lymphatiques dans le tissu adipeux.

Un tissu cellulaire peu distinct paroît lier entre elles ses vésicules. Il devient plus apparent entre les granulations et très-dense autour des masses, où il est souvent remplacé par un appareil fibreux ou ligamenteux, très-régulièrement disposé, comme on le voit à la paume des mains et à la plante des pieds.

En général, le tissu dont nous parlons est plus développé chez la femme que chez l'homme, et présente, suivant les diverses espèces d'animaux, une foule de variétés, qui se trouvent décrites dans les divers articles qui leur sont consacrés.

Pendant la première moitié de son existence, le fœtus en est entièrement dépourvu ; mais depuis lors jusqu'au moment de la naissance, il se dépose de la graisse sous la peau, et ce n'est que plus tard qu'elle s'amasse successivement à l'intérieur, mais de manière à ce que, à l'époque de la puberté, elle reste encore plus abondante à l'extérieur, et qu'on en trouve seulement dans la vieillesse autour de la base du cœur.

Les grains adipeux sont disséminés et isolés dans le premier âge ; ils se rapprochent et s'agglomèrent ensuite. Les vésicules qui les constituent, sont plus nombreuses, mais non plus volumineuses, dans les individus surchargés de graisse ; elles disparoissent quand le fluide qu'elles contenoient vient à être résorbé, et l'on n'en trouve plus de traces chez ceux qui sont morts dans le marasme.

La graisse, dont on a fait l'histoire dans un article *ex professo*, est continuellement sécrétée et déposée dans les vésicules du tissu adipeux, qui ne paroît point avoir d'autre usage que celui de sécréter ce fluide et de le contenir pendant un certain temps, en l'empêchant de se mêler à la sérosité du tissu cellulaire. Voyez GRAISSE. (H. C.)

SYSTÈME LYMPHATIQUE ou ABSORBANT, *Systema vasorum lymphaticorum.* (*Physiol. génér.*) D'après le mot latin, *absorbere* (boire , humer), on appelle *absorption* une fonction en vertu de laquelle les êtres organisés vivans attirent, dans des pores ou des vaisseaux particuliers, les fluides qui les environnent, ou ceux qui sont exhalés dans l'intérieur de leur économie, fonction d'une haute importance et qui

offre des modifications bien prononcées, selon la nature de
l'espèce d'être dans laquelle on l'observe ; mais, en général,
chez tous les animaux elle introduit, d'une part, dans le
corps des matériaux puisés au dehors de lui et destinés à le
réparer, tandis que de l'autre elle reprend dans toute l'organisation les matériaux primitifs qui en ont fait partie pendant un certain temps, et les rejette au dehors.

C'est donc l'absorption qui accomplit les deux mouvemens
opposés de composition et de décomposition, d'*assimilation*
et de *désassimilation*, qui constituent essentiellement la nutrition.

Chez les animaux les plus simples elle semble effectuer à
elle seule celle-ci, qui se borne uniquement à l'exercice des
deux actes que nous venons de signaler.

Mais dans les êtres animés d'une classe supérieure, dans
l'homme en particulier, l'absorption, tout en étant elle-
même une fonction plus compliquée, ne concourt plus seule
à l'accomplissement de la nutrition, qui résulte, chez eux,
de l'exercice simultané de plusieurs fonctions, la *digestion*,
la *respiration*, la *circulation*, la *sécrétion*, etc. Elle tend seulement à former le fluide spécialement nutritif, auquel les
autres fonctions que nous venons de nommer, impriment
aussi leur cachet.

Le mécanisme immédiat de l'absorption échappe à nos
sens, tant à cause de sa grande délicatesse, que de la petitesse des molécules sur lesquelles il trouve à s'exercer. On
ne sauroit en pénétrer l'essence, qui se trouve dérobée peut-
être pour toujours aux moyens d'investigation que nous avons
à notre disposition. Mais on ne peut douter qu'il ne soit placé
sous l'influence immédiate de la vie et qu'il ne se rattache à
aucune action physique ou chimique quelconque. C'est un
de ces nombreux phénomènes que l'être animé présente, et
qu'il n'est point donné aux sciences accessoires à la physiologie, ni à la physiologie elle-même, d'expliquer.

Les résultats cependant ne peuvent échapper à l'esprit observateur, et l'on doit présenter comme tels les corollaires
suivans, que l'expérience a sanctionnés.

1.° L'absorption exige, pour son accomplissement, la vie
de l'animal.

2.° Elle est modifiée selon l'âge, l'état de santé ou de maladie, les diverses conditions de l'existence, en un mot.

3.° Elle ne peut être une simple imbibition mécanique; car le liquide absorbé est en même temps élaboré.

4.° Elle ne peut être une action chimique générale, puisqu'il n'y a aucun rapport chimique entre les matériaux absorbés et la matière vivante qui en résulte.

5.° Elle doit donc être classée, comme nous venons de l'annoncer, parmi ces actions *organiques* et *vitales* qui appartiennent exclusivement aux êtres vivans.

En général, aussi, au moins chez l'homme, les diverses absorptions se font par des vaisseaux dont les radicules premières ont des orifices tellement déliés, qu'on ne peut les voir à l'œil nu. Les variations que présente la force absorbante dans une foule de circonstances, ont fait supposer que chacun de ces orifices est doué d'une sensibilité et d'une force contractile particulières, qu'il se dilate ou se resserre, absorbe ou repousse, suivant la manière dont il est affecté, les substances qui sont mises en contact avec lui. On suppose en outre que, pour absorber, chaque suçoir de ces vaisseaux éprouve une sorte d'érection.

Il paroît aussi qu'une fois absorbés, les fluides sont renfermés immédiatement dans des vaisseaux de deux ordres, et nommés *lymphatiques* et *lactés*, selon qu'ils sont destinés à conduire ou la lymphe ou le chyle. Pressés par les parois de ces vaisseaux, qui se resserrent, les deux humeurs précitées cheminent des radicules vers les racines et de celles-ci vers les troncs, à la manière du sang veineux. Des valvules, qu'elles trouvent sur leur passage, s'opposent à leur marche en sens inverse, et les anastomoses fréquentes des vaisseaux facilitent beaucoup leur circulation.

Enfin, quel que soit l'endroit où ils aient été inhalés, tous les liquides absorbés se rendent dans le canal thoracique ou dans la grande veine lymphatique droite, après avoir toutefois traversé un certain nombre d'organes d'apparence glanduleuse, et nommés *ganglions lymphatiques*, et sont mêlés, dans les veines sous-clavières, avec le sang veineux.

Quoi qu'il en soit, sous le rapport de ses agens, comme sous celui de son mécanisme, l'absorption est loin d'être une et indivisible dans le corps d'un même animal. Cette fonction peut se partager en un certain nombre d'espèces plus ou moins tranchées, et dont les unes sont *constantes*, tandis que les autres ne s'accomplissent qu'*accidentellement*. L'accomplissement des premières entre nécessairement dans le mécanisme de la nutrition: par elles, les matériaux recueillis sont élaborés de manière à pouvoir servir à former le sang. L'exercice des secondes nuit le plus souvent à l'économie; il n'a aucune influence sur la matière absorbée.

Les absorptions digestive et interstitielle sont des absorptions du premier genre.

L'absorption de certains médicamens appliqués à la surface du corps, rentre dans le second genre.

Dans plusieurs des paragraphes suivans nous tâcherons de donner à nos lecteurs une idée précise de quelques-unes des espèces d'absorptions et de leurs agens.

On nomme *absorption digestive*, l'espèce d'absorption qui se fait dans l'intestin grêle, où elle s'opère sur les alimens et les boissons, après que ces substances étrangères ont subi l'action préalable de la digestion. C'est une des absorptions les plus évidentes, les plus faciles à concevoir; on en distingue l'agent spécial, *l'appareil chylifère*; on en voit nettement le produit, le fluide appelé *chyle*. (Voyez Système Digestif.)

Quelques physiologistes ont donné le nom d'*absorption aérienne* à l'absorption qui agit sur l'air à la surface interne du poumon, et qui puise dans ce fluide le principe exclusivement nécessaire pour la formation du sang artériel. Généralement on fait de cette absorption une fonction spéciale sous le nom de Respiration. (Voyez ce mot et Sang.)

Quoi qu'il en soit, cette espèce d'absorption est, avec celle qui s'opère dans les voies de la digestion sur le chyle, la seule qui porte dans le corps de l'homme et des animaux vertébrés en général des matériaux nutritifs puisés au dehors. Elles seules entretiennent ainsi les organes dans leur état d'intégrité et peuvent concourir à réparer les pertes journalières que fait l'économie. Par suite de leur indispensable nécessité dans le système général de la nutrition, leur suspension entraîne inévitablement une mort plus ou moins prochaine. Aussi s'exercent-elles constamment à toutes les époques et dans toutes les circonstances de la vie.

L'absorption qui reprend dans tout organe du corps un certain nombre de matériaux, pour que son volume n'augmente point indéfiniment, et que la décomposition y contre-balance la composition, a été nommée *absorption interstitielle* par Hunter. C'est cette absorption que d'autres ont nommée *décomposante* ou *moléculaire*, que Bichat a désignée par le nom de *nutritive*, et dont Buisson a fait son *absorption organique*. Elle s'exerce sur les molécules qui, dans le travail de la nutrition, abandonnent les organes et cèdent leur place à celles qui sont nouvellement introduites dans l'économie. Elle préside donc à la décomposition des tissus. Elle est d'ailleurs aussi, comme les précédentes, dans une activité continuelle.

L'absorption interstitielle est démontrée évidemment par des faits et des expériences. Ayant nourri pendant quelque temps des animaux avec des alimens qui contenoient de la garance, Duhamel a observé que les os de ces animaux étoient teints en rouge, mais reprenoient à la longue leur couleur ordinaire, si l'on cessoit de joindre de la garance à leur nourriture.

C'est aussi, bien certainement, cette espèce d'absorption qui creuse le canal médullaire des os longs, les sinus des os maxillaires, les cellules de l'ethmoïde; c'est elle qui use les racines des dents de lait au moment de la seconde dentition; qui, avec l'âge, fait disparoître le thymus, et semble atrophier les capsules surrénales.

Cette absorption n'est point de la même nature dans chaque organe, et, par suite, il y en a autant d'espèces qu'il y a de tissus distincts dans le corps.

Une autre espèce d'absorption recueille tous les sucs versés à la surface des organes qui n'ont aucune issue au dehors; sucs dont la quantité augmenteroit ainsi indéfiniment, s'ils n'étoient repris à mesure qu'ils sont épanchés. Elle enlève aussi quelques principes aux fluides sécrétés excrémentitiels, et les dépouille ainsi de ce qu'ils peuvent contenir encore d'utile.

C'est cette absorption, par conséquent, qui s'empare, au

besoin, de la sérosité du péritoine, des plèvres ou de l'a-
rachnoïde, de la synovie qui lubrifie nos articulations, de la
graisse qui s'accumule dans les intervalles de nos organes,
de la moelle qui remplit les cavités de nos os, de la vapeur
lymphatique que contient le tissu cellulaire. C'est elle aussi
qui s'empare de quelques-uns des élémens des humeurs pers-
pirées, cutanées ou muqueuses, du fluide lacrymal, de la
salive, du suc pancréatique, de l'urine, de la bile, du lait,
du sperme. C'est par elle que l'urine se colore et s'épaissit
dans la vessie; que la bile hépatique se change en bile cys-
tique dans la vésicule du fiel, etc.

Nous dirons ici, d'une manière générale, que, dans l'antiquité, lorsqu'on n'avoit encore aucune connoissance du
système lymphatique, on regardoit les veines comme ses
agens. Plus tard, c'est-à-dire après la découverte si importante de ce système, et quand on eut reconnu que les vaisseaux lactés des intestins étoient les agens de l'absorption du
chyle, on dit que les vaisseaux lymphatiques étoient les agens
exclusifs de toutes les absorptions, et on pensa que les veines
n'y contribuoient en rien. Aujourd'hui quelques physiologistes distingués, sans se prononcer avec le plus grand nombre pour l'une ou l'autre de ces opinions, les embrassent
toutes deux à la fois.

Mais dans cette espèce d'absorption, comme dans l'absorption interstitielle, ce n'est encore que sur des preuves néga-
tives et par voie d'exclusion, en quelque sorte, qu'on peut
regarder les veines ou les vaisseaux lymphatiques comme chargés de la fonction. Au moment même, en effet, où la matière est absorbée, sa nature est changée : on ne peut donc
jamais la reconnoître sûrement dans les vaisseaux où elle a
été introduite; ce seroit pourtant là la seule preuve véritablement irrécusable de son absorption.

Quoi qu'il en soit du mécanisme immédiat de cette absorption, lequel, comme celui de toutes les autres, échappe
à nos sens, puisqu'il consiste en une action vitale qui se passe
aux extrémités imperceptibles d'un tissu vasculaire de la plus
grande délicatesse; quoi qu'il en soit de ses agens exclusifs,
il est toujours certain que son produit, joint à celui de l'absorption interstitielle, est la *lymphe*, laquelle, simultanément

avec le chyle, est déversée dans le sang veineux, qui représente, ainsi alimenté par ces deux humeurs, tous les élémens que les absorbans ont saisis, et qui va, dans le poumon, les soumettre à l'action de l'air et se changer en sang artériel.

L'absorption cutanée est celle qu'exerce la peau sur les substances étrangères, tant solides que liquides et gazeuses, avec lesquelles cette membrane est mise en contact. Elle doit être mise au rang de celles qui ne se produisent qu'éventuellement dans l'économie de l'homme, dont l'accomplissement n'entre pas forcément, comme celui de l'absorption chyleuse, dans le système général de la nutrition, et qui peuvent tour à tour servir ou nuire. Comme les autres absorptions accidentelles aussi, elle laisse le plus souvent presque intactes ou au moins altère fort peu les matières qu'elle introduit dans l'organisme.

Cette absorption ne sauroit être mise en doute. Une foule de faits différens en attestent l'existence, surtout chez l'homme, et Paracelse, dont il faut tant se défier à cause de l'exagération qui caractérise son genre d'esprit, peut cependant en être cru quand il nous rapporte avoir soutenu des malades par l'usage des bains de lait ou de bouillon. Nous avons assez souvent occasion de vérifier cette assertion. Il n'est point de voyageur dans les contrées équatoriales qui ne sache que la soif est calmée, sous le ciel le plus ardent, par l'application de vêtemens mouillés sur le corps. Personne n'ignore non plus que le corps augmente un peu en poids à la suite d'un bain prolongé, et qu'alors, afin d'expulser l'eau qui a été surabondamment absorbée, la sécrétion de l'urine devient plus copieuse.

Lorsqu'on séjourne long-temps dans l'air humide des cavernes ou dans une atmosphère chargée de brouillards, on peut se convaincre de même de l'inhalation de l'eau suspendue dans le gaz ambiant, et Fontana, Gorter, Keil, pourroient nous servir d'autorités, si nous avions besoin d'en citer pour un phénomène universellement reconnu.

Il n'est point d'anatomiste non plus, qui ne puisse certifier avoir absorbé par la peau les miasmes putrides qui chargent l'air corrompu des amphithéàtres de dissection. Les expériences de Bichat sont décisives à cet égard, et ont été dirigées de manière à ce qu'on ne puisse, en aucune façon, admettre au nombre de leurs résultats l'influence de l'absorption pulmonaire.

Enfin, on ne peut se refuser à admettre l'absorption cutanée, quand on voit les tégumens communs du corps ouvrir une voie facile aux principes de contagion et faire pénétrer dans l'économie de nombreux germes de maladies; quand on voit les ganglions lymphatiques des aînes devenir plus volumineux après l'immersion prolongée des pieds dans l'eau; et surtout, quand on se rappelle que les médecins obtiennent souvent des effets thérapeutiques très-marqués en appliquant tel ou tel médicament sur la peau. On sait généralement, en effet, que les frictions mercurielles ont une grande influence contre la syphilis, que les onctions avec une pommade chargée de quinquina sont toniques, que celles d'un mélange d'axonge de porc et d'opium sont sédatives, que l'application de la scille ou du jalap, avec de la salive, sur le ventre, détermine des purgations, etc. Les expériences multipliées faites à l'hôpital de la Salpêtrière, par MM. Duméril et Alibert, ont mis ce fait hors de doute.

L'absorption cutanée est beaucoup plus active que partout ailleurs dans les endroits où la peau est mince et recouverte d'un épiderme humide. Elle est plus énergique chez les femmes et les enfans, que chez les hommes, les adultes et les vieillards. Durant le sommeil elle paroît aussi s'exercer avec plus de force. Elle a bien peu d'énergie chez les animaux dont le corps est couvert de poils, de plumes ou d'écailles.

Elle a lieu beaucoup plus facilement, au reste, lorsqu'on a préalablement frictionné l'épiderme. Il semble que, par cette opération, on soulève les petites écailles dont cette membrane protectrice paroît formée, et qu'on met ainsi à découvert les bouches inhalantes des vaisseaux lymphatiques tégumentaires.

L'absorption que les membranes muqueuses exercent sur les matières étrangères qui sont mises en contact avec elles, est remarquable par sa grande activité, abstraction faite du chyle dont elles s'emparent dans les intestins et de l'oxigène de l'air qu'elles paroissent pomper dans les bronches. (Voyez Système digestif et Respiration.) Les absorptions qui agissent sur ces deux matériaux rentrent dans la classe des absorptions nutritives, et celle dont nous allons nous occuper peut être considérée comme éventuelle. Elle a, du reste, les plus grands rapports avec l'absorption cutanée.

Très-souvent, en effet, à la surface même de l'intestin des molécules non *chylifiées* des alimens et des boissons sont manifestement absorbées, de même que certaines substances non alimentaires qui se trouvent introduites dans les voies de la digestion. Souvent le liquide des lavemens est évacué par la voie de l'urine, ce qui ne sauroit avoir lieu sans une absorption préalable. Le savant professeur Chaussier, dans une expérience instructive, a prouvé que le gaz acide hydro-sulfurique, poussé dans le rectum d'un animal, déterminoit promptement une asphyxie mortelle, et de nombreuses observations, rapportées par Hunter, Kaaw. Boerhaave et Flandrin, démontrent à quel point l'absorption est énergique sur la surface de cet intestin.

Il en est de même de la membrane muqueuse qui tapisse les bronches, et qui devient ainsi une des voies les plus fréquentes des contagions. C'est à l'absorption qu'elle exerce qu'il faut même souvent rapporter une partie des phénomènes qu'on attribue communément à l'absorption cutanée. La respiration d'un air chargé du principe odorant de l'huile essentielle de térébenthine communique à l'urine l'odeur de la violette, par l'effet de l'inhalation des molécules volatiles de cette substance dans l'intérieur des voies aériennes. Les miasmes émanés des matières animales en putréfaction sont absorbés de même dans l'acte de la respiration, et communiquent la fétidité qui les caractérise aux gaz qui s'échappent par l'anus. Les liquides même, par un semblable mécanisme, peuvent disparoître dans les bronches après avoir été versés dans la cavité de ces conduits. M. Gohier l'a expérimenté sur des chevaux dont il avoit ouvert la trachée-artère, et tous les jours nous voyons les médecins conseiller avec succès l'inspiration de vapeurs chargées de principes médicamenteux, qui passent par suite dans le torrent de la circulation.

L'absorption cutanée et celle qui s'opère à la surface des membranes muqueuses, autrement que sur le chyle et l'oxigène de l'air atmosphérique, sont deux espèces principales

d'*absorptions accidentelles*, qui peuvent avoir lieu dans le corps
des animaux. Mais il en existe encore beaucoup d'autres du
même genre, qui, pour n'être point aussi souvent mises en jeu,
n'en méritent pas moins une grande attention. Presque toutes
les parties du corps humain peuvent en offrir des exemples
frappans. Nous nous bornerons aux suivans :

M. Magendie, après un grand nombre d'autres expérimen-
tateurs, a démontré que des substances liquides, injectées
dans la cavité des membranes séreuses ou dans les aréoles du
tissu cellulaire, y étoient bientôt absorbées. C'est ce qu'avoit
déjà prouvé Hunter, quand, après avoir poussé dans le péritoine une solution d'indigo, il vit les vaisseaux lymphatiques de l'abdomen être colorés en bleu. Flandrin a recueilli
également des faits analogues. Mascagni a trouvé sur des
animaux morts d'un épanchement de sang, dans le thorax ou
l'abdomen, les vaisseaux lymphatiques du poumon et du
péritoine gorgés de sang, comme il les a vus pleins de sérosité dans un cas d'hydropisie. M. Desgenettes a trouvé les
vaisseaux absorbans du foie distendus par une lymphe amère,
et ceux des reins par un fluide urineux, de même que Sœm-
mering a reconnu du lait dans ceux de l'aisselle chez une
femme qui nourrissoit.

Il se passe des phénomènes analogues dans le parenchyme
même des organes.

Ayant introduit une concrétion calculeuse dans une plaie
faite à un animal et dont la cicatrisation fut ensuite déterminée, M. Chaussier a vu, avec le temps, le calcul être
détruit et disparoître par le simple effet de l'absorption.

C'est encore par l'exercice de cette fonction que l'air qui
distend tout le tissu cellulaire dans l'emphysème, se dissipe
d'une manière invisible et par une voie qui paroît inconnue
au premier coup d'œil.

MM. Achard, Chaussier, Nysten et quelques autres, ayant
injecté dans les tissus intérieurs des organes divers gaz, comme
du gaz oxigène et du gaz acide carbonique, ont observé le
même phénomène.

C'est de la même manière que disparoissent tous les épan-
chemens qui peuvent survenir dans notre économie, par suite
de la blessure ou de la rupture de quelque organe.

C'est encore ainsi que, dans beaucoup de cas d'ictère, la bile retenue dans son réservoir est résorbée et va teindre les tégumens et l'urine en jaune.

Les organes de l'absorption sont les mêmes dans les mammifères que dans l'homme. L'opacité, la teinte blanche des vaisseaux qui constituent le système chylifère des carnassiers, les a fait découvrir chez ces animaux long-temps même avant qu'on en soupçonnât l'existence dans notre espèce.

Au contraire, dans les Oiseaux, les Reptiles et les Poissons, qui tous sont dépourvus de ganglions lymphatiques, on a nié long-temps la présence du système des vaisseaux absorbans. Dans ces derniers temps, MM. Duméril, Cuvier et Lauth, d'accord avec Hewson et MM. Tiedemann et Fohmann, et contradictoirement à l'opinion émise récemment par M. Magendie, ont admis et démontré chez les oiseaux l'existence des vaisseaux lactés mésentériques, spécialement dans le pic-vert, le dindon, la poule, la cigogne, le héron, l'oie, le canard.

M. Cuvier a pareillement parlé des lymphatiques dans les Reptiles et les Poissons, où tous ces vaisseaux se rendent à deux plexus, de chacun desquels part un petit canal qui verse dans les jugulaires la lymphe rassemblée dans tout le corps. (H. C.)

FIN DU CINQUANTE-UNIÈME VOLUME.

STRASBOURG, de l'imprimerie de F. G. Levrault, impr. du Roi.

www.ingramcontent.com/pod-product-compliance
Lightning Source LLC
LaVergne TN
LVHW021933170726
843501LV00001BA/186